U0191191

"十三五"国家重点出版物出版规划项目

智能制造与装备制造业转型升级丛书

SF$_6$高压电器设计

第 5 版

黎 斌 著

机械工业出版社

本书总结了作者 50 年来在 SF_6 高压电器开发工作中的研究成果与设计经验，详尽地介绍了 SF_6 气体的理化电气特性和 SF_6 气体管理方面的研究成果，总结了 SF_6 高压电器的结构设计经验及设计计算方法。作者以超前意识对 SF_6 金属封闭式组合电器小型化和智能化提出了许多有用的见解，并对该产品的在线监测技术进行了有实用价值的论述。对困惑高压电器行业多年的技术难题（如温度对 SF_6 湿度测量值的影响、SF_6 湿度的限值及其在线监测、断路器电寿命在线监测技术、产品局部放电特性及 UHF 法测量技术、日照对产品温升的影响、高寒地区产品的设计与选用等），作者以自己的研究成果作了比较科学的回答。为减少温室气体的使用和排放，作者总结了近年来国内外对 SF_6 混合气体和替代气体的主要研究成果，并提出了环保气体高压电器的研究方向和设计思路，为开展环保电器的研发拉开了序幕。本书还系统地介绍了 SF_6 电流互感器的设计计算方法，对有暂态特性的 CT 绕组的工作特性作了深入的分析。

本书特点是：理论分析精炼，设计计算方法适用。

本书可供高压电器研究、设计人员，电力部门研究、设计和管理人员阅读，也可供高等院校相关专业教师、研究生参考。本书是相关专业毕业生和研究生快速适应工作的好帮手。

图书在版编目（CIP）数据

SF_6 高压电器设计/黎斌著. —5 版. —北京：机械工业出版社，2019.6
（智能制造与装备制造业转型升级丛书）
"十三五"国家重点出版物出版规划项目
ISBN 978-7-111-62849-1

Ⅰ.①S⋯ Ⅱ.①黎⋯ Ⅲ.①高压电器-设计 Ⅳ.①TM510.2

中国版本图书馆 CIP 数据核字（2019）第 097679 号

机械工业出版社（北京市百万庄大街 22 号 邮政编码 100037）
策划编辑：付承桂 责任编辑：付承桂
责任校对：杜雨霏 郑 婕 封面设计：马精明
责任印制：邰 敏
北京盛通印刷股份有限公司印刷
2019 年 8 月第 5 版第 1 次印刷
184mm×260mm·28.5 印张·2 插页·708 千字
0 001— 3 000 册
标准书号：ISBN 978-7-111-62849-1
定价：180.00 元

电话服务 网络服务
客服电话：010 – 88361066 机 工 官 网：www. cmpbook. com
010 – 88379833 机 工 官 博：weibo. com/cmp1952
010 – 68326294 金 书 网：www. golden – book. com
封底无防伪标均为盗版 机工教育服务网：www. cmpedu. com

第 5 版前言

在幅员辽阔的国土上，从北向南、从西向东、纵横交错的超/特高压输电网为我国经济持续发展提供着强大的动力。为适应电力建设快速发展的需要，我国高压电器行业也面临着由制造大国跃升为制造强国的变革。

本书是 SF_6 高压电器理论探讨、制造与运行经验交流的园地，理当与时俱进，不断修改完善，为高压电器这一重大变革提供理论支撑。为此，作者对第 4 版做了较大的调整与增补，分述如下。

（1）鉴于目前可供 SF_6 电器使用的微水传感器都是用湿敏薄膜制作的，传感器内残留水分的脱附十分困难，使湿度测量数据重复性太差，无法使用。借鉴露点检测仪在 GIS 体外测量 SF_6 水分的使用经验，在第 5 版第 17 章中介绍了基于"冷镜"露点测湿原理采用微机电系统（MEMS）技术制作微型化、低成本的微水传感器的设想，希望 GIS/GIL 制造运行单位与中科院上海微系统与信息技术研究所合作将这一创新技术设想做成产品，为 GIS/GIL 和未来的环保气体高压电器实现湿度在线监测做出贡献。

（2）针对我国一些电站 GIS/GIL 在配置局部放电监测装置时，对局放检测装置性能了解不够，对传感器的配置、局放信号的传输损失和检测裕度未研究、未计算，导致现场运行时故障多发：或平安无事的产品局放检测仪却谎报"军情"，或产品局放严重发展，绝缘件都爆炸了，局放检测仪还在"睡大觉"。为解决这些问题，本书第 5 版在第 18 章中补充了局放检测仪的灵敏度与传感器配置的相关知识与计算，并推荐使用检测灵敏度较高、适于在线监测与 GIS/GIL 体外巡检的介窗式局放检测系统。

（3）关于断路器灭弧室电寿命监测，本书做过详细分析。武汉华工先舰电器公司根据本书第 19 章所述的相对剩余电寿命计算式开发的电寿命分析软件装在 Onsage – BK 型高压断路器在线监测装置中已运行多年，性能稳定，是智能式 GIS 必备的装置。近年来一些 GCB/GIS 使用单位企图通过断路器的分闸动态电阻和动态弧触头接触行程的测量来监视灭弧室电寿命。

本书在第 5 版第 19 章对此增写了专题论述——负荷电流频繁操作断路器电寿命监测。

（4）为满足电力建设快速发展对交/直流 GIL 的多种需求，第 5 版第 21 章增写了超/特高压过江河隧道 GIL 和大城市地下综合管廊 GIL 的可靠性和适用性设计；对直流高压 GIL/GIS 的绝缘设计（如直流绝缘件形状优化设计、如何应对绝缘件表面电荷不良影响等）作了介绍，并提出了直流 GIL/GIS 必须重视的 7 项重要的绝缘研究课题。

（5）直流超/特高压输电的快速发展，使高压电器制造行业感受到了不小的压力与鞭策，至今国内外还没有适于交流滤波电容器和补偿电容器操作的专用断路器（ACF 断路器），用常规的线路保护断路器不适应这种特殊的操作工况，事故多发。本书第 5 版第 23 章增写了开发专用 ACF 断路器的必要性和具体的设计措施，对 ACF 断路器切容性负荷时可能出现的非自持性击穿（NSDD）现象提出了新见解和深入研究的建议。

（6）SF₆ 高压电器已为世界各国的电力建设服务了半个多世纪，其不可磨灭的贡献应载入世界电力科技发展史册。但是，SF₆ 是典型的温室气体，为保护人类生存环境，减少 SF₆ 用量、寻找新的环保型替代气体，已成为全世界相关行业科技人员的研究热点。本书第 5 版第 26 章综述并点评了国内外 SF₆ 混合气体和 SF₆ 替代气体的主要研究成果，提出了环保气体高压电器设计的 6 项研究课题，为我国环保高压电器的研发拉开序幕。

（7）SF₆ 混合气体及 SF₆ 替代气体产品开发的最难点是熄弧性能的研究，是环保型高压断路器灭弧室的结构设计。环保电器的研发和设计需要相关理论的支撑，也需要计算机仿真计算的助力。本书第 5 版第 25 章简介了沈阳工业大学在 SF₆ 及其混合气体中开断电弧的仿真计算的最新成果。

感谢全国高压电器研究、制造和使用的广大科技人员，近 20 年来在 SF₆ 高压电器设计这块园地共同耕耘与收获，也感谢机械工业出版社职工为其播种倾注热情、灌溉汗水。

作者多次强调：本书不完全是纯理论的专著，其中还涉及产品设计、运行经验的总结以及高压电器前沿新技术的探讨，难免有不当之处。望读者与时俱进、去伪存真地吸收营养。为利于工作，希望读者封存旧版本，使用新的第 5 版本。

　　作者想干的事太多太多，但已进入力不从心之年，必须遵从人生交替传承的自然法则，只能把这只标有环保电器彩标的接力棒交给后来者，盼你们接稳棒朝着既定目标奋力奔跑吧！

黎斌

2019 年 8 月于西安

第 4 版前言

800～1100kV 特高压 SF_6 电器已在我国好几条特高压大容量远程输电线上安全运行多年，我国已成为高压/特高压 SF_6 电器的制造大国。我国经济已进入中高速度发展的新常态，和其他许多产业一样，输变电设备也将进入产业结构调整、产品创新升级的发展新时期；高压 SF_6 电器的选型、使用、维护也必将思考和处理许多新的问题——这一历史使命已落在我国高压电器理论研究、设计制造、运行维护等同行年轻一代的肩上。近年来，看到我国高压电器产品的进步，听到本书第 3 版发行不久又传来脱销、希望再改版发行的呼声，让我感受到同行年轻人钻研理论、勤于实践、大胆创新的高潮热情。作者受鞭策而提笔修改本书，向读者介绍第 4 版。

第 4 版除了对一些章节内容作了少许补充修订之外，重点补充了以下内容：

（1）在第 2 章中，作者再次强调了进一步修改 GB/T 8905—2012 国标的必要性，希望有更多的 SF_6 电器制造和使用者能理解和接受"按相对湿度进行水分的限值和控制更科学"的理念，促进该国标的修改——尽管这一更改对 IEC 相关标准和传统水分限值观念是个挑战。

（2）在第 6 章中，着力纠正了盆式绝缘子设计中对"楔形气隙危害"的不理解和处理不当的种种表现，并指出这些不当的设计已随产品进入电网，其中有些也存在于进口产品中，望相关人员注意。

（3）我国特高压产品有待进一步升级提高，第 4 版在第 9 章中补充了"特高压 GCB 灭弧室设计思路"，企图以敲边鼓的方式打开读者的研发思路。

（4）为加快 GIS 小型化，作者在第 17 章明确提出："现在，抓紧研发和积极使用 252kV 三相共箱式 GIS 是时候了"。并对其中的关键技术——GCB 短路开断三相热气流的冷却与排放，提出了结构设计思路。

（5）由于高压电器产品的设计制造者、运行维护管理者大都毕业于高电压绝缘或高低电器制造专业，对与 SF_6 电器局部放电息息相关的微波技术比较生疏——这对研究和使用 SF_6 电器局部放电智能监测技术是个障碍。在第 4 版中增写了第 18 章"超高频（UHF）局放电磁波的辐射、传输与接收"，将与局放有关的微波技术引入高压行业，有助于从理论上对局放有更深入的理解；在这一章，作者对各种局放传感器的研制方向也提出了一些建议。

（6）第 19 章中，作者首次提出了 GIS/H·GIS 与电容式复合绝缘母线联姻的可能性，指出了这种有机绝缘母线引入高压/超高压 SF_6 电器后，具有减少 SF_6 气体用量、减少开关站占地面积、降低电站投资等环保和经济上的重要意义。

（7）新增的第 20 章 "SF$_6$ 气体绝缘输电线 GIL 设计"，结合国内已投运的某些进口 GIL 技术提出了一些异议（如 GIL 外壳的支撑方式），对现场电焊连接 GIL 壳体和金属微粒的应对也提出一些新看法，可供有关工作人员参考。

（8）在第 22 章中补入了 "超高压交流滤波器开断"，介绍了 GCB 在这种工况下所遇到的新问题，分析了现有 GCB 不适应这种工况而发生开关爆炸的事故原因，提出了改进现有开关结构、提高断口绝缘能力的有关措施，也为用户方提出了选择这类开关的建议。

我国高压电器正跨入创新升级的新发展时期，我们怎样把 "中国制造" 变为 "中国创造"，怎样把高压电器 "制造大国" 变为 "制造强国"，是我国输变电行业相关理论研究、设计制造、运行管理人员共同关心的大事。创新发展、理论先行，作者愿为此给正在拼搏中的年轻同行助一臂微力。

鉴于第 4 版有以上多方面的修改补充，也鉴于本书旧版难免有因技术进步而落伍的内容或其他原因造成的词语差错，为利于工作，作者建议本书的爱好者封存旧版本、使用新版本。

黎　斌

2015 年 6 月

第 3 版前言

我国电力建设的高速发展推动着输变电设备技术的进步和产品的发展，世界一流水平的 800～1100kV 输变电设备的先后问世，标志着我国跨进了同行业国际先进水平。本书再版仅一年多再次脱销，表现出行业内广大的科技人员学习和研究 SF_6 高压电器技术的高涨热情。

近年来，作者也与国内外年轻的同行们一起共同学习与探索，深感自己知识不足，跟不上产品快速发展的需要，深感与时俱进的压力。压力之下催人奋进与思考，为更好地让本书为 SF_6 高压电器的发展服务，作者再次对第 2 版进行修订，补充了一些新技术、新材料和新的产品结构设计信息，同时也修正了某些设计经验数据，清理了书中的个别差错，使本书所介绍的近似量化分析方法更贴近新品开发和工程设计的需要。第 3 版还补充了一些 GIS 重要零部件制造技术和工程实用的 GIS 在线监测技术（例如，不同温度时测量的 SF_6 密度和湿度的温度折算式、灭弧室烧蚀电寿命折算式对指导其在线监测仪的开发具有工程适用的价值）。

技术在不停地发展，知识需要更新。作者期待读者对本书所提供的知识，一定要结合工作实践在阅读中不断地纠错、完善与发展。

社会责任感激励作者不断地总结、修正和充实 SF_6 高压电器设计经验，第 3 版又与读者见面了。希望有更多的读者来到这块知识的园地，共同耕耘，开拓高压电器的新天地。

最后，作者对华东电器集团公司在本书第 3 版修订出版工作中给予的关注与支持表示衷心的感谢。

黎 斌

2009 年 7 月于上海

第 2 版前言

本书自 2003 年初次与输变电设备研究、制造与运行单位的科技人员见面后，受到热烈的欢迎与关注，书店很快脱销，作者常接到求书者关于再版的询问。

高压电器（尤其是断路器）的设计，涉及高电压绝缘、热力学、气体动力学、等离子体物理、机械制造与材料等多学科的知识，科技人员至今对高压电器一些本质上的理性认识远不够深入，致使产品开发设计工作数十年来一直处在经验传承阶段。可喜的是，通过近半个世纪的努力，我国高压电器研制行业的广大科技人员一代接一代地学习、继承和积累国内外同行的经验，并通过思考加工，使之完善和丰富，使产品开发设计工作和对产品运行状态的分析，脱离了单纯的经验估计，而开始进入到通过近似量化分析之后再进行结构设计的新阶段。虽然对某些问题（如灭弧室的设计）我们还处在比较朦胧的探索之中，但我们毕竟向着科学精确地分析计算目标前进了一大步。

本书进行修订的目的，就是为了对这种近似量化分析设计方法进行一次阶段性的小结，对本书初版中某些尚未说清楚的问题进行修正与补充。希望这本书能帮助有关人员在进行产品结构设计和运行状态分析时，运用书中所介绍的近似量化分析手段，使我们的工作有更高的准确度和效率。这次修订也纠正了本书初版时因种种原因所造成的差错，作者在此向初版读者致歉，并希望参照修订版本改正。

本书修订再版之所以称为是对近似量化分析设计方法的一次"阶段性的小结"，是因为作者工作经历、经验与知识的局限。这种"小结"还有待后来的同仁们进一步地纠错、完善与发展。

黎 斌

2007 年 10 月

第 1 版代序

高压电器制造业已走过了半个世纪的历程。在这 50 年中，建立起我国自己的产品系列，满足了电力系统和工业部门各个方面的需要。西安高压开关厂承担了一大部分高压和超高压电器的开发工作，近 10 多年来又与日本三菱公司合作生产 126 ~ 550kV SF$_6$ GCB 和 GIS，这些产品遍及全国各地，运行于各大电站之中，而 SF$_6$ 电器仍将是今后高压和超高压领域的主导产品和致力于开发的方向。

高压开关的设计，过去多依赖于经验和试验中的验证，于是经验的积累对于产品的开发有着极其重要的意义，随着技术的进步和大型计算机的应用，电弧物理和开断技术的研究有了广阔的前景，这是十分可喜的事。然而对于灭弧室的设计，不论对作用于其内的等离子体的物理过程掌握得如何，仍然要通过反复模拟、计算和实物验证来确定结构和尺寸。因而在实际工作中，认真总结经验教训，将感性知识理性化起来，实为不断开发新产品和提高学术水平的不二法则。

黎斌同志将毕生精力贡献在西安高压开关厂，主管过多种新产品的科研、设计和试制工作，尤其在 SF$_6$ 电器方面他涉足较早、经历得多、考虑尤深，所以他的著作《SF$_6$ 高压电器设计》一书，当能对现代电力装备的设计、制造、运行和科技管理具有启迪性和先导作用。对于产品设计，经验是具有普遍意义的，但不是全部；只有重视经验，又不囿于经验，善于学习，勇于探索，才能持续深入地把工作或事业推向前进。这些就是我所想的，也是寄希望于后来同仁的。

31/Ⅶ-2002

目　录

符 号 说 明

A	振幅	E_τ	SF$_6$ 中固体绝缘件沿面切向允许场强
A_e	喷嘴上游区环形截面积	F_d	地震力
A_h	喷嘴下游区气流通道截面积	F_D	电动力
A_k	喷嘴喉颈截面积	F_f	风力
A_r	喷嘴与动弧触头间的气流侧面通道截面积	F_j	接触压力
A_t	喷嘴下游出口处截面积	F_n	端子拉力
a	加速度	F_w	弯曲破坏力
B	磁通密度	F_{jy}	挤压力
B_{bh}	饱和磁通密度	F_q	剪切力
b	铁心宽度	FS	仪表保安系数
c	线圈包扎厚度	f	变比误差，震动位移
D	壳体直径	f_{d1}	转动密封圈压紧力系数
D_1	套管受压体外径	f_{d2}	直动密封圈压紧力系数
D_2	套管密封圈外径	G	喷口 SF$_6$ 流量，电导率
D_3	套管伞径	H	磁场强度
D_{am}	电弧直径	H_1	套管高度
D_{acp}	电弧平均直径	H_f	套管风力作用重心高
D_c	气缸直径	H_d	地震力作用重心高
D_e	动弧触头孔径	H_n	端子力作用力臂
D_k	喷嘴喉颈直径	I	转动惯量
D_o	法兰孔中心圆直径	I_1	一次电流
D_t	喷嘴下游出口直径	I_{1n}	额定一次电流
D_{cp}	套管平均直径	I_{ISC}	额定一次对称短路电流
d_0	嵌件直径	I_{IZC}	额定准确限值一次电流
d_1	套管受压体内径	I_2	二次电流
d_2	绝缘杆直径	I_{2n}	额定二次电流
d_e	动弧触头外径	I_k	额定短时耐受电流
d_k	静弧触头外径	I_O	励磁电流
d_p	屏蔽直径	$I_O N$	励磁安匝
E	材料弹性模量	I_1	临界电流
E_1	SF$_6$ 中雷电冲击允许场强，一次电动势	I_{OP}	反相故障开断电流
E_2	大气中瓷件允许工作场强，二次电动势	I_L	近区故障开断电流
E_3	大气中瓷件局部放电起始场强	I_{PO}	额定仪表保安一次限值电流
E_4	环氧树脂绝缘件内部（嵌件）允许工作场强	I_{AC}	短路电流交流分量
E_5	GIS 壳体表面允许场强（雷电冲击电压下）	I_{DC}	短路电流直流分量
E_b	耐受场强	I_r	额定电流
$E_{50\%}$	雷电冲击负极性电压 50% 击穿场强	I_s	开断电流

I_{sn}	额定短路开断电流	L_d	喷嘴下游长度
I_Σ	累积开断电流	L_g	瓷套外部干闪距离
j	母线许用电流密度	L_h	喷嘴喉颈部长度
j_b	触片许用电流密度	L_n	二次负荷电感
j_k	短时耐受电流密度	L_u	喷嘴与动弧触头端部的间隙
K	弹簧刚度系数，抗弯刚度	L_x	套管外绝缘爬电距离
K_0	耐电压裕度	l	距离
K_1	E_1 计算经验数据	l_o	全行程
K_2	中间屏蔽电位系数	l_c	超行程
K_3	绝缘件电场分布不均匀系数	l_{cp}	铁心平均磁路长
K_4	绝缘件沿面距离设计裕度	l_k	开距
K_5	长杆绝缘件刚度设计系数	N	电弧功率损耗因数
K_6	平均分闸速度计算裕度	N_1	一次绕组匝数
K_7	CB 断口电压分布不均匀系数	N_2	二次绕组匝数
K_8	气缸余气密度系数	N_s	等效开断次数
K_9	气缸平均密度系数	N_{sn}	额定短路开断电流开断次数
K_{10}	壳体计算直径设计裕度	NSDD	非自持性击穿
K_{11}	DS 断口电压分布不均匀系数	p_b	破坏水压
K_{12}	壳体厚度设计裕度	p_r	额定工作气压
K_{13}	壳体法兰结构系数	p_{rm}	最高工作气压（设计气压）
K_{14}	产气系数	p_f	风压
K_{15}	吸附系数	Q	漏气量，吸附剂重量
K_{16}	日照温升修正系数	Q_g	SF$_6$ 充气量
K_a	海拔修正系数	Q_s	SF$_6$ 水分含量
K_b	触头电动力计算系数	R_0	CT 励磁回路电阻
K_{bh}	磁通饱和系数	R_1	CT 一次回路电阻
K_c	触头材料系数	R_2	CT 二次回路电阻
K_d	低温时电强度下降系数	R_{CT}	CT 二次绕组电阻
K_e	梅花触头电流分布不均系数	R_j	接触电阻
K_{Fe}	铁心叠片填充因数	R_n	二次负荷电阻
K_h	中间电位屏蔽高度比	r	半径，震动阻尼系数
K_i	低温时断能力下降系数，漏气速率	RES	相对耐电强度
K_n	CT 变比	S	铁心截面积
K_r	加热器传热系数	S_1	套管受压体截面积
K_s	加热套保温面积与开关散热面积比	S_2	承压面积
K_{ssc}	额定对称短路电流倍数	S_f	受风压面积
K_{sc}	剩磁系数	S_q	受剪切截面积
K_{tf}	额定瞬态面积系数	S_{iy}	受挤压截面积
K_γ	SF$_6$ 低温密度下降系数	T_1	电网一次系统时间常数，温度
L_0	CT 励磁回路电感	T_2	CT 二次系统时间常数，温度
L_1	CT 一次回路电感	T_r	触头熔点
L_2	CT 二次回路电感	T_{ol}	大气压下水分露点
L_{CT}	CT 二次线圈电感	T_{yl}	不同气压下水分露点

t	电阻投入时间	Z_0	励磁阻抗
t_a	平均燃弧时间	Z_1	CT 一次回路阻抗
t_{ac}	长燃弧时间	Z_2	CT 二次回路阻抗
t_{ad}	短燃弧时间	Z_{CT}	CT 绕组阻抗
t_{ak}	切长线起弧点至恢复电压峰值点间隔时间	α	应力集中系数，电离系数
t_d	喷嘴堵塞时间	α_1	雷电冲击闪络电压计算裕度
t_{fr}	故障重复时间	α_2	CT 二次回路阻抗角
t'	第一次开断时间	α_b	短路电流偏移度
t''	第二次开断时间	β	加速度放大倍数
U_{01}	电阻片工频耐压能力	γ	SF$_6$/N$_2$ 混合比
U_2	二次绕组端电压	θ	电弧时间常数
U_6	电容器元件耐受电压	λ	热导率
U_a	电弧压降	φ	阻抗角
U_b	击穿电压，介质恢复强度	φ_0	焊接系数
U_g	工频耐受电压	ψ	铁心损耗角
U_n	额定电压	δ	CT 相位差
U_{nl}	额定线电压	δ_1	壳体壁厚
U_{np}	额定相电压	δ_2	法兰厚度
U_{pm}	相电压峰值	ρ	SF$_6$ 密度，电阻率
U_R	恢复电压	ρ_0	SF$_6$ 额定气压时密度
U_s	工频湿闪耐受电压	ρ_h	喉部气流平均密度
U_{th}	雷电冲击耐受电压	ε_a	复合误差
U_{t50}	50% 雷电冲击闪络电压	ε	暂态误差
V	体积	σ	电导率
V_g	SF$_6$ 电弧分解物产气量	$[\sigma_n]$	瓷件内压允许应力
v_f	平均分闸速度	$[\sigma_w]$	瓷件弯曲允许应力
v_h	平均合闸速度	ξ	振动阻尼比
X	水分浓度	η	吸附系数
Y	年漏气率		

第1章 SF₆ 的基本特性

1.1 SF₆ 的物理性能

六氟化硫（SF_6）气体在高压电器行业已得到广泛的应用，它的基本物理性能以及与空气的比较见表 1-1。

表 1-1 SF₆ 与空气的物理性能参数

项 目	SF_6	空气
相对分子质量 m	146	28.8
气态密度 $\gamma/(kg/m^3)$ (20℃，0.1MPa 时)	6.07	1.19
热导率 $\lambda/[W/(m \cdot K)]$ (20℃时)	0.130	0.0257
比定压热容 $c_p/[J/(kg \cdot K)]$ (20℃，0.1MPa 时)	0.66×10^3	0.10×10^3
绝热指数 K(20℃)	1.08	1.40
游离温度 $\theta_Y/$℃	2000	7000
声速 $c/(m/s)$ (20℃时)	134	343
熔点 $\theta_r/$℃ (0.23MPa 时凝点)	-50.8	—
沸点 $\theta_f/$℃ (0.1MPa 时液化点)	-63.8	-194
临界温度 $\theta_1/$℃	45.6	-146.8 (N_2) -118.8 (O_2)
临界压力 p_1/MPa	3.77	N_2 (3.39) O_2 (5.06)
相对介电系数 ε_r(20℃,0.1MPa 气态)	1.0021	1.0005
气体常数 $/[J/(kg \cdot K)]$	56.2	287
临界压力比 $p_0/p_k = \left(\dfrac{2}{k+1}\right)^{\frac{k}{k-1}}$	0.59	0.53

在 SF_6 所有的物理性能中，我们最感兴趣的是由分子结构形成的电负性和较低的游离温度形成的高导热性。

SF_6 分子结构是对称的八面体（见图 1-1），硫（S）原子居中，六个角上是氟（F）原子，S 与 F 原子间以共价键连接。SF_6 等效直径为 4.58Å（Å 为非法定计量单位，1Å = 0.1nm）比水分子的等效直径（3.2Å）要大，同容积同气压的 SF_6 比空气重 5.1 倍。

六个顶上的 F 原子是非常活泼的原子，在原子核外，内层电子数为 2，外层电子数为 7，仅缺一个电子便达到稳定的电子层分布。原子核最外层电子数超过 4 时，便有吸附外部电子的能力，随外层电子数增加，其吸附电子的能力也增加，外层电子数为 7 的氟原子在卤族元素中具有最大的电子亲和能（4.1eV），因此，具有很强的吸附电子的能力。SF_6 特有的强力吸附电子的能力，称为电负性。

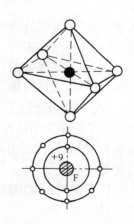

图 1-1 SF₆ 分子
结构及 F 原子结构

SF$_6$ 的电负性比空气高几十倍。极强的电负性使 SF$_6$ 气体具有优良的绝缘性能，电极间在一定的场强下发生电子发射时，极间自由电子很快被 SF$_6$ 吸附，大大阻碍了碰撞电离过程的发展，使极间电离度下降而耐受电压能力增强。这一电负性对于开断电弧电流过零后触头间的绝缘恢复也十分有利。因此，SF$_6$ 气体被用于高压开关设备作为绝缘和熄弧介质，而使开关性能大大提高。

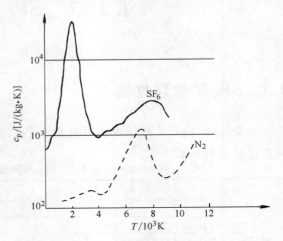

图 1-2　SF$_6$ 和 N$_2$（空气）在高温时的比定压热容 c_p

SF$_6$ 气体另一个特性是较低温度时的高导热性。电弧弧套（弧心外围区）的平均温度为 1000~3000K，SF$_6$ 气体在这个较低温度范围内在 2000~2500K 时就急剧分解，4000K 附近全分解成 F 和 S 的单原子。SF$_6$ 在弧套区分解时，要从电弧吸取大量的热能，因此 SF$_6$ 在 2000K 附近，其比定压热容 c_p 就急剧增长，出现导热尖峰，见图 1-2。而空气在弧套温度区没有热游离过程，因此 c_p 变化很小，N$_2$ 的游离温度为 7000K，只有很接近弧心的少数空气才会产生游离。由此可知，在电弧弧套温度区内，SF$_6$ 比空气具有高得多的导热能力。

从能量平衡观点看，熄弧过程是电弧的电能转换成热能被熄弧介质吸收带走的过程。利用 SF$_6$ 作熄弧介质，不仅靠气吹的作用从弧区排除能量，而且还利用 SF$_6$ 分解过程中发生的能量转换从弧区吸收大量热能，因此使 SF$_6$ 气体具有优良的熄弧能力。

1.2　SF$_6$ 的气体状态参数

理想气体的状态方程为

$$p = \gamma R T \tag{1-1}$$

式中　p——气压（MPa）（工程中也有用非法定单位 kgf/cm^2，1kgf/cm$^2 \approx 0.1$MPa）；

　　　γ——气体密度（kg/m^3）；

　　　R——气体常数（J/kg·K），SF$_6$ 为 56.2J/kg·K；

　　　T——气体的热力学温度（K）。

SF$_6$ 气体分子质量大，分子间相互吸力较大，尤其是当气体压力达到 0.3MPa 以上时，由于分子间距离被压缩、密度增大而使分子间吸力进一步增大（分子与容器壁间的碰撞力减弱），导致气体压力不再符合理想气体状态方程，随密度的增加，实际压力的增长要比理想值低。

比较准确而实用的 SF$_6$ 气体状态参数计算式可用 Beattie-Bridgman 公式表达

$$p = 56.2\gamma T(1 + B) - \gamma^2 A \tag{1-2}$$

$$A = 74.9(1 - 0.727 \times 10^{-3}\gamma)$$

$$B = 2.51 \times 10^{-3}\gamma(1 - 0.846 \times 10^{-3}\gamma)$$

式中　p——压力（Pa）；

　　　γ——气体密度（kg/m³）；

　　　T——气体的热力学温度（K）。

根据式（1-2），当气体密度 γ 不同时，可得到 SF₆ 气体压力与温度按不同的斜率成线性变化的关系，计算出的气体压力-温度曲线族见图1-3。

SF₆ 气体的临界温度（即可能被液化的最高温度）为45.6℃，在常温时有足够的压力就可液化。

SF₆ 气体压力等于和高于其饱和蒸气压力时，SF₆ 气体就液化。不同温度下，SF₆ 饱和蒸气压也不同（见表1-2）。

从图1-3和表1-2可得到 SF₆ 电器在不同气压下允许的最低工作温度及 SF₆ 气压随温度的变化关系。

例如，某产品在20℃时的操作闭锁压力（即开关允许的最低工作气压）为0.5（或0.4）MPa（表计压力）。从图1-3上 t 轴20℃处向上作垂直虚线，对应产品最低工作绝对气压0.6（或0.5）MPa处的交点 B_1（或 B_2），过 B_1（或 B_2）点参考相邻密度40kg/m³（或30kg/m³）线作斜线 $T_1B_1C_1$（或 $T_2B_2C_2$），从饱和蒸气压曲线 AA' 上的交点 C_1（或 C_2）向下作垂直虚线与 t 轴交于 −30℃（或 −37℃）。

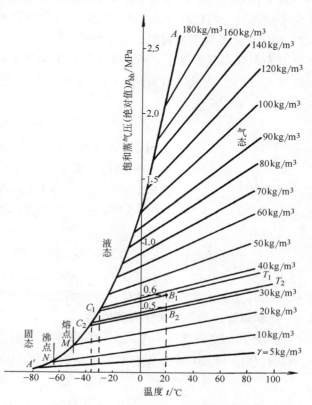

图1-3　SF₆ 气体的状态参数（绝对气压）

得到：开关 SF₆ 操作闭锁表计气压为0.5（或0.4）MPa（20℃时），对应的最低工作温度为 −30℃（或 −37℃）。−40℃时对应的最低允许工作表计气压为0.34MPa（20℃时）。

表1-2　SF₆ 气体的饱和蒸气压 p_b（表计气压值）

温度/℃	−70	−60	−50	−40	−35	−30	−20	−10	0	10	20	30
饱和蒸气压 p_b/MPa	0.07	0.11	0.23	0.34	0.42	0.50	0.68	0.93	1.24	1.61	2.06	2.59

1.3　SF₆ 的化学性能

1.3.1　SF₆ 具有良好的热稳定性

单纯的 SF₆ 气体热稳定性高，加热至500℃时不会分解。SF₆ 与某些绝缘物（如硅树脂层压板）接触时，加热到160～200℃就会分解，水分存在时，能加速分解。因此国际电工委员会（IEC）推荐 SF₆ 产品最高使用温度为180℃。

1.3.2　SF$_6$ 电弧分解过程

SF$_6$ 气体在开断电弧高温作用下，800～1000K 时就开始分解出 SF$_4$ 和 F，在 3000K 附近就分解成带电离子 S$^+$、F$^+$、S$^-$、F$^-$，4000K 时产生原子或离子态的 S 和 F，还有自由电子，构成高温带电的等离子体，完成 SF$_6$ 被电弧加热分解的反应过程。这些被电弧加热分解出的 S 和 F 的单原子、正负离子和电子其大部分很快（10^{-5}s 之内）复合再生成 SF$_6$，只有少数与金属蒸气、喷嘴材料蒸气和可能被电弧灼伤的灭弧室绝缘件蒸气发生化学反应。

1.3.3　SF$_6$ 与开关灭弧室材料的化学反应

在开断电弧高温条件下，SF$_6$ 气体与开关灭弧室内的绝缘材料（C$_K$H$_Y$）、石墨（C）、聚四氟乙烯（CF$_4$）、触头材料铜（Cu）和钨（W）以及灭弧室结构材料铝（Al）等都会发生化学反应，主要反应如下：

$$SF_6 + Cu \longrightarrow SF_4 + CuF_2 \tag{1-3}$$

$$2SF_6 + W + Cu \longrightarrow 2SF_2 + WF_6 + CuF_2 \tag{1-4}$$

$$3SF_6 + W \longrightarrow 3SF_4 + WF_6 \tag{1-5}$$

$$4SF_6 + W + Cu \longrightarrow 4SF_4 + WF_6 + CuF_2 \tag{1-6}$$

$$4SF_6 + 3W + Cu \longrightarrow 2S_2F_2 + 3WF_6 + CuF_2 \tag{1-7}$$

$$Al + 3F \longrightarrow AlF_3 \tag{1-8}$$

$$2CF_2 + SF_6 \longrightarrow 2CF_4 + SF_2 \tag{1-9}$$

以上反应生成物中，有些（如 CF$_4$、AlF$_3$、CuF$_2$）将以稳定的气态或固体粉末存在于开关灭弧室内，其他生成物如遇到化学性能活泼的水或氧还会继续发生新的化学反应。

1.3.4　水和氧等杂质产生酸性有害物质

SF$_6$ 气体在制造过程中不可避免地存在水分和氧气等杂质。化学性能活泼的 H$_2$O 和 O$_2$ 遇到活动性强的 SF$_4$ 和 WF$_6$ 很容易发生新的化学反应而产生酸性有害物质，如

$$2SF_4 + O_2 \longrightarrow 2SOF_4 \tag{1-10}$$

$$SOF_4 + H_2O \longrightarrow SO_2F_2 + 2HF \tag{1-11}$$

$$SF_4 + H_2O \longrightarrow SOF_2 + 2HF \tag{1-12}$$

$$SOF_2 + H_2O \longrightarrow SO_2 + 2HF \tag{1-13}$$

$$SO_2 + H_2O \longrightarrow H_2SO_3 \tag{1-14}$$

$$WF_6 + H_2O \longrightarrow WOF_4 + 2HF \tag{1-15}$$

$$WOF_4 + 2H_2O \longrightarrow WO_3 + 4HF \tag{1-16}$$

HF 与水结合生成腐蚀性极强的氢氟酸，加上 H$_2$SO$_3$ 对开关灭弧室零部件都会产生侵蚀破坏，尤其是对含硅（Si）物质的侵蚀最严重，如

$$SiO_2 + 4HF \longrightarrow SiF_4 + 2H_2O \tag{1-17}$$

$$SiO_2 + SF_4 \longrightarrow SiF_4 + SO_2 \tag{1-18}$$

$$SiO_2 + 2SOF_2 \longrightarrow SiF_4 + 2SO_2 \tag{1-19}$$

因此在有电弧存在的 SF$_6$ 电器的气室中，不能使用含硅的绝缘件，如填充玻璃丝纤维的环氧树脂绝缘材料、硅橡胶、硅玻璃、含石英砂（SiO$_2$）的环氧树脂浇注绝缘件等。

此外，这些酸性电弧分解物对镀锌件也有腐蚀作用，使镀锌层发毛、起皮、脱落。因

此，在 SF$_6$ 断路器灭弧室内使用镀锌件是不合适的。

常用耐 SF$_6$ 电弧分解腐蚀的材料有：填充 Al$_2$O$_3$ 的环氧树脂、聚四氟乙烯、聚乙烯、聚丙烯、上釉氧化铝陶瓷、涤纶纤维环氧树脂、填充石墨的聚四氟乙烯、填充二硫化钼的聚四氟乙烯等绝缘材料。此外，还有不锈钢、铸铁、脱锌铝合金、铝及铝铸件、铜及铜合金、铬及镉镀层。

从上面分析可见：水分促成电弧分解的低氟化物转为酸性物质，对人体和产品都有不良影响；水分也会使电弧分解出的 F 和 S 原子（离子）的再结合（S + 6F ——→ SF$_6$）受阻，从而影响产品性能。

因此，对于 SF$_6$ 电器消除水分是一个重要课题（参见第 2 章 SF$_6$"电器的气体管理"）。

1.3.5　SF$_6$ 电弧分解物中有剧毒的 S$_2$F$_{10}$ 吗？

从理论上讲，SF$_6$ 与 Cu 和 W 反应都可能生成 S$_2$F$_{10}$：

$$6SF_6 + W \longrightarrow WF_6 + 3S_2F_{10} \tag{1-20}$$

$$2SF_6 + Cu \longrightarrow CuF_2 + S_2F_{10} \tag{1-21}$$

但是数十年来，国内在对 SF$_6$ 电弧分解物的分析中还没有见到过 S$_2$F$_{10}$。国外曾有报道确认在 SF$_6$ 电弧分解物中有 S$_2$F$_{10}$ 存在。

在 SF$_6$ 电弧分解物中，有电弧高温下生成的 SF$_5$ 基团，在迅速冷却时也能生成 S$_2$F$_{10}$：

$$2SF_5 \longrightarrow （冷却）S_2F_{10} \tag{1-22}$$

但是在高于 150 ~ 300℃时，S$_2$F$_{10}$ 又易受热分解，且不可逆

$$S_2F_{10} \longrightarrow （热解）SF_4 + SF_6 \tag{1-23}$$

S$_2$F$_{10}$ 这种冷却聚合而受热分解的特性，就决定了在断路器开断过程中（即灭弧室高温环境下）很难出现 S$_2$F$_{10}$，因此国内外在 SF$_6$ 产品的研究试验和运行检修时很难见到 S$_2$F$_{10}$。

对 S$_2$F$_{10}$ 剧毒气体的紧张是没有必要的；但是对它存在的可能性不容否定，对它可能产生的危害应警惕，要重视 SF$_6$ 电弧分解物的化学毒性（参见第 2 章 SF$_6$"电器的气体管理"）。

1.4　SF$_6$ 的绝缘特性

对 SF$_6$ 电器所关心的 SF$_6$ 的绝缘特性有两个问题：一是 SF$_6$ 气体间隙的绝缘特性；二是 SF$_6$ 气体中固体绝缘件沿面放电的特点。这两点对 SF$_6$ 电器绝缘结构的设计很重要。

1.4.1　SF$_6$ 气体间隙的绝缘特性

1. 影响 SF$_6$ 气体间隙绝缘的最重要因素是电场的均匀性

在均匀电场中，SF$_6$ 气体的绝缘性能十分优良，气体间隙 d 的增大、气体压力 p 的增加都能显著地提高间隙的绝缘能力，在一定的 p 值范围内，SF$_6$ 气体间隙的放电特性符合巴申定律，见图 1-4。在均匀电场中，SF$_6$ 间隙的击穿场强大约是同等空气间隙的 3 倍，从图 1-5 中可以看出这一关系，图中给出了气隙击穿时的场强 E 与气压 p 的临界比值 E/p，SF$_6$ 中为 885kV · cm^{-1} · MPa^{-1}空气中为 294kV · cm^{-1} · MPa^{-1}。

电场的均匀程度对 SF$_6$ 气体间隙击穿电压的影响要比空气大得多。随电场不均匀程度的提高，SF$_6$ 间隙击穿电压与空气间隙击穿电压的差值逐渐缩小，见图 1-6，在极不均匀电场下，甚至出现 SF$_6$ 间隙 50% 放电电压低于空气间隙的现象，见图 1-7。在极不均匀电场中，

SF₆ 气体绝缘的优势不复存在。

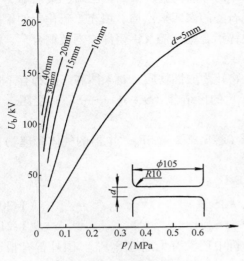

图 1-4　SF₆ 气体间隙在均匀
电场中的工频放电电压

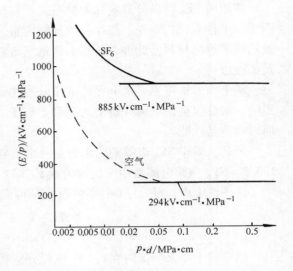

图 1-5　均匀电场中的
绝缘破坏强度

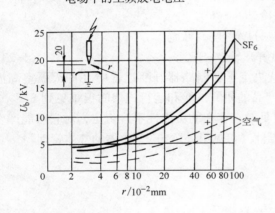

图 1-6　尖-板电极间的局部
放电起始电压（$p = 0.1\text{MPa}$）

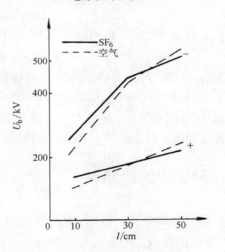

图 1-7　极不均匀电场中
的 $\pm 1.5/40\mu s$ 冲击放电特性

在 SF₆ 电器结构中，均匀电场是不可能有的。不良的设计有可能出现极不均匀电场，因此设计时必须避免出现这一现象，注意事项如下：

（1）零部件不能有尖角，尽量加大零部件外形圆角半径，对于实在避免不了的尖角，应增设电场屏蔽件。

（2）努力避免棒-板间隙设计，采用电场稍不均匀的同轴圆柱形或同心球形结构设计。对于不可避免的棒-板形结构处，必要时增设电场屏蔽件将电场转变为同轴圆柱形分布。与同等间隙的极不均匀电场相比，稍不均匀的同轴圆柱或同心球形电场具有高得多的绝缘强度。

（3）在稍不均匀电场中，随着电极距离的增大，击穿电压增长逐步变慢出现电压增长

饱和的现象，见图 1-8。因此，SF₆
电器的绝缘结构设计更多地强调结
构电场分布的均匀性，而不能单纯
靠增大间隙来提高耐受电压。

2. 电晕起始电压与极间击穿电
压很接近

在极不均匀的电场中，空气中
的棒电极发生局部放电时，放电产
生的空间电荷因热运动而扩散分布
在棒电极周围空间，起到一种放大
了棒电极直径的作用，分布在棒端
空间的电晕层对棒电极起到屏蔽作
用，而使间隙击穿电压比局部放电
起始电压高不少。

但是，SF₆ 间隙的情况不同。
SF₆ 具有捕捉自由电子的电负性，当
电场中自由电子密度不太高时，SF₆
确能使间隙的碰撞游离处于抑制状

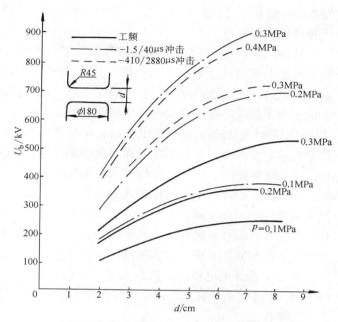

图 1-8　稍不均匀电场中 SF₆ 间隙的三种电压放电特性

态，从而提高了局部放电的起始电压（与同等空气间隙相比）。但是当电场达到产生局部放
电值时，一方面因 SF₆ 气体分子直径大、分子量大，使得电离产生的离子运动速度不高，迁
移率低，棒端空间电荷密集而不易向外扩散，局部放电产生的电晕层对电极起到的屏蔽作用
比空气中差得多，局部放电很容易发展成间隙贯穿性放电；另一方面，在电场产生局部放电
时，空间自由电子在电场中已获得足够的能量，SF₆ 分子对电子的亲和力不足以吸住高能自
由电子，反而会被高能电子撞击而电离，使中性的 SF₆ 释放自己的电子。已吸附了电子的负
离子 SF₆ 也会被迫放出吸附的电子和自己自由电子轨道上的电子，形成电子崩，迅速导致间
隙击穿。SF₆ 间隙的局部放电起始电压与间隙击穿电压很接近的这一特点，与空气中极不均

匀电场电极的击穿电压相比，局部放电起始电压
高很多的特点，将导致在极不均匀电场中 SF₆ 间
隙的绝缘性能与空气相近，甚至更低，见图 1-7。

根据这一特点，在 SF₆ 电器绝缘结构设计时，
回避极不均匀电场、改善电场分布和严格控制局
部放电是十分必要的。

3. SF₆ 绝缘的极性效应

在 SF₆ 均匀电场中，因两电极电场分布完全
对称而无极性效应，即施加正极性或负极性电压
时，其击穿电压相同。

在不均匀和极不均匀电场中，负极性击穿电
压高于正极性。

在我们所关注的稍不均匀电场中，负极性击

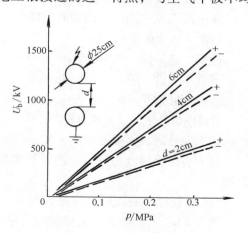

图 1-9　稍不均匀电场的极性
效应（1.5/40μs 冲击波）

穿电压一般低于正极性击穿电压，见图 1-9。因此，SF₆ 电器中冲击绝缘水平通常都决定于负极性试验电压值。

　　放电间隙空间电荷的运动造成了 SF₆ 放电的极性效应，见图 1-10。当上电极为负极性、上球表面附近电场达到一定值时，上球最低点附近空间最先电离，电子将远离上电极向下运动，运动过程中将使间隙的 SF₆ 气体游离放出电子；而上电极附近留下来的空间正电荷在上球表面产生更高的电位梯度，导致上球表面发射更多的电子，从而加速了间隙的游离，降低了负极性击穿电压。当上球为正极性时，最先游离的电子直接进入上电极，不会进入球隙空间去诱发空间 SF₆ 释放电子；而上球附近留下的正电荷也只能进一步削弱正极性上电极附近的电场，抑制上球发

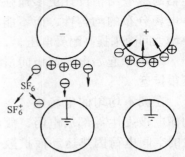

图 1-10　极性效应与空间电荷的运动

射电子，而使间隙的游离比负极性时小，因此正极性的击穿电压高于负极性的。

　　4. SF₆ 绝缘的电极表面状态效应

　　SF₆ 中电极电晕起始电压主要受电极表面状态（形状和表面粗糙度）的影响，受电极距离的影响次之。

　　电器产品零件表面是凹凸不平的，凸起部分，场强集中，电晕起始电压低。因此，间隙击穿电压随表面粗糙度 R_a 增大而下降。

　　从图 1-11 还可看出，随 SF₆ 气压的增大，表面粗糙度 R_a 对 U_b 的影响越突出。图中示出，0.2MPa 时 R_a 由 0.5μm 下降到 20μm 时，U_b 下降 8kV，0.5MPa 时相应下降 28kV。

　　SF₆ 电器电极表面粗糙度的最低要求如下：

　　带电体表面 $R_a \leqslant 6.3$μm

　　地电位壳体内表面 $R_a \leqslant 50$μm

　　常用加工方式能达到的表面粗糙度水平：

　　磨削　$R_a = 0.8 \sim 1.6$μm

　　精车、铣、镗　$R_a = 3.2$μm

　　普通车、铣、镗　$R_a = 6.3$μm

　　铸件打磨砂光　$R_a = 6.3$μm

　　铸件电极外表面、壳体内表面打磨　$R_a = 25 \sim 50$μm

　　钢板壳体内表面喷丸　$R_a = 50$μm

　　以上表面粗糙度是 SF₆ 电器设计和制造中常用的数据。

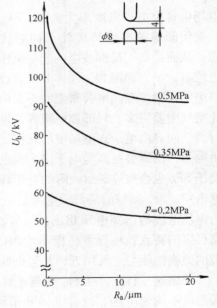

图 1-11　表面粗糙度 R_a 对 SF₆ 间隙放电的影响

　　SF₆ 电器电极表面形状（是否光滑、有无尖角）对电晕起始电压也有很大的影响。

　　图 1-12a、b 表明，尖角使间隙击穿电压下降，同样间距 d 及相同气压 p 条件下，尖角曲率半径 r 越小，击穿电压 U_b 越低。气压越高，尖角对放电的不利影响也越大。比较 $d = 50$mm 的气体放电间隙，在 $p = 0.1$MPa 时，尖角 $r = 10$mm 的击穿电压与 $r = 2.5$mm 相比要

高 25kV；在 $p=0.3$ MPa 时，$r=10$ mm 的击穿电压比 $r=2.5$ mm 时要高 46kV。间隙越大，电场分布不均匀性越大，尖角对击穿电压的影响也越大，例如在 $p=0.3$ MPa、$d=100$ mm 时，$r=5$ mm 时的击穿电压比 $r=1.25$ mm 时的击穿电压高 39kV；$d=50$ mm 时，$r=5$ mm 时的击穿电压比 $r=1.25$ mm 时高 23kV；d 越大（电场越不均匀），尖角变小使击穿电压下降的现象越显著。

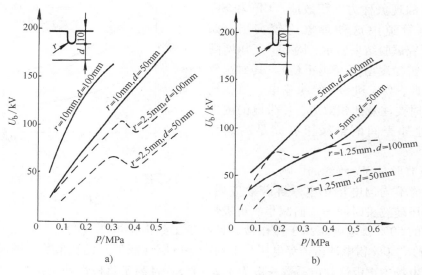

图 1-12　不同 SF₆ 气压下尖角对放电特性的影响

　　这些研究试验的结果再次向 SF₆ 电器设计者和使用者强调：SF₆ 电器零部件在制造过程中和产品在使用维修过程中，不能允许有尖角、碰伤、划伤及电焊渣附着等现象存在，表面必须光滑。

　　5. 导电微粒对 SF₆ 绝缘的影响

　　导电微粒附着在电极表面的现象是普遍存在、经常发生的，如切削加工后的切削末未擦净，砂光后的电极表面残留的金属粉末未擦净，运行中的产品在分合操作若干次后磨损脱落的金属粉末或电镀层皮、检修过程中清理不慎而粘附的金属粉末等，都会在电极表面形成突出的细小的放电尖端。这相当于增大了电极表面粗糙度，势必降低击穿电压。生产实践证明，对于砂光的铝导体表面，当粉末未擦净（白纸擦过留有银灰色痕）

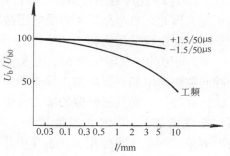

图 1-13　导电粒子长度 l 对击穿电压的影响（粒子直径 $\phi 0.2$ mm）

（注：U_b 为有导电粒子时的击穿电压，U_{b0} 为无导电粒子时的击穿电压）

时，在产品试验电压下，局部放电量可达数百 pC。而同台产品在擦净导体表面后在同等电压下局部放电降到 10pC 以下。导电微粒在极间电场力作用下会发生移动，或堆积在一起形成放电尖端，或排列成线缩短了极间距离，最终都会导致击穿电压降低，见图 1-13。从该图可看出，在冲击电压作用下，因电压作用时间短，导电微粒来不及移动和堆积，因此对冲击击穿电压的影响很小。但是，如果电极表面存在较大的突出尖角，即使是冲击电压，其击穿值也会明显降低。

6. SF₆ 绝缘的面积效应

SF₆ 电器中, 电极表面积越大, 表面的缺陷 (如尖角毛刺、导电微粒、比较粗糙的部位) 出现概率就越大、引起击穿电压下降的因素出现概率也越大, 因此产品击穿电压随表面积增大而下降。这种击穿电压随电极表面积增大而下降的现象称为面积效应。GIS 和 SF₆ 绝缘的输电管道中这种现象比较突出。如图 1-14 的研究试验结果所示, 随 SF₆ 气压增高和电极表面粗糙度增高 (越粗糙), 其面积效应越大。因此, GIS 和 SF₆ 绝缘输电管道在绝缘结构设计时要注意面积效应, 使带电的内部导体与接地外壳间的绝缘留有充足的设计裕度。

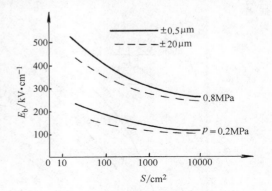

图 1-14　SF₆ 气压、表面粗糙度
对面积效应的影响

7. 电压波形对 SF₆ 绝缘的影响

SF₆ 在稍不均匀电场中电晕屏蔽效应弱, 因此放电电压随波头时间增长而减小。负极性标准雷电波的 50% 放电电压高于操作波, 且高于工频击穿电压 (为工频击穿电压峰值的 1.2 ~ 1.3 倍)。50% 雷电冲击击穿电压与工频击穿电压 (峰值) 的比值称为冲击系数。SF₆ 在稍不均匀电场中正极性冲击系数一般为 1.2 ~ 1.3, 且高于负极性冲击系数。由于一般高压电器设备规定的雷电冲击耐受电压与工频耐受电压 (峰值) 之比大于 1.5, 因此 SF₆ 电器的绝缘尺寸是由负极性雷电冲击耐受电压决定的。

从图 1-15 还可看出: 50% 负极性操作冲击 (-190/3000μs 波) 击穿电压与工频击穿电压相近。因此, 当产品工频耐受电压裕度不大时, 操作冲击耐受电压试验可能通不过。

8. SF₆ 绝缘的压力特性

SF₆ 间隙的击穿电压随 SF₆ 气压 (密度) 的增大而提高。在 SF₆ 中与在空气中一样, 这种随间隙距离增加而提高的击穿电压有明显的饱和特性, 而且随间隙的增大 (电场不均匀性增加), 其饱和速度更快。SF₆ 与同等条件的空气间隙相比, 击穿电压更容易饱和, 这一特性再次提醒设计者注意, 靠增大间隙距离和提高 SF₆ 气压来增大间隙的绝缘能力不是主要手段, 最重要的是改善电场分布。

如图 1-16 中的最下面一条实线 (d = 13mm) 所示, 因间隙较小, 电场相对比较均匀, 因此在较大的气压范围 (0 ~ 1.5MPa) 内, 放电特性是线性的。当间隙增大, 电场不均匀时, 放电特性仅在较低的气压下保持线性。

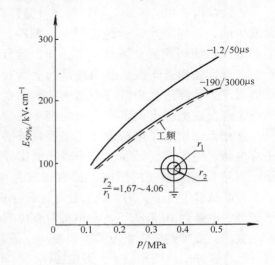

图 1-15　电压波形对 SF₆ 放电的影响

对于光洁的导体表面，耐受电压随气压变化的近似关系为

$$U_{b2} = U_{b1}\left(\frac{p_2}{p_1}\right)^{0.9} \qquad (1\text{-}24)$$

式中，p 为绝对气压（MPa）。

对于较粗糙的导体表面，耐受电压随气压增长速度将下降，指数 0.9 变为 0.7。

9. SF₆ 间隙绝缘结构设计小结（与空气绝缘对比）

SF₆ 绝缘结构与空气绝缘结构相比有很大的差别，SF₆ 及空气绝缘结构对比见表 1-3。

SF₆ 气体间隙的击穿电压估算方法参见第 4 章。

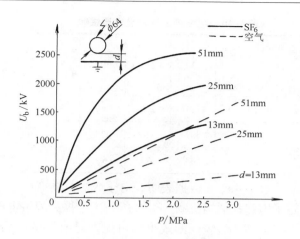

图 1-16　SF₆ 间隙的击穿电压与气压的关系

表 1-3　SF₆ 及空气绝缘结构对比

	空气绝缘结构	SF₆ 绝缘结构
电场结构	长间隙，极不均匀电场	短间隙，同轴圆柱或同心球稍不均匀电场
电晕影响	电晕屏蔽效应提高击穿电压	无屏蔽效应，电晕电压与击穿电压接近
极性效应	绝缘水平决定于正极性击穿电压	绝缘水平决定于负极性击穿电压
电极表面状态	对放电电压影响很小	影响很大，要求表面光滑、清洁、无尖角
导电微粒	对击穿电压无影响	有明显的影响，导电微粒使击穿电压降低
面积效应	无	有，注意预留绝缘设计裕度
冲击特性	冲击系数小，$\beta = 1.0 \sim 1.1$ 间隙承受操作波的能力最低	冲击系数较大，$\beta = 1.2 \sim 1.3$ 间隙绝缘强度随波头时间增长而下降
气压影响	绝缘强度随间隙气压增长而提高，有饱和现象	饱和现象比空气间隙更严重，电场越不均匀，其饱和现象越突出

1.4.2　SF₆ 中绝缘子的沿面放电特性

影响 SF₆ 中绝缘件沿面放电的主要因素是电场分布状况，其次是表面清洁度、SF₆ 电弧分解物及水分。

1. 电场分布的影响

SF₆ 中绝缘件表面闪络电压的大小与沿面闪络距离有关，但是在同等 SF₆ 气压下，更多地受制于绝缘件的电场分布的均匀程度。如果电场极不均匀，沿面闪络电压随距离的增加很快饱和，见图 1-17。与 SF₆ 气体间隙放电特性一样（参见图 1-7），负极性冲击闪络电压高于正极性。在稍不均匀电场中，电极间距达到较大值时，也会出现闪络电压饱和的现象，不过此时负极性冲击闪络电压低于正极性（参见表 1-4b）。

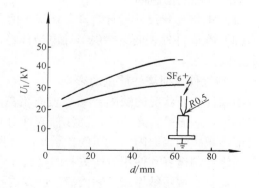

图 1-17　极不均匀电场中的沿面放电

表 1-4a　绝缘棒工频耐受电压试验

工频电压/kV ＼ d/mm ＼ p_{SF_6}/MPa	230	260	300	330
0.10	284	285	296	309
0.15	407	416	425	
0.20	503	523		

表 1-4b　绝缘棒冲击耐受电压试验

1.5/50 μs/kV ＼ d/mm ＼ p_{SF_6}/MPa	230	300
0.15	− 546 + 773	− 588 + 805
0.20	− 760 + 912	− 770
0.25	− 911	

表 1-4a、b 数据表明，对于 SF₆ 电器产品中常见的绝缘杆件，再增大距离，闪络电压已趋于饱和；适当提高 SF₆ 气压，还可提高闪络电压。

提高 SF₆ 气压的效果和可能性是有限的，为了大幅度提高闪络电压，最有效的办法是改善绝缘棒的电场分布，降低最高工作场强。对于图 1-18 所示的结构，闪络是从上电极 r 处的局部放电开始的，增大 r 及直径 D，上电极 r 处场强将下降，绝缘棒电场分布更趋于均匀，绝缘棒最大表面场强将下降，因此在距离 d 相同条件下，上电极局放电压会提高，试件闪络电压也随着提高。

基于这个特点，可以形象地说：SF₆ 中的固体绝缘结构设计，矮胖形比瘦高形要合理，能更有效地利用固体绝缘件的高（长）度尺寸，使产品的高（长）度缩小。

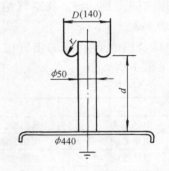

图 1-18　表 1-4a、b 试验用试品结构

2. 嵌件间隙的影响

绝缘件两端有电极，电极有可能直接被浇注在绝缘件上，更多的是在绝缘件两端浇注金属嵌件，通过嵌件再与电极相连。电极或嵌件与绝缘件接触部位，可能由于尺寸配合关系，或两种材料热膨胀系数不同，或浇注工艺控制不当，都可能出现间隙（或空穴），如图 1-19 中的试件 B 所示。间隙中进入 SF₆、空气（也可能是真空），形成介电常数比固体绝缘材料介电常数小的气隙，导致气隙中电场强度增高，降低了电晕起始电压，随电晕的发展，闪络电压也下降。从图 1-19 还可看出，嵌件间隙的存在，提高 SF₆ 气压对提高闪络电压的效果也降低了（随间隙的出现和间隙 δ 值的增大，曲线斜率渐低，且有饱和趋势）。

消除气隙的措施如下：

（1）电极形状尺寸设计合理，保证在两种材料接触处不存在间隙。

（2）在嵌件外表面涂一层半导电液体橡胶，利用其弹性来避免在接触处因热胀冷缩而出现空穴。

3. 绝缘件表面浇注质量的影响

绝缘件表面状况的缺陷：一是表面粗糙度；二是气孔。环氧树脂浇注件根据脱模的要求，其模具表面是很光洁的，浇注件表面都可以达到 $R_a = 3.2\mu m$，因此绝缘件表面粗糙度不可能出现影响表面闪络电压的严重缺陷（除非 $R_a = 50\mu m$）。

绝缘件制造者和使用者所关心的是表面气孔，气孔的存在不仅会使绝缘件表面局部场强增大，而且会藏污纳垢破坏表面清洁度，诱导碰撞游离，形成局部放电而发展成沿面闪络。绝缘件表面浇注缺陷如果存在于电极附近，其降低闪络电压的影响最大；存在于其他承受高电压的部位时，其影响较小；存在于屏蔽罩内和其他不承受高压的部位时，无影响。

因此工程设计时，常对固体绝缘件的表面制造质量提出要求，参见第 6 章。

4. 表面污染及水分的影响

绝缘件表面装配时附着污物油迹，运行时附着金属粉粒都会使沿面闪络电压显著下降，严重污染时可下降 50% 左右，如果导电粉粒、金属线条、电镀层脱皮沿绝缘件电场方向分布成线，其对沿面绝缘的破坏作用更严重。因此，装配时必须用白布（或高级餐巾纸）沾无水酒精擦净污物，用洁净手套隔离手指皮肤接触绝缘件。此外，要注意提高电镀层的附着力，避免和尽量减少操作磨损而起皮脱落，减少绝缘件表面在运行时附着金属导电微粒的可能性。

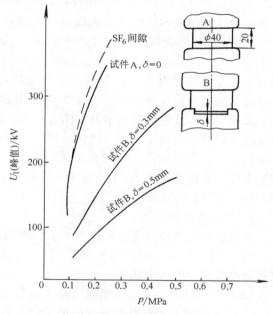

图 1-19　嵌件间隙、SF₆ 气压对绝缘件沿面工频闪络电压的影响

SF₆ 电器有电弧存在的气室，绝缘件表面附着 SF₆ 电弧分解物是不可避免的。SF₆ 被电弧分解出的 SF₄，将对含 SiO₂ 填充剂的绝缘材料产生化学反应，使 SiO₂ 变成粉状的 SiF₄；如果 SF₆ 中有水分，SF₄ 与水反应生成腐蚀性更强的 HF，HF 与 SiO₂ 反应不仅强烈地侵蚀了绝缘材料，而且又析出水分，形成一个"酸——腐蚀——水"的恶性循环。

触头材料在电弧高温作用下与 SF₆ 反应生成的 CuF₂ 和 WF₆，是一种灰白色粉末附着于绝缘件表面。当 SF₆ 气体中含水少时，这些灰白色粉末比较干燥，是绝缘的，对闪络电压没有影响。如果水分多，这些受潮气浸润的灰白色粉末会聚成小团附着在绝缘件表面，使沿面闪络电压大大降低。

为避免电弧分解物和水分的不良影响，常用的设计措施是：

（1）尽量不采用含 SiO₂ 填充物的绝缘材料。

（2）必须用含 SiO₂ 填充物的材料（如环氧玻璃布筒、板、棒）时，在与电弧分解物接触面外应包一层（1~2mm 厚）涤纶纤维填料，阻止 SiO₂ 与电弧分解物接触。

（3）通过各种方式控制 SF₆ 中的水分，如装吸附剂和零部件装配前预烘干燥，在阴雨天不检修产品等。

水分对绝缘的影响不仅是因为 CuF₂ 和 WF₆ 等电弧分解物的存在，即使无电弧存在的 SF₆ 气室，水分自身对绝缘件沿面闪络也构成威胁。当 SF₆ 中水分相对湿度达到 30% 时，沿面闪络电压就出现下降趋势（参见第 2 章"SF₆ 电器的气体管理"）。

SF₆ 中沿面闪络电压的计算参见第 6 章"SF₆ 电器绝缘结构设计——气体间隙、环氧树脂浇注件、真空浸渍管（筒）件"。

1.4.3　减小金属微粒危害的措施

在 GIL/GIS 的气体和固体绝缘间隙中，若存在金属微屑，在外加电场作用下，可能起举、飞翔、穿过气隙或附着在固体绝缘子表面，从而导致间隙绝缘强度急剧下降。为降低金属微屑对绝缘强度的影响，在产品设计制造、包装运输和现场安装时，应采取必要的措施，降低金属微屑对绝缘的影响。

1. 金属微屑起举造成 GIL/GIS 间隙绝缘强度降低的机理

GIL/GIS 内部的金属微屑由于受自身重力因素的影响而散落在外壳内表面下部或内部导体外表面的上部。GIL/GIS 运行时内部导体与外壳上分别带有大小相等，极性相反的电荷，散落在导体和外壳内表面的金属微屑，也带有大小相等，极性相反的电荷。因此，在 GIL/GIS 内部导体与外壳体间建立起空间电场，金属微屑在 GIL/GIS 空间电场的作用下受电场力 *F* 作用，*F* 与金属微屑所带电荷，和所处电场有关。当电场力 *F* 克服金属微屑重力及金属微屑与所在导体的黏附力后，金属微屑带电荷起举，向反极性导体（外壳或内导体）运动，金属微屑到达反极性导体后，原来的电荷中和释放并带上反极性导体的电荷，然后反向运动，如此飞翔，反复充电放电并伴随着发光，通常把它称为飞萤现象。带有电荷的金属微屑向反极性导体运动尚未到达反极性导体时，带电金属微屑与反极性导体间由于局部电场增强而出现击穿，形成流注（类似金属类端出现），流注向另外一极迅速发展造成 GIL/GIS 绝缘间隙击穿。金属微屑的起举、飞翔，犹如在 GIL/GIS 内部导体和壳体上出现了金属尖端，GIL/GIS 间隙绝缘强度急剧降低。

2. 金属微屑的来源

金属微屑主要由以下途径进入 GIL/GIS 内部：

（1）GIS 的 CB（断路器）、DS（隔离开关）和 ES（接地开关）在分合操作过程中由于触头摩擦造成金属微屑脱落。

（2）装配过程中金属件紧固（如螺钉紧固）造成金属微屑脱落进入产品内部。

（3）装配时，由粘有金属微屑的不洁净零部件带进产品内。

（4）在不洁净的安装场地，当产品组件对接安装或检修时，将金属微屑带进产品内部。

3. 降低 GIL/GIS 绝缘受金属微屑影响的措施

（1）减小金属微粒影响的设计措施

a）GIL/GIS 壳体内表面涂绝缘性好的环氧底漆与面漆。

b）GIL/GIS 内部导体外表面（导电面除外）喷绝缘清漆。

绝缘涂层使金属微粒与壳体（或内部导体）绝缘隔开，减小了金属微屑充电速度与充电量，提高了起举电压，削弱了它的危害。金属微屑本身的电荷在 GIS 空间电场作用下重新分布：与壳体（或内部导体）接触端分布着与壳体（或内部导体）极性相反的电荷，远离壳体（或内部导体）端集中了与壳体（或内部导体）相同的电荷。因此金属微屑与壳体（或内部导体）间产生相吸的电场力，削减了金属微屑脱离壳体（或内部导体）在间隙中飞逸的可能性，有效地防止了它对 GIL/GIS 绝缘的危害。

c）对于 145/252/550kV GIS，一般情况高电位导体对外壳最小气隙可取 60/100/150mm。卧式布置的断路器结构复杂、操作振动大、运动摩擦件多，因此产生金属微屑可能性大，应适当加大这个气隙，留较大（≥25%）的对地绝缘设计裕度，该气隙宜取 80/130/200mm。

d）对于卧式布置的断路器在断口附近的筒体下方可考虑设计陷阱捕捉金属微屑，见图 1-20。

（2）装配前加强零部件、工具和环境的清理

a）金属零部件的加工毛刺在清洗（电镀）前应仔细

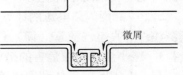

图 1-20　设计陷阱捕捉金属微屑

打磨干净。

b）确保装配环境卫生、装配人员衣着洁净、装配工具上不沾金属微粒。

c）仔细除尽盲孔螺纹及沉孔中的切削。

d）确认喷丸（砂）或涂装清洗前的壳体内表面和装配孔内无金属微粒。

e）砂磨后的 GIS 内部导体表面必须用百洁布抛光，利用百洁布纤维孔隙吸尽导体表面金属粉末，最后用白布酒精擦净。

（3）减小装配产生金属微屑危害的措施

a）杜绝野蛮装配。不合格的轴孔和止口配合不能硬性压装、砸装；不合格的螺纹连接件不能强制性拧装，以免制造金属微屑。

b）产品组装完毕封盖前，用压缩空气吹冲使微屑脱离内部组装件而落入壳体，再用吸尘器除尽。

c）CB、DS 和 ES 出厂分合操作次数增加到 400 次。通过摩擦与振动剔除触头初期操作时容易产生的铜屑和零部件内部可能潜藏的金属微屑。操作试验后打开产品通过气吹与吸尘器除尽金属微粒，这是减少运行产品产生金属微粒的有效方法之一。

（4）减少产品包装运输和现场安装时带入金属微粒的措施

a）产品包装分解面装盖板封闭运输，封装盖板时必须仔细将盖板和密封圈清理干净，严防带入异物。

b）产品安装现场尽可能打扫洁净。安装人员衣着和工具保持洁净。

c）产品分解面运输盖板打开后，尽快清理干净后组装，严防带入异物。

d）严禁风沙天气安装。

e）安装完毕，对设备进行 80% 工频耐受电压的高电压试验，将残留金属粉粒在升压过程中烧掉。

（5）强化镀银件的银层接合力的监控，严防镀银触头脱离银皮、干扰内绝缘。

1.5　SF₆ 气体的熄弧特性

1.5.1　SF₆ 气体特性创造了良好的熄弧条件

（1）参见图 1-2，SF₆ 气体在 2000 ~ 3000K 时就出现热传导尖峰，在电弧的弧套区域具有比空气大得多的导热的能力；但是在弧心高温区热导率 λ 却很小，比空气小得多，如图 1-21 所示，使电弧边界层上的温度梯度很高（弧套区温度下降快）。因此，SF₆ 电弧弧套（弧焰）区温度低。由于 SF₆ 吸附自由电子而使弧套区电导率极小，而弧心电导率 σ 却很高，因此 SF₆ 电弧弧心很细。而空气中电弧在接近弧心区域具有很高的热导率 λ，弧心热量从径向快速传递

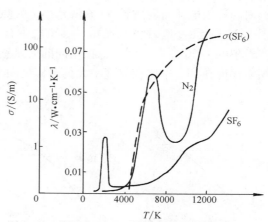

图 1-21　热导率 λ 和电导率 σ 随电弧温度的变化

扩散，所以空气中的电弧直径膨胀得较大，见图 1-22。SF₆ 和空气中燃烧的电弧直径的差异，对其熄弧性能会产生重要的影响。

　　SF₆ 中电弧直径细，温度高，说明开断电流集中于弧心通过，电弧电导率要比空气中大，因此电弧电压降也低。许多试验测出 SF₆ 电弧电压降比空气和 N₂ 要小得多。对于同等开断电流，当电弧电压降低，即电弧功率低时，当然给熄弧创造了良好条件。

　　（2）也同样因为电弧直径细，尤其是在开断感性小电流（切空载变压器、电抗器和电动机）时，在电流接近零点时，弧心也能维持很细而不会造成电流截断，不会因此而产生截流过电压。

　　（3）电流过零后，电弧时间常数小，弧隙介质强度恢复快，有利于熄弧。SF₆ 中电弧在电流过零前有一个特点：弧隙电导率 σ 急骤下降，见图 1-23，比空气中电弧快得多。造成弧隙电导率迅速下降的主要原因是，SF₆ 对电子的亲和力强，过零前弧隙大量自由电子被 SF₆ 及其分解物吸附，因此在过零前弧隙温度还较高（4000 ~ 6000K）时电导率也能快速下降（见图 1-21 虚线）。

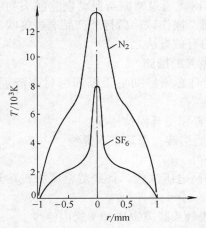

　　图 1-22　SF₆/空气中电弧径向温度分布　　　图 1-23　电流过零前弧隙电导率 σ 的变化

　　开断电流过零后，弧隙没有能量输入，弧隙电阻 R 随弧隙能量的扩散和温度下降而迅速增大，当 R 增大到过零瞬间弧隙电阻的 e 倍时，或弧隙温度下降到过零时的 $1/e$ 倍时所需要的时间称为电弧时间常数 θ。θ 值越小，弧隙温度下降越快，弧隙介质绝缘强度恢复越快。如图 1-24 所示，SF₆ 中 θ 仅几微秒，空气中有 $100\mu s$ 左右，油中有几千微秒。SF₆ 中的 θ 值为空气中的 1/50 左右。因此，在相同的灭弧室和熄弧条件下，开断电流过零后弧隙介质强度恢复速度在 SF₆ 中比在空气中大得多，见图 1-25。

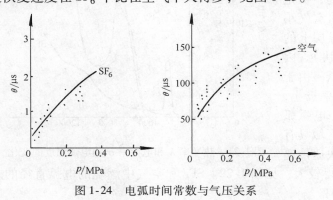
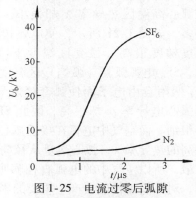

　　　　图 1-24　电弧时间常数与气压关系　　　　　　图 1-25　电流过零后弧隙
　　　　　　　　　　　　　　　　　　　　　　　　　　　　　　介质强度恢复速度

SF₆ 中电弧时间常数 θ 小，也说明弧隙电导率 σ 在零后下降快，零后剩余电导率越小，则剩余电流就越小。开断电流零后热击穿实质上是剩余电流发展的结果，SF₆ 中电弧零后剩余电流能受到抑制，就不易发生热击穿。θ 值小，弧隙热恢复快，就具有很强的对抗恢复电压上升的能力，因此这对于近区故障开断和切小电容电流十分有利。

（4）SF₆ 中负离子促进了 SF₆ 复合反应，有利于断口间介质强度迅速恢复。电流过零前夕，SF₆ 分解出的 F^-、SF^- 增多，尤其是负离子 F_2^- 在过零前突出增多，出现负离子共振现象，见图 1-26。过零前负离子突增现象，说明弧隙中有大量自由电子被 SF₆ 及其分解物（SF、F_2 等）吸收。负离子的特点是运动速度低，很容易与正离子（SF_5^+、SF_4^+、SF_2^+ 等）复合成中性的 SF₆ 分子。弧隙负离子从产生到与正离子迅速复合的过程，一方面导致过零后带电粒子迅速消失，另一方面对使弧隙中 SF₆ 新

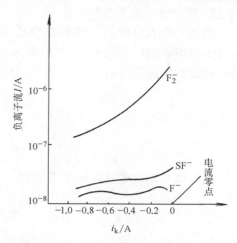

图 1-26　开断电流过零前负离子共振

生，加上前述弧隙温度的下降而使断口间介质强度迅速恢复。研究试验实测出，SF₆ 中电弧在电流过零后弧隙介质恢复速度为空气中电弧的 5 ~ 6 倍（参见图 1-25）。

（5）在较均匀的电场和一定气压条件下，SF₆ 断口比空气和油断口有更好的绝缘性能，因此 SF₆ 断口距离是最小的，弧隙（尤其是喷嘴上游区）的电弧能量小，不易出现喷嘴堵塞，给提高开断电流创造了条件。

1.5.2　SF₆ 中的气流特性

SF₆ 断路器（GCB）采用 SF₆ 气吹来加强对电弧的冷却，清扫弧隙导电粒子，并用新鲜的 SF₆ 气体迅速填充断口间隙来加快开断电流过零后断口的介质恢复速度，因此气流状态对电弧的燃烧和熄灭有决定性的影响。

1. 喷嘴内连续稳定流动中的能量平衡

GCB 灭弧室开断电路时，通过灭弧室喷嘴的气流稳定在连续不断的流动状态。如图 1-27 所示，通过喷嘴上游某处的气体压力为 p_1、密度为 γ_1、温度为 T_1、流速为 ω_1，通过喷嘴喉颈处的相应参数为 p_2、γ_2、T_2、ω_2。吹弧时，$p_1 > p_2$，因熄弧时间极短，气流与喷嘴壁之间不发生热能交换，流动是绝热的。按伯努利定律，在流动中的任一气流截面上，单位重量气体的动能 $\omega^2/2g$ 和单位重量气体的内能（熔）h 的总和不变，可用下式表示：

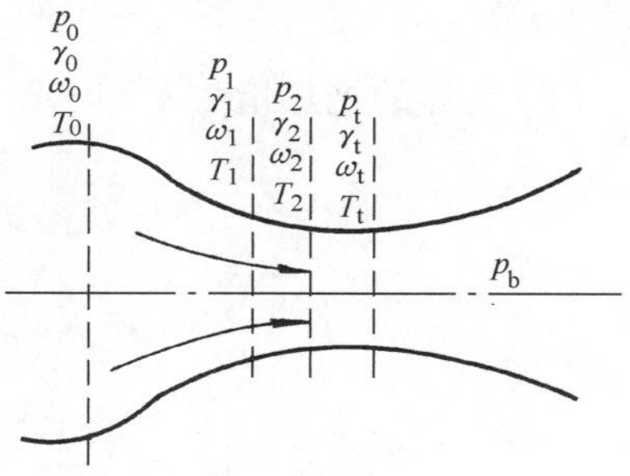

图 1-27　喷嘴中的气流参数

$$\frac{\omega_1^2}{2g} + \frac{k}{k-1} \cdot \frac{p_1}{\gamma_1} = \frac{\omega_2^2}{2g} + \frac{k}{k-1} \cdot \frac{p_2}{\gamma_2} \qquad (1-25)$$

$$h = \frac{k}{k-1} \cdot \frac{p}{\gamma} = c_p T$$

式中 h——气体内能（焓）。

参见式（1-1）理想气体的状态方程。

2. 喷嘴中的临界气流状态

喷嘴上游入口处的气体状态参数为 p_0、γ_0、ω_0 及 T_0，入口处气流速度很低，并假定 $\omega_0 = 0$，喷嘴中任一截面上的气流参数为 p、γ、ω、T，由式（1-25）（注意取 $\omega_0 = 0$）可得任一截面的气流速度 ω，即

$$\frac{k}{k-1} \cdot \frac{p_0}{\gamma_0} = \frac{\omega^2}{2g} + \frac{k}{k-1} \cdot \frac{p}{\gamma}$$

$$\omega = \sqrt{\frac{2gk}{k-1}\left(\frac{p_0}{\gamma_0} - \frac{p}{\gamma}\right)} \tag{1-26}$$

在气体流动的绝热过程中考虑到

$$\frac{p_0}{\gamma_0{}^k} = \frac{p}{\gamma^k}$$

将上式代入式（1-26）中，并简化得到气流中任一处流速为

$$\omega = \sqrt{\frac{2gk}{k-1} \cdot \frac{p_0}{\gamma_0}\left[1 - \left(\frac{p}{p_0}\right)^{\frac{k-1}{k}}\right]} \tag{1-27}$$

喷嘴喉部截面最小，该处气流参数下标为"k"，设定喷嘴出口处气压为 p_b，喉部流速

$$\omega_k = \sqrt{\frac{2gk}{k-1} \cdot \frac{p_0}{\gamma_0}\left[1 - \left(\frac{p_b}{p_0}\right)^{\frac{k-1}{k}}\right]} \tag{1-28}$$

当 p_b 一定时气流速度 ω_k 随 p_0 增大而提高，但是 p_0 的增大是有限的，同样喉部流速 ω_k 最高也只能达到当地声速，也称为临界状态的速度，此时的 p_t、ν_t、ω_t 及 T_t 都以下标"n"表示，有

$$\omega_k = \omega_n = \sqrt{kg \cdot \frac{p_t}{\gamma_t}} = \sqrt{kgRT_k} \tag{1-29}$$

SF$_6$ 气体的绝热指数 $k = 1.08$，临界气流的相应参数为

$$p_n = \left(\frac{2}{k+1}\right)^{\frac{k}{k-1}} p_0 = 0.59p_0 \tag{1-30a}$$

$$\gamma_n = \left(\frac{2}{k+1}\right)^{\frac{1}{k-1}} \gamma_0 = 0.61\gamma_0 \tag{1-30b}$$

$$T_n = \left(\frac{2}{k+1}\right) T_0 = 0.968T_0 \tag{1-30c}$$

$$\omega_n = \sqrt{\frac{2}{k+1}T_0 kgR} = 0.984\sqrt{kgRT_0} = 0.984a_0 \tag{1-30d}$$

式中 a_0——气缸中气体状态下的声速。

通过喷嘴的气体流量 G_k 为

$$G_k = \omega_n S_k \gamma_n = \left(\frac{2}{k+1}\right)^{\frac{k+1}{2(k-1)}} S_k \sqrt{kgp_0\gamma_0} \tag{1-31}$$

在喉部达到临界流动时，流速为当地声速 a_n 且不再增大，但流量 G_k 依然会随气缸气压

p_0 及密度 γ_0 的增长而增大。当然，G_k 的增大是受 p_0 极值所限制的，p_0 大到一定值就液化而不再上升了。

气体流量对熄弧影响很大，流量大时气吹能从弧隙带走更多的能量，对电弧产生更强的冷却作用。在相同喷嘴及 p_0 条件下，在式（1-31）中代入 SF₆ 的 $k = 1.08$、空气 $k = 1.4$，可得到 SF₆ 气流和空气流的流量（密度）比为

$$\frac{G_{k(SF_6)}}{G_{k(空气)}} = 2.1$$

显然，SF₆ 比空气具有好得多的熄弧能力。

GCB 灭弧室喷嘴形形色色，但都有一个共同之处，即使用了缩放形"拉法尔管"的基本形式，喷嘴上游区截面渐小，气流在亚音速区内增速，喉部达到声速。在截面逐渐增大的下游区，随气压下降，气流压差增大，成为超音速流动。在喷嘴内的连续流动的 SF₆ 气流中，各处流量相同，而喉部截面最小，因此流量密度最大，对电弧的冷却作用最强，喉部形状及尺寸设计至关重要。

3. 喷嘴气流的热堵塞及其利用

喷嘴在开断电流时，电弧直径会堵住一部分喷口截面，上游区的 SF₆ 气体被电弧加热后压力增高。极限情况下，电弧直径及上游区的高温高压气体可能将喷口的大部分甚至全部堵塞，气流中止。这种现象称为喷嘴热堵塞。

空气断路器的灭弧室若出现喷嘴热堵塞，开断必然失败。在 SF₆ 断路器早期产品设计中，鉴于空气断路器的这一教训，SF₆ 喷口尺寸选得很大，力图避免出现喷嘴热堵塞。其结果不仅触头直径大，喷嘴及气缸直径也大，严重的后果是使灭弧室运动件质量增大，开关分闸速度增大，而开断能力并不很强。

GCB 研究人员和设计者从大量的试验中观察到，在大电流电弧燃烧期适当堵塞喷口对 SF₆ 有一种节流作用，电弧燃烧期熄弧是不可能的，因此适当节流可减少气缸中 SF₆ 不必要的流失。另外，适当堵塞喷口，可利用电弧能量加热上游区的 SF₆ 气体并使气缸中的气压提高，加强了电流过零前后的气吹作用。国外有研究者已观测到，温度为 2000～3000K 的高温高压 SF₆ 气流仍然有很强的熄弧能力。这一观察结果使 GCB 设计者认识到，利用喷嘴热堵塞在喷嘴上游建立一个适当温度的高压区，能提高开断能力、减小气缸尺寸和分闸速度、减小操作功。这种同时利用机械能和电弧能量来建立气缸压力的设计思想，导致近年来半自能式灭弧室的产生，不仅使灭弧室尺寸减小了，而且使机构的操作功下降 75% 左右，为采用操作功较小、可靠性更高的弹簧机构创造了条件。

上述设计思想的进一步发展，利用电弧堵塞效应，在大电流开断时，完全依赖电弧能量加热膨胀室中的 SF₆，使其升温增压建立有效的吹弧气流，在 252kV 电压下，一个断口开断 50kA 的短路电流，而机构的操作功不足压气式 GCB 的 20%。这是近年来新出现的自能式灭弧室，第三代 GCB 正在向高电压等级和更大开断电流方向发展。

第2章 SF₆ 电器的气体管理

SF$_6$ 电器的气体管理，对设计者、制造者及产品使用者都很重要。多年的 SF$_6$ 电器开发工作中，我们所经历的许多事情，给我们留下了一些值得注意的经验，本章内容是对这些经验的总结。

SF$_6$ 气体管理包括气体的杂质、水分及密封管理。

2.1 SF₆ 气体的杂质管理

2.1.1 SF₆ 气体的毒性

SF$_6$ 气体本身是无色、无味、无臭、无毒的。商用 SF$_6$ 气体含有标准允许的杂质（如 CF_4、COF_2、$S_2F_{10}O$ 等），对人体也无伤害。在制造 SF$_6$ 气体的工艺流程中会产生 S_2F_{10}，这是剧毒气体，在正常的工艺流程中该气体会被清除。气体在出厂检验时除进行光谱杂质分析外，还要进行生物毒性试验，确认无毒后才能出厂。因此，新鲜 SF$_6$ 气体是无毒的。为保证 SF$_6$ 气体的纯度和运行人员的安全，使用部门从 SF$_6$ 气体制造厂购回气体后应严格按下面两条验收：

（1）必须有出厂检验报告和生物试验无毒合格证。

（2）有条件的单位，再进行一次生物试验确认无毒后方可使用。

SF$_6$ 出厂检验结果应符合表 2-1 所示 IEC 标准和 GB/T 12022—2014 国标要求。

表 2-1 SF₆ 气体的质量标准

杂质、纯度和毒性	IEC 标准	我国标准 GB/T 12022—2014	日本旭硝子 公司标准	德国卡星化工 公司标准
空气（μL/L）	≤500	≤400	≤500	≤500
CF$_4$（μL/L）	≤500	≤400	≤500	≤500
水（μL/L）	≤15	≤5	≤8	≤5
游离酸以 HF 计（μL/L）	≤0.3	≤0.2	≤0.3	≤0.1
可水解氟化物（μL/L）	≤1.0	≤1.0	≤5	≤0.3
矿物油（μL/L）	≤10	≤4	≤5	≤1
纯度（%）	≥99.8	≥99.9	≥99.8	≥99.8
生物试验	无毒	无毒	无毒	无毒

2.1.2 生物试验方法

生物试验是用小白鼠进行的。

1. 试验设备

试验设备如图 2-1 所示。

2．试验程序

（1）取小白鼠 5 只，喂养 5 天，观察无病态时备用。

（2）控制流量计，按 O_2 21%，SF_6 79% 的比例配气。

（3）在接触室内备食物及饮水，从气体混合器中送入气体，同时排气，每分钟注入接触室的气体应为接触室体积的八分之一。2h 后检测接触室内氧气的浓度应符合 21% 的比例。

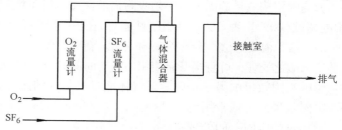

（4）将小白鼠放进接触室，观察 24h，查看白鼠呼吸及活动有无异常。24h 后取出放在大气中观察 72h。

图 2-1　生物试验方法

3．判断依据

（1）小白鼠在接触 SF_6 气体期间及 72h 观察期内若无任何异常反应，可判断气体无毒。

（2）若全部死亡或明显异常，则认为气体有毒，并解剖白鼠，确认病变，以确认气体毒性。

（3）如果 5 只中仅有部分在接触 SF_6 气体期间或 72h 观察期内突然死亡或明显异常，可能是气体有毒，也可能另有原因。为判明毒性，应再取 10 只小白鼠复试。

2.1.3　电弧分解气体的毒性及处理

1．SF_6 分解物的毒性

断路器中的 SF_6 气体被电弧分解后生成许多低氟化物。大多数在极短时间内复合成 SF_6 气体，少量残留在 SF_6 气体中，主要成分是 SOF_2、SO、CF_4、SO_2F_2、$S_2F_{10}O$、H_2S、HF 及水分。SF_6 电弧分解物通常没有 S_2F_{10}[1]，我们对分解气体进行了多次分析也没有发现 S_2F_{10}。但国外曾有报道指出在电弧分解物中有少量 S_2F_{10}[2]。低氟化物通过呼吸道毒害生物可使小白鼠致死[3]。检修产品时要小心尽量不要吸入人体。请注意下述工作程序。

2．回收气体的工作程序

（1）用充放气装置经吸附剂将产品内的气体回收到储气罐内。

（2）用压缩机回收不净的气体（通常会剩下 0.5 表压左右），再用真空泵将其抽出经吸附剂过滤后排放到空气中（不能排放在室内）。然后充入空气，再抽真空，最后打开检修手孔盖板。此时操作者应戴口罩或滤毒面具。

（3）产品通风 2h 之后，检修人员再戴口罩或滤毒面具，戴乳胶手套开始检修工作。

注意：尽量不让皮肤接触 SF_6 分解物，分解物遇大气中的水分后会形成氢氟酸，对皮肤有腐蚀作用。稀释后开关内残留的分解气体对鼻腔和人眼有刺激，接触过多会使眼红发炎，因此检修时应尽量避免鼻、眼接触 SF_6 分解气体。

3．吸附剂的使用

对各种吸附剂的分析、比较和研究试验证明[4]，以往所用过的几种吸附剂（Al_2O_3、活性炭、4A 分子筛及 5A 分子筛）都各自存在一些缺点，吸附杂质的能力较差，不可能把全部杂质和分解物吸净，在一些国产新鲜 SF_6 气体中也因采用上述吸附剂而残存有 $S_2F_{10}O$ 等杂质。

由西安高压电器研究所和大连化学物理研究所联合研制的 F-03 型吸附剂，其吸附低氟化物、酸性物质和水分的能力优于上述各种吸附剂，而且比国外许多公司采用的吸附剂性能要好。

试验证明，经过活性炭过滤的 SF$_6$ 分解气体，其毒性基本清除，受试的小白鼠无一死亡，肺部仅仅有轻度病变。因此，采用 F-03 型吸附剂后，会更有效地消除 SF$_6$ 分解气体的毒性。

影响吸附剂效果的因素，一是吸附剂的活化温度不能过低，对 F-03 应为 500～600℃，2h（不能超过 600℃！否则会破坏吸附性能）。在炉中降温后取出，不可在高温时从炉中取出，以免吸潮。活化温度不够，会影响吸附效果。新购置的吸附剂，无包装损坏及受潮现象时，一般不必进行活化处理，可直接开箱使用。放置时间超过一年以后，应进行活化处理再用。

影响吸附效果的另一个因素是气体通过吸附剂的流速。流速慢点，吸附效果好些；流速快，吸附效果差。通常用流量计控制，取 500mL/min 为宜。

使用过的吸附剂的处理：

含有害杂质的吸附剂应在浓度为 1N 的 N$_2$OH 溶液中浸泡 24h（搅拌几次），每 10g 吸附剂加入 10～20mL 的 NaOH。然后再用 0.1N 有 H$_2$SO$_4$ 滴定至臭甲酚紫指示剂变成黄色，此时溶液为中性，可以排放。吸附剂中的可溶性氟及硫化合物都已除去，吸附剂已变成无毒废物，不会污染环境。

经 20 多年的研制，我国新一代 KDHF—03 与 KDHF—09 型吸附剂性能又有进一步的改善与提高，性能详见表 2-2，吸附能力见表 2-3。

表 2-2　吸附剂主要性能

性　能　＼　型　号	KDHF—03		KDHF—09
球径/mm	2～3	4～6	4～6
堆积密度/（g/cm^3）	0.76	0.70～0.75	0.70～0.75
粒度	≥98%	≥98%	≥99%
磨耗率	≤0.1%	≤0.1%	≤0.05%
静态吸水率	≥21%	≥22%	≥25%
抗压强度/（N/颗）	≥50	≥100	≥100
抗压碎力变异系数	≤0.4	≤0.4	≤0.3
包装含水量	≤1.5%	≤1.5%	≤1%

表 2-3　KDHF—03 型对 SF$_6$ 电弧分解气体的平衡吸附能力

分　解　物	平衡后的吸附量/（ml/g）	平衡后的吸附量（分解物/分子筛）质量分数（%）
S$_2$F$_{10}$O	≥0.76	≥0.9
SO$_2$	≥10.8	≥3.1
SFO$_2$	≥6.7	≥5.0

4. 回收气体重新使用的可能性与必要性

断路器在检修时，回收的气体经过多次吸附剂过滤后，当 SF$_6$ 纯度达到 99.9% 以上、含水分符合要求时，可以重新充入开关使用。

对于用气较多的 SF$_6$ 罐式断路器及 GIS 中的断路器，这一考虑是有经济价值的。如一台 330kV SF$_6$ 罐式断路器用气 450kg，如果能处理好重新使用可节省费用 4 万元左右，是否必要这样做，当然要综合考虑现场是否允许较长时间来处理气体，要权衡一下节省气体与停电损失的利弊。

检修 GIS 时，从非断路器间隔中回收气体，经干燥处理，水分在控制指标以内时，可送入 GIS 使用。

2.2　SF$_6$ 气体的湿度管理

2.2.1　水分进入开关的途径

水分进入开关的可能途径有五种：

（1）SF$_6$ 气体本身的水分，按国产气体技术条件规定含水分（质量分数）不大于 15×10^{-6}（符合 IEC 标准）。

（2）产品零部件（尤其是绝缘件）中吸附的水分。

（3）产品安装时从大气中带入的水分。

（4）充气时，充放气装置如果干燥处理不好可能带入的水分。

（5）运行的产品，通过密封圈向开关内部渗入的水分。

运行开关虽然内部气压高于大气压，但就水分而言，外部的水分压比开关内部要大得多，如在 20℃，相对湿度为 80% 时，大气水分压为

$$p_1 = 0.8 \times 23.8 \times 10^{-4} \text{MPa}$$

$$= 19 \times 10^{-4} \text{MPa}$$

23.8×10^{-4}MPa 为 20℃时水蒸气的饱和气压（见表 2-4）。

表 2-4　水蒸气饱和参数

温度/℃	−10	−8	−4	0	5	10	20	30	40	50
饱和蒸汽压/10^{-4}MPa	2.64	3.15	4.45	6.22	8.91	12.5	23.8	43.2	75.1	126

假定额定 SF$_6$ 气压为 0.5MPa 的运行开关内部的 SF$_6$ 含水分（体积分数）为 150×10^{-6}，内部水分压为

$$p_2 = (0.5 + 0.1) \times 150 \times 10^{-6} \text{MPa} = 0.9 \times 10^{-4} \text{MPa}$$

内外水分压相差

$$\frac{19 \times 10^{-4}}{0.9 \times 10^{-4}} = 21 \text{ 倍}$$

如果外界气温更高，相对湿度更大，则内外水分压差更大，水分通过密封薄弱环节进入开关内部的可能性更大。

2.2.2　水分对开关性能的影响

这种影响主要表现在对产品绝缘性能、开断性能的影响和对开关零部件的腐蚀作用三个方面。

1．水分对绝缘性能的影响

粗略地讲，当水分不足以在绝缘物表面产生凝露时，即水分压低于表 2-4 数值时，产品的绝缘性能一般不受影响，在 0℃ 及以下水分达到饱和气压时，在绝缘件表面会覆盖冰霜。因冰霜是绝缘体，也不影响产品的绝缘性能[5]，如图 2-2 所示。只是当

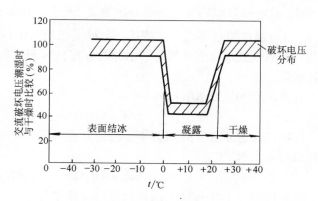

图 2-2　绝缘件表面闪络电压与水分、温度的关系
（水分体积分数 5700×10^{-6}，SF$_6$ 气压 0.5MPa）

水分在绝缘件表面产生凝露时，绝缘性能会显著下降。

　　严格地说，问题并不这么简单。从图 2-3 所示曲线来看[2]，当相对湿度为 30% 时，尽管未产生露珠，绝缘子表面闪络电压已开始下降，这是国外某公司的研究成果。尤其是运行中的开关，绝缘件表面覆盖有 SF$_6$ 电弧分解物，在气体中含水分很少时，这些分解物是绝缘的。因此 SF$_6$ 断路器在完成短路开断试验后，只要内部气体未受潮，一般都能耐受住产品规定的高压试验；但是，当 SF$_6$ 气体含水分较多时，受潮的固体分解物呈半导体特性，使绝缘子表面绝缘电阻下降[1,6]，可能导致高压击穿。根据过去的工作经验，在阴雨天检修开断试验的产品时，由于绝缘件表面的 SF$_6$ 分解物未清擦干净，受大气中潮气的影响，在断流容量试验时的工频恢复电压作用下，绝缘子表面闪络多次，即使不产生沿面贯通性闪络，也可能因表面绝缘能力下降而在两端电极附近产生局部放电，时间长了也会导致贯通性闪络，而此时在绝缘件表面并不存在水珠。这些在开发 SF$_6$ 新产品试验中所积累的经验有助于我们考虑水分控制的界限。

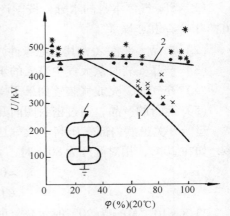

图 2-3　绝缘表面有潮气时工频闪络电压与 SF$_6$ 中水分相对湿度的关系（$p = 0.35\text{MPa}$）

1—气体温度为 $-2 \sim +40℃$

2—气体温度为 $-2 \sim -29℃$

▲、●—耐受电压　×、*—闪络电压

　　2. 水分对开断性能的影响

　　目前还没见过关于水分影响开断性能的研究报告。我们所进行的产品研究试验证明，这种影响是可能存在的。曾有 3 台 220kV 的 SF$_6$ 断路器因 SF$_6$ 含水分较重而导致 40kA 开断失败，断口间因绝缘能力不足在恢复电压峰值附近击穿。其中有一台产品在环温为 18℃时测得水分体积分数为 1350×10^{-6}（相对湿度超过 37%），酸值体积分数达 554.5×10^{-6}，三台产品内部铸件表面都覆盖一层从未见过的紫色薄膜。同是这三台开关，未更新任何零件，仅仅换了干燥的气体之后，顺利地通过了 40kA 开断试验。试验后的产品零件上未见紫色薄膜。

　　对产生这种影响的可能性分析如下：

　　SF$_6$ 被电弧分解后，主要的分解物是 SF$_4^+$，其次是 SF$_2^+$、SF$_5^+$ 及负离子 F$_2^-$、F$^-$ 及 SF$^-$。在电弧电流过零之后这些正、负离子很快（0.1ms 之内）复合成电负性的 SF$_6$，使开关断口间的介质强度迅速恢复。水分的存在，对 SF$_6$ 电弧分解物的复合和断口间介质强度的恢复起阻碍作用。

　　这是由于 SF$_4$ 被水解：

$$SF_4 + H_2O \longrightarrow SOF_2 + 2HF \tag{2-1}$$

使断口间重新复合的 SF$_6$ 分子数变少了，即水分妨碍了 SF$_6$ 分解物的复合。还由于 SF$_6$ 在高温时被水解：

$$SF_6 + 4H_2O \longrightarrow H_2SO_4 + 6HF \tag{2-2}$$

部分硫酸在 150 ~ 200℃时进行分解，使水分增加：

$$2H_2SO_4 \longrightarrow 2SO_2 + 2H_2O + O_2 \tag{2-3}$$

这种恶性循环的结果，一方面使弧隙 SF$_6$ 分解量增加而复合量减少，吸附电子的能力减弱，开断能力下降；另一方面酸性物质增多。

　　水分对开断能力的影响在不同的开关上的表现是不同的，难以提出统一适用的危险界限。水分对开断性能的影响是个新课题，仅根据几台开关的试验当然难下结论，还待深入研究。

　　3. 水分对开关零部件的腐蚀作用

　　式（2-1）、式（2-2）所示，HF 及 H_2SO_4 的产生，会对某些金属件或绝缘件产生腐蚀作用。经短路开断试验后，解体产品发现，铜及镀锌层有变色现象，尤其是在触头附近可能接触高温气体的部位，变色现象能经常见到；填充石英砂的环氧树脂浇注件表面可见小米大小的腐蚀砂眼；环氧玻璃丝管（棒）表面可见灰黑色的腐蚀层。对于开关设计使用较多的铝板、脱锌铸铝件、铸铁、不锈钢、环氧树脂及填充 Al_2O_3 的环氧树脂浇注件、聚四氟乙烯及氧化铝陶瓷等无腐蚀作用。

　　值得强调的是，水分的存在会加重上述腐蚀作用。

2.2.3　温度对 SF₆ 湿度测量值的影响

　　水分的数量表示有两种方式：水分压 p_1 和水分体积分数 X。

　　若以 p_2 代表开关额定工作气压（绝对气压值），有如下关系：

　　水分压　　　　　　　$p_1 = Xp_2$　　　　　（2-4）

　　如：当开关 SF₆ 额定气压为 0.5MPa 时（$p_2 = 0.6$MPa），测水分体积分数 X 为 150×10^{-6}，则水分压为

$$p_1 = 150 \times 10^{-6} \times 0.6\text{MPa} = 90 \times 10^{-6} \ \text{MPa}$$

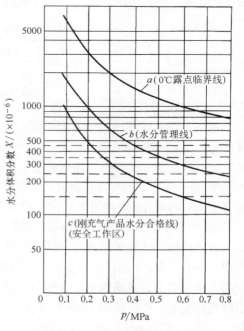

图 2-4　SF₆ 电器水分管理界限（SF₆ 绝对气压）

　　如果不考虑温度的影响，根据表 2-4 列出的水蒸气饱和参数及式（2-4），可以换算出图 2-4 所示的曲线 a，即 0℃ 时不同 SF₆ 额定工作气压（绝对气压）下的露点的临界限，在曲线 a 以上水分为液态。

　　（$X = p_1/p_2 = 6.22 \times 10^{-4}/p_2$，给出 0℃ 时饱和水蒸气压 $p_1 = 6.22 \times 10^{-4}$MPa，

　　$p_2 = 0.1$MPa，0.2MPa，0.3MPa……得 X_1、X_2、X_3……）

　　如前所述，水分对绝缘性能开始产生不利影响的起点是相对湿度为 30% 时，即 SF₆ 中水蒸气含量为饱和值的 30% 时。从这一值考虑而计算出曲线 b（$X_b = 0.3X_a$），该曲线 b 为水分控制的界限，超过这一界限，就会对开关性能产生不良影响，运行中的产品如果水分超过这个界限就应采取有效的干燥气体或换气。以水分含量（相对湿度 <30%）对绝缘性能不产生坏影响为基点来制定水分管理线（曲线 b），对开关要求比较严格，但对运行十分安全。

　　对于刚投入运行的新产品或检修后刚投入运行的产品，希望将水分控制到更低的水平，如曲线 c 所示（$X_c = 0.5X_b$）。控制到曲线 c 以下的必要性，是考虑到开关在运行时大气中的水分可能进入开关而使 SF₆ 的水分增加。

　　例如，以额定气压为 0.5MPa 的断路器，按含水分的相对湿度 30%，考虑水分管理界限（0℃ 时体积分数）为

$$X_{\mathrm{b}} = \frac{p_1}{p_2} = \frac{0.3 \times 6.22 \times 10^{-4}}{0.6}$$
$$= 311 \times 10^{-6}$$

刚投入运行或检修后的产品其水分宜取 X_{b} 的一半左右，即体积分数为 150×10^{-6}，这一数值符合国内外一些产品的运行经验。

对于 GIS 中的非断路器间隔，额定运行气压较低，又无电弧分解物时，水分的管理值可以放得宽些。刚投入运行或检修后产品允许含水分比曲线 c 所规定的值稍多一点；水分管理值也可以比曲线 b 所规定的值稍多一点（见表 2-5），这是目前普遍使用的湿度限值标准。

表 2-5　SF$_6$ 水分管理值（体积分数）

	GIS 无电弧间隔，SF$_6$ 互感器，额定气压 0.3～0.5MPa	GCB 额定气压 0.5～0.6MPa
刚充气体	300×10^{-6}	150×10^{-6}
运行产品	600×10^{-6}	300×10^{-6}

但是，环境温度（环温）对湿度测量值的影响是客观存在的。在图 2-4 中，当产品额定 SF$_6$ 气压为 0.5MPa 时，刚充气时水分体积分数合格值为 150×10^{-6}（μL/L）（指 0℃时），但是工厂在产品总装试验时，控制标准通常都比这值严。因为车间一年四季的环境温度都因有空调而维持在 15℃ 以上，在此温度范围控制出厂产品的 X 值不大于 150×10^{-6}，折算到 0℃ 时肯定低于 150×10^{-6}，因为温度对设备内水分的分布有影响。SF$_6$ 电器内部的固体零部件表面的原子间作用力不对称，因此它对周围的气体存在一个引力场。水分子体积及分子量都比 SF$_6$ 小，更容易被固体分子捕获，一部分水分子渗入固体内部（尤其是组织较金属疏松的绝缘材料内部），另一部分附着在固体表面。当温度升高时，水分子吸热获得较大的动能，因热运动而脱离零部件表面，游离到 SF$_6$ 气体中；温度降低时相反，SF$_6$ 中的水分子因热运动能量的下降而被固体吸附。作者曾用 LW8-40.5 型罐式 SF$_6$ 断路器进行测试，在 26.5℃ 时，装好的开关测 SF$_6$ 湿度 $X = 281\mu$L/L，随产品温度的变化，湿度 X 也同步变化：850μL/L（33.5℃）、920μL/L（37℃）、1030μL/L(42℃)、1105μL/L(47℃)、1563μL/L(58.2℃)。

很长时间以来，全国各地的用户不断提出：水分测量值随温度而变化，怎么办？在后来制定 GB/T 8905—2012 标准时，将水分控制体积分数值 X 定义为常温 20℃ 时的值。如上段所述，这个标准限值显然比图 2-4 所示的限值要求更严格。那么在其他温度下测出的 X 又如何折算到 20℃ 呢？人们试图探求 SF$_6$ 电器零部件吸附和释放水分的规律，以寻求 X 的温度折算式。但，长期无结果。既然无法折算，那么按水分体积分数制定的水分限值又有什么用呢？用户方首先困惑了。

产品运行实践与 GB/T 8905—2012 的相关规定发生了很大的偏移。例如，湖北省超高压输变电局曾对武汉凤凰山及双河 500kV 变电站运行的法国 FA 断路器测过水分[7]，共计 172 个支柱水分都高于 1000×10^{-6}，其中运行编号为凤 01，C1 支柱最高水分体积分数达到 2566×10^{-6}，当时环温（环境温度）29～35℃。水分含量大大超过相应标准规定的运行管理值 $300 \times 10^{-6}/20℃$，但产品仍在安全运行，未发生绝缘事故。按 (2-5) 式可计算出在环温为 29～35℃ 时，凤 01 开关的 C1 支柱水分相对湿度为 32.0%～44.8%（计算 FA 开关 SF$_6$ 额定气压绝对值为 0.7MPa，29℃/35℃ 时的饱和蒸汽压为 4007×10^{-6}MPa/5626×10^{-6}MPa）。可见，测水分时若环温为 35℃，相对湿度就是 30.4%，产品绝缘性能仅仅开始有变化，即使是在 29℃ 时测的水分，*RH* 值也只有 42.7%，按图 2-3 知，绝缘能力只下降 11.4% 左右，考虑到产品的绝缘裕度，在这期间只要电网不出现过高的操作过电压或雷电过电压，产品仍可安全运行是可以理解的。

为了进一步验证图 2-3 所表述：$RH \leqslant 30\%$ 时绝缘子表面耐电压能力基本不变，作者在 LW8-40.5 型 SF₆ 开关上还作了如下试验：一相全新产品在 26℃ 时测出 SF₆ 湿度为 101μL/L，相对湿度为 $RH = 1.5\%$，电压升至 125kV 时内部发生放电现象，说明该产品耐受工频电压的极限是 130kV 左右。另一相同型号产品在 25.4℃ 时 SF₆ 中含有从外部注入的水分而具有很大的湿度：1950μL/L，$RH = 30.03\%$，经 95kV、1min 试验合格；接着进烘房将产品温度升至 65℃，经 95kV、1min 试验仍通过，进而将电压升至 130kV 时内部盆式绝缘件才放电。高压试验结束后，产品内 SF₆ 温度降至 61℃，测 SF₆ 湿度为 10350μL/L，由此计算 $RH = 24.78\%$，比初始值 30.03% 稍差一些。（低湿度测量仪不适应高浓度水分测量所产生的误差。）该产品的试验对图 2-3 研究试验结果的可靠性和适用性是一种验证。

不仅是 FA 系列产品，其他一些 GCB 的运行经验以及作者对 LW8-40.5 型 SF₆ 开关所做的研究试验都对 GB/T 8905—2012 的水分限值（20℃ 时交接验收值 $\leqslant 150 \times 10^{-6}$，运行允许值 $\leqslant 300 \times 10^{-6}$）提出了质疑：

（1）这一规定没有准确地反映产品 SF₆ 额定气压对水分允许值的影响，尽管标准在某些条款叙述中提到过这种影响。

（2）这一规定也无法处理环温对水分测量值的影响，对非 20℃ 时测出的水分浓度无法准确地做出是否合格的判断：必须按本章附录 2A 表折算后才能使用，很麻烦。

（3）这一规定提出的水分限值的合理性有待研究。运行产品 SF₆ 水分浓度已超过这一限值 7 倍竟然还在安全运行，说明这一限值偏严。

由于以上三个疑点，GB/T 8905—2012 不好执行，按这个标准制定的用 20℃ 时水分浓度限值来监控 SF₆ 水分的方法是不方便的。笔者在 18 年前提出的按图 2-4 所示的水分管理界限也没有考虑环温变化的干扰，也是不严谨的。

用露点仪来测 SF₆ 中水分露点的温度，以此判断 SF₆ 含水分的多少。运行经验证明，这种方法也不可信，测出的露点很难真正反映产品中 SF₆ 的水分凝露温度。

由于产品零部件对水分的吸附和释放作用，环温的变化对露点的监测也有很大影响。例如，在夏天 38℃ 时，若测出设备水分露点为 5℃，那只能知道产品内部此时的绝对水分压相当于 5℃ 时的饱和水蒸气压 891×10^{-6}MPa，并不能说明产品在 5℃ 时一定会凝露。因为，天凉产品降温，SF₆ 中的水分子一部分被零部件吸收和吸附，SF₆ 中水分子减少了，当温度降到 5℃ 时，水分压将低于 891×10^{-6}MPa，不会凝露。

武汉凤凰山 500kV 变电站的运行经验有力地证明了这一点[7]，编号为凤 01 的开关 B1 支柱在 29～35℃ 时测出水分浓度 *X* 为 2284×10^{-6}，其水分压为

$$p_1 = xp_2 = 2284 \times 10^{-6} \times 0.7\text{MPa} = 1598.8 \times 10^{-6}\text{MPa}$$

相当于 14.0℃ 时饱和水蒸气压。运行产品在夏天过后，环温降到 14℃ 直到冬季冰天雪地，也没发生过因凝露而引起绝缘故障。开关经历了 10 个春夏秋冬，一直安全运行着。这说明产品温度随环温变化时，由于零部件对水分的吸附与释放作用，SF₆ 气体中的水分子数、水分压及露点也都跟着变化。

理论分析与运行实践证实：在某个环温下测出的水分露点不能真实地反映环温变化时

SF$_6$ 中水分真正的凝露温度。这就是水分露点监测的不可信。

此外，在测露点时，与测水分浓度一样，为得到较准确的数据，需排放大量气体，使设备内 SF$_6$ 工作气压下降，污染环境，对测试人员健康也不利。

2.2.4　SF$_6$ 湿度测量值的温度折算

2012 年对国标 GB/T 8905—2012《六氟化硫电气设备中气体管理和检测导则》进行了修改，仍然确认了原标准的湿度限值。为了使用方便，电力部门推广使用 DL/T 506—2018《六氟化硫电气设备中绝缘气体湿度测量方法》，这个电力行业标准在附表 C3 中列出了湿度测量值的温度折算表，为使用和分析问题方便，该表 C3 数据列在本章的附录 A 中。该表是在分析总结了广东、内蒙古、山东、佛山四个电力部门提出的四份温度折算方法之后，取其平均值而制定的，它将不同温度时测出的湿度值折算到 20℃。

DL/T 506—2018 所推荐使用的附录 C3 只考虑了环温的影响，对于已投运的设备，当然还应考虑设备内部 SF$_6$ 实际的温度（环温加 SF$_6$ 温升）而 DL/T 506—2018 没有考虑开关内的实际温度。附表 C3 使 SF$_6$ 湿度测量值的温度折算从无到有，是一个进步。它的合理性将在未来的使用实践中受到检验。

2.2.5　用相对湿度标定湿度限值科学准确

从以下四方面可以看出，用相对湿度来监控 SF$_6$ 的水分是比较科学而可行的。

1. 相对湿度影响着绝缘件的电气性能

如本文介绍的图 2-3 所示，绝缘件的表面闪络电压是随 SF$_6$ 中水分的相对湿度而变化的。这是因为绝缘件表层水分子的渗入量和表面吸附量以及受水分子渗入量和附着量影响的绝缘件表面电阻、泄漏电流及沿面闪络特性都与 SF$_6$ 的相对湿度有关。而 SF$_6$ 中水分浓度大小不能准确地反映绝缘件沿面电气性能的变化。例如，在夏天虽然测出 SF$_6$ 中水分浓度大，但是由于水分子热运动从零部件表层脱离，绝缘件表层水分子的渗入量及表面水分附着量并不多，因此其绝缘特性并不随 SF$_6$ 中水分浓度增大而下降。低温时的情况相反，SF$_6$ 中水分浓度下降，也不一定没有问题。只有相对湿度能准确反映绝缘体的受潮程度及电气性能的变化，仅靠某温度时测量的湿度值 x 不足以判断它对绝缘性能的影响，LW8-40.5 型开关高湿度时的绝缘试验再次证明了这个论点。

2. 用相对湿度监控 SF$_6$ 水分可不考虑环温的影响

在一个密闭的 SF$_6$ 容器内，如果与外界没有水分交流，温度的变化只改变容器内水分子在固体元件上的渗入量及附着量以及跟着而变化的 SF$_6$ 中的水分浓度，而 SF$_6$ 中水分的相对湿度不会有大的变化，参见表 2-6。相对湿度反映了 SF$_6$ 中绝对水分压与饱和水蒸气压之比，温度升（或降）时，SF$_6$ 中的绝对水分压 p_1 及饱和水蒸气压 p_b 也跟随升（降），尽管两者变化规律不会完全相等和线性，但是比值 $RH = p_1/p_b$ 可认为基本相近。这样，利用相对湿度来判断水分对绝缘子闪络特性的影响时，就可以不考虑测 RH 值时的环境温度了。我们利用 40.5kV 罐式 SF$_6$ 断路器作的试验也表明：26.5℃测出湿度 281μL/L，算出 RH = 4.38%，在 58.2℃时测出湿度 1563μL/L，算出 RH = 4.52%，在其他几个温度点上得到的 RH 值为 5.46% ~ 8.21%，其中包含测试误差。不同温度下 RH 变化不大。

表 2-6 列出了 1982 和 1986 年投运的 FA 型 500kV 断路器中的两台，在 1990 ~ 1992 年间两次水分测量结果[7]。这两台产品虽然 SF$_6$ 中的绝对水分压（或水分浓度）相差很大，但是它们在不同季节（环温）下按式（2-5）计算的 SF$_6$ 相对湿度 RH 值相近，变化甚小。表

2-6 所示在不同温度下 RH 相近的事实，从产品运行角度也证明了用相对湿度来监控 SF₆ 水分可不考虑环温的影响。

表 2-6　FA 型 500kV 断路器水分测量值（部分数据）

运行编号	投运时间	测试时间及环温	支 柱 号	水分体积分数/×10⁻⁶	RH 计算值(%)
双 09	82.1	90.6(27.1℃)	A1	1112	21.7
			A2	1112	21.7
			B1	1082	21.2
			B2	1061	20.8
			C1	1147	22.4
			C2	1179	25.3
		91.11(15.2℃)	A1	650.2	26.3
			A2	703.9	28.5
			B1	643.8	26.1
			B2	612.4	24.8
			C1	637.4	25.8
			C2	676.6	27.2
双 08	86.1	90.6(27.8℃)	A1	376.3	7.1
			A2	430.8	8.1
			B1	453.4	8.6
			B2	376.3	7.1
			C1	318.4	6.0
			C2	482.3	9.1
		92.11(14.5℃)	A1	84.85	3.6
			A2	108.1	4.6
			B1	125.1	5.3
			B2	77.27	3.3
			C1	60.97	2.6
			C2	100.9	4.3

3. 用相对湿度监控 SF₆ 水分可以不受 SF₆ 额定气压的干扰

按水分浓度 X 监控 SF₆ 的湿度，对应不同的 SF₆ 额定气压 p_2 应有不同的 X 限值（如图 2-4 所示）。而按相对湿度监控 SF₆ 湿度时，只需提出一个 RH 限值，与 SF₆ 额定气压 p_2 无关。在 GIS 不同的 SF₆ 额定气压 p_2 的气室中，不管 p_2 值是多少，只要 SF₆ 中的 RH 值相同，那么水分对各气室中的绝缘件性能的影响程度都是相同的。因为相对湿度反映了 SF₆ 中的绝对水分压大小（$p_1 = RH \cdot p_b$），绝对水分压大，水分对绝缘的影响也大，当 p_1 大到等于 p_b 而出现绝缘件表面凝露时，产品绝缘性能将产生灾难性的破坏！只要 $p_1 = p_b$（亦 $RH = 1$），不管 GIS 中各气室的 p_2 值是大是小，都逃避不了这一灾难。

4. 相对湿度反映了凝露的裕度

图 2-3 所示的研究试验成果、作者所做的 LW8-40.5 型 SF$_6$ 开关验证试验以及产品在电网中运行经验都表明，$RH = 30\%$ 左右是一个界限，超过这个线，产品中绝缘件的电气性能就开始下降，当 $RH = 1$ 时，灾难临头。当 RH 很小时，也就是 SF$_6$ 中水分离露点很远，凝露的裕度很大，水分对产品的绝缘性能的影响很小，或者没有。测出了 RH 值，不用再去考虑环温和 SF$_6$ 气压的影响，就知道 SF$_6$ 中水分距凝露点的裕度，将水分监测的问题简化，使水分对产品绝缘性能影响的分析与判断变得科学而准确。

2.2.6　SF$_6$ 湿度限值与国标 GB/T 8905 的修改

近年来电力运行部门也在积极研究温度对 SF$_6$ 湿度测量值的影响，并且提出了近似的温度折算方法，见附录 2. A。但是，对水分的限值方法没深入研究，作者对此愿做一些探讨。根据安全可靠、留有适当裕度的原则，作者建议的 SF$_6$ 相对湿度限值，列入表 2-7。在有电弧分解物的气室，考虑电弧分解物受潮后导电性的增大、对零件具有腐蚀作用的酸性物质的存在，水分控制指标应比其他气室低一些。

表 2-7　SF$_6$ 电器气体相对湿度允许值

气　　室	相对湿度 $RH(\%)$	
	交接验收值	运行允许值
有电弧分解物气室	≤5	≤10
无电弧分解物气室	≤10	≤20

按表 2-7 对 SF$_6$ 相对湿度进行限值与现行国标是不符的。然而，按表 2-7 限值却是比较科学而可行的，因此要涉及修改国标 GB/T 8905—2012，这项工作比较复杂。作为一种过渡的办法，提出一个随环温而变化的湿度限值（见表 2-8），是可行且易执行的，因为这样做不违背国标，表 2-8 数据可供运行人员参考使用。

表 2-8　随环温变化的 SF$_6$ 湿度限值

a) 有电弧分解物气室（额定 SF$_6$ 气压 0.5~0.6MPa）

环温/℃	5	10	15	20	25	30	35	40	相对湿度
交接试验允许值 μL/L	55	80	110	150	210	280	360	460	4%
长期运行允许值 μL/L	110	160	240	300	420	560	720	920	8%
干燥处理报警值 μL/L	275	400	550	750	1050	1400	1800	2300	20%

b) 无电弧分解物气室（额定 SF$_6$ 气压 0.4~0.5MPa）

环温/℃	5	10	15	20	25	30	35	40	相对湿度
交接试验允许值 μL/L	90	120	170	240	320	420	560	740	5%
长期运行允许值 μL/L	180	240	340	480	640	840	1120	1480	10%
干燥处理报警值 μL/L	360	480	680	960	1280	1680	2240	2960	20%

作者再次呼吁大家关注 GB/T 8905 的修改，改用相对湿度限值是比较科学合理的，势在必行。国内发出此呼声的并不只是本书作者[66]。

2.2.7　SF$_6$ 湿度测量方法

1. 利用相对湿度检测仪在线监控

　　这种在线检测仪由三部分组成：第一部分是由压力、温度及湿度传感器组成的组合式传感器，录取被检气室的 SF$_6$ 实时气压、温度及水分浓度（或水分压）；第二部分是 A/D 转换和运算，得出相对湿度 RH 值及 SF$_6$ 密度值；第三部分是就地显示器及通信接口，显示器在被检气室就地显示实时 SF$_6$ 密度及相对湿度，通过通信将检测结果上传至监控中心。当被检参数超标时或上传报警（闭锁）信号，或直接启动报警（闭锁）装置。实现在线监控 SF$_6$ 水分及密度。

　　这种装置最令人关注的是低湿度传感器的选择。湿度传感器品种较多，但能满足（1% ~ 30%）低湿度高精度要求的传感器并不太多。目前对低湿度传感器研究较多的有：国外较流行的 HM1520 型湿度检测仪[8]。HM1520 采用了 HS1101 型电容式湿度传感器。当湿度变化时，介电常数 ε 及电容量 C 跟随变化，因此传感器输出电压 U_{out} 也随 SF$_6$ 中水分浓度而变化。

　　也有研究者的思路是：采用电容式低湿度传感器感受 SF$_6$ 湿度变化——传感器湿膜 ε 及电容器 C 值改变—C/F 转换—获得与 RH 保持较好线性关系的频率特性 $F = f(RH)$，从而测出 SF$_6$ 的相对湿度[9,10]。

　　由于至今我们对水分监测方法及水分限值的标准还在讨论中，意见并不统一，因此，以上这些 SF$_6$ 中 RH 的在线监测仪的研究虽有可喜成果，但不能说仪器的开发工作已完成，还有许多工作要做。作者从另一个角度在 17.2.3 节第 10 条中提出了 SF$_6$ 密度及湿度在线监控仪的开发设想。

　　2. 利用常规水分检测仪测水分浓度（质量浓度）

　　测出产品的水分浓度 X（μL/L）及实时环温 T_1（或产品内部 SF$_6$ 温度 T_3），根据与 T_1（T_3）对应的饱和水蒸气压 p_b（MPa）及产品 SF$_6$ 额定工作气压绝对值 p_2（MPa），就可算出实时相对湿度 RH(%)：

$$RH = Xp_2/p_b \tag{2-5}$$

　　为了得到比较准确的水分浓度 X 值，测量前应将检测气管、接头放在烘箱内排除潮气。

　　3. 利用常规露点仪测水分露点

　　在环温 T_1 及大气条件下测出水分露点 T_2（℃），根据与 T_1 对应的饱和水蒸气压 p_{b1}、与 T_2 对应的饱和水蒸气压 p_{b2}（MPa）以及在 T_1 温度下的产品 SF$_6$ 的绝对水分压 p_1（MPa），按下式可计算出产品的相对湿度：

$$RH = p_1/p_{b1} = p_{b2}/p_{b1} \tag{2-6}$$

　　采用相对湿度监控 SF$_6$ 水分，可以方便地用湿度检测仪进行 SF$_6$ 水分在线监测。由于种种原因不能实施在线监测的用户，也可以利用常规水分浓度测量仪和水分露点仪进行水分的离线监测，经简单换算就可判断产品内 SF$_6$ 的相对湿度，充分体现了采用相对湿度监控 SF$_6$ 湿度的科学性、方便性和灵活性。对 SF$_6$ 湿度监测的讨论历时 20 多年，观点纷纷，长时间使人困惑迷茫，令人振奋的是近年来有越来越多的研究者拨开迷雾，看到了 RH 给 SF$_6$ 湿度监测带来的耀眼光彩[8,9,10,11]，还有研究者提出了创新的微水传感器设想（参见第 17.2.4 节）。

2.2.8　SF$_6$ 湿度控制方法

　　（1）零部件组装前必须在烘箱内干燥处理（120℃ ×4h），小产品可以整机边烘边抽真空排出水分（运行维护时不必整机干燥）。

　　（2）检修后的产品必须更换活化处理后的（或新的）吸附剂。封入产品后一小时之内应抽真空至 133Pa 后，再抽 1h，排除水分。

　　（3）阴雨天不能检修产品，谨防潮气入侵。

2.2.9　运行开关的水分处理

　　开关刚投入运行时，如果水分符合表 2-8 交接试验允许值，运行一段时间又超过了长期运行所规定的值，说明开关的某个密封环节可能有损坏，或者吸附剂未处理好，失去了吸附水分的作用（当然也不能排除吸附能力饱和的可能）。出现这种情况应该让开关停电检修。如果不允许停电，可参照下面的办法进行临时性的带电干燥处理。

　　（1）准备好干燥的 SF$_6$ 气体和回收气体的容器。

　　（2）将充放气装置中的吸附剂取出换新或进行活化处理（550～600℃，2h）装入充放气装置后再将充放气装置管道系统抽真空至 133Pa 后维持 10min，以排出水分。

　　（3）按 500mL/min 的流速从开关抽出水分较多的气体，经吸附剂过滤后进入储气罐内，同时向开关送入干燥的气体。如此循环，干进湿出，仍维持开关额定气压不变，直到开关内气体含水分值降到长期运行允许值以下。

2.3　SF$_6$ 气体的密封管理

2.3.1　SF$_6$ 开关设备的密封结构

　　SF$_6$ 开关设备壳体之间、瓷体与壳体之间、瓷体与瓷体之间连接处的密封环节称为静密封，机构传动轴处的密封环节称为动密封。静密封处一般采用耐高低温性好、永久压缩变形小的 O 形密封圈及辅助密封材料（即 D05RTV 白色密封胶）。动密封分直动与转动两种，此处的密封件常用截面为 V 形的橡胶圈、矩形橡胶圈，或 X 形橡胶圈，也有的产品采用平垫圈似的聚四氟乙烯圈作导向垫。都借弹簧力使密封圈与转动轴和轴套压紧，以保证气密性。聚四氟乙烯圈具有更低的摩擦系数和更高的抗磨损性能，因而传动效率高，寿命长。

　　密封结构具有防止 SF$_6$ 泄漏和大气中的水分渗入开关的双重功能。静密封环节使用的密封胶除了协助密封圈改善密封性能之外，还可以防止金属密封面及法兰面锈蚀。密封胶固化后填充于法兰及密封面间隙，检修时可剥落，用酒精可清洗干净。

2.3.2　密封环节的清擦与装配

　　密封面卡入微小的异物（例如直径为 60μm 的头发），都可以导致严重的泄漏，如图 2-5 所示，其泄漏速率已达到 10^{-3}MPa·cm^3/s 数量级，这是开关所不允许的。因此，装配前必须用白布或优质卫生纸沾酒精仔细清擦密封面和密封圈，仔细检查确认无缺陷后才能装配。同时还应该擦净法兰螺栓孔及连接螺栓上的灰尘，以免带入密封面，尤其是装直立密封环节时，更要做到这一点。擦净的密封圈及螺栓必须放在干净的盘内或架上，不能随意堆放。

　　对于瓷件密封面应用餐巾纸沾酒精沿瓷密封面径向向外擦净瓷粉，不能沿圆周方向擦，擦净的标准是手摸无异物（瓷粉）滚动感，仅用目视检查是很不可靠的。

　　装配时，如图 2-6 所示，第一步，先在密封槽外圆侧挤入一圈密封胶；第二步，再用手抹成斜坡，然后放入密封圈；第三步，在 O 形密封圈外圆上挤入一圈密封胶；第四步，再用手抹成斜坡，并在法兰面上均匀地薄薄地抹一层密封胶。最后合上法兰，用规定的力矩扳手对称均匀地拧紧螺栓。

2.3.3　工程适用的检漏方法（真空监视、肥皂泡监视、充 SF$_6$ 及充 He 检漏）

　　1. 真空监视

　　此法用于新装成或检修后重新装配的产品，步骤如下。

（1）先关闭开关的进气阀门，将充放气装置及连接管路抽真空至 133Pa，观察 20min，确认无泄漏后才能使用。如果管道接头有泄漏，必须修好。

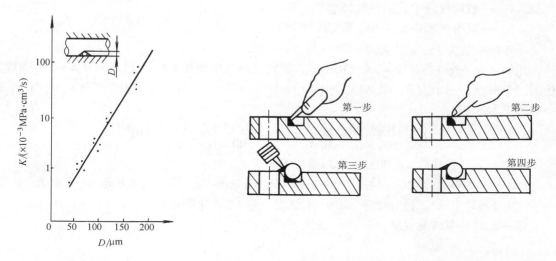

图 2-5　密封面卡入异物　　　　　　　　图 2-6　D05RTV 白色密封胶的使用
直径 D 与漏气速率 K

（2）确认充放气装置可用之后，再打开开关的阀门，对开关抽真空至 133Pa。

保持真空度观察 4～5h，如果真空度下降值不超过 133Pa 则认为产品无泄漏，可以充 SF$_6$ 气体。如果真空度下降值超过 133Pa 可能是产品有泄漏，也可能是开关零件中的水分脱出使真空度下降。为查明问题，再将开关抽真空到 133Pa，4～5h 后复测真空度，下降值不超过 133Pa 时，则确认开关无泄漏，可以充气；否则应找出漏点处理。

寻找漏点的方法如下：如果真空度下降值很大，或者产品的真空度无法抽到 133Pa，说明产品有较大的漏点。可以充入 0.2MPa 的高纯氮（水分体积分数不超过 150×10^{-6} 的氮），用肥皂泡法找出漏点。如果真空度下降不大，用肥皂泡法找不出漏点，可以充 SF$_6$ 或混合气体（0.2MPa N$_2$ + 0.05MPa SF$_6$）来检漏。

2. 肥皂泡法检漏

此法对于泄漏较大时或运行中的产品可以使用。将肥皂水用刷子涂在可能泄漏的密封环节，出现向外鼓泡的地方就是漏点。据工作经验，用此法可检出泄漏速率约 10^{-5}MPa · cm^3/s 的漏点。

3. 充 SF$_6$ 检漏

此法适用于新装或检修后重装的产品，或运行中产品用肥皂泡法检不出的微小漏点。使用的仪器有两种。

（1）反映漏气速率的 SF$_6$ 检漏仪　此仪器最高灵敏度为 10^{-8}MPa · cm^3/s，可定量地确定漏点的漏气速度。年漏气率的计算式为

$$Y = \sum \frac{31.54 K_i}{Vp} \times 10^6 \times 100\% \tag{2-7}$$

式中 Y——被检气隔单元的年漏气速率（%）；

K_i——被检气隔单元各个点的漏气速率（$MPa \cdot cm^3/s$）；

V——被检气隔单元的总气体容积（cm^3）；

p——被检气隔单元的 SF₆ 额定工作绝对气压（MPa）。

一年的秒数为 $365 \times 24 \times 60 \times 60s = 31.54 \times 10^6 s$。

例如，开关充气容积 $V = 500 \times 10^3 cm^3$，额定工作气压为 0.5MPa，则 $p = (0.5 + 0.1)MPa$，检出二个漏点，一个为 $K_1 = 5 \times 10^{-5} MPa \cdot cm^3/s$，另一个为 $K_2 = 2 \times 10^{-6} MPa \cdot cm^3/s$ 开关年漏气率为

$$Y = \frac{31.54 \times 5 \times 10^{-5}}{500 \times 10^3 \times 0.6} \times 10^6 + \frac{31.54 \times 2 \times 10^{-6}}{500 \times 10^3 \times 0.6} \times 10^6$$

$$= 0.0055 = 0.55\%$$

（2）反映漏气浓度的 SF₆ 检漏仪 将被检气隔单元的所有密封环节逐个用塑料布包起来，放置一段时间（通常为 4h），检出被围空间的 SF₆ 浓度，再按下式计算出漏气量（$MPa \cdot cm^3/h$）。

第一密封环节的漏气量：

$$Q = \frac{V_1 K p_0}{t} \tag{2-8}$$

式中 V_1——塑料薄膜与被检设备之间所包围的容积（cm^3）；

K——检出的泄漏气体的体积浓度（$\mu L/L$）；

t——用塑料包围的时间（h）；

p_0——大气压（0.1MPa）。

第一密封环节的年漏气率：

$$Y_i = \frac{365 \times 24 \times Q}{p \times V_2} \times 100\% \tag{2-9}$$

式中 Q——按式（2-8）算出的漏气量（$MPa \cdot cm^3/h$）；

p——被检气隔单元的额定工作绝对气压（MPa）；

V_2——被检气隔单元的充气容积（cm^3）。

被检气隔单元年漏气率是各密封环节年漏气率之和：

$$Y = \sum Y_i \tag{2-10}$$

例，密封环节测算 $V_1 = 15 \times 10^3 cm^3$，$t = 4h$ 后漏出气体的体积浓度增量为 $K = 50\mu L/L$，被检气隔单元充气容积 $V_2 = 500 \times 10^3 cm^3$，额定气压为 0.5MPa。

由式（2-8）算出漏气量 Q（$MPa \cdot cm^3/h$）

$$Q = \frac{V_1 K p_0}{t} = \frac{15 \times 10^3 \times 50 \times 10^{-6} \times 0.1}{4} = 0.01875$$

由式（2-9）算出该密封环节的年漏气率：

$$Y_i = \frac{365 \times 24 \times Q}{p \times V_2} = \frac{365 \times 24 \times 0.01875}{(0.5 + 0.1) \times 500 \times 10^3}$$

$$= 0.00055 = 0.055\%$$

（3）反映漏气浓度的 SF₆ 检漏仪的另一种计算方法

已知条件：被检气隔单元的 SF$_6$ 气体重量 W（容积不知）

由 $$W = V_2 \rho p$$

式中　ρ——SF$_6$ 密度（6.14×10^{-3} g/cm^3）；

　　　p——SF$_6$ 额定绝对气压（MPa）。

将 $V_2 = W/(\rho p)$ 代入式(2-9)得

$$Y = \frac{365 \times 24 Q \rho p_0}{W} \times 100\%$$

$$= \frac{8760 K V_1 \rho p_0}{Wt} \times 100\% \qquad (2\text{-}11)$$

通常被检气隔单元的充气容积 V_2 是未知，或是很难计算准确的，因此，式（2-9）在实际应用中难于操作。但是，被检气隔单元充入 SF$_6$ 气体的重量 W 是容易计量（或在安装使用说明书中已给出），因此式（2-11）使用方便。

检漏工作可以充气至一半额定气压时开始，边充边检，以便及早找出漏点。

（4）工程适用的充 SF$_6$ 检漏　SF$_6$ 电器生产及运行中检漏不希望一边检漏一边计算，太麻烦。因此，定出工程适用的检漏合格判据（不必计算）是很必要的。

产品允许年漏气率为 0.5%，气密性试验合格判据见表 2-9（判据计算见本章附表），表中 n 为一个密封气室单元的密封环节（面）数量，ΔC 是一个被检包扎环节的 SF$_6$ 气体浓度的增量（计算见附表），$F_{吸}$ 为吸枪扫描检漏时单个漏点允许的漏气率，x 为吸枪扫描检漏时一个被检容器可能出现的漏点数。

表 2-9　检漏合格判据

检漏方法			合格判据		
			允许 SF$_6$ 浓度增量 $\Delta C /(\mu L/L)$		
SF$_6$ 扣罩检漏和局部包扎检漏			$n \leq 5$	$5 < n \leq 10$	$n > 10$
	产品电压等级 /kV	$40.5 \sim 252$	100	50	30
		$363 \sim 550$	400	200	130
SF$_6$ 吸枪检漏	试品容积 V/m^3	$V \leq 0.1$	单点允许漏气率(MPa·cm^3/s)$F_{吸}=2 \times 10^{-6}/x$		
		$0.1 < V \leq 0.5$	单点允许漏气率(MPa·cm^3/s)$F_{吸}=5 \times 10^{-6}/x$		
		$V > 0.5$	单点允许漏气率(MPa·cm^3/s)$F_{吸}=10 \times 10^{-6}/x$		
充氦气真空箱检漏和吸枪检漏			允许漏气率见附表		

注：检漏仪灵敏度不低于 10^{-8} MPa·cm^3/s。

SF$_6$ 电器壳体制造时，对其气密性要求更高，通常按年漏气率 0.05% 控制，表 2-9 中的允许 SF$_6$ 浓度增量 ΔC 数据都取其十分之一（如 10；5；3 或 40；20；13），单点允许漏气率 $F_{吸}$ 相应数据应为 $2 \times 10^{-7}/x$；$5 \times 10^{-7}/x$；$10 \times 10^{-7}/x$。

4. 工程适用的充 He（氦气）检漏

充 He 检漏多用于 SF$_6$ 电器壳体的气密性检查。壳体气密性按年漏气率 0.05% 控制。充 He 检漏有两种方法：探枪扫描检漏和真空箱法检漏，如图 2-7 和图 2-8 所示。允许的漏气率见表 2-10（允许漏气率计算见本章附录 2.C）。

（1）探枪扫描检漏　SF$_6$ 和氦气检漏仪的探枪（吸枪）沿试品被检处 3~5mm 以 ≤ 20mm/s 的速度移动。

对焊接壳体，探枪沿焊缝扫描；对铸造壳体整个外表面扫描，探头离试品近、扫描速度慢、检测精度就高。

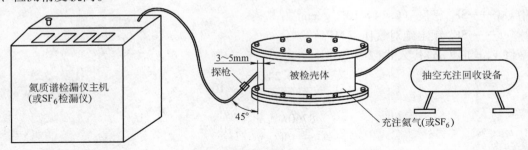

图 2-7　充 He 探枪法检漏

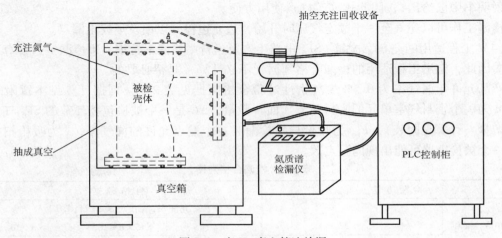

图 2-8　充 He 真空箱法检漏

表 2-10　充氦检漏允许漏气率

检漏气压 /MPa	试品容积 /m³	允许漏气率/(×10⁻⁷MPa·cm³/s)		检漏气压 /MPa	试品容积 /m³	允许漏气率/(×10⁻⁷MPa·cm³/s)	
		真空箱法 $Q_{真空箱}$	吸枪法 $Q_{吸枪}$			真空箱法 $Q_{真空箱}$	吸枪法 $Q_{吸枪}$
≤0.5	0.1	5	1	0.6	0.1	7	1
	0.2	10	2		0.2	14	3
	0.3	15	3		0.3	21	4
	0.4	20	4		0.4	28	6
	0.5	25	5		0.5	35	7
	0.6	30	6		0.6	42	8
	0.7	35	7		0.7	49	10
	0.8	40	8		0.8	56	11
	0.9	45	9		0.9	63	13
	1.0	50	10		1.0	70	14
	1.1	55	11		1.1	77	15
	1.2	60	12		1.2	84	17
	1.3	65	13		1.3	91	18
	1.4	70	14		1.4	98	20
	1.5	75	15		1.5	105	21

（2）氦气真空箱检漏　被检试品先抽真空至 133Pa，保持 30min 真空长回升值小于 133Pa 时，可以进行氦气真空箱定量检漏；如果抽真空保压 30min 后，真空度回升值大于 133Pa，试品有大漏，应处理好。

抽真空监视合格的试品置于真空箱内，充氦气至设备额定 SF₆ 气压 p_r，保压 1min 后，将真空箱抽真空至 133Pa 以下，氦检漏仪自动启动检测程序完成检漏工作。

2.3.4 SF₆ 密度的监控及误差分析

1. 四种密度控制器工作原理及特点

SF₆ 密度的监控是通过监控 SF₆ 气压实现的。SF₆ 密度大小对开断性能和绝缘性能有影响。因此，断路器间隔规定有补气压力 p_1 及操作闭锁气压 p_2；隔离开关等间隔规定有补气压力。通过 SF₆ 真空压力表监视开关的气压，通过 SF₆ 密度控制器控制 SF₆ 密度的变化。

开关的额定气压 p_0 是指 20℃ 时的表计气压，例如为 0.5MPa（5kg/cm²）。充气时环境温度如果是 30℃，查图 2-9 的 p_0 曲线，此时的充气压力应取与 30℃ 对应的气压 0.525MPa。

SF₆ 密度的控制，实质上是通过控制气压的变化而实现的。图 2-10 示出了各种密度控制器的工作原理。

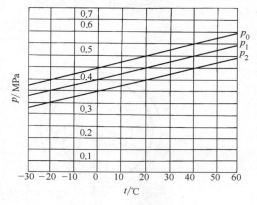

图 2-9 SF₆ 气体温度—压力曲线

Ⅰ 型密度控制器主要由两只波纹管 A 及 B、杠杆、微动开关及感温包等元件组成。感温包与波纹管 B 相通，在 20℃ 条件下封入额定气压 p_0 的 SF₆ 气体。波纹管 A 与 SF₆ 开关相通，当开关工作在额定气压 p_0（20℃）时，杠杆平衡，微动开关接点处于常开位置。当环境温度升高（或降低）时，A、B 中的气压也等值地升高（或降低），杠杆仍平衡，微动开关接点不动，这就是所谓的温度补偿作用。只要开关不漏气，环境温度变化不会引起接点误动作。如果开关漏气（气压达到补气压力），A 中气压下降，波纹管收缩，杠杆反时针转动，微动开关接点导通，发出补气信号，如果开关未能及时补气，继续漏气至开关操作闭锁气压时，将由另一对接点（图上未绘出）发出开关操作闭锁信号。

Ⅰ 型密度控制器的缺点是，它只能补偿环境温度的影响，而没有考虑到开关通电工作时因导体发热而使 SF₆ 气体温度及压力升高造成的影响。实际上，这一影响是显著的。当产品不漏时，本来应该是平衡的杠杆，因开关通电导体发热使开关容器内的 SF₆ 气体获得某一平均温升（例如满负荷运行时可达 15℃ 左右），而使开关及 A 中气压升高（温升为 15℃ 时气压升高约 0.040MPa），使杠杆顺时针偏转一个数量可观的角度。一旦开关泄漏，就影响发布信号的精度。

此外，感温包通常放在开关的机构箱内，箱内气温与开关内 SF₆ 温度通常不会相等，都会影响密度控制器接点的精度，导致误报警。

Ⅱ 型密度控制器的波纹管 A 在 20℃ 时封入额定气压 p_0 的 SF₆，外壳内腔与 SF₆ 开关相通，当开关漏气时，A 的外部气压低于内部，A 伸长而使接点导通发出补气信号。这种密度控制器如图 2-10 所示，为避免振动的干扰而装在离开开关本体的机构控制箱内时，也会存在Ⅰ型密度控制器的缺点。例如在环温 20℃时开关不漏气，由于通电后导体发热，SF₆ 气体温度升高，开关内的气压升高（大于 p_0），而波纹管内的气体温度因远离开关本体而与环境温度一致，气压仍为 p_0，波纹管将被压缩，这就影响了接点动作的精度。要避免这一缺点，只有将密度控制器直接装到开关本体上去，使波纹管内外气温与开关的气温基本一致。但是这样接装要想免除开关操作振动的影响是很困难的。

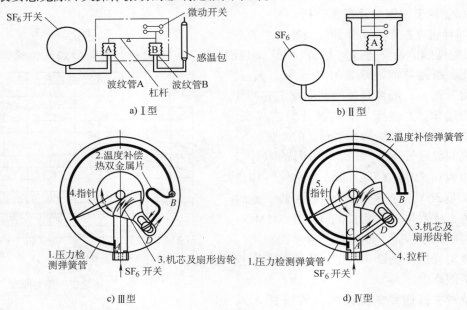

图 2-10　各种 SF₆ 密度控制器工作原理

Ⅲ型带指示 SF₆ 密度控制器（WIKA 表），将真空压力表与 SF₆ 密度控制器组合成一体。气压监视直观，使用方便。可将它直接装在开关壳体上，能较准确地反映环境温度和开关内SF₆ 气体的温度变化，监控精度较高，误报警可能性较小。如果不方便，也可安装在紧贴开关的控制箱内。控制器安装点离开关本体越近，监控精度越高。

该控制器利用蛇形弹性管 1 感受开关 SF₆ 气压变化，利用膨胀系数不同的双金属片 2 来补偿温度对 SF₆ 气压的影响。譬如，当温度升高时，蛇形管端头 B 点因管内气压上升而有向上位移的趋势，带动扇形齿轮 3 及指针 4 沿双箭头方向转动；而与 B 点连接的双金属片膨胀推动齿轮 3 与指针 4 沿单箭头反向运动，两种位移趋势抵消而使 B 点不动。B 点不动，指针指数则不变。

使用这种控制器比较方便，在环温为 $-20 \sim +60℃$ 范围内充气时，该指针直指产品的额定 SF₆ 气压 p_0（不必考虑环境温度的影响），只要产品不漏气，环境温度在 $-20 \sim +60℃$ 范围内变化时，指针不动。双金属片特性对控制器精度影响较大。

Ⅳ型国产带指示密度控制器，采用同质双簧管结构。环温升高时，压力检测弹簧管 1 膨胀，A 点固定，可动点 B 有反时针向上转趋势，并传递力给温度补偿弹簧管 2，经 C 点使扇形齿轮 3 和指针 5 沿双箭头方向转动。此时封有标准比较气体的温度补偿弹簧管 2 也因环温升高而膨胀，使 C 点顺时针转，带动拉杆 4、齿轮 3、指针 5 沿单箭头方向运动。两种箭头所示运动趋势等值反向，使指针不动、达到温度补偿作用。

带指示的密度控制器有两种结构：带感温包和不带感温包。在低温地区使用的产品，应选用带感温包的密度控制器，并将感温包置于机构箱外大气中。这样其使用性能将更好，误报警的可能性更小。

Ⅲ型 WIKA 表精度受两种不同零件、三种不同材质特性的影响；Ⅳ型国产表只受两个相同零件、一种材质特性的影响，使用经验及设计都表明Ⅳ型国产表使用可靠性更高。

2. 密度控制器对环境温度变化的全补偿与欠补偿

以下分析都假设开关中 SF₆ 气体无泄漏。

（1）全补偿（补偿元件与环境同温时）　SF₆ 密度控制器中的感温（补偿）元件放置的位置能使其与环境同温时，开关和感温（补偿）元件的温度能同时等量地随环温而变化。因此，开关内 SF₆ 气压虽随环温变化有波动趋势，却都被补偿元件的逆动趋势所平衡，密度控制器的指针示数（密度）不变，称全补偿。

（2）欠补偿（补偿元件温度高于环境温度时）　户外 GCB/GIS 使用的 SF₆ 密度控制器通常置于机构箱或 LCP 柜中，箱内设置有加热器。冬天当加热器投入时，箱内的空气获得一定的温升 ΔT_4，开关温度变化量 ΔT_1 与环境温度变化量 ΔT_2 相同，而 SF₆ 密度控制器中的感温元件的温度变化时 $\Delta T_3 = \Delta T_2 - \Delta T_4 < \Delta T_1$。当环境温度下降时，因为 $\Delta T_3 < \Delta T_1$，SF₆ 密度控制器对开关温度下降值 ΔT_1 的补偿作用不足，导致指针示数在开关无泄漏时下降，称为欠补偿。

欠补偿可能导致密度控制器误发补气（或开关操作闭锁）报警。例如，某无泄漏的开关，其操作闭锁气压为 0.5MPa，机构箱加热器投入后箱内空气温升 15℃，随环温变化，开关及 SF₆ 密度控制器相应的参数变化见表 2-11。

表 2-11　欠补偿导致提前报警

环境温度/℃	运行中开关温度/℃	感温元件温度/℃	SF₆ 密度控制器指针示数/MPa	控制接点
20	30	20	0.534	不应动作
−30	−20	−15	0.498	报警

SF₆ 密度控制器的感温（补偿）元件因加热器的补温作用，实际温度高于环境（开关）温度 15℃（$\Delta T_3 = 35℃ < \Delta T_1 = 50℃$），形成欠补偿，指针示数为 0.498MPa（= 0.534MPa − 15℃ × 0.0024MPa/℃），会产生开关不漏气而误报警。

为避免误报警，应使 SF₆ 密度控制器的感温（补偿）元件与环境同温，例如户内 GCB/GIS，补偿元件与室温是一致的。户外 GCB/GIS，应选用带感温包的 SF₆ 密度控制器，并将感温包置于机构箱的箱外，或紧贴箱壁内侧，尽量与环境保持同温，以获得对环温变化的全补偿。

3. 运行开关密度控制器指针（密度）示数"假高"现象及其影响

SF₆ 密度控制器不能放在开关内部，因此感温（补偿）元件不能与开关内的 SF₆ 同温。当开关带电运行时，主回路发热使 SF₆ 具有一定的温升，而使开关内部 SF₆ 温度 T_1 高于与环境同温的 SF₆ 密度控制器的补偿元件的温度 T_3，亦 $\Delta T_3 < \Delta T_1$，出现欠补偿现象。这种欠补偿使运行的密度控制器指针（密度）示数升高（其实开关内部 SF₆ 密度并没有增加），这是一种开关密度示数出现"假高"的现象，这种"假高"现象随工作电流增大而更加明显。

密度示数"假高"带来的后果是：当开关的 SF₆ 已泄漏到报警点时，SF₆ 密度控制器却不报警（或延迟报警），如表 2-12 所示。

表 2-12 SF$_6$ 密度示数"假高"导致延迟报警

环境温度/℃	开关 SF$_6$ 温度/℃		SF$_6$ 密度控制器示数/MPa	控 制 接 点
20	投运前	20	0.484	应报警
20	投运后	35	0.520	不报警

因感温元件的欠补偿而产生的 SF$_6$ 密度控制示数"假高"导致的延迟报警现象，是一种值得注意的普遍现象。

4. 海拔对 SF$_6$ 密度控制器监控特性的影响

SF$_6$ 密度控制器通过其表计相对气压 p_x 来监测产品的 SF$_6$ 密度：

$$p_x = p_j - p_d \tag{2-12}$$

式中　p_j——产品内 SF$_6$ 绝对气压（MPa）；

　　　p_d——控制器使用当地大气压（MPa）。

SF$_6$ 密度控制器制造厂基本上都在海拔 1000m 以下地区，对于某一恒定气压的被测量 p_j，其表计气压（p_x）随安装使用处海拔的升高（p_d 的下降）而升高。例如，在平原地区的产品内充入 0.5MPa SF$_6$，运至西部海拔 3000m 的电站后，表计气压 p_x 将升到 0.53MPa，或用下式表达高海拔处的表计气压 p_{xh}：

$$p_{xh} = p_{x0} + H \times 10^{-5} \tag{2-13}$$

式中　p_{x0}——平原地区表计气压值（MPa）；

　　　H——表使用处的海拔（m）。

值得指出的是，在 3000m 高原电站产品充气时其表计气压 p_{xh} 虽达到额定值 0.5MPa，但是产品内 SF$_6$ 的密度（与之对应的气压）只相当于平原地区的 0.47MPa，必须继续充气至 0.53MPa，才符合平原地区产品额定气压 0.5MPa 的要求。

为了处理好这个差异，用于 2000m 及以上高海拔地区的 SF$_6$ 电器，其额定气压、补气气压和开关操作闭锁气压，都应该不同于平原地区的产品，在平原地区产品相应参数基础上再增加：$H \times 10^{-5}$MPa（H 为海拔/m）。

例如，通常额定气压参数为 0.6/0.5/0.4MPa 的产品，在海拔 3000m 电站运行时，应改为 0.63/0.53/0.43MPa，与之配套使用的 SF$_6$ 密度控制器的额定值、补气和报警值都该作相应调整。

5. 充油型 SF$_6$ 密度控制器在高海拔地区使用的注意事项

为了减震，Ⅲ、Ⅳ型控制器有内部充油的品种。油面上部留有一定的空腔，内充的空气气压与控制器制造厂所在地大气压相同。

充油式控制器在海拔 3000m 电站使用时，它所指示的额定气压（如 0.5MPa）以及对应的 SF$_6$ 密度与平原地区产品是完全一致的；但是，在这同一台产品上，若卸下密度控制器改装上一只标准压力表，其表计压力就变为 0.53MPa 了。这种差异是由于高海拔处大气压低于平原地区大气压造成的。由于同样的原因，在对充油式控制器进行接点动作值校验时，也会产生同样的偏差：对于某个接点动作值，标准表指示值较高（不正常），而充油式密度控制器等示数较低（但是正常的）。

　　消除这种差异的办法是"放气"——将控制器上腔气室的充油孔打开，使油面上部气室与高海拔地区的大气相通（使油压降低到当地大气压），那么它的使用特性将和不充油的干式控制器相同。在进行接点校验时，控制器与标准压力表的示数也就一致了。在（2-12）式中，对于确定的 p_j，又以相同的大气压 p_d 为比较，其相对气压 p_x（亦表针压力）当然相同了。

　　6. 消除 SF₆ 密度控制器密度示数"假高"、欠补偿和海拔影响的研制方向

　　以上四种密度控制器都不能避免开关投运后产生的密度示数"假高"现象。某些户外运行的产品也很难不产生欠补偿现象，用于高海拔电站时，其额定电压、各接点动作压力都要按海拔高度调整。

　　消除这些麻烦的根本出路是：研制一种新型的智能化的 SF₆ 密度控制器，它在开关内部设置温度和压力传感器，实时采集 GCB/GIS 内部 SF₆ 的温度 t 与压力 p_t，根据产品的 SF₆ 额定气压值，由图 1-3，按下式可以将任一温度 t 下的 SF₆ 气压 p_t 折算到 20℃时的值：

$$p_{t20} = p_t - \alpha_t(t - 20) \tag{2-14}$$

式中　p_t——在 t 时的实测气压（MPa）；

　　　p_{t20}——p_t 折算到 20℃后的值（MPa）；

　　　t——检测时 SF₆ 气温（℃）。

　　　α_t——温度系数（MPa/℃），从图 1-3 可知，α_t 随 SF₆ 气压而变化，见表 2-13。

表 2-13　SF₆ 气压温度修正系数 α_t

SF₆ 气压/MPa	0.4	0.45	0.5	0.55	0.6
α_t/（MPa/℃）	0.00205	0.00213	0.00225	0.00240	0.00263

　　按式（2-14）折算到 20℃的 SF₆ 气压 p_{t20}（与之对应的 SF₆ 密度），与环温和海拔无关，又真实地反映了开关不同运行状态时 SF₆ 不同的气温影响，这就是智能式 SF₆ 控制器的突出优点。它通过采集 SF₆ 温度 t、压力 p_t，折算出 p_{t20}，利用光纤数字化输出远传和就地数字显示，实现 GCB/GIS SF₆ 密度智能监控。

附录 2. A　SF₆ 湿度测量值的温度折算表

　　表 2. A-1 摘录自 DL/T 506—2018《六氟化硫电气设备中绝缘气体湿度测量方法》电力行业标准的附录 C 的表 C3。表中，t 表示环境温度（℃）；R 表示环温 t 时测量的 SF₆ 湿度值（μL/L）；S 表示将 R 折算到 20℃时的湿度值（μL/L）。

　　如果实测值正好与表中 R 值相符合，从表中可直接查到对应的 20℃折算值 S。例如：23℃实测值为 180μL/L 时，从表查出 20℃折算值为 154μL/L。

　　如果实测值 R 在表中无对应项，例如 23℃时实测 $R = 183$μL/L，其 20℃的折算值可按线性插值法求出：

　　当 23℃时，$R = 180$μL/L 对应 20℃时为 154μL/L；$R = 190$μL/L 对应 20℃时为 163μL/L，按下式可求出 $R = 183$μL/L 时的 20℃折算值为：

$$S = 154\text{μL/L} + \frac{(163 - 154)}{10} \times (183 - 180)\text{μL/L} = 157\text{μL/L}$$

表 2. A-1　SF$_6$ 气体湿度测量结果的温度折算表

S \\ t \\ R	15	16	17	18	19	20	21	22	23	24	25	26	27	28	29	30	31	32	33	34	35
50	59	57	55	53	51	50	47	45	42	40	38	36	35	33	31	30	28	27	25	24	23
60	71	68	66	64	62	60	57	54	51	48	46	44	42	39	38	36	34	32	31	29	28
70	82	80	77	74	72	70	66	63	60	57	54	51	49	46	44	42	40	38	36	34	33
80	94	91	88	85	82	80	76	72	68	65	62	58	56	53	50	48	45	43	41	39	37
90	106	102	99	96	92	90	85	81	77	73	69	66	63	60	57	54	51	49	47	44	42
100	118	114	110	106	103	100	95	90	85	81	77	73	70	66	63	60	57	54	52	49	47
110	129	125	121	117	113	110	104	99	94	89	85	81	77	73	70	66	63	60	57	54	52
120	141	136	132	127	123	120	113	108	102	97	93	88	84	80	76	72	69	66	62	60	57
130	153	148	143	138	134	130	123	117	111	106	100	96	91	87	82	78	75	71	68	65	62
140	165	159	154	149	144	140	132	126	120	114	108	103	98	93	89	85	81	77	73	70	66
150	176	170	165	159	154	150	142	135	128	122	116	110	105	100	95	91	86	82	79	75	71
160	188	182	176	170	164	160	151	144	137	130	124	118	112	107	102	97	92	88	84	80	76
170	205	197	189	182	176	170	161	153	145	138	132	125	119	114	108	103	98	94	89	85	81
180	217	209	201	193	186	180	170	162	154	147	140	133	126	120	115	109	104	99	95	90	86
190	229	220	212	204	196	190	180	171	163	155	147	140	134	127	121	116	110	105	100	95	91
200	241	232	223	214	207	200	189	180	171	163	155	148	141	134	128	122	116	111	105	101	96
210	253	243	234	225	217	210	199	189	180	171	163	155	148	141	134	128	122	116	111	106	101
220	265	255	245	236	227	220	208	198	189	179	171	163	155	148	141	134	128	122	116	111	106
230	277	266	256	247	238	230	218	207	197	188	179	170	162	154	147	140	134	128	122	116	111
240	289	278	267	257	248	240	227	216	206	196	187	178	169	161	154	147	140	133	127	121	116
250	301	289	278	268	258	250	237	225	214	204	194	185	176	168	160	153	146	139	133	126	121
260	313	301	290	279	268	260	246	234	223	212	202	193	184	175	167	159	152	145	138	132	126
270	325	312	301	289	279	270	256	243	232	221	210	200	191	182	173	165	158	150	143	137	131
280	337	324	312	300	289	280	265	252	240	229	218	208	198	189	180	172	164	156	149	142	136
290	349	336	323	311	299	290	275	261	249	237	226	215	205	195	186	178	170	162	154	147	141
300	361	347	334	322	310	300	284	271	258	245	234	223	212	202	193	184	176	167	160	152	146
310	373	359	345	332	320	310	294	280	266	254	242	230	219	209	199	190	181	173	165	158	151
320	385	370	356	343	330	320	303	289	275	262	249	238	227	216	206	197	187	179	171	163	156
330	397	382	367	354	341	330	313	298	283	270	257	245	234	223	213	203	193	185	176	168	161
340	409	393	378	364	351	340	322	307	292	278	265	253	241	230	219	209	199	190	182	173	166
350	421	405	389	375	361	350	332	316	301	287	273	260	248	237	226	215	205	196	187	179	171
360	433	416	401	386	372	360	341	325	309	295	281	268	255	243	232	222	211	202	193	184	176
370	445	428	412	396	382	370	351	334	318	303	289	275	263	250	239	228	217	208	198	189	181

（续）

S＼t R	15	16	17	18	19	20	21	22	23	24	25	26	27	28	29	30	31	32	33	34	35
380	457	439	423	407	392	380	360	343	327	311	297	283	270	257	245	234	223	213	204	194	186
390	469	451	434	418	403	390	370	352	335	320	305	290	277	264	252	240	229	219	209	200	191
400	481	462	445	428	413	400	379	361	344	328	312	298	284	271	259	247	235	225	215	205	196
410	505	483	463	444	425	410	389	370	353	336	320	305	291	278	265	253	241	230	220	210	201
420	517	495	474	454	436	420	398	379	361	344	328	313	298	285	272	259	247	236	226	215	206
430	529	507	485	465	446	430	408	388	370	353	336	321	306	292	278	266	253	242	231	221	211
440	541	518	497	476	456	440	417	397	379	361	344	328	313	298	285	272	259	248	237	226	216
450	554	530	508	487	467	450	427	406	387	369	352	336	320	305	291	278	266	254	242	231	221
460	566	542	519	498	477	460	436	415	396	377	360	343	327	312	298	284	272	259	248	236	226
470	578	554	530	508	488	470	446	424	405	386	368	351	335	319	305	291	278	265	253	242	231
480	590	565	542	519	498	480	455	434	413	394	376	358	342	326	311	297	284	271	259	247	236
490	603	577	553	530	508	490	465	443	422	402	383	366	349	333	318	303	290	277	264	252	241
500	615	589	564	541	519	500	474	452	431	410	391	373	356	340	324	310	296	282	270	258	246
510	627	600	575	552	529	510	484	461	439	419	399	381	363	347	331	316	302	288	275	263	251
520	639	612	587	562	539	520	493	470	448	427	407	388	371	354	338	322	308	294	281	268	256
530	652	624	598	573	550	530	503	479	456	435	415	396	378	361	344	329	314	300	286	274	261
540	664	636	609	584	560	540	512	488	465	444	423	404	385	367	351	335	320	305	292	279	266
550	676	647	620	595	570	550	522	497	474	452	431	411	392	374	357	341	326	311	297	284	272
560	688	659	632	605	581	560	531	506	482	460	439	419	399	381	364	348	332	317	303	289	277
570	700	671	643	616	591	570	541	515	491	468	447	426	407	388	371	354	338	323	308	295	282
580	713	682	654	627	601	580	550	524	500	477	455	434	414	395	377	360	344	329	314	300	287
590	725	694	665	638	612	590	560	533	508	485	463	441	421	402	384	367	350	334	320	305	292
600	737	706	676	649	622	600	569	542	517	493	470	449	428	409	390	373	356	340	325	311	297
610	749	718	688	659	633	610	579	551	526	501	478	456	436	416	397	379	362	346	331	316	302
620	761	729	699	670	643	620	588	561	534	510	486	464	443	423	404	386	368	352	336	321	307
630	774	741	710	681	653	630	598	570	543	518	494	472	450	430	410	392	374	358	342	327	312
640	786	753	721	692	664	640	607	579	552	526	502	479	457	437	417	398	380	363	347	332	317
650	798	764	733	703	674	650	617	588	560	535	510	487	465	444	424	405	386	369	353	337	322
660	810	776	744	713	684	660	626	597	569	543	518	494	472	450	430	411	393	375	358	343	328
670	823	788	755	724	695	670	636	606	578	551	526	502	479	457	437	417	399	381	364	348	333
680	835	800	766	735	705	680	645	615	587	559	534	509	486	464	443	424	405	387	370	353	338
690	847	811	778	746	715	690	655	624	595	568	542	517	494	471	450	430	411	392	375	359	343
700	859	823	789	756	726	700	664	633	604	576	550	525	501	478	457	436	417	398	381	364	348
710	871	835	800	767	736	710	674	642	613	584	558	532	508	485	463	443	423	404	386	369	353
720	884	863	811	778	746	720	683	651	621	593	566	540	515	492	470	449	429	410	392	375	358

（续）

R \ t	15	16	17	18	19	20	21	22	23	24	25	26	27	28	29	30	31	32	33	34	35
730	917	874	834	796	761	730	693	660	630	601	573	547	523	499	477	455	435	416	397	380	363
740	929	886	846	807	771	740	702	669	639	609	581	555	530	506	483	462	441	422	403	385	368
750	942	898	857	818	781	750	712	679	647	618	589	563	537	513	490	468	447	427	409	391	374
760	954	910	868	829	792	760	721	688	656	626	597	570	544	520	497	474	453	433	414	396	379
770	967	922	880	840	802	770	731	697	665	634	605	578	552	527	503	481	459	439	420	401	384
780	979	934	891	851	813	780	740	706	673	642	613	585	559	534	510	487	466	445	425	407	389
790	992	946	903	862	823	790	750	715	682	651	621	593	566	541	516	493	472	451	431	412	394
800	1004	958	914	873	833	800	759	724	691	659	629	600	573	548	523	500	478	457	437	417	399
810	1017	970	925	883	844	810	769	733	699	667	637	608	581	555	530	506	484	462	442	423	404
820	1029	982	937	894	854	820	778	742	708	676	645	616	588	562	536	513	490	468	448	428	409
830	1041	993	948	905	865	830	788	751	717	684	653	623	595	568	543	519	496	474	453	433	415
840	1054	1005	959	916	875	840	797	760	725	692	661	631	602	575	550	525	502	480	459	439	420
850	1066	1017	971	927	885	850	807	769	734	700	669	638	610	582	556	532	508	486	464	444	425
860	1079	1029	982	938	896	860	816	778	743	709	677	646	617	589	563	538	514	492	470	450	430
870	1091	1041	994	949	906	870	826	788	751	717	685	654	624	596	570	544	520	497	476	455	435
880	1104	1053	1005	960	917	880	835	797	760	725	692	661	631	603	576	551	526	503	481	460	440
890	1116	1065	1016	970	927	890	845	806	769	734	700	669	639	610	583	557	533	509	487	466	445
900	1129	1077	1028	981	937	900	854	815	777	742	708	676	646	617	590	564	539	515	492	471	451
910	1141	1089	1039	992	948	910	864	824	786	750	716	684	653	624	596	570	545	521	498	476	456
920	1153	1100	1050	1003	958	920	873	833	795	759	724	692	661	631	603	576	551	527	504	482	461
930	1166	1112	1062	1014	969	930	883	842	804	767	732	699	668	638	610	583	557	533	509	487	466
940	1178	1124	1073	1025	979	940	892	851	812	775	740	707	675	645	616	589	563	538	515	493	471
950	1191	1136	1084	1036	989	950	902	860	821	784	748	714	682	652	623	595	569	544	521	498	476
960	1203	1148	1096	1047	1000	960	911	869	830	792	756	722	690	659	630	602	575	550	526	503	481
970	1216	1160	1107	1057	1010	970	921	878	838	800	764	730	697	666	636	608	581	556	532	509	487
980	1228	1172	1119	1068	1021	980	930	888	847	808	772	737	704	673	643	615	588	562	537	514	492
990	1241	1184	1130	1079	1031	990	940	897	856	817	780	745	712	680	650	621	594	568	543	519	497
1000	1282	1218	1158	1100	1046	1000	949	906	864	825	788	752	719	687	656	627	600	574	549	525	502
1010	1295	1230	1169	1111	1057	1010	959	915	873	833	796	760	726	694	663	634	606	579	554	530	507
1020	1308	1242	1181	1122	1067	1020	968	924	882	842	804	768	733	701	670	640	612	585	560	536	512
1030	1320	1254	1192	1133	1078	1030	978	933	890	850	812	775	741	708	676	647	618	591	565	541	518
1040	1333	1266	1204	1144	1088	1040	987	942	899	858	820	783	748	715	683	653	624	597	571	546	523
1050	1346	1278	1215	1155	1099	1050	997	951	908	867	828	790	755	722	690	659	630	603	577	552	528
1060	1358	1291	1227	1166	1109	1060	878	960	916	875	836	798	762	729	696	666	637	609	582	557	533
1070	1371	1303	1238	1177	1119	1070	1016	969	925	883	843	806	770	736	703	672	643	615	588	563	538

（续）

S \ t	15	16	17	18	19	20	21	22	23	24	25	26	27	28	29	30	31	32	33	34	35
R																					
1080	1384	1315	1250	1188	1130	1080	1025	978	934	892	851	813	777	743	710	679	649	621	594	568	543
1090	1396	1327	1261	1199	1140	1090	1035	987	943	900	859	821	784	750	716	685	655	626	599	573	549
1100	1409	1339	1273	1210	1151	1100	1044	997	951	908	867	829	792	757	723	691	661	632	605	579	554
1110	1422	1351	1284	1221	1161	1110	1054	1006	960	917	875	836	799	764	730	698	667	638	611	584	559
1120	1435	1363	1296	1232	1172	1120	1063	1015	969	925	883	844	806	771	737	704	673	644	616	590	564
1130	1447	1375	1307	1243	1182	1130	1073	1024	977	933	891	851	814	777	743	711	680	650	622	595	569
1140	1460	1387	1319	1254	1193	1140	1082	1033	986	941	899	859	821	784	750	717	686	656	627	600	575
1150	1473	1399	1330	1265	1203	1150	1092	1042	995	950	907	867	828	791	757	723	692	662	633	606	580
1160	1485	1411	1342	1276	1213	1160	1102	1051	1003	958	915	874	835	798	763	730	698	668	639	611	585
1170	1498	1423	1353	1287	1224	1170	1111	1060	1012	966	923	882	843	805	770	736	704	674	644	617	590
1180	1511	1435	1365	1298	1234	1180	1121	1069	1021	975	931	889	850	812	777	743	710	679	650	622	595
1190	1523	1448	1376	1309	1245	1190	1130	1078	1030	983	939	897	857	819	783	749	716	685	656	627	600
1200	1536	1460	1388	1320	1255	1200	1140	1088	1038	991	947	905	865	826	790	755	723	691	661	633	606
1210	1549	1472	1399	1330	1266	1210	1149	1097	1047	1000	955	912	872	833	797	762	729	697	667	638	611
1220	1561	1484	1411	1341	1276	1220	1159	1106	1056	1008	963	920	879	840	803	768	735	703	673	644	616
1230	1574	1496	1422	1352	1287	1230	1168	1115	1064	1016	971	928	886	847	810	775	741	709	678	649	621
1240	1587	1508	1434	1363	1297	1240	1178	1124	1073	1025	979	935	894	854	817	781	747	715	684	654	626
1250	1599	1520	1445	1374	1307	1250	1187	1133	1082	1033	987	943	901	861	824	788	753	721	690	660	632
1260	1612	1532	1457	1385	1318	1260	1197	1142	1090	1041	995	950	908	868	830	794	759	727	695	665	637
1270	1625	1544	1468	1396	1328	1270	1206	1151	1099	1050	1003	958	916	875	837	800	766	732	701	671	642
1280	1637	1556	1479	1407	1339	1280	1216	1160	1108	1058	1011	966	923	882	844	807	772	738	706	676	647
1290	1650	1568	1491	1418	1349	1290	1225	1169	1117	1066	1019	973	930	889	850	813	778	744	712	682	652
1300	1663	1580	1502	1429	1360	1300	1235	1179	1125	1075	1027	981	938	896	857	820	784	750	718	687	658
1310	1675	1592	1514	1440	1370	1310	1244	1188	1134	1083	1035	989	945	903	864	826	790	756	723	692	663
1320	1688	1604	1525	1451	1380	1320	1254	1197	1143	1091	1043	996	952	910	870	832	796	762	729	698	668
1330	1701	1616	1537	1462	1391	1330	1263	1206	1151	1100	1051	1004	960	917	877	839	802	768	735	703	673
1340	1713	1629	1548	1473	1401	1340	1273	1215	1160	1108	1059	1012	967	924	884	845	809	774	740	709	678
1350	1726	1641	1560	1484	1412	1350	1282	1224	1169	1116	1067	1019	974	931	891	852	815	780	746	714	684
1360	1739	1653	1571	1495	1422	1360	1292	1233	1177	1125	1074	1027	981	938	897	858	821	786	752	720	689
1370	1751	1665	1583	1506	1433	1370	1301	1242	1186	1133	1082	1034	989	945	904	865	827	791	757	725	694
1380	1764	1677	1594	1517	1443	1380	1311	1251	1195	1141	1090	1042	996	952	911	871	833	797	763	730	699
1390	1777	1689	1606	1528	1454	1390	1320	1260	1204	1150	1098	1050	1003	959	917	877	839	803	769	736	704
1400	1789	1701	1617	1538	1464	1400	1330	1270	1212	1158	1106	1057	1011	966	924	884	846	809	774	741	710
1410	1802	1713	1629	1549	1474	1410	1339	1279	1221	1166	1114	1065	1018	973	931	890	852	815	780	747	715
1420	1815	1725	1640	1560	1485	1420	1349	1288	1230	1175	1122	1073	1025	980	938	897	858	821	786	752	720

（续）

S\R↘t	15	16	17	18	19	20	21	22	23	24	25	26	27	28	29	30	31	32	33	34	35
1430	1827	1737	1652	1571	1495	1430	1358	1297	1238	1183	1130	1080	1033	987	944	903	864	827	791	758	725
1440	1840	1749	1663	1582	1506	1440	1368	1306	1247	1191	1138	1088	1040	994	951	910	870	833	797	763	730
1450	1853	1761	1675	1593	1516	1450	1377	1315	1256	1200	1146	1096	1047	1001	958	916	876	839	803	768	736
1460	1865	1773	1686	1604	1527	1460	1387	1324	1265	1208	1154	1103	1055	1008	964	922	883	845	808	774	741
1470	1878	1785	1698	1615	1537	1470	1396	1333	1273	1216	1162	1111	1062	1015	971	929	889	851	814	779	746
1480	1891	1797	1709	1626	1547	1480	1406	1342	1282	1225	1170	1118	1069	1022	978	935	895	856	820	785	751
1490	1903	1809	1721	1637	1558	1490	1415	1351	1291	1233	1178	1126	1077	1029	985	942	901	862	825	790	757
1500	1916	1821	1732	1648	1568	1500	1425	1361	1299	1241	1186	1134	1084	1036	991	948	907	868	831	796	762

附录 2. B　充 SF$_6$ 检漏一个密封环节允许漏气浓度增量 ΔC 及单点允许漏气率 $F_{吸}$ 的计算

1. 包扎（扣罩）检漏

$$年漏气率\ F_y = \frac{T\Delta C(V_m - V_1)p_0}{V(p_r + 0.1)\Delta t} \qquad (2.\,B\text{-}1)$$

式中　T——一年的小时数（24 × 365h）；

　　　ΔC——试品一个密封环节局部包扎空间内的 SF$_6$ 浓度增量（μL/L）；

　　　V_m——塑料封闭罩容积（m^3）；

　　　V_1——试品局部包扎的容积（m^3）如图 2. B-1 所示；

　　　p_0——大气压（表压）（0. 1MPa）；

　　　V——被检气室单元的充气容积（m^3）；

　　　p_r——产品额定 SF$_6$ 气压（MPa）；

　　　Δt——检漏保压时间（h）。

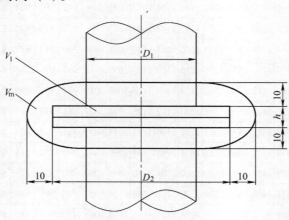

图 2. B-1　局部包扎示意

　　每个密封气室单元通常有 n 个密封环节（面），由式（2. B-1）可得到一个密封环节允许的 SF$_6$ 浓度增量为

$$\Delta C = \frac{F_y V (p_r + 0.1) \Delta t}{T(V_m - V_1) p_0} \times \frac{1}{n} \qquad (2.\,B\text{-}2)$$

式中，F_y 为 SF$_6$ 电器产品年漏气率，为 0.5%·年。定出厂试验控制值时，考虑了检漏数据的分散性、运行产品低温时漏气量的增加、密封圈长期工作时的老化（弹性及气密性下降）等因素，出厂试验时，取 $F_y = 0.05\%$·年。

　　充气容积 V，考虑较小的 LW36 – 40.5 型 P·GCB（$p_r = 0.5$MPa），每台充 SF$_6$ 气体约 5kg，每相为一个气室，充气 1.7kg，SF$_6$ 比重（$p_0 = 0.1$MPa 时）6.3kg/m^3，计算出 $V =$ 1.7kg/($p_r \times 6.3$kg/m^3/p_0) = 0.054m^3。考虑 550kV 产品，一个密封气室单元的平均充气容积约为 0.8~1m^3，计算时取 0.8m^3。

　　检测保压时间取 $\Delta t = 4$h。

　　较小的包扎单元，$D_1 = \phi 260$mm，$D_2 = \phi 330$mm，$h = 40$mm，较大的包扎单元，$D_1 = \phi 900$mm，$D_2 = \phi 1000$mm，$h = 80$mm。

　　假定包扎塑料膜与试品之间平均间隙为 10mm，可算出：

$$V_1 = \left(\frac{\pi}{4} \times 33^2 \times 4 + \frac{\pi}{4} \times 26^2 \times 2\right) \sim \left(\frac{\pi}{4} \times 100^2 \times 8 + \frac{\pi}{4} \times 90^2 \times 2\right) \text{cm}^3 = 4480 \sim 75517 \text{cm}^3$$

$$V_m = \frac{\pi}{4} \times 35^2 \times 6 \sim \frac{\pi}{4} \times 102^2 \times 10 \text{cm}^3 = 5769 \sim 81671 \text{cm}^3$$

$$V_m - V_1 = 1289 \sim 6154 \text{cm}^3 = 0.001289 \sim 0.006154 \text{m}^3$$

$p_r = 0.5$MPa，对 550kV GIS 取 $p_r = 0.6$MPa

将以上数据代入式（2. B-2）后得到：

$n = 5$ 时：$\Delta C = 11.46 \sim 41.4 \mu$L/L

$n = 6$ 时：$\Delta C = 5.73 \sim 20.7 \mu$L/L

$n = 10$ 时：$\Delta C = 3.02 \sim 13.8 \mu$L/L

　　2. SF$_6$ 吸枪检漏

　　单点漏气率 $F_{吸}$（MPa·cm^3/s）：　　　　$F_{吸} = VpF_y/T$

式中　　V——试品容积（m^3）；

　　　　p——检漏压力（MPa）；

　　　　F_y——允许年漏气率，取 0.05%；

　　　　T——一年时间（s）$T = 365 \times 24 \times 3600$s。

　　代入上述数据得：

$$F_{吸} = Vp \times 0.0005/365 \times 24 \times 3600 = 1.585 \times 10^{-11} Vp$$

被检试品中有 x 个漏点时，每个漏点允许的漏气率为：

$$F_{吸} = 1.585 \times 10^{-11} Vp/x$$

当检漏气压 $p \leq 0.5$MPa，被检容积 $V \leq 0.05$m^3 时，可取 $F_{吸} = 0.40 \times 10^{-6}/x$　MPa·cm^3/s；

当检漏气压 $p \leq 0.6$MPa，被检容积 $V \geq 0.8$m^3 时，可取 $F_{吸} = 7.6 \times 10^{-6}/x$　MPa·cm^3/s。

为简化数据，使用方便，从严取值如下：

$V \leq 0.1$m^3 时，取 $F_{吸} = 2 \times 10^{-7}/x$　MPa·cm^3/s；

$0.1 < V \leqslant 0.5 \mathrm{m}^3$ 时，取 $F_{吸} = 5 \times 10^{-7}/x$　MPa·cm^3/s；

$V > 0.5 \mathrm{m}^3$ 时，取 $F_{吸} = 10 \times 10^{-7}/x$　MPa·cm^3/s。

附录 2.C　充氦检漏允许泄漏率计算

1. 允许泄漏率计算假设

氦气分子比 SF$_6$ 小，对密封环节的渗透能力更强。只要氦检漏允许泄漏率规定合理，充氦检漏比充 SF$_6$ 检漏更严格、更可靠。

对于氦气吸枪检漏法，吸枪探头暴露于大气环境，从试品漏出的氦气散布于大气中，探头只能捕捉其少数。计算时假设从工件中漏了 10 个氦气分子，吸枪实际上只吸到 1 到 2 个氦气分子，因此，吸枪法检漏的数值，要乘以一个倍数 k（设为 5 倍）才是工件真正的泄漏率。例如，用吸枪检漏的检测结果是 1×10^{-5} MPa·cm^3/s，那么，工件实际泄漏率应约为 5×10^{-5} MPa·cm^3/s。可以这样理解：当我们设定允许泄漏率值为 5×10^{-5} MPa·cm^3/s 时，如果采用吸枪检漏法检测为 1×10^{-5} MPa·cm^3/s，那么就表明工件泄漏已到允许极限了。

采用氦气真空箱检漏法时，氦气分子从工件中泄漏到真空箱中，由真空箱中的灵敏探头进行检测，检测时应用了氦气密度在真空箱分布均匀的原理，因此检测结果近似等于工件实际泄漏率，不再考虑倍数关系。

产品年漏气率为 0.5%，考虑检漏数据的分散性，壳体潜在泄漏隐患存在的可能性以及产品运行时多种因素导致泄漏增大，因此计算允许泄漏率时，壳体年漏气率按 0.05% 考虑。

可以先对被检工件进行真空箱检漏法检漏，然后在工件密封状态不变的情况下再用吸枪检漏法，两者结果相除，即为真空箱检漏与吸枪检漏的倍数关系。用此办法可以收集两种检漏方法换算倍数 k 值的一系列数据，通过这些统计数据的分析可以找到一个合理可信的 k 值。

2. 检漏时允许漏值的计算

据以上分析，令：

$Q_{真空箱}$——真空箱法检漏时的允许漏气率（MPa·cm^3/s）；

$Q_{吸枪}$——吸枪扫描检漏时的允许漏气率（MPa·cm^3/s）；

$Q_{真空箱} = kQ_{吸枪}$，k 暂定为 5，待研究；

$F_{yk} = 0.05\%$，壳体年漏气率；

$\eta_{比} = 0.751$，SF$_6$ 气体转化为氦气时的黏度系数比值；

V——试品充气容积（m^3）；

p——试品检漏充气气压（表压）（MPa）（计算时应换成 10^6 Pa）。

壳体允许漏气率由下式计算：

$$
\begin{aligned}
Q_{真空箱} &= F_{yk} V p \eta_{比}/T \\
&= 0.05\% \, Vp \times 10^6 \eta_{比}/365 \times 24 \times 3600 \\
&= 1.19 \times 10^{-5} Vp
\end{aligned}
$$

根据试品不同的容积 V 和不同的充气气压 p 计算的允许漏气率列于本章的表 2-10 中。为方便使用，将 0.4MPa 和 0.5MPa 数据从严合并，并按 5 和 7 的倍数取整。

第3章　GCB/GIS 总体设计

3.1　设计思想的更新

回顾 50 年来 SF_6 断路器（GCB）及 SF_6 封闭式组合电器（GIS）等 SF_6 高压电器的试运行和批量生产产品的运行情况发现：一些国产 GCB/GIS 运行可靠性较差者，究其原因，有工艺不良、质量控制不严、生产管理较乱，更重要的是产品设计内在质量不高[12]。设计质量取决于设计思想、设计人员的素质（知识、经验及责任心）及工厂管理水平，最重要的还是设计思想的优劣。

多年来设计人员的设计思想受到这样一种观念的束缚：在满足产品技术条件及国标要求的前提下，尽量降低材料及工时成本，而对产品长期运行可靠性未给予应有的重视。导致产品型式试验可以通过，而安全可靠运行这一关过不了。

现代电网对各种高压电器的工作可靠性要求日益提高，少维护和无维护的呼声与日俱增，因此我们的设计思想必须为适应用户要求而更新。我们不仅要追求高的技术经济指标，更重要的是，要把产品长期运行的可靠性作为设计者最高的追求目标。把这一思想延伸到工厂技术及生产管理的各个环节，就应该在确保产品长期运行可靠性的前提下来考虑 GCB/GIS 的结构设计、材料选用、工艺方案、生产管理及质量控制。

3.2　简单就是可靠、简单就是效益

在追求产品可靠性时有两种不同的设计思想。一是力求简单，一是尽可能完美。

简单就是可靠——这已被高压断路器的进化史所证实，550kV 空气断路器从每极 8 断口串联发展到 SF_6 断路器每极 1 个断口，结构大大简化，产品可靠性也随之大大提高。简单就是可靠的设计思想，要求以最简洁的结构设计完成尽可能多的设计功能；或者说为完成某一设计功能而采用最少的零部件、最简洁的结构设计，最大限度地减少失误的环节。简单不是粗糙，简单不失严谨。求简而马虎，求简而大意，不是我们所希望的。结构设计考虑问题要周到，但是不能因考虑问题周到而采用繁琐的设计。优秀的设计者以这样辩证的思维从简洁的设计中去追求高的可靠性。同时，在简单的设计、简便的加工工艺中求得低的设计成本和高的经济效益。在一些公司的优秀产品中我们看到了这种设计思路的光彩。

另一种设计思路也重视产品的可靠性，这些设计员是追求完美型的。他将一切理性思维中可能存在的不可靠因素，都做了周全的分析，并以周全而又繁琐的结构设计来消除这些理论上可能存在的不可靠因素。最终导致产品结构设计复杂，加工工艺难度大、产品成本高。由于零部件数量的增多、质量控制难度加大，最终造成产品性能失误的概率增大、可靠性下降。这样的事例在某些产品的结构中也能看到。

设计思想决定了产品的可靠性和企业的经营效益，是每个设计员必须认真对待的大事。

3.3　GCB/GIS 总体设计的核心

GCB/GIS 总体设计的核心是产品整体设计的可靠性。它包括两大类问题：整体电气可靠性与整体机械可靠性。

整体电气可靠性包括：GCB 灭弧室的开断与关合性能，GCB/GIS 主导电回路电接触可靠性，短路电流冲击下的电热及电动稳定性，以及产品内、外绝缘的可靠性；同时还包括二次电气元件如分合闸电磁铁、辅助开关、微动开关、转换开关、继电器、接触器、SF₆ 密度控制器、空气（液体）压力开关等的可靠性。

GCB/GIS 产品机械可靠性包括：GCB/DS/ES 操动机构及传动机构合分操作可靠性及其机构操作寿命的长短，以及对运输震动和地震破坏力的适应性。制约产品机械可靠性的主要因素是：操动机构及传动系统的简繁、可调环节的多少及需要调节的频度、运动件的强度、零部件制造及装配质量、外购件质量及生产管理水平。

在进行产品整体设计时，应全面考虑以上电气及机械方面的多种问题，以得到可靠、先进、经济的整体设计。

3.4　GCB/GIS 总体结构设计要求

3.4.1　GCB 灭弧室及操动机构的选择

压气式灭弧室经历了 50 多年的发展，国内外已达到 550kV，63kA 单断口的高水平，在 550kV 单断口灭弧室基础上串联两断口发展起来的 800kV 罐式 SF₆ 断路器已批量生产，由两断口串联的 1100kV 罐式 SF₆ 断路器已挂网安全运行几年。随断口耐受电压能力不断地提高，灭弧室断口串联数不断减少，GCB 结构不断简化，而使 GCB 可靠性不断提高。

影响 GCB 可靠性的另一个重要因素是并联电容器的取舍。随着断口电压的提高，并联电容器用量逐步减少，以至单断口 363/550kV，50kA 灭弧室也不用并电容器。这是灭弧室结构设计的进步，也是 GCB 电气可靠性不断提高的表现。

影响 GCB 电气可靠性的第三个因素是合闸电阻的取舍与设计。在我国西北 363kV 电网，由于氧化锌避雷器（MOA）保护特性日趋完善以及产品质量不断提高，利用 MOA 来限制合闸操作过电压日益使人安心。因此在线长 300km 以内的电站开关，不带合闸电阻，实际操作过电压未超过 2.2p.u.，安全可靠，我国新开发的 363kV 及 550kV，50kA T·GCB 为简化结构、提高产品可靠性和降低成本而取消了合闸电阻，也不带并联电容器。一些 550kV 电网的过电压计算表明，线长在 100km 以内时，线路两端（或中点）加装 MOA 可使合闸过电压限制在 2.0p.u.（包括合闸与重合闸操作）[13]。在较长线路（200km 以上），仅用 MOA 时三相重合闸的合闸过电压可能超过 2.0p.u.，因此，装在较长线路上的 363kV 及 550kV GCB 欲完全取消合闸电阻，可以在线路上加装一组或多组悬式 MOA，可使全线操作过电压限制在允许范围之内。对于少数用户，仍然希望开关带上合闸电阻。为此，提高电阻片的电气和机械可靠性以及提高电阻触头传动装置分合闸可靠性自然是设计者应重视的问题。

利用短路电流产生磁场力使电弧旋转以加强电弧冷却的旋弧式灭弧室已在 12~40.5kV

GCB 上广泛采用，因操作功很小而配置了可靠性高的轻小型弹簧操动机构。

72.5 ~ 245kV GCB 已采用自能熄弧灭弧室，配弹簧操动机构，开断电流达到 50kA。利用电弧能量加热膨胀室的 SF_6 并使其增压，以建立必要的气吹压力，从而大大减轻了操动机构的压气负担。例如，LW14 – 126 配气动机构、压气式灭弧室（40kA），分闸功为 8300J，LW25 – 126 自能式灭弧室（40kA），配弹簧操动机构，分闸功仅为 1280J，减少约 85%。自能式灭弧室已被应用到 245kV/50kA GCB。结构简单的单气室 252kV/50kA GCB，分闸功已降到 1800 ~ 2000J，配弹簧机构合闸功已降到 3300 ~ 3600J，产品机构操作寿命做到 10000 次合分。结构比较复杂的双气室、分闸时触头双向运动的 250kV/50kA GCB，进一步将分闸功降到 1100J 左右，弹簧机构合闸功降到 2200J 左右。分闸双向运动的灭弧室因结构复杂，加工工艺难度加大，因此灭弧室机械操作的可靠性是今后研究重点。目前，人们对自能式灭弧室的工作特点还在探索之中。两种设计方案：热膨胀室与压气室结合的双气室自能式灭弧室与小尺寸压气室的半自能灭弧室，对这两种方案的特点现在还缺乏深入的认识。因此，今后的研究应是探讨两种结构的特点以及它们向更大开断电流与更高电压等级发展的前景。

与自能式熄弧技术平行发展的弹簧操动机构，分闸操作功目前已达到 5.1kJ、其合闸弹簧操作功目前已达到 8kJ，可满足部分 252kV/50kA 三相联动 GCB 的需要，弹簧机构操作功有进一步提高的必要。

GCB 配用弹簧操动机构，与用液压机构相比省去了比较复杂的液压控制系统及油泵；与气动机构相比，省去了空压机并免去了气体系统排水防潮维护的麻烦。弹簧操动机构的采用，将使高电压 GCB 结构简化、体积变小、成本下降、少维护、可靠性提高，又无需长年累月地补充能源的消耗。目前我国已开展了大功率（合簧功 12kJ）弹簧机构的研制，以满足 550kV 产品的需要。

3.4.2　罐式与瓷柱式 GCB 的合理分工

40.5kV 电网采用带 CT 线圈的瓷柱式 GCB 和罐式 SF_6 断路器（T·GCB）。T·GCB 因自带 CT 绕组而结构紧凑、占地少、成本不高，比采用瓷柱式 SF_6 断路器（P·GCB）更有优势。因此，近年来 40.5kV 电网的带 CT 的 P·GCB 和 T·GCB 已成为取代多油断路器的主力产品。

在 72.5 ~ 550kV 电网，主要是由于 T·GCB 成本较高，P·GCB 的需求量大于 T·GCB，后者主要被地震区及重污秽区电站选用。随着 363 ~ 550kV 单断口灭弧室的开发，若用 P·GCB 结构，灭弧室瓷套因过于细长（2.7 ~ 4.3m）而无法制造，，那么选用 T·GCB 结构是更合适一些。

近年来，我国已出现 800kV 及 1100kV 电网，相应的断路器结构，无论从运行可靠性、维护方便性及对环境的适应性考虑，还是从产品成本考虑，采用 T·GCB 结构都具有更多的优势。

3.4.3　高低档参数有机搭配

40.5 ~ 245kV 电网，运行可靠、成本较低的低参数（1250A，40kA）P·GCB 或 T·GCB 在完成油断路器更新换代的使命中将占主导地位。2500A，50kA 及以上高参数产品尽管成本较高，但大容量电站仍需要这类产品。继续改进完善它们，使其可靠性提高，仍然是设计者的重要任务。为满足东部大电网需求，近期应考虑 252kV、63kA 产品的研制工作。

3.4.4　结构整体化设计

产品结构整体化，要求在总体设计时尽量保持产品在包装运输过程中的整体性，尽量减少现场组装环节，减少产品可调环节，以减少产品投运初期的故障。40.5 ~ 72.5kV P·GCB 应做到整台产品组装调试好后整机包装运输，126 ~ 245kV P·GCB 的灭弧室与支柱不应解列，550kV P·GCB 最多只能分成灭弧室（含电阻与电容器）、支柱与机构三大件包装。126kV 及以上各电压等级的 T·GCB 一般分成瓷件、灭弧室罐体（带机构）两个单元，40.5kV T·GCB 应整台包装。

GIS 应尽量减少分块包装的件数，以减少现场安装工作量，减少现场组装不慎引起的 SF$_6$ 泄漏或其他异常现象。GIS 分块包装的大小主要受运输车辆的大小、道路、涵洞、桥梁等运行条件的制约。

GIS 主母线尽量布置在地面，以获得高的稳定性。

应尽量减少 GIS 的辅助元件（两通、三通、四通、波纹管、直角弯头等），使 GIS 一次元件布置简洁，以提高总体布置的可靠性和降低成本。

GIS 整体设计还应获得清晰、美观、整齐的外观效果。

3.4.5　环境因素的影响

户外产品应能在恶劣环境中安全运行。

第一，热带地区用产品，选用的绝缘材料应有良好的耐热老化性能，还要考虑日照对产品温升的影响。运行单位为此提出产品设计通流能力应比产品的额定电流值提高 10% 的要求。

日照对产品温升的影响是季节性的，此影响仅在炎热的夏天为人们所关注。在炎热的夏季日照的影响也是短时的（集中在每日的 10 时 ~ 18 时）。我们所做的产品日照试验表明：

对于罐式 SF$_6$ 断路器，由日照引起的附加温升最大值：出线端子处为 15.3℃，罐内灭弧室各点最大为 7.4℃，罐体最大为 18.5℃，持续时间仅 1h。

对于瓷柱式 SF$_6$ 断路器，由日照引起的附加温升最大值：出线端子处为 16℃，灭弧室瓷套内各点最高为 5.4℃，瓷瓶表面 16℃，持续时间仅 1h。

对于整个导电回路都暴露在日光下的隔离开关，镀银接触点日照附加温升值为 12.5℃，铝导电管最大为 19℃，持续时间仅 1h。

日照对产品温升的影响，一种比较合理的处理办法是：将产品在额定电流时的温升值与上述相应产品的日照附加温升值按一定比例叠加并不超过产品温升标准允许值。

第二，湿热地区的产品，暴露在大气中的元件应选用耐腐蚀能力强的材料或进行高耐腐蚀的表面处理。

第三，为防止风沙对主回路中电接触的影响，在出线端子上应涂覆导电接触脂；机构箱应设计良好的密封与通风结构，以保护机构及传动件不被风沙卡塞。

第四，高寒地区用产品，其密封材料应有优良的耐低温性能（应选用 HX807 或 G22B 胶），HX807 和 G22B 三元乙丙胶低温压缩变形小，适于 – 40℃ 地区使用。操动机构应有良好的保温结构。

第五，高寒地区电站用产品，低温会导致 SF$_6$ 液化而使气态 SF$_6$ 的密度低于允许值。最简单的办法是采用低气压的开关，其他经济而适用的措施是采用 T·GCB，外壳装加热保温护套，不仅对内可防止 SF$_6$ 密度过分下降，对外还可融化积雪，防止外绝缘被破坏。当然，采用带加热器的 P·GCB 也是一种解决办法。

3.5　GCB/GIS 可靠性的验证试验

GCB/GIS 设计可靠性最终应通过试验来验证，不能依赖产品运行的考核。

型式试验是验证产品设计可靠性的一种办法，但还不够。进行以下几项可靠性试验是必要的。

3.5.1　电寿命试验

电寿命试验的目的，一是考虑灭弧室熄弧性能的稳定性，二是考虑被电弧烧灼的元件耐电弧的寿命。目前的试验办法是满容量连续开断 16～20 次（SF$_6$ 开关）或 30～50 次（真空开关）。这种考核办法虽不能客观地、较准确地反映开关的实际工况，但有一定的实用价值。

3.5.2　机械强度试验

产品型式试验规定的机械寿命试验 2000～3000 次合分操作，不足以充分暴露产品机械强度的隐患，也不足以充分验证产品操作性能的稳定性。按目前的经验，对产品进行 10000 次合分强度试验，可以暴露零部件强度设计的薄弱环节并加以排除，使产品机械强度留有充分的裕度，使产品操作的稳定性能得到充分的验证。

3.5.3　高低温环境下的操作试验

常温下的强度试验不足以说明产品在高、低温时的操作性能。在 −40～60℃ 温度范围内，传动件的热胀冷缩会导致转动摩擦功的增加及摩擦副的超常磨损，温度大幅度的变化会引起液压传动效率和 GCB 操作特性的变化，这些变化是否在允许的界限之内？除了试验，任何方式的回答都不会令人信服。因此，建立足够规模的高低温环境试验室是必要的。

3.5.4　耐风沙、暴雨、冰雪及污秽试验

我们所期望的产品环境试验室还应具备以下诸功能：

模拟风沙侵袭，以考核暴露在大气中的电接触及机构箱的防风沙能力。

能研究在暴雨浇淋或冰雪堆积时产品外绝缘的可靠性。

能对整机进行耐污秽能力试验，因为整机状态的瓷套电场分布与瓷套单独试验时的电场分布不完全一样。

进行环境试验的硬件投资巨大，但这种投资的必要性是不容置疑的。进行这些试验所带来的产品可靠性的提高以及由此而产生的社会效益与经济效益会大于试验室的建设投资。这种试验室的建设，将标志着我国高压电器开发研究水平和产品可靠性上升到一个新的高度。

第4章　T·GCB/GIS出线套管设计

本章专题分析40.5~1100kV T·GCB和GIS出线套管的设计与计算。文中所提到的有关绝缘结构的设计思想与计算方法，对GIS母线及SF$_6$电流互感器的绝缘设计也是适用的。

对于T·GCB/GIS出线套管，目前越来越多的公司采用充气（SF$_6$）套管结构，它具有轻、小、简、廉、工艺方便等特点，尤其是它的内绝缘可靠，无局部放电干扰，因此成为设计者首选的结构。电容式套管的结构及制造工艺较复杂，内绝缘必然受有机绝缘材料老化及局部放电的干扰，因此应慎用。

4.1　40.5~145kV出线套管内绝缘设计

SF$_6$绝缘结构设计强调电场分布的均匀性及最高工作场强的控制，而不过分追求放大尺寸。因此T·GCB/GIS用出线套管都采用电场较均匀的同轴圆柱形电场结构。图4-1为40.5~145kV T·GCB/GIS出线套管的典型结构。

4.1.1　中心导体设计

出线套管的中心导体承受高电压、额定电流及短路电流。

中心导体的设计依据主要有两条：

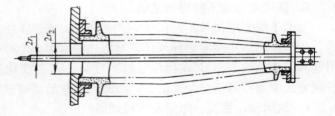

图4-1　40.5~145kV充气套管

（1）按额定电流大小及允许电流密度选择导体截面，为减小集肤效应的不利影响而用管材。由设计及试验经验而得到不同材质的允许电流密度为：

铜管T2：$j=2.2~2.5$A/mm^2（壁厚$\delta\leqslant17.5$mm时），散热条件好的部位可取较大值。

导电率$\geqslant55\%$铝管（纯铝1035、1060；锻铝6061、6063）：$j=1.3~1.35$ A/mm^2（壁厚$\delta\leqslant17.5$mm时），或取$j=1.1~1.15$A/mm^2（$\delta\geqslant20$mm时）

导电率$\leqslant45\%$铝管（合金硬铝2A12；防锈铝3A21、5A02及锻铝6A02）：$j=1.1~1.15$A/mm^2（$\delta\leqslant17.5$mm时），或取$j=0.85~0.95$A/mm^2（$\delta\geqslant20$mm时）

套管中心导体（包括GIS母线）选材原则：

a）优先选用铝材，尽量不用成本高的铜材。

b）优先选用管材，管材集肤效应小，截面利用率高。

c）优先选用导电率高（允许电流密度高）的铝管。

d）优先选用大直径薄壁管材（在结构设计允许的前提下），直径大、散热面积大、温升低；壁薄、集肤效应小、截面利用率高。

例如：

a）当额定电流为4000A时，GIS母线采用ϕ110mm铸铝棒ZL101A时，试验电流为

$1.1 \times 4000A$，$j = 0.46 A/mm^2$，计算母线温升 49℃，铝壳体温升 27℃；同样结构母线，改用 $\phi 90 \times 17.5$ 铝管 6063，计算母线温升 45℃、壳体温升 21℃。

b) 套管中心导体，试验电流为 $1.1 \times 4000A$，用 $\phi 100mm \times 25mm$ 铝管时，$j = 0.75 A/mm^2$，截面积 $S_1 = 5888mm^2$；改用 $\phi 110mm \times 12.5mm$ 同牌号铝管后，计算温升基本相同，但是趋肤效应低了，$j = 1.15 A/mm^2$ 提高了，截面 $S_2 = 3827mm^2$，省料 35%。

（2）按允许冲击场强 E_1 值确定中心导体外径 r_1 的范围。

同轴圆柱形电场中的中心导体表面场强为

$$E = U_{th} / [r_1 \ln (r_2/r_1)] \tag{4-1}$$

式中 U_{th}——雷电冲击耐受电压（kV）；

r_1——中心导体半径（mm）；

r_2——外壳半径（mm），见图 4-1。

令 U_{th}、r_2 为常数，对式（4-1）的分母求导并令其等于零

$$dr_1 \ln(r_2/r_1)/dr_1 = \ln(r_2/r_1) - 1 = 0$$

当 $\ln(r_2/r_1) = 1$，即 $r_2/r_1 = e$ 时，式（4-1）的分母值最大，E 为最小值 E_{min}，耐受电压能力最高。

在式（4-1）中，令 U_{th}、r_2 为常数，改变 r_1 而得到不同的 E 值，图 4-2 示出 E/E_{min} 与 r_1/r_2 的关系。

从图 4-2 可见，当 r_1/r_2 在 0.222 ~ 0.535 广阔的范围内变化时，导体表面场强只变化 10%，这给设计者带来选择中心导体的灵活性。

当 $\ln(r_2/r_1) = 1$ 时，式（4-1）变为

$$r_1 = U_{th}/E_1 \tag{4-2}$$

式中 r_1——中心导体半径（mm）；

U_{th}——雷电冲击耐受电压（kV）；

E_1——对应某种 SF_6 气压时导体表面允许的雷电冲击场强（kV/mm）。

由式（4-2）并综合考虑导体的电流密度 j、外壳半径 r_2 以及导体材料的供应等多种因素来选择中心导体直径。

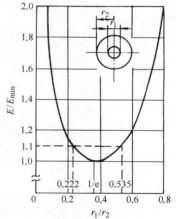

图 4-2 导体场强比 E/E_{min} 与壳体、导体半径比 r_1/r_2 的关系

4.1.2 允许雷电冲击场强值 E_1 的选择

E_1 称为允许雷电冲击场强值，或称为场强设计基准值。E_1 值对产品电气性能设计的可靠性及产品设计的经济性十分重要，E_1 偏大了电气性能不可靠，E_1 取小了产品大而不经济。制约 E_1 值的因素有：

（1）与放电机理有关系的因素（导体直径、表面粗糙度及 SF_6 气压）；

（2）设计及研究试验经验的积累；

（3）制造工艺及生产管理水平。

以上第（2）、（3）条各公司情况不一样，因此各公司对场强设计基准 E_1 的取值不尽相同。

根据一些公司的实验数据[14]，在 SF_6 电器中常见的导体直径 ϕ（40 ~ 150）mm，导体表面粗糙度为 R_a（6.3 ~ 12.5）μm 及 SF_6 表计气压为（0.1 ~ 0.6）MPa 条件下，导体在雷

电冲击负极性电压下的 50% 击穿场强 $E_{50\%}$（kV/mm）按下式计算：

$$E_{50\%} = 63p + 2.4 \tag{4-3}$$

式中　p——绝对气压（MPa）。

一般取闪络概率为 0.16% 的电压（场强）值作为耐受电压（场强），耐受电压与 50% 击穿电压两者之间的间隙为 3σ，耐受电压（场强）的计算值为

$$E_B = E_{50\%}(1 - 3\sigma) \tag{4-4}$$

雷电冲击与操作冲击的放电电压标准偏差相对值 $\sigma = 0.05$。

式（4-4）是以试验为基础归纳出的计算式，由式（4-4）算出的 E_B 用来作为设计的依据还有些问题。考虑到产品制造的分散性和运行中的种种不利因素，允许场强 E_1 的取值在 E_B 基础上还应留有裕度 K_1

$$E_1 = K_1 E_B \tag{4-5}$$

式中　K_1——设计经验及制造经验数据，$K_1 = 0.85$。

由式（4-5）确定的场强设计基准 E_1，能保证产品绝缘结构按 E_1 设计时，承受产品规定的雷电冲击耐受电压时放电机率为零且稍有一些裕度。

由式（4-3）~式（4-5）而得表 4-1。表 4-1 数据不仅是一种理论计算结果，更是一种经验的总结。这组数据经受了国内外一些先进产品结构设计的检验，是国内外一些高压电器主导制造厂家科研与生产经验的总结，有较高的可靠性和较先进的技术经济指标。

表 4-1　不同 SF₆ 气压时光洁导体（$R_a = 6.3\,\mu m$）场强设计基准值　　　　kV/mm

SF₆ 表计气压/MPa	0	0.1	0.2	0.3	0.4	0.5	0.6
$E_{50\%}$	8.7	15	21.3	27.6	33.9	40.2	46.5
E_B	7.4	12.8	18.1	23.6	28.8	34.2	40
E_1	6.3	11	15.5	20	24.5	29	33

不同气压下，高压导体允许场强的换算为

$$E_{1b} = E_{1a}\left(\frac{p_b}{p_a}\right)^{0.9}$$

（p_a、p_b 为绝对气压）

表 4-1 中 E_1 值适用于同轴圆柱形电极，其他偏离这种电场的非同轴圆柱形稍不均匀电场（不均匀系数 ≤2）的产品，如 GIS 中三相共箱的 DS 的断口间、三相触头间及母线间，其设计基准 E_{1a} 值应小于表 4-1 所列 E_1 值，建议取 $E_{1a} = 0.85 E_1$（系数 0.85 参考了某些产品的测试值）。

按表 4-1 的 E_1 值设计的绝缘结构具有较高的技术经济指标和令人放心的设计可靠性。值得强调的是，任何先进的设计，都必须靠先进的工艺和科学的生产管理（特别是严格的质量控制）来保证其设计的可靠性。

4.2　252~363kV 出线套管内绝缘设计

随电压等级增高，中心导体与接地法兰间电场分布的不均匀性变得突出。增设接地内屏

蔽以改善此处的电场分布，对于减小瓷套下端内径、提高瓷套内绝缘可靠性很重要。

从图 4-3d、e 可见，理想状态的场强分布是均匀的，电位分布是线性的。但实际上，在接近地电位下法兰处时，场强突然增大，沿瓷套纵向电位分布不均匀（在接近下法兰处更突出）。增设接地内屏蔽后，瓷套下端的棒—板形电场变为同轴圆柱形电场，沿瓷套场强分布不均匀性得到改善，电位分布也靠近理想的线性特征。

此处 r_1 及 r_2 依然按式（4-1）设计计算。接地内屏蔽高 h 对瓷套外电场分布有很显著影响。h 过小了瓷套下端电场集中（见图 4-3a），瓷套外电场分布不均匀，易引起瓷套外闪。h 过高，不仅会使瓷套中上部的外电场集中（见图 4-3b），瓷套高度未得到充分利用，而且内屏蔽上端部的场强会大到难以忍受的地步，可能导致瓷套上端部穿过瓷壁对接地内屏蔽上端放电（见图 4-3c）。

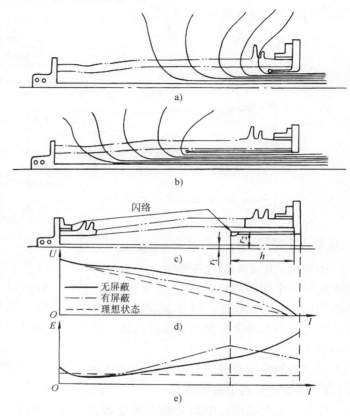

图 4-3　220kV 瓷套沿轴向电位及电场的分布

从改善瓷套下端内电场分布及瓷套外电场分布的两点要求出发，通常按下式确定内屏蔽高度

$$h = (2 \sim 2.5) \times 2r_2 \qquad (4\text{-}6)$$

接地内屏蔽罩上端部屏蔽环的形状对此处最大场强值有很大影响。环的曲率半径是一个因素，过小时场强偏大。环的形状也是一个因素，简单的圆弧形可能得不到最佳效果，多曲率半径构成的弧形可能获得最低场强值，这只能通过电场计算优化设计来选择。

4.3　550～1100kV 出线套管内绝缘设计

改善超高压 550～1100kV 套管接地下法兰处的电场分布，对于缩小瓷套下内径、减轻瓷件重量、减小瓷件制造工艺难度有决定性意义。

4.3.1　中间电位内屏蔽的作用

对 550kV 套管，仅用一只接地内屏蔽，原则上也是可行的；但想得到较好的技术经济指标却很困难。更高电压等级的套管，采用一只接地内屏蔽是不行的。电容式套管的设计和使用经验表明，多层同轴圆柱形屏蔽改善电场分布的效果很好，将这一经验移植到充气管中并考虑到结构设计的可能性和简化制造工艺，而采用了中间电位与接地电位双重屏蔽的设计方案，可使 550～1100kV 套管的内外电场分布更加合理，可使套管设计获得满意的技术经济指标。

对于 550～1100kV 套管设置中间电位屏蔽，首先是为了改善套管外电场分布，如果不用中间电位屏蔽，套管下半部电位梯度较大，见图 4-4 曲线 2。电场集中于套管下端，会导致瓷套外部在不高的电压下产生明显电晕，以致削弱了瓷套外绝缘能力。采用中间电位屏蔽，通过它的作用，强制性地将某一中间电位 U_0 推至瓷套中部位置，从而使外电场分布趋于较均匀，见图 4-4 曲线 4。

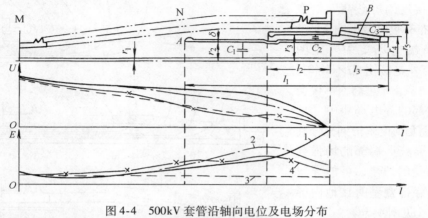

图 4-4　500kV 套管沿轴向电位及电场分布

——— 无屏蔽　—·—·— 有接地屏蔽　——— 理想状态　—×— 有接地屏蔽及中间屏蔽

中间电位屏蔽与接地屏蔽结合也将进一步改善瓷套下法兰处内电场的分布，降低该处的最大场强。中间屏蔽的电位 U_0 应靠近地电位侧。过分地接近地电位，可能失去中间屏蔽改善内外电场分布的作用；过分靠近高电位的中心导体，不利于改善下法兰处的内电场分布，且中间屏蔽端头场强会很高。通过电场计算和分析而选择中间电位较合理的值推荐为 45%全电位 U。

即：中间电位屏蔽的电位比 $K_2 = U_0/U \approx 45\%$。

4.3.2　中间电位内屏蔽的设计

在图 4-4 中示出：中间屏蔽对地电容为（$C_2 + C_3$），中心导体与中间屏蔽间的电容为 C_1，套管等效电容见图 4-5。

中间屏蔽的电位是按电容值 C_1、C_2 及 C_3 来分配的。设中间屏蔽电位占全电位的比值为 K_2，则

$$K_2 = C_1/[C_1 + (C_2 + C_3)] \tag{4-7}$$

式（4-7）中各电容由中心导体、中间屏蔽及接地屏蔽的几何尺寸确定如下：

$$C_1 = 2\pi\varepsilon_0 l_1/\ln\frac{r_2}{r_1} \tag{4-8a}$$

$$C_2 = 2\pi\varepsilon_0 l_2/\ln\frac{r_3}{r_2+\delta} \tag{4-8b}$$

$$C_3 = 2\pi\varepsilon_0 l_3/\ln\frac{r_5}{r_4} \tag{4-8c}$$

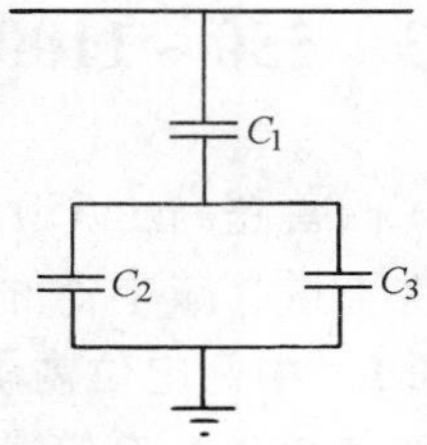

图 4-5　500kV
套管等效电容

式中　l_1、l_2、l_3、r_1、r_2、r_3、r_4、r_5 及 δ（中间屏蔽的厚度）（m），见图 4-4；

$\varepsilon_0 = 8.854 \times 10^{-12} \text{F/m}$；

C_1、C_2、C_3——电容（F）。

变更 $l_1 \sim l_3$、$r_1 \sim r_5$，可改变 K_2 及套管内外电场的分布。

中间屏蔽通过环氧树脂浇注绝缘子 B 支持在地电位的壳体上，中间屏蔽下端法兰宽为 l_3，与壳体间构成电容 C_3。

中间屏蔽的高度 l_1，或者说其上端部 A 点在瓷套轴线方向所处的位置，应与中间屏蔽的电位值相应。l_1 太大（A 点太高）会使电位过多地集中于瓷套上半部；l_1 太小（A 点太低）将使电位集中于瓷套下半部，都不可取。通常 NP 段平均场强 E_{NP} 会比 MN 段的 E_{MN} 要大一些，应注意场强 E_{NP} 不能太大，否则外电场在正常工作电压时会产生电晕，易引起复合绝缘橡胶伞电蚀。

中间电位屏蔽的高度比 $K_h = l_1/H_1$（H_1 为套管高度）。

要求同时兼顾到：

$$E_{NP}/E_{MN} \approx 1.5, K_h/K_2 \approx 1.2 \tag{4-8d}$$

为使外电场分布比较均匀，合理地利用外绝缘高度，设计中间电位屏蔽高度 l_1 尺寸时，应注意式（4-8d）的两点要求。

4.3.3　中间电位及接地屏蔽设计尺寸的验算

屏蔽件的尺寸 $l_1 \sim l_3$、$r_1 \sim r_5$ 设计的合理性由下面两种方法来验算。

（1）利用式（4-1）初步验算各气隙承受电压的能力

设：套管应承受的雷电冲击试验电压为 U，$K_2 = 0.4$

中间屏蔽与接地屏蔽间应能承受：

$$U_1 = E_1(r_2 + \delta)\ln\frac{r_3}{(r_2 + \delta)} > 0.4U \tag{4-9a}$$

中心导体与中间屏蔽间应能承受：

$$U_2 = E_1 r_1 \ln\frac{r_2}{r_1} > 0.6U \tag{4-9b}$$

E_1 取值见表 4-1。

（2）通过套管的高压电场数值计算，来确认各部位场强的合理性

1）大气中瓷件表面允许安全工作切向场强（在额定相电压下）、套管表面可能产生局放的场强以及金具（包括上下法兰和外屏蔽环）的允许场强（在工频耐受试验电压下）见表 4-2。

表 4-2　大气中瓷件及硅橡胶复合绝缘子表面场强允许值　　（单位：kV/mm）

安全工作切向场强允许值（额定相电压下）E_2	0.4
可能产生局部放电的场强 E_3	0.65～0.70
金具允许场强（工频耐受电压下）E_j	1.2

2）在 SF_6 中，瓷件内表面允许切向雷电冲击场强 $E_\tau = 0.5E_1$（E_1 见表 4-1）。

3）在 SF_6 中，导体及屏蔽表面允许场强为 E_1（见表 4-1）。

合理的设计必须同时满足式 4-8d 及上述 1）～3）条允许场强值的要求。设计实例参见 4.6 节。

在额定相电压下绝缘子表面场强 E_2 若超过 0.70kV/mm，将导致硅橡胶伞的电蚀，电蚀的发展可能引起外闪。

大气中的套管金具如果在工频耐受电压下的场强 E_j 超过 1.2kV/mm 较多，会导致金属四周空气严重电离以至外闪。

4.3.4　中间屏蔽支持绝缘子设计

中间屏蔽下部应穿过套管下法兰，并通过绝缘子 B 固定在 GIS/T·GCB 壳体上（见图4-4），绝缘子 B 设计的主要问题是满足电气性能要求，因屏蔽轻，机械负荷不大。

绝缘子高度按第 6 章式（6-2）计算，绝缘子表面切向场强应低于 $E_\tau = 0.5E_1$，绝缘子内部嵌件长期工作场强应小于 $E_4 = 3kV/mm$。

本节 4.3.1 ~ 4.3.4 所介绍的超高压套管设计及计算方法简单实用，虽然是一种近似的量化解析计算与分析，精度不是很高，最终设计还是要依赖计算机进行高压电场的数值计算来确认，但是这种近似量化分析方法却比经验估计合理，也为计算机的电场计算事先快速地筛选了许多不合适的设计方案。

4.4　套管外绝缘设计

4.4.1　瓷件基本尺寸及耐受电压的计算

大气中的瓷件在不同波形的试验电压下，其闪络电压分布的标准偏差（σ 值）是不同的（参见表4-3）[15]。考虑到试验的重复性和再现性（计入了试验设备误差、读数误差及瓷件制造误差等因素的影响），取耐受概率为 99.9% 的电压值作为额定耐受电压。因此，各种闪络电压计算值（放电概率为 50%）与耐受电压的比值为 $1/(1 - 3.08\sigma)$ 相应的闪络电压计算值的设计裕度分别为 10% ~ 23%，见表4-3。

表4-3　闪络电压计算值与额定耐受电压值的推荐关系（额定耐受电压为 100%）

试验电压种类	闪络电压分布标准偏差 σ(%)	闪络电压计算值(%)
工频电压	5	118
雷电冲击电压	3	110
操作冲击电压	6	123

雷电冲击电压计算值 $U_{t50} = 5.7L_g + 20$

雷电冲击电压耐受值 $U_{th} = (5.7L_g + 20) \times (1 - 3.08\sigma)$ (4-10)

式中　L_g——绝缘子外部干闪距离（cm）。

σ 见表4-3，U_{t50} 及 U_{tn} 的单位为 kV。

按下式核算工频干闪耐受电压（kV）为：

$$U_g = (2.9L_g + 25)(1 - 3.08\sigma) \tag{4-11}$$

在使用计算式（4-11）时，还可以参照经验数据（瓷套在空气中的平均干闪场强 2.5kV/cm）来设计瓷套尺寸 L_g。

核算工频湿闪耐受电压（kV）的经验公式为：

$$U_s = (3L_k + E_sL_s)(1 - 3.08\sigma) \tag{4-12}$$

式中　L_k——瓷件两法兰间空气间隙之和（cm）；

　　　L_s——瓷伞湿润部分距离之和（cm）；

　　　E_s——湿闪电压梯度，$E_s = 1.4 \text{kV/cm}$。σ 见表4-3。

如图4-6所示，当雨滴方向与瓷套轴线夹角为45°时

$$L_k = n \cdot AB \tag{4-13}$$

$$L_s = n(BC + \overset{\frown}{CD} + \overset{\frown}{DE}) + l_a + l_b \tag{4-14}$$

式中　l_a——上伞至上法兰间湿润部分距离（cm）；

　　　l_b——下伞至下法兰间湿润部分距离（cm）；

　　　n——伞数。

按以上式（4-10）~式（4-14）基本上确定了瓷件高度、伞数、伞伸出。对于高海拔、污秽型瓷套设计还应考虑其他一些问题。在最终确定瓷套高度时，应留设计裕度：按式（4-10）~ 式（4-14）换算的 U_{th}、U_g、U_s 应比相应的型式试验电压低 10% ~ 15%。

尺寸 BC、$\overset{\frown}{CD}$ 及 $\overset{\frown}{DE}$ 的计算参见后面的 4.4.2 节。

文献［15］还提供了空心绝缘套管操作冲击 500/5000 正负极性试验电压 U_{SW50+} 及 U_{SW50-}、雷电冲击 1.5/40 正极性试验电压 U_{l50+}、工频干闪电压 U_{fad} 及工频湿闪电压 U_{faw} 与干闪距离 L_g 的关系，见图4-7（试品不带均压环）。

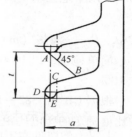

图 4-6　L_s 计算图

高压电器出线套管或隔离开关支柱在高电压等级（如 363kV 及以上）一般都带有不同形状的均压环（罩）。因此，对均压环比较敏感的操作冲击试验电压，实际上偏离了图4-7所示的不带均压环试品的 U_{SW+} 及 U_{SW-} 特性曲线。

特高电压（800kV 及以上）套管高度（或尺寸 L_g），是由操作波耐受电压决定的，U_{SW} 可耐受，U_g 及 U_{th} 也可耐受，且裕度较大；U_g 及 U_{th} 通过，裕度不是很大时，U_{SW} 可能通不过。根据高压电器产品的设计和试验经验，当电场分布均匀度不是很坏（内外屏蔽设计较合理）时，操作冲击闪络电压计算值（kV）推荐用下式计算：

$$U_{SW50} = 1.5(L_g - 200) + 1200 \tag{4-15}$$

式中　L_g——干闪距离（cm）。

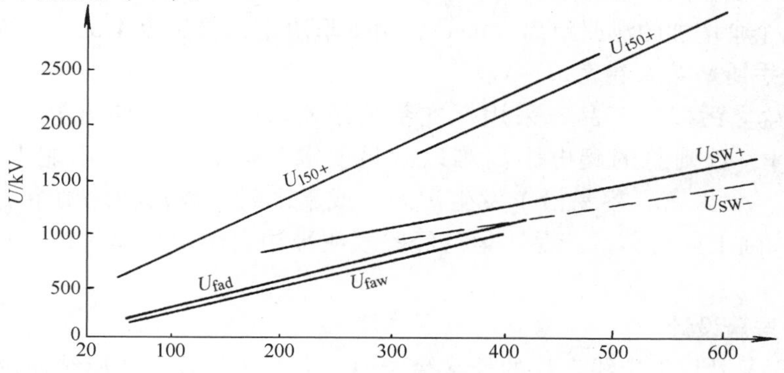

图 4-7　空心套管闪络电压与 L_g 的关系

操作冲击耐受电压为

$$U_{SW} = [1.5(L_g - 200) + 1200](1 - 3.08\sigma) \tag{4-16}$$

式中 σ 见表 4-3。

当电场分布很不均匀时，实际耐受电压将低于上式计算值。

特高电压（800kV 及以上）套管高度（或尺寸 L_g）是由操作冲击耐受电压决定的。例如 800kV 套管，为满足 $U_{SW} = 1550$kV（及海拔 2000m）要求，$L_g \geqslant 821$cm。为承受 $U_g = 950$kV、$U_{th} = 2100$kV（及海拔 2000m 要求），$L_g \geqslant 500$cm 就可以了。设计尺寸 L_g 时应注意这个特点。

4.4.2 高海拔、防污秽型瓷套设计

随海拔升高，大气密度下降，同等 L_g 尺寸的瓷套耐受电压能力跟随下降。因此，在设计高海拔地区产品用出线套管时，瓷套高度（或 L_g）应增高，产品套管尺寸 L_g 及产品在 1000m 以下地区承受的各种试验电压 U_{th}、U_g、U_s 及 U_{sw} 都应乘以海拔修正系数 K_a

$$K_a = 1/(1.1 - H/10^4) \tag{4-17}$$

式中 H——海拔（m）。

简单地说，以 1000m 地区适用的瓷套高为基数、海拔每增加 1000m，瓷套高最少应增加 10%。

根据 GB/T 5582—1993，外绝缘污秽等级分为 5 级，由外绝缘爬电距离 L_x 与额定电压的比值确定的爬电比距列入表 4-4。

表 4-4　污秽等级与爬电比距

污秽等级	活层电导率/(S/m)	等值盐密度/(mg/cm^2)	爬电比距/(mm/kV)
0	—	—	14.8
I	6 ~ 10	0.015 ~ 0.03	16
II	12 ~ 16	0.03 ~ 0.06	20
III	18 ~ 25	0.06 ~ 0.15	25
IV	30 ~ 40	0.15 ~ 0.30	31

外绝缘爬电距离由下式计算：

$$L_x = nv + h \tag{4-18}$$

式中 n——伞数；

      h——上下法兰间的直线距离（mm）；

      v——一个伞增加的泄漏距离（mm），由伞形决定，参见表 4-5，此表摘自《电机工程手册》第 4 卷表 5.3-1。

对于海洋盐雾污秽区产品，采用标准密伞结构较合适。伞伸出 P 与伞间距 T 比值 P/T 不应小于 1，否则总的爬电距离难以满足要求，但 P/T 值也不能太大（常取 1 ~ 1.2），太大了，伞太密，容易沿伞发生污闪，或暴雨时形成污秽的雨帘而闪络。

对于我国内陆工业污秽区产品，运行经验表明采用大小伞相间的设计更合适，$P/T = 1 ~ 1.2$ 较好。

4.4.3 瓷套外屏蔽设计

为增强 363kV 及以上出线套管的外绝缘能力，上下法兰采用球形结构设计，能屏蔽紧固螺栓的尖角，能避免上下法兰尖角引起的放电。必要时，在高电位的上法兰接线端子处还要增设屏蔽环。其设计要注意以下事项。

（1）屏蔽环上端应高于接线端子。

（2）屏蔽环下端应低于上法兰下沿，位于瓷件上端第一伞水平面为宜；过低会使干闪距离变小。

表 4-5　普通伞的规格尺寸　　　　　　　　　（单位：mm）

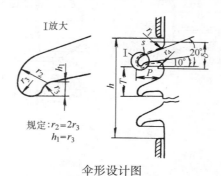

伞形设计图

P	25	30	35	40	45	50	55	60	65	70	75	80	85
r_1	10	10	10	15	15	15	15	18	18	18	18	18	18
r_2	8	8	8	10	10	10	10	12	12	12	12	12	12
r_3	4	4	4	5	5	5	5	6	6	6	6	6	6
r_4	6	7	8	8	9	10	10	12	13	14	14	15	15
h_1	4	4	4	5	5	5	5	6	6	6	6	6	6
v	42.01	50.83	59.65	68.30	77.12	85.93	95.39	103.12	111.94	120.76	130.21	138.03	148.49

（3）屏蔽环直径应足够大，使环内壁与瓷件间保持足够的空气隙。若环径过小，紧靠瓷件且下端过低，可能削弱外绝缘、导致屏蔽环穿越上部瓷壁沿瓷套内壁表面对地闪络。

（4）屏蔽环管材直径应与电压等级对应，不能太细，否则会使环表面场强过高而容易外闪。管材直径推荐值列于表 4-6。

对于其他部位的屏蔽环设计，管材直径的选择要根据电场的具体情况考虑，表 4-6 推荐值不一定适用。

表 4-6　出线套管屏蔽环管材直径

额定电压/kV	363	550	800	1100
屏蔽环管材直径/mm	80	100	180	220

（5）800kV 及以上 GIS 及 T·GCB 套管的电位分布通常集中于下部 CB 或 GIS 壳体处，套管上部电力线稀疏，平均场强较低，虽然设置了中间电位内屏蔽，并不能处理上接线端子处各种尖角带来的不利影响。因此，在设计套管上部外屏蔽环（罩）时，应使屏蔽环具有足够大的电容效应，将一部分电力线强制向上拉，一方面可使套管上段电位分布更趋改善，同时也可完全清除接线端子处各种尖角的不良影响。为此，双环设计（方案 A）可能不令人满意（见图 4-8）。方案 B 采用多环球形空间设计，具有较大的空间尺寸和较大的电容效应，是比较合理的结构。

800kV 及以上套管下部因 GIS/T·GCB 壳体的电容效应场强很集中，电位线分布密集并向壳体集附，使套管下法兰附近电场较强，因此应设计下部外屏蔽环，将过分向下吸引的电力线向上推，以缓和下部法兰处的外电场（参见图 4-8），下外环的另一个作用是消除下法兰处各种尖角的不良影响。

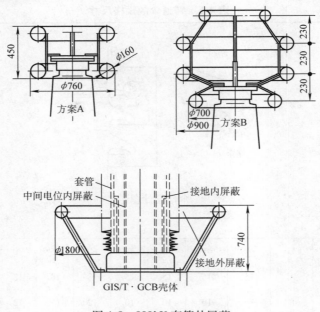

图 4-8　800kV 套管外屏蔽

4.5　瓷套机械强度设计

影响瓷套强度的因素有：瓷质、工艺、壁厚、胶装比，在设计瓷套时应注意这四个因素，并进行必要的强度核算。

4.5.1　瓷套法兰胶装比

瓷套法兰高 h_1 与瓷体外径 D_1 的比值称为胶装比 $\lambda = h_1/D_1 = 0.3 \sim 0.4$，不能太小，否则，瓷套抗弯强度及内水压强度都会受影响，尤其会使抗弯能力大幅度下降。过大没有必要，太大了会使外闪距离变小或使瓷套总高不必要地增大。当然，取 $\lambda = 0.3 \sim 0.4$ 时，要求胶装水泥有较高的质量，胶装后的养护工艺要严格、认真；否则，λ 值要放大。实心瓷棒因直径较小 λ，取 $0.4 \sim 0.6$。

4.5.2　瓷质与工艺

GCB/GIS 出线瓷套以及 P·GCB 灭弧室及支柱瓷套，都采用高强度瓷制作。普通瓷不满足强度要求。

根据西安高压电瓷厂、抚顺电瓷厂等单位多年生产及试验高强度瓷套的经验数据，瓷套设计的许用应力为（取 $\lambda = 0.3 \sim 0.4$ 时）：

内水压强度许用应力 $[\sigma_n] = 20 \sim 24\text{MPa}$；

抗弯强度许用应力 $[\sigma_w] = 21 \sim 32\text{MPa}$；

棒型绝缘子的拉伸破坏应力为 $\sigma_b = 15\text{MPa}$；

棒型绝缘子的扭转破坏应力为 $\sigma_1 = 14\text{MPa}$（$\lambda = 0.4$）。

$$\sigma_1 = 16\text{MPa}（\lambda = 0.5）$$

瓷套制造工艺主要分两大类：整体瓷套和粘结瓷套。运行经验表明，整体瓷套具有让人放心的气密性和机械强度的可靠性。粘结瓷套分有机粘结和无机粘结两种。有机粘结是将分节的瓷套事先烧结好、接口处磨好后用环氧树脂粘结，常温固化。无机粘结是将分节瓷套烧结之前用无机釉粘牢，然后整体入炉烧结成成品。粘结瓷套可能存在的问题是：接缝处有可能漏气；接缝处粘结强度不均匀或局部未粘贴，出厂试验或运输过程中可能出现粘结面局部不可见开裂现象，导致瓷套在运行时因长期充气受力作用而从粘结面开裂，瓷套爆炸。以上两种质量问题在近年来的 GCB 生产和运行中都发生过。

因此，尺寸较大、但不承受机械操作负荷的 T·GCB/GIS 出线瓷套可以采用粘结结构，而 P·GCB 灭弧室瓷套不允许用粘结结构。

4.5.3　瓷套内水压与抗弯强度设计

瓷套主要尺寸内径（d_1）、外径（D_1）、高（H_1）及质量（m_1）是通过强度计算最终确定的。

（1）内水压强度计算

P·GCB 瓷套内水压破坏强度 $p_b \geqslant 6p_r$，T·GCB 及 GIS 出线瓷套 $p_b \geqslant 5p_r$，p_r 为瓷套额定运行气压（MPa）。

瓷体横截面积 $S_1 = \dfrac{\pi}{4}（D_1^2 - d_1^2）$。

瓷套密封圈外径为 D_2，水压试验时法兰承压面积 $S_2 = \dfrac{\pi}{4}D_2^2$（取外径 D_2 计算 S_2，稍大于实际承压面积，以此考虑试验误差，S_1、S_2 的单位为 cm^2）。

瓷套承受的内水压极限应力为

$$\sigma_n = p_b S_2 / S_1 \tag{4-19}$$

比值 $[\sigma_n]/\sigma_n$ 称为设计裕度，应大于 1.15。瓷套例行水压试验值应取 $p_b/2$。

（2）弯曲强度计算

运行时瓷套承受的机械负荷有以下几种。

1）瓷套侧面风力 F_f（kgf）为

$$F_f = p_f S_f \tag{4-20}$$

$$p_f = \frac{1}{2} \times 0.125\alpha v^2$$

$$S_f = D_{cp} H_1$$

式中　p_f——风压（kgf/m^2）；

　　　H_1——套管高度（m）；

　　　S_f——瓷套侧表面受风面积（m^2）；

　　　α——风阻力系数，$\alpha = 0.74$；

　　　v——风速，$v = 35\text{m/s}$；

　　　D_{cp}——瓷套平均直径，$D_{cp} = (D_1 + D_3)/2$，D_3 为伞径（m）。

风力作用的重心，是受风面的几何形心，该点至瓷套下部支持平面的距离是风力作用重心高 H_f（cm）。

2）端子拉力 F_n（kgf）（水平横向）。端子至瓷套下部支持平面的距离为 H_n（cm）。

3）地震力 F_d。对瓷套进行初步强度设计时，其地震力只能简化计算。简化计算的实质是将一个动态的地震响应简化为一个静态问题来处理。这种简化的核心是确定一个合适的地震加速度放大系数。参照一些产品的地震试验数据，对于重心较高的 P·GCB 支柱瓷套、SF$_6$CT 支柱瓷套，地震加速度放大系数取

$$\beta = \beta_1 \beta_2 \beta_3 = 5.54$$

式中　β_1——设备基础及安装架放大系数，$\beta_1 = 1.2$；

　　　β_2——产品自震引起的加速度放大系数，$\beta_2 = 4.2$；

　　　β_3——垂直地震波与水平地震波叠加时引起的加速度放大系数，$\beta_3 = 1.1$。

对于重心较低的 T·GCB/GIS 塔形出线瓷套，β_2 建议取较小值（$\beta_2 \approx 2$），因此该瓷套的地震加速度放大系数为：

$$\beta = 1.2 \times 2 \times 1.1 = 2.64$$

瓷套承受的地震力 F_d（kgf）为：

$$F_d = \beta a m \tag{4-21}$$

计算时地震波拟定为正弦三周波。地震烈度为 9 度时，$a = 0.3g$（水平方向），地震烈度为 8 度时，$a = 0.15g$（水平方向）。m 为支持在计算瓷套上的部件（包括瓷套本身）的质量（kg）。

地震力作用重心的高度为 H_d（cm），取套管部件的重心高度。

以上三种力同时作用于瓷套时，在其下方产生的弯曲应力 σ_w（kgf/cm^2）为：

$$\sigma_w = (F_f H_f + F_n H_n + F_d H_d) \bigg/ \frac{\pi(D_1^4 - d_1^4)}{32 D_1} \tag{4-22}$$

弯曲应力的设计裕度 $[\sigma_w]/\sigma_w$ 应大于 1.15。

瓷套弯曲破坏力矩为 $F_w H_1 \geqslant (F_f H_f + F_n H_n + F_d H_d)$。

瓷套例行抗弯力矩为 $0.5 F_w H_1$（4 个方向试验）。

4.6　550kV SF$_6$ 电流互感器支持套管中间电位屏蔽设计实例

4.6.1　中间电位屏蔽尺寸的优化设计

SF$_6$ 电流互感器头部是一个尺寸很大的高电位壳体，瓷套外部电场分布很不均匀，电场等位线大量地集中于互感器的上方。电场计算表明，当不设置中间电位屏蔽时，40% 的电位集中在瓷套上方，这部分套管只占瓷套总高度的 18%。换言之，18% 的套管高度承受了40% 的试验电压，而套管下方约 50% 的高度都只承受 10% 的电压（参见图 4-9 曲线 Ⅰ 与Ⅱ）。由于外电场分布如此不均匀，外部只承受 600kV 的工频试验电压就发生外闪，外闪路径是 $A \to B \to C$。B 点附近电场太集中，成为空气电离起始区。

采用中间屏蔽，利用它可以强制性地将 40%～50% 的电位向下压到套管总高 40%～50% 的高度，使套管上方电场缓和，沿套管高度的电位分布较均匀。

经多次比较选择中间电位屏蔽的尺寸为：直径 290mm，高 2000mm；高电位屏蔽直径 440mm，高 800mm；绕组二次引线屏蔽管直径 120mm。

中间屏蔽与绕组二次引线屏蔽管间电容 C_1 为：

$$C_1 = 2\pi\varepsilon_0 \times 2000/\ln\frac{290}{120} \approx 2267 \times 2\pi\varepsilon_0$$

中间屏蔽与高电位屏蔽间电容 C_2 为：

$$C_2 = 2\pi\varepsilon_0 \times 800/\ln\frac{440}{290} \approx 2018 \times 2\pi\varepsilon_0$$

中间电位屏蔽的电位系数 K_2 为：

$$\begin{aligned} K_2 &= C_2/(C_1 + C_2) \\ &= 2018/(2267 + 2018) \\ &= 0.471 \end{aligned}$$

中间屏蔽高与套管总高之比 K_h 为：

$$K_h = 2000/4400 = 0.455$$

$K_h/K_2 = 0.97$，不满足式（4-8d）的要求。

采用中间电位屏蔽后，47.1%U 和 10%U 两条等位线如图 4-9 曲线 Ⅲ 和 Ⅳ 所示，外电场分布明显改善。

带中间电位屏蔽的试品，可靠地耐受住工频电压 740kV、雷电冲击电压 1675kV 及操作冲击电压 1175kV 的试验。在 $1.2 \times 550/\sqrt{3}$kV 电压下，B 点有微弱的局放（夜间可见）。

经分析发现 K_h 偏小，BD 段外电场场强偏大，尤其在 B 点最高。

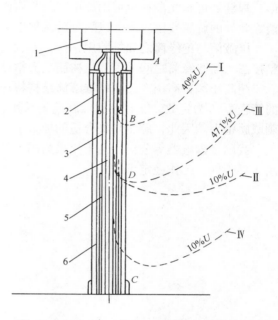

图 4-9　550kV SF$_6$ 电流互感器外电场分布图
1—CT 绕组　2—高电位屏蔽　3—中间电位屏蔽
4—二次引线屏蔽管　5—绝缘支持筒　6—套管

$BD = 200\text{cm} - 80\text{cm} = 120\text{cm}$，$CD = 440\text{cm} - 200\text{cm} - 20\text{cm} = 200\text{cm}$

BD 段平均工作场强为 $E_{BD} = (1 - 0.471) \times 318\text{kV}/120\text{cm} = 1.4\text{kV/cm}$

CD 段平均工作场强为 $E_{DC} = 0.471 \times 318\text{kV}/220\text{cm} = 0.68\text{kV/cm}$

$E_{BD}/E_{DC} = 2.06$，太大，也不符合式（4-8d）的要求。

调整两屏蔽尺寸：高电位屏蔽 $\phi 400\text{mm} \times 650\text{mm}$，中间屏蔽 $\phi 295\text{mm} \times 2400\text{mm}$，套管加高至 4600mm。加长中间屏蔽的目的，是将 $U_r/2$ 的电位进一步向下推，以减小 E_{BD} 值。

经计算改进后：

$E_{BD} = 1.047\text{kV/cm}$，$E_{DC} = 0.67\text{kV/cm}$，$K_2 = 0.424$，$K_h = 0.522$

系数 $K_h/K_2 = 1.23$，$E_{BD}/E_{DC} = 1.56$，基本符合式（4-8d）的两点要求。

场强 E_{BD} 下降后，B 点场强跟着下降。$1.2 U_r$ 电压下不再发生局部放电现象。

4.6.2　中间电位屏蔽的加工工艺方案设计

中间电位屏蔽结构示意见图 4-10。

屏蔽筒直径 $\phi 295\text{mm}$，长 2400mm，下部由绝缘筒 2 支撑。屏蔽筒应采用先进的旋压加工制作，筒无焊缝，光滑，消除了尖角毛刺的危害。筒上端的环可用铝板与筒体焊后车成弧

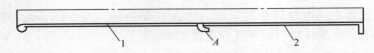

图 4-10　550kV SF$_6$CT 中间电位屏蔽

1—屏蔽筒　2—绝缘支持筒　*A*—粘接法兰

形，焊缝处可车光滑；也可用旋压工艺与筒体一次旋压成形，无焊缝，要求旋压成形后退火消除此处的旋压残留应力，以除日后端部破裂之忧。

屏蔽筒与绝缘筒之间推荐用粘接，不宜用螺栓联结，以消除螺栓尖角影响。屏蔽筒下部粘接法兰与绝缘筒之间采用环氧树脂毛面粘接（参见 5.4.4 节）。

超高压和特高压产品用的屏蔽筒结构特征为细长形，直径 *D* 与长度 *L*：*L/D* = 6～8，有的筒径 *D* 不为定数，变直径长屏蔽筒若采用常规工艺制作，焊缝多不易打磨光滑，尖角毛刺威胁很大。因此，旋压是最合适的加工工艺。

我国金鑫电器等公司，几十年来为国内外许多著名的高压电器主机厂提供了大量优质的高压屏蔽件，工作稳定可靠。

第5章 硅橡胶复合绝缘子的特点和设计

5.1 复合绝缘子的特点和应用

高压电器的瓷套同时承担着高压绝缘电负荷及机械负荷（内压、弯矩、扭矩、拉伸或压缩等）的双重作用。瓷质绝缘子以其长期稳定的绝缘性能而得到广泛的使用。但是，它的下述不足给运行带来许多不安全因素。

（1）瓷套的亲水性导致在阴雨天瓷套表面形成连续的水膜，尤其是在重污秽的湿润大气中，瓷件表面潮湿的污秽层的电导率显著增大，导致正常工作电压下瓷套闪络。

（2）受内压较高的断路器瓷套、大型粘接的充气式瓷套，因瓷质及工艺控制的失误或搬运时碰撞，都会导致有隐患的运行瓷套开裂或爆炸，这种事故在电网中曾经发生过。

为克服瓷套的上述不安全因素，近50年来国内外在研究和逐步推广使用复合绝缘子，它采用机械强度高、耐电性能好的环氧玻璃丝筒（棒）做绝缘子的芯体（筒或棒）。芯体是内绝缘，在承受高电压的同时还承受机械负荷（内压、拉伸、弯矩、扭矩），以保证绝缘子的机械稳定性。但是环氧树脂玻璃丝不能忍受大气水分和阳光中的紫外线的侵蚀，因此必须给它披一层耐水分、紫外线和抗各种污秽能力强的外绝缘——硅橡胶伞和套。使两种材料的不同性能达到最佳组合。

复合绝缘子的主要特点是：

（1）硅橡胶的疏水性使绝缘子在潮湿污秽、蒙蒙细雨或倾盆暴雨时都具有可靠的电气绝缘性能，不易发生污闪或湿闪。因湿闪性能好，绝缘高度有可能比瓷套小20%左右。

（2）优良的抗紫外线、抗老化能力保证复合绝缘子长期运行的可靠性。

（3）套管有可靠的防爆性能，即使内部过压引起筒体破裂泄压，也无碎片飞逸伤害人身和设备。

（4）承受拉、扭、弯力的复合绝缘子具有稳定可靠的力学性能，设计合理则无断裂之忧。

（5）在地震多发区运行安全可靠，无需加装减震装置。

（6）重量轻，一般为同功能瓷绝缘子的25%左右，增强了产品的稳定性，减少了运输、安装中出现绝缘子破损的危险。

（7）随着批量生产的出现，500kV及以复合绝缘子成本低于瓷套，330kV以下复合绝缘子成本高于或接近瓷绝缘子，因成品合格率高，超高压和特高压大型复合绝缘子的成本会低于合格率低的瓷绝缘子。

由于上述原因，近年来国外复合绝缘子在 SF_6 断路器（瓷柱或罐式）、隔离开关、SF_6 及油浸式电流互感器、电压互感器、氧化锌避雷器（落地式和悬挂式）、GIS 进出线套管、穿墙套管、电缆终端、线路绝缘子串、电站支持绝缘子等领域得到了广泛应用。

5.2　伞裙材料的选用

　　复合绝缘子设计时首先考虑的问题是用什么橡胶做伞裙。对伞裙橡胶的基本要求是：良好的力学和电气性能、极好的疏水特性、极好的抗爬电和抗电弧能力、良好的耐气候影响和耐污秽能力、宽阔的耐温能力（适用于 -45 ~ 100℃）及使用寿命长。

　　有多种橡胶基本上符合上述要求，在比较和选择胶料时，最重要的依据是耐气候抗老化能力。加拿大研究人员 C. de Tonrreil 在他们的研究报告[16]中指出：

　　（1）试样采用三元乙丙胶（EPDM）、二元乙丙胶（EPM）、室温硫化硅橡胶（RTV）和甲基乙烯基高温硫化硅橡胶（HTV）4 种胶制作。户外试验点放在盐雾较重且风大的圣罗伦斯河口及詹姆斯海湾的魁北克北部，另一个试验点设在蒙特利尔附近。试验时间 2 年。户内加速老化试验将试样放入模拟户外自然老化的试验箱内（紫外线、水雾，60℃），试验时间 8000h。

　　（2）试验后外观检查：初期为深灰色的 EPDM 和一般灰色的 EPM 变为白色，原来光滑的表面粉化（为氩氧化铝粉）有裂纹，呈龟裂状，表面明显剥蚀。RTV 和 HTV 表面变化非常小（在显微镜下才能观察到细微的变化），户外试样表面沉积着污尘。

　　（3）4 种试样的物理性能（介电常数和体积电阻值）和试样的应用性能（耐漏电起痕、电蚀损和表面耐电弧能力）在老化试验后变化甚微。4 种试样的介质损耗在老化试验初期（户外 1 年、户内 2000h）变化较大，但不足以影响电气性能；在老化试验中后期介损变化小，趋于稳定。

　　（4）硅橡胶的电蚀损体积和泄漏电流比乙丙胶小。而 HTV 的耐漏电及电蚀能力即抗老化能力（3.5 ~ 4.5kV）明显高于 RTV（2.5kV）。

　　（5）HTV 的扯断伸长率变化最小。RTV 扯断伸长率变化大，其机械强度较小。

　　国外另一些公司的研究还指出，新的乙丙胶表面水珠的接触角就小于硅橡胶表面水珠的接触角，其疏水性低于硅橡胶[17]。两类胶经老化试验，乙丙胶表面发生了化学分解，表面能增加，疏水性丧失，泄漏电流增大，水珠接触角明显小于硅橡胶。而硅橡胶的疏水性短暂下降后能自行恢复[18]。

　　根据这些老化试验结果，可以认为：

　　（1）乙丙胶（EPDM 和 EPM）易粉化，耐老化能力差，不可取。

　　（2）两种硅橡胶 HTV 与 RTV 的机械强度和疏水性相近，都优于乙丙胶。

　　（3）RTV 耐漏电及电蚀性指标较低，在电场分布较均匀的产品上有一定的使用价值。

　　（4）HTV 耐漏电及电蚀性指标高，抗老化能力强，运行可靠性高。是复合绝缘子的首选材料。

表 5-1　硅橡胶性能

性能 \ 型号	HTV	RTV
抗拉强度/MPa	≥3.5 ~ 6	≥4.5 ~ 6.5
拉断伸长率（%）	≥150 ~ 300	≥350 ~ 500
撕裂强度/（kN/m）	≥12 ~ 15	≥15 ~ 20
密度/（g/cm³）	1.5 ~ 1.6	1.1 ~ 1.13
邵氏硬度/A	65 ~ 70	30 ~ 40
介电强度/（kV/mm）	23	18 ~ 23
介电常数（50Hz 时）/（F/m）	4 ~ 4.5	2.9 ~ 3
体积电阻率/Ω·m	1×10^{14} ~ 1×10^{16}	10^{15}
介质损耗系数 tanδ（%）	0.3 ~ 0.4	0.3 ~ 0.4
耐漏电及电蚀性/kV	3.5 ~ 4.5	2.5
硫化温度/℃	165 ~ 175	25
阻燃级别	FV-0	FV-0

HTV 与 RTV 主要性能指标列入表 5-1。

5.3　绝缘子芯体（筒、棒）材料的选择

芯棒一般用环氧玻璃丝引拔棒；筒体用环氧玻璃丝缠绕管或环氧玻璃布真空浸渍管。

（1）对筒管（芯棒）的基本要求

1）优良的力学性能（强度高、刚性好）；

2）良好的电气性能；

3）较好的耐化学腐蚀能力。

（2）对不同复合绝缘子用管（棒）的特殊要求

1）与 SF_6 电弧分解接触的 GCB 出线套管、绝缘支柱的筒管内壁应缠绕一层（厚 1mm）耐腐蚀能力更强的环氧涤纶丝。

2）GCB 灭弧室套管内壁在喷嘴排放热气流区必要时应衬一层耐高温的聚四氟乙烯套（厚 1mm），以承受短路开断时灭弧室排出的高温气体的瞬时（毫秒级）冲击，确保套管内壁的绝缘性能。

几种管材特性列表 5-2。

表 5-2　环氧玻璃丝管材性能

材　料 性　能	湿法缠绕环氧玻璃丝管			真空浸渍 玻璃丝管	高强度 瓷套
	A	B	C		
玻璃丝含量（质量分数）（%）	70~75	70~75	70~75	75~80	—
缠绕角 β（含丝比例）	±（50°~55°）	两种绕角	两种绕角	0°/90° $\binom{X:Y}{45:55}$[3]	—
密度/（g/cm³）	2.0	2.0	2.0	2.1	2.5~2.8
吸水率（%）	0.2	0.2	0.2	0.1	—
轴向热膨胀系数 α/（1/K）	$17.6×10^6$	$11.6×10^6$	$9.2×10^6$	$13.5×10^6$	0
轴向抗拉强度 σ_{b1}/MPa	55	170	230	550	33.5~40
环向抗拉强度 σ_{b2}/MPa	145	115	92	302	—
内压许用应力 $[\sigma_n]$/MPa	86	70	55	180	20~24
管体抗弯强度 σ_{w1}/MPa	125	150	210	530	—
胶装抗弯强度 σ_{w2}/MPa	75[1]	125[1]	127[1]	150[1]	35.3~53
胶装弯曲许用应力 $[\sigma_{w2}]$/MPa	45[2]	75[2]	76[2]	90[2]	21~32[2]
法兰粘结许用应力 $[\sigma_j]$/MPa	15	15	15	15	—
法兰胶装比 λ	0.3~0.4	0.3~0.4	0.3~0.4	0.3~0.4	0.3~0.4
抗压强度 σ_y/MPa	95	140	180	320	450~550
抗剪强度 τ_q/MPa	155	137	123	—	—
抗拉（弯）弹性模量 E/MPa	14500	21000	26500	30000	131000
轴向冲击耐压/（kV/mm）	10	10	10	12	—
轴向工频耐压/（kV/mm）	6	6	6	8	—

（续）

材料 性能	湿法缠绕环氧玻璃丝管			真空浸渍玻璃丝管	高强度瓷套
	A	B	C		
径向工频耐压/（kV/mm）	10	10	10	12	—
介损系数 tanδ（%）	0.3~0.6	0.3~0.6	0.3~0.6	0.3~0.5	—
介电系数 ε	4.5~5.5	4.5~5.5	4.5~5.5	4.8~5.2	6.5
特性	刚性一般 耐内压很好	刚度大 耐内压好	刚度很大 耐内压一般	刚度特大 耐内压特好	刚度特大 耐内压差

注：本表数据参考瑞士 CELLPACK 公司的相关资料。
① 在此应力作用下，法兰与管体胶装破坏分裂。
② 当弯曲应力不超过表中 $[\sigma_{w2}]$ 值时，管材为可逆的弹性变形，设计弯应力如果超过 $[\sigma_{w2}]$ 值，可能产生塑性永久变形。
③ X 为 0°缠绕角玻璃丝用量，Y 为 90°玻璃丝用量。

    3）水平布置的 GCB 灭弧室套管和超高压 GCB 和隔离开关绝缘支柱的管材应具有较大的抗弯弹性模量 E 值和抗弯强度，使套管以较小的截面得到较大的刚性和抗弯矩能力。

    4）互感器和 GIS/T·GCB 出线套管更多地注重管材的抗内压能力（即环向抗拉强度）。

    5）线路复合绝缘子的芯棒应有较高的轴向抗拉强度。

    （3）影响管（棒）机械特性的主要因素

    1）真空浸渍环氧玻璃纤维管比湿法绕制环氧玻璃纤维管强度更高。

    2）缠绕管的纤维缠绕角 β（缠绕方向与管轴线夹角）对管材机械特性影响很大，β 通常为 0°~89°。当以某种 $\pm\beta$ 角绕制时，β 越大，其环向抗内压强度就越高，轴向抗拉强度和抗弯强度就越低；β 变小时，其结果相反。也可以用不同的角度绕制同一根管。例如：当要求管材具有较大的抗弯强度和轴向抗拉弹性模量 E 时，可以使一部分纤维（用量为 X）的绕制角 $\beta=0°$（纤维拉直拉紧与管轴平行），另一部分纤维（用量为 Y）的绕制角 β 可取 80°~85°。用量 X 越大，管材 E 值和抗弯强度越大，相应的环向抗拉强度就越小。可根据管材不同的力学性能调整比值 X/Y。

    （4）常用环氧玻璃丝管机械特性见表 5-2，根据表 5-2 确定选材原则如下：

    1）GCB/GIS 出线套管、VT 及变压器套管、MOA 用套管、穿墙套管、电缆终端套管及立式 GCB 灭弧室套管等主要受内压（受弯矩较小），一般采用 A 型管材。

    2）水平布置 GCB 灭弧室套管、P·GCB 支柱套管及倒置式 SF₆ 电流互感器支持套管等同时受较大的内压和弯矩，宜选用刚性和耐内压性能都好的 B 型管材。

    3）对抗拉、抗弯及刚性要求高而无须承受内压的隔离开关支柱、电站支柱、线路绝缘子等套管应选用 C 型管材。抗拉许用应力 $[\sigma_{b1}]$ 可取 140MPa。

    4）对力学性能要求特别高的小尺寸套管可选用真空浸渍玻璃丝管材。考虑工艺及成本，尺寸较大的管材不宜选用这种材料。

5.4　复合绝缘子设计的四点要求

    合格的设计必须同时满足强度、刚度、电气及密封等四方面的设计要求。

5.4.1　机械强度设计要求

（1）内水压、抗弯及法兰粘结强度计算

内水压强度设计要求：

$$\frac{\pi}{4}D_2^2 p_{\mathrm{b}} \Big/ \frac{\pi}{4}(D_1^2 - d_1^2) \leqslant [\sigma_{\mathrm{n}}] \tag{5-1}$$

抗弯强度设计要求：

$$M_{\mathrm{W}} \Big/ \frac{\pi(D_1^4 - d_1^4)}{32 D_1} \leqslant [\sigma_{\mathrm{w2}}] \tag{5-2}$$

法兰粘结强度设计要求：

$$\frac{\pi}{4}D_2^2 p_{\mathrm{b}} K \Big/ \pi D_1 l \leqslant [\sigma_{\mathrm{j}}] \tag{5-3}$$

式中　p_{b}——破坏水压（MPa）；

　　D_1——管外径（mm）；

　　d_1——管内径（mm）；

　　D_2——O 形圈外径（mm）；

　M_{W}——破坏弯矩（N·mm）；

　　l——法兰粘结面高度（mm）；

　　K——考虑胶装应力影响取的安全系数，$K = 2.5$；

　$[\sigma_{\mathrm{n}}]$、$[\sigma_{\mathrm{w2}}]$、$[\sigma_{\mathrm{j}}]$ 见表 5-2。

（2）内压、弯曲强度的设计

1）内压强度

额定内压力 S.I.P（例如 0.4 ~ 0.6MPa）

最大运行压力 M.S.P（MPa）

例行内压试验值 $p_1 = 2.0$M.S.P

破坏内压试验值 $p_{\mathrm{b}} = 4.0$M.S.P

定最大运行压力 M.S.P 时，应考虑运行产品内部气（液）体介质的温升及最高环温。例如，GCB/GIS 产品通常 SF_6 气体的温升都低于 40℃，环温 40℃，SF_6 最高运行温度为 80℃，相应：M.S.P = S.I.P + 0.00233 × (80 − 20)。

批量生产时每只管件都应承受 p_1 试验值，要求管件处于可逆弹性状态。

管件新品试制时应承受 ≤p_{b} 试验值，此时管件允许有不可逆的塑性变形，但不应破裂。

2）弯曲强度

正常运行时的弯曲负荷 M_{WC}

最大运行弯曲负荷 M.M.L

例行试验弯矩 $M_{\mathrm{W1}} = 1.5$M.M.L

破坏试验弯矩 $M_{\mathrm{Wb}} = 2.0$M.M.L

（满足承受 M.M.L 时安全系数大于 1.67 的要求）

正常运行的弯矩 M_{WC} 包括端子拉力矩、水平运行套管的重力（及内部零部件重力）矩、覆冰力矩、风力矩。

M.M.L 包括 M_{WC} 及地震力产生的弯矩。

批量生产时每只套管应承受数值为 M_{W1} 的例行弯曲试验，套管应处于可逆转弹性状态。

试品应能承受 $\leqslant M_{Wb}$ 的破坏弯曲试验，允许套管产生不可逆转的塑性变形，但不允许出现法兰胶装开裂或管件破损。

通常管件抗弯强度高于法兰胶装抗弯强度，因此复合套管承受破坏弯曲试验时的弯曲应力设计值应低于 $[\sigma_{w2}]$。

法兰胶装强度要同时满足内压及弯曲两种破坏试验的要求，因此对于负荷较重的套管，其法兰胶装比应取上限值（0.4）。

5.4.2　刚度设计要求

复合绝缘子的弹性模量 E（14500～30000MPa）比瓷套（131000MPa）要小，在外力作用下弹性变形较大，对于 252kV 及以上电压等级的产品使用复合绝缘子时，必须注意其结构的刚性，并计算弹性变形量 f（mm）：

$$f = Fl^3/3EI \tag{5-4}$$

式中　F——套管所受的弯力（N）；

　　　l——弯力臂（mm）；

　　　E——弹性模量（见表 5-2）（MPa）；

　　　I——复合绝缘子转动惯量（mm⁴），$I = \dfrac{\pi}{64}(D_1^4 - d_1^4)$，$D_1$ 和 d_1 分别是绝缘筒外径和

　　　　　内径（mm）。

在正常运行外力作用下产生的弹性变形量 f 应控制在不影响产品正常工作的允许范围之内，例如：

GCB 灭弧室套管在最大运行内压时轴向伸长弹性变形不应大于 5mm（影响触头超行程）。

瓷柱式 SF₆ 断路器（P.GCB）产品在正常运行条件下（不计地震力影响）头部最大弹性变形（水平向位移）不宜大于产品高度的 0.5%。其中，对于单断口 P.GCB，考虑到触头对中心的要求，在端子拉力作用下，灭弧室套管的弯曲变形不应妨碍触头正常的分合闸操作。

5.4.3　电气性能设计要求

复合绝缘子电气性能设计，除了保证必要的高度（能承受相应的绝缘试验电压）之外，还应注意伞形及场强的设计。

伞裙形状和电场强度对复合绝缘子的漏电起痕及蚀损有重要影响。

如图 5-1 所示，在同等的运行（或试验）条件下，图 5-1a 所示伞形的泄漏电流比图 5-1b 所示伞形

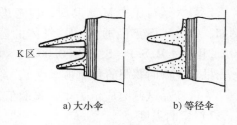

a) 大小伞　　　b) 等径伞

图 5-1　伞形选择

小得多，尤其是在潮湿污秽的条件下，后者伞形的下伞裙附水可能性大，泄漏电流增长更快。因此，通常采用 a 形伞裙，上伞裙斜度取 12°～15°，下伞裙斜度取 5°～7°。污秽对瓷套很不利，因此在内陆沙尘工业污染区使用的瓷套，为减少伞面沉积污物或为避免暴雨时沿伞裙边形成雨帘，常采用大小伞相间的设计。硅橡胶有很强的疏水性、即使在覆盖污物时也具有稳定的疏水性。因此伞面沉积污尘量的多少对复合绝缘子的运行可靠影响较小，取大小伞结构的必要性值得研究。在保证绝缘子必要的总高、爬距及伞伸出与伞间距比值 P/T（=1～1.2）的前提

下，单一等径伞在国外已被广泛采用。采用等径伞模具少，有利于降低成本。

在电网运行的各类复合绝缘子沿大气表面切向场强的分布是不均匀的。局部过高场强区的存在都会诱导绝缘子表面局部电晕，导致硅橡胶因漏电起痕和蚀损，最终发展为绝缘子闪络。因此设计复合绝缘子时，务必重视外电场分布（通过电场数值计算来分析与监控），尤其是在场强较大的伞间 K 区的套管表面，见图 5-1a。

复合绝缘子直立圆柱体表面沿轴向场强的分布通常很不均匀，参照瓷套的设计和运行经验，套管正常运行时的最大场强应控制在 4kV/cm 之内。超过 6.5kV/cm（在 $U_r/\sqrt{3}$ 电压下）可能产生局部放电，长期局放会导致伞裙电蚀。原则上应符合表 4-2 的相关要求。

5.4.4　胶装及密封设计要求

如果没有特别的强度要求，一般采用铸铝法兰（ZL201），法兰与管材之间浇灌环氧树脂粘结，如图 5-2b 所示。

（1）灌浇间隙设计

法兰下端有止口定位，保证法兰与管体同轴。止口配合

$$D_f - D_1 = 0.04 \sim 0.08\text{mm}$$

法兰与绝缘筒之间的胶装间隙 δ_1 应有一定值，保证环氧树脂浇灌流畅无阻

$$\delta_1 = (D_2 - D_1)/2 = 0.3 \sim 0.5\text{mm}$$

较大的法兰取较大的 δ_1 值。

（2）密封槽设计

当胶装粘结面的气密性可靠时，复合绝缘子的密封槽可设在铝法兰上，采用矩形槽，见图 5-2b。粘结缝的气密性未得到运行充分考验时，为稳妥起见，可将密封圈放在法兰粘结缝上，采用三角形密封槽。也可在粘结缝中用侧面密封。

三角密封槽应保证：O 形圈的压缩率 $\delta_2/2r_0 = 0.25$；O 形圈截面积 $S_1 <$ 三角槽截面积 S_2。

等边三角形的密封槽的边宽为 B。

$$B\cos30° = r_0 + \frac{r_0}{\sin30°} - \delta_2$$

$$B = (r_0 + 2r_0 - 0.25 \times 2r_0)/\cos30° = 2.89r_0 = 1.44d_0$$

$$H = B\cos30° = 2.5r_0 = 1.25d_0$$

三角密封槽加工尺寸控制值为 B，参考值为 H，见图5-2a，d_0 为 O 形圈线径，相应尺寸及截面 S_1 及 S_2 核算值列于表 5-3。

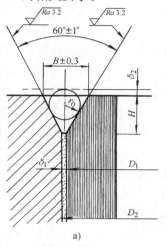

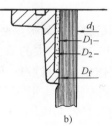

图 5-2　三角密封槽及法兰胶装间隙

a）三角密封槽　b）法兰胶装间隙

表 5-3　三角密封槽尺寸

d_0/mm	3.5	5.7	8.4	10
$B \pm 0.3$/mm	5.0	8.2	12.1	14.4
H/mm	4.4	7.1	10.5	12.5
S_1/mm²	9.6	25.5	55.4	78.5
S_2/mm²	11	29.1	63.5	90

$S_2 > S_1$，O 形圈在槽内只有形变而不会产生体积压缩，长期运行时 O 形圈不易产生压缩永

久变形。

5.5　复合绝缘子长期运行的可靠性

5.5.1　绝缘子表面亲（疏）水性与污闪

　　绝缘子材质不同导致其表面水珠的附着形状不同，见图 5-3。对水有亲和性的瓷表面，水珠与瓷面附着面积大，前接触角 $\alpha_{a1} < 90°$，后接触角 α_{r1} 比 α_{a1} 更小。当雨水较多时在瓷面易形成连续的水膜。但是在倾斜的疏水性的橡胶伞表面，水与伞面附着面很小，前接触角 $\alpha_{a2} > 90°$，后接触角 $\alpha_{r2} > \alpha_{r1}$，水在橡胶表面是以孤立的水珠状存在的，不能形成连续的水膜。因此在阴雨天，硅橡胶伞表面即使附着污秽层，也不会出现介电性差、成片相连的污染水膜，使硅橡胶套管有比瓷套高得多的耐受湿闪和污闪的能力。

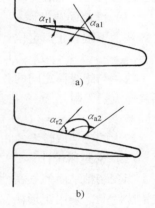

图 5-3　绝缘子表面
水珠的附着形状
a）瓷伞　b）硅橡胶伞

　　通过接触角的大小可判断绝缘子表面的亲水（或疏水）特性，通常 $\alpha_a > 90°$ 时为疏水性材料，$\alpha_a < 90°$ 时为亲水性材料。

　　通过接触角的变化可以观察材料亲（疏）水性的变化。

5.5.2　硅橡胶疏水性的迁移与运行可靠性

　　硅橡胶在严酷的环境条件下运行时，由于高场强区的局部放电和表面积污，都会导致绝缘子表面疏水性的破坏而变成亲水性。令人振奋的是硅橡胶能在不长的时间（如数小时）之内自动恢复其表面的疏水性。在对污秽环境运行中的硅橡胶绝缘子表面物质的分析也证明[17]：主要物质是低分子硅聚合物，而盐附着量极少。

　　解释硅橡胶表面疏水性恢复机理的理论很多，其中多数研究者认为[19]，硅橡胶中的低分子量物质的迁移在疏水性的恢复中起了重要作用。硅橡胶的主要成分是聚二甲基硅氧烷（PDMS），它是一种高分子线形聚合物，表面张力较大，为 20.4mN/m（20℃时）。硅橡胶中同时含有少量的低分子量环形和线性聚合物，如八甲基环四硅氧烷 D_4 ［D 代表（CH_3)$_2$SiO 单元］，以及 D_3、D_8、D_{10} 等。这些低分子量聚合物比高分子量聚合物具有更低的表面张力（如 D_4 为 18.6mN/m）。因此，从分子表面能的角度看，这些低分子物质易向空气/聚合物的表面集聚。这些低分子量有机硅聚合物具有疏水性，它们以很薄的流体膜的形式存在于绝缘子表面，而将污秽层（盐类）覆盖其下。被污秽层覆盖的绝缘子由于这些低分子量聚合物流体膜的存在，阻止凝结水渗入污秽层，使水分以水珠形式附在绝缘子表面，而不能形成导电的连续水膜，提高了绝缘子耐污闪能力。

　　硅橡胶中低分子量聚合物的迁移与产生处于一个恒定的热力学不平衡状态，运行中的绝缘子在低分子量聚合物不断向表面迁移挥发（失去平衡）的同时，又不断地产生低分子量聚合物以达到平衡。因此，在污秽环境条件下运行的硅橡胶绝缘子，将因伞材中处于热力学不平衡状态的低分子量聚合物的迁移效应而获得长期稳定的表面疏水性，使复合绝缘子经长时间运行后仍然比瓷套有更高的耐污闪能力。加速老化对比试验证明：硅橡胶复合绝缘子经 1000h 加速老化试验后的比污闪电压（0.324kV/cm），虽然比试验前下降 21.9%，但比瓷绝缘子的比污闪电压（0.25kV/cm）还是高 23%[20]。

5.5.3　HTV 硅橡胶的高能硅氧键与运行可靠性

HTV 的主料是甲基乙烯基高温硫化橡胶（110-2），其分子结构中带有端乙烯基，其中最主要的是 Si—O 键。硅氧键的键能很高（445kJ/mol），远高于一般橡胶的 C—C 键能（348kJ/mol），也高于太阳光的能量 398kJ/mol。即使是夏日强烈的阳光也不能分解 HTV 的硅氧键。

因此，HTV 具有很强的抗紫外线能力，适于长期户外运行。国产 HTV 线路复合绝缘子在电网已安全运行 30 年以上，电站复合绝缘子最高使用寿命有 20 年。

5.5.4　抗电蚀能力与运行可靠性

硅橡胶采用的抗电蚀填充剂为阻燃料氢氧化铝 Al（OH）$_3$。HTV 中氢氧化铝的填充量比 RTV 要多，因此有高于 RTV 的耐电蚀能力。尤其是在电场分布均匀性很差的线路悬式绝缘子，其运行表现两种胶相差很大。

以 RTV 胶做成的国产互感器套管和进口的悬式绝缘子，运行仅几年就发现了电蚀现象，伞套被电弧烧出小洞或烧裂；而用 HTV 硅橡胶做的国产和进口的线路悬式绝缘子，运行同等和更长时间也没有发现电蚀现象。HTV 硅橡胶长期运行的可靠性更令人放心。[21]

硅橡胶中加入 Al（OH）$_3$ 可提高抗电蚀能力，其机理是 Al（OH）$_3$ 电晕时的析水降温作用：2Al（OH）$_3$（电晕）→Al$_2$O$_3$＋3H$_2$O，水降温使电晕现象削弱。但是阻燃料加入量过多时又会使疏水性和工艺性下降。

5.5.5　硅橡胶护套及伞裙组装工艺设计与运行可靠性

复合绝缘子芯棒（管体）外包的硅橡胶护套及伞裙有三种制造工艺方案：

一是在芯棒（管）上连续挤压护套，再在护套上粘接伞裙。

二是单片压制伞裙后再逐片用液态硅橡胶搭接粘到芯棒（管）材上。

三是将芯材置于模具内采用高温高压注射成型工艺外包护套及伞裙。

前两种工艺在伞裙及护套上无合模缝，填充了适量阻燃材料的液态粘接硅橡胶又不暴露在大气中，其外绝缘层的力学和电气性能都比较稳定，长期运行的可靠性也很高。

第三种工艺制作的外绝缘在绝缘子运行电场方向（轴向）出现两条对称的贯穿性纵向合模缝。较长的绝缘子要分段多次注射成型，其护套分段处通过粘接而形成环形接缝。应认真分析这纵环两种接缝对绝缘子长期运行可靠性的影响。

对于环缝，从电气性能分析，只要采用上套压下套的搭接相连，水分不能入侵，可以认为其电气性能不会受影响。但粘接缝的机械强度将受粘接工艺的分散性的影响，与注射成型的护套材料相比强度稍有下降。

对于纵缝，当撕去合模飞边后，必然有一部分吸水性强的白炭黑颗粒、氢氧化铝颗粒和其他填充颗粒分布在合模飞边的断面，凸凹不平，外露在大气中。在潮湿的大气条件下，纵缝断面吸足了水分，其表面电阻率比其他表面要下降 10.9% 左右。将试件在 0.1% 质量分数的盐水中浸泡 100h 后，其表面电阻率下降 64.8 倍，体积电阻率下降 2 倍[22]。国外的研究也指出进行相同条件的盐雾老化试验后，试品合模缝处在 100h 内发生裂化；而无合模缝试品超过 500h 也无任何变化[23]。在合模缝断面处因有大量吸湿性较强的填充颗粒裸露，使其疏水性下降。当污物积在合模缝上时，因合模缝长期吸附有极性水分子，使橡胶材料内部没有交链低分子量聚合物难以迁移出合模缝表面来浸润污秽物，也使合模缝外的疏水性降低[24]。综合以上研究和分析，我们应该重视注射成型护套、伞裙的纵向合模缝处电气性能的劣化现象，在制造时应采取改善措施，如涂敷一定厚度的室温硫化的液态硅橡胶，将合模缝撕裂的断面盖住，这对于提高运行可靠性是有利的。

5.5.6　水分入侵芯体对复合绝缘子机械强度的影响

复合绝缘子的芯体是环氧树脂玻璃丝制作的，芯体同时承受机械应力、电应力及环境引起的化学应力三种应力的作用。如果没有化学应力（酸腐蚀）的破坏，芯体的电强度和机械强度是很稳定的。

大气中的水汽有可能从防水设计不妥、制造质量不良的法兰的芯体粘接处、芯体护套破裂处浸入，甚至可以从护套硅橡胶渗入（橡胶结构不可避免地存在透气性）。运行中的复合绝缘子，有水分子渗入芯体，是客观存在的。

在异常自然条件或电网过电压影响下，绝缘子场强较高的部位会出现局部电晕，使护套表面大气中的 N_2 生成 NO_2。NO_2 的渗透性比 N_2 大得多，它从护套表面向 NO_2 浓度相对很低的内层扩散，并源源不断地随水分子浸入芯体。NO_2 与 H_2O 反应生成硝酸，使芯体材料中的玻纤腐蚀而造成芯体在正常运行机械负荷下断裂。在国内外电网运行中的线路复合绝缘子都报道过断裂的现象。例如，在广东 550kV 惠汕线上运行的从某国进口的悬式绝缘子，就发生过橡胶护套裂纹进水及金具与芯棒粘接处密封不良进水而导致芯棒酸蚀脆断现象。[21] 尽管与线路上成千上万只复合绝缘子的总数相比，这仅是极小的比例，但是，水汽入侵加电晕催化而导致芯体损坏的现象不可忽视。

水分加电晕对芯体的破坏，也是有条件的。酸的浓度不到足够值也不会腐蚀芯体，因为环氧玻纤具有一定的耐酸能力。因此，运行中的复合绝缘子绝大多数都能长期安全地运行。这其中，有的是入侵水分量大，硝酸浓度低；有的是入侵水分少，电晕也较少较轻而使芯体内含酸量很少，这都不会对芯体强度构成威胁。由于这个特点以及瓷绝缘子运行一百多年来所表现出的不可克服的问题，都使国内外用户认为瓷绝缘子不是最好的，他们仍然对使用复合绝缘子持有浓厚兴趣。

复合绝缘子制造部门当然要在防止芯体脆裂方面下功夫。

第一，在结构设计上应尽力防止水分及湿气浸入。参见图 5-4，延伸橡胶护套使其包住法兰端部，使法兰—芯体、护套—芯体的两个界面都藏在护套内部，增大了水分入侵的阻力，使芯体得到可靠的保护。

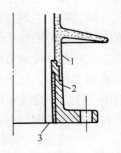

图 5-4　法兰—芯体界面防水设计
1—硅橡胶护套
2—法兰　3—芯体

第二，重视绝缘子电场设计的均匀性，最大限度地降低绝缘子高压端部的场强，使绝缘子的最大运行场强远离电晕场强。

第三，加强制造质量控制，确保护套伞裙粘接牢，无脱胶开裂、护套无划伤等隐患。

第四，某些绝缘子芯体与金具的粘接缝处必须涂抹 RTV 覆盖层防水时，应严格控制涂前的清洁处理、涂层厚度及覆盖的严密性。还应在 RTV 胶中填充适量的阻燃材料。

第五，开发耐酸性更好而同时又有较好电气性能的芯体材料，开发疏水性强而透气（水）性又低的新型护套材料。

第6章 SF₆电器绝缘结构设计——气体间隙、环氧树脂浇注件、真空浸渍管（筒）件

SF₆电器绝缘分外绝缘与内绝缘。外绝缘就是套管绝缘：瓷柱式SF₆断路器的灭弧室瓷套（断口绝缘）和灭弧室支持瓷套（对地绝缘）；GIS/T·GCB的出线套管的高电位端子对地（外壳）绝缘。内绝缘分气隙绝缘和固体绝缘两大类。由各种形状的电极和SF₆气隙构成SF₆气隙绝缘；灭弧室断口之间的零部件当采用环氧树脂浇注件（或真空环氧浸渍管件）相连时，或者高电位灭弧室组件和其他GIS高电位导体通过这些绝缘件固定到壳体上时，就构成各种固体绝缘。

6.1 SF₆气隙绝缘结构设计

6.1.1 气隙电场设计基准

SF₆气隙设计的重点是严格控制场强，各高压电极在SF₆中的设计场强 E_1（在雷电冲击耐受电压下）不能超过表4-1的设计基准值。外壳内表面上的设计场强 E_5 不能超过表6-1的规定值。各部位场强值由计算机用ANSYS软件计算。

6.1.2 SF₆气隙中电极优化设计

SF₆气隙绝缘性能取决于气隙尺寸和电极形状。根据场强计算结果对电极距离和电极形状不断调整，以获得最佳设计。

1. 利用屏蔽罩将一切零件的尖角、螺栓头等置于罩的有效屏蔽之内，使高压带电体与外壳之间尽可能建立一个比较均匀的同轴圆柱形电场。

利用式（4-1）可快速近似地确立相关几何尺寸 r_1 或 r_2。

对于开关断口电极，断口间距可按后面的式（11-1）初步估算；屏蔽直径 d_p 根据相关零部件结构设计需要或参照式（11-2）计算；屏蔽上的端部圆角 R 可按式（11-3）和式（11-4）计算初步设计尺寸。

2. 电极形状和位置的优化设计

见图6-1a，当电极表面 E_1 值偏大时，可适当增大电极圆弧 R_1 和调大电极距离 l_1，就可获得 $E_2 < E_1$ 的效果。值得注意的是：过渡小圆角尺寸 r_2 不宜太小；否则，R_2 上场强会增大。

见图6-1b套管的接地屏蔽（或中间电位屏蔽）端部屏蔽环的形状设计欠佳时，圆弧拐弯处的 E_3 会超过设计基准值。减小 E_3 的最佳方案是按图中虚线修改环的形状、使拐弯处的环面曲率变化缓和一些。等位线的走向急骤变化处，就是高场强点。缓和电极外形曲率的变化（虚线）就是缓和电场的分布。在尺寸允许时，可以适当加大屏蔽直径 d_3，增大它与中心导体（高电位）的气隙，也可使 E_3 下降。

见图6-1c在多电极并列的CB断口电场中，调整电极相对位置也是调整电场分布的有

效措施。当电场计算结果显示 E_a 和 E_c 偏大，而 E_b 偏小时，可以调整电极 B 的位置改变电场的分布。等位线（图中的曲线 aa' 和 bb'）既有弹性收缩的趋势，又有被电极吸引的趋势。将电极 B 向下移，同电位的等位线将由 aa' 变为 bb'，E_a 和 E_c 将下降，E_b 将升高。

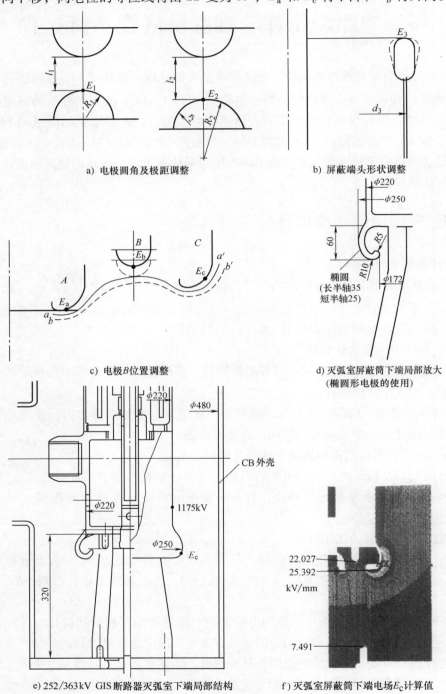

a) 电极圆角及极距调整　　　　　　b) 屏蔽端头形状调整

c) 电极B位置调整　　　　　　d) 灭弧室屏蔽筒下端局部放大
（椭圆形电极的使用）

e) 252/363kV GIS断路器灭弧室下端局部结构　　f) 灭弧室屏蔽筒下端电场E_c计算值

图 6-1　电极形状和位置的优化设计

在电极形状优化设计时，传统的设计方法是：简单地改变电极圆角的大小，或由几种大小不同的圆角组合成一个场强较低的电极曲面。有时，这些办法仍不令人满意时，还可以采用曲率变化较缓的椭圆形电极曲面，可避免电场等位线的急骤变化，以获得最佳电场分布和最低的电极场强。见图6-1e，这是一个252kV GIS 断路器灭弧室，在限定的灭弧室屏蔽筒径 ϕ220mm 及外壳直径 ϕ480mm 条件下，为使此灭弧室的绝缘能力提升到363kV 等级（亦能承受雷电冲击 ±1175kV、SF₆ 气压 0.50MPa），屏蔽筒下端形状只有取椭圆形（长半轴35，短半轴25）才能将此处的场强值 E_c 控制在 25.392kV/mm 以内；但是，采用了多种 R 曲面其计算场强都大于此值。

3. 开口的中空电极表面电场畸变，开口处局部场强增大，应采取缓和电场的措施。

见图6-2a，当高压导体开口处电场 E_k 偏大，开口处电极形状又无法改变时，增大对外壳的距离 h，是降低 E_k 的有效措施。

见图6-2b，当开口处形状可变时，可将开孔周边的圆角（导体外沿侧）加大，由原设计 R5 改为 R10，或进一步将外沿侧 R10 凸出，都可以将原设计开孔处场强极值 E 减小。

见图6-2c，将开孔置于电极拐弯处，将它放在低场强区，尽

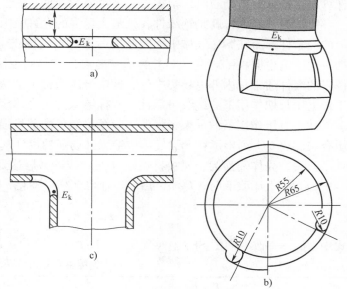

图6-2 电极开孔处场强的调整

管在开孔周沿有电场畸变和电场集中现象，但场强 E_k 并不高。

SF₆ 电器气隙绝缘的结构多种多样，电极形状五花八门，在进行电场优化设计时所用方法基本相同，都是通过电极形状的调整和气隙尺寸或电极的位置调整来实现最佳电场分布的设计。

6.2 环氧树脂浇注件设计

SF₆ 电器中的环氧树脂绝缘件有两大功能：一是联系高电位部件与地电位外壳，起着支撑与对地绝缘作用；二是连接 GCB 断口间的动触头及静触头相应元件，起着连接与断口绝缘作用。产品不同，形状各异，情况也是千差万别，归纳起来有以下3个共同点。

（1）从耐电性能、耐 SF₆ 电弧分解物腐蚀性能及机械性能多方面考虑，多数公司采用环氧树脂浇注材料（填充氧化铝）。

（2）其形状多为棒、筒、盘、盆形，绝大多数都处于二维电场中。

（3）绝大多数绝缘件都浇装有供连接用的金属嵌件。

根据以上3点来讨论各种环氧浇注绝缘件在结构设计中的某些共性问题。

6.2.1 绝缘件电场设计基准

大气中的绝缘件比较注意沿面放电的距离，因此随电压等级的升高，绝缘件变得更

"细长"。但是，SF₆ 气体中的绝缘件在进行结构设计时，考虑更多的是电场分布的均匀性、受尺寸与形状影响的电极耐受最大冲击场强的能力，以及绝缘件表面场强、绝缘件内部工作场强和支撑绝缘件的壳体表面场强。为了获得比较均匀的电场分布，为了将绝缘件各处最大场强限制在允许值之内，SF₆ 电器中绝缘件设计常采用"矮胖"形的结构（取较大的绝缘件直径并且两端屏蔽电极强调大的曲率半径而不着意加大绝缘件的长度）。以上虽是一些很重要的定性分析，但不能从量值上指导设计。设计人员更需要一种量化的计算方法，哪怕是比较近似的。用这种方法快速确定基本尺寸后，再进行电场数值计算。近似量化计算和电场计算结果进行分析判断时，都需要一个重要的判据——设计基准。

　　所谓设计基准，就是绝缘件各处最大场强的允许极限，不同部位有不同的要求。绝缘件上的屏蔽件暴露在 SF₆ 气体中，因此要考虑在雷电冲击电压作用下的极限场强 E_1。绝缘件的沿面放电也取决于对雷电冲击的承受能力，因此要控制绝缘件表面切向场强值 E_τ。绝缘件内的嵌件通常是内部电场集中处，冲击电压通常不会从此引起绝缘破坏，应当关心的是在工作电压长期作用下的绝缘可靠性。支撑绝缘件的壳体表面暴露在 SF₆ 气体中，因此要注意雷电冲击电压作用下的最大场强值。除了绝缘件内部场强之外，其余三项都与 SF₆ 的工作气压有关。表 6-1 列出了在 SF₆ 气体中绝缘件场强的设计基准值。E_5 与壳体表面粗糙度及 SF₆ 气压有关，壳体表面为金属板材喷砂（丸）或砂磨后达到 $R_a = 50\mu m$ 时的粗糙度要求。

　　当 SF₆ 气压改变时，E_5 值与 E_1 一样也会相应变化，可按下式换算：

$$E_{5a} = E_5 \left(\frac{p_a}{p_0} \right)^{0.7} \tag{6-1}$$

式中　p_a——改变后的 SF₆ 绝对气压（MPa）。

表 6-1　绝缘件场强设计基准

设　计　基　准	备　　　注
屏蔽件 SF₆ 中允许场强 E_1	雷电冲击试验电压下，峰值
绝缘件内部及嵌件允许工作场强 $E_4 =$（3~4）kV/mm	额定相电压下，有效值
绝缘件表面允许切向场强 $E_\tau = E_1/2$	雷电冲击试验电压下，峰值
支撑绝缘件的壳体表面允许场强 $E_5 = 14 \sim 16$kV/mm，SF₆ 0.4MPa 时	雷电冲击试验电压下，峰值，无电弧发生的壳体、表面状况较好的壳体可取较高值

注：表中 E_1 取值参见表 4-1。

　　嵌件表面允许工作场强取 $E_4 =$（3~4）kV/mm，是为了长期带电运行时控制局部放电的需要，E_4 显著超过 3kV/mm 时，通常不会引起绝缘子体积击穿和沿面放电；但是，会使嵌件局放增大，加速绝缘件老化。

　　取壳体表面 $E_5 = 14 \sim 16$kV/mm，是考虑了壳体表面粗糙度差异大、残留尖角毛刺的可能性大、运行时出现金属微粒的可能性大，因此 E_5 值取低一些，有利于产品安全运行。

6.2.2　典型的绝缘筒（棒）结构设计

　　如图 6-3 所示，GCB 灭弧室通过支持绝缘筒固定在壳体上，动触头、压气缸的绝缘操作棒从绝缘筒中穿过，绝缘筒两端装有屏蔽罩。

　　1. 沿面放电距离的确定

　　由于绝缘筒的粗细、屏蔽件的形状以及相邻部件的形状各产品千差万别，对绝缘件的电场分布的影响也各不相同，因此绝缘件的长度（见图 6-3 中的 H）很难用解析式计算。在初步设定绝缘件的形状尺寸时，设计者的经验依然是十分可贵的。承受对地绝缘的支持绝缘筒

（操作棒）的沿面放电距离 H（mm），可以按下面的经验公式进行初步估算：

$$H = K_3 K_4 \frac{U}{E_\tau} \qquad (6\text{-}2)$$

式中　K_3——绝缘杆、筒等件电场分布不均匀系数，$K_3 = 1.5 \sim 2.0$（表面最大切向场强与平均切向场强比值），电压等级高的绝缘子 K_3 可取较小值，电压等级低的应取较大值；

　　　K_4——安全系数，$K_4 = 1.4 \sim 1.8$（断路器静触头端支持绝缘子因受开断时的热气流影响，K_4 应取较大值）；

　　　E_τ——绝缘件表面允许切向场强（kV/mm）；

　　　U——雷电冲击耐受电压（kV）。

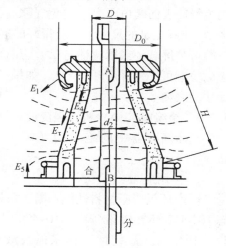

图 6-3　支持绝缘筒及绝缘操作棒

由式（6-2）估算出的数值仅作初步设计用，还必须通过电场计算确定其值。式（6-2）是一种近似量化分析式，其实用价值在于：可以缩小计算机电场核算方案的选择范围，加快初步设计进度。

连接动、静触头的绝缘棒（筒）其长度通常由断路器开距及触头尺寸所决定，这样定出的 H 值通常显著地大于式（6-2）的估算值，同时也大大地超过断口静态绝缘的需要。即使通过高压电场的计算，其沿面场强也都明显地小于表 6-1 给出的设计基准值。这样设计 H 值是必要的，因为短路开断时，从灭弧室喷出的导电粒子及热气流可能进入筒内会削弱绝缘件沿面耐受电压的能力。

如图 6-3 所示，在初步估计出支持绝缘筒的 H 值后，再考虑操作绝缘棒的长度时，应注意以下两点：

（1）在分闸位置时，嵌件 A 不凸出上屏蔽罩。

（2）在合闸位置时，嵌件 B 不凸出下屏蔽罩（无下屏蔽罩时，不高出支持绝缘筒下端的嵌件）。

这样要求的目的是为了在分、合闸位置时，操作棒两端电极（嵌件）都不恶化电场分布。

2. 绝缘筒（棒）直径 D（d）的设计

见图 6-3，在考虑筒内径 D 时，应保证从中穿过的操作棒有足够的摆动空间。当绝缘筒承受的机械负荷较重时，D 值不能太小；否则机械强度不够。但是，D 值也不能过大，太大了，电位线会拐向屏蔽罩内部去，使嵌件场强 E_4 增大，不可取。D 值是受机械强度与 E_4 制约的。

棒直径 d_2 主要由操作力确定。在电压负荷很高时，还要重视嵌件直径（及其头部 R 曲率）的选择，过小会使 E_4 过大。

3. 屏蔽罩设计

支持绝缘筒两端采用屏蔽罩的目的有两点：

（1）屏蔽嵌件，减小嵌件的端部电场 E_4。

（2）使绝缘件电场分布均匀，以减小沿面切向场强 E_τ 的最大值。

屏蔽罩的形状由电场计算出的 E_1 来确定，通过多次计算优选出最佳形状（E_1 最小），通常最佳电极形状是一个复杂的多曲率构成的曲线旋转体。高电位的屏蔽罩其边沿曲线应设计足够大的曲率，有助于降低表面场强。屏蔽罩边沿与绝缘子之间留以适当气隙，以充分利用绝缘筒表面爬电距离（避免气隙过小短接爬距）。对于 550kV 及以上电压等级，屏蔽罩外径 D_0 应有充足的尺寸，以获得好的屏蔽效果。屏蔽罩表面粗糙度不能低于 6.3μm。地电位一端可装屏蔽环或罩，环与罩沿的曲率可小些，电压等级较低（220kV 及以下）的绝缘件地电位端可不装屏蔽环（罩），如果绝缘筒胶有外法兰，但其安装螺栓头部应设法隐蔽于紧固法兰之内。

6.2.3　绝缘筒（棒）机械强度设计

高压断路器中的绝缘筒（棒）经常承受的机械负荷为拉伸、扭转、剪切、弯曲和挤压。

1. 许用应力

国产环氧树脂材料性能不断更新提高，新的浇注环氧树脂体系的出现，如目前较好的固态 HE-412 环氧树脂/固态 HH-4901 固化剂/Tg125℃ 体系、固态-4712 环氧树脂/液态 HH-4712 固化剂（高韧性）体系以及液态 HE-4835 环氧树脂/液态 HH-4835 固化剂/Tg115℃（低浇注应力）体系都具有良好机械和电气性能，推荐（或选用）材料的原则是根据该材料体系浇注的标准试样的性能是否满足表 6-2 要求。

与 SF$_6$ 电弧分解物接触的绝缘件必须用 Al_2O_3 填料，其他绝缘件可用 SiO_2 填料。

环氧树脂浇注标准试样的主要性能要求见表 6-2。

表 6-2　环氧树脂浇注试样主要性能

项 目 名 称		单位	指标	设计许用应力/MPa	
	密度	g/cm^3	2 ~ 2.4	—	
	玻璃化温度[1]	℃	≥115 ~ 125		
	冲击强度	kJ/m^2	≥10 ~ 16		
	拉伸破坏	MPa	≥70 ~ 90	$[\sigma_s]$	50
	弯曲破坏	MPa	≥120 ~ 140	$[\sigma_w]$	80
物理机械性能	扭转破坏	MPa	≥32	$[\tau]$	20
	剪切破坏	MPa	≥38	$[\tau_q]$	25
	挤压破坏	MPa	≥96	$[\sigma_{jy}]$	60
	嵌件粘结抗拉强度	MPa	≥20	$[\tau_j]$	12
	弹性模量 E	MPa	10^4		
	泊松比	—	0.33	—	
	表面电阻率	Ω·cm	≥1 × 10^{14}		
	体积电阻率	Ω·cm	≥1 × 10^{15}		
电气性能	介电强度	kV/mm	≥30		
	0.5MPa SF$_6$ 中表面闪络场强	kV/mm	≥15	—	
	介电损耗	%	≤0.01		
	介电常数 ε（20℃时）	5.6（填充 Al_2O_3），4.2（填充 SiO_2）			

① 或用维卡软化点试验机测热变性温度 ≥110 ~ 120℃。

2. 抗拉强度设计

在以下的机械强度计算中，所有的长度单位取 mm、力单位为 N、应力的单位为 MPa。

受拉伸应力的棒、杆件，应校核树脂部分与嵌件部分的强度。

树脂部分：

$$\sigma_s = F \left/ \frac{\pi}{4} d_2^2 \right. < [\sigma_s] \tag{6-3}$$

嵌件部分：

$$\tau_j = F/\pi d_0 l < [\tau_j] \tag{6-4}$$

如果 d_2 部分强度足够，当树脂部分直径 d_1 偏小时，断裂常发生在树脂最小截面且应力集中的 A—A 处（见图6-4）。随 d_1 增大承受负荷 F 值也增大。但是，当 $d_1/d_0 > 2$ 时，棒（杆）强度不再增加，见图6-5。因为继续增大负荷时，嵌件将破坏（拉脱）。因此设计时，通常应满足以下几个条件，才能得到最佳设计效果。

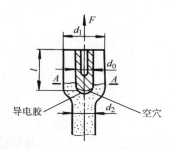

图6-4　嵌件部分设计

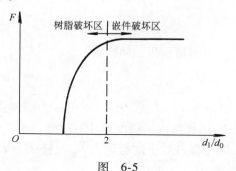

图　6-5

$$\frac{\pi}{4}(d_1^2 - d_0^2)\frac{[\sigma_s]}{\alpha} > F \tag{6-5}$$

$$d_1 = 2d_0 \tag{6-6}$$

$$l = 2d_0 \tag{6-7}$$

式中　α——嵌件浇注应力集中系数，$\alpha = 2 \sim 3$。

从强度考虑 d_1 与 d_2 的关系是

$$\frac{\pi}{4}d_2^2[\sigma_s] = \frac{\pi}{4}(d_1^2 - d_0^2)\frac{[\sigma_s]}{\alpha}$$

但是，当杆较长且受有较大压力时，从刚度方面考虑应适当增大 d_2 值。在确定了 d_1 及 d_0 后，按下式定 d_2 就同时兼顾了减轻重量、保证刚度及强度的要求：

$$d_2^2 = K_5 \frac{1}{\alpha}(d_1^2 - d_0^2) \tag{6-8}$$

式中　K_5——刚度设计系数，$K_5 = 1.3 \sim 1.5$。

3. 抗弯、抗扭强度设计

为了承受给定的弯矩 M_w 及扭矩 M_n，绝缘件的抗弯截面模量应为

$$W_w = \alpha M_w / [\sigma_w] \tag{6-9}$$

对于圆棒：

$$W_w = \frac{\pi D^3}{32}$$

对于圆筒：

$$W_w = \frac{\pi (D^4 - d^4)}{32D}$$

对于矩形板（棒）：

$$W_{wx} = bh^2/6$$

$$W_{wy} = hb^2/6$$

上式中 b 为矩形板宽；h 为矩形板等效长，考虑板横截面的长度方向两端一般都为圆弧形，当实际长为 h_1 时，取 $h = 0.8h_1$。

绝缘件的扭转剪切应力极值应为

$$\tau_{max} = \alpha M_n / W_n \leqslant [\tau] \tag{6-10}$$

对于圆棒抗扭截面模量：

$$W_n = \frac{\pi d^3}{16}$$

对于圆筒抗扭截面模量：

$$W_n = \frac{\pi (D^4 - d^4)}{16D}$$

式（6-9）和式（6-10）中 α 为嵌件浇注应力集中系数，$\alpha = 2 \sim 3$。

4. 抗剪与抗压强度设计

当绝缘件承受的剪切力 F_q 及挤压力 F_{jy} 为已知时，按下式核算受剪截面的应力极限值：

$$\tau_q = F_q / (S_q) \leqslant [\tau_q] \tag{6-11}$$

式中　F_q——剪切力（N）；

　　　S_q——受剪截面积（mm^2）。

按下式核算受压截面的应力极限值：

$$\sigma_{jy} = F_{jy} / (S_{jy}) \leqslant [\sigma_{jy}] \tag{6-12}$$

式中　F_{jy}——挤压力（N）；

　　　S_{jy}——受压截面积（mm^2）。

5. 嵌件的处理

（1）嵌件表面应滚花，以增强与树脂的结合力。

（2）嵌件表面应涂半导电胶。

半导电胶夹在嵌件与树脂之间有 3 个作用：

1）虽然嵌件采用热膨胀系数与树脂相近的铝材加工，但膨胀系数总还是有差异，半导电胶可以对热膨胀（冷收缩）应力起缓冲作用。

2）当嵌件承受的力达到一定值时会产生微小位移，无半导电胶时就形成空穴（见图 6-4），使局部电场及局部放电量增大。涂半导电胶后利用它的弹性变形来消除这种空穴。

3）利用半导电胶的半导体特性来减少嵌件与绝缘材料之间的电位差，这有利于降低嵌件表面的最大场强。

6.2.4　盆式绝缘子设计 10 个要点

盆式绝缘子设计计算有 3 项工作：

a）高压电气性能设计及电场计算；

b）绝缘物嵌件浇注应力计算；

c）盆式绝缘子受气压作用时主应力计算及变形计算。

本节着重叙述盆式绝缘子结构设计、强度设计及电气性能的设计有关的 10 个重要问题。利用有限元法计算嵌件浇注应力及受气压时的主应力、变形等有关机械方面的问题另行研究。

1. 盆式绝缘子各部位允许场强

见图 6-6。

E_1——高电位导体曲线拐角部位场强（暴露在 SF$_6$ 中，允许场强按表 6-1 取值）；

E_{1a}——母线表面允许场强，考虑面积效应，取 $E_{1a} = (E_1 - 3)$；

E_4——绝缘件内部嵌件表面允许场强，按表 6-1 的 E_4 取值；

E_5——地电位壳体法兰允许场强，按表 6-1 中的 E_5 取值；

E_τ——盆式绝缘子表面切向允许场强，$E_\tau = E_1/2$。

当盆式绝缘子安装于隔离开关、母线筒等无电弧产生的容器中时，E_1 值可以比表 6-1 给出值稍取高一些（$1 \sim 2$kV/mm）。

2. 消除楔形气隙的不良影响

以往的设计，在导体（或地电位法兰）与盆式绝缘子的树脂接触处留有弧状楔形气隙，见图 6-7 中箭头 A 处。经楔形气隙局部电场计算表明，在导体（或法兰）圆弧与直线部分相交处（a 点）场强较大（图 6-7 中 E_m），从 a 点向左场强迅速衰减。曾对这种结构的盆式绝缘子做过高压研究试验，发现在未达到应该耐受的试验电压，盆式绝缘子高电位及地电位两端都发生了局部放电的树枝状电弧痕迹（见图 6-7）使整个盆式绝缘子耐受电压下降。国外其他一些公司也发现过类似的现象。

产生这种现象的原因是，楔形气隙的存在，使盆式绝缘子两端正好与导体、法兰上的最高场强点（a 点）接触，使盆式绝缘子的两端表面承受很高的场强，以至在外加电压不太高时就超过了表 6-1 规定的允许值，从而发生放电现象[25]。

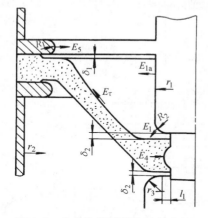

图 6-6　盆式绝缘子结构及其电场

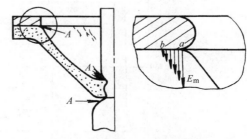

图 6-7　楔形气隙及其电场分布

作者尽管在 30 年前的文献［25］中已提醒处理楔形气隙的必要性，但在近年的某些产品中仍然看到一些对楔形气隙不处理或处理不当的设计[64]，举例分析如下，以警示后来的设计者。

（1）对楔形气隙不理解、不处理

图 6-8a 是某 110kV GIS 盆式绝缘子的结构设计（局部）。图 6-8a 中，壳体与盆子法兰之间的间隙 $\delta_1 = 0$，触头座与盒子间隙 $\delta_2 = 0$，$R_1 = 8$mm，$R_2 = 10$mm。该结构的电场计算表明，在楔形气隙中的触头座 R_2 上施加 ± 550kV 时，场强高达 72.650kV/mm，壳体法兰 R_1 处场强为 44.517kV/mm（见图 6-8b），R_2 处盆子表面为 36.878kV/mm，R_1 处盆子表面场强

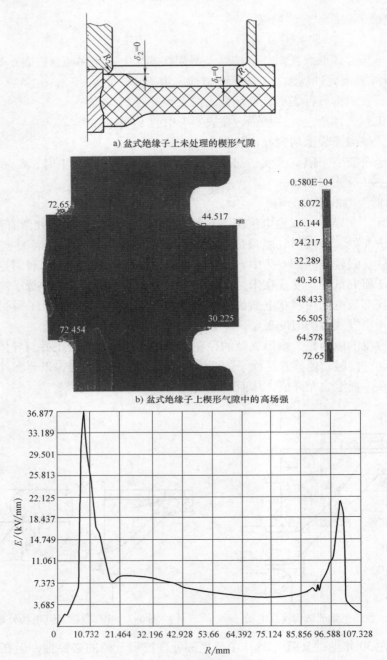

a) 盆式绝缘子上未处理的楔形气隙

b) 盆式绝缘子上楔形气隙中的高场强

c) 楔形气隙处盆子表面场强

图　6-8

为21.163kV/mm（见图6-8c），都大大超过了SF$_6$ 0.5MPa时电极允许值 $[E_1]=29$kV/mm、壳体允许值 $[E_5]=15$kV/mm 及盆子表面允许值 $[E_\tau]=[E_1]/2=14.5$kV/mm （参见表4-1及表6-1）。

（2）楔形气隙处理不当之一——R_1、δ_1 及 R_2 偏小

如图6-9a所示，在盆子绝缘体的法兰面上设计的凹槽太浅，该设计因槽深不够（$\delta_1=1$），

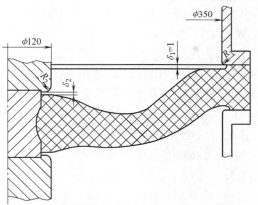

a) 楔形气隙处理不当之一——R_1、δ_1及R_2偏小

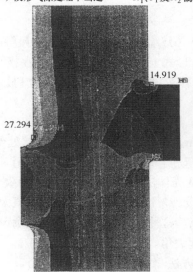

b) R_1、δ_1及R_2偏小时场强计算值

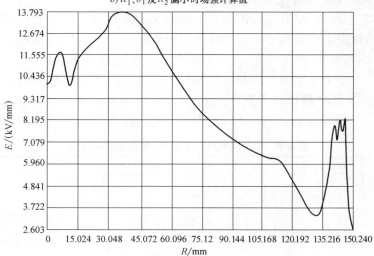

c) 盆式绝缘子上表面电场分布

图　6-9

圆角 R_1 也很小，楔形气隙不良影响的隐患依然存在。这样的不当设计也存在于国外某著名公司的 252kV GIS 的盆式绝缘子上（图 6-9a 示处其局部结构），并经国内某些公司盲目效仿制造用于电网，虽然其试品通过了型式试验的验证，由于无设计裕度，零部件制造质量和组装质量稍有波动就会出现问题：该产品在出厂试验时和现场安装后的交接试验时，曾发生过盆子放电现象。下面的电场计算结果表明了这种故障存在的必然性。

当 $R_1 = 4$、$\delta_1 = 1$、$R_2 = 10$、$\delta_2 = 3$ 时，在 ±1050kV 电压下，R_2 处计算达到 27.294kV/mm，附近盆子表面为 13.752kV/mm，R_1 处为 14.919kV/mm（见图 6-9b 及图 6-9c）。在 0.5MPa SF$_6$ 中，都已很接近允许值 14.5kV/mm（盆子表面）和 15kV/mm（壳体 R_1 上），制造中稍有疏忽（如 R_1 圆角尺寸及表面状况的不良），就会出问题。

同样的道理当图 6-9a 上的间隙 δ_2 取值偏小（<2）时，此处场强也会很高，出现明显的楔形气隙的不良影响。

（3）楔形气隙处理不当之二——壳体法兰带凸台

如图 6-10a 所示，某 126kV GIS 盆式绝缘子在与壳体接触的法兰面上不设凹槽，而在壳体法兰上设凸台（δ_3）。该设计形式上看，在三交区不存在楔形气隙了，但是，凸台上的尖角会使该区域场强增大，导致该盆式绝缘子在高压试验和短路开断试验中多次沿面闪络烧坏。

这不是偶然现象，电场计算表明壳体凸台处场强值很高（550kV 下为 $E_b = 34.527$kV/mm，超过了允许值 $[E_1] = 29$kV/mm，见图 6-10b 右下角）。此处绝缘子表面场强也很大 $E_{b\tau} = 19.953$kV/mm（见图 6-10c），超过了 SF$_6$ 0.5MPa 时的允许值 $[E_\tau] = E_1/2 = 14.5$kV/mm。作者就图 6-10a 的设计，多次改变壳体法兰凸台的尺寸和凸台尖角处的形状，该处场强计算结果都很高，找不到符合要求的设计。因为通常 δ_3 不可能取值太大，因此凸台尖角处的形状无论怎样处理也必然是个高场强点。这种失败的设计从反面提示设计者：凹台应设计在盆式绝缘子上——不会出现导电性的凸起尖角。

（4）消除楔形气隙的有效方法

消除楔形气隙的正确设计是在盆式绝缘子法兰平面（绝缘体）上开槽，槽深 $\delta_1 \geqslant 3$，槽外径应避开壳体法兰圆角 R_1 后与壳体法兰平面相交；触座与盆式绝缘子间隙 $\delta_2 \geqslant 3$，见图 6-6。我们关心的触头座场强 E_1、盆式绝缘子对应点表面场强 $E_{1\tau}$、壳体法兰场强 E_5 及对应点盆式绝缘子表面场强 $E_{5\tau}$ 在不同 δ_1 及 δ_2 间隙时的计算场强列于表 6-3（取其一侧，$\delta_1 = 4$ 和 5，$\delta_2 = 4$ 和 5）。表 6-3 所列数据是在图 6-6 中 R_1、R_2、r_1、r_2 不变的条件下计算而得，随 δ_1 及 δ_2 增大，各处场强都在下降。当 δ_1（δ_2）$\geqslant$ 3mm 时，各处场强较低（符合设计要求），且随 δ_1（δ_2）继续增长，场强下降减缓。因此，取 δ_1（δ_2）$\geqslant$ 3mm 较好。

表 6-3   在不同间隙 δ_1、δ_2 时各点场强计算值   （单位：kV/mm）

δ_1、δ_2/mm	E_1	$E_{1\tau}$	E_5	$E_{5\tau}$
1	29.741	16.546	17.285	9.915
2	22.129	11.793	13.498	9.296
3	19.345	9.627	11.943	6.117
4	18.714	8.256	11.324	5.213
5	18.222	8.038	10.908	5.021

注：计算时输入试验电压 ±550kV，SF$_6$ 0.5MPa 时，$[E_1] = 29$kV/mm，$[E_{1\tau}] = 14.5$kV/mm，$[E_5] = 15$kV/mm，$[E_{5\tau}] = 14.5$kV/mm。

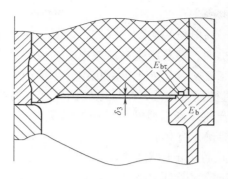

a) 楔形气隙不当之二——壳体法兰带凸台 δ_3

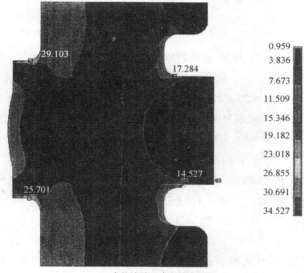

b) 壳体法兰凸台上的高场强

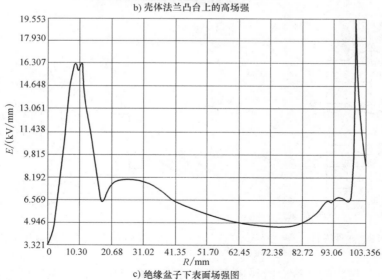

c) 绝缘盆子下表面场强图

图　6-10

3. 利用屏蔽坑减小三交区场强

所谓三交区就是盆式绝缘子高电位端的SF$_6$气体、金属导体、环氧树脂绝缘体三者相交的区域。在这个三交区内场强集中，容易产生高压放电。为改善这个部位的电场分布，将高压电极设计成屏蔽坑结构，使三者交合处处于屏蔽坑内，因坑内电位较低，因此降低了三交区的场强，见前面的图6-6。值得强调的是，高压电极圆弧部分的半径应取大一些，并经计算机电场计算，比较优选出最合理（场强最低）的曲线形状。

盆式绝缘子初步设计时，要确定导体直径2r_1、壳体内径2r_2，计算方法参见4.1节。盆式绝缘子合理的倾角（以及由此而决定的沿面爬电距离）和盆式绝缘子的形状都应通过电场计算而确定，最终进行高压试验来验证。

盆式绝缘子的厚度、形状还要通过主应力计算与变形计算进行机械特性核算，并通过强度试验确认。

4. 嵌件设计

金属嵌件与环氧树脂的温度线膨胀系数不同，当工作温度变化时，两种材料热胀冷缩不一致，绝缘件内残留应力较大，严重者会引起粘结处开裂。

环氧树脂温度膨胀系数$\alpha = 26 \times 10^{-6}/K$，黄铜$\alpha = 18.7 \times 10^{-6}/K$，铝$\alpha = 23.9 \times 10^{-6}/K$。可见，嵌件选用铝材更合理，两者膨胀系数接近，温度变化时，内部残留应力较小，不易出现嵌件粘结面开裂现象。与紫铜$\alpha = 16.9 \times 10^{-6}/K$，玻璃$\alpha = (7 \sim 10) \times 10^{-6}/K$干混凝土$\alpha = (10 \sim 14) \times 10^{-6}/K$、黄铜$\alpha = 18.7 \times 10^{-6}/K$等结合时易开裂。

嵌件应力计算表明，外圆凸出的嵌件（图6-11的A嵌件），盆式绝缘子承受气压时，嵌件表面（粘结处）应力较大；外圆凹向内的B嵌件，粘接面应力较小。为增大粘接力，嵌件外圆局部滚花是必要的。

5. 嵌件与树脂分接面的布置

嵌件与树脂之间在径向不能有裸露的分接面，合理的设计是将分接面A布置在轴向，见图6-12。

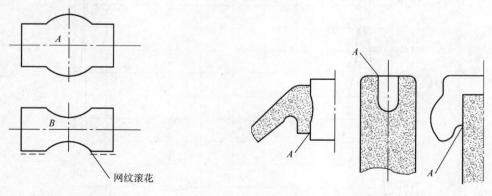

图6-11　嵌件设计　　　　　　　图6-12　合理的嵌件树脂分接面设计

如果将嵌件与树脂的分接面沿径向布置，分接面会产生局部开裂，见图6-13（左边）。浇注后的盆式绝缘子在保温固化脱模后，冷却过程中嵌件与树脂会产生双向背离式收缩，而且嵌件散热快、冷却快，在轴向收缩速度比树脂快，嵌件向上收缩力一旦超过分接面的粘应力时，嵌件向上回缩形成局部开裂；继续冷却，树脂沿径向收缩的同时又沿轴向向下收缩，进一步扩大裂口。上述分析说明，不合理的分接面设计给分接面开裂制造了条件。而且，一旦开裂就形成楔形气隙，场强增大，十分危险！

　　该盒子合理的设计应如图 6-13（右边）所示，将分接面沿轴向布置。盆式绝缘子固化冷却时，嵌件的 B 圆面被树脂包围，树脂环 C 在外冷却快，先收缩对嵌件形成抱紧应力 F，随温度继续下降，嵌件与树脂在径向同向收缩，而且树脂温度系数（$26 \times 10^{-6}/\mathrm{K}$）又稍大于铝（$23.9 \times 10^{-6}/\mathrm{K}$），因此在同步同向收缩中，树脂收缩又快于嵌件，树脂环 C 对嵌件有一个持续的抱紧力 F，分接面永远不会开裂。

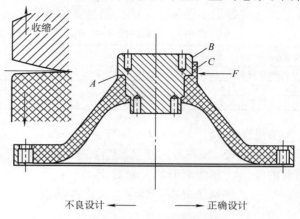

图 6-13　嵌件—树脂分接面设计

　　6. 强度设计时应注意嵌件收缩应力的影响

　　尤其是三相共箱式盆式绝缘子，嵌件多，又集中分布在盆式绝缘子中心部位，因此中心部位残留应力很大，水压试验时，此处易破。设计时增大中心部位的厚度，用局部补强设计来对抗残留应力的影响是十分必要的。以往的一些失败的设计（如图 6-14a 所示），就是没有注意三个嵌件残留应力的影响。图 6-14b 将中心部位尺寸 δ_2 加大之后，盆式绝缘子耐水压试验值显著提高，盆子总体重量增加很少。通过应力计算最终确认盆子各部位厚度。

　　7. 嵌件粘结高 h 对其平行度的影响

　　嵌件与树脂结合面的高度 h（见图 6-14a）设计，在绝缘件冷却收缩时因嵌件四周收缩应力分布的不均匀性，在 h 值偏小时，嵌件平行度 0.2mm（见图 6-14a）不易保证，设计时尽量加大尺寸 h 是必要的。

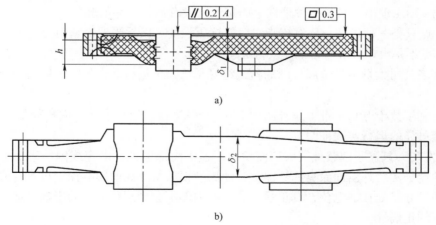

图 6-14　三相共箱盆式绝缘子的补强设计

a）中心部位厚 δ_1 偏小　b）中心部位补强设计后加大尺寸 δ_2

8. 盆式绝缘子带电体对地气隙及沿面爬电距离的设计

在设计盆式绝缘子基本尺寸（外径 D_0 和高度 H）时，必然要先确定盆式绝缘子高压带电体（常为静触头）对地气隙 δ_D 及沿面爬电距离 l_p。δ_D、l_p 与触头屏蔽直径 d 和 SF$_6$ 气压有关。根据大量的电场计算和试品高压试验的经验，在作初步设计时，可使用表 6-4 推荐的数据，这些数据不是最紧凑的，但是安全可靠又不浪费。

表 6-4　盆式绝缘子 d、δ_D、l_p 尺寸推荐值（SF$_6$ 气压 0.4～0.5MPa）

尺寸/mm ＼ 电压/kV	126	252	550	800	1000
触头屏蔽直径 d	$\phi110～100$	$\phi125～115$	$\phi140～130$	$\phi150～140$	$\phi220～200$
对地气隙 δ_D	60	100	160	210～200	240～230
爬电距离 l_p	90	170	270	360～340	420～400

参见图 6-15，$\delta_D = (D - d)/2$。

尺寸 d、δ_D（亦 D），l_p 确定后，D_0 跟随确定。高度 H 可根据尺寸 l_p 和调整盆式绝缘子两面的外形（亦曲面形状）来确定。

9. 盆式绝缘子外圈金属法兰及内屏蔽设计的取舍

盆式绝缘子设计长期来有两种对立的观点、分歧起于 20 世纪 60 年代。一种观点认为盆子法兰处（图 6-15 中的 *FA* 部位）应设计一个外金属法兰圈，因为：

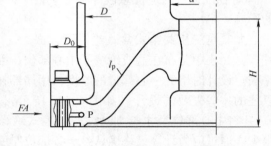

图 6-15　盆式绝缘子主要尺寸

a）它可以阻挡阳光紫外线和雨雪对绝缘子的侵蚀，防止绝缘子电气性能的破坏；

b）组装时由金属法兰承受螺栓紧固力，防止绝缘件承受过高的紧固而破裂；

c）整个 GIS 外壳电气联通，壳体之间不必再装接地线，美观。

另一种设计认为：

上述第 a）点理由，只是一种理性上的担忧。没有运行产品的验证。

第 b）点只是一种过虑，环氧树脂法兰的抗压强度足以承受螺栓紧固力。

第 c）点不是设计者应考虑的主要问题。

国外许多公司大量不带金属外圈的盆式绝缘子已安全运行数十年，证明不带金属外圈是可行的。

我国自制了数十万只不带金属外圈的 126～550kV 盆式绝缘子在户内户外最长运行了 30多年，安全可靠的运行实践证明：

a）没发现一只盆子因紫外线破坏而发生了盆子内部电蚀、击穿或闪络事例。因为，无金属外圈的盆子法兰外露面涂有油漆保护、油漆破损后紫外线的影响深度也是有限的，法兰有相当宽的尺寸是处在地电位，真正承受高压的内部不会受到紫外线的影响，运行实践证实了这个论点的正确性。

b）运行中的盆子没发现机械破损的事例，这也说明无金属外圈的盆子机械强度是足够的。数十万只、数十年的运行实践证实了早在 30 多年前我们做出的这一论点也是正确的。

对此应特别强调的是：组装盆式绝缘子时，要对称均匀地拧螺栓，螺栓贴近法兰面时，要对称逐渐加力压紧法兰，不能将某一螺栓一次拧紧再去拧其他螺栓，这样拧会使盆子法兰四周因受力不匀而开裂。

不设置金属外圈，除了以上两点已被运行实践证实的理由之外，还考虑到：带金属外圈后，GIS 整个外壳电气联通封闭，内部绝缘件的局部放电信号出不来，为了在线监测局放，必须在 GIS 内部埋设大量局放探测传感器，由此引起在线监测设备成本的增加、GIS 内部绝缘结构的复杂化。更重要的是，绝缘件缺陷的局放信号不能传出 GIS 体外，使对这类故障监测灵敏度较高的 UHF 方法在 GIS 体外无法使用，而内埋传感器数量总是有限的，因此这种设计对绝缘件局放监测很不利（参见第 18 章）。此外，不设金属外圈（铝法兰），可使盆式绝缘子成本下降约 30%，而且避免了不必要的社会资源浪费。

上述两种结构设计的分歧，实质上是两种设计思想的分歧，坚持带金属外圈的设计包括对安装螺母嵌件进行电场屏蔽的内屏蔽环 P 的设计（见图 6-15），都是把理性思维中可能存在的不可靠因素（紫外线、螺栓力及螺母嵌件尖角）以周全又繁琐的结构设计来消除，其必要性值得研究。电场计算表明：安装螺母嵌件处的场强与是否设置内屏蔽环 P 无关。因为嵌件已处在两边壳体法兰的屏蔽坑内了。

10. 盆式绝缘子表面质量的控制

绝缘子表面质量是设计者和运行部门的使用者共同关心的重要问题。表面质量涉及气孔和缩孔、脱模剂、浇注模痕杂质和金具表面状况等。

密封面上出现气孔将影响气密性；气孔出现在承受高压的沿面，由于气孔容易藏污纳垢，影响电气绝缘性能；脱模剂及其容易粘附污物的特性都会破坏表面绝缘性能；浇注模痕砂磨后，树脂内部的填料微粒将暴露在外面，在砂磨过程中也易夹入异物都会对绝缘带来不利影响，因此合模处的浇注模痕不允许在承受高压的表面出现；杂质，尤其是金属微粒是应该严格控制的，因为它们会破坏绝缘子的电气性能和气密性；金具表面不允许出现碰划痕和腐蚀，表面粗糙度明显地下降或尖角碰划痕都会对金具表面电场造成不利的影响。表 6-5 所示要求适用于所有环氧树脂浇注件。

表 6-5　外观质量要求

检查部位	缺陷名称	要　　求	适用部位
树脂部分	气孔	直径不超过 1.0mm，在 40mm×40mm 范围内，不多于 2 个	承受高电压沿面区
树脂部分	气孔	直径不超过 1.0mm 在 40mm×40mm 范围内，不多于 4 个	屏蔽罩内部表面；密封槽内侧上端面；不承受高电压的外表面
	缩孔	直径 ≤ϕ0.5 缩孔，一个密封面上只允许 5 个，且不能连续分布	密封面上
		直径 ϕ0.5 <D< ϕ3 缩孔，一个面允许 2 个	其他非密封的面
	脱模剂	不允许存在	全部绝缘件表面
	合模处的浇注模痕	砂磨平整；承受高压的表面不许有合模浇注模痕	全部不承受高压的表面
	杂质	不允许有导电性杂质（金属微粒、导电橡胶等）	全部绝缘件表面
		其他杂质直径 ≤ϕ0.5，不连续	密封面
		其他杂质直径 ≤ϕ2，不多于 5 处	承受高压的表面
		其他杂质直径 ≤ϕ3	不承受高压的表面
其他部位		镀银层不允脱落变色，金具不许碰伤腐蚀	

6.2.5　盆式绝缘子强度要求

当额定 SF$_6$ 气压为 0.4/0.5/0.6MPa，设计压力为 0.52/0.64/0.76MPa 时，破坏水压试验压力为 1.56/1.92/2.28MPa，例行水压试验值为 0.78/0.96/1.14MPa。例行水压试验时不允许产生影响气密性和与相关零部件装配的塑性变形。

6.3　真空浸渍环氧玻璃丝管（筒）设计

与环氧树脂浇注件相比，真空浸渍环氧玻璃丝管（筒）具有更高的机械强度，因在真空状态下制作，内夹气泡的可能性极小，电气性也优良，因此在 SF$_6$ 电器中被广泛关注与采用。

6.3.1　真空浸渍管（筒）性能

真空浸渍管基本填充骨架为玻璃丝布，为提高耐 SF$_6$ 分解物性能，管内外再包一层（厚度 >0.3mm）聚酯纤维，在真空状态下浸入环氧树脂。真空浸渍管及两端金具粘结性能见表 6-6。为获得更高的机械性能和更美的外观，推荐使用精仿细纹的玻璃布（管厚 <10mm；管厚在 10mm 及以上用粗纹玻璃布）。

表 6-6　真空浸渍环氧玻璃布管性能

	序号	性　能	单位	技术要求	备　注
物理机械性能	1	密度	g/cm^3	>2.0	
	2	吸水率	%	0.1	
	3	轴向抗拉强度 σ_b	MPa	400	管断
	4	管体抗弯强度 σ_{w1}	MPa	250	管破
	5	粘结抗弯强度 σ_{w2}	MPa	150	金具与管体粘结破
	6	粘结抗弯许用应力 [σ_{w2}]	MPa	90	管体无塑性永久变形
	7	抗压强度 σ_y	MPa	300	管破
	8	金具粘结抗拉强度 σ_j	MPa	25	粘结处拉脱离
	9	金具粘结许用应力 [σ_j]	MPa	15	粘结缝无任何损坏
	10	抗弯弹性模量 E	MPa	30000	
电气性能	11	垂直层向体积电阻率 ρ_T（20℃）	$\Omega \cdot cm$	>10^{12}	
	12	平行层向电阻率 ρ_b（20℃）	$\Omega \cdot cm$	>10^{13}	
	13	介电常数（50Hz 时）ε	—	5.5	
	14	介质损耗（50Hz 时）tanδ	%	<0.03	
	15	垂直层向击穿电强度（工频）	kV/mm	≥20	
	16	平行层向击穿电强度（工频）	kV/mm	≥12	
	17	在 0.5MPa SF$_6$ 中表面耐压（雷电冲击）	kV/mm	≥14	
	18	在大气中表面耐压（工频）	kV/mm	≥2	
	19	吸水性	%	≤0.1	

国内真空浸渍管制造质量控制较好的单位——西安立达合成材料开发公司的各种管（筒）材性能基本符合表 6-5 要求。该厂管材在 550kV T·GCB 产品上已安全运行十几年。

但是，不是所有公司的真空浸渍环氧玻璃丝管都能达到表 6-5 的性能指标，设计者应予注意。

6.3.2 真空浸渍管（筒）绝缘件电气结构设计

1. 沿面爬电距离 H 设计

按 6.2.2 节中的式（6-2）计算，待两端电极确定后进行电场计算，若沿面场强 E_τ 与 $E_1/2$ 相比，相差太多时，可适当调整长度 H，直至 E_τ 及电极上的 E_1 与表 6-1 的设计基准接近。

真空浸渍管（筒）材料中虽含有许多玻璃丝纤维，它只是作为骨架填充在内，管（筒）表层仍然是环氧树脂，因此其表面电气性能（允许场强 E_τ 值）应该与环氧树脂浇注件相同。表 6-6 中第 17 项指标，在 0.5MPa SF₆ 中真空浸渍管表面可承受的场强 14kV/mm，是通过电场计算设计的试品实测试验值。试验证明，真空浸渍管（筒）表面允许场强 $E_\tau = E_1/2$，这个关系成立[65]。

2. 注意管两端金具形状和尺寸设计

真空浸渍管两端金具（铝法兰、屏蔽件、拉杆接头等）的形状和尺寸决定了金具表面的场强 E_1 和真空浸渍管表面场强 E_τ，当 E_1 或 E_τ 超过设计基准场强值较多时，在相应的试验电压下，将导致金具对地电位外壳（气隙）放电或沿真空浸渍管表面闪络。

通常，金具置于管外时，金具外形尺寸设计约束因素较少，金具和管表面场强值易控制得较低。金具必须置于管内时，为控制真空浸渍管内表面场强，通常应采用增大管内径或降低金具场强的措施。

降低金具表面场强的办法是：增大金具电极曲率半径；采用多种曲率结合来构成金具电极曲面，以优化电极形状；为防止电极曲率半径急剧变化，还可采用曲率变化缓慢的椭圆形曲面。

3. 消除楔形气隙的恶劣影响

在电极—SF₆—真空浸渍管 3 种材料的交联区，如果形成了楔形气隙，见图 6-16，在楔形气隙尖端的 C 点场强很高。

电场计算表明（上电极加压 600kV，下电极接地）：位于楔形气隙尖端部位的真空浸渍管表面场强达到 34.034kV/mm，电极表面场强高达 56.582kV/mm，远超过已处理好楔形气隙的图 6-17a 试品对应 C 点的场强值 14.438kV/mm。

有试验说明：在 20℃、0.5MPa SF₆ 气体中，一个本来可承受工频 275～300kV·1min 的试品，却由于楔形气隙的存在，在不足工频 170kV 时就在管内表面产生沿面闪络。这足以证明楔形气隙对真空浸渍管绝缘件电气性能的破坏作用。

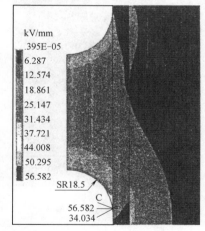

图 6-16　楔形气隙中的高场强

4. 清除楔形气隙的设计措施

1）对于真空浸渍管绝缘件的内电极结构，应在电极与管内壁交联处设计一定宽度 b 的间隙，以破坏楔形气隙。间隙宽 b 通常应在 3mm 以上（见图 6-17a BC 两点所在平面的间隙），才有较好的效果，绝缘管表面最大场强计算值为 14.438kV/mm（电极施电压 600kV

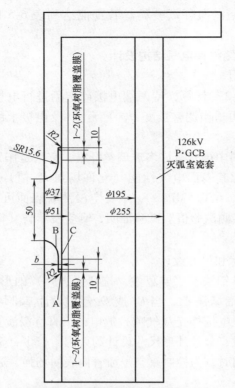

a) 真空浸渍管绝缘件试件电场计算场域图(单位：mm)

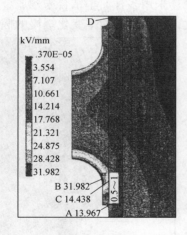

b) 试件电场计算结果

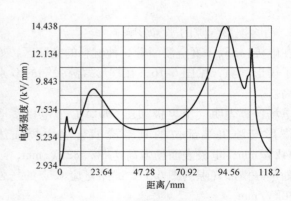

c) 真空浸渍管内壁场强分布

图　6-17

时)，见图 6-17b。

2) 间隙宽 b 值不能太小。b 值过小 (如图 6-18 中 $b = 1.5$mm) 时，真空浸渍管表面场强依然偏大，为 20.876kV/mm (上电极加压 600kV，下电极接地，见图 6-18)，超过允许值。在相应的试验电压下还会产生较大的局部放电，并发展为管沿面闪络。

3) 处理楔形气隙的不良方式，除了常见的毛病——电极与管壁间拉开间隙不够之外，在电极与管壁接触点，缝隙底面如果以90°直角拐向电极垂直表面，则形成一个小尖角（见图6-19上部），此处场强必然很高（电极加压600kV时为23.065kV/mm），管壁直接与此尖点接触也很危险；或者缝隙底面以小半径［如 R（1.5～2）mm］曲面向金具垂直表面过渡，又人为地制造出楔形气隙，此处场强还会很高，为49.606kV/mm（电极加压600kV，见图6-19下部）。

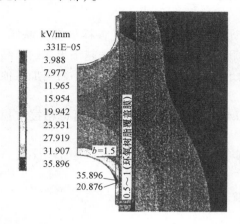

图6-18　处理楔形气隙的不良方式（1）

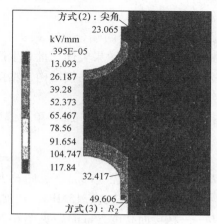

图6-19　处理楔形气隙的不良方式（2）和（3）

4）处理楔形气隙的正确方式：在拉开电极与管内壁间足够的间隙（$b \geqslant 3\text{mm}$）之后，再在电极与管壁间缝隙的底部灌柱一些电介质系数 ε 与管一致的环氧树脂，厚1～2mm，要求树脂全部埋盖住电极上的小圆角，以消除此外楔形气隙（见图6-17a）。电场计算表明，此处场强明显下降到14.438kV/mm（见图6-17b）。此外，电极球面最大场强随槽（电极与真空浸渍管内壁间的间隙）深度增大而增大，深度为零时，电极球面最大场强最小；管内表面最大场强随槽深度变化而变化，有极小值，因此对槽深度应优化设计。本试品为获得 E_τ 为 $E_1/2$ 的近似关系，取槽深为10mm（见图6-17a）。通常槽深可在5～10mm范围选用。

当金具在绝缘管外时，金具与管外壁间的楔形气隙也按上述相同办法处理。

6.3.3　真空浸渍管（筒）绝缘件机械强度设计

1. 金具材料

真空浸渍管材常用作CB和DS/ES操作杆，其两端金具材料多样，在252kV及以下产品上，常用2A12-T4合金铝棒（不限制重量时也可用调质45#钢棒）。在363kV及以上产品，操作力很大时，宜用超硬铝棒7A04-T6、7A09-T6。真空浸渍筒材常作 T·GCB 灭弧室支持件用，金具用铸铝ZL101A-T6。

2. 管（筒）强度设计

CB用的操作杆，主要使用管材的抗拉强度。表6-6所示的 $\sigma_b = 400\text{MPa}$ 不是所有材料制造厂都能达到的指标，因此选材要注意供方材质的性能水平。考虑操作杆极限强度时，在破坏拉力作用下管材工作应力宜取240MPa，以留充足的设计裕度。

各种绝缘支持筒，主要使用筒材的抗弯和抗压性能，其中应注意核算的是筒的抗弯能力（水平布置的灭弧室支持筒主要负荷为弯矩）。对于垂直和水平布置的灭弧室还要考虑分合闸操作时筒受的抗张和抗压负荷。

DS 和 DES 操作杆通常是承受扭矩，表 6-5 中缺扭转破坏强度指标，可参照表 6-2 中环氧树脂浇注件的扭转破坏值 32MPa 使用，因管中有玻璃丝填料抗扭强度应比环氧浇注件高，设计时在破坏扭矩负荷下管的允许工作应力可取 32MPa。

3. 金具粘结强度设计

绝缘管两端金具本身强度是应核算的，但更让人担心是金具与管间的结合强度（特别是断路器操作杆）。

断路器绝缘操作杆两端金具（接头）的联结设计，过去使用过各种各样的螺丝联结、销轴铆接，结构复杂、效果欠佳、批量生产时强度的稳定性不理想。近年来越来越多的产品操作杆采用了环氧树脂毛面粘接结构，粘接强度能满足设计要求，性能稳定，不需附加其他机械联结。

粘接面粗糙度 $Ra50 \sim 100\mu m$，单边缝隙 $0.15 \sim 0.25mm$。根据式（6-4）可得粘接抗拉强度 F（N）：

$$F = \pi DH \left[\tau_j\right] \tag{6-13}$$

式中　D——粘接面直径（mm），见图 6-20；

　　　$\left[\tau_j\right]$——许用粘接应力，15MPa，在破坏拉力负荷下使用此应力；

　　　H——粘接面高度（mm），见图 6-20。

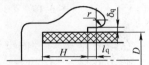

图 6-20　金具的毛面粘接设计

第7章　合闸电阻及并联电容器设计

363kV 及以上电压等级的电网，在合空载长线时，尤其是在电源电压幅值与线路残压反相时合闸，由于系统参数突变，电网 $L—C$ 上电磁能量的振荡而引起较大的过电压。为了限制这种合闸过电压，较长的 363kV 线路电站和线路中点采用了氧化锌避雷器（MOA），已有丰富的运行经验；550kV 中短线（300km 以内）两端电站装 MOA 也能有效限制合闸过电压，更长的线路中点较高的合闸过电压也有用悬挂 MOA 来处理的；当然也有部分用户坚持开关要带合闸电阻。800～1100kV 线路上的 GCB 目前还必须采用合闸电阻来限制合闸操作过电压。其工作原理是，利用合闸电阻将电网中的部分电能吸收转化成热能，以达到削弱电磁振荡、限制过电压的目的。每极由多个断口串联的 GCB，为使各断口上的电压分布均匀而采用了并联电容器。本章介绍这两种部件有关参数的选择、计算及结构设计。

7.1　合闸电阻额定参数的选择

合闸电阻的额定参数包括电阻值 R、每次电阻投入时间 t、两次合闸的间隙时间 Δt 及电阻投入时承受的电压负荷 U。这些是设计合闸电阻之前必须明确的基本工作条件。

7.1.1　电阻值 R

合闸电阻值与系统容量、线路长短有关。但是，在 GCB 设计时，不可能随用户提出的不同系统容量和线路长短而配置不同阻值的合闸电阻，即不可能针对具体的某个系统去计算出一个最佳阻值。只可能从宏观上进行分析并针对有代表性的电网进行计算，并在此基础上确定 R 值的范围。国内外对此已做过大量分析计算工作，要点如下：

在过电压值一定时，系统容量愈小，选用的阻值也愈小；

在电源容量一定时，线路愈短、过电压愈低，选用的阻值应大些；

在合闸的第一阶段(电阻投入时)，合闸过电压随 R 值增大而急骤下降(见图 7-1 曲线 1)；

在合闸的第二阶段（电阻被主触头短接），希望 R 值小一些，因为 R 值愈小，主触头闭合时线路参数变化小，相应过电压也小（见图 7-1 曲线 2）。

图 7-1 中的曲线 1 与 2 构成一个 "V" 字形曲线，谷点 R_0 附近的阻值应是兼顾了两个过程的合理值。

合闸电阻的通常范围是 $0.5Z < R < 2Z$，线路波阻抗 Z 的范围为 $300 \sim 500\Omega$。

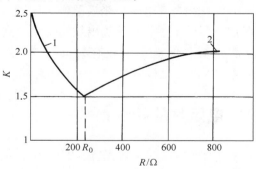

图 7-1　合闸过电压倍数 K 与合闸电阻 R 的关系

根据以上几个要点，合闸电阻值最常见的范围是 $400 \sim 500\Omega$。

7.1.2　电阻投入时间 t

由于线路本身阻抗的阻尼作用，合闸过电压（超过 $1.5U_\varphi$ 时）的持续时间为 $2.5 \sim 6.5\mathrm{ms}$，并在合闸后 $20 \sim 60\mathrm{ms}$ 全部衰减。造成这种时间分散性的主要原因是各种 GCB 三极合闸不同期值有差异。当首先合闸极的电阻接通后，该极电阻的接通时间应持续到最后一极合闸后暂态振荡波反射回 GCB。因此电阻投入最小时间应等于 GCB 三极合闸不同期加上两倍线路暂态时间。从限制过电压的角度考虑，电阻接入时间没有上限，但受到电阻元件热容量的限制，一般取 $8 \sim 12\mathrm{ms}$。

7.1.3　电压负荷 U

电阻投入时的电压负荷一般有两种。

相电压（有效值）：

$$U_\varphi = U/\sqrt{3} \quad （一般正常合闸时承受）$$

反相电压（有效值）：

$$2U_\varphi = 2U/\sqrt{3} \quad （180° 全反相合闸时承受）$$

7.1.4　电阻两次投入的时差 Δt

电阻两次投入的时间差 Δt 影响着电阻元件热容量的设计，由电网操作保护方式决定。

电网可能出现的几种苛刻的操作保护方式有：

（1）相对地故障合闸，然后紧接着一个完整的自动重合闸操作（合分—0.3s—合分—180s—合分），电阻在很短时间内连续投入 3 次，不能考虑电阻元件散热，注入能量为

$$W_1 = \frac{3(U/\sqrt{3})^2}{R}t = \frac{U^2 t}{R} \tag{7-1}$$

式中　U——线电压（V）；

　　　t——电阻投入时间（s）。

（2）反相合闸后跳闸，不再进行重合闸操作，注入能量为

$$W_2 = \frac{(2U/\sqrt{3})^2}{R}t = \frac{4}{3}\frac{U^2 t}{R} > W_1$$

（3）反相合闸电网失步后跳闸，间隔一段时间再次合闸依然反相，其间相隔时间 Δt。Δt 各用户要求不一，可能提出最短时间，例如为 15min。这时，电阻元件中两次注入的能量虽然都是 W_2，但是因 Δt 仅有 15min，电阻元件散热不多，头次通流后没有充分冷却又第二次接通，因此这是最苛刻的一种工作条件。

7.2　电阻片的特性参数

设计合闸电阻时，首先应了解电阻片的特性参数，尤其是电阻片的比热、短时安全工作体积热容量、短时工作的允许温度，电阻片发热后的散热时间常数对电阻片的设计有重要影响。用户对运行中的开关经一定的操作循环之后电阻片的阻值变化、温升及冷却时间也很关心，而这些都是由电阻片的特性参数决定的。

英国摩根公司是世界级的陶瓷电阻片供应商，其优异的特性和高的可靠性得到世界各高

压开关制造厂和电力运行部门的信赖。其特性参数分列如下。

1）比热容：≥2J/（cm³·℃）。

2）电阻温度系数：−0.05% ~ −0.1%/℃。

3）电阻电压系数：−0.5% ~ −7.5%/（kV/cm）。

4）热膨胀系数：≤7.0×10⁻⁶/℃。

5）脉冲负荷温升（脉冲输入能量为300J/cm³）：150℃。

6）短时安全工作体积热容量（在 SF₆ 介质中）：

$$≥600J/cm³ （直径 \phi 111mm）$$
$$≥500J/cm³ （直径 \phi 127mm）$$
$$≥400J/cm³ （直径 \phi 150mm）$$

7）短时工作允许温度（输入能量为 600J/cm³、SF₆ 介质为 80℃时）：

$$≤380℃$$

8）电阻片经受 600J/cm³、两次脉冲负荷后，在常温时测电阻值变化：≤5%。

9）当施加规定的电压时，电阻表面温升：≤170℃。

10）抗压强度（每片环面均匀受力）：≥16000N。

11）散热时间常数 τ：$≤1290V/S$，式中 V 为电阻片体积（cm³），S 为电阻片侧表面积（cm²）。

7.3　合闸电阻设计计算

7.3.1　设计步骤

合闸电阻设计步骤如下：

（1）确定合闸电阻额定参数；

（2）计算电网注入能量，电阻片温升；

（3）计算电阻片体积；

（4）选择电阻片，计算所需片数及每片阻值；

（5）讨论电阻耐电压性能及其设计裕度。

7.3.2　计算实例（一）

800kV—T·GCB 并联电阻设计

（1）电阻片参数设计计算

已知：每相阻值：400Ω，投入时间：10ms；最苛刻的工作条件：反相合闸两次，两次合闸之间相隔30min。

第一次反相合闸电网向电阻投入的能量 W_1 为：

$$W_1 = \frac{U^2}{R}t = \left[\left(\frac{2 \times 800 \times 10^3 V}{\sqrt{3}} \right)^2 / 400\Omega \right] \times 10 \times 10^{-3} s = 21.384 \times 10^6 J$$

第一次投入后电阻片的温升 ΔT_1 为：

$$\Delta T_1 = W_1/cV \tag{7-2}$$

式中　V——相电阻片的总体积（cm³）；

　　　c——电阻片比热容，2.0 [J/cm³·K]。

第一次投入 30min 后电阻片温度下降值为

$$\Delta T_s = \Delta T_1(1 - e^{-\Delta t/\tau}) = \Delta T_1(1 - e^{-30/60}) = 0.393\Delta T_1 \qquad (7\text{-}3)$$

式中　τ——60min 散热时间常数；

　　　Δt——30min 散热时间。

电阻片允许工作温度 $\leqslant$ 380℃，温升允许值为 300℃（考虑 SF$_6$ 介质温度 80℃后），涂耐电痕漆的电阻棒允许短时工作温升为 300℃。

令第 2 次投入时电阻片的温升 $\Delta T_2 = \Delta T_1$，两次反相合闸后电阻片温升为

$$\Delta T_3 = (\Delta T_1 - \Delta T_s) + \Delta T_2 = 2\Delta T_1 - 0.393\Delta T_1 = 1.607\Delta T_1 = 300℃$$

得 $\Delta T_1 = 186.7℃$

$$V = W_1/(c \cdot \Delta T_1) = 21.384 \times 10^6 J/2J/(cm^3 \cdot K) \times 186.7℃ = 57268cm^3$$

选用电阻片规格：$\phi152mm \times \phi34mm \times 25mm$，每片体积 $V_0 = \dfrac{\pi}{4}(15.2^2 - 3.4^2) \times$

$2.5cm^3 = 430.7cm^3$

每相总片数 $n = V/V_0 = 57268/430.7 = 132.966$ 片，双断口对称布置，取 $n = 134$ 片

每片阻值 $R_0 = 400\Omega/134$ 片 $= 2.985\Omega$，取 $R_0 = 3\Omega$。

（2）电阻片耐电压能力核算

反相合闸时每片应承受的 10ms 工频电压为

$$U_{01} = (2 \times 800/\sqrt{3})kV/134 \text{ 片} = 6.9kV$$

摩根公司电阻片，每片可以耐受的 10ms 工频电压值为

$$U_{0a} = 4.9 \times \left(\frac{\rho}{t}\right)^{0.335} \qquad (7\text{-}4)$$

式中，$t = 10ms$，电阻率 $\rho = R_0 S/l = R_0 \dfrac{\pi}{4}(D_r^2 - d_r^2)/l$，选电阻片尺寸 $D_r = \phi152mm$、$d_r = \phi34.2mm$、厚 $l = 25mm$，代入数据 $\rho = 3\Omega \times \dfrac{\pi}{4}(152^2 - 34.2^2) mm^2/25mm = 2067.5\Omega \cdot mm = 81.4\Omega \cdot in$（折算时，$in = 25.4mm$）。代入 $\rho = 81.4\Omega \cdot in$、$t = 10ms$，由（7-4）式：

$$U_{0a} = 4.9 \times \left(\frac{81.4\Omega \cdot in}{10ms}\right)^{0.335} kV = 9.89kV$$

$U_{0a} = 9.89kV$ 也可从图 7-2 曲线 A 上查出。

考虑电阻片上电压分布不均匀及运行中电阻绝缘性能可能的老化等因素，取安全系数 1.35 后：

$$U_{0a} = 9.89kV/1.35 = 7.33kV > U_{01}(6.9kV)$$

每片电阻投入的 10ms 瞬间可能遭受的雷电冲击电压极值（极小概率）为

$$U_{02} = (2100 + 462)kV/134 \text{ 片} = 19.20kV/\text{片}$$

该瞬间可能承受的 250/2500μs 操作冲击电压极值（极小概率）为

$$U_{03} = (1300 + \sqrt{2} \times 462)kV/134 \text{ 片} = 14.58kV/\text{片}$$

查图 7-2 曲线 a 和 c，$\rho = 81.4\Omega \cdot in$ 的电阻片可以耐受的雷电冲击电压为

$$U_{th} = 49kV > U_{02}(19.20kV)$$

250/2500 操作冲击电压为：

$$U_{tc} = 22.5 \text{kV} > U_{03}(14.58 \text{kV})$$

考虑电压分布不均匀系数 1.35 之后，耐受 U_{th} 的安全系数为 1.89，耐受 U_{tc} 的安全系数为 1.14。

结论：电阻片耐受工频、冲击电压的绝缘性能的设计很安全。

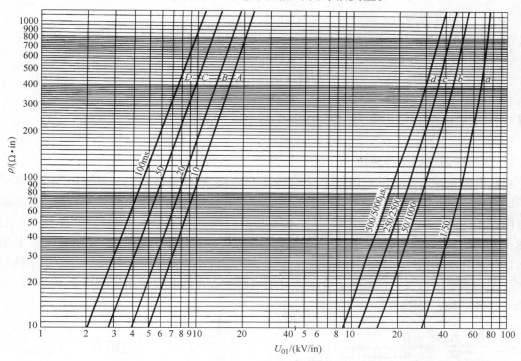

图 7-2　摩根公司电阻片耐电压特性 $U_{01} = f(\rho)$

7.3.3　计算实例（二）

一台 550kV 断路器合闸电阻参数为：400Ω/极，154 片/极，电阻片尺寸 ϕ127mm × ϕ34mm × 25mm，经 "1.3U 合→3min→2U 合" 操作后，求电阻片温升、阻值变化及冷却到常温（20℃）所需的时间。

温升计算式：$\Delta T = W/CV$ $\hspace{4cm}$ (7-5)

式中　W——注入能量：

$$W = \frac{(U_1^2 + U_2^2)t}{R}$$

$$= \frac{(1.3 \times 550 \times 10^3/\sqrt{3})^2 + (2 \times 550 \times 10^3/\sqrt{3})^2}{400} \times 10 \times 10^{-3} \text{J}$$

$$= 14.35 \times 10^6 \text{J}$$

C——比热容：$C = 2 \text{J}/(\text{℃} \cdot \text{cm}^3)$

V——体积：$V = \dfrac{\pi(12.7^2 - 3.4^2)}{4} \times 2.5 \times 154 \text{cm}^3 = 45275 \text{cm}^3$

代入这些数据得：$\Delta T = 14.35 \times 10^6/(2 \times 45275)\text{℃} = 158.5\text{℃}$

经二次合闸后电阻片的阻值下降到 R_2：

$$R_2 = R(1 - \alpha\Delta T) = 400 \times (1 - 0.0006 \times 158.5)\Omega = 362\Omega$$

电阻片的温度按下式下降

$$T_s = \Delta T(1 - e^{-\Delta t/\tau}) \tag{7-6}$$

式中 T_s——温度下降值，$T_s = 158.5℃ - 20℃ = 138.5℃$；

ΔT——温度初始值，$\Delta T = 158.5℃$；

τ——散热时间常数，$\tau = 1290V/S = （1290 \times 45275/15361）$ s $= 3802$s。

（电阻片侧表面积 $S = \pi \times 12.7 \times 2.5 \times 154 cm^2 = 15361 cm^2$）。

在式（7-6）中代入上述数字，得到电阻片温度降到20℃所需时间为 $\Delta t = 7870$s。

7.4 合闸电阻的触头及传动装置设计

7.4.1 合闸电阻投切动作原理

合闸电阻接通时流过的电流很小（500～1600A），持续时间很短（10ms），因此常采用简单的对接式触头，为防止预击穿时触头熔焊而焊有铜钨。电阻触头的传动装置功能，应保证电阻先于主触头10ms左右接通，然后被短接或分断（电阻退出运行）。一部分产品的电阻触头采用凸轮—连杆传动装置，在使电阻接通10ms左右时间后立即分闸，电阻退出运行。这种装置的工作可靠性受零部件加工精度、装配调整质量、零件材质强度等因素的影响很大，相对来说运行可靠性低些。有些产品的电阻触头传动装置采用了工作稳定可靠的弹簧振子—连杆结构，见图7-3。

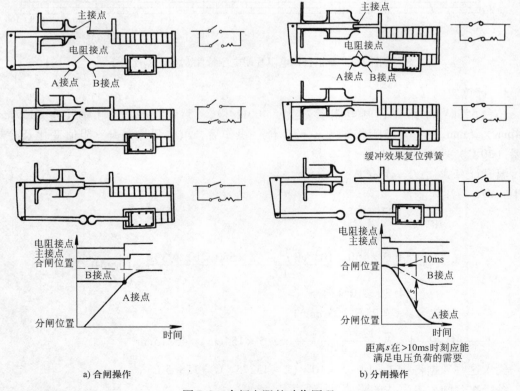

图 7-3 合闸电阻的动作原理

图 7-3 所示的传动装置工作原理是，电阻动触头与主动触头同步运动，电阻触头开距小于主触头开距，因此合闸时电阻触头先接通。由合闸速度、电阻触头开距与主触头开距的差值所决定的电阻接通时间（10ms）可以做到很稳定。

开关在合闸位置时电阻被主触头短接，不必跳开。开关分闸时，电阻动触头与主动触头同步（高速）分闸。但是，电阻静触头在触头弹簧力作用下，低速复位，以保证电阻触头先分断，将开断电流转移到主触头，电弧可靠地被限制在主触头及灭弧室内。电阻静触头与其复位弹簧构成一对弹簧振子，保证电阻静触头质量及弹簧刚度，就可以得到稳定的设计者所期望的电阻静触头复位的低速度，这个速度与主触头速度的差值应保证：在主触头断开 0.5 周波以后（电弧可能熄灭时刻），电阻触头（A、B 接点）的开距 s（见图 7-3b）应大到足以承受熄弧后电网加在 GCB 上的恢复电压。

该传动装置结构简单，加工精度及组装要求不高，电阻投入时间受到较准确的控制，不易产生触头（或传动件）卡塞等异常现象，因此运行可靠性很高。

7.4.2　电阻片安装方式设计

如图 7-4 所示，电阻串经绝缘子 G、D 固定在静触头端。

电阻触头 a-b 在主触头 A-B 合闸之前 10ms 先合闸。下面以 800kV T·GCB 为例说明合闸电阻相关元件及参数的设计方法。

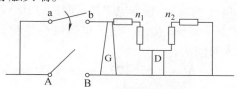

图 7-4　合闸电阻安装

（1）绝缘子高度设计

电阻及绝缘子在分闸及合闸位置不承受电压，仅在投入电阻的 10ms 瞬间承受工频电压，每断口电压负荷峰值为：$U_1 = 0.55 \times 2 \times \sqrt{2} \times 800/\sqrt{3}\,\text{kV} = 719\,\text{kV}$，将绝缘子 10ms 瞬时承受的工频电压 719kV 近似视为操作波电压，并按下面关系近似折算成雷电冲击波电压：

$$U_1 = 719 \times \frac{2100}{1550}\,\text{kV} = 974\,\text{kV}$$

（2100kV 是产品雷电冲击耐受电压，1550kV 是操作冲击耐受电压）

由 U_1 计算绝缘子 G 的高度 H_G：

$$H_\text{G} = K_2 K_3 U_1 / E_\tau = 2 \times 1.5 \times 974 / 14.5 = 202\,\text{mm}\quad（取整数 200\text{mm}）$$

式中　E_τ——SF_6 0.5MPa 时绝缘子表面允许场强，$E_\tau = E_1/2 = 29/2 = 14.5\,\text{kV/mm}$；

　　　K_2——电压分布不均匀系数，$K_2 = 2$；

　　　K_3——设计安全系数，$K_3 = 1.5$。

低绝缘子 D 设置于每断口并联电阻串大约中间位置，为减小电阻片组装后的长度尺寸，通过短绝缘子 D 将电阻片数 n_0 分为两段 n_1 与 n_2（参见 7.3.2 节计算，每相并联电阻 134 片，每断口电阻片 $n_0 = 67$ 片，取 $n_2 = 38$ 片），D 的高度为

$$H_\text{D} \geqslant H_\text{G} \frac{n_2}{n_0} = \frac{38}{67} \times 200\,\text{mm} = 113\,\text{mm}$$

（2）电阻静触头固定电极设计

电阻静触头 b 通过绝缘子 G 固定于静触头端的法兰 F 上，并穿过该法兰 F（见图 7-5）考虑电极尺寸 d_p 及 F 法兰孔屏蔽内径 D_p 时，反相合闸时气体间隙 $(D_\text{p} - d_\text{p})/2$ 应承受的 10ms 工频电压负荷为：$0.55 \times 2 \times \sqrt{2} \times 800/\sqrt{3}\,\text{kV} = 719\,\text{kV}$。

可近似地把它视为操作波电压 $U_{tc1} = 719\mathrm{kV}$。

取 $d_p = 70$，$D_p = 190$，该间隙可耐受的雷电冲击电压为：

$$U_{th} = E_1 \cdot \frac{d}{2} \cdot \ln\frac{D_p}{d_p} = 29\mathrm{kV/mm} \times \frac{70}{2}\mathrm{mm} \times \ln\frac{190}{70} = 1013\mathrm{kV}$$

再近似折算成等效操作波电压为：

$$U_{tc2} = 1013\mathrm{kV} \times \frac{1550}{2100} = 748\mathrm{kV} > U_{tc1}(719\mathrm{kV})$$

D 和 d 尺寸初步设计合理，待电场计算验证。经某些产品的设计与试验验证，上述设计分析方法是合适的。

7.4.3　电阻触头及分合闸速度设计

采用对接式球形触头，球头上焊有铜钨合金。

电阻动触头分、合速度与主动触头相同，动作同步。

（1）合闸速度及电阻接通时间：

电阻动触头合闸速度与主触头相同，且同步运动，取 $v_h = 3.5\mathrm{m/s}$（主触头合闸刚合点前 10ms 平均值）。根据电阻投入时间 (10 ± 2) ms 的要求，电阻触头应超前主触头 $3.5\mathrm{m/s} \times 10 \times 10^{-3}\mathrm{s} = 35\mathrm{mm}$ 接通。设计电阻触头超程 $l_{dc} = 65\mathrm{mm}$，主触头超程 $l_k = 27\mathrm{mm}$，得到电阻实际投入时间为：

$$\begin{aligned}
\Delta t &= (65 - 27)\mathrm{mm} \div 3500\mathrm{mm/s} \\
&= 0.01086\mathrm{s} \\
&= 10.86\mathrm{ms}，满足技术条件要求。
\end{aligned}$$

（2）电阻静触头分闸特性 $S_1 = f(t)$

电阻静触头分闸时跟随动触头同向运动（见图 7-5），其分闸力来自复位弹簧力，其分闸行程特性为 $S_1 = f(t)$。计算其特性时，在某一小段行程内认为弹簧力 F 不变，将变加速运动简化为匀加速运动：

$$S_1 = \frac{1}{2}at^2，\quad a = F/m，\quad t = \sqrt{2S_1/a}$$

要求电阻静触头在开关分闸时以较低的速度复位，使它的分闸行程特性 $S_1 = f(t)$ 与主断口的行程特性 $S = f(t)$ 配合好，保证在开关分闸时电阻断口有可靠的绝缘，开断电弧可靠地被限定在灭弧室内。

电阻静触头复位速度由触头质量 m 及复位弹位力 F 决定。举例说明：若已知电阻静触头质量 $m = 3\mathrm{kg}$；复位弹簧参数为：线径 $d_0 = 5$，外径 $D = 58$，中径 $D_2 = 53$，有效圈 $n = 14$，自由长度 $l_0 = 180$，预压缩 $f_0 = 20$，合闸时压缩 $f_1 = 65$。

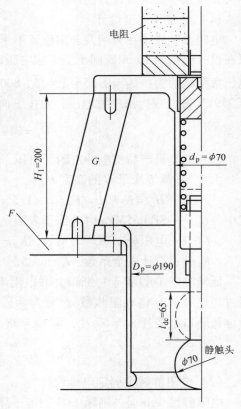

图 7-5　电阻静触头

弹簧力：$F = \dfrac{8200 d_0^4 f \times 9.8}{8 D_2^3 n} = 0.3074f$（N），合闸位置 $f = f_0 + f_1 = 85\,\mathrm{mm}$。

$S_1 = f(t)$ 特性计算列于表 7-1。

表 7-1　$S_1 = f(t)$ 特性计算

f/mm	82	76	70	64	58	52	46	40	34	28	22
S_1/m	0.006	0.012	0.018	0.024	0.030	0.036	0.042	0.048	0.054	0.060	0.065
F/N	247	229	211	193	175	157	139	121	103	85	67
$a/(\mathrm{m/s^2})$	81.8	75.8	69.6	63.9	57.9	52	46	40	34	28	22
t/s	0.0121	0.0178	0.0227	0.0294	0.0322	0.0372	0.0427	0.049	0.0564	0.0655	0.0775

　　由上表数据做出的 $S_1 = f(t)$ 曲线如图 7-6 虚线所示。开关主动触头和电阻动触头分闸行程特性为 $S = f(t)$，刚分闸后 10ms 内平均速度设定为 12.5m/s。

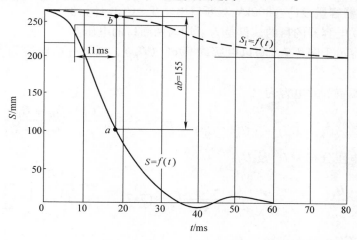

图 7-6　分闸时主动触头和电阻动触头行程特性 $S = f(t)$ 与电阻静触头行程特性 $S_1 = f(t)$ 配合

反相开断时，恢复电压峰值为

$$U_{C1} = 0.55 \times 2\sqrt{2} \times U_r \times K_\sigma = 0.55 \times 2\sqrt{2} \times 800\mathrm{kV} \times 1.25/\sqrt{3}$$
$$= 898\mathrm{kV}$$

10% 短路开断时恢复电压峰值为

$$U_{C2} = 0.55 K_0 K_T \sqrt{2} U_r \times 0.9/\sqrt{3} = 0.55 \times 1.7 \times 1.5 \times \sqrt{2} \times 800\mathrm{kV} \times 0.9/\sqrt{3}$$
$$= 824\mathrm{kV}$$

切空载长线时恢复电压峰值为

$$U_{C3} = 0.55 K \times 2 \times \sqrt{2} \times 800/\sqrt{3} = 0.55 \times 1.7 \times 2 \times \sqrt{2} \times 800\mathrm{kV}/\sqrt{3}$$
$$= 1221\mathrm{kV}$$

　　在主触头刚分 11ms（主触头短燃弧开断）时，电阻触头开距 $ab = 155\,\mathrm{mm}$（见图 7-6），考虑电阻触头断口电场分布不均匀系数 3.0 后间隙 ab 可耐受冲击电压 U_b 为：

$$U_b = 29\text{kV/mm} \times 155\text{mm} \times \frac{1}{3.0} = 1498\text{kV} > U_{C1} \text{、} U_{C2} \text{ 及 } U_{C3}$$

计算表明，断路器在进行各种开断操作时，电阻断口的绝缘很可靠。

7.5　并联电容器设计

每极多断口串联的灭弧室，在开关挂网运行时，各断口承受的电压不均等，这是由于灭弧室断口电容和对地电容的影响。两断口串联的断路器，通常一个断口电压为 $2U/3$，另一断口为 $U/3$。例如，220kV 某断路器实测两断口电压分配为 $0.715U$ 和 $0.285U$，为使断口电压分布均匀，常在断口并联电容器。此外，在断口并联容量较大的电容器，还可以在开关开断近区故障时，削减恢复电压初期增长速度，以改善断路器的开断条件，这种用途的电容器每个断口并联电容量常在 1000pF 以上。

两断口串联的灭弧室并电容后，断口电压分布的均匀度要求是：每断口电压为 $(0.50 \pm 0.05)U$。

7.5.1　并联电容器容量设计（800kV 双断口串联 T·GCB 计算例）

产品设置并联电容器的目的，仅是为了均匀两断口的电压。

开关等效电容示于图 7-7，断口电容约 90pF（C_K），断口并联电容为 C_P，开关对地电容为 C_0。

每相开关灭弧室等效电容为

$$C = 1/\frac{1}{(C_K + C_P)} + \frac{1}{(C_K + C_P) + C_0} = \frac{(C_K + C_P)(C_K + C_P + C_0)}{2(C_K + C_P) + C_0}$$

两断口上的电压分布为 U_1 及 U_2：

$$U_1 = \frac{CU_r}{(C_K + C_P)} = \frac{C_K + C_P + C_0}{2(C_K + C_P) + C_0}U_r \quad (7\text{-}7)$$

$$U_2 = \frac{CU_r}{(C_K + C_P + C_0)} = \frac{C_K + C_P}{2(C_K + C_P) + C_0}U_r$$

$$(7\text{-}8)$$

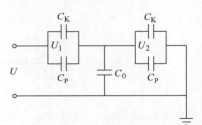

图 7-7　灭弧室等效电容

灭弧室对地（T·GCB 罐）电容，可近似地认为是灭弧室屏蔽与罐体之间的电容，计算如下：灭弧室屏蔽外径 $d = 780$，罐体内径 $D = 1176$，

核算灭弧室屏蔽与大罐间气隙的内绝缘耐受电压：

$$U_3 = E_5 \frac{d}{2}\ln\frac{D_2}{d} = 14\text{kV/mm} \times \left(\frac{0.6}{0.5}\right)^{0.7} \times \frac{780}{2} \times \ln\frac{1176}{780} = 2546\text{kV} > 2100\text{kV}$$

式中，大罐喷砂内表面在 0.6 绝对气压（相对闭锁气压 0.5MPa）时的允许工作场强为 E_5。

计算灭弧室对地电容：

$$C_0 = 2\pi\varepsilon_0 l/\ln\frac{D}{d} = 2\pi \times 8.854 \times 10^{-12}\text{F/m} \times 1.5\text{m}/\ln\frac{1176}{780} = 203 \times 10^{-12}\text{F} = 203\text{pF}$$

式中，屏蔽总长 $l = 4 \times 330\text{mm} = 1.32\text{m}$，考虑灭弧室其他零部件对大罐的电容后，取 $l = $

1.5m。C_K 参考现有产品的实测值取 90pF，设置断口并联电容为 $C_P = 800$pF 后，计算断口电压分布：

$$U_1 = \frac{C_K + C_P + C_0}{2(C_K + C_P) + C_0}U = \frac{90 + 800 + 203}{2(90 + 800) + 203}U_r = 0.551U_r$$

$$U_2 = \frac{C_K + C_P}{2(C_K + C_P) + C_0}U = \frac{90 + 800}{2(90 + 800) + 203}U_r = 0.449U_r$$

符合 $(0.50 \pm 0.05)U$ 要求。

7.5.2　电容元件及电容器参数选择

目前，国内最好的陶瓷电容器元件参数为：910pF/只，可耐受 1min 工频电压 $U_{gc} = 60$kV，雷电冲击电压 $U_{th} = \pm 120$kV，局放起始电压为 40kV。

结构及外形尺寸示于图 7-8。电介质为钛酸锶，为防止电弧分解物对它的侵蚀，外包一层环氧树脂。

每串元件数为

$$n = 0.55(U_g + 0.7U_{np})K_9K_{10}/U_{gc}$$
$$= 0.55\left(830 + 0.7 \times \frac{800}{\sqrt{3}}\right)kV \times 1.2 \times 1.15/60kV/\text{片} = 14.59 \text{片（取整数 15 片）}$$

式中　工频试验电压 $U_g = 830$kV；

工作相电压 $U_{np} = 800/\sqrt{3}$kV；

每片工频耐受电压 $U_{gc} = 60$kV/片；

电容串电压分布不均匀系数 $K_9 = 1.2$；

设计安全系数 $K_{10} > 1.15$；

断口电压分布不均匀系数取 0.55。

电容器元件工作可靠性验算：

（1）施加反相电压 2h 后，局放特性不变（用户要求），其可能性预测如下：

此时每片受电压：

$$(2 \times 1.2 \times 800 \text{ kV} \times 0.55/\sqrt{3})/15 \text{ 片} = 40.68 \text{kV}$$

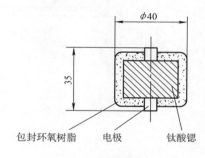

图 7-8　电容元件

包封环氧树脂　　电极　　钛酸锶

电容器片在反相时，最大可能承受的电压为 40.68kV，小于工频耐受电压 60kV，仅与局放起始电压（40kV）接近，在此工作条件下，即使个别元件出现局放（规定 <10pC），在 2h 内，不会引起元件电气性能的变化。

（2）电容元件长期工作可靠性分析　合闸时，电容被短接；分闸不带电时，也无电压负荷。仅在不常出现的 GCB 分闸且带电待投运期间或调负荷开关操作较频繁时，才承受工作电压 U_{P1}：

$$U_{P1} = 0.55 \times \frac{800kV}{\sqrt{3}} \times 1.2/15 \text{ 片} = 20.35\text{kV/片} < \text{局放起始电压 40kV，无局放导致老化}$$

之忧。

（3）切空载长线时耐受恢复电压峰值 U_C 的可靠性

$U_C = 2 \times 1.7 \times \sqrt{2} \times 800kV \times 0.55/\sqrt{3} = 1221$kV（每断口恢复电压峰值）

每串电容器可以承受的冲击电压 U_b 为

$U_{\mathrm{b}} = nU_{\mathrm{th}}/K_9 = 15 \times 120\mathrm{kV}/1.2 = 1500\mathrm{kV}$ （U_{th} 为每片可耐受的冲击电压）

设计安全系数 $K_{11} = U_{\mathrm{b}}/U_{\mathrm{C}} = 1500/1221 = 1.23$

7.5.3　电容器组的结构设计

每串电容由 15 片电容元件串联（见图 7-9），装入真空浸渍环氧玻璃布管内，两端用弹簧压紧，弹簧压紧力约 60 ~80N，为保证电气回路导通，弹簧经铜片压紧电容元件，两端用钢质螺纹盖旋紧。为防止铜垫片工作时产生尖角局放和在承受试验电压时产生放电，导致电容元件贯通性击穿破坏，要注意两个设计细节：

铜片外圆倒圆角 $R2.5$；铜片外圆包一圈环氧树脂，以消除铜片与电容器管壁间形成楔形气隙的不良影响，这一点对特高电压产品极为重要。

每串电容器的电容量为 $C_1 = 910\mathrm{pF}/15$ 只 $= 60.7 \pm 6\mathrm{pF}$

每断口若并 850pF，共并 $850 \div 60.7 = 14$ 串。

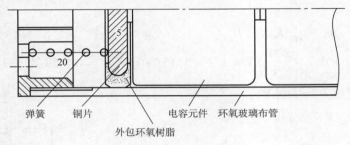

图 7-9　电容器组装件

第8章 GCB/GIS 的电接触和温升

GCB/GIS 主导电回路的接触点从接触形式看，多为线接触（滑动与可分触头），少数为面接触（接触端子等固定接触），点接触基本不用。

可分触头的结构多为梅花触头、自力型插入式触头；滑动触头常用结构为梅花触头、自力型插入式触头、表带式触头和螺旋弹簧触头等。

电接触的可靠性对于 GCB/GIS 长期工作的温升及短路电流冲击时的电动稳定性和热稳定性都有重要的影响。

8.1 接触电阻

接触电阻由接触表面的收缩电阻与接触表面电阻两部分组成。表面状况、接触压力、材料硬度及电阻率等因数都影响着接触电阻的大小。影响接触电阻的综合因素可用下面的经验公式表达：

$$R_j = K_c / (F_j / 9.8)^m \tag{8-1}$$

式中　R_j——接触电阻（$\mu\Omega$）；

　　　F_j——接触压力（N）。

与材料、表面状况有关的系数 K_c 及与接触形式有关的系数 m 见表 8-1。

表 8-1　影响接触电阻的系数 K_c 及 m

接触材料	K_c	接触形式	m
铜镀银—铜镀银/铜镀银—铝镀银	80/100	点接触	0.5
铜—铜（包括铜搪锡）	120~160	线接触	0.7
铜镀银—铝/铜—铝	450/980	面接触	1
黄铜—铝	1900	—	—

运行中的 GCB/GIS 的电接触点，其接触电阻有可能变化，尤其是在有电弧产生的 CB 间隔，其变化更加明显。因电弧高温的烧蚀，弧触头接触表面的接触电阻有较大的增加；主触头在短路开断电流的转移过程中也可能出现熔疤而增加接触电阻；主导电回路的滑动触头在短路开断过程中因动态接触不良（操作振动引起的接触点弹跳）也可能出现熔疤，使接触电阻增大。由于电弧分解物（基本上是绝缘粉尘）很可能附着在中间触头的接触面上，导致接触电阻急骤增大，其后果是在短路开断过程中或动热稳定电流试验时中间触头的某些接触点产生熔疤。中间滑动触头的接触点虽然具有接触面自清扫能力，但在滑动过程中卡入绝缘的电弧分解物（粉尘）是有可能的。对于水平位置的中间滑动触头，因触头自重导致某些接触点的接触压力减小，出现这种可能性更大。为避免出现上述熔焊现象，适当增大中间

滑动触头的接触压力是必要的。

运行中的 GCB/GIS 的接触点其接触电阻增大后，另一个后果是接触点温升大幅度增大，例如：

某开关触头，$I_k = 2000A$，$R_j = 5 \times 10^{-6}\Omega$，若触头本体温度 $T = 90℃$（363K）时，按后面的式（8-8）可求出接触点温升为

$$\tau_k = I_k^2 R_j^2 / 8LT = \left[(2000 \times 5 \times 10^{-6})^2 / (8 \times 2.4 \times 10^{-8} \times 363) \right]K = 1.43K$$

当 R_j 增大到 $30 \times 10^{-6}\Omega$ 时，按上式算出 $\tau_k = 51.7K$。触头发热又导致 R_j 增大，恶性循环的结果可能导致触头在正常工作电流下过热烧坏。增大接触压力和触头镀银（锡）是防止接触电阻增大的有效措施。

8.2　梅花触头设计

梅花触头具有接触点多、导电性好、接触电阻小、电动稳定性高等特点，在 GCB/GIS 中广泛采用。

8.2.1　动触头设计

动触头（插入杆）导电截面及外径 D_1 和中心孔径 d_1 的设计应同时满足两点要求：

第一点要求：
$$\frac{\pi}{4} j (D_1^2 - d_1^2) = I_r \tag{8-2}$$

式中　j——电流密度，铜管 $j = (2.2 \sim 2.5)A/mm^2$，铝管 $j = (1 \sim 1.35)A/mm^2$；详见 4.1.1 节。

I_r——额定电流（A）。

某些必须用实心铸铜（铝）棒和铸铜（铝）制作导电件，考虑到趋肤效应大（截面积利用率低），其允许的电流密度较小，且随直径增大而变小，表 8-2 所示经验数据可供设计时选用。

表 8-2　实心铸铜（铝）棒允许的电流密度　　　　（单位：A/mm^2）

材料/导电率 ρ ＼ 直径/mm	110	100	90	85	80	75	70	60
ZT$_2$/$\rho = 1$	1.12	1.24	1.37	1.42	1.48	1.55	1.63	1.80
ZT101A/$\rho = 45\%$	0.51	0.57	0.63	0.66	0.69	0.72	0.75	0.85

第二点要求：
$$\pi D_1 = ne \tag{8-3}$$

式中　n——触片数；

e——每片触头的宽与触片间隙之和。

8.2.2　触头弹簧圈向心力计算

如图 8-1 所示，触头弹簧自由状态下的闭合圆直径为 D_0，工作状态下的闭合圆直径为 D_2（中心线直径），触片对弹簧的作用力为 F_1，其反作用力（弹簧作用在每片触指的向心力为 $F_j = -F_1$，触片数为 n，弹簧自由长为 l_0。

由能量平衡[26]，得

$$nF_1\mathrm{d}R = \mathrm{d}\left(\frac{1}{2}KX^2\right) = KX\mathrm{d}X \tag{8-4}$$

式中　X——弹簧直径为 D 时对应的弹簧伸长量；

　　　K——弹簧的刚度系数。

$$X = \pi D - l_0 = \pi(D - D_0)$$

$$\mathrm{d}X = \mathrm{d}\pi(D - D_0) = \pi\mathrm{d}D = 2\pi\mathrm{d}R$$

将 X、$\mathrm{d}X$ 代入式(8-4)得

$$nF_1\mathrm{d}R = K\pi(D - D_0)2\pi\mathrm{d}R$$

$$F_1 = 2K\pi^2(D - D_0)/n = 4K\pi^2(R - R_0)/n$$

$$= \frac{4K\pi^2}{n}\Delta R = |F_j|$$

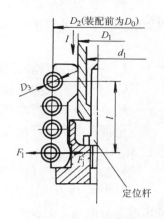

图 8-1　梅花触头结构

由 $F_j = 4K\pi^2\Delta R/n$ 可见，弹簧在径向的向心力是线性的，其径向刚度系数是直线方向刚度系数 K 的 $4\pi^2$ 倍。

当 $R = D_2/2$ 时，弹簧处于工作状态，此时每条弹簧对每片触指的向心力为

$$F_j = 2K\pi^2(D_2 - D_0)/n \tag{8-5}$$

式中　F_j——每根弹簧的向心力（N）；

　　　K——弹簧刚度（N/mm）；

　　　D_2——装入触头后弹簧圈中心线直径（mm）；

　　　n——触片数。

根据产品设计及试验的经验，通常将每个触点的接触压力 F_k 设定在 20～30N。图 8-1 中，若每根弹簧的向心力为 F_j，则每个接触点的接触压力为

$$F_k = 4F_j/2 = 2F_j$$

对于铜—铝接触的触头，触片数 n 应取稍大一些，因为铝材的电导率和熔点比铜的低。

8.2.3　触片设计

片数 n 与额定电流有关，当然也受到动、热稳定电流的制约。初步设计时，以额定电流 I_r 为依据，片数由下式确定：

$$n = I_r/I_0 \tag{8-6a}$$

每片允许通流能力（I_0），与梅花触头的结构和形状有关。常用大电流（1250A 以上）梅花触头的触片，由薄铜板冲制成片状触指，该触指趋肤效应很小（可忽略不计），散热面积大，因此每片通流能力较大：$I_0 = 100A$，允许的电流密度 j_r 值也可取得比主导电回路的导体电流密度 j 值大一些，通常取 $j_r = 5\sim6A/\mathrm{mm}^2$（铜触指）。

因此，当触指最小矩形导电截面为 $a \times b$ 时，片数为

$$n = I_r/(abj_r) \tag{8-6b}$$

式中，厚度 b 通常取 4～5mm，宽度 a 通常取 4～7mm。

8.2.4　触指电动稳定性设计

梅花触头在通过短路电流时，因电流流经接触点而出现电流收缩现象，产生收缩电动力（其方向是朝着推开触指的方向）；由于各触指电流方向相同又同时产生相互吸引的电动力，

此力与弹簧抱紧力一起增加了触头的电动稳定性，即能忍受短路峰值电流产生的电动力而不发生熔焊的能力。

准确计算短路电流产生的收缩电动力与抱紧触片的电动力是比较困难的，因此常用实验得到的下述经验公式来校核触头的电动稳定性：

$$I_m \leqslant K_b \sqrt{F_j/9.8} \qquad (8-7)$$

式中　I_m——每片触指流过的短路电流（峰值）（A）；

　　K_b——铜—铜梅花触头系数，$K_b = 5000$；

　　F_j——每个触点的弹簧向心抱紧力（接触压力）（N）。

一个梅花触头允许的短路电流通流能力为 nI_m/K_e，考虑到每片触指电流分配不均，取系数 $K_e = 1.1$。

按经验设定的 F_j 值（20～30N）必须满足式（8-7）的核算要求。

运行中的 GCB/GIS 主导电回路（尤其是出线套管的中心导体及 GIS 母线）会受到强大的短路电流电动力的冲击。这些中心导体及母线如果没有可靠的定位设计，可能产生位移。其结果会使两端的接触出现事故，即某些接触点因中心导体或母线的位移出现接触不良（接触压力大幅度减小甚至丧失），在短路电流热及电磁力作用下出现严重烧蚀以至焊牢。因此，中心导体及母线两端的梅花触头其中心必须设置中心导体（母线）定位杆，严格制止中心导体（母线）在短路电流冲击下发生位移（见图 8-1）。

特别强调：为防止定位杆产生不应有的大的分流，定位杆应选用电阻率高的钢材制作，用铜和铝都是错误的设计。

8.2.5　触指热稳定性设计

触头流过较小的电流时，通电前后接触电阻及接触表面状况没有什么变化。当触头流过很大的短路电流时，接触表面会出现局部材质软化以至产生接触点局部熔疤，接触电阻下降；继续增大电流时，熔化深度及面积增大，触头会被焊住。

从触头温升的角度分析，当短路电流通过触头时，接触点发热，触头温度由短路发生前的 T 度上升，先达到材质的软化点 T_R；电流若继续增大，触头温度也随着上升，直到熔点 T_r。

当短路电流流过触头时，触点温升 $\tau_k(K)$ 为[27]：

$$\tau_k = I_k^2 R_j^2 / 8LT \qquad (8-8)$$

式中　$I_k R_j$——接触电阻电压降（V）；

　　I_k——每个触片的热稳定通流能力（A）；

　　R_j——每触点接触电阻（Ω）；

　　L——系数，$L = 2.4 \times 10^{-8}$（V^2/K^2）；

　　T——触头平均温度（K），取 $T = (T_r + T_b)/2$，T_b 为触头在通过短路电流以前长期工作时最大允许发热温度，镀银触头时 $T_b = (273 + 105)K = 378K$，搪锡触头时 $T_b = (80 + 273)K = 363K$，T_r 为触头熔点。

触头出现熔化时的温升为 τ_k

$$\tau_k = (T_r - T_b)$$

将 T、τ_k 代入式（8-8）后得到触点熔化时的接触电阻电压降为

$$U_{k1} = I_k R_j = \sqrt{8L(T_r - T_b)\frac{(T_r + T_b)}{2}} = \sqrt{4 \times 2.4 \times 10^{-8}(T_r^2 - T_b^2)} \tag{8-9}$$

不同触头材料的软化点 T_R、熔点 T_r 及其按式（8-9）计算的对应熔化时接触电阻电压降 U_k 见表 8-3。

表 8-3　各种触头材质的软化点、熔点及对应的 U_k 值

触 头 材 料	铜	银	铝	锡
软化点 T_R/K	463	453	423	373
熔点 T_r/K	1356	1233	933	505
触头软化时的 U_{kR}/V	0.083	0.077	0.059	0.037
触头熔化时的 U_{kr}/V	0.40	0.36	0.26	0.11

若按软化点设计触头的热稳定通流能力，就太保守、太浪费；按熔化点设计，又无裕度，可靠性不高。按下式设计每个触片的热稳定通流能力，比较经济可靠

$$U_k = I_k R_j \leqslant U_{kr}/(1.4 \sim 1.67) \tag{8-10}$$

8.3　自力型触头设计

依靠合闸后触指变形产生的弹性变形力提供接触压力的触头，称为自力型触头，见图 8-2。这种触头不需压紧弹簧。它的特点是：结构简单，工作可靠，外形曲率半径较大，有助于缓和触头间隙的电场。

8.3.1　导电截面及触指数设计

按额定电流 I_r 的大小，触指数为 12 ~ 24 片。额定电流在 2000A 及以下时，常取触指数 $n = 12$；额定电流在 2500A 以上，取 $n = 20 \sim 24$ 片。

由下式核定触头参数 D、d 及 n（见图 8-2）

$$I_r = \left[\frac{\pi}{4}(D^2 - d^2) - \frac{D-d}{2} \times \delta(n-1)\right]j \tag{8-11}$$

式中　D、d——触指最小横截面的外径及内径（mm）；

　　　　δ——两触指的间隙（铣刀宽），$\delta = 2$mm；

　　　　n——触指数，$n = 12 \sim 24$；

　　　　j——电流密度，$j = 2 \sim 2.2$A/mm²。

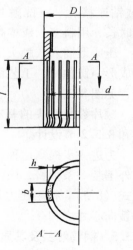

图 8-2　自力型触头

参见图 8-2，由 D、d、n、δ 等参数可确定触指最小横截面尺寸 h 及 b、触指长为 l。

8.3.2　接触压力计算

每片触指的接触压力 F_j（N）为

$$F_j = 3EIe/l^3 \tag{8-12}$$

式中　E——触头材料的弹性模量，对于常用铬铜 $E = 1.2 \times 10^5$MPa，对于额定电流 1250A

及以下可用黄铜，$E = 1.05 \times 10^5 \text{MPa}$；

　　I——触指截面惯性矩（mm^4），$I = bh^3/12$；

　　e——触指在合闸位置的径向变形量，$e = 1 \sim 1.5 \text{mm}$；

　　l——触指长度（mm）。

8.3.3　触头材料及许用变形应力

弧触头本体应选用铬铜合金，头部烧结铜钨合金。

大电流（2500A 以上）主触头选用电导率较高的铬铜；小电流（1250A 及以下）主触头可用铬铜合金，也可用黄铜或铝青铜。

对自力型触头主要进行弯曲应力验算。

触指根部（见图 8-2*A—A* 断面）为弯曲变形危险截面，合闸时该截面最大弯曲应力为

$$\sigma_{\text{w}} = F_{\text{j}} l / W < [\sigma_{\text{w}}] \tag{8-13}$$

式中　W——抗弯截面模量，$W = \dfrac{1}{6} bh^2$。

采用铬铜或黄铜时，许用应力为

对于承受合闸冲击力的主触头和弧触头，$[\sigma_{\text{w}}] = 100 \text{N/mm}^2$

对于不承受冲击力的中间滑动触头，$[\sigma_{\text{w}}] = 150 \text{N/mm}^2$

触头的电动稳定性及热稳定性核算见 8.2.4 节及 8.2.5 节。

8.3.4　旋压成形插入式触头（自力型触头的进化）

以往的自力型触头采用锻圆筒毛坯（或厚壁铜管冷挤成形毛坯）→车外形→车连接螺纹（或钻连接孔）→铣触片成形，工序较多、工时长、用料多、成本高。

压成形插入式触头采用铜管（T2Y）旋压成形→铣触片，工艺简单、用料省、成本低，见图 8-3。

触片数及触头的基本参数可参照 8.3.1 节和 8.3.2 节设计。

为进一步提高这种触头的可靠性，在触片外围装一条弹簧，该弹簧向心力的设计参照式（8-5）。接触压力是触片弹性变形力与弹簧向心力之和。

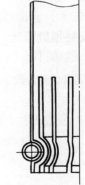

图 8-3　旋压成形插入式触头

8.3.5　铜钨触头及其质量控制

近年来 GCB 和 GIS—DS 的弧触头多用带铜钨的自力型触头。当国外许多公司还在使用螺钉紧固 CuW 和焊接 CuW 时，我国已开始采用熔渗法烧结整体 CuW 触头，使 CuW 与触头本体熔为一体，使结合面的抗拉强度超过了触头本体，从根本上解决了铜钨掉头（脱落）现象，大大提高了触头工作可靠性。只要 CuW 触头结构设计合理（有必要的热容量和必要的允许烧损尺寸），可满足 40 ～ 50kA 连续开断烧蚀 20 次。我国 CuW 触头技术一直领先于世界的同行。

CuW 质量决定于多方面，如：触头结构设计，应尽量加大 CuW 与本体的结合面，合闸时使结合面受压力而不受张力；原材料杂质少、粒度均匀；混料均匀；烧结压力、温度、时

间控制科学严格；热处理工艺合理；成品检验严格等。以上各方面如果人为因素干扰太多、各工艺流程质量管理失控，CuW 质量就会不稳定，可能出现 CuW 掉头（脱落）、CuW 表面烧蚀发毛、崩铜出现孔洞等现象。

8.4　表带触头的设计与制造工艺

8.4.1　表带触头的特点

表带触头的特点如下：

（1）体积小，结构简单，不需要压紧弹簧。

（2）接触点多，导电能力强，额定电流可达到 10000A；电动稳定性及热稳定性都很高，可适用于 63 ~ 80kA 大短路电流的主导电回路。

（3）表带触片对热处理工艺要求严格，触头沟槽机加工精度较高。

（4）可用于 GIS 母线连接（静止连接），也可用作主导电回路中的直动式滑动触头。

8.4.2　表带触头的设计

（1）按主回路额定电流大小设计触片数 n

$$n = I_r / bhj_b \tag{8-14}$$

式中　I_r——额定电流（A）；

　　　b——触片宽度（mm），常取 10 ~ 12mm；

　　　h——触片厚度（mm），常取 0.15 ~ 0.2（mm），额定电流很大时，可用 0.25mm 厚；

　　　j_b——表带触片许用电流密度，$j_b = 15 ~ 20A/mm^2$。

表带触片许用电流密度 j_b 取值较高，这是因为表带触片的材质很薄（导电截面积得到充分利用），散热面积较大，同时也要求与它接触的母线或触头（图 8-4 中的轴）有充足的导电截面积（其电流密度不能超过铜 $2A/mm^2$、铝 $1A/mm^2$）；否则电流密度应取小一些。

（2）表带触头燕尾槽设计

槽形基本尺寸见图 8-4。

与 n 有关的槽底直径 d_0 由下式计算

$$d_0 = nL_1 / \pi \tag{8-15}$$

式中　L_1——触片间距（mm），常取 2.5 ~ 3mm。

触头外径　　　　　　　　$d_1 = d_0 + 1.5$

触套内径　　　　　　　　$D = d_1$

按式（8-14）、式（8-15）计算的表带触头设计参数见表 8-4。

表 8-4　表带触头设计参数

额定电流 I_r/A	2500	3150	4000	5000	6000
铝母线截面积/mm^2	2512	4396	5024	6280	7536
铝母线尺寸/mm	$\phi 90 \times \phi 70$	$\phi 90 \times \phi 50$	$\phi 100 \times \phi 60$	$\phi 120 \times \phi 80$	$\phi 140 \times \phi 100$
燕尾槽底直径 d_0/mm	84.5	84.5	97.5	116.5	136.5

（续）

触头外径 d_1/mm	86	86	99	118	138
触套内径 D/mm	86	86	99	118	138
触片厚度 h/mm	0.15	0.20	0.20	0.20	0.20
触片宽度 b/mm	10	10	10	10	10
触片数 n	105	105	122	146	171

注：1. 以上表中所列触片、触头燕尾槽底部以及触套与触片接触面都应镀银 20μm，温升极限为 65℃。

　　2. 当结构尺寸受限，母线外径不允许按上表所列尺寸设计时，母线可选用较小截面积和较小外径的铜母线（保持 $j \le 2A/mm^2$），表带触片可用两条并联。

8.4.3　表带触头的材料、制作工艺及表面处理

（1）材料

选用弹性较好铍青铜薄板，牌号有两种：

Q_{Be}：Be 2.1%，Ti 0.01%，Ni 0.32%，其余为 Cu。

C_{1720}：Be 1.9%，Ti 0.0025%，Ni 0.31%，Co 微量，其余为 Cu。

料厚：0.15 ~ 0.2mm。

（2）制作工艺

特定的热处理工艺，是保证触片弹性（接触压力）的重要手段，工艺过程如下（仅供参考）：

冲形→氨炉中加热 780 ~ 790℃ $\xrightarrow{\text{保温}8 \sim 10h}$ 水淬→（晶粒 0.015 ~ 0.025mm）320℃ 时效 120 ~ 150min→空气中冷却。要求达到 370 ~ 390HV。

（3）表面处理

对于静接触的表带触片，应镀银 12μm。

对于滑动接触的表带触片，镀银 20μm 时，可保证操作 5000 次不露铜；镀银 30μm 时，可保证操作 10000 次不露铜。

8.4.4　电动稳定性与热稳定性核算

图 8-4 所示触片装入燕尾槽后，变形量为 0.3mm，触片法向弹性变形力（接触压力）实测值约为 9N。

表带触头不宜按式（8-1）计算其接触电阻。

根据生产测试经验，图 8-4 所示表带触头（料厚 0.15mm）每片触头的一个无污染的接触点 a_1 或 a_2 的接触电阻 R_1 通常可取 350μΩ，并以此值核算整条表带触头的接触电阻为 $2R_1/n$（n 为触片数）。

按式（8-7）核算触片的电动稳定性。

再按式（8-10）核算触片的热稳定性，或按短时耐受电流密度 j_k 核算触头的热稳定电流 I_k。

表带触头接触点多，因此具有很高的电动与热稳定性。表带触头长期工作时所取电流密度 j_b 较高，因此触片的温升更值得重视。

表带触头短时(3s)耐受电流密度 j_k 可按 220A/mm² 设计，触头热稳定电流 $I_k = nbhj_k$。

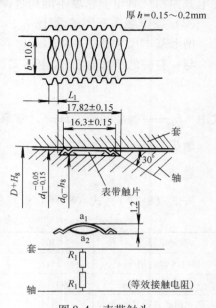

图 8-4　表带触头

考虑到通过每个接触点的电流值不均等，因此 I_k 计算值应留有 20% 以上的裕度。

8.5　螺旋弹簧触头设计

螺旋弹簧触头用弹性及导电性能较好的铍青铜线（线径 $\phi 1 \sim \phi 2mm$）绕成圆柱形螺旋弹簧状，弯成一圆圈置于动、静两导电元件之间，如灭弧室气缸与导电的活塞之间，见图 8-5。它可用作静态接触或滑动接触的触头。

8.5.1　螺旋弹簧触头的特点

螺旋弹簧触头的特点如下。

（1）与自力型触头或梅花触头相比，结构更简单、体积小、用料省、成本低。

（2）接触点多，导电性能好、电动及热稳定性高。

（3）每个接触点的接触压力不高，无论是直动还是转动操作的滑动触头，其镀银层在分合闸操作时具有良好的耐磨性。

（4）每圈弹簧工作时压缩变形量大（$1 \sim 2.5mm$），压缩量少量变化（如 $0.1 \sim 0.2mm$）对接触压力和接触电阻影响很小，因此对触头加工精度要求不高。

8.5.2　螺旋弹簧触头及弹簧槽设计

近年来，西安维柯瑞电气有限公司与作者合作，对弹簧触头的设计计算和制作工艺进行了研究和试验，积累了一些经验。维柯瑞触头在行业内取得了较好的信誉。本节分析这种触头的结构、使用特点、设计计算方法，为便于制作和质量控制，还介绍了结构设计及制作工艺的标准化问题。

1. 弹簧触头的特点和结构要素

弹簧触头的结构和使用特点如图 8-5 所示。用 $\phi 1.2 \sim 1.5mm$ 的铍青铜丝绕制，整形、点焊、热处理后再镀银。触头外形见图 8-5a，装入触头座槽内后见图 8-5b，工作时每圈弹簧倾斜角 α_1 变小（见图 8-5c），产生弹性变形力（即接触压力）。电流从动触头（导电杆）经弹簧触头两条通道流向触头座沟槽。

弹簧触头在自由状态下绕好，线径为 d_0，内径为 D_1，外径为 D_2，圈数为 n，每圈直径为 d，弹簧倾斜 α_1 角度后的高度简称为圈高 $h_1 = (D_2 - D_1)/2$。装入触头座沟槽后，因沟槽外径 $D_5 < D_2$，所以迫使弹簧紧缩（圈间间隙变小），因此内径由 D_1 变为 D_3，外径由 D_2 变为 D_4。动触头（导电杆）外径 D_1（即弹簧触头自由状态下内径）插入弹簧触头后，触头单边变形量

$$f = (D_1 - D_3)/2 \tag{8-16}$$

f 通常为 $1 \sim 1.5mm$，变形量大，因此触头接触压力受加工精度影响很小，弹簧并圈后的极限变形量通常小于 $3.5mm$，由下式计算：

$$f_m = h_1 - h_2 \tag{8-17}$$

式中　h_1——弹簧自由状态时的圈高；

　　　h_2——并圈后的圈高。

弹簧装入沟槽后的内径为 D_3，外径为 D_4，并认为圈高 h_1 变化很小，忽略不计，近似计

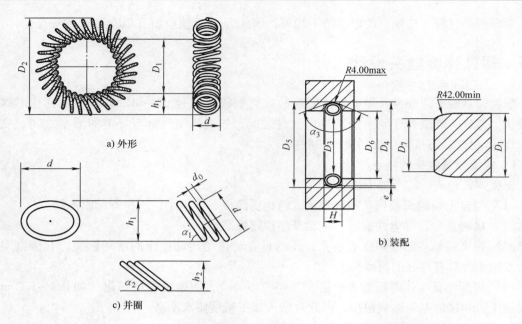

图 8-5　弹簧触头

算如下：

$$D_3 = D_4 - 2h_1 \tag{8-18a}$$
$$D_4 = D_5 - 2e \tag{8-18b}$$

式中，D_5 由式（8-19）计算，e 由式（8-20）计算。

如图 8-5 所示，为减小动触头插入时的阻力，动触头端部加工成弧形，并建议 R 取较大值。结构设计不方便时，可另行考虑。为使槽底部尖角附近不与弹簧产生不可靠接触，α_3 尖角处取圆角 $R \leqslant 2\text{mm}$（不宜大）。

弹簧触头及安装槽的标准化尺寸见表 8-5 和表 8-6。固定主要尺寸与形状，进行标准化设计的必要性见 8.5.3 节。

表 8-5　弹簧触头及安装槽基本结构（铍青铜丝）

型号	d_0/mm	d/mm	h_1/mm	H/mm	α_1	α_3	长期工作电流推荐值/A
A	0.8	9.5	8.5	11	63°	135°	<630
B	1.0	11.7	10.0	13	59°	135°	630～1000
C	1.2	11.7	10.0	13	59°	135°	1250～2500
D	1.5	12.7	10.5	14	56°	135°	3150～6300
E	1.8	14.5	12	16	56°	135°	>6300

表 8-6　弹簧触头及安装槽基本结构（钴青铜丝及铬锆铜丝）

型号	d_0/mm	d/mm	h_1/mm	H/mm	α_1	α_3	长期工作电流推荐值/A
A	0.8	9.5	8.5	11	63°	135°	<630
B	1.0	9.5	8.5	11	63°	135°	630～1000
C	1.2	11.7	10.0	13	59°	135°	1250～2500
D	1.5	12.7	10.5	14	56°	135°	3150～6300
E	1.8	14.5	12.0	16	56°	135°	>6300

2. 触头座沟槽尺寸设计

槽宽　　　H 见表 8-5

槽底角　　　$\alpha_3 = 135°$（设定值）

槽底直径由下式计算：

$$D_5 = D_3 + 2h_1 + 2e \tag{8-19}$$

式中，h_1 见表 8-5，$D_3 = D_1 - 2f$，D_1 与 f 根据导体额定通流能力（I_r）和接触电阻的要求（参见表 8-6）而预先设定，参见本节第 5、6 条。

槽隙 e 由下式求得（见图 8-6）：

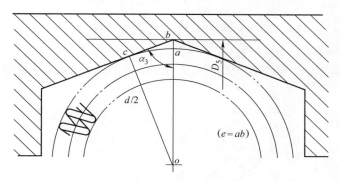

图 8-6　槽隙 e 计算图

$$e = ab = ob - oa = \frac{d}{2} / (\sin \frac{\alpha_3}{2}) - \frac{d}{2} = 0.041d$$

$$\left(oa = oc = \frac{d}{2}, \frac{\alpha_3}{2} = 67.5° \right)$$

触头座的内径 D_6 由下式计算：

$$D_6 = D_1 + 2\delta_2 \tag{8-20}$$

式中　δ_2——动触头（导电杆）与触头座间的单边间隙。

动触头插入后，在短路电流电动力作用下，要求动触头（导电杆）不能发生明显的径向位移，位移（摆动）过大时，部分弹簧触头的接触压力变小或丧失，接触电阻骤增，触头定会熔焊。因此，动触头必须设置中心定位杆，杆—孔单边间隙 $\delta_1 \leqslant 0.2\text{mm}$，动触头与沟槽内径的单边间隙可取 $\delta_2 = 0.5 \sim 0.8\text{mm}$（见图 8-7）。

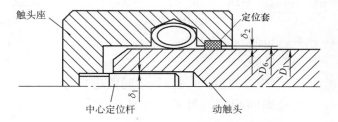

图 8-7　动触头（导电杆）定位

如果结构上不能设置中心定位杆，一定要依赖沟槽内孔给动触头（导电杆）定位，而且必须考虑电动力影响时，可取 $\delta_2 = 0.2\text{mm}$，但是沟槽内壁（D_6 表面）一定要设置电气绝缘套；否则，短路电动力会使动触头与沟槽内壁（D_6 表面）相碰、分流、接触不良而起弧，或烧蚀动触头、触头座或焊死。

3. 弹簧触头极限圈数 n_m 和额定圈数 n_r 计算

确定铜丝线径 d_0、单边变形量 f 及动触头外径 D_1（弹簧内径）后，触头圈数有极值 n_m，此时弹簧并圈（并死），不能正常工作（见图 8-5c）。

弹簧触头并死时的节距 t_2 与正常工作不并圈时的节距 t_1 是相等的。从图 8-8 可看出，并圈时 t_2 为

$$t_2 = gk/\sin \alpha_2 = \frac{d_0}{\sin \alpha_2} = t_1 = \pi D_1/n, \quad n = \frac{\pi D_1 \sin \alpha_2}{d_0}$$

为简化工模具、方便生产，弹簧节距推荐进行标准化设计：$d_0 = 0.85$ 时，$t_2 = 2.0$；$d_0 = 1.0/1.2$ 时，$t_2 = 2.5$；$d_0 = 1.5$ 时，$t_2 = 3.2$。十分必要时，t_2 可以少量减小。

图 8-8 右边局部图中，随弹簧工作时变形量 f 值的不同，角度 α_2 是变化的。

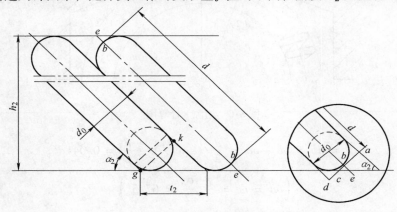

图 8-8　并圈时弹簧极限圈数计算图

$\alpha_2 = 90°$ 时，$be = 0$。随 α_2 减小，be 增大，bc 减小，通常并圈时，$\alpha_2 \approx 45°$，此时可以近似地认为 $be \approx bc \approx cd = d_0/4$。从图 8-9 可见，并圈时

$$\sin \alpha_2 = \frac{h_2}{d + 2be} \approx \frac{h_1 - f}{d + 0.5d_0}$$

当 α_1 变为 α_2 时，n 的极值为 n_m：

$$n_m = \frac{\pi D_1 \sin \alpha_2}{d_0} = \frac{\pi D_1}{d_0} \times \frac{h_1 - f}{d + 0.5d_0} \qquad (8\text{-}21)$$

式中　d_0、d、h_1——预先选定值，见表 8-5；

　　　　D_1 及 f——预先设定值。

额定圈数 $n_r \le n_m - (10 \sim 20)$，应在每圈弹簧之间留适当间隙（$0.15 \sim 0.25$mm），避免圈间相碰。当采用标准化节距 t_2 时，额定圈数计算如下：

弹簧触头在触头座内时，$n_r = \pi(D_1 + h_1)/t_2$，D_1 为弹簧内径；弹簧触头在导电杆上时，$n_r = \pi(D_1 - h_1)/t_2$，D_1 为弹簧外径，t_2 值见 8.5.2 条第 3 款。

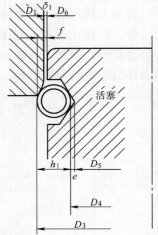

图 8-9　装在轴（活塞、导电杆）上的弹簧触头结构

4. 轴（活塞、导电杆）上的沟槽设计

弹簧触头置于轴（活塞、导电杆）上时的结构见图 8-9。

已知设计条件为：套（气缸、触头座）内径 D_1，套与轴单边间隙 δ_1（0.1～0.2mm），压缩量 f，d_0、d 及 h_1。

装在轴（活塞、导电杆）上的弹簧触头外径标注为 D_1，当弹簧触头装入活塞沟槽后外径变为 D_3：

$$D_3 = D_1 + 2f \tag{8-22}$$

近似认为弹簧触头装入沟槽后圈高 h_1 不变，得到

$$D_5 = D_3 - 2h_1 - 2e = D_1 + 2f - 2h_1 - 2e \tag{8-23}$$

$$D_4 = D_5 + 2e = D_1 + 2f - 2h_1 \tag{8-24}$$

$$D_6 = D_1 - 2\delta_1 \tag{8-25}$$

弹簧并紧时的极限圈数 n_m 为〔参见式（8-21）〕

$$n_m = \frac{\pi D_4}{d_0} \times \frac{h_1 - f}{d + 0.5d_0} = \frac{\pi(D_1 + 2f - 2h_1)}{d_0} \times \frac{h_1 - f}{d + 0.5d_0} \tag{8-26}$$

8.5.3　触头通流能力核算

由试品研究试验和部分产品相关试验获得表 8-7 的经验数据（留有约 15% 设计裕度）：

表 8-7　弹簧触头允许电流密度　　　　（单位：A/mm²）

	长期工作电流密度 $[j_r]$[①]	短时耐受电流密度 $[j_k]$
铍青铜触头	5	100
钴青铜触头	6.5	115
铬锆铜触头	8	130

① 此表 $[j_r]$ 值适用于散热条件较好的触头，对三相共箱的产品触头或外包绝缘材料的触头，$[j_r]$ 取值应酌情减小。

额定电流通流能力

$$I_r = 2mn_r S_0 [j_r]/k_{17} \tag{8-27a}$$

短时耐受电流通流能力

$$I_k = 2mn_r S_0 [j_k]/k_{17} \tag{8-27b}$$

式中　k_{17}——设计裕度取 1.1～1.2；

　　　　m——弹簧触头并联条数；

　　　　n_r——弹簧额定圈数；

　　　　S_0——铍青铜丝截面积（mm²），$S_0 = \pi d_0^2/4$

$[j_r]$ $[j_k]$——允许电流密度（A/mm²）。

8.5.4　接触压力、接触电阻与热稳定性核算

如图 8-10 所示，每圈弹簧触头与动触头一点接触，与触头座两点接触，接触压力分别 F_{j1} 与 F_{j2} 为

$$F_{j1} = 2 \times F_{j2} \times \sin 67.5°$$

$$F_{j2} = 0.54 F_{j1}$$

其相应接触电阻由下式求出：

$$R_{j1} = K_c/(F_{j1}/9.8)^{0.5} \tag{8-28a}$$

$$R_{j2} = K_c/(0.54F_{j1}/9.8)^{0.5} = 1.36K_c/(F_{j1}/9.8)^{0.5} = 1.36R_{j1} \qquad (8\text{-}28b)$$

每圈接触电阻为

$$R_j = 0.5R_{j2} + R_{j1} = 1.68R_{j1}$$

每条弹簧触头的接触电阻为

$$\Sigma R_j = R_j/n_r$$

动触头（导电杆）上每个接触点的接
触电阻为

$$R_{j1} = n_r\Sigma R_j/1.68 = 0.6n_r\Sigma R_j$$
$$(8\text{-}29a)$$

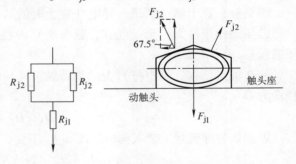

图 8-10   触头压力及接触电阻

触头座上每个接触点的接触电阻为

$$R_{j2} = 1.36R_{j1} = 0.816n_r\Sigma R_j \qquad (8\text{-}29b)$$

当短路电流 I_k 通过时，R_{j1} 及 R_{j2} 上的电压降分别为

$$U_{j1} = (0.6n_r\Sigma R_j) \times (K_eI_k/n_r) = 0.6K_eI_k\Sigma R_j = 0.6K_eI_kR_j/n_r \cdot m \qquad (8\text{-}30a)$$
$$U_{j2} = 0.816n_r\Sigma R_j \times (K_eI_k/2n_r) = 0.408K_eI_k = 0.408K_eI_kR_j/n_r \cdot m \qquad (8\text{-}30b)$$

从上式可见，在进行热稳定性核算时，动触头接触点是核算的重点。实际使用式（8-30a）、式（8-30b）时，还应考虑电流分布不均匀系数（$K_e = 1.1$），要求 $U_{j1} \leq U_{kr}$/（1.4～1.67），参见式（8-10）。按式（8-10）核算热稳定性时，应同时参照式（8-27b）的计算值。

8.5.5   单圈接触压力的测试值

测量滑动电接触中的弹簧触头（如 GCB 气缸与压气活塞间、DES 及 DS/ES 中的动触头与触座间）的接触压力特性，对于计算分合闸操动摩擦损耗功和操动机构操作功的核算都是必要的，通过 A、B、C、D 4 种弹簧触头的试样，测出导电杆拉动摩擦力 F_m，考虑弹簧触头圈数 n_r 及摩擦系数 0.2，弹簧触头每圈接触压力为 $F_j = F_m/(0.2n_r)$。

按表 8-5 制作的铍青铜 QBe2 弹簧触头每圈
的接触压力 F_j 测试值用式（8-31a）～式
（8-31d）表示，随 f 变化趋势示于图 8-11。

A 型　　　　　$F_j = 0.25 + f$　　　　（8-31a）

B 型　　　　　$F_j = 0.3 + 1.6f$　　　（8-31b）

C 型　　　　　$F_j = 0.3 + 1.8f$　　　（8-31c）

D 型　　　　　$F_j = 2.1 + 2.5f$　　　（8-31d）

式中，F_j 为每圈接触压力（N）；f 为压缩变形
量（mm）。

按表 8-6 制作的钴青铜 QCo2Be 弹簧触头每
圈的接触压力 F_j 测试值用式（8-32a）～
式（8-32d）表示，随 f 变化趋势示于图 8-12。

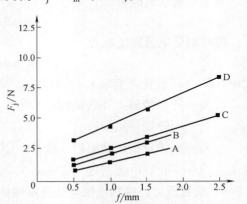

图 8-11   铍青铜弹簧头每圈接触压力 F_j
与压缩变形量 f 关系

A 型　　　　　　　　　　　　$F_j = 0.4 + 1.6f$　　　　　（8-32a）

B 型　　　　　　　　　　　　$F_j = 0.4 + 3.0f$　　　　　（8-32b）

C 型　　　　　　　　　　　　$F_j = 1.5 + 3.0f$　　　　　（8-32c）

D 型　　　　　　　　　　　　$F_j = 1.5 + 8.0f$　　　　　（8-32d）

按表 8-6 制作的铬锆铜 CuCr1Zr 弹簧触头每圈接触压力 F_j 测试值用式（8-33a）～式（8-33d）表示，随 f 变化的趋势示于图 8-13。

A 型	$F_j = 0.4 + 0.7f$	(8-33a)
B 型	$F_j = 0.7 + 2f$	(8-33b)
C 型	$F_j = 0.8 + 3f$	(8-33c)
D 型	$F_j = 0.7 + 4.5f$	(8-33d)

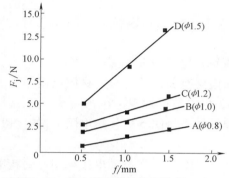

图 8-12　钴青铜弹簧头每圈接触压力 F_j
与压缩变形量 f 关系

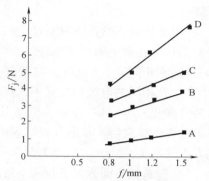

图 8-13　铬锆铜弹簧头每圈接触压力 F_j
与压缩变形量 f 关系

单圈接触压力 F_j 的测试值与压缩变形量 f 的关系都是线性变化的，F_j 随 f 增大而增大。同样结构的弹簧触头，在相同压缩变形量时，钴青铜触头单圈接触压力较大。

8.5.6　单圈接触电阻的测试值

实测在不同压缩变形下每条弹簧触头的接触电阻 $\sum R_j$，当弹簧触头圈数为 n_r 时每圈弹簧触头 3 个接触点的等效接触电阻为 $R_j = \sum R_j \times n_r$。$R_j$ 测试值见表 8-8 ~ 表 8-10。

表 8-8　铍青铜弹簧触头每圈等效接触电阻 R_j　　　　　　　（单位：$\mu\Omega$）

型号	$f = 0.5$mm	$f = 1.0$mm	$f = 1.5$mm	$f = 2.0$mm	$f = 2.5$mm
A($d_0 = 0.8$mm)	2300	1985	1215	—	—
B($d_0 = 1.0$mm)	1600	1375	1160	—	—
C($d_0 = 1.2$mm)	1425	1065	940	925	915
D($d_0 = 1.5$mm)	975	870	775	740	705

表 8-9　钴青铜弹簧触头每圈等效接触电阻 R_j　　　　　　　（单位：$\mu\Omega$）

型号	$f = 0.5$mm	$f = 1.0$mm	$f = 1.5$mm
A($d_0 = 0.8$mm)	1380	1180	840
B($d_0 = 1.0$mm)	1025	820	700
C($d_0 = 1.2$mm)	770	680	600
D($d_0 = 1.5$mm)	625	470	390

表 8-10　铬锆铜弹簧触头每圈等效接触电阻 R_j　　　　　　　（单位：$\mu\Omega$）

型号	$f = 0.8$mm	$f = 1.0$mm	$f = 1.3$mm	$f = 1.5$mm
A($d_0 = 0.85$mm)	1540	1410	1310	1280
B($d_0 = 1.0$mm)	915	910	860	820
C($d_0 = 1.2$mm)	910	890	850	850
D($d_0 = 1.5$mm)	875	855	730	725

表中：d_0 为铜丝直径；f 为压缩变形量。

R_j 测试值是主机设计时计算触头回路电阻的依据，也是式（8-30a）核算弹簧触头短时通流能力的依据之一。

R_j 值在批量生产中有一定分散性，主机设计时应留适当的通流裕度。

从以上三个表中可以看出：

1）等效接触电阻 R_j 随合金铜丝直径 d_0 及压缩变形量 f 的增大（亦接触压力增大）而下降。

2）铍青铜、钴青铜触头在 $f \geq 1.5$ 时，电阻 R_j 开始饱和，铬锆铜触头在 $f \geq 1.3$ 时，R_j 开始饱和（接触电阻不再下降）。

3）在相同 d_0、f 值时，铍青铜触头 R_j 较大；钴青铜及铬锆铜 R_j 较小。

4）在相同的电接触形式下，接触电阻不仅与表面镀层有关，还与触头材质及接触压力有关（参见式（8-1）及表 8-6）。比较表 8-8 和表 8-9 相关数据发现：在相同 d_0 及 f 条件下，铍青铜弹簧触头每圈等效接触电阻 R_{jp} 与钴青铜弹簧触头每圈等效接触电阻 R_{jg} 的比值，基本上满足关系式 $R_{jp}/R_{jg} \geq 1.5$。

5）弹簧触头圈数多，每圈接触压力小（常用值为 $2 \sim 10N$），在滑动电接触中比梅花触头或自力型触头（接触压力 $20 \sim 30N$）具有更轻的运动副表面磨损。与冲压形成尖锐线接触的表带触头（接触压力 $9 \sim 15N$）相比，弹簧触头不仅每圈接触压力小而且铜丝接触表面为光滑圆弧形面耐磨性很好，电接触面操作磨损很小，可减小镀银层厚度。

6）三种材料中铍青铜弹性最好，压缩变形量 f 可取 $1 \sim 1.5mm$；其余两种可取 $f = 0.8 \sim 1.2mm$。

7）三种材料中铬锆铜相对导电率最高（$\delta = 76.4\%$，钴青铜 60%，铍青铜 36%），通流较大的触头可优先选用铬锆铜丝。

8.5.7　弹簧触头焊点强度分析及焊点结构设计

近年来有些工厂制造的弹簧触头在主机组装中发生断裂现象，是弹簧触头工作时焊点承受的拉伸应力太大了吗？是焊点结构设计不合理吗？是焊接工作不合适吗？还是有其他原因？

1. 弹簧触头工作应力

弹簧装入槽后，弹簧内径 D_1 缩小为 $D_3 = D_1 - 2f$，弹簧节距变小。

导电杆插入后，弹簧的倾斜角度 α_1 及圈高 h_1 变小；内径增大到 D_1，中径（$D_1 - 2f + h_1$）变大，外径因受弹簧安装槽约束而不变。

导电杆插入，单边变形量 $f = 1$ 时，倾斜角 α_1 将由 $56°$ 变小到 $\alpha_2 \approx 48.4°$，圈高 h_1 由 10.5 变小到 9.5，弹簧中径由（$D_1 - 2f + h_1$）=（$80 - 2 \times 1 + 10.5$）= 88.5 增大到（$D_1 + h_2$）=（$80 + 9.5$）= 89.5，弹簧因此被拉伸。弹簧拉伸力 P_t 与导电杆插入力 P 的分量 P_1 相平衡，$P_1 = P_t$。此时弹簧与槽的两斜面的接触点 b（见图 8-14）是不动的，弹簧与导电杆的接触点 a 在 P_1 力（沿 D_1 切向）的作用下向右滑动，弹簧逆时针倾倒。

图 8-14 中的插入力 P 就是导电杆与弹簧触头接触点 a 的接触压力。以表 8-5 中的 D 型触头为例分析，按公式（8-31d）计算，$P = 2.1 + 2.5f = 2.1 + 2.5 \times 1 = 4.6N$

分力 $P_1 = P/\tan\alpha_2 = 4.6N/\tan48.4° = 4.08N$。

力 P_1 以 b 为支点对焊点产生一个弯矩 M_W。

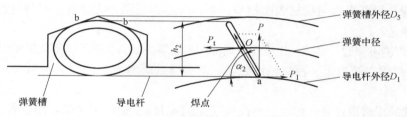

图 8-14　弹簧触头工作应力

注意，焊点在弹簧的中径顶部 O 点（非电接触面上），按近似悬臂梁弯矩计算：

$$M_W = P_1 a_0 \times \cos\alpha_2 \approx 4.08N \times 0.5 \times 12.7 \times \cos48.4° = 17.2N \cdot mm$$

焊点所受到的弯应力约为：

$$\sigma_w = M_W / \frac{\pi d_0^3}{32} = 17.2N \cdot mm / \frac{\pi 1.5^3}{32} mm^3 = 51.9N/mm^2 = 53MPa \ll [\sigma_w]$$

式中 $[\sigma_w] = 629MPa$，铍青铜丝剪切强度。计算表明：弹簧触头工作时，焊点承受的工作应力很小，只要焊接工艺合理、焊点结构正确，弹簧触头工作时，焊点强度是足够的。

2. 弹簧触头装配应力

装于轴（活塞）上的弹簧触头，在套入轴（活塞）上时，内径由 D_4 扩大到 D_6（见图 8-9），弹簧触头要承受短时拉伸应力，轴（活塞）外径（也就是弹簧触头外径）D_1 越小时，在装配过程中，弹簧相对于 D_1 的变长量也越大，弹簧相应所受拉伸应力也越大。以常用的 D 型弹簧触头（$d_0 = 1.5$，$h_1 = 10.5$ 铍青铜丝，$h_1 = 10.5$、$d = 12.7$）为对象进行分析。

$D_1 = 40$，开关中将弹簧触头装于轴上，可能出现的最小轴径，也是弹簧外径；

$D_4 = D_1 - 2h_1 = 40 - 2 \times 10.5 = 19$ 弹簧触头内径；

$D = D_1 - h_1 = 40 - 10.5 = 29.5$ 弹簧触头中径；

$n = \pi \cdot D/t = 29.5\pi/3.2 = 29$ 圈，弹簧触头圈数

$F = \pi(D_6 - D_4) \approx \pi(D_1 - D_4) = \pi(40 - 19) = 66$，装配时的拉伸变形

$G = 0.51 \times 10^5 MPa$，材料剪切弹性模量，已知弹性模量 $E = 1.28 \times 10^5 MPa$，按合金钢 $G/E = 0.37 \sim 0.40$ 的规律，推算铍青铜丝 $G = 0.4 \times 1.28 \times 10^5 MPa = 0.51 \times 10^5 MPa$

弹簧触头在套入轴（活塞）时产生的变形拉力为：

$$P = \frac{Gd_0^4 F}{8d_1^3 n} = \frac{0.51 \times 10^5 \times 1.5^4 \times 66}{8 \times 11.2^3 \times 29} = 52.3N$$

式中　$d_1 = d - d_0 = 12.7 - 1.5 = 11.2$，弹簧圈中径对应的剪切应力为：

$$\tau = \frac{8P \cdot d \cdot K}{\pi d_0^3} = \frac{8 \times 52.3 \times 12.7 \times 1.1}{8 \times 1.5^3} = 216.5MPa < [\tau] = 629MPa$$

计算表明，即使在很细的轴（活塞）上装配弹簧触头，弹簧扩张时所受剪切应力（216.5MPa）也大大小于允用剪切应力 629MPa，弹簧焊点强度是没问题的。

3. 焊点结构设计

如图 8-11 所示，焊点位置应在弹簧触头的非工作面上，这样焊点的外形小差异对电接触无影响。焊点形状对其强度有影响。

有人因没有注意到："焊点在非工作面上"及"焊点外形小差异对电接触无影响"这两

点，因此坚持：焊点表面与线材表面相平，不得突起；否则，应修磨。坚持这种焊点结构要求造成的后果是：

1）为了焊缝不突起，必然会出现焊点局部凹陷、焊头偏斜及缺焊，都会削弱焊点强度。

2）修磨对焊点结构是一种机械性破坏，难免导致焊缝截面的损失。对焊点强度无疑是一种破坏。

焊点形状的正确设计是：焊点呈枣核状（见图 8-15），饱满无缺陷，焊点长为 $L=(1.2 \sim 1.6)d_0$，焊点最大直径为 $D=(d_0+0.4)\,\mathrm{mm}$。稍大于线材直径 d_0 的焊点突起对弹簧触头电接触无丝毫影响，它却避免了上述不合理要求导致的各种焊点缺陷，从设计上保证了焊点强度的稳定性。

4. 焊接工艺的选择

应采用激光对接焊，焊缝无其他焊料填充，充分利用铜合金自身很高的强度特性。而且快速熔焊的焊接工艺投入弹簧的热量很少，对弹簧的力特性影响极小。

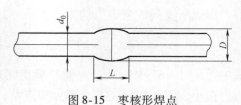

图 8-15　枣核形焊点

采用焊接工装保证两焊头对接齐平不偏斜；焊接电流及焊接时间的自动控制确保焊点形状的一致性和焊点强度的稳定性，将焊点强度的分散性限制到最小。

5. 焊点断裂现象的分析

焊点断裂多数发生在装配过程中，有以下几种原因：

1）焊点结构设计不合理。如前所述，追求焊点与线材表面相平，由此造成个别焊点存在严重缺陷，加上焊点冷却过程中内存残余应力的影响，如果装配不当就可能将焊点拉断。

2）动触头端无平滑的导向设计，插入弹簧触头过程中，弹簧遭受极大的挤压力，产生严重变形以致拉（挤）断焊点（参见文献 [70]）。

8.5.8　弹簧触头不能用于隔离开关主触头

弹簧触头用于静止和滑动电接触，简单，经济，可靠。当用于有开断电弧的触头时，要注意开断电流对弹簧触头的烧蚀，应增设可靠的引弧触头。原则上不推荐用于有开断电弧的触头，因为虽有引弧触头，也不能完全避免电弧热气流对弹簧触头的不良影响（如烤黄银层或弹簧退火部分失去弹性……）。

8.5.9　铜丝线径 d_0 的选择

弹簧触头通流能力受制于合金铜丝的电流密度及圈数。因此，对于通流能力要求大的触头，宜选用线径较粗的合金铜丝。铜丝线径的变化对弹簧触头整体尺寸影响很小，当圈数不能增多时，增大线径是有效的。

8.5.10　弹簧触头安放位置的选择

从工作特性考虑，弹簧触头放在套（触头座、气缸）的槽中和放在轴（动触头、活塞）的槽中，没有什么差别。

从加工难度和尺寸检测考虑，将槽置于轴上更方便些。

在滑动接触中，弹簧触头处于静止状态时，相对运动状态更可靠些。

8.5.11　弹簧触头接触电阻的稳定性

近年来，结构简单、性能可靠的弹簧触头在 GCB/GIS 产品中广泛应用。它简化了产品的电接触设计、提高了电接触可靠性，受到 GCB/GIS 制造行业和电站运行人员的关注。由于制造行业对这一导电结构设计和制作经验不足，某些产品在工厂组装试验或电站安装调试时发现其接触电阻产生忽大忽小的波动。分析其原因，寻找其对策是当务之急。

1. 定位杆（套）的影响

通常弹簧触头设置在触头座的沟槽内（少数是套在动触头的槽内）。当动触头（或导电杆、母线等件）插入后，动触头中心必须设置定位杆（或在触头座内设置定位套），以保证动触头与弹簧触头同心。插入后，弹簧触头四周每圈压缩变形量亦与每个接触点的接触压力相同，是保证弹簧触头接触电阻稳定的首要条件。有些设计没有定位杆，接触不稳定必然会导致接触电阻的波动。

定位杆（套）的设计能有效防止电动力引起导电杆的偏心摆动，这是保证弹簧触头电动稳定性的重要措施。定位杆（套）的单边配合间隙宜取 0.1 ~ 0.2mm。

2. 触头座沟槽形状的影响

如图 8-16 所示，可能见到的沟槽形状有 5 种。

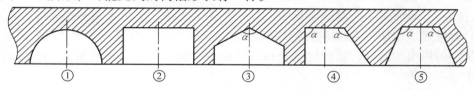

图 8-16　触头座沟槽形状

从每个接触点、接触压力分布的均衡性和接触稳定性考虑，第③种沟槽较好；从加工质量的可控性考虑，第③种也不错。其他形状的沟槽形状不同时具备以上所述的 3 个优点，其中有的存在接触不可靠的隐患，例如第②、第④种沟槽，当导电杆（动触头）插入后，动触头左右窜动或抽出后重新插入，都可能引起左右两个接触点的接触压力（接触电阻）的波动。第①种圆弧形沟槽接触点位置和接触压力都有随机性，导电杆插入后的轴向窜动导致接触点的位移都可能引起接触电阻的波动。

为保持电接触的稳定性和弹簧触头沟槽设计的标准化，推荐使用第③种槽形。槽的有关尺寸设计参见 8.5.2 节。

3. 弹簧触头单圈压缩变形量（压变量）的影响

在合理的压变量范围内，对于某一有确定压变量的触头，压变量大、小不会引起接触电阻的波动。试验和使用经验得知合理的范围是：

铍青铜丝弹簧触头的压变量宜取 1.5 ~ 2.5mm，钴青铜丝和锆铬铜丝弹簧触头的弹性较铍青铜丝的弹性要差，弹簧触头的压变量宜取 1 ~ 1.5mm。如果压变量超过上限，工作应力太大，弹簧会发生塑性变形，进入塑性变形区后，接触压力将出现不稳定现象，接触电阻会波动。

4. 弹簧触头并圈的影响

弹簧触头的压缩变形量有极限值，超过极限值，弹簧就会并圈（见图 8-5c）。当压缩量合适时，弹簧圈数也有极限值，超过极限圈数，弹簧也会并圈。

一旦压缩量或圈数超过极限值，动触头就不能插入，弹簧触头无法工作。

当压缩量或圈数接近极限值时，动触头可以插入，但弹簧触头处于临界工作状态，使部分弹簧处于并紧与不并紧的随机波动状态。由于动触头的运动、拔出与插入、运输颠簸都会引起触头的接触状态、接触压力和接触电阻的变化。

不仅如此，当短路电流通过时，即使设置有触头定位杆，由电动力引起的触头振动也会导致触头接触不良产生电弧而熔焊。某些设计不良的弹簧触头在短时耐受电流试验中就发生过这种熔焊现象。

5. 弹簧触头材质和工艺的影响

铜丝材质（化学成分、机械特性）的变化和热处理工艺的变化也会导致接触压力和接触电阻的变化，同样的热处理对不同材质也会产生不同的结果。弹簧绕好后，淬火硬度的控制以及回火去应力的效果一旦超出正常的范围，都可能导致接触压力的不稳定，接触电阻的波动是不可避免的。弹簧触头制造厂严格控制铜丝材质和热处理工艺，对保证触头的电接触性能十分重要。

6. 弹簧触头品种繁杂的影响

目前，弹簧触头设计不规范：铜丝线径 d_0 规格太多、弹簧直径 d 规格太多、弹簧倾斜角 α_1 及圈高 h_1 多种多样、沟槽形状和尺寸品种太多太杂，不仅工装多不宜安排规模化生产，而且导致成本增加，由此还造成热处理工艺管理不便、质量管理不便，这些也是造成弹性失控的一种原因。因此，从稳定质量和降低成本考虑，简化弹簧触头品种进行标准化设计，是十分必要的。

8.5.12 弹簧触头的选用和表面处理

电接触部位空间尺寸较小处，可选用弹簧触头，因为它简单尺寸小；

多点电接触，元件间较高的形位公差不易保证时，也可用，因为它的压缩变形量大，对形位公差不敏感；

滑动触头，可优先选用弹簧触头，因为它的接触点圆滑耐磨性好；

在主导电回路，与自力触头相比，它更经济、成本低。

近年来，我国对炭银电镀的研究取得可喜的成绩，具有自润滑功能的炭银镀层不仅有效地改善了触头的电接触性能，对于开关的各种滑动触头不必再涂润滑油脂，避免了对 SF$_6$ 气体不必要的污染。各种滑动触头镀炭银厚度取 $50\mu m$ 时，一般情况能满足 10000 次操作的需要。静止的电接触仍用镀银较经济。

8.6 导体发热与温升计算

1. 导体发热

在额定电流长期流过时导体发热是温升之源，发热量 $Q(W)$ 为

$$Q = (1.1I_r)^2 R \qquad (8-34)$$

$$R = R_j + K_a R_b \qquad (8-35)$$

式中 I_r——额定工作电流（A），考虑日照附加热量的投入，取系数 1.1。

R_j——接触电阻（Ω）；

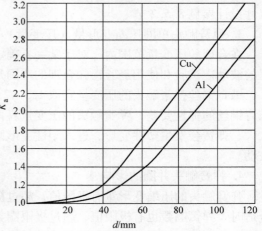

图 8-17 交流附加损耗系数 K_a 与导体直径 d 的关系

R_b——导体电阻（Ω），$R_b = \rho \cdot \dfrac{l}{S}$；

K_a——交流附加损耗系数，考虑实心导体电流趋肤效应。K_a 与频率 f、电阻率 ρ 及导体直径 d 有关。

根据文献 [5] 中所述的 $K_a = f\left(\dfrac{d}{20}\sqrt{\dfrac{\pi f}{\rho}}\right)$ 关系和图 3-4，取 $f = 50\mathrm{Hz}$，20℃ 时铜的 $\rho = 0.0172\,\Omega \cdot \mathrm{mm}^2/\mathrm{m}$，铝的 $\rho = 0.028\,\Omega \cdot \mathrm{mm}^2/\mathrm{m}$，为使用方便，可将文献 [5] 中的图 3-4 转化为导体直径 d 与 K_a 的关系（见图 8-17）。

2. 钢壳体铁磁损耗

钢壳体中存在涡流损耗和磁滞损耗，其中涡流损耗占 80% 左右。壳体单位面积上的铁磁损耗为（$\mathrm{W/cm}^2$）：

$$P_w = 2 \times \sqrt{\rho f B_m H^3} \tag{8-36}$$

式中　ρ——电阻率（$\Omega \cdot \mathrm{m}$）；

　　　f——频率（Hz）；

　　　B_m——壳体磁感应强度最大值（T）；

　　　H——壳体表面磁场强度（A/cm）

$$H = I_r N / \pi D \tag{8-37}$$

式中　I_r——额定电流（A）；

　　　N——一次导体匝数，取 $N = 1$；

　　　D——壳体外径（cm）。

在式（8-37）中，给定 I_r 和 D 就知 H；在式（8-36）中，钢壳体的 $\rho = 0.13 \times 10^{-8}\,\Omega \cdot \mathrm{cm}$，$f = 50\mathrm{Hz}$，$B_m = 2.15\mathrm{T}$，代入与 I_r、D 对应的 H，便得到 P_w。

3. GIS 内部导体的温升 τ

导体发热温升（℃），由综合考虑了各种散热方式后的牛顿公式求出：

$$\tau_1 = Q / K_1 S_1 \tag{8-38}$$

式中　Q——导体发热量，（W）；

　　　S_1——导体散热面积，（m^2）；

　　　K_1——综合散热系数（$\mathrm{W/m}^2 \cdot ℃$）。

SF_6 气体中的通流导体，取 $K_1 = 12\mathrm{W/m}^2 \cdot ℃$，此值源于大气中的导体试验的经验数据，仅供参考。在 GIS $0.5 \sim 0.6\mathrm{MPa}$ 的 SF_6 中，K_1 的准确值有待试验研究。

壳体温升 τ_2 由下式计算：

$$\tau_2 = P_w S_2 / K_2 S_2 = P_w / K_2 \tag{8-39}$$

式中　S_2——壳体表面散热面积（m^2）；

　　　P_w——壳体单位面积的铁磁损耗（$\mathrm{W/cm}^2$）；

　　　K_2——涂油漆的壳体在大气中的综合散热系数，取 $K_2 = 14\mathrm{W/m}^2 \cdot ℃$。

在式（8-38）中，代入导体的 K_1、S_1 得 SF_6 导体通流后的温升 τ_{1a}；如果为非磁性壳体，代入 K_2、S_2 便得到大气中壳体因内导发热而获得的温升 τ_{1b}；对于钢外壳，还应从式（8-39）中求出铁磁损耗产生的外壳温升 τ_2。最终求出导体温升 τ_1 为

$$\tau_1 = \tau_{1a} + \tau_{1b} + \tau_2 \tag{8-40}$$

从式（8-39）的计算例：给出 I_r、D 所计算出的 τ_2 值：

1000A/ϕ560 钢罐，$H = 5.68\text{A/cm}$，$P_w = 0.010\text{W/cm}^2$，$\tau_2 = 7℃$

2000A/ϕ560 钢罐，$H = 11.37\text{A/cm}$，$P_w = 0.0287\text{W/cm}^2$，$\tau_2 = 20.5℃$

3150A/ϕ560 钢罐，$H = 17.9\text{A/cm}$，$P_w = 0.0566\text{W/cm}^2$，$\tau_2 = 40.5℃$

可见，对于直径 ϕ560 的钢壳体，当内导一次电流为 2000A 时，壳体上因铁磁损耗产生的温升已达到 20.5℃，很高了。当一次电流为 3150A 时，$\tau_2 = 40.5℃$，这是无法接受的，钢壳体无法使用。

本节所述内容仅供粗略估算产品温升时使用，温升的确切计算有专门的计算软件。

第 9 章 GCB 灭弧室数学计算模型的设计与估算

GCB 灭弧室带负荷开断过程，是一个涉及热力学、气体动力学、电磁学及高压绝缘等专业的极其复杂的物理过程，电弧的燃烧与熄灭特性与灭弧室结构息息相关。以往的灭弧室设计是以理论定性分析为基础结合研究试验的经验设计，设计可靠性差、盲目性大、成功率低。近年来，灭弧室开断特性的数学模拟计算软件包已做了许多研究，有成果但不能满足工程设计计算需要，还应继续研究。一个新的 GCB 灭弧室数学计算模型（或新型灭弧室研究试品）设计的好坏，对计算机计算结果的可适用性及反复修改设计、重复计算的次数都有直接的影响。

本章对灭弧室各元件及各种特性参数做了定性分析，并结合以往 GCB 新品设计、灭弧室数学模拟计算和开断试验的经验而提出了一套压气式灭弧室初步设计及估算方法。这有助于快速而比较准确地建立一个新的灭弧室数学计算模型或一个新品灭弧室研究试验方案，对于减少灭弧室数学模拟计算次数和研究试验次数是有意义的。某些分析结论对自能式灭弧室设计也很有参考意义。

影响灭弧室工作特性的主要元件和特性参数是：分闸速度；行程、超程和开距；压气缸直径与容积；喷嘴尺寸与形状；触头形状与尺寸。

现对以上各参数和元件的设计要点分析如下。

9.1 平均分闸速度 v_f 的设计

确定 v_f 主要考虑两个因素：一是开断小电容电流（相当于冷态开断）时，要保证断口有足够的介质恢复强度；二是近区故障（SFL）开断时，对应短燃弧时间 t_{ad}，要保证断口有足够快的介质热恢复速度。

切空载长线 GCB 开断小电容电流（31.5~500A）时，对应于最短燃弧时间的断口电强度可由下式计算：

$$K_6 U_c = t_{ak} v_f \frac{0.9 E_1}{K_7} \left(\frac{\rho}{\rho_0} \right)^{0.9} \tag{9-1}$$

式中　K_6——设计裕度，$K_6 = 1.15$；

　　　U_c——恢复电压峰值（kV），即

$$U_c = 2K \times \sqrt{2} U_n / \sqrt{3} = 2 \times 1.7 \times \sqrt{2} U_n / \sqrt{3} = 2.78 U_n$$

按 JB/T 5871—1991《交流高压断路器的线路充电电流开合试验》表 4 及第 11.2.2 条，单相试验时恢复电压峰值为

$$U_c = 2U_{sm} = 2K \times \sqrt{2} U_n / \sqrt{3}$$

其中系数 $K = 1.2 \sim 1.7$，它与系统中性点是否接地、是否发生单相（或两相）短路有关，计算时取最大值 1.7。U_n（kV）为系统额定工作电压。

t_{ak} 是从起弧瞬时到恢复电压上升到峰值所需的最短时间（ms）

$$t_{ak} = t_{ad} + t_2$$

t_{ad}——切小电容电流时可能的最短燃弧时间，参照部分产品的试验情况，与电压等级有一定关系的 t_{ad} 值见表 9-1。

$t_2 = 8.7\text{ms}$（JB/T 5871—1991 规定值）。

E_1——GCB 在 SF$_6$ 操作闭锁气压时允许的雷电冲击场强（kV/mm）。考虑开断小电容电流时少量电弧分解物对绝缘性能的影响，计算时灭弧室断口间允许场强取 $0.9E_1$。

K_7——断口电场分布不均匀系数，与触头结构和开距有关，在切小电容电流开距较小时，K_7 值较大，参照部分产品电场数值计算的经验数据，K_7 推荐按表 9-2 取值。

表 9-1 切长线时可能的最短燃弧时间 t_{ad}

额定电压 U_n/kV	126	252	363	550
t_{ad}/ms	1	3	4	5
$t_{ak} = (t_{ad} + t_2)$/ms	9.7	11.7	12.7	13.7

表 9-2 灭弧室断口电场不均匀系数 K_7

额定电压 U_n/kV	126	252	363	550
灭弧室断口电场不均匀系数 K_7	3.2	3.2	2.9	2.6

$\left(\dfrac{\rho}{\rho_0}\right)$——切小电容电流时短燃弧时间对应的断口间 SF$_6$ 平均密度 ρ 与 GCB 额定 SF$_6$ 密度 ρ_0 的比值。不同的灭弧室，(ρ/ρ_0) 值不尽相同，根据部分灭弧室冷态气流场计算的经验数据，初步设计时可取 $\rho/\rho_0 = 1.5$，$\left(\dfrac{\rho}{\rho_0}\right)^{0.9} = 1.44$

由式 (9-1)

$$v_f = \frac{K_6 U_c K_7}{0.9 E_1 t_{ak} \left(\dfrac{\rho}{\rho_0}\right)^{0.9}} = \frac{1.15 \times K_7 \times 2.78 U_n}{t_{ak} \times 0.9 E_1 \times 1.44} = \frac{2.466 K_7 U_n}{E_1 t_{ak}} \tag{9-2}$$

式中 t_{ak}——按表 9-1 取值（ms）；

         K_7——按表 9-2 取值；

         U_n——额定电压（kV）；

         E_1——见表 4-1，$E_1 = 24.5\text{kV/mm}$（SF$_6$ 为 0.4MPa 时），$E_1 = 29\text{kV/mm}$（SF$_6$ 为 0.5MPa 时）。

按式 (9-2)，126kV GCB，取 $K_7 = 3.2$，$U_n = 126\text{kV}$，$t_{ak} = 9.7\text{ms}$，$E_1 = 24.5\text{kV/mm}$，算出 $v_f = 4.2\text{m/s}$。

同样可算出 252kV、363kV 及 550kV 单断口灭弧室对应的平均分闸速度为 7.0m/s、8.5m/s 及 10.7m/s。

对于压气式灭弧室，当机构操作功充足时，v_f 取值可比式 (9-2) 计算值稍高。对自

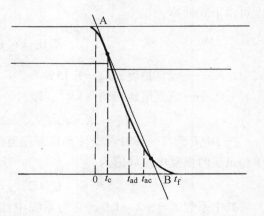

图 9-1 分闸速度特性 $u_f = f(t)$

能式灭弧室可稍取低一点。

在初步确定 v_f 值后，应对分闸速度特性 $v_f = f(t)$ 作必要的限定。如图 9-1 所示，从刚分点 t_c 开始至短燃弧时间 t_{ad} 时段内，要求平均速度 v_f 数值大一些，以压缩短燃弧时间；在长燃弧时间开断时，过大的 v_f 可能导致动触头提前达到分闸终点，使零后的吹弧能力太弱或者丧失，因此从 t_{ad} 时刻应投入分闸缓冲，压缩 v_f，并要求在 t_{ac} 时刻，气缸内要维持足够的 SF_6 气体，为此要设定从 t_{ac} 到分闸终点 t_f 时段应大于 $3ms$。速度特性 $v_f = f(t)$ 设计好之后，为后面的其他灭弧室元件设计提供了依据。

v_f 初设值是否合理，最终还需要经灭弧室 SLF 开断特性的数学模拟计算来确认。必要时可作少量调整。

9.2　触头开距 l_k 及全行程 l_0 设计

触头开距与分闸位置时断口间的静态耐受电压的能力有关，也与各种开断时必需的熄弧距离有关。

初步设计时，重点考虑由 v_f 及各种开断时预期的最长燃弧时间 t_{ac} 所决定的最长熄弧距离 $v_f t_{ac}$ 的需要，开距 l_k 应满足下式要求：

$$l_k \geqslant v_f (t_{ac} + 3ms) \tag{9-3}$$

同时还应按下式核算分闸位置时的静态电强度：

$$l_k \geqslant K_6 K_7 U_S / E_1 \tag{9-4}$$

式中　l_k——触头开距（mm）；

K_6、K_7——见式（9-1）及表 9-2；

t_{ac}——比较稳妥的预期长燃弧时间，$t_{ac} = 25ms$；

U_S——断口间雷电冲击耐受电压（计入反向电压峰值）（kV）；

E_1——同式（9-2）的值。

l_k 按式（9-3）、式（9-4）两式计算结果取较大值，弧触头超程 l_c 取 $30 \sim 40mm$，电接触超程为 $25 \sim 35mm$，与电压等级无关。为保证弧触头比主触头先分断，主触头超程较小取 $15 \sim 20mm$。全行程 $l_0 = l_k + l_c$。

某些灭弧室特别强调利用气吹时的高 SF_6 密度来增强开断能力，特意设计很大的超程（如：$l_c = 60mm$），以保证在触头刚分点获得较大的 SF_6 密度。

9.3　喷嘴设计

喷嘴形状与尺寸对气吹压力的建立和整个熄弧过程中气吹压力特性的影响、对弧道气流状态的影响都很大，对灭弧室的开断性能起着关键性作用。喷嘴初步设计包括三个部分（上游区、喉颈部及下游区）的形状和尺寸设计。

SF_6 单压式灭弧室近十多年来正经历着两条不同路线的发展：一条是将传统的压气式灭弧室相关尺寸小型化（小气缸、小喷口），并适当降低分闸速度，利用电弧能量加热气缸内的 SF_6，协助机械压气建立必要的气吹压力，明显地减小了机构的操作能量，可称为单气室半自能式灭弧室，这类灭弧室目前已发展到 1100kV 特高压等级，达到单断口 550kV/63kV

水平；另一条路线是短路开断利用电弧能量使热膨胀室中的 SF$_6$ 升温增压，建立必要的气吹压力，小电流开断时利用辅助压气室提供吹弧气压。这类灭弧室称为双气室自能式灭弧室。目前单断口最高开断能力为 252kV/50kA。两类灭弧室在结构设计时考虑问题的思路和具体尺寸设计有所不同。

9.3.1 上游区设计

见图 9-2，喷嘴入口处电弧长 L_u 对熄弧有两种相反的影响：

适当而必要的入口电弧长度 L_u 有利于利用电弧能量来加热气缸的气体并使其增压，既有利于熄弧，也可减轻操动机构机械压气的负担。

但是 L_u 太长，上游区的电弧能量和导电粒子积累太多，气流径向分速度下降（不利于弧根的冷却），将影响电流过零后介质恢复速度的增长，对熄弧不利。

从定性分析入手，以部分产品的设计与开断试验经验为依据，L_u 有两种定量的方法：

（1）方法 1

$$L_u/D_k = 0.4 \sim 0.5 \tag{9-5}$$

D_k 为喷嘴喉部直径，对应的喉部截面积 A_k。对于自能式灭弧室，将更多地利用电弧能量来增压，因此，该比值宜取 $0.5 \sim 0.6$。

为弥补 L_u 增长后气流径向分速度下降的不利影响，可增设小喷嘴（见图 9-3），并适当修改了大喷嘴上游区顶部内壁形状，与之呼应的小喷嘴顶部外形的设计，使大喷口未打开之前，弧柱就受到了强劲的径向气吹。这一设计带来三个好处：

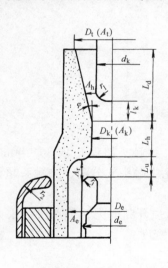

图 9-2　喷嘴及动触头

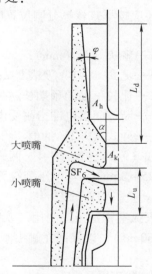

图 9-3　小喷嘴与大喷嘴配合

1）加强了弧柱和弧根的冷却（冷态 SF$_6$ 与弧柱等离子体紧密接触的结果）；

2）增强了副喷口（动弧触头中心孔）的排气，减小了喷嘴上游能量堵塞；

3）有助于减小短路开断时的短燃弧时间 t_{ad}。

这一设计明显地改善了灭弧室的短路开断能力，在双气室自能式灭弧室中得到广泛的利用，并且开始被单气室灭弧室设计采用。

增设小喷嘴当然也是出于增大 L_u 尺寸以增强喷嘴上游区电弧升温增压的作用——这是自能式灭弧室必须重视的，此时尺寸 L_u 的取值将不受式（9-5）的限制。

（2）方法 2　气流入口侧表面积 A_r 应大于喷口截面积 A_k，或：

$$L_u > (D_k^2/4d_e) \tag{9-6}$$

式（9-5）和式（9-6）所要求的两种定量尺度中，尤其是式（9-6）必须保证。

上游区气流通道（环形截面积 $A_e = \pi(D_e^2 - d_e^2)/4$）的设计对喷嘴气流特性及气缸压力特性都有重要影响。

首先要满足 $A_e > A_r$ 的要求。

自能式灭弧室 A_e 值不能太大。开断试验表明，当 A_e 太大时，因喷嘴上游区环形气腔容积太大，尤其是在短燃弧时间开断时，喷嘴开放之前，有限的电弧能量使 A_e 较大容积中的 SF_6 气体升温增压不足。因 A_e 气腔压力不足，高温气流不易导入气缸（或膨胀室），因此气缸（或膨胀室）不能充分利用电弧能量增压，过多的电弧能量积聚在喷嘴喉部，影响了零后气吹速度的增长，燃弧时间明显增长。A_e 也不能太小，否则会导致上游区温度过高，热量过分地积聚而容易引起开断时触头热击穿。在开断近区故障时，这种现象最为突出。A_e 与气缸截面积 A_c 应配合好，A_e/A_c 比值过大或过小都不利于利用电弧能量增压，$A_c = \frac{\pi}{4}(D_c^2 - d_c^2)$，$D_c$ 取值见 9.4.2 节。

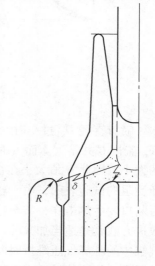

鉴于上述开断试验的经验，推荐按下式确定上游环形截面积 A_e

$$A_e = (2.0 \sim 2.5)A_k \tag{9-7a}$$

$$A_e = \left(\frac{1}{7.5} \sim \frac{1}{9}\right)A_c \tag{9-7b}$$

图 9-4　喷嘴击穿

喷嘴上游壁厚 δ 及喷嘴座端部圆角 R（见图 9-4）设计，虽是细节但影响很大。太小的 δ 及 R 会导致开断失败。

故障之一是，短路关合时喷嘴击穿。由于关合预击穿，电弧高温等离子体充满喷嘴上游区，由于喷嘴座端部 R 小（<6mm），喷嘴壁厚 δ 太小（<10mm），常出现弧触头与喷嘴座间击穿，烧穿喷嘴。

故障之二是，短路开断时喷嘴击穿。在恢复电压下，静弧触头场强较大时，会沿喷嘴内壁滑闪击穿喷嘴对喷嘴座放电。

这两种情况下烧穿喷嘴都将导致：开断时的高温等离子气流从烧穿孔喷出，破坏了主触头间绝缘，在恢复电压下发生外闪，开断失败。

因此，在设计时，不可忽视细节，δ 值希望大于 10mm，R 圆角尽量设计得大一些，希望不小于 10mm。

9.3.2　喉颈部设计

（1）喷口截面积对开断性能的影响

喉颈截面积 A_k 对气缸压力、气流通过喷口的流量 G 有很大影响，同时对喷口的电弧堵塞效应更有重大影响。

国内有研究人员对 3 种不同喷口截面积的灭弧室，计算了气缸压力特性与喷口 SF_6 流量的变化[28]见图 9-5。图中喷口直径 $D_{k1} < D_{k2} < D_{k3}$。

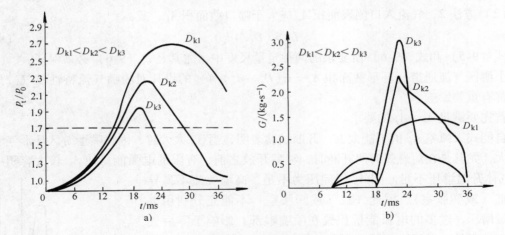

图 9-5　喷口截面对气缸压力和喷口流量的影响
a) 上游压力对比　b) 气流流量对比

喷口直径 D_{k1} 过小时，虽然气缸压力较高（大部分时间都在临界压力之上），但喷口的 SF$_6$ 流量 G 并不大。而 G 值的大小代表着通过喷口的焓流迁移率（或电弧能量排放速度）的大小，因此 G 值大小在很大程度上反映了开断能力的大小。某些产品额定短路方式 5 开断受阻的试验表明，由于较大的开断电流与较小的喷口尺寸设计不匹配，开断时常有电流零后断口发生热击穿，甚至熄弧后因电弧能量排放不足积聚断口间而引发断口恢复后再击穿。改进方法就是适当加大喷口。因为，适当增大喷嘴喉颈直径（D_{k2}），喷口流量 G 明显增大，气缸中的临界气压维持时间也较长，开断特性改善。但是，D_{k3} 值太大时，流量 G 的峰值虽然很高，但峰值过后突变下降，而且气缸的临界压力维持时间很短，灭弧室气吹能力（特别是焓流迁移率）下降，开断能力下降。

除上述影响之外，喉颈直径 D_k 对电弧堵塞效应的影响也很显著。对应于某一开断电流，D_k 越小，电弧堵塞程度加重。在开断电弧过程中，阻塞效应有双重效果，正面的效果是在电流峰值附近可有效地保持气缸内的气量（避免无效的气体流失），还可利用部分电弧能量使喷嘴上游气体升温增压，以造成零后有利的气吹条件，对熄弧有利。但是，D_k 太小时，会使电弧能量排除不畅，使零前上游区的能量和导电粒子的积累太多，对零后介质恢复产生不利影响而削弱了开断能力。

还需指出的是，不同的负荷开断对喷口截面积有不同的要求。开断近区故障电流时，希望喉颈截面积不要太大，小一些可提高机械压缩率和电弧的堵塞效应，使气缸和弧隙保持较高的气压。零后的熄弧气流对弧隙具有较强的冷却作用，有效地控制了弧后电流的增长，使弧隙快速恢复绝缘，不产生热击穿，顺利完成 SLF 开断任务。但是，在开断端子故障电流时，较小的 D_k，限制了电弧能量的排放，使开断性能下降。开断小电容电流时，因熄弧距离小（燃弧时间可能仅为 1ms 左右），静弧触头端部电场大小对熄弧影响很大，若喷口 D_k 太小，使静弧触头直径过小，场强较大会导致弧隙重燃。

综上分析，要全面考虑气流特性、流量 G 及各种不同负荷开断的不同要求，来兼顾各方、权衡利弊取 D_k 值。

（2）电弧直径

电弧直径是决定喷嘴喉径的重要参数。

电弧直径随开断电流而变化。参照某些公司的测试结果[29]，推荐按表 9-3 选择电弧直径。

表 9-3　电弧直径

开断电流/kA	20	31.5	40	50	63	80
电弧最大直径 D_{am}/mm	22	28	32	40	45	52

（3）喷嘴喉径 D_k 的设计

对于压气式灭弧室，D_k（mm）可按下式确定

$$D_k = (0.85 \sim 1.0)D_{am} \tag{9-8}$$

开断电流较小时，取较大的系数；开断电流较大时，取较小的系数。

对于双气室自能熄弧灭弧室和单气室半自能式灭弧室：

$$D_k = (0.7 \sim 0.8)D_{am} \tag{9-9}$$

同上，较大的开断电流对应于较小的系数。

按式（9-8）、式（9-9）初步估算的 D_k，还应通过灭弧室其他参数（如气缸直径、静弧触头直径）的选配之后才能确定。喉径与静弧触头之间隙（$D_k - d_k$）常取 2~4mm 左右。

（4）喉颈部的长度设计

喷嘴喉颈部的长度 L_h 及上游区的长度 L_u 是决定触头堵塞喷口时间的重要因素之一，堵塞时间 t_d（ms）按下式估算

$$t_d = (L_h + L_u + L_k)/v_f \tag{9-10}$$

式中　L_h、L_u——喉颈及上游区长度（mm）；

　　　　L_k——见图 9-2，作图法求出，此时喷嘴内壁与静弧触头之间的环隙 $A_h = A_k$，认为喷口（几何尺寸）开放；

　　　　v_f——分闸平均速度（m/s）。

按通常的设计经验，取 $t_d = 10 \sim 12$ms。当预期短燃弧时间欲控制在 11ms 附近时可取 $t_d = 8 \sim 9$ms。双气室自能式灭弧室为了充分利用电弧能量升温增压，通常将 t_d 时间设计得较长。t_d 太长（如 $t_d > 13$ms）时，电流过零前喷嘴上游能量和导电粒子积聚太多，有可能导致零后断口热击穿。但是，t_d 太短（如 $t_d \leqslant 6$ms）时，导入热膨胀室的热量不够，大电流开断时因膨胀室压力不足、气吹无力常发生热击穿。对于单气室灭弧室，t_d 太短也会使气缸压力不足，大电流中长燃弧时间开断时气吹无后劲，因喷嘴下游 SF_6 密度不够而发生断口电击穿。

当 t_d、v_f、L_u 确定后，可按式（9-11）计算出 L_h。

喉颈处 SF_6 与弧柱接触紧密，欲最大限度地利用这个特点，有产品特意超常规地加大尺寸 L_h，静弧触头在整个中燃弧时间 t_{az} 内都不离开喉颈，使弧柱在此区受到强烈的冷却，零后因 SF_6 密度也大，不易电击穿弧隙；为了在电弧燃烧期内能快速排放都分热能与导电粒子，而特意加大了静弧触头与喷口之间的间隙，相关尺寸按下式确定：

$$(L_u + L_h) \geqslant v_f \times t_{az} \tag{9-11a}$$

$$(D_k - d_k) \approx 6 \tag{9-11b}$$

式中　t_{az}——中燃弧时间（ms）；

　　　　v_f——平均分闸速度（m/s）。

喉颈部位是冷态 SF$_6$ 及电弧热边界区与弧柱最紧密的接触区，在这个区域建立适当的紊流，能加强冷态 SF$_6$ 与炽热弧柱间的能量与动量的交换，增强熄弧能力。但是，人们至今对紊流的利用持不同看法，因此不能武断地否定光滑的喷嘴内壁的设计，经典 Laval 收缩—扩张管形设计是久经考验的。人们对 SF$_6$ 灭弧室喷嘴中紊流效应的认识还在深入中，尤其是对于自能式灭弧室因喷口较小（喷口内壁紧贴弧柱），不开紊流槽可减轻电弧烧蚀引起的喷口扩大。

9.3.3　下游区设计

喷嘴下游区的形状和尺寸设计，对零后弧隙介质恢复速度影响较大。

喷嘴下游区有三个重要参数：张角 φ、长度 L_d、出口处截面积 A_t（见图 9-2）。

电弧直径（尤其是热边界区）离开喉颈的束缚进入喷嘴下游区后开始扩散，如果电弧的扩散与喷嘴下游区形状的扩张一致，熄弧气流处于最佳工作状态（音速流动、热焓迁移率高），对触头间隙的介质恢复是最有利的条件。如果 φ 角偏小（或接近 0°），因电弧热边界区膨胀而对气流形成阻力，气流速度下降，出现亚音速流动，将使焓流排出受到限制，若下游通道太小，甚至形成能量堵塞，使介质恢复速度下降。φ 角太大时，气流快速扩散，沿气流方向压差增大，气流将过量地加速，而使下游区 SF$_6$ 密度下降，导致零后电击穿。

研究 φ 角对介质恢复的影响，有两种鉴别方法：一是观察 0% 恢复时间特性；二是观察 42% 恢复时间特性。

所谓 0% 恢复时间，是指断口间电压为零时，电流过零后断口恢复到正常绝缘状态所需的时间 t_R。实质上 0% 恢复是低电压恢复的一种极端状态，0 电压恢复是不存在的。实验时是在断口间施加小于 10kV 恢复电压来测量恢复时间 t_{R1}，然后将曲线向时间轴作直线外延而得到 $U_R = 0$ 时的 t_R 值，见图 9-6。近区故障开断时，恢复电压 U_R 的初始值并不大（只是上升率很高），因此研究 0% 恢复特性可以判断灭弧室的 SLF 开断性能。

所谓 42% 恢复时间，是指在高恢复电压，即恢复电压 U_R 与触头间隙冷击穿电压之比 $U_R/U_b = 0.42$ 时，电流零后断口恢复到正常绝缘状态所需的时间。42% 恢复特性在一定程度上反映了灭弧室开断 BTF 和切小电容电流时的零后介质电恢复特性。

图 9-7 显示，当 $\varphi = 9° \sim 15°$ 时，0 及 42% 恢复时间最小，而且在 9° ~ 15° 较宽的角度范围内 t_R 值变化很小，这给喷嘴下游区的设计带来方便，可以在较宽的范围内选择 φ 角。

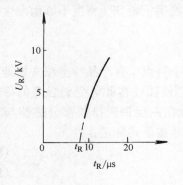

图 9-6　0 恢复时间 t_R 的测试

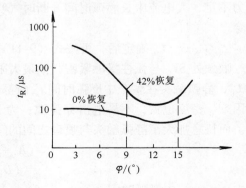

图 9-7　下游扩张角 φ 对 t_R 的影响

下游区长度 L_d 值也影响着喷嘴内的气流场与密度的分布。L_d 过短时，静弧触头过早离开喷嘴，SF_6 的排放量过大，使气缸内的压力与密度下降太快，下游区的密度也迅速下降，在方式 4 和方式 5 的 BTF 长燃弧时间开断时，易发生电击穿。L_d 过长了，因静弧触头过分堵塞而使喷嘴内的气流场不能充分发展（气流速度得不到必要的加速、熔流排出受阻），会影响 SLF 的开断效果。产品的开断试验及灭弧室数学模拟计算的经验表明，适当缩短下游区长度，对减少 SLF 开断时的短燃弧时间有利；但是，为了可靠地开断 BTF 电流，通常要求在预期的短燃弧时间之内（如 14 ~ 16ms），静弧触头应留在喷嘴内，并按此原则来限定 L_d 的长度。

喷嘴出口处截面积 A_t 受 φ 及 L_d 的制约，因此在确定 φ 及 L_d 值时要结合 A_t 一起考虑。有研究试验表明，增大 A_t，能改善低电压下的恢复特性（见图 9-8），使 t_R 下降。这是因为较大的 A_t 可使下游区气流迅速扩散，加快了过零初期弧隙热能的排放速度，这显然对 SLF 开断时的低电压下的热恢复有利。

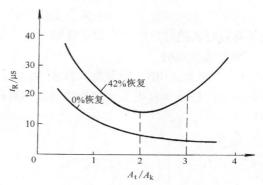

图 9-8　A_t/A_k 对两种恢复时间的影响

但是从 BTF 开断考虑，过大的截面积 A_t 会使下游区的气流密度下降太大而导致电击穿；A_t 太小时，或下游区喷嘴内壁形状设计失误（如有堵塞下游气流通道现象）时，下游排放（扩散）截面积不足，喷嘴内的气流场得不到充分地发展，弧隙热能及导电粒子积聚过多，也会导致高恢复电压下的弧隙电击穿。因此，对 BTF 开断，A_t 值有一个最佳区间（$A_t/A_k = 1.5 ~ 2.5$），见图 9-8。

当 L_d 较大时，为了兼顾 SLF 与 BTF 两种开断的需要，A_t 值通常按下式确定：

$$A_t/A_k = 3 ~ 4$$

喷嘴下游区形状设计，对短燃弧时间影响较大。当电弧堵塞喷嘴的时间 t_d 足够大、熄弧距离也较大时，在静弧触头与喷嘴下游区内壁之间的环隙截面积 $A_h \geqslant A_k$ 时（见图 9-3），该瞬时对应的燃弧时间通常很接近于短燃弧时间 t_{ad}。巧妙地设计下游区内壁形状，可得到尽可能小的 t_{ad} 值。

喷嘴下游尺寸 φ 及 L_d 的设计在考虑 SLF 和 BTF 开断的不同要求时，确实有矛盾，解决此矛盾较好的方法是，在喉颈出口处设计大张角（$\alpha = 25° ~ 30°$）的快速气流扩张通道（见图 9-3），使 SLF 开断特性改善（热气流快速扩散，零后热击穿概率减小），同时也有利于压缩短燃弧时间 t_{ad}；然后可以按 BTF 开断要求（在中、长燃弧时间开断时有高的介质恢复强度）比较自由地选择尺寸 φ 及 L_d。

9.3.4　喷嘴材料

经众多产品的开断试验考核，用纯聚四氟乙烯（F_4）或添加 Al_2O_3、MoS_2 的 F_4 材料做喷嘴，在 40 ~ 50kA 级大电流电弧烧灼下，其表现并不令人满意：表面易崩裂，或蒸发而形成空洞，喷口烧损量大，限制了喷嘴的电寿命。因为纯 F_4 吸收电弧辐射的热能与光能，能量吸收无规则、不均匀，导致表面局部过热分解或表层内局部材料气化、破裂、崩爆而成洞穴，并炭化出现黑点，使喷口迅速扩大、表面电阻下降。在喷嘴中加添无机填料后，均匀分布的、吸热能力强的填料粒子，使喷嘴表层吸热均匀，减少了局部过热分解，消除了内部气化崩爆，耐高温的填料粒子形成不易熔化的骨架而使喷嘴烧蚀减轻。

F$_4$ 添加氮化硼（BN）的材料，经研究试验和产品开断试验考核，具有很好的耐电弧性能，这是由于 BN 具有以下几点优于 Al$_2$O$_3$ 的特性：

第一，在高温（2000°C）状态下具有良好的绝缘性能（其电阻率高达 1900Ω·m）；

第二，熔点很高（3300 ~ 3400°C），沸点更高（5076°C），不易烧熔；

第三，比热容大（19.97J/（kg·K）），导热系数高（300°C 时为 0.0362W/（m·K），1000°C 时为 0.0295W/（m·K）），而且它是一种光反射性材料，不吸收光能。

由于以上三个特点，在电弧高温烧灼时，BN 具有优良的抗高温烧损性能，其电弧分解物具有良好的绝缘性能，有助于弧隙介电性能的恢复。

研究试验表明：

1）少量加入 BN，能量渗入深度 D_p 大，能量分布散开了，表层能量密度 A_0 下降，烧蚀起始时间延长（在电弧燃烧期内的烧蚀时间就下降），因此烧蚀量 W 下降（参见图 9-9a、b）；

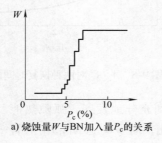
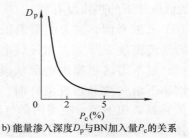

a) 烧蚀量 W 与 BN 加入量 P_c 的关系　　　b) 能量渗入深度 D_p 与 BN 加入量 P_c 的关系

图　9-9

2）填料加入量 P_c 过少时，填料的作用甚微，与纯 F$_4$ 相差无几；

3）填料加入量 P_c 太大时，能量很快被表层吸收，能量渗入深度 D_p 反而下降。能量分布过于集中于表层后，表层能量密度 A_0 上升，烧蚀量 W 反而增大。

F$_4$ 中增添 2% ~ 6% 的 BN，经 50kA 开断试验观察；表面无崩裂，烧蚀蜂窝洞很小（<φ1mm）且很浅（<0.5mm），炭化现象很轻很浅，烧损量很小（有产品 F$_4$ 中添加 6% ~ 7%BN 在 50kA 下连续开断 28 次成功），具有很高的寿命。

填料 MoS$_2$ 是一种光吸收材料，加入 F$_4$ 后使喷嘴吸热均匀，分解均匀，且仅限入表层，不会在内层产生崩爆。虽耐烧性较 BN 填料差些，但它的分解气体帮助了气吹，因此被自能式灭弧室采用。

值得指出的是，F$_4$ 原材料的分子聚合数 n 对 F$_4$ 的电气性能有影响，GCB 喷嘴用 F$_4$ 的 n 值应控制在 $(1 ~ 2) \times 10^4$。

9.4　气缸直径的初步设计

9.4.1　气缸直径 D_c 与机构操作力 F

在喷嘴的喉径 D_k 一定时，如果分闸操作力 F 也固定，增大气缸直径 D_c（截面积 S_c），

一方面会使气缸内 SF_6 的密度 ρ（即气缸的气压 p）的增量增大，同时也因气缸质量增大、分闸速度 v_f 下降而使 p 值下降。在 D_c 逐步增大的过程中，这两种相反的影响，将导致气缸气压 p 有极值，见图 9-10。

从这一分析可见，D_c 值有一个优化设计的合理值。过大与过小都不能得到满意的效果，如图 9-10 所示，将气缸截面积 S_c 降到 0.5 p. u.，操作力 F 降到 0.7 p. u. 时，得到的气缸气压 p 与 $S_c=1$ p. u.、$F=1$ p. u. 时的对应值是相同的。说明，合理地控制气缸截面，不仅保持了原有的气吹压力特性，而且还降低了机构的操作功。图中 p. u. 为某参数的一个比较单位。

气缸截面积对通过喷嘴的 SF_6 气流特性（压力、密度、流量、温度等）都有直接的影响。通常，短路开断时对气缸截面（或气源的供给量）的要求比小电流开断时要高，因此，在初步设计 D_c 值时是以短路开断的要求为依据。

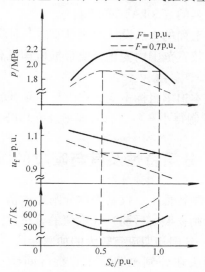

图 9-10　操作力 F、气缸截面积 S_c 对灭弧室压气特性的影响

9. 4. 2　气缸直径 D_c 的经验设计值

目前没有办法对 D_c 值用简单的解析式来估算，而且 D_c 取值受多种因素的变化制约而又具有灵活性，因此不同灭弧室的 D_c 值很难用一个固定的解析式去制约它。但是，我们可以借用以往的设计经验对 D_c 进行一些近似量化的探讨。

D_c 虽变化多端，但它总有个变化的趋势，D_c 值基本上是随电弧能量（开断电流与断口电压）而增减的，现代性能比较先进的每极单断口压气式和单气室半自能式（热膨胀室与压气室合一）的灭弧室常用 D_c 值列入表 9-4。

表 9-4　气缸直径 D_c 分布规律　　　　　　　　　　（单位：mm）

(U_r/I_s)/kV	72. 5/31. 5	126/40	252/50	363/50	550/63
压气式	95	130	160 ~ 180	160 ~ 180	180 ~ 190
半自能式	90	105	120 ~ 130	145 ~ 155	170 ~ 175

影响 D_c 取值的因素如下：

（1）随额定电压 U_r、开断电流 I_s 的增减而增减；

（2）受机构操作功制约，分闸速度 v_f 不大时，D_c 不宜取偏大值。v_f、D_c 都不太大时，机械压气能力可能不足，这时在设计喷口 D_k 时取值不宜大（尽管 I_s 较大），喷口堵塞时间 t_d 不能太小，喷嘴上游环形截面积 S_e 不能过大，这样才能更多地利用电弧能量升温增压——这是半自能式灭弧室设计特点。

（3）如果 v_f 可以取较大值，在 I_s 不是很大时，D_k 及 D_c 可取较小值；为了获得更大一些的开断能力，只要机构适应，D_k 和 D_c 可取较大值——这是压气式灭弧室设计的特点。

（4）如果机构操作功足够，也可以用较大的开距 L_k、较小的 D_k、D_c 和很大的 v_f 设计，得到很强的（50kA）开断能力。

从上面的 4 点设计规律可看出，对应同一电压等级同一开断电流，D_c 的取值没有定数，可以在较宽范围内变化，要根据机构操作功（或 v_f 值）大小来综合选配 D_k、D_c、S_e、d_k、L_u 和 t_d 等参数。

基本追求目标不变：在满足可靠开断能力的前提下，能将分速度 v_f 及灭弧室运动件质量 m 控制得小一些，分合碰撞及操作磨损就会轻一些，产品的机械寿命就可提高。

9.5　分闸特性及其与喷嘴的配合

分闸特性不仅仅是平均分闸速度值对开断性能有影响，而且在整个分闸过程中（尤其是在分闸初期与后期）速度值的分布对开断性能也有不可忽视的影响。

9.5.1　分闸初期应有较大的加速度

触头在分闸初期，由于断口间承受的恢复电压增长速度较快（见图 9-11 中的 0a 段），为了使断口介质绝缘特性快速恢复，除了在弧道建立有效的气吹之外，提高分闸初期的加速度使断口开距快速增长也是很重要的。否则就会出现分闸初期断口绝缘恢复太慢而重燃的现象。

见图 9-11，当分闸速度特性 $v = f(t)$ 为曲线 3 时，分闸初期加速度太小，断口介质恢复特性曲线 2 在分闸初期（400μs 以内）增长太慢，明显低于恢复电压特性曲线 1，导致断口在 K 点电击穿，开断失败。合理的分闸特性应按曲线 4 设计，初期加速度较大，加速到一定时投入缓冲以限制最大分闸速度（和由此而产生的剧烈碰撞），$v = f(t)$ 曲线呈梯形状，会使曲线 2 在初期显著抬高。参见改善后的介质恢复特性曲线 5。

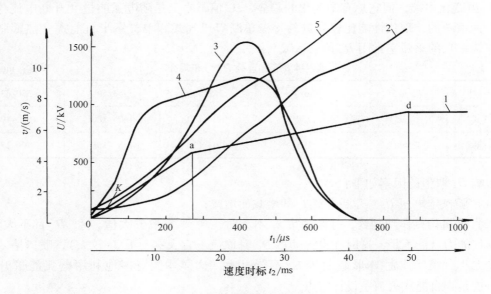

图 9-11　分闸特性对开断性能的影响

1—恢复电压特性曲线　2、5—断口绝缘恢复特性曲线　3、4—两种分闸特性曲线

9.5.2　分闸速度对自能式灭弧室开断性能的影响

对于以电弧能量增压为主的自能式灭弧室，主要靠喷嘴堵塞期喷嘴上游区的电弧能量来加热 SF$_6$ 气体并建立气吹压力。因此，刚分速度对短燃弧时间影响很大。刚分速度过小时，喷口堵塞时间过长，上游区电弧能量积聚过多，弧隙温度太高。虽有较强的气吹能力，却很难避免零后弧隙重燃；刚分速度过大时，喷口开放太早，上游区电弧能量不足，导致气缸中 SF$_6$ 气体受热不够、气吹压力不足，弧隙在零后气吹无力，热能和导电粒子得不到充分地排放，发生重燃、开断失败也是常见的。试验表明，对于某一电压等级、某一开断电流的自能式灭弧室，刚分速度有一个最佳的区间值，由式（9-2）计算出的平均分闸速度基本上在这个区间内（这是一些开关试验的经验所验证的结论）。

对于长燃弧开断，平均分闸速度太小也是很不利的。其主要原因是开距不足，在不大的开距内，弧隙积聚了大量的热量和导电粒子，使弧隙承受恢复电压的能力不足，发生重燃。因此，在短燃弧和长燃弧的时段内，要使分闸速度保持足够的数值，可以通过调节分闸缓冲点和缓冲力来实现。

9.5.3　分闸后期应有平缓的缓冲特性

见图 9-1 所示分闸行程 $L = f(t)$ 特性，在刚分点 t_c 至短燃弧时间 t_{ad} 时间段内的速度希望大于全行程平均分闸速度，从 t_{ad} 时刻投入缓冲，使 t_{ad} 至长燃弧时间 t_{ac} 时间段内的速度接近全行程平均分闸速度。分闸行程 $L = f(t)$ 特性的后期（在 t_{ac} 至 t_f 时间段）应具有平缓的缓冲功能，要求 t_{ac} 至 t_f 时间大于 t_3（t_3 为图 9-1 中 t_{ac} 至 B 点的设定时间 3ms），这样设计有两个好处：

第一，在预期的长燃弧时间 t_{ac} 瞬时开断电流过零后，弧隙能维持较长时间有效的气吹，对长燃弧开断有利。

第二，实现分闸终点"软着陆"，减轻分闸刚性碰撞及由此而造成的机械损伤，有利于提高产品的机械寿命。

9.5.4　分闸特性与喷嘴的配合

如图 9-12 所示，分闸 $S = f(t)$ 特性还应与喷嘴形状和尺寸有良好的配合。喷嘴堵塞时间 t_d 是否满足设计值 8 ~ 10ms 的要求，要用作图法示出静弧触头与喷嘴的相互关系（见图 9-12），还应用同样方法来观察可能的短燃弧时间 t_{ad} [此时截面积 $A_h \geqslant A_k$，且 $t_{ad} = t_d + (2 \sim 3)$ ms] 是否与预期值一致，如果不一致，或调整 v_f，或修改喷嘴下游区内壁形状。静弧触头离开喷嘴的时间（t_p）希望在 t_{ad} 之后 2 ~ 3ms。

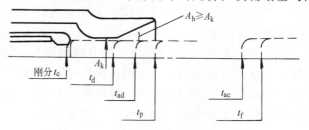

图 9-12　分闸时静弧触头与喷嘴相对位置

9.5.5　调整分、合闸速度特性的方法

1. 分闸速度调整方法

1）改变缓冲器的缓冲起始点位置（提前就减速，推后就加速）；或改变缓冲器吸收能量的大小（吸能就减速，放能就加速，通过调整排油孔截面来实现）。

2）调整分闸弹簧特性，当合闸弹簧能量充足、v_h 较大时，可增大分闸弹簧刚度或预压缩力。如果 v_h 值比较偏小，可增用双分闸簧，增大刚分时的分闸加速能量。增速弹簧在刚合点前 10ms 附近将储能全部放出，可不影响刚合速度。

3）调整传动比（改变传动系统相关拐臂的起始角度），使分闸弹簧有效加速输出增大。

2. 合闸速度调整方法

1）改变合闸弹簧刚度来增（减）合闸功。

2）改变合闸缓冲器投入起始点位置和调整油缓冲力。

3. 调整后的合闸速度特性要求

1）速度（亦刚合点前 10ms 平均速度）应符合设计要求。

2）缓冲柔软、合闸过冲很小、超程内基本无振荡，保证短路关合时的电接触可靠。

3）触头合到底时间不宜太长，在断路器"合—分"时间之内（从预击穿开始计）应关合到底。

9.6　缓和断口电场的屏蔽设计

使灭弧室断口电场分布尽量均匀并降低触头最大场强，尤其对 252kV 以上断口十分重要。触头屏蔽设计得好，不仅可降低断口零件的最大场强（以提高承受恢复电压能力），而且能有效地避免在短路开断时发生喷嘴外部主触头闪络。

主触头屏蔽的口径 D_p 不宜太大（如图 9-10 中虚线所示），也不能太高；否则主触头及弧触头端部场强都较高（见图 9-13 虚线所示等位线 a），触头得不到有效的屏蔽。

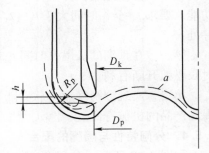

如图 9-13 实线所示，缩小屏蔽口径，使 $D_p = D_k + 4mm$；降低屏蔽，使屏蔽下端内表面与主触头之间拉开距离 $h \approx 3mm$。并注意屏蔽口径 D_p 处的形状设计，尤其是在特高电压等级，充足的端部曲率半径设计是十分必要的。实线所示的屏蔽使等位线 a 下移，主触头和弧触头端部场强都降低了。

图 9-13　主触头屏蔽设计

屏蔽曲率半径 R_p 随断口电压的升高而加大，通过电场计算来修正其值。当 R_p 过小时，不仅涉及电场屏蔽效果不好，而且容易导致开断热气流反弹，干扰断口绝缘，引起主触头间外闪。小的 D_p、大的 R_p 设计，对喷嘴冲出的热气流有良好的导流和冷却作用，使开断期内主触头间隙不受热气流干扰，提高了灭弧室开断的可靠性。

9.7　双气室自能式灭弧室的发展

9.7.1　40.5～145kV 单动双气室自能式灭弧室逐步完善稳定

我国 126kV/40kA 双气室自能式灭弧室经历了近 20 年的研制、生产和运行的考核，灭弧室工作性能比较稳定。15 年前，该灭弧室向下延伸到 40.5kA/31.5kA，已投入批量生产。近年来又补充了电压等级为 72.5kV、-40℃31.5kA 产品及 126kV、-40℃31.5kA 产品，并向上发展到 145kV/40kA。这些产品的研制经验证明，自能式熄弧原理的大电流开断性能比较稳定。

某些电站运行实践表明，开断一定数量的电感性小电流（如 500～600A）时，熄弧性能不够稳定。原因明显：气吹压力不足。双气室自能式灭弧室的辅助压气室原设计在压气缸下方设有泄压活门 4（见图 9-14），在气缸气压增量达到 0.4 倍额定气压时阀门打开泄压，因此开断小电流时由压气室提供的气吹压力太小。这么低的气压增量就泄压，是原设计顾虑到压气室气压过高会对分闸速度造成不利影响。试验证明这种顾虑是多余的，有可能将压气室的气压增量提高到 1.7 倍额定气压，而分闸速度仍满足设计要求。因为在分闸行程的前半期，压气室内气压不会很高，因此刚分速度不会有明显变化；在分闸后半期需要投入缓冲限制分闸速度、提高压气缸的排放气压实质上也是增强了分闸缓冲作用。若弹簧机构操作功不足，还可用削弱油缓冲的办法来配合，在满足分闸特性要求的前提下尽量提高压气缸的气压，以求在小电流开断时有更好更稳定的开断性能。

9.7.2　触头双动灭弧室的产生

自能式灭弧室的热膨胀室利用电弧能量升温增压，分闸速度不能高；短路开断时为获得足够的断口开距以承受恢复电压，分闸速度又不宜低，这一矛盾在 145kV 及以下电压等级的开关上表现不突出；在 252kV 产品上恢复电压较高，这个矛盾就显得十分突出——分闸时热膨胀室不能高速运动，但断口还必须高速分断，怎么办？只好让传统意义上的"静弧触头"反向运动。可见，双动式触头设计是自能式灭弧室向 252kV 高电压等级发展的产物。

例如：252kV/50kA 单气室半自能式灭弧室，分闸 $v_f = 8 \text{m/s}$；双气室自能式灭弧室的动触头（及热膨胀室）分闸 $v_{f1} = 6 \text{m/s}$，"静弧触头"反向分闸 $v_{f2} = 3 \text{m/s}$，断口开距增长的速度 $v_f = v_{f1} + v_{f2} = 9 \text{m/s}$（平均分闸速度）。

双动灭弧室因动触头、热膨胀室及气缸系统分闸速度低而明显地降低了弹簧机构的操作功：

单气室半自能式灭弧室：$v_f = 8 \text{m/s}$，分闸功 $A_f = 1900 \text{N} \cdot \text{m}$，合闸簧能量 $A_h = 3300 \text{N} \cdot \text{m}$。

双气室自能式灭弧室：$v_{f1} = 6 \text{m/s}$，$A_f' = 1030 \text{N} \cdot \text{m}$，$A_h' = 2290 \text{N} \cdot \text{m}$。

$A_f'/A_f = 54\%$，$A_h'/A_h = 69\%$。

9.7.3　双动双气室灭弧室设计要点

1. 双动触头传动装置

双动触头的传动装置见图 9-14。合闸时喷嘴 3 向左运动，与它相连的牵引杆 8 上的传动销 9 同步向左推动拨叉 10 顺时针转动将静弧触头 1 压向右方运动，直到合闸到位。分闸时，动触头系统向右运动，喷嘴 3 经牵引杆 8 及销 9 推动拨叉 10 反时针转动，提起静弧触头向左分闸，与动弧触头 7 反向运动。

拨叉是经过静弧触头上的接头长孔变直装置将转动变为直动的。拨叉在转动过程中作用于接头（及静弧触头）上的径向力较大，因此设导向板 11 平衡此径向力是必要的；否则接头会变形（使静弧触头传动卡死）。应从设计和工艺上下功夫减少导向板的磨损，否则会产生卡塞。拨叉尾部传动小销在接头长孔中的传动摩擦力也很大，牵引杆上传动销 9 部位径向传动分力都可能导致牵引杆变形。这些都构成了双动传动装置机械损坏的隐患。可以看出，双动双气室自能式灭弧室，大大减小了操动机构的负担，产品的机械不可靠因素从机构转移到灭弧室，因此对灭弧室的强度设计应十分注意。

　　将图 9-14 中的长孔变直机构改为四连杆传动，计算分析表明可以减小静弧触头启动摩擦力，减小静弧触头上的传动弯矩，减少导向块上的磨损。

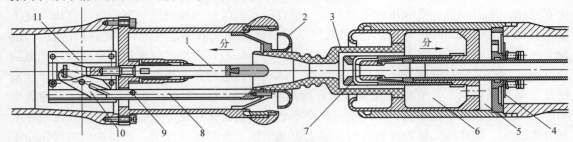

图 9-14　双动双气室灭弧室示意图

1—静弧触头　2—弧触头屏蔽罩　3—喷嘴　4—压气室泄压活门　5—压气室　6—热膨胀室

7—动弧触头　8—牵引杆　9—传动销　10—拨叉　11—导向板

　　2. 静弧触头屏蔽

　　分闸过程中（尤其是分闸过程前期），静弧触头端部场强很高，在恢复电压负荷下易产生电击穿。设置屏蔽罩 2，固定在喷嘴上，分闸时与喷嘴同步向右运动，静弧触头向左，良好的尺寸和位置设计可以保证在短燃弧时间（刚分后 11～12ms）附近静弧触头进入罩 2 的屏蔽区，使开断性能得到改善。

　　触头屏蔽罩 2 的位置越靠近动触头，对静弧触头的屏蔽效果越好——静弧触头能提前进入屏蔽区。但是，分闸位置时，断口必要的开距限制了罩 2 向右移的极限位置。

　　为了得到更好的屏蔽效果，可采用动屏蔽设计，屏蔽与喷嘴分开，屏蔽初期位置可进一步靠近动触头侧，使静弧触头在刚分 8～9ms 就进入屏蔽区。为保持分闸位置时有足够的开距，分闸后期先让屏蔽停止运动，动触头继续分，拉大开距。这种设计的好处是进一步改善切空载长线的开断可靠性，但是，动屏蔽传动装置复杂，在结构设计时要十分注意传动系统强度。

　　3. 对双动触头设计的评价

　　双动触头设计的积极意义在于减小了机构的操作功。但是，它使灭弧室结构变得复杂，使触头运动系统的机械可靠性下降，增大了设计难度，增大了工艺难度，设计者与制造者应重视。

　　在单气室半自能式灭弧室向 550kV 单断口方向发展时，利用双动触头设计可显著地减少分闸功，是值得重视的。因为 550kV 产品价位高，采用优质材料（如高强度超硬铝板等）和精细的工艺来制作以提高传动系统的可靠性，其成本投入相对来说很小很小；但是，操作功减少后使机械成本有更多的下降。

9.7.4　对双气室和单气室灭弧室的评价

　　两种灭弧室在经历了近 20 年的生产和运行对比之后，其优缺点大致归纳如下：

　　（1）两种灭弧室开断大电流的性能相近，都比较可靠。

　　（2）单气室灭弧室的机械压气功能较强，因此开断小电流时熄弧可靠性更高。

　　（3）每极单断口的双动双气室自能式灭弧室目前已做到 420kV 电压等级，要进一步向 550kV/63kA 单断口发展时，要特别注意静弧触头 1 在喷嘴喉颈不能过分堵塞。该产品（252kV）在国外某公司的原设计，由于喉颈太长，开断时过分堵塞，使 50kA 开断很不稳定。这种教训，不应疏忽。

（4）对于单气室半自能式灭弧室，东方国家许多公司（包括我们自己）都有较丰富的设计研制经验，因此在近年好几个公司先后完成了单断口 550kV/50 ~ 63kA 产品的开发，并在此基础上完成了双断口 800kV/50kA、四断口串联及两断口串联的 1100kV 产品的研发，并投入运行。

9.8　近似量化类比分析法在灭弧室设计中的应用

在 SF_6 灭弧室设计和 GCB 开断试验时，以往常用定性分析并结合试验经验来调整灭弧室结构。这种方法很粗糙，难以得到比较准确的结论。

近年来，作者在压气式和单气室自能式灭弧室开发工作中使用了一种近似量化类比分析法，经多个不同电压等级的灭弧室短路开断试验的检验，此方法具有一定的工程实用价值。借助这种近似的定量分析，可帮助设计者摆脱盲目。

这种方法的要点是：以某一灭弧室为基础，对新设计灭弧室的相关结构尺寸和特性参数进行量化对比分析，将所有有利于开断的因素和不利于开断的因素都在允许的条件下简化成线性变量，进行近似的线性简化计算，算出新灭弧室开断成功几率 x，当 $x \geqslant 1$ 时，认为开断能力比对比的灭弧室有改进和提高；$x < 1$ 时，其开断能力比对比项下降。

9.8.1　252kV、40kA 灭弧室开断试验结果分析与改进

表 9-5 中列出两个灭弧室的结构参数，灭弧室 A 为成熟定型的 126kV 40kA 单气室自能式灭弧室，B 为新设计的 252kV 40kA 单气室自能式灭弧室。

表　9-5

灭弧室结构及特性参数	灭弧室 A（126kV 40kA）	灭弧室 B（252kV 40kA）
气缸直径 D_c/mm	95	105
喷口直径 D_k/mm	23	28
喷嘴上游内壁与动弧触头外壁之间的环形截面积 S_e/mm²	945	1570
触头全行程 l/mm	150	230
平均分闸速度 v_f/（m/s）	4.6	7

灭弧室 B 在进行 40kA ×90% 的近区故障（SLF）电流开断时，出现多次恢复电压峰值前电击穿，开断电流过零初期弧隙介质恢复良好。SLF 开断出现电击穿是一般断路器极难观察到的现象，而 B 灭弧室多次出现这种特殊现象，当然隐藏着该灭弧室设计缺陷的必然性。

1. 采用近似量化类比分析法可以分析出 SLF 开断失败的必然性。

分析步骤如下（下标 a、b…代表各种灭弧室）：

（1）电弧能量系数 K_1

假定两灭弧室开断 40kA 时电弧电压梯度和燃弧时间 t_a 基本相同，$w = I_s E_g l_g$（w 为电弧能量，I_s 为开断电流，E_g 为电弧电压梯度，l_g 为电弧长度）。

$$K_1 = l_{gb}/l_{ga} = v_{fb}/v_{fa} = 7/4.6 = 1.52$$

（2）恢复电压峰值（U_c）比 K_2

$$K_2 = U_{cb}/U_{ca} = 2$$

（3）气缸的电弧能量增压系数 K_3

分析时假设两灭弧室短路开断时电弧堵塞喷口的时间 t_d 是相同的。K_3 将与环形截面积 S_e 和气缸容积 $S_c l$ 成反比，与电弧能量系数 K_1 成正比。

$$K_3 = \frac{S_{ea} S_{ca} l_a}{S_{eb} S_{cb} l_b} K_1 = \frac{945 \times 95^2 \times 150}{1570 \times 105^2 \times 230} \times K_1 = 0.32 K_1$$

灭弧室 B 增大了 S_e 和 $S_c l$ 对利用电弧增压是不利的。

（4）机械压气增益系数 K_4

K_4 与气缸容积的变量 $S_c v_f t_a$ 成正比（假设两灭弧室燃弧时间 t_a 相同）：

$$K_4 = \frac{S_{cb} t_a v_{fb}}{S_{ca} t_a v_{fa}} = \frac{105^2 \times 7}{95^2 \times 4.6} = 1.86$$

B 灭弧室增大了 v_f 和 $S_c v_f$ 都加强了气缸的气吹作用。

（5）开距增益系数 K_5

B 灭弧室增大了全行程及开距对提高弧隙介质强度的恢复当然是有利的，在相同燃弧时间条件下，开距增益系数可以近似认为与分闸速度成正比。

$$K_5 = v_{fb} / v_{fa} = 7 / 4.6 = 1.52$$

（6）喷口流量增益系数 K_6

B 灭弧室增大了喷口及喷口流量，使灭弧室内的电弧能量能快速排放，这对熄弧是有利的，K_6 应与 S_k 成正比（假定两灭弧室气吹压力相同）。

$$K_6 = S_{kb} / S_{ka} = 28^2 / 23^2 = 1.48$$

（7）气缸压力衰减速度比 K_7

假定两灭弧室气吹速度基本相同，气缸内压力衰减速度与气缸容积成反比、与喷口截面成正比。

$$K_7 = \frac{S_{ca} l_a}{S_{cb} l_b} \frac{S_{kb}}{S_{ka}} = \frac{95^2 \times 150}{105^2 \times 230} \times \frac{28^2}{23^2} = 0.79$$

对于任一灭弧室，系数 K_1、K_2 及 K_7 的增大都是不利于开断的，K_3、K_4、K_5 及 K_6 的增长都有利于电弧的熄灭。以 A 灭弧室为基础，比较 B 灭弧室开断 SLF 时承受恢复电压峰值的能力——或称为耐受恢复电压峰值的成功概率 x_1，计算 x_1 时将一切有利于熄弧的因素置于分子，不利于熄弧的因素置于分母：

$$x_1 = \frac{K_3 K_4 K_5 K_6}{K_1 K_2 K_7} = \frac{0.32 K_1 \times 1.86 \times 1.52 \times 1.48}{K_1 \times 2 \times 0.79} = 0.85$$

$x_1 < 1$，说明 252kV B 型灭弧室开断同等 SLF 电流时承受恢复电压峰值（U_{cb}）的能力比 A 灭弧室承受 U_{ca} 时的能力要差，因此试验时 B 灭弧室多次出现恢复电压峰值前电击穿是必然的。

两种灭弧室在电流过零后初期承受锯齿形恢复电压的能力之比用 x_2 表示。

在电流过零后 $1 \sim 2 \mu s$ 内，恢复电压第一个锯齿波增长速度 dU/dt（在开断 SLF 电流都是 40kA 时）是相同的，都是 $7.2 kV/\mu s$，因此：

$$x_2 = \frac{K_3 K_4 K_5 K_6}{K_1 K_7} = \frac{0.32 K_1 \times 1.86 \times 1.52 \times 1.48}{K_1 \times 0.79} = 1.69$$

$x_2 > 1$，说明 252kV B 灭弧室承受 dU/dt 的能力比 A 灭弧室强很多，试验表明 B 灭弧室开断 SLF 时从未发生电流过零后热重燃。

2. B 灭弧室的改进措施

加大气缸至 ϕ118mm，增大喷口的电弧堵塞时间（原设计 $t_{db} = 8.4$ms，改后为 $t_{dc} = 10$ms），企图在分闸速度不变的前提下，增大气缸的机械压气能力和减慢气缸压力衰减速度，以便在恢复电压峰值时喷嘴有足够的气吹作用，防止电击穿发生。改进后称为 C 灭弧室。

第一步，将灭弧室 C 与 B 作比较，看承受 U_c 的能力是否有显著的提高：

电弧能量增压系数 K_3 因喷口堵塞时间 t_d 的增长而增大，因气缸直径增大而变小，其综合效果通过近似线性量化计算发现变小了：

$$K_3' = \frac{t_{dc}}{t_{db}} \times \left(\frac{S_{cb}}{S_{cc}}\right) = \frac{10}{8.4} \times \left(\frac{105}{118}\right)^2 = 0.94$$

调整机构保持分闸速度不变，机械压气增益系数 K_4 因气缸直径加大而增大（前提 v_f 不变）：

$$K_4' = \frac{S_{cc}}{S_{cb}} = \left(\frac{118}{105}\right)^2 = 1.26$$

气缸压力衰减系数 K_7 因喷口不变、气缸直径加大而变小了：

$$K_7' = \frac{S_{cb}}{S_{cc}} = \left(\frac{105}{118}\right)^2 = 0.79$$

灭弧室 C 相对于 B，其承受 U_c 的能力应显著提高：

$$x_1 = \frac{K_3' K_4'}{K_7'} = \frac{0.94 \times 1.26}{0.79} = 1.5，（提高了 50\%）。$$

第二步，再将灭弧室 C 与定型的灭弧室 A 进行类比分析：

K_3 因 S_e 增大而变小、因 D_c 增大及 l 增大而变小，且与 K_1 成正比：

$$K_3'' = \frac{S_{ea} D_{ca}^2 l_a}{S_{ec} D_{cc}^2 l_c} \times K_1 = \frac{945 \times 95^2 \times 150}{1570 \times 118^2 \times 230} \times K_1 = 0.25 K_1$$

K_4 因 D_c 及 v_f 增大而增大：

$$K_4'' = \frac{D_{cc}^2 \times v_{fc}}{D_{ca}^2 \times v_{fa}} = \frac{118^2 \times 7}{95^2 \times 4.5} = 2.35$$

K_7 因 D_c 及 l 增大而变小、因 D_k 增大而增大：

$$K_7'' = \frac{D_{ca}^2 l_a D_{kb}^2}{D_{cc}^2 l_c D_{ka}^2} = \frac{95^2 \times 150 \times 28^2}{118^2 \times 230 \times 23^2} = 0.63$$

得到灭弧室 C 开断 SLF 电流时成功概率 x_1 为

$$x_1 = \frac{K_3'' K_4'' K_5 K_6}{K_1 K_2 K_7''} = \frac{0.25 K_1 \times 2.35 \times 1.52 \times 1.48}{K_1 \times 2 \times 0.63} = 1.05$$

$x_1 > 1$，说明 C 灭弧室开断 40kA × 90% 的 SLF 电流时，承受住 U_{cb} 的可能性比已经定型的 A 灭弧室还稍大一些，亦开断 SLF 时不会发生电击穿。

以上从两方面的对比分析，其结论是一致的。经 SLF 开断试验证明，C 灭弧室开断能力是合格的。近似量化类比分析结论与开断试验结果一致。

9.8.2　252kV、50kA 单气室自能式灭弧室的增容设计

50kA 单气室自能式灭弧室的增容设计技术难度大，应充分利用 252kV 40kA 单气室自能式灭弧室设计及试验的成功经验。这些经验有以下几点：

平均分闸速度不低于 7m/s、全行程取 230mm、喷口被电弧堵塞时间取 9～10ms、喷嘴下游区内表面张角取 7°～10° 以及静弧触头离开喷嘴下游端部时的燃弧时间取 16ms 左右。这些经验在 50kA 灭弧室设计时都可利用。

在 40kA 灭弧室短路开断试验中还多次观察到某些设计不太合理的现象，例如：从气缸内壁被电弧温度烤黑变色的面积较小这一现象可以分析出：导入气缸内的电弧能量还不足、说明利用电弧能量增压的作用还应加强。

1. 50kA 灭弧室设计要点

（1）取 $v_f = 7m/s$，$l = 230mm$ 不变。

（2）随开断电流及电弧直径的增大，喷口流量应加大，并考虑喷口被电弧堵塞的时间不宜过长，而取喷口直径 $D_K = 32mm$（$0.8D_{am}$）。

（3）在操动机构的操作功允许条件下，适当加大气缸直径，以提高机械压气作用，减慢气缸压力衰减速度，以保证长燃弧时间开断时有足够的气吹能力，取 $D_c = 125～130mm$。

（4）为提高电弧能量的增压效果，应缩小喷嘴上游的环形截面积 S_e，使此区域的 SF$_6$ 快速升温增压而使高温气体快速压进气缸。取 $S_e = 1236mm^2$。

2. 分析 50kA 灭弧室 D 的 SLF 开断能力

用近似量化类比分析法分析，以 252kV 40kA 灭弧室 C 为基数。

（1）电弧能量增大系数 K_8 在假设电弧压降 $U_{ad} \approx U_{ac}$ 条件下（亦 v_f、t_a、E_a 相等时）：

$$K_8 = I_{sd} \cdot U_{ad} / I_{sc} \cdot U_{ac} \approx I_{sd} / I_{sc} = 50/40 = 1.25$$

（2）SLF 开断时，恢复电压第 1 个锯齿波的增长梯度 dU/dt 比 K_9，与开断电流成正比：

$$K_9 = I_{sd} / I_{sc} = 50/40 = 1.25$$

（3）气缸的电弧能量增压系数比 K_{10} 与 S_e 及 S_c 成反比、与 K_8 成正比：

$$K_{10} = (S_{ec}S_{cc}/S_{ed}S_{cd})K_8 = (1570 \times 118^2/1236 \times 125^2) \times 1.25 = 1.42$$

（4）气缸机械压气增益系数比 K_{11}，当 v_f 相同时，与 S_c 成正比：

$$K_{11} = S_{cd}/S_{cc} = 125^2/118^2 = 1.12$$

（5）喷口流量增大系数比 K_{12}，与喷口截面 S_k 成正比：

$$K_{12} = S_{kd}/S_{kc} = 32^2/28^2 = 1.31$$

（6）气缸压力衰减速度比 K_{13} 与气缸截面 S_c 成反比，与喷口截面 S_k 成正比：

$$K_{13} = \frac{S_{cc}}{S_{cd}} \times \frac{S_{kd}}{S_{kc}} = \frac{118^2}{125^2} \times \frac{32^2}{28^2} = 1.16$$

开断 SLF 时，D 灭弧室（50kA）与 C 灭弧室（40kA）相比，承受 dU/dt 的能力提高了 15%：

$$x_1 = \frac{K_{10}K_{11}K_{12}}{K_8K_9K_{13}} = \frac{1.42 \times 1.12 \times 1.31}{1.25 \times 1.25 \times 1.16} = 1.15$$

承受恢复电压峰值 U_c 的能力提高了 44%：

$$x_2 = \frac{K_{10}K_{11}K_{12}}{K_8K_{13}} = \frac{1.42 \times 1.12 \times 1.31}{1.25 \times 1.16} = 1.44$$

可以预期 D 灭弧室可以完成 50kA 的开断任务。若能适当提高机构操作功，减轻运动件质量，变直动轴为转动轴以减少摩擦功，将速度提高到 8m/s，灭弧室开断能力还可提高。

9.8.3　800kV 灭弧室设计要领

1. 设计要领

800kV/50kA 双断口灭弧室，可以在 363kV/50kA 单断口灭弧室基础上设计。其设计要领如下：

（1）SF_6 额定气压不变（0.6MPa）。

（2）少量提高分闸速度与触头行程　800kV 每个断口的工作电压比 363kV 单断口提高了 21%（考虑两断口电压分布不均匀系数 0.55 后）。因此取断口行程 $l_0 = 230 \times 1.15\text{mm} = 266\text{mm}$。分闸速度提高 10% 左右（定值 12.5m/s）。

（3）喷嘴喉颈 $\phi36$mm 不变；上游环隙形截面积由 1864mm^2 减小到 1507mm^2，以提高电弧能量的升温增压效果；喷嘴下游长度随 v_f 提高相应加长。

（4）这种压气式灭弧室，气吹压力主要靠机械压气，喷口堵塞效应对气压的影响较小；但是对电弧能否熄灭影响却较大，过分堵塞时，电弧等离子体大量集聚在喷口上游常导致开断失败。因此，800kV 灭弧室设计时压缩 t_d 时间是必要的（从 10ms 降到 8.8ms）。

363kV 单断口灭弧室其他合理部分保留。

2. 近似量化分析

以 363kV 单断口灭弧室为基础，用近似量化类比分析法分析 800kV 双断口灭弧室工作可靠性。

两种灭弧室的主要特性参数列入表 9-6。

表　9-6

	I_s/kA	D_c/mm	D_k/mm	l_o/mm	$S_e(D_e \rightarrow d_e)/\text{mm}^2$	v_f/(m/s)	t_d/ms
363kV	50	163	36	230	1864($\phi70\rightarrow\phi50$)	11.3	10
800kV	50	168	36	266	1507($\phi68\rightarrow\phi52$)	12.5	8.8

比较分析项目：$K_1 \sim K_8$

（1）电弧能量增大系数比　$K_1 = \dfrac{I_{s2}v_{f2}t_{d2}E_{a2}}{I_{s1}v_{f1}t_{d1}E_{a1}} = \dfrac{12.5 \times 8.8}{11.3 \times 10} = 0.97$（令电弧电压梯度 E_a 相等）

（2）恢复电压峰值比　$K_2 = \dfrac{U_{c2}}{U_{c1}} = \dfrac{800 \times 0.55 \times K_p}{363 \times K_p} = 1.21$

（3）电弧能量对气缸增压系数比　$K_3 = \left(\dfrac{S_{e1}}{S_{e2}}\right)\left(\dfrac{D_{c1}}{D_{c2}}\right)^2 \dfrac{l_{o1}}{l_{o2}} K_1 = \dfrac{1864}{1507}\left(\dfrac{163}{168}\right)^2 \dfrac{230}{266} \times 0.97 = 0.98$（$K_3$ 与 S_e 及 $D_c^2 l_o$ 成反比，与 K_1 成正比）

（4）机械压气增益系数比　$K_4 = \dfrac{D_{c2}^2 v_{f2}}{D_{c1}^2 v_{f1}} = \dfrac{168^2 \times 12.5}{163^2 \times 11.3} = 1.175$

（5）开距增益系数比　$K_5 = v_{f2}/v_{f1} = 12.5/11.3 = 1.106$

（6）喷口流量比　$K_6 = D_{k2}^2/D_{k1}^2 = 1.0$

（7）气缸压力衰减速度比　　$K_7 = \left(\dfrac{D_{c1}}{D_{c2}}\right)^2 \dfrac{l_{o1}}{l_{o2}} \left(\dfrac{D_{k2}}{D_{k1}}\right)^2 = \dfrac{163^2 \times 230}{168^2 \times 266} = 0.817$

（8）SLF 开断时 $\mathrm{d}u/\mathrm{d}t$ 比　　$K_8 = \dfrac{0.2 I_{s2} \times 0.55}{0.2 I_{s1}} = 0.55$

800kV 双断口灭弧室开断 SLF 时的可靠性指数 x_{1b}：

$$x_{1b} = \frac{K_3 K_4 K_5 K_6}{K_1 K_7 K_8} = \frac{0.98 \times 1.175 \times 1.106 \times 1.0}{0.97 \times 0.817 \times 0.55} = 2.92$$

开断 BTF 时的可靠性指数 x_{2b}：

$$x_{2b} = \frac{K_3 K_4 K_5 K_6}{K_1 K_2 K_7} = \frac{0.98 \times 1.175 \times 1.106 \times 1.0}{0.97 \times 1.21 \times 0.817} = 1.33$$

从 $x_{1b} = 2.92$ 及 $x_{2b} = 1.33$ 可知，用这种近似量化类比法快速设计出的 800kV 双断口灭弧室开断 50kA 的可靠性比 363kV 单断口灭弧室开断同等电流的可靠性要高。尤其是 SLF 开断，$x_{1b} = 2.92$，说明不必借助并联电容器就能顺利地完成 SLF 开断任务。

灭弧室近似量化类比分析法在产品开断试验中、产品改进增容设计以及新品设计中都可以使用，有些使用经验证明，其效果较好，有工程设计实用价值。但是，作者受工作和经验的局限，这种分析方法还需进一步通过设计、试验的工作实践来充实、修改和完善。

9.8.4　特高压 GCB 灭弧室设计思路

目前我国 1000kV 特高压电网运行的 SF$_6$ 断路器，每相灭弧室由 4 个断口串联，为简化断路器结构给电网提供可靠性更高的产品、为提高开关的技术经济指标，进一步研发 1000kV/63kA 双断口灭弧室是制造与运行单位共同关注的问题。

1000kV/63kA 灭弧室应以单断口 550kV/63kA 灭弧室为基础，双断口串联。研发过程中可能碰到问题大致归纳如下。

1. 灭弧工作原理选择

产品灭弧室开断试验表明，单气室半自能式灭弧室工作原理较先进。它的总体结构简单，简单体现了可靠；它有效地利用了电弧能量对气缸的 SF$_6$ 升温增压，因而减轻了气缸机械压气的负荷，减小了灭弧室尺寸及重量，使 1000kV 双断口灭弧室配置大功率碟簧储能液压机构成为可能；这种灭弧室结构简洁、工艺简单、成本较低。

其他几种工作原理的灭弧室，或尺寸太大，或开断性能不稳定，不予推荐。

2. SF$_6$ 最低工作气压的选择

按现在的技术水平，选最低工作（操作闭锁）气压为 0.5MPa 较合适。太高，对较冷地区不能用；太低，开断性能受影响。高寒地区电站的罐式 GCB 采用加热保温套较好。

3. 开距与全行程

研究试验表明，承受 1000kV 半个灭弧室电压的触头开距可在 240 ~ 260mm 之间选择。弧触头几何超程取 35mm 时，全行程取 280mm（开距 245）较好。

4. 分闸速度设计

一个好的灭弧室必须有一个合适的分闸速度与它配合；否则，它发挥不了应有的开断功能。

根据 550kV 单断口单气室半自能式灭弧室的研制经验，分闸速度取（12 ~ 14）m/s 较合适。现有操作机构经增容改进能满足百万伏双断口灭弧室的需要，其预期的分闸速度特性示于图 9-15。

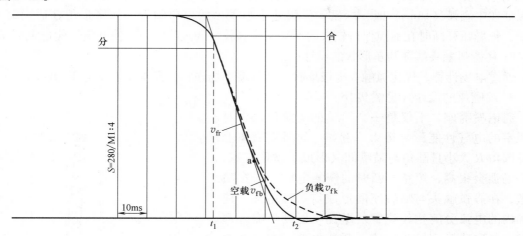

图 9-15　特高压 GCB 分闸速度特性

配蝶簧液压机构，额定油压时平均分闸速度 $v_{fr} = 14\text{m/s}$，操作闭锁油压时 $v_{fb} = 13\text{m/s}$，短路开断时 $v_{fk} = 12\text{m/s}$。

刚分后约 14ms 在 a 点投入缓冲器，至分闸终点 t_2，时段 $(t_2 - t_1) = 27\text{ms}$，可满足长燃弧时间（21～23ms）开断气吹时段要求。

D_4、D_5、L_{90} 等大电流开断时，气缸温度压力升高较大，气缸反力增加，分闸速度可能降到 $v_{fk} = 12\text{m/s}$ 左右。

因此，$v_{fk} = 12\text{m/s}$ 是设计灭弧室喷嘴相关尺寸的依据。

5. 喷口与气缸直径设计

灭弧室喷口直径 D_k 值与 63kA 电弧直径（45mm）有关，也与电弧能量的排放及压气缸内气压的衰减有关。取值大一些，有利于电弧能量的排放，但又加快了气缸 SF_6 压力的衰减，利与弊同在。扬其利，取较大值（$D_k = \phi38 \sim \phi40$）。为避其害，可加大气缸直径，取 $D_c = \phi180 \sim \phi190$，以减慢气缸 SF_6 压力衰减速度，这对中长燃弧时的电弧熄灭是有利的。

在 550kV 单断口灭弧室研究中，短燃弧开断通常较易，而中长燃弧开断比较困难，因此在 D_k 取较大值时，D_c 也应跟随取大一些，以保证在整个燃弧区间都能稳定地开断。

6. 缩短喷口堵塞时间、限制开断电弧能量

从 50kA 到 63kA，电弧能量增加很多，限制被开断电弧的能量，是灭弧室增容设计的关键。见图 9-16，在喷口出口处设置 $\alpha = 30°$ 的坡口，可将喷口堵塞时间 t_d 压缩。例如使 t_d 从 10.5ms 压缩到 8ms，相应开断电弧的弧长就缩短了 $12\text{m/s} \times 2.5 \times 10^{-3}\text{s} = 30\text{mm}$，在短燃弧开断时，燃弧时间将从 13.5ms 减小到 11ms，当分闸速度 v_f、电弧电位梯度 E_a 相同时，下式基本成立：

$$11\text{ms} \times v_f \times E_a \times 63\text{kA} \approx 13.5\text{ms} \times v_f \times E_a \times 50\text{kA}$$

即：$t_d = 8\text{ms}$ 开断 63kA 时的开断电弧能量与 $t_d = 10.5\text{ms}$ 开断 50kA 的电弧能量相近。一些灭弧室的增容试验验证了坡口设计的上述好处。

7. 注意喷嘴下游设计

喷嘴下游长度 l_x 及张角 β 对中、长燃弧开断性能影响很大。有些喷嘴将尺寸 l_x 设计太

短（在中燃弧 16ms 开断时静弧触头已离开喷嘴较远，加上张角 β 较大，导致喷嘴下游区 SF$_6$ 快速扩散、气吹无力，开断失败。因此，在设计 1000kV/63kA 灭弧室时，喷嘴下游长 l_x 应保证在中燃弧（16ms）时，静弧触头仍处于喷嘴内的出口附近，并将张角 β 适当缩小，使中、长燃弧开断时在弧隙保持较大的 SF$_6$ 密度和较强的气吹能力，使开断性能稳定可靠。

8. 注意弧触头端部圆角形状的设计

通过电场计算，优化弧触头电极形状，降低端部场强，提高承受恢复电压的能力。

9. 喷嘴座的设计（见图 9-16）

铸铝喷嘴座，不仅是一个简单的支撑件，它对灭弧室的电气性能影响很大。例如：如果喷嘴座上端部圆角 R 太小且圆角与喷嘴间又形成了楔形气隙，此处场强会很高，短路开断时的恢复电压会击穿喷嘴壁，在静弧触头与喷嘴座间形成贯穿性电弧，使喷嘴内的电弧分解物经烧穿的壁孔喷射到喷嘴外部空间，导致动静主触头闪络，开断失败。在短路关合时，同样的原因，弧触头的预击穿电弧也会烧穿喷嘴壁，在 A 点附近形成穿孔。

因此，喷嘴座的端部圆角尺寸 R 希望不小于 15mm，而且使 R 曲面离开喷嘴以消除楔形气隙，并加大喷嘴 A 处壁厚。

10. 动弧触头—喷嘴内壁之间的环隙 S_e 设计

见图 9-16，环隙面积 $S_e = \pi(D_p^2 - D_h^2)/4$ 的大小，对电弧能量的利用影响很大。当 S_e 取值过大时，在电弧堵塞期 t_d 时段电弧能量对环隙中 SF$_6$ 的升温增压作用较小，因此环隙与下部气缸内的 SF$_6$ 温差与压差都小，传入气缸的热能较小，对气缸中 SF$_6$ 的升温增压作用也小。相反，合理控制环隙 S_e，就能使电弧能量的升温增压作用加强，而使压气缸的气吹能力提高、开断能力增强。

在现有的 550kV 单断口灭弧室基础上，通过近

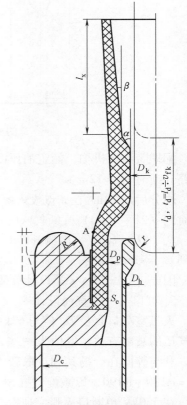

图 9-16 单气室半自能式灭弧室结构

似量化类比分析就可以对按上述思路设计的 1000kV 双断口灭弧室性能做出初步评价。

9.9 机构操作功及传动系统强度计算

9.9.1 运动件等效质量计算

将全部运动件质量归化于动触头。断路器分闸操作运动系统如图 9-17 所示。

1. 做直线运动的、与动触头相连的零部件（如动触头、喷嘴、热膨胀室、压气缸及其支持架、气缸杆、绝缘操作杆及连接销等件），其等效质量就是其真实质量（kg），m_1，m_2，m_3……

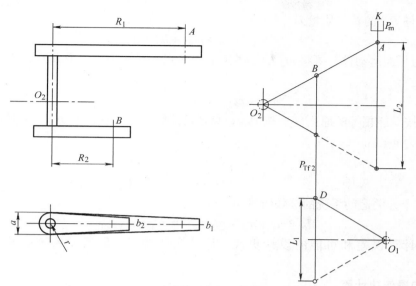

图 9-17　断路器分闸操作运动系统图
（K—做直线运动的灭弧室运动件）

2. 传动拐臂

（1）先求大小（内、外）拐臂真实质量 m_a，m_b，以及转轴（或套）的真实质量 m_c；

（2）求替代质量

大拐臂替代质量集中于（替代到）A 点后为 m_{A1}（kg）：

$$m_{A1} = \left[1.1 \frac{m_a R_1^2}{6} \times \frac{a+3b_1}{a+b_1} \right] / R_1^2 \qquad (9\text{-}12)$$

式中长度单位为 m，下同。

小拐臂替代质量集中于 B 点后为 m_B（kg）：

$$m_B = \left[1.1 \frac{m_b R_2^2}{6} \times \frac{a+3b_2}{a+b_2} \right] / R_2^2$$

转轴 O_2 替代质量集中于 A 点后为 m_{A2}（kg）：

$$m_{A2} = \frac{1}{2} m_c \cdot r^2 / R_1^2 \qquad (9\text{-}13)$$

小拐臂 m_B 折算到 A 点后为 m_{AB}（kg）：

$$m_{AB} = \left(\frac{O_2 B}{O_2 A} \right)^2 \times m_B \qquad (9\text{-}14)$$

（3）求等效质量 m_A

拐臂各部分的等效质量集中于 A 点后为 m_A（kg）

$$m_A = m_{A1} + m_{A2} + m_{AB}$$

3. 机构连杆及两端接头（BD 件）

（1）求连杆 BD 真实质量 m_{d1}，两端若有接头，求接头的真实质量 m_{d2}；

（2）求机构输出拐臂 $O_1 D$ 真实质量 m_{d3}，再按（9-12）式将 m_{d3} 替代到 D 点后得替代质量 m'_{d3}。

（3）杆件 *BD* 的替代质量为

$$m_d = m_{d1} + m_{d2} + m'_{d3}$$

BD 杆为平面运动件，可将 m_d 的一半集中于 *B* 点，另一半集中于 *D* 点，*B*、*D* 的替代质量（kg）为：

$$m_B = m_d/2, \quad m_D = m_d/2$$

最后，按动能相等的原则（亦按 *B*、*D* 点速度或转速半径比的平方），将质量 m_B 和 m_D 折算到 *A* 点为 m_{A-BD}（kg）：

$$m_{A-BD} = m_B \times \left(\frac{O_2 B}{O_2 A} \right)^2 + m_D \times \left(\frac{O_1 D}{O_2 A} \right)^2 \tag{9-15}$$

4. 求整个开关运动系统的等效质量 M_0（kg）：

$$M_0 = m_1 + m_2 + m_3 + \cdots + m_A + m_{A-BD} \tag{9-16}$$

考虑到计算误差和可能的设计更改，计算操作功时，取运动系统等效计算质量为 $M = 1.1 M_0$。

9.9.2 机构操作功计算

1. 分闸时加速功能 A_1（N·m）

$$A_1 = \frac{1}{2} M_0 v_f^2 \tag{9-17}$$

式中 M_0——运动系统等效值（kg）；

         v_f——平均分闸速度（m/s）。

2. 分闸时压气缸压气消耗的功 A_2

先假设气缸的压力特性 $p_t = f(l)$，如图 9-18 所示。

按下列原则定图 9-18 压力特性曲线：

a）在喷口开放时（堵塞时间 t_d）对应的触头行程点，气缸压力为 $1.7 P_0$，使喷口打开后能建立音速气吹。

b）在触头行程 $0.7 l_0$ 时，达到最高气压 $2.2 p_0$，l_0 为动触头全行程。

c）在 l_0 时气缸内有一定余气；$1.1 l_0$ 时压差为零。

为简化计算，以 △ABC 代替压力特性 $P_t = f(l)$，求气压消耗能量 A_2（N·m）：

$$A_2 = \frac{1}{2}(2.2 - 1)p_0 S \times 1.1 l_0 \times 10^{-3} \tag{9-18}$$

式中 p_0——产品额定 SF$_6$ 气压（MPa）；

        S——气缸截面积（mm^2）；

        l_0——压气行程（mm）。

3. 分、合闸时触头系统及动密封件摩擦消耗的功 A_3（N·m）

主触头摩擦力 P_{f1}，对应超行程 l_{c1}；

中间触头摩擦力 P_{f2}，对应全行程 l_0；

弧触头摩擦力 P_{f3}，对应超行程 l_{c2}；

转动密封件摩擦力（归算到绝缘操作杆下端后）为 $P_{f4a} = 150N$（经验收据），有些产品采用直动密封件，摩擦力较大（直动密封设置在绝缘操作杆下方）为：$P_{f4b} = 400N$（经验数据），轴密封件摩擦力 P_{f4a}（或 P_{f4b}）对应的行程为 l_0：

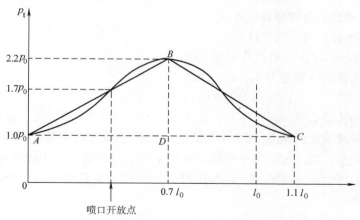

图 9-18 压气缸压力特性曲线

$$A_3 = P_{f1}l_{c1} + P_{f2}l_0 + P_{f3}l_{c2} + P_{f4a}l_0(\text{或 } P_{f4b}l_0) \tag{9-19}$$

式中 各种力的单位：N；

各种行程的单位：m。

4. 分闸时油缓冲器吸收的能量 A_d（N·m）：

缓冲器工作时，油缸中的油经排油孔高速排泄，形成较强的油流阻尼，将消耗一部分操作功，计算较复杂，工程设计快速计算时，常用经验数据（分闸功的 12% 左右）来处理：

$$A_4 = 0.12A_f \tag{9-20}$$

式中 A_f——分闸功（N·m）。

5. 合闸加速能量 A_5（N·m）：

$$A_5 = \frac{1}{2}M_0 v_h^2 \tag{9-21}$$

式中 M_0——等效质量（kg）；

v_h——平均合闸速度（m/s）。

6. 合闸缓冲器吸收的能量 A_6（N·m），常用经验折算式估算：

$$A_6 = \left(\frac{v_h}{v_f}\right)^2 A_4 \tag{9-22}$$

7. 分闸功 A_f（N·m）计算：

$$A_f = (A_1 + A_2 + A_3 + A_4)/\eta_1 \tag{9-23}$$

式中，$A_4 = 0.12A_f$，传动效率 $\eta_1 = 0.90$（考虑分闸弹簧、机构传动件能耗和开关传动件的能耗）

8. 合闸功 A_h（N·m）计算：

$$A_h = A_3 + A_5 + A_6 \tag{9-24a}$$

$$A_6 = \left(\frac{v_h}{v_f}\right)^2 \times 0.12A_f \tag{9-24b}$$

9.9.3　弹簧机构的分、合闸弹簧设计

1. 分（合）闸弹簧操作功设计

分闸弹簧功 $A_{Tf} = 1.1A_f$（取设计裕度 1.1）。

机构应提供的合闸弹簧功为 A_{Th}（N·m）；

$$A_{Th} = (A_f + A_h) / \eta_1 \eta_2 \tag{9-25}$$

式中　η_1——机构传动效率，$\eta_1 = 0.75$，它考虑了合（分）弹簧释放（储存）能量时弹簧自身要消耗的能量，还考虑了合闸弹簧力通过凸轮传递时摩擦消耗的能量。损耗多，因此传动效率较低，常取 0.75。链条传动机构可取 $\eta_1 = 0.80$。

　　　　η_2——开关传动装置的效率，$\eta_2 = 0.95$，开关传动装置通常很简单，因此传动效率较高。

2. 分（合）闸弹簧操作力设计

1）分闸簧设计，弹簧力释放行程 l_{Tf} 为已知（单位：m），预压（拉）力为 P_{Tf1}（N），终压（拉）力为 P_{Tf2}（N）：

$$A_{Tf} = \frac{1}{2}(P_{Tf1} + P_{Tf2}) \times l_{Tf} \tag{9-26}$$

式中，$P_{Tf1} = (0.4 \sim 0.6)P_{Tf2}$；根据 v_f 值及关合可靠性要求取 P_{Tf1} 值。

为满足 v_f 要求，通常希望 P_{Tf2} 取值大一些，P_{Tf1} 小一些；

为保持机构关合可靠（合到底），又希望 P_{Tf2} 小一些，而 P_{Tf1} 应取大。

机构是否能合闸到位要注意两点；

第一，足够的合闸速度 v_f（关合撞击动能）；

第二，分簧终压（拉）力与合簧预压（拉）力的差值（$\Delta P = P_{Tf2} - P_{Th1}$）设计很重要，对于一确定的开关和机构，当 v_f 确定后，差值 ΔP 有一个最小限值 ΔP_{min}，ΔP 超过此值时，机构合不到位。

按式（9-26）设计分簧操作功时，应使 $A_{Tf} = 1.1A_f$，以留适当的设计裕度。

2）合闸簧设计，合簧力释放行程 l_{Th} 为已知（单位：m），预压（拉）力为 P_{Th1}，终压（拉）力为 P_{Th2}，合簧功（N·m）应为：

$$A_{Th} = \frac{1}{2}(P_{Th1} + P_{Th2})l_{Th} \tag{9-27}$$

式中，$P_{Th1} = (0.6 \sim 0.8)P_{Th2}$（N）；为保证机构可靠合到位，希望 P_{Th1} 取值较大一些。

按式（9-27）计算的 A_{Th}，应留一定设计裕度，取 $A_{Th} = 1.1A_h$。

9.9.4　液压机构储能碟簧设计

1. 碟簧基本参数与特性

液压机构以碟簧代替 N_2 气储能，消除了温度对储能的影响，使机构工作压力更稳定。碟簧特点：刚度大，变刚性适于作储能装置。

（1）碟簧分三类，基本参数见图 9-19 和图 9-20 及表 9-7。

表　9-7

类　　别	碟簧厚度 t/mm	支承面和减薄厚度
1	<1.25	无
2	1.25 ~ 6.0	无
3	>6.0 ~ 14.0	有

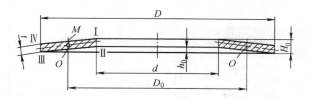

图 9-19 无支承面

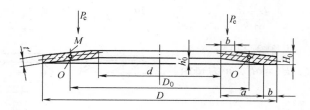

图 9-20 有支承面

图中：

外径 D、中性经 D_0、内径 d、厚 t（减薄厚 t'）、自由高 H_0、内截锥高 h_0（有支承面时为 h_0'）、变形量 f、与 f 对应的碟簧负荷 P、支承口宽 b、碟簧宽 a、钢碟簧弹性模量 $E = 206000\text{N}/\text{mm}^2$，泊松比 $\mu = 0.3$。

（2）碟簧变形与压力特性（单个碟簧特性曲线） 如图 9-21 所示，图中碟簧在 h_0/t 接近 1.6 时，压力在 $f = (0.6 \sim 1)h_0$ 范围内变化很小，适于液压机构贮能簧用。P_c 是压平时碟簧的负荷。

单个碟簧压力与变形的关系为

$$P = \frac{ft^3}{\alpha D^2} \cdot \left[\left(\frac{h_0}{t} - \frac{f}{t} \right) \left(\frac{h_0}{t} - 0.5\,\frac{f}{t} \right) + 1 \right]$$

$$(9\text{-}28)$$

式中　　　P——压力（N）；

D、h_0、t、f——尺寸（mm）；

　　　　α——系数（mm^2/N）。

$$\alpha = \frac{1}{\pi} \times \frac{\left(\dfrac{C-1}{C} \right)^2}{\left(\dfrac{C+1}{C-1} \right) - \dfrac{2}{\ln C}} \times \frac{1-\mu^2}{4E}$$

式中，$C = D/d$，当 $C = 2$ 时，$\alpha = 7.66 \times 10^{-7}\text{mm}^2/\text{N}$。

计算假设：

（1）受力碟片的截面不变形，只是绕

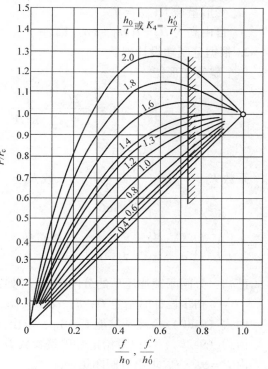

图 9-21 碟簧特性曲线

中性点 O 旋转；

（2）碟片负荷均匀分布在圆周上。

单个碟簧的刚度为

$$P' = \frac{\mathrm{d}P}{\mathrm{d}f} = \frac{t^3}{\alpha D^2} \cdot \left[\left(\frac{h_0}{t}\right)^2 - 3\frac{h_0}{t} \cdot \frac{f}{t} + \frac{3}{2}\left(\frac{f}{t}\right)^2 + 1 \right] \tag{9-29}$$

有支承面碟片负荷作用点不在内圆周和外圆周上，弹簧负荷和变形应作如下修正：

$$P_e = \frac{D-d}{2a} \cdot P, \qquad f_e = \frac{2a}{D-d} \cdot f, \qquad \frac{D-d}{2a} > 1$$

（3）碟簧组特性（见图 9-22）

a）叠合，力增大：$P_z = nP$，n 为每组
片数

变形量不变　$f_z = f$，

自由高为 $H_z = H_0 + (n-1)t$

b）对合，力不变：$P_z = P$

变形量增大　$f_z = if$，i 为对合时碟
簧片数。

自由高为 $H_z = iH_0$

c）复合，力增大

力增大　$P_z = nP$

变形量增大　$f_z = if$

自由高为 $H_z = i[H_0 + (n-1)t]$

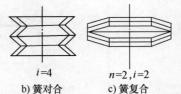

图 9-22　碟簧的三种组合方式

n=2

i=4

n=2, i=2

a）簧叠合　　　b）簧对合　　　c）簧复合

2. 根据分闸功设计碟簧

单个碟簧变形能

$$U = \int_0^f P \cdot \mathrm{d}f = \frac{2E}{1-\mu^2} \cdot \frac{t^5}{K_1 D^2} \cdot K_4^2 \left(\frac{f}{t}\right)^2 \cdot \left[K_4^2\left(\frac{h_0}{t} - \frac{f}{2t}\right)^2 + 1 \right] \tag{9-30}$$

系数 $K_1 = \dfrac{1}{\pi} \cdot \dfrac{\left(\dfrac{C-1}{C}\right)^2}{\dfrac{C+1}{C-1} - \dfrac{2}{\ln C}}$ 　　　系数 $K_4 = \sqrt{\sqrt{\left(\dfrac{C_1}{2}\right)^2 + C_2} - \dfrac{C_1}{2}}$，无支承面碟簧 $K_4 = 1$

$$C_1 = \left(\frac{t'}{t}\right)^2 \bigg/ \left(\frac{1}{4} \cdot \frac{H_0}{t} - \frac{t'}{t} + \frac{3}{4}\right) \cdot \left(\frac{5}{8} \cdot \frac{H_0}{t} - \frac{t'}{t} + \frac{3}{8}\right), \qquad C_2 = C_1\left[\frac{5}{32}\left(\frac{H_0}{t}-1\right)^2 + 1\right] \bigg/ \left(\frac{t'}{t}\right)^3$$

已知：分闸闭锁油压下的分闸功 A_{fb}（如：22kJ）。

　　　　初步设计时给定 D、d、t、H_0、n、i 及储能活塞总截面 S_C。

由式（9-30）令碟簧储能 $U = A_{fb}$，求出与 A_{fb} 对应的碟簧变形量 f_1；

由式（9-28）、f_1 以及给定的碟簧参数 D、h、t 计算出碟簧组的力 P；

由 $P = S_C \cdot P_{yb}$ 求出分闸闭锁油压 P_{yb}。

当给出了分闸缸截面 S_f 及活塞行程 l_0 时，由 $S_f \cdot P_{yb} \cdot l_0 = A_{fb}$，校核 P_{yb} 计算值的合

理性。

如果 P_{yb} 偏小（即算出 $S_f \cdot P_{yb} \cdot l_0 < A_{fb}$ 时），S_f 及 l_0 又不宜增大时，应加大 P_{yb}，为此，在 $P = S_C \cdot P_{yb}$ 式中，S_C 不变，必增大碟簧压力 P。

在式（9-28）中，调整参数 t、D、h_0 或 f，都可使 P 值增大。

9.9.5　开关操作系统强度计算

开关分合操作时，分闸加速度大于合闸加速度，因此，分闸操作力对零部件强度考核较严。

1. 最大工作负荷

按式（9-26）确定了分闸簧输出的终压（拉）力 P_{Tf2}，取 $P_{Tf1} = 0.4 P_{Tf2}$，使 P_{Tf2} 取偏大值，以适应强度核算的需要。见图 9-15，再将机构分簧输出力 P_{Tf2} 从外拐臂 B 点折算到内拐臂 A 点（亦绝缘操作杆下方）：

$$P_m = P_{Tf2}\left(\frac{O_2 B}{O_2 A}\right) \tag{9-31}$$

操作力 P_m 为做直线运动的、与动触头相连的零部件分闸时承受的极限力；

操作力 P_{Tf2} 为机构输出拐臂、连接杆件 BD 及开关外拐臂 $O_2 B$ 承受的极限力。

产品试验数据：145kV P·GCB：$P_{Tf2} = 29550$N（三相操作力）

252kV P·GCB：$P_{Tf2} = 20125$N（单相操作力）

产品进行零部件强度核算时，将分闸操作力（P_m 和 P_{Tf2}）作为静负荷处理。

2. 零部件强度核算

（1）抗张强度

$$P_b = S\sigma_s \geqslant K P_m（或 P_{Tf2}） \tag{9-32}$$

式中　S——零件最小受力截面积（mm^2）；

K 为设计安全系数，1.67（塑性料），2.5（脆性料）；

σ_s——材料塑性变形应力（MPa），对于无确定 σ_s 的金属材料零件，可取 $0.65\sigma_b$ 计算。

（2）抗剪强度

$$P_\tau = S \times \frac{\sigma_s}{2} \geqslant K P_m（或 P_{Tf2}） \tag{9-33}$$

（3）螺纹抗拉强度

$$P_{\tau a} = 0.75\pi d_1 btn\tau \geqslant K F_m（或 P_{Tf2}） \tag{9-34}$$

式中　d_1——螺纹中径（mm）；

b——螺纹宽系数 $b = 0.87$；

t——螺距（mm）；

n——螺纹圈数；

τ——材料抗剪应力（MPa）。

无缝钢管 $\tau = \sigma_{0.2}$；优质冷拉钢材 $\tau = \sigma_s$；铝材 $\tau = \sigma_b/2$。

（4）绝缘操作杆强度计算

按式（9-32）设计绝缘杆件及接头强度：

用湿法缠绕环氧玻璃布管时，式中 σ_s 取 $0.65 \times 100 \text{MPa}$；

用真空浸渍环氧玻璃布管时，式中 σ_s 取 $0.65 \times 400 \text{MPa}$；

接头用合金铝棒 2A12-T4，式中 σ_s 取 $0.65 \times 390 \text{MPa}$；对于操作负荷特别大的绝缘操作杆，金具可选用超硬铝 7A04，式中 σ_s 取其 $\sigma_{0.2} = 420 \sim 460 \text{MPa}$，$\tau = 290 \text{MPa}$。

按下式设计接头粘接强度：

$$P_j = \pi D_j l_j [\sigma_j] > 1.67 P_m \tag{9-35}$$

式中　D_j——粘接环面直径（mm）；

　　　l_j——粘接环面高（mm）；

　$[\sigma_j]$——许用粘接应力，15MPa，见表 6-5。

3. 强度核算力

断路器分闸时，有由分闸加速度计算出的分闸加速冲击力 F_c，也有分闸弹簧的终拉（压）力 F_{T2}，这是个逐渐衰减的持续力。应该用什么力来核算传动件强度呢？

通常 F_c 要比 F_{T2} 大 1 倍以上，因为我们没有冲击许用应力来判断计算结果，因此不能用 F_c 作为零部件的强度核算力。

由分闸弹簧释放的 F_{T2} 是一个在分闸过程中逐步衰减的分簧最大力，把它作为持续不变的力来校核传动件的强度已比实际工况严酷了，而且让计算应力比相应的许用应力又要小一些（这实际是又加了设计裕度），设计者只能通过这个办法来考虑分闸加速冲击力的影响——这比把加速冲击力 F_c 当持续力用来核算强度更合理一些。

第 10 章　密封结构设计

密封结构设计是 SF_6 电器的基本设计之一，密封性能的优劣对 SF_6 电器的使用性能具有极重要的影响。

10.1　密封机理

SF_6 气体通过密封环节渗到产品壳体外部的现象称为泄漏。泄漏有两种：穿透 O 形橡胶密封圈的泄漏和通过密封接触面的泄漏。前者与橡胶材质有关，其泄漏量与后者相比，通常很小。本章重点讨论通过接触面的泄漏及防漏措施。造成接触面泄漏的原因有：一是接触面有间隙；二是密封圈两侧有压差。

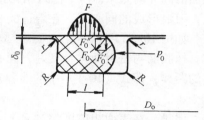

图 10-1　O 形圈的密封机理

O 形密封圈借助压紧变形后的橡胶弹力 F 使密封圈与密封面互相靠紧，见图 10-1。而产品内的 SF_6 气压 p_0 在密封圈上形成一个与密封面垂直的法向力 F_0'，此力 F_0' 使密封圈与密封面分离。合力（F 与 F_0' 之差）称为密封力。由于温度影响，F 值常随温度下降而变小，由于密封面表面状况的非均匀性，或者密封圈压缩变形量设计得不合理，都可能导致在常温时或低温时在密封圈的某点（或某段）出现密封力为零甚至小于零，而导致密封圈与密封面在微观上分离，而出现 SF_6 泄漏。

按流体力学理论可推导出，当上下板（法兰）固定时，流体通过缝隙的泄漏流量 Q 为

$$Q = \frac{b\delta^3}{12\eta l}\Delta p \tag{10-1}$$

式中　b——O 形密封圈周长，$b = \pi D_0$（D_0 为 O 形圈中径）；

　　　δ——O 形圈与法兰分离间隙；

　　　l——O 形圈压紧时与法兰接触环面宽；

　　　η——流体的动力黏度；

　　　Δp——壳体内外压差，$\Delta p = p_0$（表计气压）。

10.2　影响 SF_6 电器泄漏量的因素

从设计、加工、生产管理等多方面分析，以下各因素对开关 SF_6 泄漏量有较大影响。

（1）密封圈压缩率的影响

从式（10-1）看出，减小 δ 和增大 l 是减少泄漏的最重要因素。当压差 p_0 一定时，增大密封圈的压缩率（即增大弹性力 F）就能减小 δ，直至 $\delta = 0$。但是，密封圈的压缩率不能

太大，否则会增大压缩永久变形，使密封圈使用寿命缩短。

对多种橡胶密封圈试品的密封试验表明，金属—金属法兰密封和金属法兰—瓷件密封，对 O 形圈压缩率有不同的要求，合理的压缩率列于表 10-1。

表 10-1　O 形圈压缩率

密封试验	密封面材质	压缩率（%）
静　密　封	金属—金属法兰	25
	瓷件—金属法兰	30
动密封和侧面密封	金属轴—金属套	12

考虑到动密封装配的要求和控制运动轴的转（直）动摩擦阻力的要求，动密封压缩率不允许取较大值，只能限定在 12% 左右。由于压缩率较小，因此用 O 形圈作为动密封，其气密性不太好，重要部位不宜采用。在 GCB/GIS 密封设计中，O 形圈在运动轴上常作为防尘圈使用。

（2）密封面表面粗糙度的影响

早期设计曾流行"越光越好"的概念，因此密封面车好后再滚挤压加工，以获得近于镜面的高光滑效果。SF$_6$ 密封结构的研究试验结果反复证实：用车（镗）刀加工的密封面上，刀痕形成的同心圆，在合适的表面粗糙度（$R_a = 3.2 \sim 6.3 \mu m$）范围内对气密性有利。

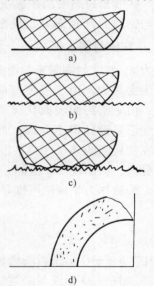

如图 10-2b 所示，在表面粗糙度（$R_a = 3.2 \sim 6 \mu m$）范围内，橡胶圈与密封面弥合良好，同心圆刀纹增大了 SF$_6$ 泄漏通道的距离，即式（10-1）中的泄漏通道 l 实际值增大了，泄漏量变小。

但是，在表面粗糙度超过 $R_a 12.5 \mu m$ 时，如图 10-2c 所示，O 形圈与密封面接触不良，易漏气。相反，滚挤压镜面太光，得不到同心圆刀纹的"阻力"作用，其气密性也不令人满意，见图 10-2a。

用砂轮磨制的瓷密封面，其磨痕不是封闭的同心圆，而是杂乱无章的、断续的短线（线长为 $3 \sim 6 mm$），相当一部分磨痕是顺着 SF$_6$ 泄漏通道的方向（径向），见图 10-2d。因此，瓷件的密封比金属件密封更困难，克服这一困难的有效措施：一是适当加大密封圈的压缩率（见表 10-1）；二是严格控制瓷密封面的表面粗糙度，精磨至 $R_a = 1.6 \mu m$，将磨痕对气密性的破坏作用限制到尽可能小；三是用净布（纸）沿瓷套径向擦净污迹和瓷粉，并用手摸密封面一定要无瓷粉滚动的感觉，仅目视"干净"是不行的。

图 10-2　密封面微观示意
a) 滚压近于镜面　b) 车（镗）面 $R_a 3.2 \sim 6.3 \mu m$　c) 车（镗）面 $R_a 12.5 \sim 25 \mu m$　d) 瓷密封面磨痕

（3）密封槽形的影响

密封槽一般取矩形，见图 10-1。当零件尺寸十分紧张，矩形槽布置很困难时，可用三角形槽，见图 10-3。法兰密封面或密封槽外的法兰面因切削加工平面度的影响或焊接变形的影响，装配好后两法兰面间在微观上总存在一定的间隙 δ_0（见图 10-1），在气压 p_0 作用下，橡胶圈可能被挤入该缝隙，在密封槽内、外圆的上棱倒圆角 r，可保护密封圈不被夹角剪坏；密封槽的下圆，也倒圆角 R，可以减轻密封圈在气压 p_0 作用下过分挤入槽根部产生永久变形的可能性。

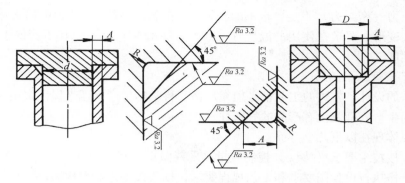

图 10-3　三角形静密封槽

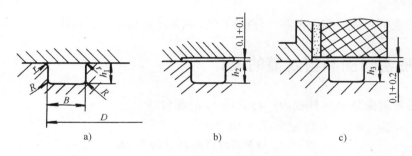

图 10-4　三种不同深度的静密封槽

矩形密封槽的深度，在不同的情况下有所差异。见图 10-4a，槽外径 D 较小时，上部盖板密封面和整个法兰平面都按 $R_a = 3.2\mu m$ 加工，槽深为 h_1，当槽外径 D 较大时，见图 10-4b，上部盖板先按 $R_a = 12.5\mu m$ 加工，再在与 O 形圈接触部分精车（镗）密封面（$R_a = 3.2\mu m$），深 $0.1^{+0.1} mm$，因此在密封圈压缩率不变的前提下，$h_2 = h_1 - 0.2mm$。当槽的上部是瓷件时，因瓷密封面比其法兰面下凹 $0.1^{+0.2} mm$，同样原因，此时槽深 $h_3 = h_1 - 0.3mm$，见图 10-4c。

槽宽 B 值应大于 O 形圈线径 d，使槽留有足够的空间，使 O 形圈装好后，它只产生变形而不出现体积压缩，也就是使 O 形圈的内圆侧（受压侧）与密封槽内圆侧（非密封面侧）保持一定的间隙（见图 10-1）。密封圈在工作时如果出现体积压缩，就会明显增大压缩永久变形，缩短使用寿命。

使用 O 形圈的动密封和侧面静密封槽形，对槽深有特殊要求，应按表 10-3 的 h_4 取值。侧面密封槽可放在轴上也可放在套上，见图 10-5。

（4）密封圈材质的影响

对 SF_6 电器密封性能影响较大的两个主要的橡胶性能分述如下：SF_6 电器属较低气压（$0.4 \sim 0.6MPa$），对泄漏率控制很严（年泄漏率为 $0.5\% \sim 1\%$），要求橡胶硬度适中（70 左右）。硬度不宜太高，否则密封圈与密封面之间很难获得良好的弥合性。硬度太低也不好，虽有良好的弥合性

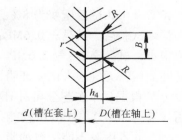

图 10-5　使用 O 形圈的
动密封和侧面静密封槽

能，但接触压力（密封力）不足，也不能获得良好的密封性能（见图10-1）。第二个重要性能是压缩永久变形，要求在使用的温度（ $-40℃ \sim +80℃$ ）范围内其压变低于20%，并有良好的密封性能。

(5) 生产管理水平的影响

任何优秀的设计、先进的工艺都必须靠严格、科学的生产管理来保证实施。可以说，没有严格科学的生产管理就没有产品的气密性。

管理主要体现在以下几个方面：

原材料：按技术要求（协议）控制质量，妥善保管，谨防变质。

加工：严格执行设计图要求和工艺规程要求，按图按工艺要求检验。

工件转运和保管：用专用工位器具（或必要的包装）转运与保管，文明操作，谨防碰撞划伤和雨水侵蚀。

组装：发现密封面损伤件拒装。仔细清理，确保产品清洁度，按图按工艺要求装配。

10.3　O 形密封圈和密封槽的设计

10.3.1　O 形密封圈直径（外径 D ）与线径 d_0 的配合

根据使用经验， d_0 与 D 的配合见表10-2。

表 10-2　O 形密封圈 d_0 与 D 的尺寸配合

O 形密封圈线径 d_0/mm	O 形密封圈外径 D 可选范围 /mm	O 形密封圈线径 d_0/mm	O 形密封圈外径 D 可选范围 /mm
1.9	<14	5.7	60 ~ 300
2.4	16 ~ 26	8.4	200 ~ 600
3.5	28 ~ 56	10	600 ~ 1500

10.3.2　密封圈材质的选用

我国已有 50 多年研究、生产和使用多种材质 O 形密封圈的经验，对于 SF₆ 气密封比较好的橡胶是：

陕西华兴橡胶制品有限公司研制的 HX807 三元乙丙胶，其优异的性能受到国内外高压电器行业的关注。其邵氏硬度适中（70）；100℃ ×70h 试后压变12%（压缩率为25%）；80℃ ×5000h 试后压变15.6%，试后充 0.6MPa SF₆ 气体检漏结果：年漏气率0.022%；经 $-40℃ ×168h$ 试后压变为 8%，充 SF₆ 检漏：不漏；经（ $-50℃ ×4h \xrightarrow{2h} 80℃ ×4h$ ）×10 个循环试验后，试品充 0.6MPa SF₆ 检漏：不漏；脆性温度为 $-60℃$ ；HX807 橡胶材料透气率很小，试品充 He 气 2.6MPa ×24h 试验后，检查 O 形圈表面无裂纹和膨胀点等异常变化，切断面质密无气泡。试验证明，HX807 耐受 $-40 \sim 80℃$ 高低温性能都很好，使用寿命 20 年以上（根据日本东芝公司对 HX807 进行的加速老化试验，该材料常态使用条件下使用 50 年后压变为 30%）。HX807 性能指标详见表10-3。

三元乙丙胶不能接触油脂，使用时应注意。

G22B 三元乙丙胶可作为 HX807 的代用胶使用。G22B 性能指标详见表10-4。

液压机构宜选用 5171 混炼橡胶，其性能指标见表10-4。

各种轴用气密封圈推荐使用耐磨损能力强的 P236 丁腈橡胶（华兴橡胶制品有限公司配制），性能指标见表 10-4。

各种机构箱、控制箱门封条以及其他非油中使用的 SF_6 气密封垫（极）都可使用 HX807（G22B 可代用）。

表 10-3　混炼胶 HX807（改性三元乙丙橡胶）**材料性能**

项　目		单位	混炼胶 HX807 性能指标
常态试验	硬度（邵氏 A）	度	70 ± 5
	密度	g/cm³	1. 12 ± 0. 02
	扯断强度	MPa	10 ~ 20
	扯断伸长率	%	150 ~ 300
	拉伸应力（100% 伸长）	MPa	2. 5 ~ 5. 0
	撕裂强度	MPa	5 ~ 8
	TR 试验 TR10	℃	≤ － 40
	TR50		≤ － 25
恒定形变压缩永久变形（压缩 25%）	100℃ × 22h	%	5 ~ 10
	100℃ × 70h		10 ~ 20
	100℃ × 30d		20 ~ 30
回弹性		%	35 ~ 45
加压应变力（直径为 10mm，每 1cm 长度）	在 15% 时	N	50 ~ 60
	在 25% 时		110 ~ 130
允许的工作温度	极限值	℃	－ 50 ~ ＋ 100
	连续		80
热空气老化试验	硬度变化率	%	± 2
	定伸强度变化率		± 5
	扯断伸长变化率		± 10
低温性能试验	泄漏试验（－ 50℃）	—	无泄漏
	低温弯曲试验 － 40℃ × 5h	—	无裂开
	脆性温度	℃	－ 60
	低温压缩变形（－ 40℃ × 168h 后）	%	8
80℃ × 5000h 寿命试验（O 形圈装入模拟 GIS 工况的试验工装内）			试后测气密性年泄漏率为 0. 022%
材料穿透泄漏（充氦气 2. 6MPa × 24h）			表面无变化，断面质密无气泡
耐候性（紫外线光、热空气）			良好
耐臭氧性（耐臭氧，紫外线拉伸 30%）＞ 360d			良好
腐蚀及黏着试验（24℃ ± 3℃ × 72h，湿度 92%，负荷 9 ~ 13. 6N）		—	无腐蚀
耐水（冷水、热水、饱和蒸汽）			良好
耐矿物油、芳香剂、氯化物、碳氢化合物			劣
耐磨损性			较差

注：HX807 材料性能由陕西华兴橡胶制品有限公司提供。

表 10-4　混炼胶 G22B（三元乙丙胶）、混炼胶 5171 及 P236（丁腈橡胶）材料性能

	项　目	单位	性能指标		
			混炼胶 G22B（三元乙丙胶）	混炼胶 5171	P236
常态试验	硬度（绍尔 A）	度	70	77	73 ~ 83
	密度	g/cm³	1.08	—	—
	扯断强度	MPa	≥15.8	≥11	14.7
	扯断伸长率	%	≥298	≥160	≥200
	拉伸应力（100% 伸长）	MPa	≥3.5	—	—
	扯断永久变形	%	≤4	≤8	≤10
	撕裂强度	MPa	≥2.9	—	—
耐臭氧性（拉伸 50%）浓度 330ppm		—	10h 无变化		
恒定形变压缩永久变形		%	≤25（100℃×24h） ≤35（100℃×168h） ≤38（150℃×24h）	10 号液压油中压缩30%，100℃×70h，不大于 67	压缩25%，100℃×24h，不大于 45
24h 抗介质溶胀（质量法）		%	—	2 号煤油 18 ~ +28℃， 0 ~ +7	—
48h 抗介质溶胀（体积法）		%	—	10 号液压油70℃， 0 ~ +10	25 号变压器油100℃×72h， −5 ~ +3
老化系数（100℃×70h）		—	≥0.99（150℃×24h） ≥0.46（100℃×12h）	≥0.70	—
耐寒系数（20% 压缩）		—	2.9		—
脆性温度		℃	−60		—
工作温度		℃	−40 ~ +80℃	10 号液压油中， −60 ~ +100℃	−40 ~ +80℃
耐磨损能力			较差	较好	很好

注：混炼胶 5171 应符合 GJB 250A 的规定；P236 性能指标参数由陕西华兴橡胶制品有限公司提供。

10.3.3　密封圈表面要求

（1）无气泡、缺料、划伤。

（2）为保证密封圈表面光滑，模具表面粗糙度不低于 $R_a = 0.8\mu m$。

（3）修净合模飞边，不允许划伤工作表面。

10.3.4　密封槽尺寸设计

密封槽尺寸可按表 10-5 选用。

表 10-5　密封槽尺寸设计

O 形圈线径 d	B	h_1	h_2	h_3	h_4	R	r	A
1.9	$2.5^{+0.1}_{0}$	$1.4^{+0.05}_{0}$	—	—	$1.5^{+0.05}_{0}$	≤0.2	≤0.1	$2.6^{\pm0.1}$
2.4	$3.2^{+0.15}_{0}$	$1.8^{+0.05}_{0}$	—	—	$2^{+0.05}_{0}$	≤0.2	≤0.1	$3.2^{\pm0.1}$
3.5	$4.5^{+0.15}_{0}$	$2.6^{+0.1}_{0}$	—	—	$3^{+0.1}_{0}$	≤0.2	≤0.1	$4.7^{\pm0.1}$
5.7	$7.5^{+0.2}_{0}$	$4.2^{+0.1}_{0}$	$4.0^{+0.1}_{0}$	$3.9^{+0.1}_{0}$	$5^{+0.1}_{0}$	≤0.4	≤0.2	$7.6^{\pm0.1}$
8.4	$11^{+0.2}_{0}$	$6.3^{+0.1}_{0}$	$6.1^{+0.1}_{0}$	$6.0^{+0.1}_{0}$	$7.5^{+0.1}_{0}$	≤0.4	≤0.2	$11.5^{\pm0.3}$
10	$13.2^{+0.25}_{0}$	$7.4^{+0.1}_{0}$	$7.2^{+0.1}_{0}$	$7.1^{+0.1}_{0}$	$9^{+0.1}_{0}$	≤0.4	≤0.2	—

注：表中尺寸 B、h_1、h_2、h_3 见图 10-4，h_4 见图 10-5，R、r 见图 10-1，A 见图 10-3。

10.4　SF_6 动密封设计

10.4.1　转动密封唇形橡胶圈设计

（1）在油封结构中广泛使用的骨架油封（制造标准 GB/T 9877—2008），是一种唇形橡胶圈，内设金属骨架，有弹簧箍紧胶圈内圆唇边，动态密封良好，在 SF_6 开关中也得到了广泛的使用，效果很好。

（2）它的主要特点是：结构简单，尺寸不大，一圈一密封线（唇边线），多圈重叠使用，比较经济，密封可靠（见图 10-6）。

（3）每轴用三圈，两圈带箍紧弹簧的唇边朝向产品内侧，一圈唇边朝向大气侧。唇边朝外的 c 圈在产品抽真空时发挥重要的密封作用。由于箍紧弹簧的作用，c 圈在产品工作时对内部 SF_6 也有气密性功能。

a 圈内侧的聚四氟乙烯垫，与轴和密封座间的间隙较小（H8/f8 配合），对轴有较稳的中间支持作用，可平衡操作时的径向冲击力，对密封圈有保护作用。

c 圈外侧设置挡圈 A，防止密封圈轴向窜动。轴承盖防止轴及其密封件的外窜，对轴进行轴向定位。轴承盖上设置 O 形圈 d，对轴进行防水防尘保护。

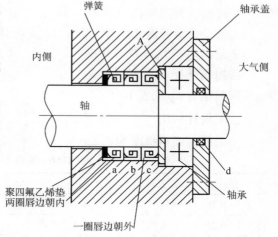

图 10-6　唇形转动密封圈

（4）唇形橡胶圈所用的胶料十分繁杂，SF_6 电器推荐选用耐磨性好的丁腈橡胶 P236，不宜用其他牌号胶代用。

（5）唇形圈主要用于转动密封。

10.4.2　X 形动密封圈设计

如图 10-7 所示，断面为 X 形的橡胶圈作为 SF_6 电器的转动和直动密封圈已开始被高压电器设计者广泛使用。它有三个特点：

1）结构简单，只需一只（或两只）X 形动密封圈与一只防尘的骨架唇形密封圈配合使用，不用压紧弹簧；

2）密封可靠；

3）动摩擦阻力小。

设计计算方法：

先选定轴径 D_1 及 X 圈高 h_1（参见表 10-6）：

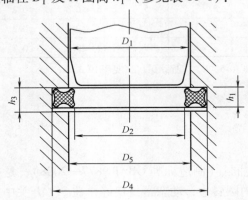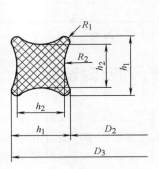

图 10-7　X 形动密封圈

X 形动密封圈内径 $D_2 = D_1 - 2fh_1$（压缩率 f 见表 10-6）；

X 形动密封圈外径 $D_3 = D_2 + 2h_1$；

X 形动密封圈断面尺寸见图 10-7 及表 10-6；

密封槽内径 $D_5 = D_1 + 0.3$；

密封槽外径 $D_4 = D_3 - 0.3$；

密封槽宽 h_3 见表 10-6；

公差设计：$D_1{}^{\ 0}_{-0.05}$，$D_2{}^{+0.15}_{-0.15}$，$D_3{}^{+0.2}_{0}$，$D_4{}^{+0.08}_{0}$，$D_5{}^{+0.08}_{0}$；

密封槽表面粗糙度为 $3.2\mu m$。

表 10-6　X 形动密封圈及密封槽尺寸　　　　（单位：mm）

h_1	h_2	h_3	R_1	R_2	f	D_1 适用范围
3.5 ± 0.10	$2.5_{-0.10}$	$4.5^{+0.15}$	0.6	2	0.20	$15 \sim 20$
5.7 ± 0.15	$4.5_{-0.15}$	$7.5^{+0.20}$	1	3	0.16	$25 \sim 60$
8.4 ± 0.15	$7.0_{-0.15}$	$11^{+0.20}$	1	3	0.16	$\geqslant 65$

为提高 X 形动密封圈耐磨性和减小摩擦力，橡胶硬度宜取 75，比静密封圈稍高。

为润滑动密封轴和改善低温时的密封性能，在密封圈槽内填充 7501 真空密封脂。该脂在 $-45 \sim 100℃$ 广阔的温度范围内具有良好的物理特性（柔性无明显变化与常温时相近，低温不硬高温不流），润滑效果好，尤其在 $-45℃$ 低温时柔性脂膜附着于密封圈与传动轴表面，能显著地改善密封圈的低温气密性，以补偿密封圈低温变硬造成的不良影响。

为改善静密封处的密封性能，在密封槽内和 O 形圈上抹 D05RTV 白色密封胶（参见

2. 3. 2 节）。

10.4.3　矩形密封圈直动密封设计

直动密封采用矩形截面密封垫，耐磨损能力强，气密性很好，运行使用经验成熟。缺点是密封杆行程大摩擦阻力消耗的操作功大。

如图 10-8 所示，直动密封杆的直径 d_0 常用范围为 $\phi 20 \sim \phi 60mm$（公差 d_8）。

密封圈 1，共 6 块，内径为 d_0（公差 D_8），外径为 $d_1 = d_0 + 10mm$（$d_0 = \phi 20 \sim \phi 30mm$ 时），或 $d_1 = d_0 + 14mm$（$d_0 = \phi 40 \sim \phi 60mm$ 时），公差为 d_8。密封垫厚 $t = 2mm$（$d_0 = \phi 20 \sim \phi 30mm$ 时）或 $3mm$（$d_0 = \phi 40 \sim \phi 60mm$ 时）。选用与 O 形圈同样牌号的橡胶压制，模具表面粗糙度应为 $R_a 0.8\mu m$。密封套 5 的内径为 d_1（公差 D_8）。

密封垫常用 6 只分三组装配，组间隔装一片导向垫 2，其尺寸与密封垫相同，用聚四氟乙烯材料加工。它的功能一来给直动密封杆导向，二来承受分合闸操作时传递给直动密封杆上的径向分力，以保护密封圈不受操作分力的破坏。

密封圈的气密性靠其内、外径分别与密封杆、密封套紧密接触来保证的，其接触压力构成了 SF_6 泄漏阻力。密封面的接触压力由压紧弹簧 4 提供。

弹簧力 F 由下式确定

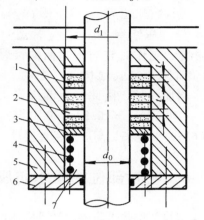

图 10-8　直动密封结构
1—密封圈　2—导向垫　3—压板
4—弹簧　5—密封套　6—盖板
7—7501 真空密封脂

$$F = \pi d_0 f_{d1} \tag{10-2}$$

式中　f_{d1}——转轴单位周长上的密封力（N/cm），$f_{d1} = 100N/cm$（经验数据），当 f_{d1} 小于此值时可能泄漏；

$\quad\quad d_0$——转轴直径（cm）；

$\quad\quad F$——弹簧压紧力（N），F 力随转轴直径增大而增加，当 F 力不足时会产生泄漏。

压紧弹簧可采用螺旋弹簧或碟簧。碟簧体积小而压力大。

10.5　高严气密封设计

目前 SF_6 电器通用的年漏气率为 $0.5\% \sim 1\%$，如果额定气压与补气气压的压差为 $0.05MPa$，年漏气率能保持长期不变时，补气周期为 20 年。

但是产品的年漏率"长期不变"是很难的。制造的产品质量有分散性，运行时导致漏气率增大的因素也多，因此不是每台产品都能保持年漏气率长期不变。

某些特殊环境运行的重要产品（如过江河隧道中的管廊 GIL、大城市市区综合地下管廊中的 GIL 等）会提出更低的年漏气率要求。

高严气密封可采取两点专用措施：

1. 采用内置式盆式绝缘子（单泄漏通道双密封圈，见图 10-9a），与外置式盆式绝缘子（双泄漏通道单密封圈）相比，年泄漏显著减小到：

$y_2 = 0.5\% \times 0.5 \times 0.5 = 0.125\%$

2. 采用近似椭圆密封圈（见图 10-9b）

以代号为 T10 的椭圆密封圈为例，截面尺寸 $d_1 = 10$，$d_2 = 16$，$r = 5$，$R = 25$，密封槽宽 $B = 19$，槽深 $h_1 = 7.4^{+0.1}$（压缩率 25%）。与常规 O 形圈相比，工作时它与密封面的接触环面（前述计算式（10-1）中的 l 值）至少增加一倍，由此年泄漏率又可减少一半：$y_2 = 0.5 \times 0.125\% = 0.0625\%$，能满足高严气密性要求。

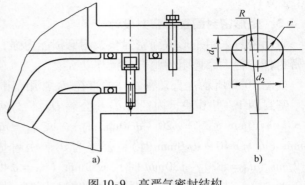

图 10-9　高严气密封结构

10.6　密封部位的防水防腐蚀设计

密封部位防水防腐设计是高压电器中的重要环节之一，是用来防止产品外的介质对产品密封部位的侵蚀和大气中水分的入侵。防水防腐性能的优劣，对产品的使用性能具有非常重要的影响。

大气中水分、紫外线、高低温度、污秽等如果与密封材料（圈）直接接触，会加速密封材料（圈）老化失效；裸金属密封面接触水分、污秽、紫外线等其他介质，会产生腐蚀，破坏密封面结构，引起密封功能失效。

防水防腐蚀结构设计：

1）各种静密封面：在密封槽底面、外侧面及外侧大法兰面全部涂白色密封胶 KE45（W）。

2）户外产品在静密封法兰外侧涂覆半透明的防水胶 KE45(T)。法兰外侧涂防水胶处应倒角 C4 ~ C6。

3）各种动密封轴（裸金属面）及密封圈上涂覆 7501 密封硅脂，并在轴的大气侧盖板上设置防尘（水）密封圈。

附水防腐蚀结构设计见表 10-7。

表　10-7

序号名称	环境	结构方案图	局部详图		
1. 静密封法兰面	户内/户外		C4～C6	涂抹密封胶KE45(W)	户外产品加涂防水胶KE45(T)

（续）

序号名称	环境	结构方案图	局部详图
2. 观察窗密封面	户内/户外		涂KE45(W)密封胶 户外产品加涂防水胶KE45(T)
3. 可拆卸母线筒	户内/户外		O形密封圈及槽内涂7501密封硅脂 户外时,涂防水胶KE45(T)
4. 气体检测接口	户内/户外		涂抹密封胶KE45(W) 户外产品加涂防水胶KE45(T)
5. 各种动密封	户内/户外		户外时,涂防水胶KE45(T) 该金属面涂油漆(或镀锌) 防尘(水)密封圈 轴及密封圈内外涂7501密封脂

第 11 章　GIS 中的 DS、ES 和母线设计

本章将介绍 GIS 中的元件隔离开关（DS）及接地开关（ES 和 FES）设计中的几个重要问题。处理好这几个问题就能顺利实现 DS、ES 的如下功能要求：

（1）DS 应满足切环流的要求。

（2）DS 能可靠切合小电容电流。

（3）ES、FES 能在合闸位置承受规定的动热稳定电流，快速接地开关 FES 能快速可靠地关合规定的短路电流。

本章还介绍了三工位隔离开关的基本结构和主要设计要领。

11.1　三工位隔离开关的基本结构

为了简化 GIS 一次和二次系统的结构，以提高 GIS 运行可靠性，近年来三工位隔离开关（DES）得到迅速发展，在 126～252kV GIS 中推广使用。DES 将 DS 和 ES 合为一体，用一台机构操作，缩小了 GIS 体积，简化了 DS 与 ES 间的机械和电气联锁。基本结构分两大类：动触头直动型和转动型。如图 11-1a、b 和 e 所示，动触头①由齿轮—齿条传动做直线运动；图 11-1c、d 所示动触头①由拐臂操作旋转运动。DES 动触头有一个中间位置，与主静触头和接地触头都分离，如图 11-1a～e 五图所示。图 11-1a～d 多用于电压等级较低的三相共箱的 DES，将主母线与隔离、接地开关融为一体，结构十分紧凑。图 11-1e 是独立式 DES，与母线分立，目前 GIS 的 CB 在 252kV 及以上都是分箱式结构，因此 DES 相应也用分箱式的（三相分箱与母线分离）。

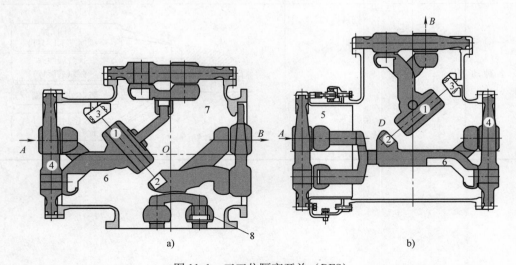

a)　　　　　　　　　　　　　　　b)

图 11-1　三工位隔离开关（DES）

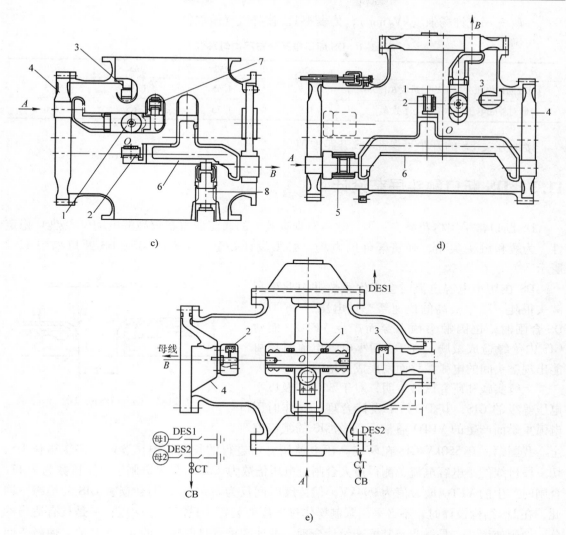

图 11-1 三工位隔离开关（DES）（续）

1—动触头 2—静主触头 3—接地触头 4—盆式绝缘子 5—可拆的母线外壳

6—主母线 7—接电压互感器的触头 8—接电缆头的插头

11.2 DS 及 ES 断口开距设计

DS 断口开距与电压等级、SF_6 气压（及对应的允许场强）和触头屏蔽设计（即断口电压分布的均匀性）有关。通常断口开距 l_k（mm）按下式计算

$$l_k = K_6 K_{11a} \frac{U_s}{E_1} \tag{11-1}$$

式中 K_6——设计裕度，$K_6 = 1.16$；

　　K_{11a}——DS 断口电压分布不均匀系数，见表 11-1；

　　U_s——DS 断口雷电冲击耐受电压，（kV）；

E_1——允许场强（kV/mm），见表 4-1。按补气气压取值。

表 11-1　DS 断口电压分布不均匀系数 K_{11}

额定电压/kV	126	252	363	550
DS 断口电压分布不均匀系数 K_{11a}	1.5	1.45	1.35	1.3
屏蔽对外壳电压分布不均匀系数 K_{11b}	1.8	1.75	1.65	1.6

接地开关 ES 的开距可参照 DS 开距取值。

11.3　DS 断口触头屏蔽设计

DS 断口常采用梅花触头，因片数多而具有较大的通流能力和较高的电动（及热）稳定性。为缓和触头尖角、弹簧等件的电场，必须设计好触头屏蔽。GIS—DS 断口如图 11-2 所示。

DS 在切小电容电流时会产生重燃并由此出现波头很陡、频率极高的快速暂态过电压（VFTO），DS 合闸时，也因触头预击穿而产生 VFTO，而对 GIS 内绝缘造成威胁。在 DS 切小电容电流时还可能出现触头间的电弧漂移而发展成对地闪络。

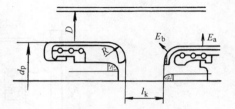

图 11-2　GIS—DS 断口的屏蔽及铜钨

运行实践和研究试验表明，对于 550kV 及以下电压等级的 GIS，其 DS 如果设计合理，操作时因电弧重燃而产生的 VFTO 通常不危及 GIS 的绝缘安全。我国第一套 550kV GIS 在西安高压电器研究所进行的长期带电试验时，多次操作 DS，切一段母线的小电容电流，测得最大合闸过电压倍数为 2.21，最大分闸过电压倍数为 2.11。合闸时产生的 VFTO 最大值为 994kV，但持续时间仅为 1 ~ 2μs，不会损害 GIS 的绝缘。因此，在 DS 结构设计时，不必采用限制操作过电压的装置，只需注意两点：一是具有适当的分、合闸速度；二是触头及其屏蔽设计合理。设计的重点是取较大的 d_p 及 R 值，使触头间及触头对地间电场分布较均匀且最大场强值不太高，以防止开断时的电弧漂移。

为了防止电弧漂移，将开断电弧可靠地限定在触头屏蔽之间，要求触头屏蔽直径 d_p 不能太小；否则，可能因电动力作用，电弧弧根漂出屏蔽端面飞向侧表面，直到对外壳闪络。

为此，要求触头屏蔽直径 d_p（mm）为

$$d_p = (2 \sim 3) l_k \tag{11-2}$$

电压等级高的触头取较大值。l_k 由式（11-1）计算。

同时要求屏蔽端部圆角 R 有足够的曲率半径，使该处由下式计算出的场强 E_b（kV/mm）限定在允许值之内[15]：

$$E_b = E_a\left(4.9 - \frac{9}{4}\frac{d_p}{D}\right)\left(\frac{200R}{D}\right)^{-0.3} \tag{11-3}$$

式中　E_a——屏蔽侧圆柱面上的计算场强（kV/mm），按下式计算

$$E_a = K_{11b} U_s \Big/ \left(\frac{D - d_p}{2}\right) \qquad (11-4)$$

式中　K_{11b}——电压分布不均匀系数，见表 11-1；

　　　　U_s——雷电冲击试验电压（kV）；

　　d_p、D——屏蔽直径与 DS 外壳内径（mm）。

需要切环流的 DS 触头及其屏蔽上应焊铜钨合金，谨防电弧烧毛触头和屏蔽表面而降低断口绝缘能力。

11.4　DS 分合闸速度设计

DS 切环流时断口恢复电压很小（<100V），DS 触头慢速简单开断可以熄弧，但燃弧时间较长，触头应考虑耐烧损设计（如引弧触头和屏蔽焊铜钨）。对于 DS 主静触头，采用梅花指形触头较稳妥，切环流时稍有电弧烤烧对其工作特性无明显影响。当选用弹簧触头时，应慎重！因开断电弧持续时间长，电弧因电动力摆动，对弹簧触头稍有烧烤，因其热容量很小，铜丝太细，或退火失去弹性，会使电接触恶化或烧断，使触头彻底熔化。因此，DS 主触头不能用弹簧触头。

DS 切合小电容电流时，可能多次重燃产生快速暂态过电压（VFTO），参见 20.2.2 节。为限制 VFTO 的危害，希望 DS 合分时具有一定的速度。旋转运动触头分闸较快，但在超高压等级断口电场设计难度较大，要特别注意动、静触头屏蔽设计，以获得较好的断口电场分布和较低的电场极值。对于直线运动的 DES、断口电场设计方便，电场分布较均匀，触头电场极值也能控制得较低；不足之处是分闸速度太低（通常不足 0.1m/s），切环流时电弧持续时间很长，如果触头上的铜钨形状和尺寸设计不当，将使触头烧损严重，并导致切小电容电流时多次重燃。因此，利用铜钨最大限度地保护好动静触头（参见图 11-2），使 DES 主断口保持良好的表面状况和良好的断口绝缘状况是十分重要的。

11.5　1100kV GIS—DS、ES 设计的特殊问题

与 550kV 及以下电压等级的 GIS 相比，1100kV GIS 回路中的电参数 C 与 L 要大得多，因此 DS 操作时引起的系统电参量的突变更加大，LC 振荡的能量更大，由此而产生的操作过电压更高，可达到 2.8p.u.[30]，即达到 2514kV，将超过该产品的 LIWV（2250kV）。

为了限制操作过电压，有效的办法是用并联电阻消耗电磁振荡的能量，如在 DS 开断过程中，接入 500Ω 并联电阻，就可以将操作过电压抑制到 1.3p.u.（参见图 11-3）。

为简化结构设计，带并联电阻的 DS 只设计一套触头一套传动装置。如图 11-4 所示，DS 开断过程中，先在动、静触头间产生电弧（1 级电弧），随着开距增大，动触头离开电阻屏蔽，DS 断口重燃，我们希望重燃电弧发生在动触头与电阻屏蔽电极之间，并联电阻便自动投入；而不希望重燃发生在电阻屏蔽与静触头之间（此时电阻未投入）。参见图 11-4 重燃电弧由 2 级逐步拉长到 3 级直至熄灭。

为保证重燃发生在动触头与电阻屏蔽之间，设计措施是使电阻屏蔽与静触头之间有较高的绝缘能力：一是使电阻屏蔽与静触头之间有足够大的气隙；二是静触头屏蔽罩和电阻屏蔽罩的下部形状应有足够大的曲率半径，使电场比较缓和。

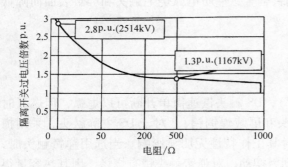

图 11-3　隔离开关过电压与电阻的关系

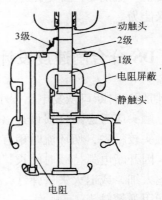

图 11-4　用隔离开关
开断小的容性电流过程

1100kV GIS 中的快速接地开关（FES）在运行时会出现切小电磁感应电流和静电感应电流的工况。切静电感应电流时要求无复燃和重燃，因此一般不产生过电压。切电磁感应电流时，如果在另一相由于雷击而出现接地故障，就会产生很大的感应，使得流过开断相 FES 电流中的交流分量产生相位移，使开断电流无零点。这一特殊情况一直持续到另一相接地故障电流被断路器开断为止。因此，FES 的燃弧时间较长，会延长到 80ms 左右，随后开断正常的感应电流（在其过零点开断）。

为了完成上述的特殊开断任务，FES 不能采用简单的开断，必须采用压气式灭弧室并以必要的分闸速度开断。为了保证 80ms 燃弧时间的开断能力，要求灭弧室必要的气吹条件应延续到 80ms 以后，也就是压气缸中最低必要的气压 $\Delta p_{\min}$ 应延续到 80ms 以后，见图 11-5。

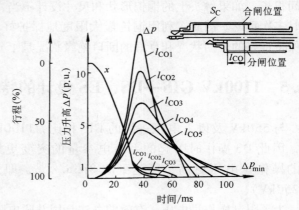

图 11-5　压气缸寄生容积（分闸位置时的
气缸长度 l_{CO}）与压力升高 Δp 的关系

为实现这一目标，FES 的灭弧室压气缸应设计足够大的寄生容积，即设计足够大的尺寸 l_{CO}（参见图 11-5）。图中 $l_{\mathrm{CO5}} > l_{\mathrm{CO4}} > \cdots > l_{\mathrm{CO1}}$，当寄生容积尺寸取 l_{CO5}、l_{CO4} 和 l_{CO3} 时，压气缸中的有效气吹压力（$\Delta p_{\min}$）都能维持到 80ms 以上。

11.6　快速接地开关设计

装在电站（GIS）出线端的快速接地开关（FES）的结构参见图 11-6，由弹簧机构操作。FES 有可能在运行或检修时意外地带电关合，人为造成接地故障。为防止事故扩大，要求 FES 具有规定的短路关合能力。关合接地故障时，短路电流从②流向①，通过绝缘板③使三相动触头保持相间绝缘，故障电流经④导入大地。已处于接地合闸状态的 FES 还应有承受短时耐受电流的能力。

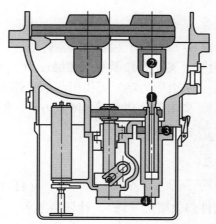

图 11-6　快速接地开关

1—动触头　2—静触头

3—相间绝缘　4—三相接地电桥

FES 关合故障时，应顺利地通过关合故障的两个过程（见图 11-7）：

第一，操动机构传动 FES 动触头上的插入力 F_h 应大于静触头的触头弹簧反作用力 F_{j1} 及刚接触时触头电动斥力 F_{dc}，从而保证动触头能插入静触头。

第二，插入后，FES 动触头系统的动能足以克服触头弹簧接触摩摩擦力和电动摩擦力在超程内所做的阻力功，保证动触头关合到位。

当第一个条件满足时，操作机构通过传动装置传到动触头的操作力 F_h 为

$$F_h > (F_{j1} + F_{dc}) \cdot n, \quad (\text{N}) \tag{11-5}$$

式中　F_{j1}——静弧头每片接触压力的轴向分力（N），见图 11-7a；

　　　F_{dc}——刚合点因电流收缩产生的电动斥力（N）；

　　　n——静触头触片数。

$$F_{dc} = 1 \times 10^{-7} \times \ln \frac{D}{r_0} \times \left(\frac{I_m}{n} \right)^2 \tag{11-6}$$

式中，通常触头外径 D 为 $60 \sim 80\text{mm}$；接触点弹性变形 $r_0 \approx 0.2\text{mm}$；$\ln D/r_0 \approx 6$；I_m 为短路关合电流峰值（A）。

如图 11-7 所示，调整静触头端部形状（R 圆角或斜角 α），可使 F_{j1} 尽量小；适当增大片数 n，使每片通过的电流尽量小一些，都可以减小刚合时的机械与电动阻力。

为满足第二个条件，动触头应具有必要的关合速度。

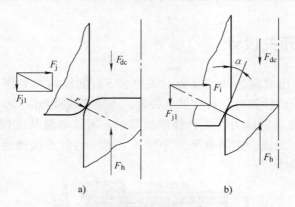

图 11-7　接地开关触头刚合点受力分析

短路关合时，触头电动力 F_D（夹紧力）及触头接触压力 F_j 形成的摩擦力都阻碍动触头合闸。如果动触头的合闸功小于关合阻力功，可以引起触头弹跳、起弧和熔焊。为可靠地关合规定的短路电流，并合到位，要求关合功大于合闸阻力功，即

$$\frac{1}{2}mv_h^2 \geq (F_D + F_j)fl_c$$

由此推导合闸速度 $v_h(\text{m/s})$ 为

$$v_h \geq \sqrt{2(F_D + F_j)fl_c/m} \qquad (11\text{-}7)$$

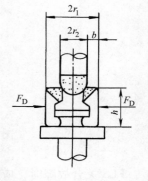

图 11-8　梅花触头
电动力计算图

式中　m——FES 动触头运动件归化质量（kg），计算参考文献［5］；

l_c——动触头超程（m）；

f——铜触头的摩擦系数，取 $f = 0.2$；

F_D、F_j——触头电动力和触头弹簧接触压力（N），触头弹簧接触压力 F_j 参见第 8.2 节计算，每片触头电动力 F_{D1}（N）按下式计算

$$F_{D1} = 1 \times 10^{-7}C\ (I_m/n)^2 \qquad (11\text{-}8)$$

式中　I_m——每个触头流过的短路电流峰值（A）；

n——一个触头的触片数；

C——触头电流回路系数，C 由下式计算

$$C = \frac{2h}{nb}\left(1 - \frac{r_2}{b}\ln\frac{r_1}{r_2}\right) \qquad (11\text{-}9)$$

式中　r_1、r_2、b、h——触片尺寸（mm），见图 11-8。

每个触头上的电动力为 $F_D = nF_{D1}$，每个触片上有两个接触点，因此，接地静触头的电动抱紧力为 $\frac{1}{2}F_D$，考虑中间滑动触头电动力之后，电动抱紧力应为 $2 \times \frac{1}{2}F_D = F_D$。

11.7　GIS 母线设计

GIS 主母线多采用布置紧凑尺寸较小的三相共箱式结构；在 550kV 及以上的应用中，多采用分箱式结构。如图 11-9 所示，a 图的三相母线通过支持绝缘子固定在外壳上；b 图的三

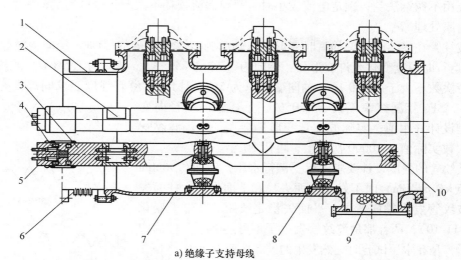

a) 绝缘子支持母线

1—可拆卸母线壳体 2—接头 3—可拆卸母线 4—梅花触头 5—相邻间隔母线接头
6—波纹管 7—母线外壳 8—支持绝缘子 9—吸附剂 10—母线

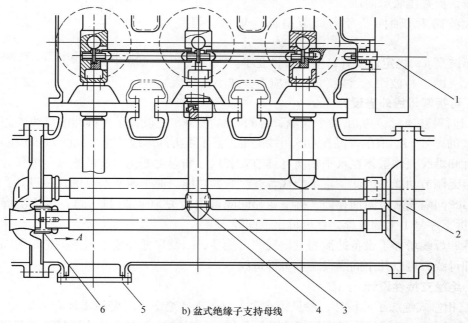

b) 盆式绝缘子支持母线

1—DES(三相共箱式) 2—三相盆式绝缘子 3—母线 4—屏蔽罩 5—吸附剂 6—梅花触头及母线定位杆

图 11-9 三相共箱式母线

相母线通过三相盆式绝缘子固定在外壳上。

11.7.1 波纹管设计

在 GIS 间隔数较多时，为调节相邻母线在水平轴向和垂直面上下左右的组装偏差，以及调节环境温度变化引起热胀冷缩应力和尺寸变化，在适当位置装波纹管 6 是必要的（见图 11-9a），如不装波纹管就换成可拆卸母线壳体 1，或序号 1 与 6 串装。

波纹管由不锈钢波管和两端法兰焊成，法兰可用不锈钢板或炭钢板制作。额定电流较大时，要用不锈钢法兰；额定电流较小时，只要涡流损耗不太严重也可用炭钢法兰，并在进行表面涂漆处理。

波纹管在安装时允许的瞬时变形量：轴向为波纹管长 L 的 10%，径向为波管内径 D 的 2%。运行时温度变化允许变形量：轴向为（7% ~ 8%）L，径向为 1.5% D。波纹管轴向伸缩疲劳次数不少于 10000 次（轴向变形量为 5% L 时）。波纹管强度要求同焊接壳体（见第 12 章），SF₆ 年漏气率不大于 0.05%。上述轴向及径向变形量是设计许用值，实际波纹管变形量会大一些。波纹管伸缩次数实际值在 20000 次以上，可用 50 年。

波纹管的强度设计要求：承受例行水压，例如 0.96MPa（$=1.5 \times 0.64$MPa）时不发生柱面失稳和平面失稳。柱面失稳是波纹管发生轴向弯曲，平面失稳是波距 t 发生了变化（见图 11-10），两者都是波纹管发生了不可逆的永久性的塑性变形，是在水压试验时突然发生的破坏性变形。

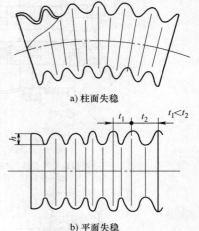

a) 柱面失稳

b) 平面失稳

图 11-10 波纹管的破坏变形

为增加波纹管的强度和弹性变形量，波纹管常由 3 ~ 5 层薄不锈钢板叠压胀形而成。

增大波高 h，轴向及径向调节量都会增大，但稳定性差。

减小波高 h，稳定性变好，但调节量变小。

增大（减小）波距 t，波纹管工作应力会减小（增大）。

11.7.2 可拆卸母线外壳设计

GIS 运行检修时，为拆出某个间隔，有的产品在 DES 上设置了可拆卸的母线外壳（见图 11-1b、d 的序号 5），有的产品在 GIS 母线上也设置了可拆卸母线外壳（见图 11-9a 序号 1）。

可拆卸母线壳体虽然在水平轴向可调节安装尺寸和温度变化引起的热胀冷缩尺寸，但在垂直面上无调节功能。因此，它不能代替波纹管的功能。源于西欧产品的这一设计，是为拆出某一 GIS 间隔先从吸附剂孔处，拆下相邻间隔母线接头 5（见图 11-9a），再依次拆下序号 3 和 2，拆下序号 1 上的螺栓，就可拆出该间隔。

可拆卸母线增加了设备的泄漏点出现的可能性，以及尺寸和成本，不一定每段间隔都设置可拆卸母线，可以几个间隔设一个可拆母线。

11.7.3 绝缘支持件设计

1. 三相盆式绝缘子的设计，参见第 6.2.4 节；支持绝缘子高度初步计算参见式（6-2）。如图 11-9a 所示，支持绝缘子中间部位设一凸棱，虽对绝缘子表面电场分布稍有不利，但是它可以阻挡绝缘表面金属微粒向下位移，可防止金属微粒沿面连成一线，防止绝缘子沿面绝缘性能的劣化。

2. 两种支持方案的选择

从电气和机械性能考虑：只要设计合理都可靠。

从成本设计考虑：方案 a) 每段间隔用 6 只支持绝缘子，方案 b) 用一只三相盆式绝缘子 b) 稍贵于 a)。方案 a) 只宜用铸铝母线，方案 b) 可用铝管母线。对于同样的额定电流，铝管母线比铸铝母线轻很多、便宜很多。因此，方案 b) 成本可能低于 a)。

从装配工艺和母线及壳体加工工艺考虑，方案 b) 优于 a)。

3. 母线设计

（1）母线选用铜管和铝管时，电流密度按 4.1.1 节中的（1）取值，只要尺寸空间允许，优先选用铝管，因为用料更省，成本低。

（2）铸母线，实心，趋肤效应大，电流密度很小：

铸铝 ZL101A，$j = 0.5 \sim 0.6 A/m^2$（母线直径 $\phi80 \sim \phi110mm$）

铸铜 ZT2，$j = 1 \sim 1.2 A/m^2$（母线直径 $\phi60 \sim \phi90mm$）

从重量和成本考虑，优先选用铸铝。

（3）母线外径尺寸，既要考虑额定电流需要，同时也要考虑电场计算的结果。

第 12 章　SF₆ 电器壳体设计

SF₆ 电器有焊接壳体及铸件壳体，本章介绍这两种壳体的设计要点。

12.1　壳体电气性能要求

壳体直径与壳体内壁的表面状况对 SF₆ 电器的电性能有重要影响，主要的要求有以下三条：

（1）壳体直径设计与计算参见 12.3 节及式（12-1）。

（2）板材滚筒焊接壳体的内表面，要求磨光焊缝，残留焊缝高小于 2mm，磨去鱼鳞纹，手摸无扎手尖角，目视光滑，以消除尖角放电。然后，内表面应喷丸并涂环氧铁红底漆。

（3）铸铝壳体内表面应磨净铸件表面，无突起尖角、光滑无扎手现象，清洗后涂环氧铁红底漆。

12.2　壳体材质及加工工艺选择

1. SF₆ 电器壳体，可按不同的筒径、额定电流分别选用钢壳体（锅炉钢 20g）、拼焊不锈钢壳体（20g + 1Cr18Ni9Ti）以及铝壳体（铝板焊或铸铝）。拼焊不锈钢壳体或用铝壳体，是为了消除涡流发热与损耗。壳体材质选用见表 12-1。

表 12-1　SF₆ 电器壳体材质分类

筒内径/mm	额定电流/A	GCB、CT、DS、VT 等壳体	GIS 母线筒
<300	各种	铝壳体	铝壳体
300~350	1600	钢壳体	铝壳体
	2000~4000	铝或拼不锈钢壳体	铝壳体
400~600	2000	钢壳体	钢壳体
	2500~4000	铝或拼不锈钢壳体	铝或拼不锈钢壳体
700~800	2500	钢壳体	钢壳体
	3150~4000	铝或拼不锈钢壳体	铝或拼不锈钢壳体
900~1200	2500	钢壳体	钢壳体
	3150~6300	铝或拼不锈钢壳体	铝或拼不锈钢壳体

2. 选用 SF₆ 电器壳体材质时要考虑的因素

除表 12-1 中列出的壳体直径、额定电流两因素影响着材质的选用之外，还要考虑以下几点：

（1）承受操作冲击力的 SF₆ 电器壳体应尽量选用机械强度较高的钢料（如锅炉钢 20g）。

（2）三相共箱的母线筒，涡流损耗较单相母线小。

（3）钢壳体焊接性能比铝壳体焊接性能更好。

（4）铸铝壳体的气密性较难控制。

（5）壳体设计成本。铝壳体一般比同功能的钢（或拼焊不锈钢）壳体贵 35% ~ 45% 左右。

3. 材质牌号的选择

（1）主筒钢板：一般地区（－35 ~ ＋40℃）用锅炉钢 20g

　　　　　　　高寒地区（－50 ~ ＋40℃）用锰钢 16MnR

（2）焊接钢法兰及盖板：一般地区用炭钢板 Q235A。

　　　　　　　　　　　高寒地区用钢板 20g。

（3）主筒焊接铝板及焊接法兰：铝板 5A05-H112，5083-H112。

（4）铝壳体盖板：锻铝 6A02-T₆，6063-T₆；合金铝板 2A12-H112。

（5）铸铝壳体用 ZL101A。

4. 壳体制造工艺的选择

（1）我国焊接壳体制作经验丰富，质量稳定，气密性好，支筒冷翻边工艺成熟，生产点较多。外形简单的筒形壳体都可采用焊接工艺。

（2）外形较复杂、曲线变化较多的壳体，宜选用铸铝工艺。选用铸造工艺时应慎重考虑两点：

第一，要注意铸造壳体气密性较难控制的特点；

第二，因铸造壳体破坏试验压力为焊接壳体的 1.43 倍，铸造壳体的附加壁厚取值比焊接壳体稍高，因此同功能的铸造壳体通常要比焊接壳体重 50% 左右，成本问题是不可忽视的。

12.3　壳体电气尺寸设计

各种 SF₆ 电器内部零部件千变万化，都应将它们安置在圆筒形或球形屏蔽之内，使内部零部件的尖角、螺栓头等都得到有效的屏蔽。通常这些屏蔽都是圆筒形的，它与圆筒形外壳构成一个稍不均匀的同轴圆柱形电场，由下式确定屏蔽直径 d_p 及外壳直径 D

$$U = K_{10} E_5 \frac{d_p}{2} \ln \frac{D}{d_p} \tag{12-1}$$

式中　U——产品的雷电冲击耐受电压（kV）；

　　　K_{10}——卧式布置的 CB 壳体考虑电弧分解物及金属粒子对绝缘的不利影响，取壳体直径放大系数 $K_{10} = 0.8$；其余壳体取 $K_{10} = 0.95 ~ 1.0$；

　　　E_5——按表 6-1 取值；

　　　d_p——屏蔽外径（mm）；

　　　D——壳体内径（mm）。

12.4　焊接壳体设计与计算

12.4.1　焊接壳体强度设计因素

（1）SF₆ 气体最高运行温度

$$T_{\mathrm{m}} = T_1 + T_2 + T_3 \leqslant 40\text{℃} + 33\text{℃} + 7\text{℃} = 80\text{℃}$$

式中　T_1 为最高环温，T_2 为 SF₆ 气体最高温升，T_3 为日照附加温升。

（2）当 $T_{\mathrm{m}} = 80\text{℃}$ 时，与额定气压 p_{r} 对应的 SF₆ 最高工作气压 p_{rm}（亦壳体设计压力）为

$$p_{\mathrm{r}} = 0.4\text{MPa}、0.5\text{MPa}、0.6\text{MPa}$$

$$p_{\mathrm{rm}} = 0.52\text{MPa}、0.64\text{MPa}、0.76\text{MPa}$$

（3）钢及铝焊接壳体破坏水压试验压力 $p_{\mathrm{b}} = 3.5 p_{\mathrm{rm}}$，出厂例行试验压力 $p_1 = 2 p_{\mathrm{rm}}$。

（4）焊接铝壳体推荐使用：防锈铝板 5A02—H112，$\sigma_{\mathrm{b}} = 175\text{MPa}$。壳体强度设计允许值 $[\sigma] = 0.65\sigma_{\mathrm{b}} = 113\text{MPa}$；5083H112（防锈铝）$[\sigma] = 0.95\sigma_{\mathrm{s}} = 0.95 \times 125\text{MPa} = 119\text{MPa}$。

焊接钢壳体推荐使用：锅炉钢 20g，$\sigma_{\mathrm{b}} = 400\text{MPa}$，$\sigma_{\mathrm{s}} = 245\text{MPa}$。壳体强度设计允许值 $[\sigma] = 0.95\sigma_{\mathrm{s}} = 233\text{MPa}$。

铝盖板（法兰）推荐用：铝合金板 2A12—H112，$\sigma_{\mathrm{b}} = 420\text{MPa}$，$\sigma_{\mathrm{s}} = 273\text{MPa}$。法兰强度设计允许值 $[\sigma] = 0.95\sigma_{\mathrm{s}} = 259\text{MPa}$。或用锻铝 6A02-T6，$[\sigma] = 0.95\sigma_{\mathrm{s}} = 219\text{MPa}$，6063-T6，$[\sigma] = 0.95\sigma_{0.2} = 185\text{MPa}$。

钢盖板（法兰）推荐用：炭钢 Q235AF，$\sigma_{\mathrm{b}} = 375\text{MPa}$，$\sigma_{\mathrm{s}} = 235\text{MPa}$。法兰强度设计允许值 $[\sigma] = 0.95\sigma_{\mathrm{s}} = 223\text{MPa}$。

12.4.2　焊接壳体壁厚设计

已知筒体内径 D 及破坏水压值 p_{b}，按下式求壁厚 δ_1（mm）

$$\delta_1 = \frac{K_{12} p_{\mathrm{b}} D}{2.3\varphi_0 [\sigma] - p_{\mathrm{b}}} + C \tag{12-2}$$

式中　p_{b}——壳体破坏水压（MPa）；

　　　　D——壳体内径（mm）；

　　　　φ_0——焊接系数，双面对接焊取 0.9，单面对接焊取 0.7；

　　　　$[\sigma]$——允用应力，见 12.4.1（4）条。

　　　　K_{12}——设计裕度（考虑支筒翻边后板料变薄、应力集中及板厚负公差等不利影响和壳体运行的安全性要求），$K_{12} = 1.3$；

　　　　C——附加厚度，$\delta_1 \leqslant 20\text{mm}$，$C = 1\text{mm}$；$\delta_1 > 20\text{mm}$ 时 $C = 0$。

按式（12-2）计算出的焊接壳体厚度列入表 12-2a 及表 12-2b，按式（12-2）设计计算的筒厚在破坏水压试验时，壳体不会产生变形，在设计气压下运行应力小于材料 75℃ 时允许工作应力。

表 12-2a　钢壳体料厚 δ_1 设计值（材料 20g）

SF₆ 额定气压 0.6MPa	$D \leqslant 650$	$650 < D \leqslant 920$	$920 < D \leqslant 1200$	$1200 < D \leqslant 1500$
	6	8	10	12
SF₆ 额定气压 0.4～0.5MPa	$D \leqslant 780$	$780 < D \leqslant 1100$	$1100 < D \leqslant 1440$	$1440 < D \leqslant 1800$
	6	8	10	12

表 12-2b　铝壳体料厚 δ_1 设计值（材料 5A05）

SF$_6$ 额定气压 0.6MPa	$D \leqslant 380$	$380 < D \leqslant 550$	$550 < D \leqslant 700$	$700 < D \leqslant 850$	$850 < D \leqslant 1000$	$1000 < D \leqslant 1150$
	6	8	10	12	14	16
SF$_6$ 额定气压 0.4~0.5MPa	$D \leqslant 450$	$450 < D \leqslant 650$	$650 < D \leqslant 820$	$820 < D \leqslant 1000$	$1000 < D \leqslant 1100$	$1100 < D \leqslant 1250$
	6	8	10	12	14	

12.4.3　焊接圆筒端盖（法兰）及盖板厚度设计

圆筒壳体两端焊接法兰封盖及盖板厚度 δ_2（mm）由下式计算

$$\delta_2 = 0.7 D_0 \sqrt{\frac{K_{13} p_b}{\varphi_0 [\sigma]}} \tag{12-3}$$

式中　D_0——法兰安装螺孔中心圆直径（mm）；

K_{13}——法兰结构系数，$K_{13} = 0.25$；

p_b——壳体破坏水压（MPa）；

φ_0——焊接系数，圆筒两端焊接封盖取值同式（12-2），壳体端密封盖板螺栓连接，取 $\varphi_0 = 1$；

$[\sigma]$——允用应力，见 12.4.1（4）条。

12.4.4　焊接圆筒端部封头强度设计（见图 12-1）

封头圆弧 $R = D$，$r = 0.15D$，高 $H = 0.25D$，$h = 25 \sim 40$mm，厚度 δ_3 按式（12-4）计算：

$$\delta_3 = \frac{K_{14} P_b D}{2 [\sigma] \varphi_0} \tag{12-4}$$

式中　$K_{14} = 1.4$，形状系数；

P_b——破坏水压（MPa），见 12.4.1（3）条；

$[\sigma]$——强度设计许用应力（MPa），见 12.4.1（4）条；

φ_0——焊接系数，常用双面对接焊取 0.9。

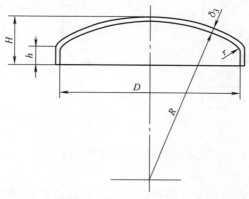

图 12-1　圆筒封头

12.4.5　焊接结构及焊缝位置设计

1. 拼焊不锈钢的焊缝

不锈钢板宽，一般取 100mm；额定电流 4000A 及以上，不锈钢宽取主筒周长的

1/4，置于涡流集中的支筒翻边处。主筒滚圆前，先按图 12-2a 示尺寸开坡口，焊好不锈钢板后，将与滚筒接触的内焊缝磨平，标记 $\overline{G}$。再滚圆整形后焊接。圆筒焊成形后，两端面应车平（切平错边），并将内焊缝打磨成弧形 $\overset{\frown}{G}$。打磨要求见 12.1.（2）条。

2. 圆筒与法兰相连的焊缝

圆筒与等径法兰相连的焊缝结构见图 12-2b，内部角焊缝不必打磨。

圆筒与大直径法兰相连的焊缝结构见图 12-2c，内部角焊缝不必打磨。以上角焊缝高一般等于筒厚，可视强度要求增减。

3. 圆筒对接焊缝

圆筒对接面先车平端面，再开 30° 坡口（见图 12-2d），焊后应打磨内焊缝，标记 $\overset{\frown}{G}$。

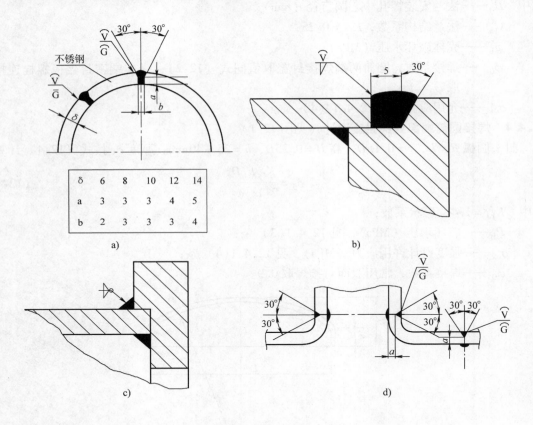

δ	6	8	10	12	14
a	3	3	3	3	5
b	2	3	3	3	4

图 12-2　壳体焊缝结构

焊缝结构对壳体强度影响很大，随意设计与制造都是不允许的。

4. 焊缝的布置

焊缝位置的安排对壳体强度也有很大影响，焊缝布置的原则是：焊缝不能交叉（见图 12-3）。纵焊缝应布置在主筒中心线的上方或下方不易看见处（美观设计）。焊缝打磨标记：$\overset{\frown}{G}$ 磨成凸弧形，$\overline{G}$ 磨平，$\overset{\frown}{G}$ 磨成凹弧形，记于被磨焊缝的焊接符号近旁。

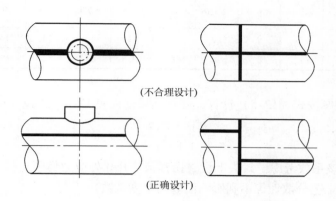

（不合理设计）

（正确设计）

图 12-3　焊缝布置

12.5　铸铝壳体设计与计算

12.5.1　铸铝壳体强度设计因素

1. 壳体额定气压 P_r 与壳体强度设计压力 P_{rm}

$$P_r = 0.4,\ 0.5,\ 0.6 \text{MPa}$$

$$P_{rm} = 0.52,\ 0.64,\ 0.76 \text{MPa}$$

2. 铸造壳体例行水压试验值 $P_1 = 3P_{rm}$，破坏水压试验值为 $5P_{rm}$。

3. 铸铝壳体推荐使用：铸铝 ZL101A-T6，$\sigma_b = 275 \text{MPa}$，$\sigma_s = 178 \text{MPa}$，壳体强度设计许用应力 $[\sigma] = 0.95 \times \sigma_s = 169 \text{MPa}$。铝盖板材料同焊接铝壳体的盖板料。

12.5.2　铸造壳体厚度设计

1. 圆筒厚度 δ_1 按式（12-4）计算，计算结果列入表 12-3，供设计选用。

$$\delta_1 = \frac{K_{15} \times P_b \times D}{2 \times [\sigma] - P_b} + C \qquad (12\text{-}5)$$

式中，$K_{15} = 1.4$，该系数考虑了圆筒上开孔处应力集中、筒体支筒处承受外加载荷及壳体热处理工艺的分散性等不利影响而取的厚度增量。

P_b——壳体破坏压力（MPa）；

D——壳体内径（mm）；

$[\sigma]$——设计许用应力，ZL101A-T6，$[\sigma] = 169 \text{MPa}$。要求壳体在进杆破坏水压试验时不出现塑性变形。

C——附加厚度，考虑了铸造工艺引起的筒体厚度的不均匀性，当 δ_1 计算值 ≤ 10 时取 2，$\delta_1 > 10$ 时取 1。

按式（12-5）计算壳体壁厚列入表 12-3。

表 12-3　圆筒壁厚 δ_1　　　　　　　　　　　　　（单位：mm）

壳体内径 SF$_6$ 气压 P_0	≤300	300<D ≤380	380<D ≤450	450<D ≤510	510<D ≤640	640<D ≤700	700<D ≤770	770<D ≤830	830<D ≤900	900<D ≤960	960<D ≤1020
0.6MPa	6	8	9	10	11	12	13	14	15	16	17
0.4~0.5MPa	6	7	8	9	10	10.5	11	12	13	14	15

2. 铸造封头壁厚按式（12-5）计算，计算结果列入表 12-4，供设计选用。

$$\delta_2 = \frac{K_{16} \times P_b \times D}{1.8\,[\sigma]} + C \tag{12-6}$$

式中，$K_{16} = 1.4$，该系数考虑了封头上设置拐臂箱等开孔处应力集中、封头承受外加冲击力负荷以及封头热处工艺分散性等不利影响而取的厚度系数。

P_b——破坏压力（MPa）；

D——封头内径（mm）；

$[\sigma] = 169$MPa，ZL101A-T6，设计许用应力；

C——附加厚度，δ_2 计算值 ≤10 时，为 2，$\delta_2 > 10$ 时为 1。

表 12-4　铸造封头厚度

封头内径 SF$_6$ 气压	D≤300	300<D ≤400	400<D ≤460	460<D ≤580	580<D ≤630	630<D ≤690	690<D ≤750	750<D ≤800	800<D ≤860	860<D ≤920	920<D ≤980
0.6MPa	7	9	10	11	12	13	14	15	16	17	18
0.4~0.5MPa	6	8	8.5	9	10	11	12	12.5	13	14	15

3. 铸造球壳厚度按式（12-7）计算，计算结果列入表 12-5，供设计选用。

$$\delta_3 = \frac{K_{16} \times P_b \times D}{4[\sigma] - P_b} + C \tag{12-7}$$

式中，$K_{16} = 2.3$ 开孔球壳形状系数，考虑了开孔处应力集中，承受一定外加负荷及热处理工艺分散性。P_b、$[\sigma]$ 及 C 值同上。D 为球壳内径。

表 12-5　铸造球壳厚度 δ_3　　　　　　　　　　　（单位：mm）

球壳内径 SF$_6$ 气压	D≤310	310<D ≤390	390<D ≤470	470<D ≤540	540<D ≤620	620<D ≤700	700<D ≤780	780<D ≤930	930<D ≤1000
0.6MPa	6	7	8	9	10	11	12	13	14
0.4~0.5MPa	5	6	7	7.5	8	9	10	11	12

4. 特别提示

筒体开孔较小、较少时，其筒厚可按表 12-3 取值。筒体开孔较大、较多且形状复杂（如多筒连体）时，筒厚可稍大于表 12-3 值，且应在开孔处或多筒连体处设加强筋补强；否则，这些部位在水压强度试验时会开裂。

12.6　壳体耐电弧烧蚀能力设计

当 GIS 发生内部高压导体接地故障时，导体与壳体间流过短路电流，在短路电弧持续期间，要求壳体不被烧穿。壳体承受短路电流电弧烧蚀不发生外部效应（壳体不烧穿）的时间由下面公式计算，计算结果见表 12-6。

$$碳钢：t = \delta^{4.3}/I^{0.646}$$

$$铝合金：t = 87.4\delta^{1.71}/I^{0.67}$$

式中　t——短路电流持续时间（ms）；

　　　δ——壁厚（mm）；

　　　I——电流（kA）。

表 12-6　壳体耐电弧烧蚀最小厚度 δ　　　　　　　　（单位：mm）

电流 材料	31.5kA	40kA	50kA	63kA
合金铝	7.2	5.8	6.4	7.0
碳钢	6.1	5.6	5.8	6.0

根据 GB7674—2008 的表 104 的要求，GIS 内部电弧存在时不发生外部效应的允许电流持续时间（临界值）：$I < 40$kA 为 200ms（表 12-6 计算时取 $t = 250$ms），$I \geqslant 40$kA 为 100ms（表 12-6 计算时取 150ms），留适当裕度。壳体厚度应同时满足强度和耐电弧烧蚀能力的要求。

12.7　壳体加工质量监控设计

12.7.1　壳体强度监控

在壳体加工图样上应明确壳体强度要求，主要是破坏水压试验要求与例行水压试验要求。详见 12.4.1 及 12.5.1 条。

12.7.2　焊缝气密性监控

焊接壳体必须同时采用以下四种办法监测壳体气密性，必须在图样中指明：

（1）直焊缝采用 X 射线探伤，拍片监测焊接气孔等缺陷。

（2）环焊缝采用染色检查，找出漏点。

（3）最后进行例行水压试验：$2p_{rm} \times 8$h 不允许渗水，高压长时间的水压试验，一方面考核了壳体的强度，更重要的是可以充分暴露泄漏的隐患。产品运行经验表明，此项试验对保证壳体的气密性十分重要。

（4）充 SF$_6$ 气体检漏，充额定气压保持 4h 以上，年漏气率 $\leqslant 0.05\%$。

12.7.3　铸件壳体气密性监控

监测铸件壳体质量用两种办法：

（1）例行水压试验：$3p_{rm} \times 0.5$h，不允许渗水。

（2）气密性试验：充 p_r 气压 SF$_6$ 检漏，充气保持时间 ≥4h，计算年漏气率 ≤0.05%。

12.8　壳体制造的质量管理

壳体质量三要素：壳体设计的合理性、壳体制造工艺的先进性及壳体质量控制的科学性和严格性（质量管理水平）。

科学、严格的质量管理是保证批量生产壳体质量的必要条件，尤其是 $2p_{rm} \times 8h$ 的例行水压试验，试验时间不能打折扣；否则，焊缝泄漏在出厂试验时发现不了，运行一段时间后有可能暴露。

第 13 章　吸附剂及爆破片设计

运行中的 SF_6 电器开断间隔会产生电弧，SF_6 被电弧分解的低氟化物有一部分不可复合还原成 SF_6 而悬浮于 GCB 灭弧室或 DS 壳体内。这些低氟化物受潮后其绝缘性能下降，且影响 SF_6 纯度，需在这些间隔设置吸附剂加以吸收，使 SF_6 净化。同时 SF_6 电器在运行中还可能有大气中的水分侵入，会给绝缘带来不利影响（详见第 2.2.2 节），也需通过吸附剂来吸收 SF_6 中的水分，使其保持干燥。

GIS 元件多、气室多、内绝缘部位多，因此，由于种种原因而使 GIS 内部存在接地故障的可能性。GIS 内部故障电弧持续时间较长（以秒为单位计算），因此电弧能量使 GIS 故障间隔 SF_6 升温增压，有可能使 GIS 某些强度薄弱环节爆破。为了防止 GIS 的损坏，常在 GIS 内部故障相对多发处（如 GCB 气室）设置爆破片，一旦发生接地故障而引起气压骤增时，超过一定的值爆破片引爆泄压，以保护 GIS 壳体安全。

13.1　吸附剂设计

13.1.1　F—03 吸附剂性能简介

（1）F—03 成分

F—03 是一种分子筛，主要成分是氢氧化铝、水玻璃和碱金属。

（2）F—03 物理性能

F—03 外形为 $\phi 4 \sim \phi 6mm$ 球状，堆密度 $0.7 \sim 0.75 g/cm^3$，饱和吸水量（25℃时）$\geqslant 22\%$。

（3）F—03 吸附性能

F—03 吸附能力强，主要表现在吸附 SF_6 电弧分解物和水分的能力强、吸附速度快，与国外较好的日立公司的吸附剂对比于表 13-1。

表 13-1　F—03 吸附性能与日立公司吸附剂的对比[4]

吸附剂 / 吸附物余量	SOF_2	SO_2	HF	水　分
F—03	未检出	1.6	0.68	34
日立吸附剂	未检出	6.8	0.89	'50

注：1. 表中所列试验气源：SOF_2 体积分数 6000×10^{-6}，SO_2 体积分数 4200×10^{-6}，HF 体积分数 2421×10^{-6}，水分体积分数 1100×10^{-6}。
　　2. 表中所列两种吸附剂对比数据为经过一段时间吸附后各种杂质的剩余量体积分数（$\times 10^{-6}$）。
　　3. HF 剩余量是在吸附剂放入 24h 测量，水分剩余量是吸附 40h 后测量，其他是吸附 88h 后测量。
　　4. 吸附剂质量是 SF_6 的 3%。

从表中对比值可见，国产 F—03 吸附性能优于国外产品。我国新一代吸附剂（代号 KDHF—03）的某些性能比 F—03 又有进步，参见表 2-2。

13.1.2　F—03 吸附剂活化处理

F—03（KDHF—03）受潮或吸收水分、低氟化物后，吸附能力大大下降甚至完全丧失，采用活化处理可恢复吸附能力。

活化工艺为，将 F—03(KDHF—03) 置于烘箱升温至（550～600℃）后保温 2h，再随炉降温至室温后取出。注意：超过 600℃ 后吸附功能被破坏；高温出炉因吸附剂与大气环境温度温差大，吸附剂会大量吸附空气中的水分。

13.1.3 吸附剂用量设计

（1）断路器用吸附剂用量计算

SF$_6$ 电弧分解物的主要成分是 SOF$_2$，其次是 SO$_2$ 和 HF 等气体，并假定 SOF$_2$ 占被吸附的气态分解物总量的一半，以 SOF$_2$ 的产气量和吸附量作为计算依据。

电弧能量 A（kWs）由下列计算

$$A = I_\Sigma U_a t_a \tag{13-1}$$

式中 I_Σ——累积开断电流（kA），作为计算一例取 $I_\Sigma = 1000\text{kA}$；

U_a——平均电弧压降（V），SF$_6$ 开关电弧可取 $U_a = 600\text{V}$；

t_a——平均燃弧时间（s），取 $t_a = 0.02\text{s}$。

代入上述数据后得 $A = 12000\text{kWs}$

SOF$_2$ 产气量（体积）V_g（cm^3）按下式计算

$$V_g = K_{14} A \tag{13-2}$$

式中 K_{14}——SOF$_2$ 的产气系数，$K_{14} = 1.5\text{cm}^3/\text{kWs}$；

A——电弧能量（kWs）。

参照活性氧化铝的吸附能力按下式计算吸附剂用量，计算时考虑到上面的假定（SOF$_2$ 占被吸附的气态分解物总量的一半）而假定全部待吸附的分解气体的体积为 $2V_g$，按下式计算的吸附剂用量 Q（g）有一定裕度

$$Q_1 = 2V_g/K_{15} \tag{13-3}$$

式中 V_g——SOF$_2$ 产气量（cm^3）；

K_{15}——活性氧化铝吸附系数，$K_{15} = 14\text{cm}^3/\text{g}$。

计算示例：将 $50\text{kA} \times 20$ 累计开断电流值代入式（13-1）～式（13-3）后可算出 F—03 用量为：

$$V_g = 1.5\text{cm}^3/\text{kWs} \times 12000\text{kWs} = 18000\text{cm}^3$$

$$Q_1 = 2 \times 18000\text{cm}^3 \div 14\text{cm}^3/\text{g} = 2570\text{g}$$

从吸附水分角度考虑计算吸附剂的用量是比较困难的，因为每台开关水分入侵量为不定值。产品设计时只能从运行开关的实际情况出发，假定一个水分入侵量，如每年水分体积分数增量为 500×10^{-6}，亦水分质量分数增量为 61.7×10^{-6}，按此值计算吸附剂用量。

按 20 年不更换吸附剂计算，20 年内入侵开关的水分总量为 Q_s（kg）为

$$Q_s = 20XQ_g \tag{13-4}$$

式中 X——水分质量分数，$X = 61.7 \times 10^{-6}$；

Q_g——GCB 充气重量（kg）。

F—03 的饱和吸水量为 $25\% Q_2$，即 $Q_s/Q_2 = 0.25$，按下式计算吸附剂用量 Q_2（kg）：

$$Q_2 = Q_s/0.25 = 80XQ_g \tag{13-5}$$

以某开关每相充气 $Q_g = 150\text{kg}$、每年水分质量分数增量为 61.7×10^{-6} 计算，需用吸附剂

$$Q_2 = 80 \times 61.7 \times 10^{-6} \times 150\text{kg} = 0.74\text{kg}$$

该相产品所需吸附剂总量 Q 应为

$$Q = Q_1 + Q_2 = (2.570 + 0.74) \text{kg} = 3.31 \text{kg}$$

（2）GIS 其他气室及 SF_6 电流互感器用吸附剂的设计

无电弧分解物的气室，仅考虑吸附水分的用量，原则上吸附剂用量为充气重量的 6%（经验数据），但下限不低于 1kg。

13.2　爆破片设计

13.2.1　爆破片的选型与安装

石墨压制的爆破片，受石墨粉粒度、压制烧结工艺分散性等因素的影响，其爆破特性的稳定性较难控制。金属（1Cr18Ni9Ti）爆破片，因材质稳定、厚度均匀且易控制，因此具有较稳定可靠的爆破特性，得到广泛的使用。

SF_6 电器因充气前要抽真空，因此常用反拱刻槽型带夹持件的爆破片装置（型号 YCH）。

见图 13-1，爆破片 2 被两块夹持件 3 紧固，2 与 3 之间焊牢而无泄漏。不锈钢爆破片 2 上刻有十字形槽，过压爆破时十字槽撕裂破口排气。安装时爆破片凹面朝向大气侧。夹持件与爆破片座之间应装 O 形圈 4 密封。

对于户外产品，在爆破片盖板 1 的上方还应设计防雨罩，防止爆破片上方积水。

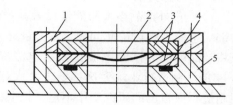

图 13-1　爆破片装置
1—盖板　2—爆破片　3—夹持件
4—O 形圈　5—爆破片座

13.2.2　爆破压力设计

（1）爆破压力要根据 SF_6 电器工作气压设计，产品中 SF_6 最高工作温度 ≤80℃，按80℃定最高工作气压。而产品壳体及瓷套强度要与爆破压力设计值配合好。现将三种常用的爆破片压力设计值列入表 13-2。

表 13-2　爆破片压力设计

压力 爆破片型号	产品额定工作气压/MPa	产品最高工作气压/MPa	爆破片设计爆破压力/MPa	产品壳体破坏水压/MPa	瓷套破坏水压/MPa
YCH50—0.8—80	0.4	0.52	$0.8^{+0.145}_{-0.087}$	1.82	1.56
YCH50—0.9—80	0.5	0.64	$0.9^{+0.145}_{-0.087}$	2.24	1.92
YCH50—1.0—80	0.6	0.76	$1.0^{+0.145}_{-0.087}$	2.66	2.28

（2）爆破压力分析

1）三种爆破片的最低爆破压力与产品相应的最高工作气压之差为 0.153～0.193MPa，有较高的稳定性，不会发生产品无内部接地故障电弧而误爆的事故。

2）爆破片最高爆破压力与产品壳体破坏水压之差分别为 0.875～1.515MPa，与瓷套破坏水压之间的差值分别为 0.615～1.135MPa，如此大的压差能确保 SF_6 电器发生内部电弧时壳体及瓷套不会被破坏。

13.2.3　压力泄放口径设计

气室充气容积不足 $2m^3$ 时泄放口径取 $\phi50$mm；充气容积大于 $2m^3$ 时取 $\phi80$mm（常用经验数据）。

第 14 章　环温对 SF$_6$ 电器设计的影响

本章重点讨论两个问题：在一般地区，要考虑日照对产品温升的影响；在寒带地区（环境温度最低可到 -45℃）要考虑 SF$_6$ 气体液化后对产品绝缘和 GCB 开断性能的影响。

14.1　日照对 SF$_6$ 电器及户外隔离开关温升的影响

14.1.1　考虑方法

（1）户外产品当太阳能量投入其中时会使产品实际温升值增大，多年来制造行业和电力部门不停地在讨论此问题，双方最终未取得一致意见。电力部门一些人提出考虑日照影响应将产品的温升试验电流比额定电流提高 20%，这意味着在温升试验时热源能量提高到 1.44 倍。制造行业认为这一要求大大超过了日照对产品温升实际造成的影响，无法接受。但制造行业自己的研究工作不足，长期提不出让用户满意的解决方案，因此作悬案放着。双方只是在产品技术协议上留下纸面的承诺：产品运行条件规定日照强度为 0.1W/m^2。

但是，在产品设计或试验时如何考虑这一环境条件的影响呢？至今没有好办法。

（2）本文认为，最合适的方案是，用具有代表性的产品在阳光下进行日照温升试验，试验时产品空载不通电流，实测日照温升值 ΔT_2，然后将 ΔT_2 的某一折算值与产品通额定电流时测得的对应点温升 ΔT_1 相加。

14.1.2　日照温升试验

作者选了三种有代表性的产品做过日照温升试验，试验情况简介如下。

试品：LW13—550 罐式 SF$_6$ 断路器

　　　LW14—145 瓷柱式 SF$_6$ 断路器

　　　GW11—550 双柱水平伸缩式隔离开关

试验环境：试品放在厂区空旷水泥地上，模拟比较苛刻的电站运行环境条件。

试验条件：产品充 SF$_6$ 气体 0.5MPa，风速 1m/s。

试验日期：1997 年 8 月 21 日，环境温度 38℃,晴天。

产品空载受日照 9h（9 时～18 时），各产品实测日照温升值见图 14-1 ～图 14-3。

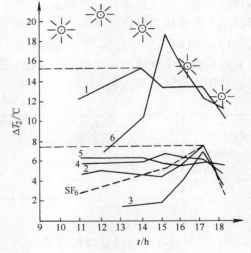

图 14-1　LW13—550 罐式 SF$_6$
断路器日照温升

1—出线套管端子　2—静主触头　3—中间触头
4—中心导体下端梅花触头　5—中心导体
6—大罐上部

14.1.3　试验值分析

（1）试验在夏日晴天环境温度 37～38℃ 时进行，日照强度较大，因此试验考核较严。试品具有代表性，罐式断路器的试验也能代表 GIS 的受试情况。

（2）日照强度随时间（日照角度）而变化，正午 12 时日照强度最大。

（3）产品日照温升值也随日照强度而变化。隔离开关各点直接暴露在阳光下，且热惯性小，因此产品各点温升变化情况稍迟后于日照强度的变化，于 14 时以前分别达到最高温升（12～19℃）。而罐式断路器和瓷柱式断路器由于 SF₆ 气体传热缓慢，而使内部灭弧室各点温度上升缓慢，到 16～17 时才达到最大温升值（5.5～7.4℃）。受内部零部件和 SF₆ 气体温度的影响，LW13—550 和 LW14—145 的出线端子、大罐和瓷瓶表面虽然也暴露在大气中，但是，其温度的上升也表现出较大的热惯性，也明显滞后于日照强度的变化。

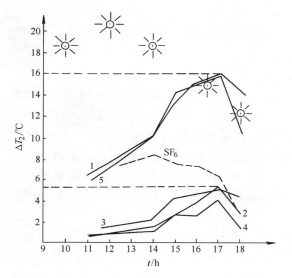

图 14-2　LW—145 瓷柱式 SF₆
断路器日照温升
1—上接线端子　2—动主触头　3—静触头座
4—中间触头　5—瓷瓶表面

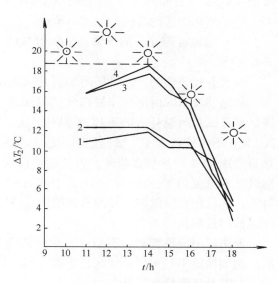

图 14-3　GW11—550 双柱水平伸缩式
隔离开关日照温升
1—动触头片（镀银）　2—软联结（镀银）　3—上
铝导电管（灰磁漆）　4—下铝导电管（灰磁漆）

（4）瓷柱式 SF₆ 断路器的外壳（瓷瓶）导热不良，与金属外壳的罐式断路器相比，传入开关内部的太阳能量较少，因此瓷柱式 SF₆ 断路器灭弧室元件最高日照温升（5.5℃）稍低于罐式产品（7.4℃）。

（5）罐式及瓷柱式 SF₆ 断路器的接线端子暴露在大气中，因此日照温升较高（15.4～16℃）。由于温差而使端子吸收的部分太阳能传入开关内部元件，因此与同样暴露在阳光下的隔离开关铝导电管的最大日照温升（19℃）相比，T·GCB 与 P·GCB 端子的最大日照温升要低一些（低 3℃ 左右）。

14.1.4　结论

（1）用典型产品的日照温升试验来研究日照对产品温升的影响，是一种比较科学而实际的研究方法。

（2）初步研究试验指出，在炎热夏日晴天所进行的典型产品的日照温升试验值 ΔT_2：

1）直接暴露在阳光下的隔离开关，涂灰磁漆或无漆的铝管，$\Delta T_2 = 19℃$；镀银触头及软连接，$\Delta T_2 = 12.5℃$。

2) 直接暴露在阳光下的 T·GCB 和 P·GCB 接线端子，$\Delta T_2 = 16℃$。

T·GCB 及 GIS 内部导电体最大日照温升为 7.5℃；P·GCB 内部导电体最大日照温升为 5℃。

（3）考虑到一年中环温接近 40℃ 的炎热天气不足 1/6，考虑到一天中产品日照温升最大值维持时间不足 1/10，因此在通额定电流时的温升值 ΔT_1 基础上叠加的日照温升 ΔT_2 应乘一修正系数 K_{16}，用这种办法考虑日照对一般产品温升 ΔT 的影响比较合适：

$$\Delta T = \Delta T_1 + K_{16} \Delta T_2 \tag{14-1}$$

式中　　K_{16}——日照温升修正系数，$K_{16} = 0.7$。

对于酷热地区的特殊产品应另考虑。

（4）暴露在阳光下的导体，采取镀银或涂白磁漆处理不易吸收太阳能，可降低日照温升 6~7℃。

这次有代表性的产品日照附加温升试验表明：

断路器及 GIS 内部导体最高日照附加温升为 5~7.5℃，外部接线端子为 12.5℃。通常产品型式试验时温升一般不超过 60℃，这两项日照附加温升只占产品温升试验值的（8~20)%，不可能再大了。试验证明，过去有人提出要把温升试验电流值提高到 $1.2 \times I_r$（发热量多加 44%）显然太苛刻，因此制造厂从来不接受。近年来，电力部门有关标准将产品温升试验电流值要求定为 $1.1 I_r$，与额定电流 I_r 相比，试验电流投入产品的热量增加了 21%，接近作者所做的日照温升试验所获得的附加温升值的上限，有一定的道理，因此开关制造部门也都认可了。

使用部门应该看到，不是所有地区的电站，也不是所有的产品需要考虑日照的不利影响，例如纬度不是很低的地区，正常工作电流远低于产品额定电流的情况，日照并不给这些产品的温升带来什么坏处。

14.2　高寒地区产品的设计与应用

我国新疆、内蒙古、黑龙江、青海及甘肃北部等地区冬季最低温度可达到 -50℃，给 SF₆ 高压电器产品的运行带来不便。一般地区的产品其额定气压（如 0.5MPa）的 SF₆ 气体，在 -40℃ 时，已部分液化，且 CB 中气态的 SF₆ 气压（0.344MPa）已低于 CB 的工作闭锁气压（0.4MPa），开关的正常绝缘和开断特性因此受到影响。

解决的办法有几种：

如果产品绝缘有较大裕度，在 0.344MPa 时还能满足要求，开关可降低开断能力使用；

采用 SF₆ + N₂（或 CF₄）的混合气体而保持 CB 额定参数不变；

采用产品装加热保温套的办法，保证 GCB 内的 SF₆ 液化压力高于 GCB 操作闭锁时的 SF₆ 气压而维持产品的额定参数不变。

14.2.1　降低额定参数使用

当灭弧室 SF₆ 气压（密度）下降时从两个方面影响着灭弧室的开断性能。

（1）喷嘴气流量下降，从热的方面考虑，通过喷口的焓流下降了，即 SF₆ 对电弧的冷却作用下降了，开断能力相应下降。

从量的方面可以用下述方法近似地考虑：

GCB 额定气压若为 0.5（或 0.6）MPa，GCB 操作闭锁气压为 0.4（或 0.5）MPa，在 −40℃，液化压力为 0.344MPa，对应的 SF$_6$ 密度为 0.4（或 0.5）MPa 时的 0.344/0.4 = 0.86（或 0.344/0.5 = 0.69），仅考虑热的因素，可以认为 −40℃时开断能力将为常温时的 0.86（或 0.69）倍。

（2）从电强度考虑，弧隙的 SF$_6$ 密度下降为常温时的 0.86（或 0.69）倍，因此电强度也应跟随下降到 0.92（或 0.81）倍：

$$\left[\frac{(0.344 + 0.1)\,\text{MPa}}{(0.4 + 0.1)\,\text{MPa}} \right]^{0.7} = 0.92$$

$$\left[\frac{(0.344 + 0.1)\,\text{MPa}}{(0.5 + 0.1)\,\text{MPa}} \right]^{0.7} = 0.81$$

（3）综合考虑电、热两方面的因素后，在 −40℃时产品实际开断能力将为常温时的 0.79（或 0.56）：

$$0.86 \times 0.92 = 0.79$$
$$0.69 \times 0.81 = 0.56$$

将以上分析简要列入表 14-1。

表 14-1　低温产品降低开断能力的近似分析

SF$_6$ 额定气压 p_r/MPa	0.5	0.6
SF$_6$ 闭锁气压 p_6/MPa	0.4	0.5
GCB 操作闭锁时 SF$_6$ 的密度	γ_{b1}	γ_{b2}
−40℃（−45℃）时 SF$_6$ 液化压力/MPa	0.344（0.274）	0.344（0.274）
−40℃（−45℃）时的密度下降系数 K_γ	0.86（0.69）γ_{b1}	0.69（0.55）γ_{b2}
−40℃（−45℃）时电强度下降系数 K_d	0.92（0.81）	0.81（0.72）
−40℃（−45℃）时开断能力下降系数 $K_i = K_\gamma K_d$	0.79（0.56）	0.56（0.40）
SF$_6$ 闭锁气压 0.4（0.5）MPa 时液化温度/℃	−37	−31
保证额定开断能力的最低使用环温/℃	−35	−30

从上表分析得出的系数 K_i 可知：额定开断电流为 50kA、额定气压为 0.5MPa 的产品，−40℃时将降为 39.5（约 40）kA，−45℃时降为 28.5kA。开关的实际开断能力损失很大。要保持低温时开断能力不变，必须采取别的措施。

14.2.2　开关充 SF$_6$ + N$_2$ 混合气体

1. 混合气体对开断性能和绝缘性能的影响

决定混合气体灭弧性能的主要因素是 SF$_6$ 的成分，实质问题可认为是 SF$_6$ 的流量。N$_2$ 的补入主要是补偿因 SF$_6$ 成分的减少而使断口绝缘所受到的损失。在混合气体中，SF$_6$ 额定分压力的设定值应保证在 −40℃ 时不会液化。由于 SF$_6$ 分压力（密度）的下降，通过喷嘴的 SF$_6$ 流量（对应的开断能力）将下降。

N$_2$ 的补入，提高了断口绝缘能力，当然也有助于改善开断特性。N$_2$ 的补入使灭弧室的压力特性和气流特性都受影响，因此要研究 SF$_6$ 与 N$_2$ 的混合比。

2. SF$_6$ 与 N$_2$ 的混合比

所谓 SF$_6$ 与 N$_2$ 的混合比是指 SF$_6$ 分压力与混合气压之比，当混合比 $\gamma = 0.6$，额定混合气压为 0.6MPa 时对应的 SF$_6$ 分压为 0.36MPa，N$_2$ 的分压为 0.24MPa。

图 14-4 及图 14-5 示出不同混合比时喷嘴上游压力的对比和通过喷口的气体流量的对

比[28]。从图 14-4 可知，随混合比从 0.4 增到 0.7 时，压力特性逐步接近纯 SF₆ 曲线，且四种压力特性变化不大，其曲线形状很相近。当 γ 值从 0.4 增大到 0.6 时，SF₆ 含量增加 50%，而 SF₆ 流量峰值仅从 2.4kg/s 增大到约 2.7kg/s（增大 15%）。从图 14-4 及 14-5 所示特性考虑混合比不需取太大，再考虑到 SF₆ 低温液化特性，γ 值取 0.5～0.7 之间较合适。

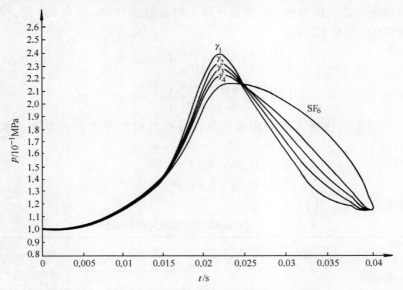

图 14-4　SF₆ 与 SF₆/N₂ 不同混合比时上游压力的对比

$\gamma_1 = 0.4$　$\gamma_2 = 0.5$　$\gamma_3 = 0.6$　$\gamma_4 = 0.7$

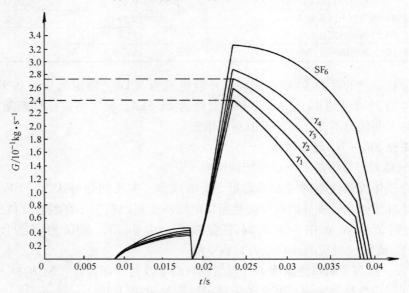

图 14-5　SF₆ 与 SF₆/N₂ 不同混合比时气流流量的对比

$\gamma_1 = 0.4$　$\gamma_2 = 0.5$　$\gamma_3 = 0.6$　$\gamma_4 = 0.7$

　　混合气体的充气压力应高于纯 SF₆ 时的气压。因为，当 $\gamma = 0.5～0.6$ 的 SF₆/N₂ 混合气压与纯 SF₆ 相同时，因混合气体中 SF₆ 质量约为纯 SF₆ 时的 85% 左右，因此，可以认为混合气体的绝缘性能约为纯 SF₆ 时的 85%。为保持绝缘性能不变，混合气体的气压应提高18% ~ 20%。

上述分析的估算方法示例：

当 $\gamma = 0.5$ 时，考虑到 SF₆ 与 N₂ 的相对密度约为 5，可算出混合气体中 SF₆ 的质量比为

$$K_m = 5 \times 0.5/(5 \times 0.5 + 1 \times 0.5) = 83.3\%$$

当 $\gamma = 0.6$ 时

$$K_m = 5 \times 0.6/(5 \times 0.6 + 1 \times 0.4) = 88\%$$

由于混合气体额定气压提高 20%，分闸时气缸反力增大，分闸速度将下降。为保持气缸压力特性与充纯 SF₆ 时相近，分闸速度不应下降，因此操动机构的操作功应增加约 20%。

3. 灭弧室结构设计的调整

采用混合气体时，灭弧室结构可能要进行必要的调整。

例如，某灭弧室额定 SF₆ 气压为 0.5MPa，闭锁气压为 0.4MPa，要求在 -40℃ 条件下采用混合气体而又不降低开断能力，灭弧室结构会有些变化。

可将 SF₆ 气压定值在 0.4MPa（额定值），相应 N₂ 的气压定值在 0.2MPa，混合气体额定气压为 0.6MPa（比纯 SF₆ 时提高 20%）。混合气体的混合比为：

$$\gamma = 0.4/(0.4 + 0.2) = 0.667$$

混合气体的闭锁气压定值为 0.5MPa 时，其中 SF₆ 分压为 $0.5 \times 0.667 = 0.334$MPa < 0.344MPa（SF₆ 在 -40℃ 时的液化压力）。可见，当 $\gamma = 0.667$ 混合气体额定气压为 0.6MPa 时，在 -40℃ 环温下，气态 SF₆ 的气压（0.344MPa）仍然高于混合气体闭锁气压0.5MPa 时 SF₆ 的分压 0.334MPa。此时开关内的 SF₆ 不会液化。

进一步分析 -40℃ 时喷嘴 SF₆ 气流量的变化可知，在 $\gamma = 0.667$ 时，SF₆ 的质量比已达到纯 SF₆ 时的91% $\left(\dfrac{0.667 \times 5}{0.667 \times 5 + 0.333 \times 1} \right)$。混合气体虽然额定气压增加了 20%，但是喷嘴的 SF₆ 气体流量仍然下降了9%。由于 -40℃ 时 SF₆ 液化压力的限制，混合比已不能再增加了，只有调整灭弧室结构，使喷口 SF₆ 流量增加10% 左右，而混合气体流量应增加 $(1 - 0.91)/0.91 = 11\%$,才能保证充混合气体时与充纯 SF₆ 时有相近的开断能力。为了提高喷口 SF₆ 流量应将喷口截面积增大 10%，使喷口截面积与气体流量增值一致。

充混合气体时，由于 SF₆ 的减少和 N₂ 的充入，N₂ 的比定容热容要比 SF₆ 小（仅为 SF₆ 的23%），混合气体的等效热容量将比纯 SF₆ 要小，在相同电弧能量作用下，在喷嘴上游区的混合气体的温升将高于纯 SF₆ 时的温升。上游区混合气体温度的上升将增大电弧阻塞喷口的效应，电弧阻塞效应增强后又使弧柱电位梯度增大，混合气体中电弧功率又增大，反过来使上游区混合气体温度更高，可能使灭弧室开断性能恶化。从另一方面分析，上游区温度升高、传入气缸的热量增多、气压增大，气吹能力可能增强，这正反两方面的影响谁大谁小，不易说清。因此，不排除变更上游区某些结构尺寸的可能性。

4. 对采用（SF₆ + N₂）混合气体的评价

据上分析，低温产品要采用混合气体来维持开断能力不变，要提高混合气体的额定气压，由此而引起操作功的增大及机构设计的修改；要增大喷口直径、可能要减少喷嘴上游区长度，而引起灭弧室结构的调整。这些变化都给产品的设计和试验带来很大工作量，因此这一措施没有广泛使用。多年来，人们一直在寻找一种快速简便、经济适用的办法来解决低温

产品的特殊问题。

14.2.3 （$SF_6 + CF_4$）混合气体的应用

1. CF_4 特性分析

CF_4、SF_6、N_2 的物理性能列入表 14-2。

表 14-2　CF_4、SF_6、N_2 的主要物理特性

物理性能	SF_6	CF_4	N_2
分子量	146.05	88.01	28.8
0.1MPa 时的沸点/℃	−63.80	−127.94	−194
0.1MPa 时的密度/kg/m³（20℃时）	6.07	3.74	1.19
0.1MPa 时单位质量的体积/m³/kg（20℃时）	0.165	0.267	0.840
在空气中的可燃性	不燃	不燃	不燃
临界温度/℃	45.6	−45.6	−146.8
临界压力/MPa	3.77	3.74	3.39
特征	无色无味无毒	无色无味无毒	无色无味无毒
绝热指数 K（20℃）	1.08	1.16	1.40
比定压热容 J/kg·K	0.66×10^3	0.42×10^3	0.10×10^3
全球变暖潜能（GWP）	23900	6500	0.1

从表 14-2 可知，CF_4 的临界温度和沸点（即 0.1MPa 时的液化点）都比 SF_6 低很多，因此在 SF_6 电器通常的气压（0.4~0.6MPa）范围内，在 −50℃低温下不会液化。为低温产品使用提供了可能。

从表 14-2 还看到，CF_4 气体的分子量为 88，属高分子量气体，因此吸热能力比 N_2 强，混入 SF_6 气体后，在 CB 开断过程中吸纳电弧热量的能力也比 N_2 强，更有利于电弧的熄灭。

CF_4 分子外围分布着 F 原子，与 SF_6 相似，也具有较好的电负性。在以往的 GCB 短路开断试验中，喷嘴（特氟隆）被电弧高温分解，也产生大量的 CF_4 气体：

$$CF_3 \cdot (CF_2)_n \cdot CF_3 \xrightarrow{\text{高温}} 2mCF_2 \xrightarrow{\text{高温}} mC + mCF_4$$

析出的 C 与 SF_6 分解出的 F 结合，生成 CF_4，避免了游离碳的存在：

$$SF_6 \xrightarrow{\text{高温}} S + 6F$$

$$C + 4F \xrightarrow{\text{高温}} CF_4$$

短路电流开断后的 GCB 试品进行高压绝缘试验表明：CF_4 和其他的 SF_6 电弧分解一样并不影响开关的绝缘性能，说明 CF_4 具有良好的电负性，可以作为高压电器的绝缘介质和熄弧介质使用。

2. GCB 利用 CF_4 的可能性

国内外一些高压开关制造公司已开始注意到 CF_4 的上述特性，并且在一些产品上取得了良好的使用经验，充（$SF_6 + CF_4$）混合气体的高压开关已投入运行。国内在 LW36 系列自能式灭弧室产品上也取得了成功的试用效果：在操作闭锁气压 0.5MPa（SF_6 0.24MPa + CF_4 0.26MPa）条件下，完成了雷电冲击 550kV、工频 230kV·1min 高压绝缘试验和 126kV/40kA 的各种短路电流开断试验。混合气体表现了良好的绝缘和熄弧性能。

3. SF_6 与 CF_4 混合气体的配制

（1）配制比例

SF$_6$ 与 CF$_4$ 的配制比例，与 GCB 使用的最低环温和额定（及操作闭锁）气压有关。注意到：-40℃ 时 SF$_6$ 液化压力为 0.34MPa 表压，-45℃ 时为 0.29MPa 表压和 -50℃ 时为 0.24MPa 表压，混合气体的配制比例列入表 14-3。

表 14-3a　额定气压为 0.6MPa 时的混合气体配比

环温℃	SF$_6$ 液化压力 /MPa（表压）	混合气体额定气压 P_r /MPa（表压）	混合气体操作闭锁气压 P_b /MPa（表压）	P_r 气压时 SF$_6$ 含量 （%）
-40	0.34	0.6(SF$_6$0.41 + CF$_4$0.19)	0.5(SF$_6$0.34 + CF$_4$0.16)	68
-45	0.29	0.6(SF$_6$0.35 + CF$_4$0.25)	0.5(SF$_6$0.29 + CF$_4$0.21)	58
-50	0.24	0.6(SF$_6$0.29 + CF$_4$0.31)	0.5(SF$_6$0.24 + CF$_4$0.26)	48

表 14-3b　额定气压为 0.5MPa 时的混合气体配比

环温℃	SF$_6$ 液化压力 /MPa（表压）	混合气体额定气压 P_r /MPa（表压）	混合气体操作闭锁气压 P_b /MPa（表压）	P_r 气压时 SF$_6$ 含量 （%）
-40	0.34	0.5(SF$_6$0.37 + CF$_4$0.13)	0.45(SF$_6$0.34 + CF$_4$0.11)	74
-45	0.29	0.5(SF$_6$0.32 + CF$_4$0.18)	0.45(SF$_6$0.29 + CF$_4$0.16)	64
-50	0.24	0.5(SF$_6$0.27 + CF$_4$0.23)	0.45(SF$_6$0.24 + CF$_4$0.21)	54

上表中，额定混合气压 P_r 时，SF$_6$ 含量比的计算值根据 SF$_6$ 与混合气体的绝对压力比求出，如 -40℃ 时，P_r = 0.5MPa，SF$_6$ 含量为 (0.37 + 0.1)MPa/(0.5 + 0.1)MPa = 78.3%。

（2）配制方法

先将产品抽真空至 133Pa 以下，确认产品无异常泄漏（真空保持 4h 以上，真空度下降小于 133Pa）后再准备充气。由于 SF$_6$ 气体密度比 CF$_4$ 大，SF$_6$ 分子比 CF$_4$ 重，应先充 SF$_6$（按表 14-3）至规定的表压值，再补充 CF$_4$ 至额定混合气压。质量较轻的 CF$_4$ 充入质量较重的 SF$_6$ 中，能有效地搅拌和较均匀地混合。如果先充 CF$_4$，再充 SF$_6$，搅拌效果较差，气体扩散混合过程较长，混合的均匀性会受影响。

14.2.4　经济实用的低温产品设计方案——加热保温套设计

一种经济实用的办法是在产品上装加热保温套，人为地向断路器输入热量，使产品在 -40℃（或 -50℃）时 SF$_6$ 气压保持在产品操作闭锁气压之上，以保证额定开断能力不变。

1. 加热保温套的特点

由于产品外形结构的特点，瓷柱式 SF$_6$ 断路器外部无法加装加热保温套，而在罐式 SF$_6$ 断路器外壳上加装加热保温套却十分方便。

之所以认为这是一种经济实用的方案，是由于：

它不需要投入大量的研究试验资金；

不同产品设置不同的加热保温套，其设计、研究及试验所花费人力及精力很少；

加热保温套结构简单、制造方便、成本低；

加热保温套运行可靠性的监视（通过 SF$_6$ 密度控制器自动监视）十分简单，维护方便。

在环境温度高于产品允许的最低温度时，不必投入加热保温套；已投入运行的开关，由于产品导体通流发热使 SF$_6$ 有 15～30℃ 的温升，因此即使在 -50～-40℃ 附近，开关内部

SF$_6$ 气压也很可能高于操作闭锁气压，而不必投入加热器。可见，加热保温套的实际运行时间极短，运行能耗极小。处于分闸冷态备用的开关，在 −40℃ 时，必须使保温套通电加热产品。

2. 加热保温套的设计

以 LW13—550 罐式 SF$_6$ 断路器为例介绍如下。

加热套的热元件是线绕板式 SP 型加热器。见图 14-6，在大罐主筒上装了两个加热保温套。图 14-6 右方示出加热保温套剖面，加热器发出的热量的绝大部分向下经空气间隙传到开关壳体进入开关内部加热 SF$_6$ 气体，还有极小部分向上经两个空气隔热层和石棉保温隔热层散向大气。由于热源所处的位置和散热方式的特殊，用传统的温升计算方式不便计算，因此采用了一种简便适用的加热器设计计算方法，现介绍如下。

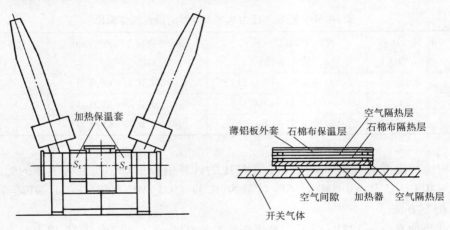

图 14-6　加热保温套结构示意

设计要点：

尽可能增大加热保温套对开关壳体的覆盖面积 $S_0 = 2S_r$，S_r 为一个加热保温套的表面积；

估算开关未装加热保温套部分的等效散热面积 S_1。估算瓷套散热面积时，应考虑到在大气中瓷件散热系数仅为开关金属外壳散热系数的 1/4，因此瓷套等效散热面积应为实际表面的 1/4。经估算 LW13—550 的 $S_1 = 10S_r$；

计算出开关散热面积 S_1 与加热保温套覆盖面积 S_0 之比 $K_S = S_0/S_1 = 0.2$；

加热器的热量要经一薄空气层传到开关壳体再进入开关内使 SF$_6$ 及内部零部件升温，而且还有很少一部分热量经加热器外部的保温层散在大气中，因此仅有一部分热量传入开关内部，其传热系数近似取为 $K_r = 0.8$；

确定低温时 SF$_6$ 需要增加的温度。以往见到的用户极限低温要求是 −47℃，操作闭锁气压 0.4MPa 对应的 SF$_6$ 液化温度为 −37℃，如果加热器补充 10℃ 以上的温升，就可避免 SF$_6$ 液化。设计时应留裕度取补充温升 $\Delta T_1 = 15℃$；

再根据产品在通额定电流 I_r 进行温升试验时所测得的开关内部 SF$_6$ 气体的平均温升 ΔT_2，以及由 I_r 及开关回路电阻 R 所确定的热能来计算加热器的容量 P（W）

$$\Delta T_1 = \frac{K_S K_r P}{RI_r^2 / \Delta T_2} \tag{14-2}$$

式中　$K_S \cdot K_r \cdot P$——加热器投入开关壳体内使 SF$_6$ 升温的热量；

　　　$RI_r^2 / \Delta T_2$——开关内 SF$_6$ 每升高 1℃所需要的热量。

$$P = \frac{RI_r^2 \Delta T_1}{K_S K_r \Delta T_2} \tag{14-3}$$

式中　R——开关回路电阻（$\mu\Omega$）；

　　　I_r——开关额定电流（A）；

　　　ΔT_1——补充温升（℃）；

　　　ΔT_2——开关温升试验时 SF$_6$ 气体的温升（℃）；

　　　K_S——加热保温套面积与开关散热面积之比；

　　　K_r——加热器传热系数，$K_r = 0.8$。

将 LW13—550 罐式 SF$_6$ 断路器的相应值 $R = 92\mu\Omega$、$I_r = 4000$A、$\Delta T_1 = 15$℃、$\Delta T_2 = 32$℃、$K_S = 0.2$ 及 $K_r = 0.8$ 代入（14-3）式，可算出加热器所需的容量（功率）为

$$P = \frac{92 \times 10^{-6}\Omega \times (4000\text{A})^2 \times 15℃}{0.2 \times 0.8 \times 32℃}\text{W} = 4313\text{W}$$

由式（14-3）初步计算出的加热器功率应经装加热器的产品的温升试验来确认。试验方案是：将设计好的加热保温套装在开关上，在开关空载不通电流时，将加热器通电并测出开关内部的 SF$_6$ 温升。

LW13—550 试验结果表明，当加热功率为 4800W 时，SF$_6$ 温升 13.5 ~ 17.5℃（与上面的 ΔT_1 计算值 15℃接近），7200W 时为 15 ~ 21℃。

考虑到冬季户外北风呼啸，开关外壳散热系数要大于无风时的值，因此为使加热器的设计容量留有充足的裕度，加热器的设计容量应比式（14-3）计算容量增加 30% 左右。

瓷柱式 SF$_6$ 断路器可以将加热器装在支柱瓷套的下方、电源线从开关支柱下方地电位处引出进入机构箱。为改善加热器的电场分布，加热器应扣罩网状屏蔽。

通常瓷柱式断路器支柱瓷套内绝缘都有一些绝缘裕度，加热器装入瓷套下部后，损失了一部分内绝缘距离，只要不超过绝缘裕度允许的范围，这种布置是简单可行的；否则，要加长支柱瓷套，或在支柱瓷套下方另设置一个小壳体安装加热器。

14.2.5　高寒地区产品的选择

上述多种方案都可解决 GCB 在高寒地区（ - 50 ~ - 40℃）的使用问题。相比而言，如果不允许降低参数运行，优选方案应该首选加装加热套的 SF$_6$ 罐式断路器，运行维护简便、安全可靠。我国制造的装加热套的 T·GCB 产品在东北地区运行多年，表现良好。

使用混合气体时，存在以下麻烦，应注意：

（1）现场充气混合比例易出差错，必须小心。

（2）运行一段时间后，气体泄漏比例暂无研究；补气时也不好控制两种气体的补入量。因为补气前开关内留混合气体的比例未知，这个问题有待研究。

（3）电站现场检修时，回收气体若再利用，混合比例有待分析。

第 15 章　SF$_6$ 电流互感器绕组设计

T·GCB 用 CT 绕组通常多数放在开关壳体之外，而 GIS 用 CT 绕组置于 GIS 壳体之内（独立式 SF$_6$ 电流互感器绕组也置于 CT 壳体内），两者除外包扎处理有些差异之外，其绕组的特征都是一样的，其设计与计算也是相同的，主绝缘都是 SF$_6$ 气体。

15.1　CT 误差及准确级

15.1.1　CT 误差的产生

电流互感器是利用电磁感应原理制造的，如果不考虑误差，电磁式 CT 的基本工作原理是一次绕组的安匝数与二次绕组安匝数相等：

$$I_1 N_1 = I_2 N_2$$

CT 从一次侧获取的电磁能是通过铁心的电磁感应传递到二次侧的，任何能量传递过程都有能耗。当一次绕组通过电流时要消耗一小部电流用来励磁（使铁心有磁性），这样二次绕组才能产生感应电动势，使二次绕组产生二次电流。用来励磁的电流称为励磁电流 I_0，励磁安匝 $I_0 N_1$ 称为励磁磁动势。

由于 CT 铁心要消耗励磁安匝，因此二次安匝总是小于一次安匝，CT 因此有了误差。理论上的电流比关系 $I_1 = K_n I_2$ 不再成立，而是 $I_2 < I_1 / K_n$，K_n 为 CT 的电流比，实际二次电流转换成一次电流后与一次电流的差值，再与 I_1 的比值称为电流误差

$$f = \frac{K_n I_2 - I_1}{I_1}$$

CT 的二次电流除了量值有误差之外，电流方向还有误差，二次电流旋转 180° 后不与一次电流方向重合，通常要超前 δ 角度，称为相位差 δ。图 15-2 中一次折算电流 $\dot{I}_1'$ 的方向也是 $\dot{I}_1$ 的方向。

CT 等效电路图示于图 15-1，$\dot{E}_1$、$\dot{I}_1$、Z_1 及 $\dot{U}_1$ 分别代表一次回路的感应电动势、一次电流、阻抗及电压。$\dot{E}_1' = \dot{E}_1 / K_n$ 称为一次电动势折算到二次后的折算值，折算后 $\dot{E}_1' = \dot{E}_2$。图 15-1 中 $\dot{I}_2$、Z_{CT}、$\dot{E}_2$ 及 $\dot{U}_2$ 分别代表二次电流、绕组阻抗、电动势及电压降。Z_2 为 CT 外接负荷的阻抗，$\dot{U}_2 = \dot{I}_2 Z_2$。

$$\dot{E}_2 = \dot{I}_2 Z_{CT} + \dot{U}_2 = \dot{I}_2 (Z_{CT} + Z_2) \quad (15\text{-}1)$$

二次绕组电动势 E_2 是由铁心励磁后产生的，励磁电流 $\dot{I}_0$ 为

$$\dot{I}_0 = -\dot{E}_1 / Z_0$$

式中　Z_0——励磁阻抗（铁心等效阻抗）。

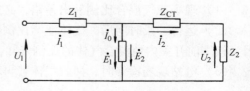

图 15-1　电流互感器等效电路图

CT 各参量之间的关系示于 CT 相量图（图 15-2）。$\dot{U}_2$ 超前 $\dot{I}_2$ 一个 φ 角，$\dot{E}_2$ 超前 $\dot{I}_2$ 一个 α 角，φ 及 α 分别为 Z_2 阻抗角和（$Z_{CT} + Z_2$）阻抗角。

$\dot{E}_2$ 是由铁心磁通 $\varPhi$ 产生的，也就是铁心电磁感应的产物。铁心单位截面积的磁通称为磁通密度 $\dot{B}$，比 $\dot{E}_2$ 超前 90°。与磁通密度 B(T)对应的磁场强度 $\dot{H}$（A/cm），$\dot{H}$ 又超前 $\dot{B}$ 一个角度 ψ，ψ 称为铁心损耗角，由铁磁材料的磁化曲线查得。$\dot{B}$、$\dot{E}_2$、$\dot{H}$ 在量值上的关系为

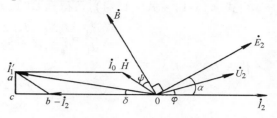

图 15-2 　电流互感器相量图

$$B = \frac{E_2 \times 10^4}{222 N_2 S K_{Fe}} \tag{15-2}$$

式中 　E_2——二次电动势（V）；

　　　N_2——二次绕组匝数；

　　　S——铁心截面积（cm^2）；

　　K_{Fe}——铁心叠片填充因数。

$$\mu = \frac{B}{H} \quad 或 \quad H = \frac{B}{\mu} \tag{15-3}$$

μ 为铁心磁导率，是变数，随 B、H 值而变化。

铁心励磁磁动势（励磁安匝）$I_0 N_1$（A）由下式计算

$$I_0 N_1 = H l_{cp} \tag{15-4}$$

式中 　N_1——一次匝数；

　　　l_{cp}——铁心平均磁路长（cm）。

励磁电流 $\dot{I}_0$ 是 $-\dot{I}_2$ 与一次折算电流 $\dot{I}_1' = \dot{I}_1/K_n$ 的相量和，$\dot{I}_0 = \dot{I}_1' + \dot{I}_2$。$\dot{I}_0$ 与 $\dot{H}$ 是同相的。

$-\dot{I}_2$ 与 $\dot{I}_1'$ 之间的夹角 δ 就是相位差。

由 $\dot{I}_1'$ 的矢端向 $-\dot{I}_2$ 延长线作垂线得 $\triangle abc$，可导出：$\angle cab = \psi + \alpha$。由此可算出电流误差 f 和相位差 δ：

$$f = \frac{I_2 - I_1'}{I_1'} \approx \frac{-cb}{I_1'} = -\frac{I_0}{I_1} \sin(\psi + \alpha) \times 100\% \tag{15-5}$$

$$\delta \approx \sin\delta = \frac{ca}{I_1'} = \frac{I_0}{I_1} \cos(\psi + \alpha) \times 3440' \tag{15-6}$$

式中，$\sin\delta = ca/I_1'$ 的单位是弧度（rad），$1\,\text{rad} \approx 3440'$。

上两式或写为

$$f = -\frac{I_0 N_1}{I_1 N_1} \times \sin(\psi + \alpha) \times 100\% \tag{15-7}$$

$$\delta = \frac{I_0 N_1}{I_1 N_1} \times \cos(\psi + \alpha) \tag{15-8}$$

式中 $I_0 N_1$——励磁磁动势（A）；

       $I_1 N_1$——一次磁动势（A）。

由式（15-1）~式（15-4）可得到 CT 误差的主要因素 I_0/I_1 的表达式为

$$\frac{I_0}{I_1} = \frac{I_0 N_1}{I_1 N_1} = \frac{I_2 (Z_{CT} + Z_2) l_{cp} \times 10^4}{222 \mu N_2 S K_{Fe} I_1 N_1}$$

代入 $I_1 N_1 \approx I_2 N_2$ 后：

$$\frac{I_0}{I_1} = \frac{(Z_{CT} + Z_2) l_{cp} \times 10^4}{222 \mu N_2^2 S K_{Fe}} \tag{15-9}$$

15.1.2 CT 准确级

CT 绕组（测量级和 5P、10P 保护级）的精度列于表 15-1。从表可见，所谓 0.2 级，是指当 CT 一次电流为 100%~120% 额定电流时，电流误差为 ±0.2%。

表 15-1 常用 CT 绕组精度

准确级	一次电流为额定电流的倍数（%）	允许误差		准确级	一次电流为额定电流的倍数（%）	允许误差	
		电流误差（%）	相位差（'）			电流误差（%）	相位差（'）
0.05	10~120	±0.05	±2	3	5~120	±3	—
0.2	10	±0.5	±2	5P	在额定一次电流时	±1	±60
	20	±0.35	±15				
	100~120	±0.2	±10		在额定准确限值一次电流时	±5（复合误差 ε_c）	—
0.5	10	±1	±60	10P	在额定一次电流时	±3	—
	20	±0.75	±45				
	100~120	±0.5	±30		在额定准确限值一次电流时	±10（复合误差 ε_c）	—
1	10	±2	±120				
	20	±1.5	±90				
	100~120	±1	±60				

精度较高的测量级绕组，为减少误差，通常铁心截面积都不会很小，因此在一次短路电流冲击下，可能出现铁心饱和慢，使二次电流冲击值较大，而危及二次仪表的设备安全。因此对 CT 测量级绕组常提出仪表保安系数（FS）的要求，希望在一次短路电流冲击下，铁心快速饱和，二次电流被限制在较低值而保证二次仪表的安全。

仪表保安系数 FS 的定义是：

$$FS = \frac{额定仪表保安一次电流限值 \; I_{po}}{额定一次电流 \; I_{1n}}$$

I_{po} 的定义是：在额定二次负荷时，当复合误差 $\varepsilon_c \geq 10\%$ 时的最小一次电流值。

FS5 的含义指：当 $I_1 = 5I_{1n}$ 时，绕组的复合误差 $\varepsilon_c \geq 10\%$，FS10 是当 $I_1 = 10I_{1n}$ 时，$\varepsilon_c \geq 10\%$。复合误差 $\varepsilon_c \geq 10\%$ 就说明铁心已开始趋于饱和，一次电流再增加，二次电流将受到限制。可见，对用户讲，FS5 比 FS10 更安全；对制造厂来说，FS5 要求更严、制造难度更大。

5P 级是指当一次短路电流（稳定值）达到额定准确限值一次电流时的电流误差为 ±5%。

其额定准确限值系数（或称 5% 误差倍数）ALF 定义为

$$ALF = \frac{额定准确限值一次电流（稳态）\; I_{1ZC}}{额定一次电流 \; I_{1n}}$$

如 $ALF = 15$、5% 误差级的绕组精度表达为 5P15，当一次短路电流稳定值等于 15 倍 I_{1n} 以下时，电流误差不大于 $\pm 5\%$。

15.2　影响 CT 电流误差的因素

15.2.1　一次电流的影响

当一次电流增大时，铁心磁通密度增大，磁导率 μ 及损耗角 ψ 也增大。

从式（15-9）可见，CT 电流误差将随 μ 增大而减小；但是，从式（15-7）可见，f 又随 $\sin(\psi + \alpha)$ 增大而增大，相对 μ 而言，ψ 的影响较小，最终 f 还是适量变小。从式（15-8）可知，随 I_1 增大，ψ 增大、$\cos(\psi + \alpha)$ 变小，相位差 δ 相应变小。

15.2.2　二次绕组匝数 N_2 的影响

从式（15-9）可知，CT 电流误差 f 及相位差 δ 与匝数 N_2 的二次方成反比，增减 N_2 对误差影响很大。

在误差计算时，通常计算误差为负值。当超标时，可用减匝法（把 N_2 减少一些，如减 0.25 匝、0.3 匝、0.5 匝等等），用减匝后产生的正误差来补偿部分计算负误差，使 CT 误差符合要求。

15.2.3　平均磁路长度 l_{cp} 的影响

从式（15-9）可见，误差与平均磁路长 l_{cp} 成正比。减少铁心磁路长度的办法是，在绝缘性能许可的前提下，尽量减小 CT 绕组的内径。l_{cp} 越小，对应一定的铁心截面积，越省铁心材料。l_{cp} 变小后，误差下降，反过来又可以适当减小铁心截面积，进一步节省铁心材料。可见，尽量减小绕组直径是十分经济的设计。

15.2.4　铁心截面积 S 的影响

从式（15-9）可看出，误差与铁心截面积成反比。一般情况，适当增大 S，可使误差变小。但是过度以后，可能适得其反。因为 S 增大时，l_{cp} 也会增大，二次绕组每匝导线长及内阻抗也增大，磁导率 μ 也随 B 变小而减小，综合效果可能使误差增大，白白浪费了铁心材料。

SF$_6$ CT 用环形铁心，高 h 与宽 b 要适当。增加铁心高 h 可以减小平均磁路长；但又不能太高，太高了会增大绕组用铜量。常用的合适比例为 $h = (1.5 \sim 2)b$。

15.2.5　铁心材料的影响

从式（15-9）可知，误差与铁心磁导率 μ 成反比。选磁导率高的材料，可减小铁心截面积 S，S 下降又会提高磁通密度 B，B 增大又反过来使 μ 变大，更利于减小铁心截面积，形成一种提高精度节省材料的良性循环。

仅从减少误差、提高精度（达到 0.2 级）出发，采用坡莫合金或性能更好、相对密度更小的铁基纳米级微晶合金是合适的。此外，从满足测量级绕组的仪表保安系数的要求（如 FS5）考虑，采用坡莫合金或微晶合金，使绕组在一次短路电流冲击下很快饱和，使二次电流受到快速限制。但是，对于某些产品，也可以采用冷轧硅钢片做 0.2 级绕组，再串接一只 1:1 的很小铁心截面积的小绕组，在 CT 正常一次电流工作时，小绕组不饱和；当一次短路时，小绕组的一次侧（即大绕组的二次侧）电流较大，小铁心很快饱和，也可快速限制 CT 二次电流、满足 FS5 的要求。相比之下，由于硅钢片单价低而使 CT 成本比用坡莫合金便宜。但是，当产品的安装空间不允许时，采用高磁性能材料也是必要的。

15.2.6 二次负荷的影响

从式（15-9）还可看出：当二次负荷 Z_2 增大时，误差似乎会成正比增大。实际上，因 Z_2 增大，二次电动势 E_2、磁通密度 B、磁导率 μ 也稍有增大，参见式（15-1）、式（15-2）、式（15-3）。μ 值稍有增大而使误差变小，因此，随二次负荷的增加，误差是小于正比例的增加。

二次负荷 Z_2 的功率因数角 φ 的增减会引起 α 角相应增减（参见图 15-2）。当 φ 角增大（即 $\cos\varphi$ 增大）时，$(\varphi+\alpha)$ 也增大，$\sin(\varphi+\alpha)$ 及电流误差就增大，而 $\cos(\varphi+\alpha)$ 及相位差 δ 变小。通常 SF$_6$ CT 的误差是在规定二次负荷 $\cos\varphi=0.8$ 条件下测量。

15.2.7 绕组阻抗 Z_{CT} 的影响

从式（15-9）可知，误差与 Z_{CT} 成正比，选用较粗的导线绕制绕组（绕组电阻小）可减小误差。

15.3 测量级和保护级绕组设计及误差计算步骤

15.3.1 绕组及铁心内径设计

（1）先确定一次绕组直径和截面

按额定电流 I_{1n} 和电压等级确定 CT 一次绕组（导体）的直径 d_1、导电截面积及材质。设计方法参见 4.1.1 节。

（2）按绝缘要求计算绕组包扎后（或浇注环氧树脂后）的内径 d_2，计算公式为式(4-1)。

（3）按下式确定铁心内径 d_3（mm）

$$d_3 = d_2 + 2c \tag{15-10}$$

式中　c——绕组导线及包扎层厚度，对于常用的 0.2 及 5P 级绕组，$c=(5\sim6)\,\mathrm{mm}$。

　d_2——绕组包扎后的内径（mm）。

15.3.2 铁心设计

（1）铁心工作磁通密度（T）的选择：

$$B = \frac{B_b}{FS \text{ 或 } ALF} \tag{15-11}$$

对于保护级用的硅钢片，$B_b=1.55\sim1.7\mathrm{T}$，如 Z$_{11}$ 硅钢片可取 1.55T。对于保护级铁心 B_b 的取值原则是：使其接近饱和区（而不能达到饱和值），使绕组在短路条件下（达到 ALF 规定值时）有较小的误差（较高的精度）。

对于测量级绕组铁心若采用铁基纳米微晶合金时（如上海钢铁研究所生产的 SMC101）可取 $B_b=1\mathrm{T}$，用坡莫（铁镍）合金时（如 1J85）可取 0.9T。对于测量级绕组，当在正常工作条件下（$0.1\sim0.35\mathrm{T}$），$B—H$ 有很好的线性关系时，在 FS5（或 FS10）条件下，B_b 点应进入 $B—H$ 曲线的深度饱和区，以满足在 FS 条件下有较大误差（$\geqslant10\%$）的要求。

式（15-11）分母，测量级取 FS 值（5 或 10），保护级取绕组准确限制系数 ALF 值（15、20、25、30 等等）。

（2）铁心截面积的确定

由式（15-1）、式（15-2）演变计算铁心截面积 S（cm^2）

$$S = \frac{E_2 \times 10^4}{222 N_2 B K_{\text{Fe}}} = \frac{45 I_{2n}(Z_{\text{CT}} + Z_2)}{N_2 B K_{\text{Fe}}}$$

$$\approx \frac{45 I_{2n} Z_2}{N_2 B K_{\text{Fe}}} \tag{15-12}$$

式中　I_{2n}——额定二次电流（A）；

　　　Z_2——二次负荷阻抗（Ω），按 $Z_2 = P_{2n}/I_{2n}^2$ 计算；

　　　P_{2n}——额定二次容量（VA）；

　　　N_2——二次绕组匝数；

　　　K_{Fe}——铁心叠片系数：微晶合金取 0.75 ~ 0.80（电压等级 363kV 及以上绕组取 0.75），坡莫合金取 0.80 ~ 0.85（363kV 及以上绕组取较小值），硅钢片取 0.9 ~ 0.95（363kV 及以上绕组取较小值）；

　　　B——磁通密度（T），取值见 15.3.2 节（1）。

演算中，考虑到在铁心截面积未确定之前，绕组内阻抗 Z_{CT} 为未知数，但相对二次负荷阻抗 Z_2 是很小的，因此略去 Z_{CT}，简化计算出的 S 值稍偏小，设计经济；若出现误差超标，可用减匝办法补偿，或对 S 初设值进行调整。

设计 0.2 级小变比线圈铁心时，因 N_2 小，计算出铁心截面 S 很大；如果同时要求线圈具有较小的仪表保安系数（如 FS5）时，又要求 S 取较小值，让铁心在一次电流快速增长时，尽快饱和。两种要求是矛盾的。设计时，应先保证 FS5 的需要，S 取较小值，一旦误差超标，就用减匝法补偿。

（3）铁心平均磁路长

$$l_{\text{cp}} = \pi(d_3 + d_4)/2$$

式中　d_3——铁心内径（mm），见式（15-4）；

　　　d_4——铁心外径（mm），见式（15-13）。

15.3.3　确定绕组的结构及阻抗

S 值初步计算好后，按 $h = (1.5 \sim 2)b$ 的要求及铁心内径 d_3，确定铁心截面尺寸高 h 及宽 b，相应定出铁心外径 d_4（mm）

$$d_4 = d_3 + 2b \tag{15-13}$$

铁心截面形状尺寸定好后，可得到各层每匝绕组的平均导线长 l_0（mm）

$$l_0 = 2\left[(b + h + 2n_2(d_0 + 0.5) + 2\delta_{\text{T}})\right] \tag{15-14}$$

式中　h，b——铁心高和宽（mm）；

　　　d_0——导线直径（mm）；

　　　n_2——各层二次绕组绕制层数；

　　　0.5——考虑包扎层厚增加的导线长；

　　　δ_{T}——铁心包扎厚度（mm），$\delta_{\text{T}} = 2$。

关于导线的选择：

5P 级绕组（额定二次电流为 5A 时）通常按 2A/mm^2 电流密度确定铜导线直径，采用 ϕ1.8mm 漆包线单股绕制。当二次电流为 1A 时，也选用 ϕ1.8mm 导线，是为了减少绕组电阻、减少计算误差，但增加了铜耗。如果计算误差值偏小、裕度大时，可选用稍细的导线，以避免铜线不必要的消耗。

0.2 级绕组用导线，为减小计算误差，导线电流密度可取 1.4～1.8A/mm^2 左右。导线可用单股（如 ϕ2.12mm）或双股（2×ϕ1.35mm），或 3 股（3×ϕ1.18mm 或 ϕ1.5mm＋2×ϕ1.18mm）等方式绕均可。采用多股并绕便于利用分数减匝来补偿计算误差，如想减少 1/3 匝，单股绕就不好实施，用三股并绕，绕到最后一匝时，将其中一股少绕一匝时就使绕组总匝数减少 1/3 匝。

二次绕组内阻 $R_{CT}(\Omega)$ 由下式计算

$$R_{CT} = \rho \frac{l_0 N_2 \times 10^{-3} + l_y}{S_0} \tag{15-15}$$

式中　l_0——绕组每匝长度（mm）;

　　　N_2——绕组匝数;

　　　l_y——绕组引线长（m）;

　　　S_0——导线截面积（mm）^{2}，$S_0 = \pi d_0^2 / 4$;

　　　ρ——导线电阻率，铜线取 $\rho = 0.02\Omega \cdot mm^2/m$。

绕组电抗 X_{CT} 估算值取 0.03Ω。

15.3.4　测量级绕组误差计算步骤

绕组误差计算步骤如下：

（1）由铁心尺寸及导线直径按式（15-14）计算绕组每匝长度，按式（15-15）计算绕组电阻 R_{CT}。

（2）计算二次负荷阻抗。

$$Z_{2n} = P_{2n}/I_{2n}^2$$
$$R_{2n} = Z_{2n}\cos\varphi$$
$$X_{2n} = Z_{2n}\sin\varphi$$

式中　P_{2n}——绕组额定容量（VA）;

　　　I_{2n}——额定二次电流（A）。

$$\cos\varphi = 0.8$$

（3）计算二次回路总阻抗。

$$R_2 = R_{CT} + R_{2n}$$
$$X_2 = X_{CT} + X_{2n}$$
$$Z_2 = \sqrt{R_2^2 + X_2^2}$$
$$\alpha_2 = \mathrm{tg}^{-1}\frac{X_2}{R_2}$$

（4）列出与 $n = (5～120)\%$ 额定一次电流对应的二次电流 $I_2 = nI_{2n}$。

（5）计算绕组的感应电动势 $E_2 = Z_2 I_2$。

（6）计算与 E_2 对应的磁通密度 B（T），$B = 45E_2/(N_2 SK_{Fe})$。

（7）由 B 及磁化曲线查出对应的单位长度励磁磁动势 H（A/cm）。

（8）按式（15-4）计算铁心励磁磁动势 $I_0 N_1 = H l_{cp}$，平均磁路长 $l_{cp} = \pi(d_3 + d_4)/2$，$d_3$、$d_4$ 为铁心内、外径（cm），见式（15-10）、式（15-13）。

（9）计算与 nI_{1n} 对应的 CT 一次磁动势 $I_1 N_1 = nI_{1n} N_1$，N_1 为一次匝数。

（10）由 B—H 磁化曲线查出的铁心损耗角 ψ。

（11）按式（15-7）、（15-8）计算电流误差 f 及相位差 δ，并根据 FS 系数按下式计算 CT 复合误差 ε_c：

$$\varepsilon_c = \frac{I_0 N_1}{I_1 N_1} \times 100\% \tag{15-16}$$

当 $I_2 = \text{FS} \times I_{2n}$ 对应的 B 值已使铁心深度饱和时，可不算 ε_c。

（12）计算铁心磁性能数据

测量铁心的磁性能是监视生产中铁心质量的重要措施，铁心磁性能数据计算步骤如下：

1）给定励磁电流 I_1（0.2 ~ 1.5A），励磁电流取值较小。

2）规定励磁匝数 N_1 为 1 匝。

3）计算磁场强度 $H = I_1 N_1 / l_{cp}$，（A/cm），l_{cp} 为铁心平均磁路长（cm）。

4）由 H 及磁化曲线查 B，（T）。

5）计算与 I_1 对应的电动势 $E = BSK_{Fe}/0.045$（mV）。

到此，CT 测量级绕组计算完毕。

15.3.5　稳态保护级（5P、10P）绕组误差计算步骤

参照 15.3.4 节：

（1）、（2）、（3）步同 15.3.4 节。

（4）列出与额定准确限值系数 ALF 值对应的二次电流值 $I_2 = \text{ALF} \times I_{2n}$ 以及额定二次电流 I_{2n} 值。

（5）~（11）步同 15.3.4 节。

（12）计算铁心磁性能数据，计算程序同 15.3.4 节，但给定的励磁电流通常较大（5 ~ 60A）。

（13）对于绕制包扎好的绕组还应测量伏安特性。在绕组设计时应按下面步骤算好伏安特性：

1）给定二次电流 I_2（0.1 ~ 1A 或 0.5 ~ 3A）；

2）计算磁场强度 $H = I_2 N_2 / l_{cp}$；

3）由 H 及磁化曲线查出 B；

4）计算绕组在不同 B 值时的端电压（V）

$$U_2 = \frac{K_{Fe} S B N_2}{45}$$

按式（15-1），绕组感应电动势 $E_2 = U_2 + I_2 Z_{CT}$，由于种种制造上的因素，通常认为 $E_2 \approx U_2$。

到此，CT 稳定保护绕组计算结束。

15.4　0.2 级和 5P 级 CT 绕组设计及误差计算示例

15.4.1　0.2 级、FS5、126kV、2×300/5A、30VA 绕组设计及误差计算（第一方案）

（1）计算 SMC101 微晶合金铁心截面积 S

由式（15-12）

$$S = 45 I_{2n} Z_2 / (N_2 B K_{Fe})$$

代入：$I_{2n} = 5A$，$Z_2 = 30VA/(5A)^2 = 1.2\Omega$，$N_2 = 2 \times 300/5 = 120$ 匝

由式（15-11）

$$B = 1T/5 = 0.2T，K_{Fe} = 0.80$$

按式（15-12）得

$$S = 45 \times 5 \times 1.2/(120 \times 0.2 \times 0.80)cm^2 = 14.1cm^2$$

考虑到 SMC101 铁基微晶合金磁化曲线在 $B = 0.1 \sim 0.35T$ 范围内线性度很好，工作磁通密度可比式（15-11）计算值取得更高一些，初步设计取 $S = h \times b = 2.5 \times 4.5cm^2 = 11.25cm^2$。

（2）铁心内径、平均磁路长设计

一次导体直径 $d_1 = 60$，绕组内径 $d_2 = 190$，验算绝缘能为

$$U = E_1 r_1 \ln \frac{r_2}{r_1} = 20 \times 30 \times \ln \frac{190}{60} kV = 692kV > [550kV]$$

铁心内径 $d_3 = 190mm + 2 \times 5mm = 200mm$，外径 $d_4 = d_3 + 2b = 200mm + 2 \times 45mm = 290mm$，铁心尺寸 $\phi200mm \times \phi290mm \times 25mm$。

平均磁路长 $l_{cp} = \pi(d_3 + d_4)/2 = \pi(20 + 29)/2cm = 77cm$

（3）绕组阻抗计算

用 $\phi2.12mm$ 漆包线绕制，$d_0 = 2.12mm = 0.212cm$，$S_0 = 3.53mm^2$

绕组匝数 $N_2 = 600/5 = 120$ 匝，只绕一层，$n_2 = 1$，按式（15-14）计算每匝绕组导线长

$$l_0 = 2[b + h + 2n_2(d_0 + 0.5) + 2\delta_T] = 2[25 + 45 + 2 \times 1(2.12 + 0.5) + 2 \times 2]mm = 158.5mm$$

绕组引线为 $l_y = 4m$。

绕组电阻 $R_{CT} = \rho(l_0 N_2 \times 10^{-3} + l_y)/S_0$

$$= 0.02(158.5 \times 120 \times 10^{-3} + 4)/3.53\Omega = 0.131\Omega$$

绕组电抗 $X_{CT} = 0.03\Omega$（设定值）

$I_{1n} = 600A$ 时，$N_1 = 1$（并联）

$I_{1n} = 300A$ 时，$N_1 = 2$（串联）

（4）误差计算参数见表 15-2。

表 15-2　误差计算参数（第一方案）

计　算　项		0.2 级　2×300/5A，$P_{2n} = 30VA$	
		100%，P_{2n}时	25%P_{2n}时
$Z_{2n} = P_{2n}/I_{2n}^2$	Ω	1.2	0.3
R_{CT}	Ω	0.131	0.131
X_{CT}	Ω	0.03	0.03
$R_{2n} = Z_{2n}\cos\varphi$	Ω	0.96	0.24
$X_{2n} = Z_{2n}\sin\varphi$	Ω	0.72	0.18
$R_2 = R_{CT} + R_{2n}$	Ω	1.09	0.37
$X_2 = X_{CT} + X_{2n}$	Ω	0.75	0.21
$Z_2 = \sqrt{R_2^2 + X_2^2}$	Ω	1.32	0.24
$\alpha_2 = tg^{-1}\dfrac{X_2}{R_2}$		34.65°	29.90°

（续）

计　算　项		0.2 级　2×300/5A，$P_{2n}=30VA$						
		100%，P_{2n} 时				25% P_{2n} 时		
$n=I_2/I_{2n}$	%	5	20	100	120	5	20	120
$I_2=nI_{2n}$	A	0.25	1	5	6	0.25	1	6
$E_2=I_2Z_2$	V	0.33	1.32	6.60	7.92	0.105	0.42	2.52
$B=45E_2/(N_2SK_{Fe})$	T	0.0138	0.0549	0.275	0.33	0.0044	0.0174	0.1046
H（查 SMC101 磁化曲线）	A/cm	0.0015	0.0048	0.0093	0.0105	0.00045	0.0018	0.0056
$I_0N_1=Hl_{cp}$	A	0.116	0.370	0.716	0.785	0.035	0.139	0.43
$I_1N_1=nI_{1n}N_1$	A	30	120	600	720	30	120	720
ψ（查 SMC101 磁化曲线）		3.5°	16.3°	33.5°	35.0°	3°	8.7°	20.8°
$f=\dfrac{I_0N_1}{I_1N_1}\sin(\psi+\alpha_2)$	%	−0.24	−0.24	−0.11	−0.10	−0.06	−0.07	−0.03
$\delta=\dfrac{I_0N_1}{I_1N_1}\cos(\psi+\alpha_2)\times3440$		10.5′	6.7′	4.1′	1.3′	3.4′	3.1′	1.7′
FS5 时的复合误差 ε_c		当 $I_2=5I_{2n}=25A$ 时，$B>1.375T$ 已深度饱和能满足 $\varepsilon_c\geqslant10\%$ 的要求，不予计算						
绕组绕制方案		用 $\phi2.12mm$ 导线单股绕制，120 匝						

（5）铁心磁性能数据计算

励磁匝数 N_1	1			
励磁电流 I_1，（A）	0.2	0.5	1	1.5
$H=I_1N_1/l_{cp}$，（A/cm）	0.0026	0.0065	0.013	0.0195
B（查 SMC101 磁化曲线），（T）	0.0276	0.185	0.43	0.61
$E=BSK_{Fe}/0.045$，（mV）	5.5	37	86	122

15.4.2　0.2 级、FS5、126kV、2×300/5A、30VA 绕组改进设计及误差计算（第二方案）

改进目的：减小铁心截面积 S，降低成本。

改进措施：用减匝法补偿误差。

（1）将铁心截面积减至 $S=3.5\times2cm^2=7cm^2$

铁心尺寸变小为 $\phi200mm\times\phi270mm\times20mm$

磁心平均磁路长 $l_{cp}=\dfrac{\pi(200+270)}{2}mm=738mm=73.8cm$

每匝绕组导线长 $l_0=2(20+35+2\times2.12+1)$ mm $=120mm$

$$S_0=\dfrac{\pi}{4}\times2.12^2mm^2=3.53mm^2$$

绕组阻抗：电阻 $R_{CT}=0.02\times(0.12\times120+4)/3.53\Omega=0.10\Omega$

电抗 $X_{CT}=0.03\Omega$（设定值）

（2）误差计算参数见表 15-3

两种方案评价：

第一方案铁心重 $Q_1=\dfrac{\pi}{4}(29^2-20^2)\times3.5\times0.80\times7.2kg=6.979kg$

第二方案铁心重 $Q_2 = \dfrac{\pi}{4}(27^2 - 20^2) \times 2 \times 0.80 \times 7.2\mathrm{kg} = 2.975\mathrm{kg}$

省料 $\Delta Q = Q_1 - Q_2 = 4\mathrm{kg}$（约值 900 元）

　　与第一方案相比，第二方案按 $h = (1.5 \sim 2)b$ 的要求选择了合理的铁心截面尺寸，使铁心平均磁路减小，铁心截面积变小，并采用减匝补偿误差，可节省贵重的微晶合金。减匝补偿后的绕组，在误差测试时，裕度更大（SMC101 微金合金密度为 $7.2\mathrm{g/cm^3}$）。

表 15-3　误差计算参数（第二方案）

计　算　项		0.2 级　$2 \times 300/5\mathrm{A}$, $P_{2n} = 30\mathrm{VA}$						
		100%，P_{2n} 时				25% P_{2n} 时		
$Z_{2n} = P_{2n}/I_{2n}^2$	Ω	1.2				0.3		
R_{CT}	Ω	0.1				0.1		
X_{CT}	Ω	0.03				0.03		
$R_{2n} = Z_{2n}\cos\varphi$	Ω	0.96				0.24		
$X_{2n} = Z_{2n}\sin\varphi$	Ω	0.72				0.18		
$R_2 = R_{CT} + R_{2n}$	Ω	1.06				0.34		
$X_2 = X_{CT} + X_{2n}$	Ω	0.75				0.21		
$Z_2 = \sqrt{R_2^2 + X_2^2}$	Ω	1.30				0.40		
$\alpha_2 = \mathrm{tg}^{-1}\dfrac{X_2}{R_2}$		35.3°				27.7°		
$n = I_2/I_{2n}$	%	5	20	100	120	5	20	120
$I_2 = nI_{2n}$	A	0.25	1	5	6	0.25	1	6
$E_2 = I_2 Z_2$	V	0.325	1.30	6.50	7.80	0.10	0.40	2.40
$B = 45E_2/(N_2 S K_{Fe})$	T	0.0218	0.0870	0.4353	0.5223	0.0067	0.0268	0.1608
H（查 SMC101 磁化曲线）	A/cm	0.0022	0.0052	0.0032	0.0158	0.00085	0.0026	0.0070
$I_0 N_1 = H l_{cp}$	A	0.155	0.384	0.974	1.166	0.063	0.192	0.517
$I_1 N_1 = nI_{1n} N_1$	A	30	120	600	720	30	120	720
ψ（查 SMC101 磁化曲线）		5.4°	17.5°	35.5°	34.5°	1.8°	6.5°	27.3°
$f_1 = \dfrac{I_0 N_1}{I_1 N_1}\sin(\psi + \alpha_2)$	%	-0.337	-0.255	-0.153	-0.15	-0.103	-0.06	-0.059
$\delta = \dfrac{I_0 N_1}{I_1 N_1}\cos(\psi + \alpha_2) \times 3440$		13.5′	6.7′	1.84′	1.92′	6.3′	4.6′	1.42′
减去 1/4 匝，正补偿 $\Delta f = \dfrac{0.25}{120} =$ 0.208%　$f_2 = f_1 + \Delta f$	%	-0.129	-0.047	+0.055	+0.058	+0.105	+0.148	+0.149
FS5 时的复合误差		当 $I_2 = 5 \times 5\mathrm{A} = 25\mathrm{A}$ 时，$B = 2.1763\mathrm{T}$ 已深度饱和，ε_c 合格，免算						
线圈绕制方案		用 $\phi 2.12\mathrm{mm}$ 导线单股绕制 119.75 匝						

15.4.3　252kV、5P25、$2 \times 300/5\mathrm{A}$、50VA 绕组设计及误差计算

（1）铁心设计及绕组阻抗计算

　　按绝缘要求及绕组导线包扎厚 c 的要求定出铁心内径 $d_3 = 345\mathrm{mm}$。由电流比定二次匝数 $N_2 = 120$ 匝。

　　由式（15-11）、式（15-12）计算铁心截面积

$$S = 45 I_{2n} Z_2/(N_2 B K_{Fe})$$

$$= 45 \times 5 \times \frac{50}{5^2}\Big/\Big(120 \times \frac{1.55}{25} \times 0.9\Big)\mathrm{cm^2} = 67.2\mathrm{cm^2}$$

　　定铁心尺寸 $h = 145\mathrm{mm}$，$b = 52.5\mathrm{mm}$，$d_4 = 450\mathrm{mm}$，铁心尺寸 $\phi 450\mathrm{mm} \times \phi 345\mathrm{mm} \times$

145mm。铁心实际截面积为 $S = 145 \times 52.5 \times 0.9 \mathrm{cm}^2 = 68.5 \mathrm{cm}^2$，$l_{cp} = \pi(450 + 345)/2 \mathrm{mm} = 1249 \mathrm{mm} = 124.9 \mathrm{cm}$。

用 $d_0 = \phi 1.8 \mathrm{mm}$ 导线单股绕制，$S_0 = 2.54 \mathrm{mm}^2$（比较经济的用铜量设计）。二次绕组只绕一层，$n_2 = 1$，平均匝长为

$$l_0 = 2(h + b + 2d_0 + 1) = 2(145 + 52.5 + 2 \times 1.8 + 1)\mathrm{mm} = 404 \mathrm{mm}$$

$$R_{CT} = 0.02(404 \times 120 \times 10^{-3} + 7)/2.54\Omega = 0.439\Omega$$

（CT 绕组引线取 7m 长）

$X_{CT} = 0.03\Omega$（假定值）

一次绕组匝数 $N_1 = 2$ 匝，$I_{1n} = 300\mathrm{A}$

（2）误差计算参数见表 15-4

表 15-4　误差计算参数

计　算　项		5P25, $2 \times 300/$ 5A, 50VA		计　算　项		5P25, $2 \times 300/$ 5A, 50VA	
$Z_{2n} = P_{2n}/I_{2n}^2$	Ω	2		$E_2 = I_2 Z_2$	V	297.5	11.9
R_{CT}	Ω	0.439		$B = 45E_2/(N_2 S K_{Fe})$	T	1.8096	0.0724
X_{CT}	Ω	0.03		H（查 Z11 硅钢片磁化曲线）	A/cm	6.2	0.06
$R_{2n} = Z_{2n}\cos\varphi$	Ω	1.6		$I_0 N_1 = H l_{cp}$	A	812	7.5
$X_{2n} = Z_{2n}\sin\varphi$	Ω	1.2		$I_1 N_1 = n I_{1n} N_1$	A	15000	600
$R_2 = R_{CT} + R_{2n}$	Ω	2.04		ψ（查 Z11 硅钢片 B—ψ 曲线）		4.5°	42.5°
$X_2 = X_{CT} + X_{2n}$	Ω	1.23		$f = \dfrac{I_0 N_1}{I_1 N_1}\sin(\psi + \alpha_2)$	（%）		−1.28
$Z_2 = \sqrt{R_2^2 + X_2^2}$	Ω	2.38		$\delta = \dfrac{I_0 N_1}{I_1 N_1}\cos(\psi + \alpha_2) \times 3440$			12'
$\alpha_2 = \tan^{-1}\dfrac{X_2}{R_2}$		31.1°		$\varepsilon_c = I_0 N_1/I_1 N_1$	%	−5.41	
$n = I_2/I_{2n}$		25（ALF 倍数）	1	减 2 匝，正补偿 $\Delta f = \dfrac{2}{120} = 1.67\%$			
$I_2 = n I_{2n}$	A	125	5	后 f 为	%	−3.74	+0.39

（3）计算铁心磁性能数据（$l_{cp} = 124.9 \mathrm{cm}$）

励磁匝数 N_1	1						
励磁电流 I_1，（A）	5	10	20	30	40	50	60
$H = N_1 I_1/l_{cp}$，（A/cm）	0.04	0.08	0.16	0.24	0.32	0.40	0.48
B（查 Z11 硅钢片磁化曲线），（T）	0.025	0.195	0.58	0.91	1.14	1.28	1.38
$E = BSK_{Fe}/0.045$，（mV）	34	267	794	1246	1561	1753	1890

（4）计算绕组伏安特性：（$l_{cp} = 124.9 \mathrm{cm}$，$N_2 = 120$，$S = 68.5 \mathrm{cm}^2$）

励磁电流 I_2，（A）	0.5	1	2	3
$H = I_2 N_2/l_{cp}$，（A/cm）	0.48	0.96	1.92	3.88
B（查 Z11 硅钢片磁化曲线），（T）	1.38	1.562	1.69	1.75
$U_2 = BSK_{Fe}N_2/45$，（V）	227	257	278	288

注意事项：当 N_2 匝数很大时，U_2 值可能高达数千伏，绕组可能击穿。因此，给定励磁电流应取小一些；在使用现场，当甩负荷测伏安特性时，通入绕组电流值尽量取小，谨防绕组击穿！

（5）误差计算评议

采用磁性能优良的硅钢片做铁心，铁心饱和磁通密度高，可取 1.6500 ~ 1.7000T。与一定 B 值对应的励磁安匝 Hl_{cp} 较小，计算误差相应较小，而铁心可取较小的截面积，减小尺寸、重量，降低成本。

15.5　暂态保护特性绕组的基本特性参数

高压电网短路时直流电流分量衰减时间长达 50 ~ 80ms，为减小短路电流对系统稳定运行造成的危害，要求断路器在 20 ~ 30ms 以内快速切除故障，CT 必须在短路暂态过程中有良好的暂态响应，即在短路电流直流分量衰减期内能快速准确地发布事故信号，具有较小的误差。

15.5.1　设计暂态保护特性绕组的原始数据

（1）一次系统时间常数 T_1

T_1 是 CT 需响应的一次故障电流直流分量的时间常数，它是包括 CT 在内的一次故障回路的时间常数。

126 ~ 363kV 电网，$T_1 = 50 ~ 100$ms

380 ~ 550kV 电网，$T_1 = 80 ~ 150$ms

常用数据 $T_1 = 100$ms

（2）额定一次对称短路电流 I_{1sc}

作为 CT 性能基准的系统一次对称短路电流（有效值）I_{1sc}，通常与断路器的额定短路开断电流值对应。

（3）额定对称短路电流倍数 K_{ssc}（或称暂态准确限值系数）

$$K_{ssc} = \frac{额定一次对称短路电流 I_{1sc}}{额定一次电流 I_{1n}}，或$$

$$= \frac{额定二次对称短路电流 I_{2sc}}{额定二次电流 I_{2n}}$$

常用数据 $K_{ssc} = 15$、20、25、30 等。

（4）故障重复时间 t_{fr}

CT 绕组铁心两次重复励磁的最小间隔时间，即断路器重合闸无电流休止期时间，常用数据 $t_{fr} = 0.3 ~ 0.5$s。

（5）第一次故障电流开断时间 t' 及第二次故障电流开断时间 t''

时间 t' 及 t'' 由用户根据系统二次保护要求提出，通常 t' 为 0.1s 左右，t'' 为 0.05s 左右。

时间 t' 及 t'' 取值较小时（开断时间快），绕组的铁心充磁时间短，饱和程度低，能以较小的铁心设计出较小的绕组误差。t' 及 t'' 取值较大时，铁心截面将随充磁时间延长而增大。

（6）短路电流偏移度 α_b

$$\alpha_b = \frac{非周期含量最大值 I_{DCm}}{周期分量幅值 I_{ACm}} \times 100\%$$

I_{DC} 大小与短路时电压相角有关，当 $\varphi = 0°$ 或 180° 时，I_{DC} 最大，$\alpha_b = 100\%$。称为 100% 完全偏移，此时交流分量与直流分量全偏于时间轴同一侧。这是最严重的情况，铁心瞬间励磁电流最大，容易饱和。

（7）二次绕组的电流比与额定输出容量

现代 550kV 较大电网常用的暂态特性绕组的电流比为 1250 ~ 3150/1，少数电站也会提出 600 ~ 1200/1。对于 600/1 的小电流比绕组其铁心截面积 S 非常大，参见式（15-12），S 与 N_2 成反比。从式（15-12）还可看出，S 与二次负荷阻抗（绕组输出容量）成正比，因此，确定绕组设计原始参数时，应按使用实际情况，小电流比的绕组搭配较小的额定输出容量。否则，绕组体积、重量、成本都会增大得令人难以接受。

15.5.2　额定二次回路时间常数 T_2

T_2 是二次回路时间常数，不同级别的暂态特性 CT 线圈，其 T_2 的大小不同。

TPX 对应的 T_2 值为 5 ~ 20s；TPY 为 0.2 ~ 5s，TPZ 为 60ms。

15.5.3　额定瞬变面积系数 K_{tf}

它表示一台预先已退磁并接有一定负荷的 CT 绕组，当通以具有规定时间常数（T_1）的全偏移一次短路电流时，为防止铁心在规定时间内产生瞬态饱和所必须放大的铁心截面系数，简称暂态铁心面积放大系数 K_{tf}，也可称为暂态磁通密度增大系数 K_{td}，因此 $K_{tf} = K_{td}$。

15.5.4　铁心剩磁系数 K_{sc}

铁心剩磁系数 K_{sc} 表示铁心中的稳态单向剩磁大小，见图 15-3。

$$K_{sc} = B_{sc} / B_{bh}$$

从铁心磁滞回线可算出 K_{sc}。

对于无气隙铁心：$K_{sc} = 0.8$；

小气隙铁心：$K_{sc} = 0.1$；

大气隙铁心：$K_{sc} \approx 0$。

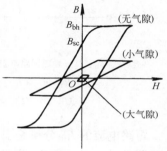

图 15-3　铁心剩磁
B_{bh}—饱和磁通密度　B_{sc}—剩磁
磁通密度

可见铁心开槽（气隙）是消除剩磁的有效措施，在 CB 进行重合闸操作时，减少铁心剩磁对于连续充磁的暂态特性绕组意义重大——可减少铁心在连续充磁时的饱和度，以获得较小的暂态误差。

15.5.5　暂态特性 CT 绕组的分级

根据暂态特性（T）、保护功能（P），绕组按性能差异分 X、Y、Z 级，使用最多的为 TPY 级。三种暂态特性绕组的结构、功能列于表 15-5，三种暂态特性绕组的精度列于表15-6。TPX 线圈铁心不开槽，剩磁大，易饱和，为保证精度，铁心设计得很大，所以不常用。

表 15-5　三种暂态特性绕组的结构、功能

	铁心气隙	剩磁系数	功 能 特 性
TPX	无	大（无规定）	能准确反映短路电流中的交流分量 I_{AC} 与直流分量 I_{DC}
TPY	小	≤10%	对 I_{AC} 分量转换性能较好，对 I_{DC} 转换性能较差
TPZ	大	≈0	对 I_{AC} 转换性较好，对 I_{DC} 不能转换

表 15-6　三种暂态特性绕组的精度

	稳态误差（在额定一次电流下）		暂态误差（在准确限值电流下）
TPX	±0.5%	±30′	$\hat{\varepsilon} = 10\%$
TPY	±1%	±60′	$\hat{\varepsilon} = 10\%$
TPZ	±1%	180′ ± 18′	$\hat{\varepsilon} = 10\%$

注：1. 表中"准确限值电流" $= K_{ssc} \times$ 额定一次电流 I_{1n}。

　　2. "暂态误差"为一次短路电流峰值时的瞬时误差。

　　3. 表中的误差限值摘自 IEC44—6（1992）互感器第六部分。

15. 6   暂态磁通密度增大系数 K_{td} 与暂态误差 $\hat{\varepsilon}$

本节旨在推导暂态面积系数（或称磁通密度增大系数）K_{td} 及暂态误差 $\hat{\varepsilon}$ 的计算公式，并介绍计算方法。

15. 6. 1   CT 铁心未饱和时的暂态过程

CT 等效电路和简化等效电路如图 15-4 所示。

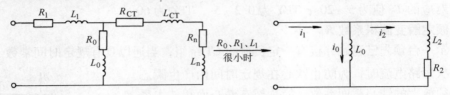

图 15-4   CT 简化等效电路

R_0，L_0—励磁回路电阻与电感 R_n，L_n—二次负荷电阻及电感 R_1，L_1—一次电阻及电感

$R_2 = R_{CT} + R_n$ R_{CT}，L_{CT}—二次绕组电阻及电感 $L_2 = L_{CT} + L_n$ i_1—归算到

CT 二次侧的一次电流 i_2—CT 二次电流 i_0—归算到 CT 二次侧的励磁电流

短路电流的 I_{DC} 分量是引起铁心饱和并造成二次电流失真的主要原因，分析暂态过程应按最严重的情况（即 I_{DC} 为最大值时）来考虑。I_{DC} 在 100% 偏移时，其最大值正好等于短路开始瞬间（$\alpha = 0$）周期分量的幅值（I_m），此时一次短路电流变化规律为

$$i_1 = I_m e^{-\frac{t}{T_1}} - I_m \cos\omega t = I_m(e^{-\frac{t}{T_1}} - \cos\omega t) \tag{15-17}$$

式中 I_m——归算到二次侧的一次短路电流周期分量的幅值（A）；

T_1——一次系统时间常数，$T_1 = L_1/R_1$，常取 100ms；

t——短路发生后的时间（ms）。

在图 15-4 中，L_2 值通常比 R_2 小很多，为了方便分析电流 i_2 随时间 t 的变化，认为二次侧为纯阻性负荷，可忽略 L_2 而得到更简化的等效电路及其电路方程为

$$L_0 \frac{di_0}{dt} = i_2 R_2 \tag{15-18}$$

$$i_1 = i_0 + i_2 = i_0 + \frac{L_0}{R_2} \frac{di_0}{dt} = i_0 + T_2 \frac{di_0}{dt} \tag{15-19}$$

式中 T_2——二次回路时间常数，通常 $L_0 \gg L_2$，忽略 L_2 后，$T_2 = (L_0 + L_2)/R_2 \approx L_0/R_2$。

由式（15-17）及式（15-19）得

$$i_0 + T_2 \frac{di_0}{dt} = I_m(e^{-\frac{t}{T_1}} - \cos\omega t) \tag{15-20}$$

解方程（15-20）得到：

$$i_0 = -I_m \frac{T_1}{T_2 - T_1} e^{-\frac{t}{T_1}} + I_m \frac{T_1}{T_2 - T_1} e^{-\frac{t}{T_2}} - I_m \cos\beta \cos (\omega t - \beta) \tag{15-21}$$

式中 $\cos\beta = \dfrac{R_2}{Z_0} = \dfrac{R_2}{\sqrt{R_2^2 + \omega^2 L_0^2}}$

分析式（15-21）可见在短路暂态过程中，励磁电流 i_0 包括三个分量（见图15-5）：

强制非周期分量：$i_0' = -I_m \dfrac{T_1}{T_2 - T_1} e^{-\frac{t}{T_1}}$。当 i_1 中的非周期分量衰减至零时，$i_0' = 0$，因 T_1 较小（$80 \sim 100 \text{ms}$），i_0' 衰减快。

自由非周期分量：$i_0'' = I_m \dfrac{T_1}{T_2 - T_1} e^{-\frac{t}{T_2}}$。它是在 CT 二次侧回路中引起的，因 T_2 时间常数较大（秒级），$T_2 > T_1$，所以即使 i_1 中的非周期分量已衰减完，i_0'' 依然存在，还要持续一段时间。可见，i_0 中的非周期分量 i_{0f} 应为

$$i_{0f} = i_0' + i_0'' = \frac{I_m T_1}{T_2 - T_1}(e^{-\frac{t}{T_2}} - e^{-\frac{t}{T_1}})$$

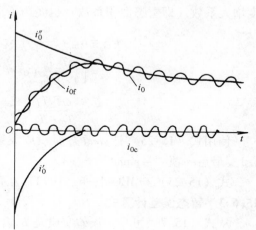

图 15-5　暂态励磁电流 i_0 的构成

第三是周期分量 $i_{0c} = I_m \cos\beta \cos(\omega t - \beta)$

而 $i_0 = i_0' + i_0'' + i_{0c} = i_{0f} + i_{0c}$

15.6.2　CT 暂态面积系数 K_{td}

在短路过程中，铁心磁通密度为

$$B = \frac{L_0 i_0}{S N_2} \qquad (15\text{-}22)$$

将式（15-21）代入式（15-22）得到短路电流冲击下铁心暂态磁通密度 B

$$B = \frac{L_0 I_m}{N_2 S}\Big[\frac{T_1}{T_2 - T_1}(e^{-\frac{t}{T_2}} - e^{-\frac{t}{T_1}}) - \cos\beta\cos(\omega t - \beta)\Big]$$

设二次侧为纯电阻电路，$L_2 = 0$，$\omega T_2 = \omega \dfrac{L_0}{R_2} \gg 1$，且有

$$\cos\beta = \frac{R_2}{Z_2} = \frac{R_2}{\sqrt{R_2^2 + \omega^2 L_0^2}} = \frac{1}{\sqrt{1 + \omega^2 L_0^2/R_2^2}} \approx \frac{1}{\dfrac{\omega L_0}{R_2}} = \frac{1}{\omega T_2} \approx 0$$

因此有：$\beta \approx 90°$，$\cos(\omega t - \beta) \approx \sin\omega t$

$$B = \frac{L_0 I_m}{N_2 S}\Big[\frac{T_1}{T_2 - T_1}(e^{-\frac{t}{T_2}} - e^{-\frac{t}{T_1}}) - \frac{1}{\omega T_2}\sin\omega t\Big]$$

$$= \frac{L_0 I_m}{N_2 S \omega T_2}\Big[\frac{\omega T_2 T_1}{T_2 - T_1}(e^{-\frac{t}{T_2}} - e^{-\frac{t}{T_1}}) - \sin\omega t\Big]$$

$$= \frac{I_m R_2}{N_2 S \omega}\Big[\frac{\omega T_2 T_1}{T_2 - T_1}(e^{-\frac{t}{T_2}} - e^{-\frac{t}{T_1}}) - \sin\omega t\Big]$$

$$= B_{\sim m}\Big[\frac{\omega T_2 T_1}{T_2 - T_1}(e^{-\frac{t}{T_2}} - e^{-\frac{t}{T_1}}) - \sin\omega t\Big] \qquad (15\text{-}23)$$

式中，$B_{\sim m} = I_m R_2 / N_2 S \omega$ 是励磁电流中周期分量新产生的稳态磁通密度幅值。由式（15-23）可得到在一次短路电流冲击下，CT 铁心暂态磁通密度增大系数 K_{td}'

$$K_{td}' = \frac{B}{B_{\sim m}} = \frac{\omega T_2 T_1}{T_2 - T_1}(e^{-\frac{t}{T_2}} - e^{-\frac{t}{T_1}}) - \sin\omega t \qquad (15\text{-}24)$$

根据断路器重合闸操作循环：

合____ t' ____分____ t_{fr} ____合____ t'' ____分

铁心相应经历了"第一次短路电流励磁（时间 t'）$\xrightarrow{\text{分闸后}}$ 磁通密度衰减（时间 t_{fr}）$\xrightarrow{\text{重合闸}}$ 第二次短路电流再励磁及第一次剩磁继续衰减（时间 t''）的过程。相应暂态磁通密度增大系数（即暂态面积系数）也经历了从原值衰减到再次增值叠加的过程：

$$
\begin{aligned}
K_{\text{td}} &= K_{\text{td}}{}'\,\mathrm{e}^{-\frac{t_{\text{fr}}+t'}{T_2}} + K_{\text{td}}{}'' \\
&= \left[\frac{\omega T_2 T_1}{T_2 - T_1}\left(\mathrm{e}^{-\frac{t'}{T_2}} - \mathrm{e}^{-\frac{t'}{T_1}}\right) - \sin\omega t'\right]\mathrm{e}^{-\frac{t_{\text{fr}}+t''}{T_2}} \\
&\quad + \frac{\omega T_2 T_1}{T_2 - T_1}\left(\mathrm{e}^{-\frac{t''}{T_2}} - \mathrm{e}^{-\frac{t''}{T_1}}\right) - \sin\omega t''
\end{aligned}
\tag{15-25}
$$

使用式（15-25）计算暂态面积放大系数 K_{td} 时应注意：为留设计裕度 "$\sin\omega t$" 可取 -1，最后一项 "$-\sin\omega t$" $= +1$。

式（15-25）与 IEC44—6（1992）互感器第六部分附录 A 给出的 K_{td} 计算式一致。

15.6.3　暂态误差计算式

从式（15-7）可见，误差实质是 I_0/I_1 的比值。在短路暂态过程中的 CT 最大误差是指在一次短路电流峰值时的误差

$$
\hat{\varepsilon} = \frac{i_0}{\sqrt{2}i_1} = \frac{i_0}{\sqrt{2}i_2 K_{\text{n}}}
\tag{15-26}
$$

式中　i_0——励磁电流瞬时值；

$\quad\quad\ i_1$——一次电流瞬时值；

$\quad\quad\ i_2$——二次电流瞬时值；

$\quad\quad\ K_{\text{n}}$——变比。

在稳态过程中

$$
\hat{\varepsilon}_{\sim} = \frac{i_{0\sim\text{m}}}{\sqrt{2}i_{2\sim}K_{\text{n}}}
\tag{15-27}
$$

由式（15-22）及 $B_{\sim\text{m}} = I_{\text{m}}R_2/N_2 S\omega$：

$$
i_0 = \frac{BSN_2}{L_0}
$$

取幅值计算得励磁电流稳态分量的最大值 $i_{0\sim\text{m}}$ 为

$$
i_{0\sim\text{m}} = \frac{B_{\sim\text{m}}SN_2}{L_0} = \frac{I_{\text{m}}R_2}{N_2 S\omega} \cdot \frac{SN_2}{L_0} = \frac{I_{\text{m}}R_2}{\omega L_0}
$$

将 $i_{0\sim\text{m}}$ 代入式（15-27）得到稳态误差分量 $\hat{\varepsilon}_{\sim}$

$$
\hat{\varepsilon}_{\sim} = \frac{i_{0\sim\text{m}}}{\sqrt{2}i_{2\sim}K_{\text{n}}} = \frac{i_{0\sim\text{m}}}{I_{\text{m}}} = \frac{I_{\text{m}}R_2}{\omega L_0} \cdot \frac{1}{I_{\text{m}}} = \frac{R_2}{\omega L_0} = \frac{1}{\omega T_2}
$$

式中，I_{m} 是归算到二次侧的一次短路电流周期分量的幅值，$I_{\text{m}} = K_{\text{n}}\sqrt{2}i_{2\sim}$。

短路暂态过程中铁心磁通密度是稳态磁通密度的 K_{td} 倍（$B = K_{\text{td}}B_{\sim}$）。同样，暂态励磁电流也是稳态励磁电流的 K_{td} 倍（$i_0 = K_{\text{td}}i_{0\sim}$）。由此推导出与 i_0 息息相关的暂态误差也应有相同的关系

$$\hat{\varepsilon} = K_{td}\hat{\varepsilon}_{\sim} = \frac{K_{td}}{\omega T_2} = \frac{K_{td}}{2\pi f T_2} \times 100\% \tag{15-28}$$

式中　$f = 50\text{Hz}$；

　　　$T_2 = L_0/R_2$，励磁电感 L_0 与铁心结构有关；

　　　K_{td} 按式（15-25）计算。

减少铁心的剩磁，可减小重合闸 CT 二次励磁时铁心饱和的可能性，是暂态保护特性绕组很重要的问题。减轻（或避免）铁心的饱和，可提高精度，减小误差。为了减小剩磁，常用办法是将铁心开槽，槽将影响着铁心的励磁电感 L_0、时间常数 T_2、暂态面积系数 K_{td} 及暂态误差 $\hat{\varepsilon}$。

15.7　暂态特性绕组设计计算步骤和计算示例

已知参数：

额定电压 550kV

电流比 1250/1A

额定输出 10VA

额定对称短路电流倍数 $K_{ssc} = 20$

一次时间常数 $T_1 = 80\text{ms}$（0.08s）

频率 50Hz

短路电流偏移度 $\alpha_b = 100\%$，CT 工作循环：合 $\xrightarrow{t' = 0.1\text{s}}$ 分 $\xrightarrow{t_{fr} = 0.3\text{s}}$ 合 $\xrightarrow{t'' = 0.05\text{s}}$ 分

15.7.1　TPY 绕组计算步骤

（1）由绝缘要求确定包扎后的绕组内径 d_2

（2）估算二次回路阻抗 $Z_2 = (Z_{2n} + Z_{CT})$

$Z_{2n} = P_{2n}/I_{2n}^2$（二次负荷阻抗）

$Z_{CT} = R_{CT} + X_{CT} \approx R_{CT}$（计算绕组阻抗时，$X_{CT}$ 略去不计）

在铁心尺寸未定之前，可先假定 R_{CT} 为某一值。

（3）由式（15-28）初算二次时间常数 T_2（s）

$$T_2 = \frac{K_{td}}{\omega \hat{\varepsilon}}$$

式中，K_{td} 可先假定一值，IEC44—6（1992）对 K_{td} 没有明确规定，一般取 $K_{td} = 25 \sim 35$ 可满足用户要求。再假定一个 $\hat{\varepsilon}$（小于 10%）。

（4）根据工作循环及 T_2 用公式（15-25）计算 K_{td}。

（5）初算误差 $\hat{\varepsilon} = (K_{td}/\omega T_2) \times 100\%$

要求在给定的 K_{td} 及 T_2 值条件下 $\hat{\varepsilon} < 10\%$。

（6）铁心截面积 S 初步设计

由式（15-12）

$$S = \frac{45(Z_{CT} + Z_{2n})I_{2n}}{N_2 B K_{Fe}}$$

上式中，$B = \dfrac{B_{bh}}{K_{ssc}}$，对硅钢片，$B_{bh} = 1.6000\text{T}$

考虑暂态面积增大系数 K_{td}，可由式（15-12）推算出暂态特性绕组用铁心截面积 $S(\text{cm}^2)$ 的计算公式为

$$S = \frac{45 I_{2n} (R_{CT} + Z_{2n}) K_{ssc} K_{td}}{N_2 B_{bh} K_{Fe}} \tag{15-29}$$

（7）复算 $(R_{CT} + Z_{2n})$

按 $j = 0.5 \text{A}/\text{mm}^2$ 左右的电流密度选择二次导线线径 d_0，取较小的 j（较大的 d_0）值，是为了减小 R_{CT}，以此减小铁心截面积 S。

求铁心内径 $d_3 = d_2 + 2c$，c 为绕组包扎层厚（mm），由 S 确定铁心截面尺寸 $h \times b$。

$$c = (d_0 + 1) n_2 + 5 \tag{15-30}$$

式中　d_0——导线线径（mm）；

$\quad n_2$——二次绕组绕制层数；

$\quad 1$——层间包扎绝缘厚；

$\quad 5$——铁心包扎和绕组外包扎厚度之和。

由 d_0、匝长、匝数、引线长计算 R_{CT}，将复算的 $(R_{CT} + Z_{2n})$ 与估算值比较，若差异较大，应修改铁心截面积 S 或调整导线直径 d_0（改变 R_{CT}）。

（8）复算最大工作磁通密度 B_m（T）

$$B_m = \frac{45 I_{2n} (R_{CT} + Z_{2n}) K_{ssc} K_{td}}{N_2 S K_{Fe}} \tag{15-31}$$

要求 $B_m < 1.6\text{T}$，这时不宜饱和。

（9）计算铁心气隙 δ（m）

$$\delta = \frac{\mu_0 N_2^2 S K_{Fe}}{L_0} - \frac{l_{cp}}{\mu} \tag{15-32}$$

$$L_0 = \frac{\mu_0 N_2^2 S K_{Fe}}{\delta + \dfrac{l_{cp}}{\mu}} \tag{15-33}$$

式中　μ_0——空气磁导率；$\mu_0 = 4\pi \times 10^{-7}\text{H}/\text{m}$；

$\quad \mu$——铁心磁导率，$\mu = 2000\text{H}/\text{m}$；

$\quad N_2$——二次绕组匝数；

$\quad S$——铁心截面积（m^2）；

$\quad L_0$——励磁电感（H），$L_0 = R_2 T_2$　　　　　　　　　　　　　　　（15-34）

（10）按下式计算 E_2（V）

$$E_2 = L_0 \omega I_2 / \sqrt{2} \tag{15-35}$$

式中　L_0——励磁电感（H）；

$\quad I_2$——励磁电流（A），取 $I_2 = 0.1 \sim 1\text{A}$。

注意：$\omega = 2\pi f$，为防止 E_2 过大破坏绕组绝缘，I_2 应为低频励磁电流，$f = 16\text{Hz}$。

15.7.2　550kV、1250/1A、10VA、TPY 绕组计算示例

（1）由绝缘计算确定绕组内径 $d_2 = 425\text{mm}$

（2）估算（$R_{CT} + Z_{2n}$）

设 $R_{CT} = 4\Omega$（经验数据）

$$Z_{2n} = P_{2n}/I_{2n}^2 = 10/1^2 \Omega = 10\Omega$$

$$R_{CT} + Z_{2n} = 14\Omega$$

（3）初算 T_2

设定 $K_{td} = 30$，$\hat{\varepsilon} = 7.5\%$（$< 10\%$，留裕度）

$$T_2 = K_{td}/(\omega \hat{\varepsilon}) = 30/2\pi \times 50 \times 0.075 \mathrm{s} = 1.273\mathrm{s}$$

（4）初算 K_{td}

取 $T_2 = 1.5\mathrm{s}$，按 $T_1 = 0.08\mathrm{s}$，$t' = 0.1\mathrm{s}$，$t'' = 0.05\mathrm{s}$，由式（15-25）计算 K_{td}

$$K_{td} = \left[\frac{314 \times 0.08 \times 1.5}{1.5 - 0.08}(e^{-\frac{0.1}{1.5}} - e^{-\frac{0.1}{0.08}} - \sin 2\pi \times 50 \times 0.1)e^{-\frac{0.3+0.05}{1.5}} \right.$$

$$\left. + \frac{314 \times 0.08 \times 1.5}{1.5 - 0.08}(e^{-\frac{0.05}{1.5}} - e^{-\frac{0.05}{0.08}}) + 1 \right]$$

$$= 26.14$$

（5）初算 $\hat{\varepsilon}$

$$\hat{\varepsilon} = \frac{K_{td}}{2\pi f T_2} \times 100\% = \frac{26.14}{314 \times 1.5} \times 100\% = 5.5\%$$

（6）由式（15-29）计算铁心截面积 S

$$S = \frac{45 I_{2n}(R_{CT} + Z_{2n})K_{ssc}K_{td}}{N_2 B_{bh} K_{Fe}}$$

$$= \frac{45 \times 1 \times (4 + 10) \times 20 \times 26.14}{1250 \times 1.6 \times 0.93} \mathrm{cm}^2 = 177\mathrm{cm}^2$$

（7）铁心尺寸设计

铁心内径 $d_3 = d_2 + 2c$，$d_2 = 425\mathrm{mm}$

第二次绕组导线直径 $d_0 = 1.5\mathrm{mm}$，$S_0 = 1.77\mathrm{mm}^2$。为确定铁心内径而考虑包扎厚 c 时，应以最大二次匝数（如 2500 匝）为准，匝数多，包扎层厚。当 $N_2 = 2500$ 匝，$d_3 \approx 450\mathrm{mm}$ 时，应绕 4 层，由式（15-30）得

$$c = [(1.5 + 1) \times 4 + 5]\mathrm{mm} = 15\mathrm{mm}$$

$$d_3 = (425 + 2 \times 15)\mathrm{mm} = 455\mathrm{mm}$$

$$d_4 = (455 + 195)\mathrm{mm} = 650\mathrm{mm}$$

$$b = [(650 - 455)/2]\mathrm{mm} = 97.5\mathrm{mm}$$

$$h = S/b = [17700/97.5]\mathrm{mm} = 181.5\mathrm{mm}（取整数 180\mathrm{mm}）$$

$S = 18.0 \times 9.75\mathrm{cm}^2 = 176\mathrm{cm}^2$，铁心尺寸 $\phi 650\mathrm{mm} \times \phi 457\mathrm{mm} \times 180\mathrm{mm}$，每匝绕组平均匝长估算值为

$$l_0 = [180 + 5 + 2 \times (1.5 + 1)] \times 2\mathrm{mm} + [96.5 + 5 + 2 \times (1.5 + 1)] \times 2\mathrm{mm}$$

$$= 593\mathrm{mm} = 0.593\mathrm{m}$$

平均磁路长

$$l_{cp} = \pi \times \frac{(65.0 + 45.7)}{2}\mathrm{cm} = 174\mathrm{cm}$$

（8）复算（$R_{CT} + Z_{2n}$）

CT 引线长 $l_y = 2 \times 6.5 \text{m} = 13 \text{m}$

$$R_{CT} = \rho \frac{l_0 N_2 + l_y}{S_0} = 0.02 \times \frac{0.593 \times 1250 + 13}{1.77} \Omega = 8.52 \Omega$$

$R_{CT} + R_{2n} = 18.52 \Omega > $ 估算值 14Ω

由式 (15-31)，当 $(R_{CT} + Z_{2n}) = 18.52$ 时，$B_m = 2.1294 \text{T}$，已进入深度饱和状态，不宜采用。

为改善这种状况，可增加铁心截面，铁心重量最少要增加 $(18.52 - 14)/14 = 0.32 = 32\%$，不可取。采用减小 R_{CT} 的办法较好（CT 重量及尺寸仅稍有增加）。

改用 $d_0 = 1.5 \text{mm}$ 的导线双股并绕，$S_0 = 3.54 \text{mm}^2$

在确定铁心内径时，要考虑 2500 匝时的绕组包扎厚度，前 1250 匝用双股 $\phi 1.5 \text{mm}$ 导线并绕，初算应绕 3 层，后 1250 匝用 $\phi 1.5 \text{mm}$ 导线单股绕 2 层，共 5 层。

$$c = [(1.5 + 1) \times 5 + 5] \text{mm} = 17.5 \text{mm}$$
$$d_3 = (425 + 2 \times 17.5) \text{mm} = 460 \text{mm}$$
$$d_4 = (460 + 195) \text{mm} = 655 \text{mm}$$
$$b = 97.5 \text{mm}$$
$$h = 180 \text{mm}$$
$$S = 18.0 \times 9.75 \text{cm}^2 = 176 \text{cm}^2$$
$$l_0 = 0.600 \text{m} （平均匝长）$$
$$l_{cp} = \pi \times \frac{65.5 + 46}{2} \text{cm} = 175 \text{cm}$$

再算 $(R_{CT} + Z_{2n})$

$$R_{CT} = \rho \frac{l_0 N_2 + l_y}{S_0} = 0.02 \times \frac{0.6 \times 1250 + 13}{3.54} \Omega = 4.3 \Omega$$

$(R_{CT} + Z_{2n}) = 14.3 \Omega$ 与估算值 14Ω 接近，铁心不会饱和。

（9）按式 (15-32) 计算铁心气隙 $\delta (\text{mm})$

$$\delta = \frac{\mu_0 N_2^2 S K_{Fe}}{L_0} - \frac{l_{cp}}{\mu} = \left(\frac{4\pi \times 10^{-7} \times 1250^2 \times 176 \times 10^{-4} \times 0.93}{21.45} - \frac{1.75}{2000} \right) \text{m}$$
$$= (0.001498 - 0.000875) \text{m} = 0.00062 \text{m} \approx 0.6 \text{mm}$$

式中 $L_0 = (R_{CT} + Z_{2n}) T_2 = 14.3 \times 1.5 \text{H} = 21.45 \text{H}$。

（10）核算暂态误差

由于 $(R_{CT} + Z_{2n})$ 复算值与初算估计值很接近，在计算尺寸 δ 时 T_2 的取值（1.5s）与初算 K_{td} 时的取值（1.5s）相同，因此 K_{td} 初算值 26.14 不会变化。

本计算所得暂态误差为：

$\hat{\varepsilon} = 5.5\% < 10\%$，满足要求。

（11）计算伏安特性

$$E_2 = L_0 \omega I_2 / \sqrt{2} = 21.45 \times 2\pi \times 16 I_2 / \sqrt{2} = 1525 I_2 （频率 f = 16 \text{Hz}）$$

I_2/A	0.1	0.2	0.3	0.5	0.8	1.0
E_2/V	152.5	305	457.5	762.5	1220	1525

15.7.3 550kV、2500/1A、15VA、TPY 绕组计算示例

（1）利用 1250/1 绕组铁心绕制，$N_2 = 2500$ 匝，前 1250 匝用 $\phi 1.5 \text{mm}$ 导线双股并绕，后

1250 匝用 $\phi1.5mm$ 导线单股绕。

（2）$R_{2n} = 15VA/1A^2 = 15\Omega$

$$R_{CT} = 0.02 \times \left(\frac{0.6 \times 1250}{2 \times 1.77} + \frac{0.6 \times 1250}{1.77} + \frac{13}{1.77} \right)\Omega \approx 13\Omega$$

$$(R_{CT} + R_{2n}) = 28\Omega$$

（3）由式（15-33），$L_0 = \dfrac{\mu N^2 S K_{Fe}}{\delta + \dfrac{l_{cp}}{\mu}} = \dfrac{4\pi \times 10^{-7} \times 2500^2 \times 176 \times 10^{-4} \times 0.93}{0.0006 + \dfrac{1.75}{2000}}H = 87.16H$

（4）$T_2 = L_0/(R_{CT} + Z_{2n}) = 87.16/28s = 3.1s$

（5）$K_{td} = \left[\dfrac{314 \times 0.08 \times 3.1}{3.1 - 0.08}(e^{-\frac{0.1}{3.1}} - e^{-\frac{0.1}{0.08}}) - \sin(2\pi \times 50 \times 0.1) \right] e^{-\frac{0.3 + 0.05}{3.1}}$

$\qquad + \dfrac{314 \times 0.08 \times 3.1}{3.1 - 0.08}(e^{-\frac{0.05}{3.1}} - e^{-\frac{0.05}{0.08}}) + 1$

$\qquad = 28.32$

（6）$\hat{\varepsilon} = \dfrac{K_{td}}{\omega T_2} \times 100\% = \dfrac{28.32}{314 \times 3.1} \times 100\% = 2.9\%$

在同一铁心上绕的 2500/1 绕组，因 I_1、N_2 增大，L_0 的增长比（$R_{CT} + Z_{2n}$）的增加更大，而且 T_2 的增加比 K_{td} 的增加更快，因此尽管二次负荷增大 50%，而 $\hat{\varepsilon}$ 值还是下降了。

（7）计算绕组伏安特性

$E_2 = L_0 \omega I_2/\sqrt{2} = 87.16 \times 2\pi \times 16 I_2/\sqrt{2} = 6196 I_2$　（频率 $f = 16Hz$）

I_2/A	0.05	0.1	0.15	0.2	0.25	0.3
E_2/V	309.8	619.6	929.4	1239.2	1549	1859

15.8　铁心饱和及其对暂态绕组工作特性的影响

（1）CT 饱和时间 t_{bh} 及饱和系数 K_{bh}

CT 铁心磁化过程中刚开始饱和的时间称为磁路饱和时间 t_{bh}。

铁心刚开始饱和时的二次电动势 E_{bh} 和磁通密度 B_{bh} 的相互关系是

$$B_{bh} = \frac{\sqrt{2}E_{bh}}{\omega S N_2} \tag{15-36}$$

E_{bh} 与二次回路 R_2 上的压降之比称为 CT 饱和系数 K_{bh}。

$$K_{bh} = \frac{E_{bh}}{I_2 R_2} = \frac{E_{bh} N_2}{I_1 R_2 N_1} = \frac{E_{bh} N_2}{I_1 R_2} \approx \frac{U_{bh} N_2}{I_1 R_2} \tag{15-37}$$

式中　I_1——一次稳态电流有效值（A）；

$\qquad R_2$——二次回路电阻（Ω）；

$\qquad U_{bh}$——CT 磁化曲线拐点电压（V）；

$\qquad N_2$——二次绕组匝数。

式（15-37）中，取 $N_1 = 1$ 匝，且励磁前铁心无剩磁。

在式（15-25）中，以饱和系数 K_{bh} 代替 K_{td}，以饱和时间 t_{bh} 代替 t'、t''，为简化计算，

令 $-\sin\omega t'' = -\sin\omega t' = 1$，有：

$$K_{\text{bh}} = \left[\frac{\omega T_2 T_1}{T_2 - T_1}(e^{-\frac{t_{\text{bh}}}{T_2}} - e^{-\frac{t_{\text{bh}}}{T_1}}) + 1 \right] e^{-\frac{t_{\text{fr}} + t_{\text{bh}}}{T_2}} + \left[\frac{\omega T_2 T_1}{T_2 - T_1}(e^{-\frac{t_{\text{bh}}}{T_2}} - e^{-\frac{t_{\text{bh}}}{T_1}}) + 1 \right] \tag{15-38}$$

当已知 U_{bh}、N_2、I_1 及 R_2 时，可按式（15-37）算出 K_{bh}，再由给定的 T_1、T_2、t_{fr} 利用式（15-38）可算出 t_{bh}，图 15-6 示出 K_{bh} 与 t_{bh} 的关系。如果 $t'' < t_{\text{bh}}$，在 CB 重合闸，CT 重复励磁时，CT 暂态过程铁心不会饱和、不会影响继电保护正确工作。

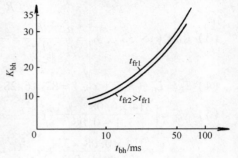

图 15-6　$K_{\text{bh}} = f(t_{\text{bh}})$ 曲线

（2）铁心饱和前后电磁量的变化

从图 15-7 可看出，某 CT 在 $t_{\text{bh}} = 25\text{ms}$ 以前，磁路未饱和，i_2 与归算到二次侧的电流 i_1' 是基本相等的，也就是说 CT 二次电流能很准确地反映一次电流 i_1 的变化。当 $t > 25\text{ms}$，铁心开始饱和，i_2 从量值（减小了）到波形（畸变了）都不能再现 i_1' 的变化，此时励磁电流 i_0 也突然增大，CT 误差明显变大。

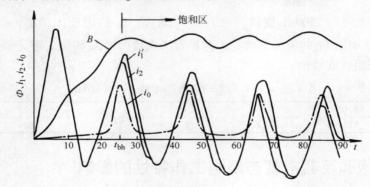

图 15-7　CT 铁心饱和前后的 $\Phi = f(t)$，$i_1 = f(t)$，$i_2 = f(t)$ 及 $i_0 = f(t)$

15.9　影响 CT 暂态特性的因素及其改善措施

（1）一次系统时间常数 T_1

从式（15-25）可见，减小 T_1，可使 K_{td} 值下降，短路后暂态过程也较短，CT 不易饱和，能使继电保护准确可靠地工作。但 T_1 受电网结构制约，缩小是有限的。

（2）短路电流偏移度

$\alpha_{\text{b}} = 100\%$ 完全偏移时，短路电流周期分量与非周期分量完全偏于时间轴同侧，是最不利的情况。电网出现这种故障的概率极低。绝大多数的短路故障都发生在电压峰值前 $40°$ 的时间内，对应的短路电流偏移度 $\alpha_{\text{b}} \leq 76.6\%$。

但是，用户普遍要求都是最苛刻的：$\alpha_{\text{b}} = 100\%$。

（3）铁心剩磁

短路暂态过程中，铁心磁通比正常工作时的稳态磁通要大几倍至几十倍，当短路电流切断后，铁心中的剩磁很大，按 T_2 时间常数所确定的指数规律自由衰减。在 CB 重合闸时，

CT 铁心再次励磁，如果剩磁方向与再励磁时短路电流 I_{DC} 分量产生的磁通方向相同时，铁心剩磁大，暂态励磁的饱和系数就变小了。

如果铁心有剩磁（剩磁系数为 $K_{sc} = B_{sc}/B_{bh}$），再励磁时，式（15-37）饱和系数计算式将变为

$$K_{bh} = \frac{E_{bh} N_2}{I_1 R_2}(1 - K_{sc}) \tag{15-39}$$

当 B_{sc} 大、K_{sc} 大时，K_{bh} 则下降。参见图 15-6，饱和系数越小，对应的铁心饱和时间就越小，铁心快速饱和对继电保护是不利的。因此，希望 CT 绕组剩磁尽量小一些（要求 $K_{sc} \leqslant 10\%$），相应 K_{bh} 值较大，铁心饱和速度慢，使 $t_{bh} > t''$，保证继电保护系统在规定的保护时间 t'' 之内能从 CT 获得准确可靠的保护信息。

剩磁的大小，可以通过铁心的结构设计来控制，即通过开大槽、开小槽或不开槽来控制剩磁（参见表 15-5）。

TPY 绕组铁心开有小气隙（气隙宽仅为铁心平均磁路长的千分之几），因此励磁电感、电抗比 TPX 绕组要小，参见式（15-33）。对于 TPX 绕组，$\delta = 0$，L_0 计算值显然较大。由于 TPY 绕组的励磁电抗较小，因此励磁电流将比 TPX 绕组稍大；但 TPY 线圈的暂态误差能控制在 $\pm 10\%$ 以内，因此对继电保护也无明显坏的影响。

（4）一次电流 I_1 和二次负荷 R_2 的影响

从式（15-37）可见，K_{bh} 与 I_1 和 R_2 成反比。减小 I_1 和 R_2，K_{bh} 将增大，对应的饱和时间 t_{bh} 也增大，这对继电保护有利。

由此可知，对于同一绕组，当短路电流较小且绕组所接的二次负荷也较小时，在短路暂态过程中相对于大短路电流和二次满负荷时有更高的精度。

（5）绕组结构参数对暂态误差的影响

由式（15-28）及式（15-33）演变

$$\begin{aligned}
\hat{\varepsilon} &= \frac{K_{td}}{\omega T_2} = \frac{K_{td}}{\omega \dfrac{L_0}{(R_{CT} + Z_{2n})}} = \frac{(R_{CT} + Z_{2n}) K_{td}}{\omega L_0} \\
&= \frac{(R_{CT} + Z_{2n}) K_{td}}{\omega \dfrac{\mu_0 N_2^2 S K_{Fe}}{\delta + \dfrac{l_{cp}}{\mu}}} \\
&= \frac{(R_{CT} + Z_{2n}) K_{td}(\mu \delta + l_{cp})}{\omega \mu \mu_0 N_2^2 S K_{Fe}}
\end{aligned} \tag{15-40}$$

分析式（15-40）可看出以下几个问题：

1）增大铁心截面积 S，可减小暂态误差 $\hat{\varepsilon}$；

2）在同一铁心上绕制电流比大（N_2 大）的绕组，其误差 $\hat{\varepsilon}$ 比电流比小（N_2 小）的绕组 $\hat{\varepsilon}$ 要小；

3）二次负荷增大时，要维持一定的 $\hat{\varepsilon}$ 值，应增大铁心截面积 S；

4）$\hat{\varepsilon}$ 随铁心平均磁路长 l_{cp} 增大而增大，因此设计铁心时，尽量减小 l_{cp} 是必要的；

5）$\hat{\varepsilon}$ 随铁心气隙 δ 增大而增大，因此 TPY 绕组的铁心不能采用大气隙；但是 δ 也不能

太小或为零。因为 δ 太小或为零时，剩磁太大，会减小铁心的饱和时间，这是不利的。通常使用的经验数据是：$T_2 = 1.2 \sim 1.5\text{s}$，$\delta = 0.5 \sim 2\text{mm}$。

15.10   CT 罩与 CT 线圈屏蔽设计

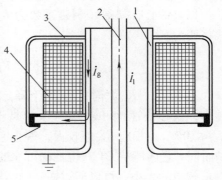

图 15-8   外置式 CT 罩
1—T·GCB/GIS 壳体   2—一次导体
3—CT 防护罩   4—线圈   5—绝缘密封条

    T·GCB/GIS 的外置式 CT 设计有防护罩，防灰尘、雨雪和小动物侵袭。防护罩 3（见图 15-8）与 T·GCB/GIS 壳体 1 之间应设计绝缘密封条 5，在电气上使罩与壳体 1 隔离，并堵死小动物入侵通道。如果罩与壳体 1 电气联通，当一次导体 2 通电时，短接的外罩构成封闭回路，感应电流 $\dot{I}_\text{g}$ 与一次电流 $\dot{I}_1$ 反向，电流差 $(\dot{I}_1 - \dot{I}_\text{g})$ 在 CT 线圈铁心中的磁场明显低于正常值，CT 二次电流不正常地变小。

    同样，外置式 CT 相间防护罩电气短接时，通过接地的 T·GCB/GIS 外壳构成相间闭合回路，内置式 CT 线圈接地屏蔽如果电气上封闭，封闭回路中都会产生感应电流，使 CT 二次线圈不能正常工作。

附录 15. A   SMC101 等合金磁化曲线图

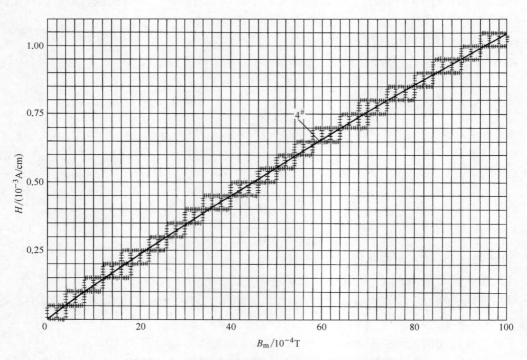

图 15. A-1   SMC101 铁基微晶合金磁化曲线 $B\text{-}H(1)$

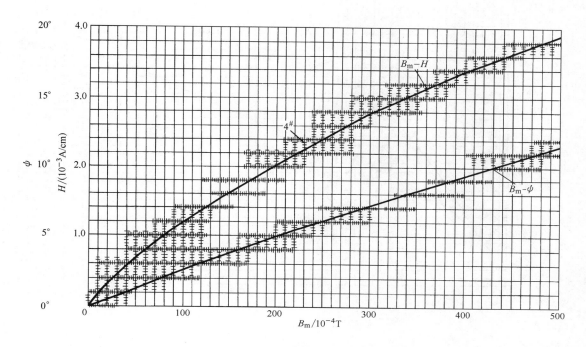

图 15. A-2　SMC101 铁基微晶合金磁化曲线 $B\text{-}H$（2）

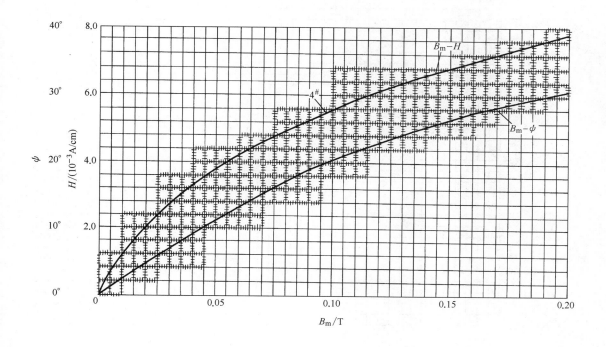

图 15. A-3　SMC101 铁基微晶合金磁化曲线 $B\text{-}H$（3）

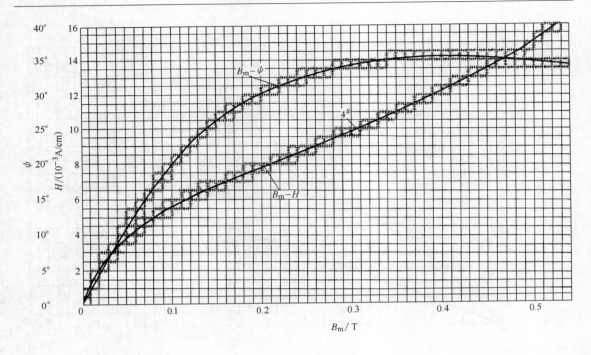

图 15. A-4　SMC101 铁基微晶合金磁化曲线 B-H（4）

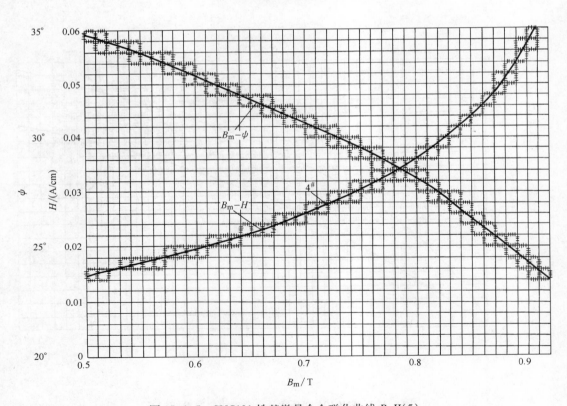

图 15. A-5　SMC101 铁基微晶合金磁化曲线 B-H（5）

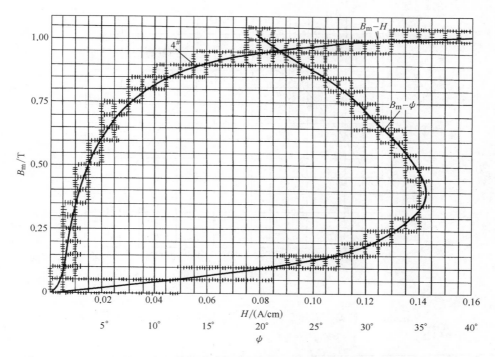

图 15. A-6　SMC101 铁基微晶合金磁化曲线 B-H(6)

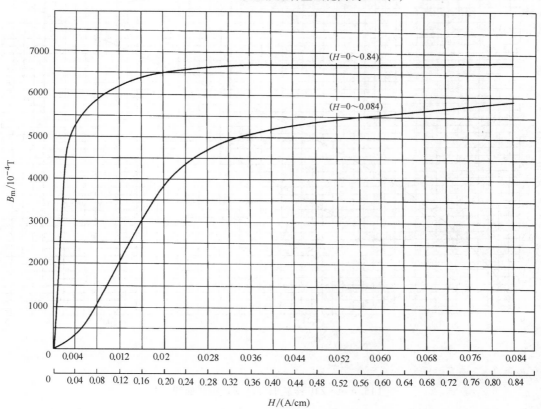

图 15. A-7　铁镍合金 IJ85/50Hz B-H 曲线 （上海钢铁研究所测试）

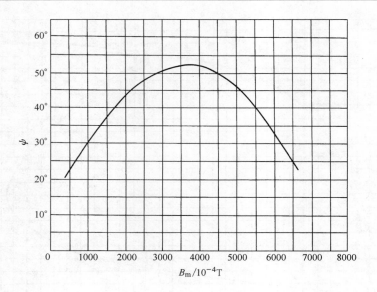

图 15. A-8　铁镍合金 IJ85/50Hz $\psi - B_m$ 曲线（上海钢铁研究所测试）.

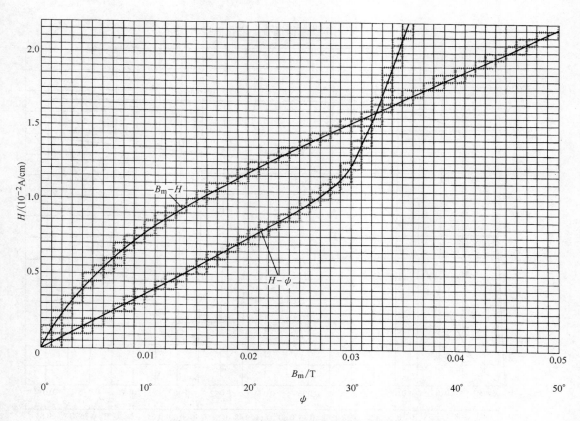

图 15. A-9　Z10 冷轧取向硅钢片磁化曲线（1）

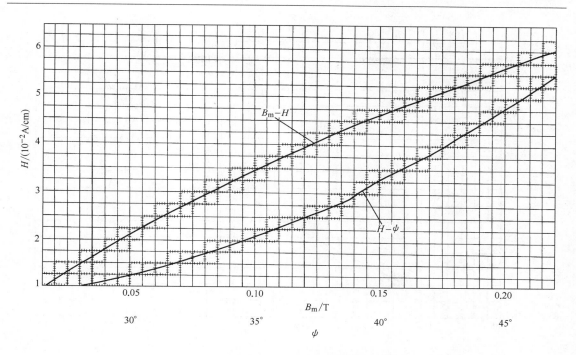

图 15. A-10　Z10 冷轧取向硅钢片磁化曲线（2）

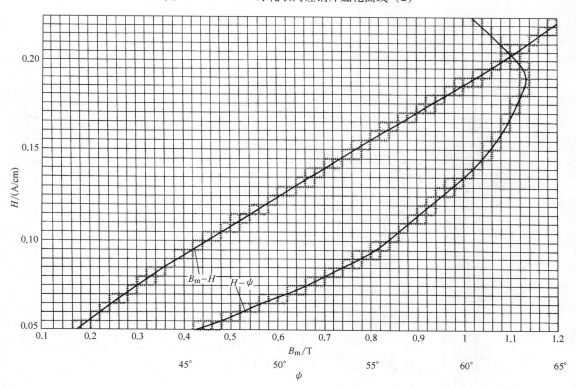

图 15. A-11　Z10 冷轧取向硅钢片磁化曲线（3）

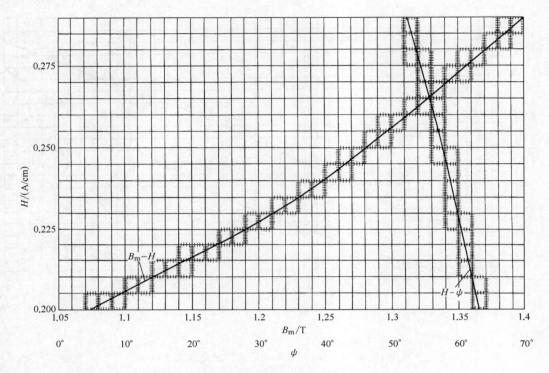

图 15. A-12　Z10 冷轧取向硅钢片磁化曲线（4）

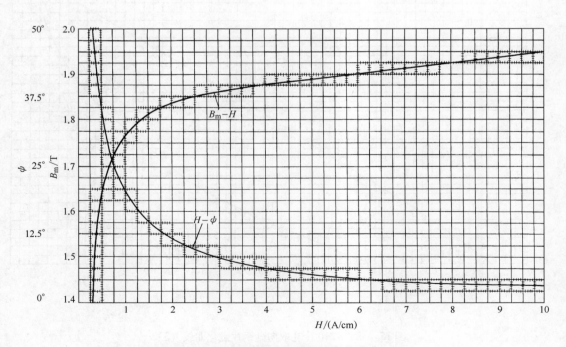

图 15. A-13　Z10 冷轧取向硅钢片磁化曲线（5）

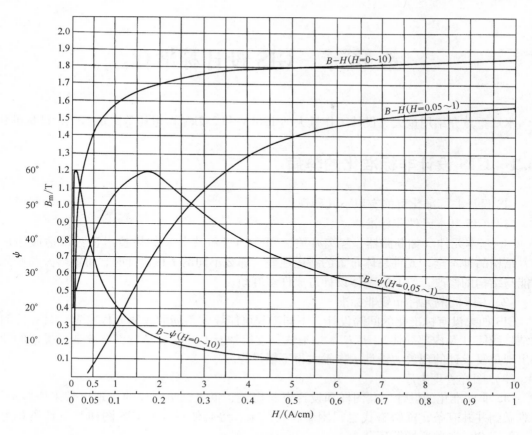

图 15. A-14　Z11 硅钢片 *B-H* 及 *B-ψ* 曲线

第16章　GIS 设计标准化

本章重点介绍用量大、设计工作量大的 126kV 和 252kV 两电压等级的 GIS 设计标准化。

16.1　GIS 设计非标准化的弊病

GIS 设计非标准化可能有以下几种现象：

（1）GIS 基本元件非标准

GIS 基本元件（如断路器、隔离开关，CT、PT、母线等）如果技术参数不适应用户要求，结构品种不全，元件总体布置的适应性差，那么不同的工程设计时，可能涉及某些元件性能与结构的修改，给 GIS 整体设计造成许多麻烦。

（2）GIS 间隔元件布置非标准

GIS 如果没有标准化的间隔设计，不同工程可能导致不同的间隔元件布置，其元件间的联结母线筒（及内部导体）、底架、接地线、支持架及 GIS 安装基础都会改变，类似的图样会出现重复设计的现象。设计工作量大得不堪设想。

（3）图样管理失序

GIS 非标准化的设计，其图样和设计资料庞杂、重复，给图样的管理也带来许多不便，很难做到井井有条，资料查找也很困难。其结果，势必使后续的 GIS 图样和设计资料更重复、更庞杂，造成恶性循环。

16.2　GIS 设计标准化的重要意义

GIS 结构、图样及设计文件的标准化是 GIS 制造技术发展的必经之路，其重要意义是：

（1）有助于 GIS 开关站设计的标准化。用户方在设计 GIS 开关站时，厂方希望设计单位尽量选用标准化的 GIS 基本间隔，个别不适应的地方可作尽量少的修改。

（2）缩短了用户与制造厂双方的设计周期，又能减少设计差错，提高设计质量。

（3）可缩短供货周期。由于 GIS 设计资料的标准化，使生产准备周期也相应缩短，而且常用标准间隔中的标准元件可以提前投产，预留适量库存，使 GIS 总装及交货期提前。

（4）能降低成本，提高经济效益。因为 GIS 设计标准化可变 GIS 单个工程的小批量生产为较大批量的集中生产，生产批量的增大，生产周期及资金周转期的缩短，都会给企业和用户带来经济效益。

GIS 设计标准化主要包括两个方面的内容：一是结构设计标准化，二是图样和设计文件标准化。

16.3　GIS 结构设计标准化

标准化的 GIS 结构包括内容：GIS 基本元件标准化，GIS 基本接线间隔标准化以及内导、辅件、二次监控与保护、GIS 与变压器接口、电缆接口件等标准化。

16.3.1　GIS 基本元件标准化

GIS 的基本元件包括：

断路器 CB　　　　　　隔离开关 DS/三工位隔离开关 DES

工作接地开关 ES　　　快速接地开关 FES

电流互感器 CT　　　　电压互感器 VT

连 DS 的母线和不连 DS 的母线 M

避雷器 AR　　　　　　出线瓷套 BSG

出线电缆头 CSE

以上 GIS 基本元件标准化的基本要求是：

技术参数、性能要规范，符合相关技术标准的规定，满足用户的多品种需要。

元件结构标准化，能灵活地适应 GIS 各种不同总体布置的要求，便于构成多种标准化的 GIS 间隔，以满足不同电站的总体布置需要。

16.3.2　GIS 基本接线间隔标准化的主要要求

在考虑基本间隔标准化时，首先要考虑到这种标准化的基本间隔如何去适应 GIS 总体布置的需求，例如：

（1）多种使用条件：户内户外、楼上楼下、平地坡地、多变的开关站平面地形、一侧或两侧出线等；

（2）尽量减少辅助元件（如二通、三通、回通、波纹管、直角弯头等）的数量，以便提高可靠性和降低成本；

（3）便于 GIS 获得清晰、美观、整齐的总体布置；

（4）一般情况下，主母线应能适应地面安装，以获得高的稳定性；

（5）适应分块包装运输的要求，以减少现场安装工作量；

（6）便于进线、出线、保护合一的集中间隔布置，以缩小占地面积。

根据以上要求，标准化的 GIS 基本接线间隔分述如下。

16.3.3　126kV GIS 标准化的基本接线间隔

126kV GIS 常用主接线有单母线分段接线（见图 16-1）和双母线接线（见图 16-2）等。

（1）单母线分段运行的开关站（见图 16-1），通常由 5 个 GIS 基本标准化间隔构成

01 电缆进（出）线间隔（见图 16-1a）；

02 电缆进（出）线间隔（带 VT）（见图 16-1b）；

03 母线分段（联络）间隔（见图 16-1c）；

04 母线测量保护间隔（见图 16-1d）；

05 电缆进（出）线间隔（公用母联间隔的断路器，见图 16-1e）。

（2）主接线为双母线的 GIS 开关站（见图 16-2），通常可由下面 8 种基本标准间隔组成

06 电缆进（出）线间隔（见图 16-2a）；

07 电缆进（出）线间隔（带 VT）（见图 16-2b）；

08 套管进（出）线间隔（见图 16-2c）；

09 穿楼层进（出）线间隔（见图 16-2d）；

10 穿楼层进（出）线间隔（带 AR）（见图 16-2e）；

11 母线测量保护间隔（见图 16-2f）；

12 母线分段间隔（见图 16-2g）；

13 母线联络间隔（见图 16-2h）。

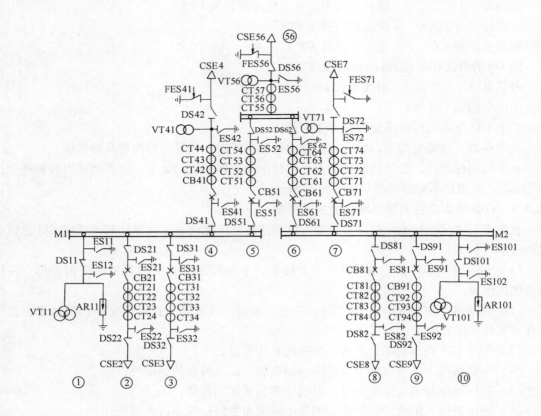

图 16-1 126kV 单母线分段

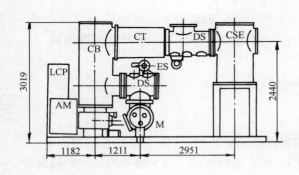

（图 16-1 中 2，3，8，9 间隔）

图 16-1a 126kV 单母线分段接线用——
电缆进（出）线间隔（三相共箱）

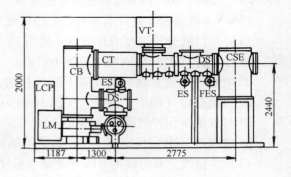

（图 16-1 中 4，7 间隔）

图 16-1b 126kV 单母线分段接线用——
电缆进（出）线间隔（带 VT）（三相共箱）

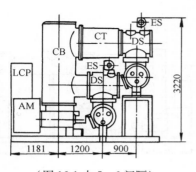

（图 16-1 中 5，6 间隔）

图 16-1c　126kV 单母线分段接线用——
母线分段（联络）间隔（三相共箱）

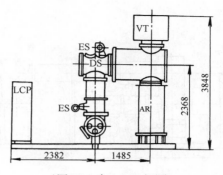

（图 16-1 中 1，10 间隔）

图 16-1d　126kV 单母线分段接线用——
母线测量保护间隔（三相共箱）

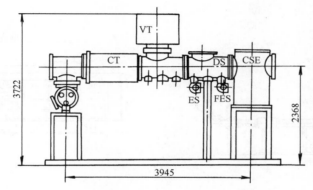

（图 16-1 中 5，6 间隔）

图 16-1e　126kV 单母线分段接线用——电缆进（出）线间隔
（公用母联间隔的断路器）（三相共箱）

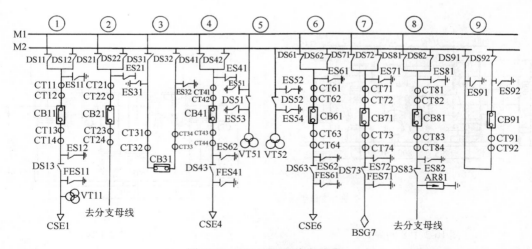

图 16-2　126kV 双母线主接线

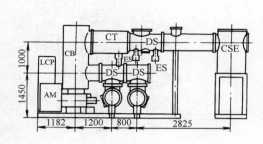

（图 16-2 中 4，6 间隔）

图 16-2a　126kV 双母线接线用——
电缆进（出）线间隔（三相共箱）

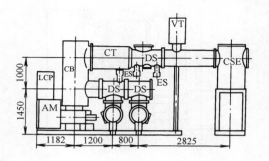

（图 16-2 中 1 间隔）

图 16-2b　126kV 双母线接线用——电缆
进（出）线间隔（带 VT）（三相共箱）

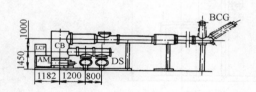

（图 16-2 中 7 间隔）

图 16-2c　126kV 双母线接线用——套管
进（出）线间隔（三相共箱）

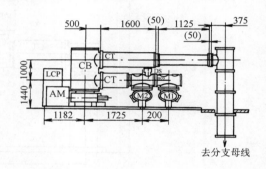

（图 16-2 中 2 间隔）

图 16-2d　126kV 双线母线接线用——穿楼
层进（出）线间隔（三相共箱）

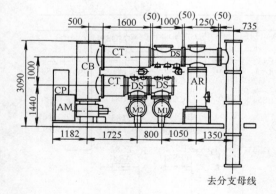

（图 16-2 中 8 间隔）

图 16-2e　126kV/双母线接线用——穿楼层
进（出）线间隔（带 AR）（三相共箱）

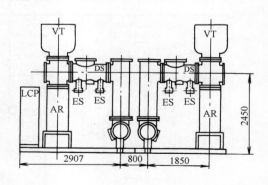

（图 16-2 中 5 间隔）

图 16-2f　126kV 双母线接线用——母线
测量保护间隔（三相共箱）

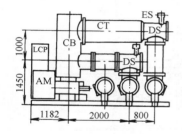

（图 16-2 中 9 间隔）

图 16-2g   126kV 双母线接线用——
母线分段间隔（三相共箱）

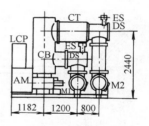

（图 16-2 中 3 间隔）

图 16-2h   126kV/双母线接线用——
母线联络间隔（三相共箱）

（3）采用桥形主接线的 GIS
开关站（图 16-3）

不管是内桥还是外桥，一般
都由两进线、两出线及母联等 5
个间隔构成，由于是否采用 CB、
AR、VT，以及 AR 和 VT 装设位
置不同等差异，而使构成桥形接
线的 GIS 基本间隔具有如下几种
不同的标准结构：

14 不带 CB 的进（出）线间
隔（见图 16-3a）；

15 不带 CB 的进（出）线间
隔（母线上联 VT 及 AR）（见图
16-3b）；

16 不带 CB 的进（出）线间
隔（母线上联 VT）   （见图 16-
3c）；

17 带 CB 的进（出）线间隔
（见图 16-3d）；

18 带 CB 的进（出）线间隔
（带 VT 及 AR）（见图 16-3e）；

19 带 CB 的进（出）线间隔
（带 AR）（见图 16-3f）；

20 母联间隔（见图 16-2h）。

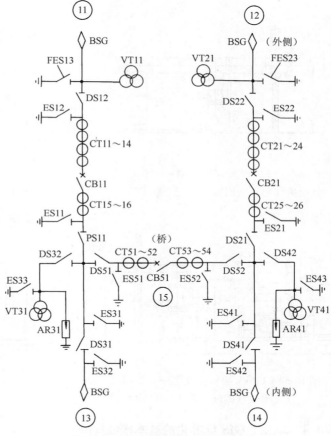

图 16-3   126kV 桥形主接线（外桥）
（外桥—CB₁、CB₂ 在桥外）

在以上 7 种基本标准间隔中，母联间隔与双母线接线中的图 16-2h 间隔公用。

根据用户不同桥形主接线的要求，从以上 7 种标准化的基本间隔中选出一个母联间隔、
两个带 CB 的间隔和两个不带 CB 的间隔组合即可。若用于户内，则房间面积尺寸基本上也
可标准化。个别特殊情况，可通过调节连接母线的长度来处理。

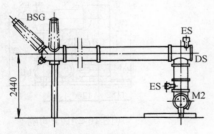

图 16-3a 126kV 桥形接线用——
不带 CB 的进（出）线间隔

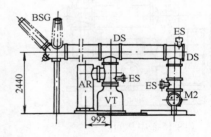

图 16-3b 126kV 桥形接线用——不带 CB 的
进（出）线间隔（母线联 VT 及 AR）

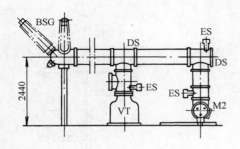

图 16-3c 126kV 桥形接线用——不带 CB
的进（出）线间隔（母线上联 VT）

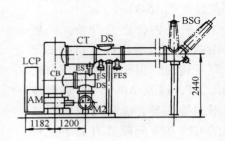

图 16-3d 126kV 桥形接线用——
带 CB 进（出）线间隔

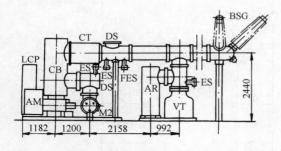

图 16-3e 126kV 桥形接线用——带 CB 的
进（出）线间隔（带 VT 及 AR）

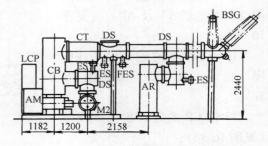

图 16-3f 126kV 桥形接线用——带
CB 进（出）线间隔（带 AR）

16. 3. 4 252kV GIS 标准化的基本接线间隔

252kV GIS 常用的主接线有以下几种，绝大多数采用双母线主接线（见图 16-4），少数用单母线分段接线（见图 16-1），个别也用双桥接线（见图 16-6）。

（1）主接线为双母线的 252kV GIS

通常由以下 10 种标准化的基本间隔构成多种不同的双母线主接线，可满足瓷套（或电缆）双向进（出）线的要求：

21 π 形瓷套进（出）线间隔（带 VT 及 AR）（见图 16-5a）；

22 π 形瓷套进（出）线间隔（带 AR）（见图 16-5b）；

23　Z 形瓷套进（出）线间隔（带 VT 及 AR）（见图 16-5c）；

24　Z 形瓷套进（出）线间隔（带 AR）（见图 16-5d）；

25　π 形电缆进（出）线间隔（带 VT）（见图 16-5e）；

26　π 形电缆进（出）线间隔（不带 VT）（见图 16-5f）；

27　Z 形电缆进（出）线间隔（带 VT）（见图 16-5g）；

28　Z 形电缆进（出）线间隔（不带 VT）（见图 16-5h）；

29　母线测量保护间隔（见图 16-5i）；

30　母线联络间隔（见图 16-5j）。

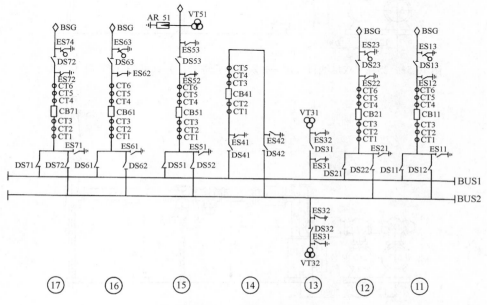

图 16-4　252kV 双母线主接线

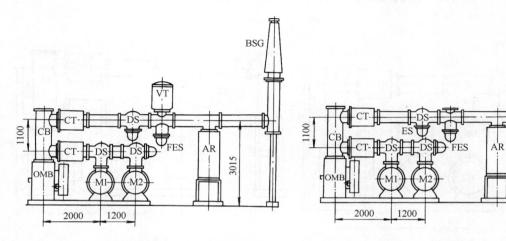

图 16-5a　252kV 双母线接线用——π 形瓷套进
（出）线间隔（带 VT 及 AR）

图 16-5b　252kV 双母线接线用——π 形瓷套进
（出）线间隔（带 AR）

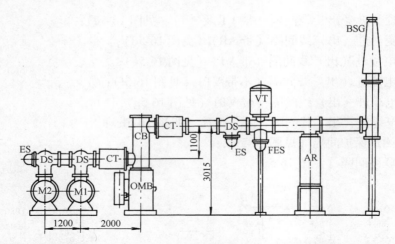

图 16-5c　252kV 双母线接线用——Z 形瓷套进（出）线间隔（带 VT 及 AR）

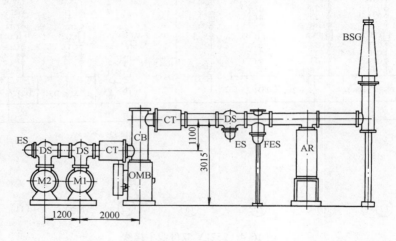

图 16-5d　252kV 双母线接线用——Z 形瓷套进（出）线间隔（带 AR）

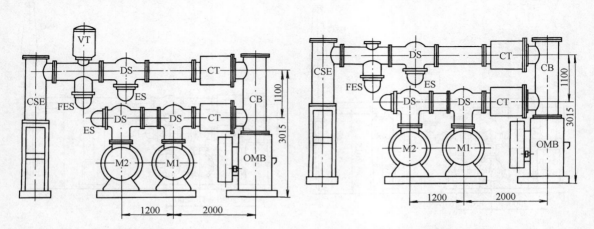

图 16-5e　252kV 双母线接线用——π 形电
缆进（出）线间隔（带 VT）

图 16-5f　252kV 双母线接线用——π 形电缆
进（出）线间隔（不带 VT）

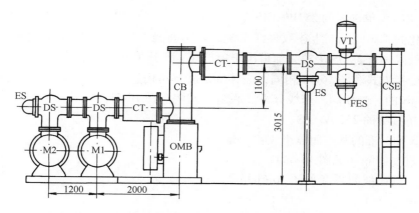

图 16-5g　252kV 双母线接线用——Z 形电缆进（出）
线间隔（带 VT）

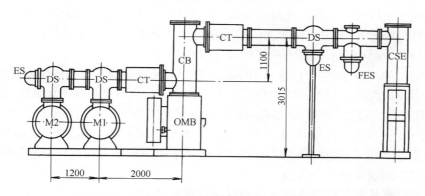

图 16-5h　252kV 双母线接线用——Z 形电缆进（出）
线间隔（不带 VT）

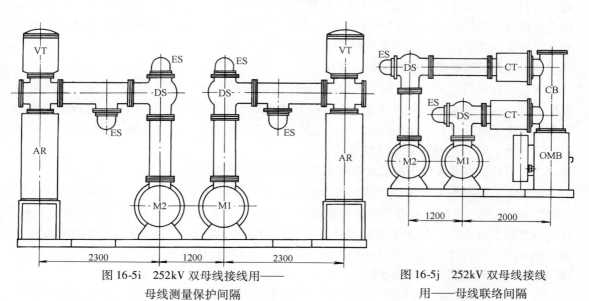

图 16-5i　252kV 双母线接线用——
母线测量保护间隔

图 16-5j　252kV 双母线接线
用——母线联络间隔

（2）主接线为单母线的 252kV GIS

其标准化的基本间隔与上述双母线系统的基本间隔相似。以图 16-5a 为例，将母线 M2 及与其相连的隔离开关 DS 去掉，便可用于单母线 GIS 开关站。其余图 16-5b ~ 图 16-5h 各种基本间隔的变换方式和图 16-5a 相同，去掉 M2 及与其相连的 DS 就行了。其母线测量保护间隔与图 16-5i 的一半相同，母线分段（联络）间隔同图 16-5j。

（3）双桥接线的 252kV GIS

由以下 3 种标准的基本间隔组成：

31 瓷套进线间隔（见图 16-6a）；

32 带保护的出线间隔（见图 16-6b）；

33 母联间隔（Ⅰ、Ⅱ）（见图 16-6c）。

图 16-6b 所示的出线间隔，之所以带 VT 和 AR，以及每个出线间隔都有两条出线，这是基于经济与省地皮的考虑，因此这种出线间隔有推广使用的价值。

双桥接线的主母线分三段，分段的母线，如果成一字形布置（见图 16-6），每个母联间隔虽只用一台母联 CB，却占有两个间隔的面积。如果分段的母线并列布置，那么每个母联间隔的结构与图 16-5j 相同，只占一个间隔的面积。

本文所列出的 33 种间隔，包括未用图示出的 252kV 单母线 GIS 用的 8 种间隔，共 41 种基本间隔，可以说能满足绝大多数用户的需要。为了工厂与用户双方设计制造与运行维护的方便，GIS 开关站的设计者与使用者都应该尽量选用上述标准化的基本间隔。由于开关站规模大小、进（出）线方式、主接线方式、面积及地形等因素的差异，导致用户对 GIS 总体布置的要求千差万别。可能有很少数用户对上述基本间隔还不太满意，对这样的特殊要求，可以在上述基本间隔基础上作适当调整。

16.3.5　与各标准间隔对应的 GIS 主回路联结件及其内导标准化

GIS 基本元件、基本间隔标准化结构确定之后，联结基本元件的联结母线、三通、回通、直角弯头及波纹管（伸缩节）等主回路联结件也应按额定电压、额定电流、额定短时耐受电流以及不同主结线方式联结的互换性要求进行规范化设计，使其结构标准化。相应地，上述主回路联结件内部导体、触头等结构也应作标准化设计。

16.3.6　与各标准间隔对应的辅件标准化

这些辅件包括：AR、VT 及母线的支持架、GIS 安装底架、接地线、平台、SF$_6$ 及压缩空气配管。在 GIS 基本间隔标准化之后，以上辅件都可以采用标准化的结构。这些辅件也必须使其结构标准化之后，GIS 的标准化才能实现。辅件标准化设计的关键是接口处的连接件形状（尺寸）以及内导体插接件的结构。

16.3.7　与各标准间隔对应的就地控制柜及气体监控柜的标准化

在 GIS 基本间隔标准化后，含二次保护和控制的就地控制柜以及空气和 SF$_6$ 气体气压（密度）的监视与控制柜也可进行标准化设计，相应的二次元件及布置方式都可固定下来，作为标准化部件生产。两种柜内的元件多少是可增减的，按柜内元件的差异可构成几种方案，供不同工程设计选用。若遇到特殊用户要求，可进行特殊设计。

16.3.8　GIS 与电缆接口件标准化

在 IEC—859 标准，对 GIS 与电缆接口（电缆终端）的结构及尺寸给以规范化设计，作为通用标准被世界各国的 GIS 制造行业和电力部门用户所接受。

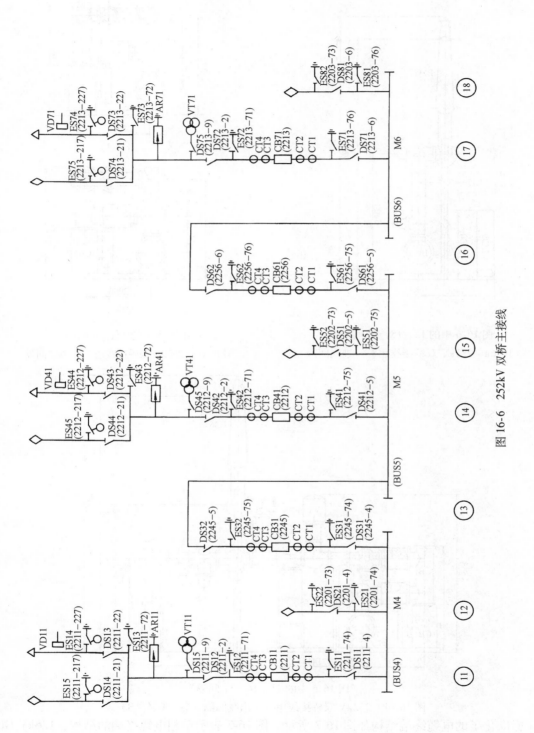

图 16-6　252kV 双桥主接线

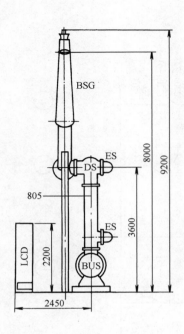

（图 16-6 中的 12，15，18 间隔）

图 16-6a　252kV 双桥接线用——进线间隔

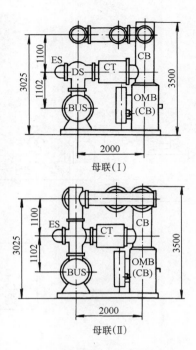

母联（Ⅰ）

母联（Ⅱ）

（图 16-6 中的 13，16 间隔）

图 16-6c　252kV 双桥接线用——母联间隔

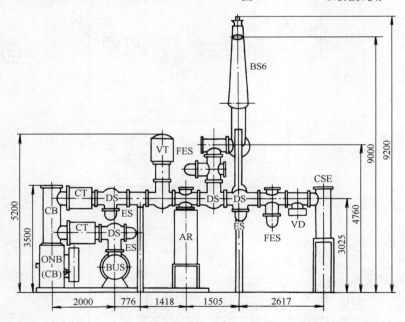

（图 16-6 中的 11，14，17 间隔）

图 16-6b　252kV 双桥接线用——出线间隔（带 VT 及 AR）

　　标准化了的电缆终端结构如图 16-7 所示。图 16-7 表示单相电缆终端的结构，126kV GIS 的电缆终端是三相共箱式的，除 GIS 外壳之外，其余部分结构与图 16-7 一样。图 16-7 中还示出了电缆终端的供货分工与电站现场施工分工。原则上电缆终端的 GIS 侧的零部件由 GIS

制造厂承担供货与安装指导，终端的电缆侧零部件及套管由电缆厂负责供货与安装指导。详见表 16-1。

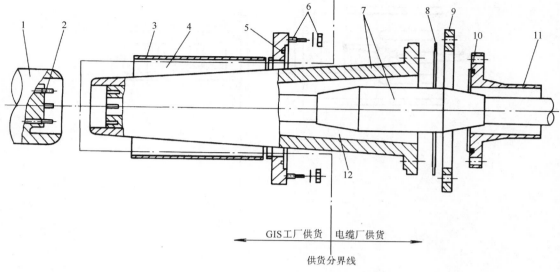

图 16-7　GIS 与电缆接口（电缆终端）

1—主母线端子及屏蔽　2—连接紧固件　3—与 GIS 联结的外壳　4—SF$_6$ 气体　5—密封圈

6—连接紧固件　7—环氧树脂套管及电缆芯　8—密封垫　9—法兰

10—密封圈　11—电缆密封套　12—绝缘油

表 16-1　GIS 电缆终端元件及制造分工

代号	元 件 名 称	供 货 方		代号	元 件 名 称	供 货 方	
		GIS 工厂	电 缆 厂			GIS 工厂	电 缆 厂
1	主母线端子及屏蔽	○		7	环氧树脂套管及电缆芯		○
2	连接紧固件	○		8	密封垫		○
3	与 GIS 联结的外壳	○		9	法兰		○
4	SF$_6$ 气体	○		10	密封圈		○
5	密封圈	○		11	电缆密封套		○
6	连接紧固件	○		12	绝缘油		○

16.3.9　GIS 与变压器接口件标准化

GIS 与变压器直接相连的元件常简称为油气套管，其一端与变压器相连（在油中），另一端与 GIS 相连（在 SF$_6$ 中）。目前没有任何标准对其结构进行规范化限定，五花八门，给设计及制造带来不少麻烦。

常用的油气套管，就其结构特征大致可分为四种：

不带中间油室的油气套管有两种：一种是 GIS 端垂直向上出线，见图 16-8a，另一种是 GIS 端侧面出线（L 型）。现场组装时，先吊出油气套管 15，插入试验专用瓷套，完成变压器有关现场试验之后，再吊走试验瓷套组装图 16-8a 中的 1、2、3、4、5、6 及 15 等件。

另两种是带中间油室的油气套管（同上），一种是 GIS 端垂直向上出线，见图 16-8b，另一种是 GIS 端侧面出线（L 型）。中间油室供变压器现场试验时作引出线用。

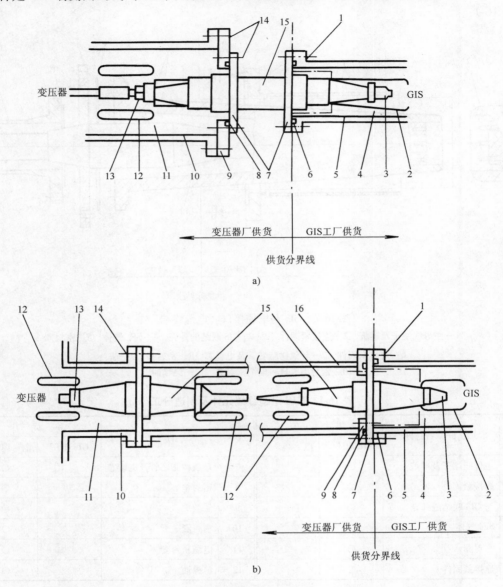

图 16-8　GIS 与变压器接口（油气套管）

a）不带中间油室的油气套管　b）带中间油室的油气套管

1—连接螺栓　2—屏蔽　3—联结端子　4—SF₆ 气体　5—与 GIS 相连的壳体　6—密
封圈　7—法兰　8—密封垫　9—法兰　10—变压器壳体　11—油　12—屏蔽
13—联结端子　14—连接紧固件　15—油气套管　16—中间油室外壳

　　GIS 与变压器接口标准化工作是很复杂的，对国产变压器来说，有待变压器行业对图
16-8 供货分界线左边的元件进行规范化设计并拟订出相应的标准；对进口变压器来说，必
须和电缆终端一样制定相应的 IEC 标准才行。作为第一步，国内变压器行业归口所（沈变
所）与 GIS 制造行业归口所（西高所）应尽快联手处理好国产变压器的油气套管标准化

工作。

　　油气套管元件及供货分工见表 16-2。

表 16-2　GIS 油气套管元件及供货分工

代号	元 件 名 称	供 货 方		代号	元 件 名 称	供 货 方	
		GIS 工厂	变压器厂			GIS 工厂	变压器厂
1	连接螺栓	○		9	法兰		○
2	屏蔽	○		10	变压器壳体		○
3	联结端子	○		11	油		○
4	SF$_6$ 气体	○		12	屏蔽		○
5	与 GIS 相连的壳体	○		13	联结端子		○
6	密封圈	○		14	连接紧固件		○
7	法兰		○	15	油气套管		○
8	密封垫		○	16	中间油室外壳		○

16.4　GIS 图样和设计文件的标准化及分类管理

16.4.1　GIS 图样的标准化设计及管理

　　GIS 图样多而杂，按元件和结构功能可分为以下 24 种基本单元（组件），并给以相应的组件代号表示：

　　　　总装部分：GIS00

　　　　断路器：GIS01

　　　　隔离开关（及接地开关、快速接地开关）：GIS02

　　　　电流互感器：GIS03

　　　　电压互感器：GIS04

　　　　避雷器：GIS05

　　　　就地控制柜：GIS06

　　　　气体监控箱：GIS07

　　　　操动机构：GIS08

　　　　操动机构箱：GIS09

　　　　连接机构：GIS10

　　　　主回路连接件及内部导体（分支母线、三通、直角弯头等件）：GIS11

　　　　瓷套管：GIS12

　　　　主母线：GIS13

　　　　空气配管：GIS14

　　　　SF$_6$ 配管：GIS15

　　　　电缆终端：GIS16

　　　　接地线：GIS20

　　　　底架：GIS21

平台：GIS22

铭牌：GIS23

试验品：GIS30

备件、专用工具及辅件：GIS31

运输品：GIS32

以上各元件的指定代号之后再缀以代表电压等级的尾数 1、2、3、5（相应代表 126kV、252kV、363kV、550kV），就使各电压的元件都有了归属。例如 GIS012 代表 252kV GIS 用断路器，GIS135 代表 550kV GIS 主母线。

各基本单元按不同额定参数（或不同功能）而具有多个品种，对每一品种应进行标准化的结构设计并给以确定的图样代号，以便 GIS 工程设计时选用。

GIS 各基本单元的标准化的图样，可以按上述单元分类代号（如 GIS04……）进行分类归档管理，存放查找图样井井有条，十分方便。

前述 41 种标准化的基本间隔应给以确定的间隔代号，便于相互区别、设计及生产使用。例如：126kV 单母线段主接线的电缆进（出）线间隔命名为 01 间隔；252kV 双母线主接线 π 形瓷套进（出）线间隔（带 VT 及 AR）命名为 21 间隔等。

对于某个 GIS 工程项目，如果其结构可以全部采用标准化的基本间隔，那么这个 GIS 工程的总体结构就可以描述成由 "××间隔×个 + ××间隔×个 + ……" 构成。如属特殊设计，应对特殊设计间隔进行改造设计，并给以临时的间隔代号。

16.4.2　GIS 基本间隔气体系统图的标准化设计

对于每一种标准化的基本间隔，其 SF₆ 气体系统图（和压缩空气系统图）都可以固定下来，形成一种标准化的结构设计，供各 GIS 工程作气体系统设计时选用，以缩短其设计周期，也便于生产管理。

16.4.3　GIS 基本单元的配套表（MX 表）及各种汇总表的标准化

完成了标准化设计的各种 GIS 基本单元，可以编制出相应的零部件配套表（MX 表），它用于编制生产计划、指导生产和组织零部件成套。每个标准化的基本单元 MX 表应冠以确定的代号，如 GIS012—2××.×××.×××MX 表（GIS012 为 252kV GIS 用断路器的组件代号，2××.×××.×××为该工程选用断路器某一品种的总装图样代号）。

标准化的 GIS 基本单元的生产设计文件还应包括多种汇总表（如：标准件汇总表，铸件汇总表、成套汇总表、外购件汇总表等），对这些汇总表也应使其标准化，并给以确定的资料代号，其代号的编制可按常规产品汇总表代号管理规定执行，但资料名称应有明显的部属特征，如 "GIS012—2××.×××.×××标准化汇总表"，写明了这个汇总表的性质及其隶属关系。

16.4.4　GIS 基本间隔的配套表及各种汇总表的标准化

每个标准化的基本间隔由几个标准化的基本单元构成，所谓基本间隔配套表，实际上是各标准单元 MX 表代号的汇总。如属特殊设计产品，还应包括特殊设计单元的 MX 表，当然各单元之间连接紧固件也应列入间隔 MX 表中。

基本间隔的各种汇总表，如：标准件汇总表（BH 表）和辅助材料汇总表（FH），实际上是各标准单元相应汇总表代号的汇总，不必罗列具体内容。若属特殊设计产品，会涉及某些汇总表的部分修改，可在 GIS 产品设计通知书中写明修改内容。若出现了新的单元，应编写新单元相应的汇总表并给以新的资料代号，再将此代号列入间隔汇总表中。

16.4.5　GIS 工程设计通知书

GIS 工程设计通知书是指导生产的重要设计文件。其主要内容如下：

合同代号、工程名称、间隔数量及交货期；

主要技术参数及特殊技术要求；

一次接线图和 GIS 总体布置图；

选用的基本间隔代号、名称及数量；

各基本间隔的配套表和各种汇总表；

有特殊设计时有关 MX 表和汇总表的修改内容，或新编制的 MX 表（和汇总表）；

特殊设计的工程专用图样及其图样目录；

GIS 工程总装时用的（亦各基本间隔之间的）连接件、标准件及辅助材料的图样代号或文件代号；

特殊的出厂检验项目。

16.4.6　GIS 通用设计文件的标准化

不受工程要求所局限的设计文件称为 GIS 通用设计文件，如 GIS 技术条件、试制鉴定大纲，安装使用说明书等应使其标准化，让有关技术指标、性能要求既满足大多数用户需求又符合相关 GB 和 IEC 标准。

此外，对那些具有一定代表性的 GIS 工程用户承认图（主接线图、总体布置图、GIS 安装基础图、气体系统图、CT 接线图，二次控制原理图等）应通过相似工程的充实、完善而逐步固定下来，形成标准化的图样，以供后续同类工程使用。

第 17 章　GIS 小型化和智能化设计
（在线监测技术及应用）

SF$_6$ 封闭式组合电器（GIS）经历了半个多世纪的研制、运行与发展，其电压等级从 40.5kV 增加至 1100kV，开断电流从 25kA 增加至 100kA，已形成完善的系列产品，并在电网中表现出前所未有的优良的使用性能，为各国电力工业的发展做出了引人瞩目的贡献。

随着自能式和单断口高电压大容量 SF$_6$ 断路器的发展及电子、数字和光电等新技术开始走进 GCB/GIS 领域，GIS 结构更新、使用功能革命有力地推动着我国电网建设的快速发展。

GIS 制造行业都在满腔热情地展望 GIS 新技术，并一步一步地前进着，以高可靠、少维护和免维护为目标，逐步实现 GIS 小型化和智能化。

GIS 小型化的动力既来自城市电站减小占地面积和空间的紧迫要求，也来自于用户对 GIS 可靠性的更高追求。城市用电量的急增，已使 252kV 乃至 550kV 电站进入市区，1100kV 电站已进入城郊，迫切要求 GIS 开关站尽量减小占地面积或下地入洞的空间。GIS 小型化不仅仅是简单地缩小尺寸，更积极的意义是要求合理地简化元件的结构和 GIS 的整体布置，使 GIS 获得更高的运行可靠性。

供电质量要求日益提高，即使短暂的停电也是现代化工业生产和人民生活所难以接受的，因此对供电设备的监控及电网管理的自动化要求也日益显得重要，为适应这一要求，GIS 实现智能化监控势在必行。

17.1　一次元件小型化

GIS 可靠性是伴随一次元件小型化（简单化）逐步提高的，从本书初版时提出 GIS 小型化至今近 20 年的努力，GIS 小型化已取得很大成绩：

半自能式灭弧室技术已进入特高压 GCB 领域，我国配弹簧机构的每极双断口串联的 1100kV GCB/GIS 已投入电网安全运行，向全世界展示着 GCB/GIS 小型化的崭新面容。

三工位隔离开关已推广到多个电压等级的 GIS，使 DS – ES 与母线合一，GIS 布置更紧凑，体积缩小，结构简化，可靠性相应提高了。

超/特高压 GCB 产品的研制，使我们积累的不少经验对于今后进一步研究充 SF$_6$/CO$_2$、SF$_6$/CF$_4$ 混合气体和新型环保气体的 GCB 也有重要借鉴价值。这些经验主要是：

（1）关于喷口截面与开断电流的配合关系，从现有自能式灭弧室开断试验中，人们已初步观察到对应一定的开断电流，应有适当的喷口截面或喷口喉颈直径 D_k。D_k 过大，热膨胀室（或气缸）中不能建立起必要的气吹压力，在电流过零后，不能形成高的介质恢复速度；D_k 过小时，膨胀室虽能获得足够的电弧能量使 SF$_6$ 气体加热增压，但喷嘴上游区因电弧热堵塞严重而导致开断失败，在 SLF 开断时这种表现最为突出。

（2）喷嘴上游电弧区长度 L_u 具有与喷口直径相似的影响，对应于一定的开断电流，L_u

过长将产生与 D_k 过小相似的不利影响。L_u 太短将使上游区气道截面不足，气流不通畅。

（3）喷嘴上游区环形气流通道（图 9-2 中的截面积 A_e）对热膨胀室（或气缸）中压力的建立影响很大，从几个产品的开断试验中已观察到：A_e 太大，电弧能量大量滞留在喷口上游，而进入膨胀室的热量不足，导致膨胀室的气体升温增压不足，气吹无力。同时也观察到，A_e 太小，导致喷嘴上游区温度过高，热量过分地积聚，虽然气缸中也建立起有力的气吹条件，但因上游区过分积聚的电弧能量得不到充分地排放，而使产品在 SLF 短燃弧时间开断时发生热击穿，适当加大 A_e 后，开断性能明显改善。

（4）在开断试验中，人们还观察到：分闸速度对自能灭弧室工作特性也有显著的影响。当灭弧室结构一定时，分闸速度偏低固然不行，过高了也会带来不利影响：喷嘴堵塞时间因此而变短，会导致气缸中的 SF_6 吸收电弧能量不够、气压不足，使气吹无力而开断失败。

（5）喷口喉颈长度 L_u（见图 9-2）不能太长，否则喷口打开太迟、电弧能量排放不够，弧隙积聚的导电粒子太多，会严重影响电流过零后断口介质强度的恢复；当然也不能太小，L_u 太小会影响气吹压力的建立和电弧能量的排放。

我们已从一些自能灭弧室的开断试验中观察到以上 5 种因素对开断性能的影响（当然还不止这些），有了一些感性认识。但是，我们对自能式灭弧室多种结构的对比试验研究依然不够，对这种灭弧室中的电弧特性和熄弧特性的理论计算工作做得还很少，理性认识不足。例如，对应某一燃弧时间，喷嘴上游区的电弧能量有多少进入了膨胀室、有多少滞留在喷口前端待排放？对于某一开断电流和一定结构的自能式灭弧室，膨胀室的压力特性和电弧电流过零后的介质恢复特性是怎样受制于喷口直径的？等等问题，都需要从理论计算和研究试验中深入地做工作。

GIS 小型化工作并没结束，有些工作待继续努力，如：

a）对于双母线系统用的复合电器 H·GIS，采用三工位 DES 之后，使 CB 与母线间的两组 DS、一组 ES 及其三组（台）操动机构简化成一组三工位 DS—ES、一组（台）机构，尺寸大大缩小（参见 20.1 节和图 20-7）。

b）为减小 GIS 深度方向尺寸，可把位于线路侧的避雷器、电压互感器和 DES 都布置在同一罐体内。这一设计更适合三相共箱式 GIS 选用。

c）126/145kV 三相共箱式 GIS 已在国内外安全运行了半个世纪，已得到使用单位普遍认可。126/145kV 三相共箱式 GIS 几十年的制造运行经验为研发和使用三相共箱式 252～363kV GIS 创造了条件，在 252～363kV 轻小型自能式和半自能式灭弧室取得成果之后，开发三相共箱式 CB，罐体直径将随灭弧室直径变小而显著缩小，整个 GIS 的间隔宽将大大缩小，这对于今后要大量进入市区配电网的 252～363kV GIS 更有意义。为减小 550kV GIS 的尺寸，将静止的三相母线置于同一罐内，这也应是近期应该考虑的事情。

在三相 252/363kV 共箱式 CB 设计中，重点要考虑的问题是：处于静触头后方的热气流冷却膨胀装置，应能快速吸收从灭弧室喷出的高温气体的热量，使其快速降温。为此，该装置应设计热气流迂回排放的通道（见图 17-1），还应有足够大的容积和适当的长度，使热气体充分膨胀降温，使从它排出的气体温度较低，确保不会引起相间和相对地闪络。为保证这一点，也不可忽视膨胀冷却筒端头的外形设计，在尺寸允许的条件下，尽量降低筒端头的电场，使相间和相对地有足够的绝缘强度。

从膨胀冷却筒迂回排出的热气体 Q_a、Q_b、Q_c，按图中箭头方向扩散，具有最大的冷却空间，能避免三相热气流短接。现在，研发和使用 252kV 三相共箱式 GIS 是时候了。

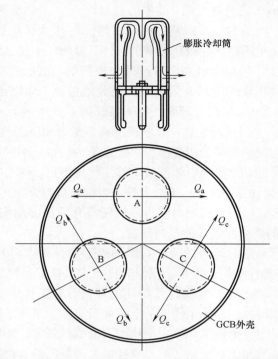

膨胀冷却筒

GCB外壳

图 17-1　252kV 三相共箱 GIS-CB 开断气流冷却排放通道

d）加速研究高阻值 ZnO 避雷器（MOA），提高阀片的电压梯度，力争从现有的 200V/mm，提高到 400V/mm。这样就可减少阀片元件串联数量，使 MOA 体积缩小一半。这对 GIS 小型化的作用，还不仅仅是 MOA 本身尺寸的缩小，更重要的是与此同时还应使避雷器的残压降下来，从而使被保护设备的雷电冲击耐受水平（LIWL）下降，GIS 绝缘尺寸也相应可减小，将进一步使 GIS 小型化。

e）在超高压和特高压场合推广采用硅橡胶复合绝缘子作 GIS 出线套管。这不仅根除了瓷套爆破的危险，免除了绝缘子表面清扫的麻烦、提高了耐污能力和耐湿闪能力，与瓷套相比，它的绝缘尺寸（套管高度）可适当缩小。重点研究课题是硅橡胶耐电蚀抗老化能力如何提高。

17. 2　GIS 二次监控智能化

目前相当一部分 GIS 二次系统还是由众多电磁式继电器及多触点辅助开关、行程开关、压力开关等元件经冗长复杂的电线相连，电接点太多，监控可靠性受到影响。因产品运行状态不明，GIS 仍采用传统的定期维修。

GIS 技术的进一步发展必须实现二次监控智能化，出路在于 GIS 运行状态信息采集元件和信息处理装置采用电子和光电技术。

17. 2. 1　GIS 智能化组件系统的组成

GIS 智能化组件系统见下面的框图。

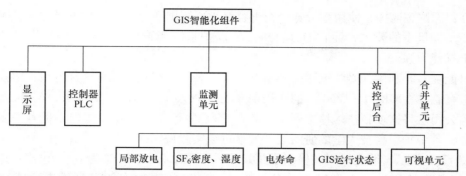

17.2.2　GIS 智能化组件的功能要求

1. 控制功能

GIS 的各种操作指令由 GIS 智能组件发出，可编程序控制器（PLC）通过通信接收此指令并执行，完成 CB、DS、ES 及 FES 的相应分、合闸操作，并实施相应的操作联锁。

2. 监测功能

（1）SF_6 气体密度及湿度的在线监测与报警。

（2）GIS 内部局部放电的在线监测与体外监测。

（3）CB 灭弧室电寿命监测及剩余电寿命报警。

（4）GIS 元件运行状态监测，包括：

a）CB 分合状态、分合时间、分合速度、分合行程—时间曲线、合分闸线圈电流以及机构电机工作状态的采集。

b）CB、DS、ES、FES 分合位置、操作次数及联锁、GIS 各种异常运行状态报警、电源失电及各操作回路断电报警。

（5）GIS 各元件内部零部件运行状态可视化及其在线监测功能。在超/特高压 GIS 内部设置影像元件，通过影像资料来判断 GIS 内部运行故障。GIS 气压及强磁场对影像元件工作的影响，将是可视单元研发的主要难题、研究重点。

3. 通信功能

（1）合并单元的过程层网络通信，采用 IEC 61850 通信协议。

（2）站控后台的站控层网络通信，采用 IEC 61850 通信协议。

4. 人机接口功能

通过人机对话接口向显示终端传输各种监测数据、接收各类参数的设置，执行就地操作终端的各种操作指令。

17.2.3　开发可靠性高、寿命长的信息传感器

1. 电流传感器

采用罗科夫斯基（Rogowski）线圈（以下简称为罗氏线圈）的 CT。

（1）罗氏线圈 CT 的特点和工作原理

国内外对罗氏线圈的研制与应用十分投入，尤其是我国。华中科技大学研究与应用这项技术已有 30 多年的历史，积累了比较成熟的经验。[31,32]

常规电磁式电流互感器有体积大、磁饱和使输出特性变坏、频带窄、响应慢以及铁磁谐振等缺点，不能适应 GIS 智能化采集电流信息的要求。采用罗氏线圈无笨重的铁心，轻而小；无磁滞及磁饱和干扰，暂态响应特性优良；即使在小电流比情况下，测量精度也很高

（0.2 级）；无铁磁谐振，使用频带宽；输出容量小，特别适应数字化继电器对信息响应十分灵敏且驱动能量小的要求，而且与计算机二次保护系统能很好地接口；因采用光纤数字输出，抗干扰能力强。

与可能被 GIS 利用的光学电流互感器（OCT）相比，采用罗氏线圈作电流传感元件的电子式电流互感器在 GIS/T·GCB 上的应用前景更加诱人。目前，三菱电机、ABB、Siemens、Alstom 等公司已将这项新技术移植到 T·GCB/GIS/PASS 等产品中。国内，也有许多单位在积极研究，其中华中科技大学的研制成果最接近于实际使用。

如图 17-2 所示，罗氏线圈经检测电路处理后有两种输出：一个为 U_m，供测量用；另一个为 U_i 经数字输出接口送微机继电保护装置，或经功率放大成 U_i' 后送电磁式继电保护装置。

图 17-2 左边示出的罗氏线圈，采用截面积为 S_0 的非磁性环形骨架，二次线圈均匀地绕在其上。线圈总匝数为 N，从圆心贯穿的一次导体电流为 i，每匝线圈中心与一次导线中心距离为 r，穿过每匝线圈的磁通密度均为 B_r，线圈输出感应电动势瞬时值为

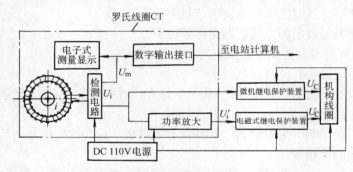

图 17-2　罗氏线圈 CT 工作原理

$$e(t) = -\mu_0 \frac{\mathrm{d}i(t)}{\mathrm{d}t} \iint_{S_0} \frac{N}{2\pi r}\mathrm{d}S_0 = -\frac{\mu_0 N S_0}{2\pi r}\frac{\mathrm{d}i(t)}{\mathrm{d}t} = -M\frac{\mathrm{d}i(t)}{\mathrm{d}t} \tag{17-1}$$

式中　　M——测量线圈与一次回路的互感系数。

将线圈输出 $e(t)$ 送入 RC 积分回路，得到

$$E(t) = \frac{1}{RC}\int e(t)\,\mathrm{d}t = -\frac{1}{RC}M\int \frac{\mathrm{d}i(t)}{\mathrm{d}t}\mathrm{d}t = -\frac{M}{RC}i(t) \tag{17-2}$$

上式表明：线圈输出电动势 $E(t)$ 与一次电流 $i(t)$ 成正比。

检测电路对罗氏线圈输出信息 $E(t)$ 进行处理后，使：

$U_m \propto K_1 i$　用作测量信息；

$U_i \propto K_2 i$　用作保护信息。

测量系统的框图见图 17-3。线圈输出经放大、积分、移相、隔直和 A/D 转换及数字信号处理（DSP）后送数字输出接口。采用光纤传输后，它的精度好，稳定性好，不受电磁干扰。

罗氏线圈 CT 在 GIS 的位置见图 17-4。尺寸很小的罗氏线圈埋装于 GIS 法兰中，GIS 母线是 CT 的一次导体，积分放大及 A/D 转换单元等置于 GIS 壳体外部。

（2）罗氏线圈 CT 的主要结构特征

1）罗氏线圈骨架应选用线膨胀系数小的材料制造，以减小温度对精度的影响，线膨胀

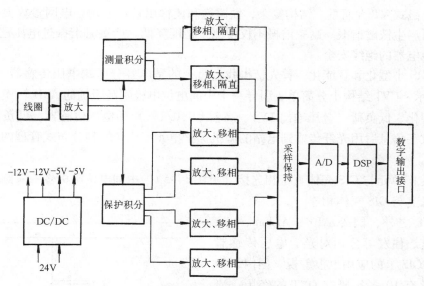

图 17-3　测量系统框图

系数 $\alpha_1 \leqslant 26 \times 10^{-6}/K$。以往多用瓷环（圆截面），加工困难，后改用方截面的环氧玻璃布板拼接。从加工工艺方便考虑，采用环氧树脂浇注环（圆截面）更好。

配方：环氧树脂 100 + Al_2O_3 粉 350 + 固化剂 40

α_1：$23 \times 10^{-6}/K$

不仅 α_1 小，而且强度高，表面光洁，截面均匀，为保证线圈精度创造了条件。

环形骨架截面 S_0 很小，而且要求均匀恒定。一般取 $S_0 = 3 \sim 4cm^2$。如果 S_0 值太大，其中 B 值分布不均匀，会影响 CT 精度。

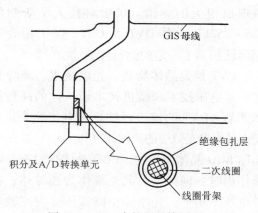

图 17-4　GIS 中的罗氏线圈 CT

2）环形骨架截面积 S_0 与 CT 的一次电流、电流比和二次负荷无关；但 S_0 值影响着线圈的输出电动势 $E(t)$，式（17-2）中互感系数 M（即 E）与 S_0 是正比例关系。

环形骨架的平均直径 D 第一应满足一次与二次绕圈间的绝缘要求，第二要保证 $D^2/d^2 \geqslant 50$（研究试验经验数据），d 为骨架断面直径。

3）测量级与多个保护级绕组可合为一只绕组，采用多抽头输出，结构大大简化。

4）二次绕组匝数 N 与 CT 电流比无关，不同电流比的输出由电子检测电路处理。

5）线圈应十分均匀地绕在骨架上，这是保证 CT 高精度的重要措施之一。如果绕制不均匀，单位环长上的匝数不相等，就很难排除三相绕组之间电流磁场的相互干扰。从式（17-1）可看出，线圈输出电动势 $e(t)$ 与线圈单位长度上的匝数 $N/2\pi r$ 是成正比例的。线圈单位周长上的匝数严格地相同是罗式线圈 CT 制造上的十分重要的工艺要求。

2. 电压传感器

电压信息传感器采用电容分压式电压传感器（CVT）（或光学电压传感器（OVT））。

常规电磁式 VT 大而重，结构复杂，铁磁饱和使输出特性恶化，电网参数突变时，由于它的存在而产生铁磁谐振。高频谐振不仅使测量精度降低，严重时谐振过电压还会危及 GIS 和电网其他电器的绝缘安全。

为了 GIS 小型化和智能化，首先值得我们重视的是电容分压式电压传感器（CVT）。如图 17-5 所示，CVT 结构十分简单，引导一个中间电位电极到高阻抗的 A/D 转换单元，来获得一个小型化、低负荷（分压输出 1V）、高精度（0.2%）的电压传感器。低负荷的模拟量经转换成数字信息后用光纤传输到电站的微机保护单元，或传输到分布式管理的 GIS 就地控制（保护）。

A/D 转换单元与 GIS 壳体直接相连接（见图 17-5）。中间电位电极像一只圆筒形的屏蔽罩通过绝缘盘与 GIS 壳体相连。

除 CVT 之外，国外 ABB、Alstom、Siemens、东芝、住友等公司对光学电压传感器（OVT）在 GIS 上的应用也很重视。国内，华中科技大学有 10 多年研究 OVT 的经历；清华大学、沈阳变压器厂等单位也对 OVT 研究表现出很大的热情。华中科技大学研制的 126 ~ 252kV 户外 OVT 及 OCT—OVT 组合互感器已积累了一定的运行经验[31-33]。

OVT 是集晶体物理、光电技术、光纤技术、高电压技术和微机技术于一体的高新技术产品。OVT 的核心元件是光电传感头，它是由具有电光效应的锗酸铋（$Bi_4Ge_3O_{12}$）——简称 BGO 晶体制作的。BGO 晶体在没有外电场作用时各向同性，其光率体为圆球体；在外电场作用下，光率体由圆球体变为三轴椭

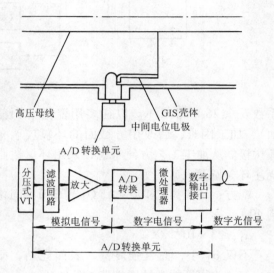

图 17-5　电容分压式电压传感器

球体，其主轴也不与原坐标轴重合，各向同性的晶体变成了各向异性的双折射晶体[34,35]。如图 17-6 所示，如果外电场沿晶体的（110）方向，当光通过长为 l 的晶体时，出射的两光束产生了相移 $\Delta\varphi$ 为

$$\Delta\varphi = \frac{2\pi}{\lambda}(n_{x'} - n_{y'})l = \frac{2\pi n^3 \nu_{41} l}{\lambda d}U \qquad (17\text{-}3)$$

式中　λ——光波波长；

　　　　n——晶体折射率；

　　　　l——晶体通光方向的长度；

　　　　d——施加电压方向晶体的厚度；

　　　　ν_{41}——晶体电光系数；

　　　　U——被测电压。

被测电压 U 的半波电压 U_π 为[35]

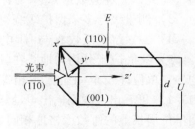

图 17-6　OVT 测量原理示意图

$$U_\pi = \frac{\lambda}{2n^2 \nu_{41}} \left(\frac{d}{l} \right) \tag{17-4}$$

由式（17-3）及式（17-4）可看出，只要测出相移 $\Delta\varphi$，就可确定被测电场 E 或电压 U。直接测量光的相位变化 $\Delta\varphi$ 是很困难的，通常用光干涉法间接测量。在晶体两端加起偏器和检偏器（见图 17-7），使起偏器与检偏器的偏振轴互相垂直，起偏器与晶体内光的偏振方向成 $\pi/4$ 角，输出光强度 $I^{[36]}$ 为：

$$I = I_0 \sin^2 \frac{\Delta\varphi}{2} = I_0 \sin^2 \left(\frac{\pi U}{2U_\pi} \right) = I_0 \sin^2 \left(\frac{\pi U_0}{2U_\pi} \sin\omega t \right)$$
$$= I_0 \sin^2 \left(\frac{\Gamma_m}{2} \sin\omega t \right) \tag{17-5}$$

式中　U——外施正弦电压，$U = U_0 \sin\omega t$；

　　　Γ_m——调制度，$\Gamma_m = \pi U_0 / U_\pi$。

此时的系统光电响应是非线性的。为得到线性响应，在 BGO 晶体与检偏器（或起偏器）间装一个 $\lambda/4$ 的波片，使偏振光的两个分量间产生 $\pi/2$ 的相位移，系统总的相位延迟 $\pi/2 + \delta$，因此式（17-5）就变为[36]

$$I = I_0 \sin^2 \left(\frac{\pi}{4} + \frac{\Gamma_m}{2} \sin\omega t \right) = \frac{I_0}{2} \left[1 + \sin(\Gamma_m \sin\omega t) \right] = \frac{I_0}{2} (1 + \Gamma_m \sin\omega t) \tag{17-6}$$

在上式的变换中，认为 $\Gamma_m \ll 1$ 而作的一级近似演算，最终获得线性的光电响应。

式（17-6）表明，利用泡克尔斯效应和偏光干涉原理构成的光电传感头（见图 17-6），可获得强度受外施电压（电场）调制的光。

用 BGO 晶体制作的光电传感头有三种结构：横向立式传感头，见图 17-7；横向卧式传感头，见图 17-8；纵向立式传感头，见图 17-9。

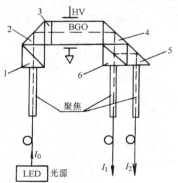

图 17-7　横向立式传感头

1—起偏器　2—棱镜　3—$\lambda/4$ 波片

4、5—棱镜　6—检偏器

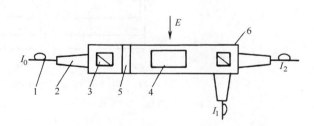

图 17-8　横向卧式传感头

1—光纤　2—准直透镜　3—偏振器

4—BGO 晶体　5—$\lambda/4$ 波片　6—检偏器

适于在 GIS 中采用的结构有纵向立式传感头，如图 17-10 所示的 126kV 三相共箱式 GIS 中所用的 OVT；还有横向立式传感头，如图 17-11 所示的 252kV 分箱式 GIS 中所用的 OVT。

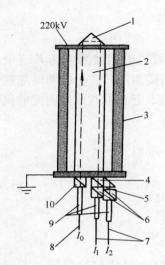

图 17-9　纵向立式传感头

1—全反射棱镜　2—BGO 晶棒　3—支撑
套管　4—分束棱镜　5—λ/4 波片
6—检偏器　7—输出光纤　8—输入
光纤　9—准直透镜　10—起偏器

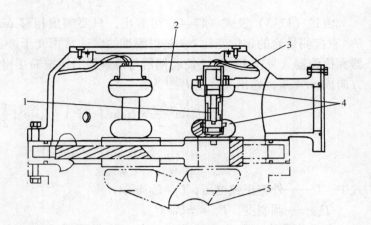

图 17-10　用于三相共箱式 GIS 中的光电电压传感器

1—BGO 传感头　2—SF$_6$ 室　3—光纤

4—均压电极　5—间隔连接

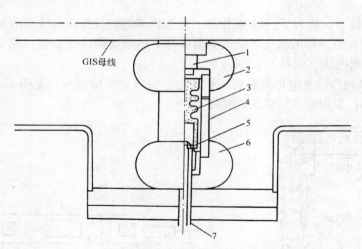

图 17-11　用于分箱式 GIS 中的光电电压传感器

1—高压电极　2—屏蔽　3—绝缘子　4—绝缘筒　5—BGO 传感头
6—地电位屏蔽　7—光纤

设计良好的 OVT 具有较好的温度特性，在实用的温度范围内有较高的精度[36]。

3. 分合位置传感器

反映开关分合位置的传统元件是多触点的辅助开关，经常出现的问题是通断时间分散性大、触点弹跳导致熔焊、触点接触不良等。

近年来出现的无触点开关位置传感器值得重视。它采用电磁感应原理，当导电材料临近一感应元件时便产生涡流，利用这个感应电流去破坏原电路的谐振状态。当开关的运动杆件接近这只感应元件（位置传感器）时，传感器就输出一定量的电平，并通过 A/D 转换经光纤电缆传输。因为它是无触点的，位置信息采集准确可靠，数字光电传输、抗干扰能力强。

该传感器的特点是：无触点、无弹跳，传递信息可靠；无碰撞、无磨损，寿命长。目前已在国内外某些中压开关中使用。

4. 分合速度传感器

现在普遍使用机械传感器来测开关的分合闸速度和分合闸时间，因触点弹跳，常带来测量误差。

经历了多年研究的光栅行程传感器用作开关行程信息检测是很有前途的。其原理如图 17-12a 所示，与操作系统相连的编码盘，其位置可用光纤扫描，微机从光信号确定编码盘的位置（即开关触头的相应位置），以及从不同位置发来信号的时间间隔。当行程信号记录纸以某一速度移动时，便在纸上留下反映触头运动的光信号，见图 17-12b。然后经微机计算分析还可输出行程—时间曲线，见图 17-12c，并由此曲线而计算出开关的分合速度。

用这种光栅行程传感器测得的行程—时间信息准确可靠、无弹跳，而且也形象直观。

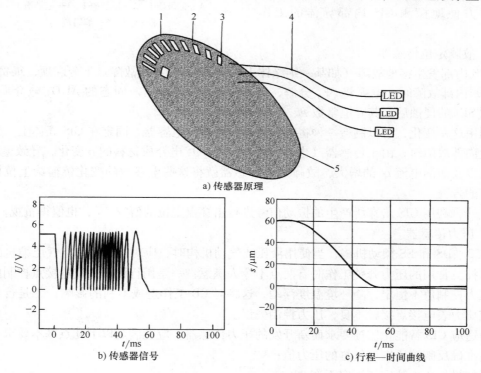

a) 传感器原理

b) 传感器信号

c) 行程—时间曲线

图 17-12　光栅行程传感器
1—记录槽 1　2—记录槽 2　3—记录槽 3　4—光纤　5—编码盘

5. 弹簧储能传感器

弹簧操动机构运行时的重点监测项目是弹簧的储能状态。弹簧储能状态可以用应变片来监视，将弹簧工作时应力的变化转换成电信号，或 A/D 转换成数字光信号传输到电站监控中心。

也可用光栅弹簧储能传感器，其工作原理与行程传感器相同。传感器通过与弹簧相连的光栅探测出弹簧在合闸操作过程中的弹簧位置和弹簧位移，从弹簧位移来监视弹簧能的释放量，或从合闸弹簧在储能状态时的位置来监视其储能是否到位。光栅弹簧储能传感器的工作原理见图 17-13。

6. 温度、湿度传感器

户外运行的 GCB/GIS 机构箱、控制柜应保持一定的温、湿度范围，当温度太低、湿度太大时，传感器应能做出相应的响应，并通过其常开转闭合的无触点固态继电器在远传信息的同时将加热器自动接入，对机构箱（或控制柜）加热除湿。当箱内温、湿度符合要求时，加热器自动退出，加热器工作指示灯灭。

将远红外温度传感器装在 GIS 壳体上，还能很方便地探测 GIS 内部导体的工作温升。

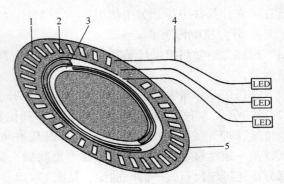

图 17-13   光栅弹簧储能传感器的原理
1—记录槽 1   2—记录槽 2   3—记录槽 3
4—光纤   5—编码盘

7. 故障定位传感器

GIS 内部发生接地故障（如某一绝缘体表面闪络等），寻找故障点十分麻烦，很费时间。

GIS 内部故障时，电弧将 SF₆ 分解，其主要分解物是 SF₄。固态的 Al₂O₃ 电介质材料，当遇到 SF₄ 的侵蚀后，其介电常数 ε、泄漏电流都会变化。

利用这一变化，可以制造一种将电介质材料暴露的电容器，固定在 GIS 壳体上，当该气室发生内部故障时，由于传感器（电容元件）的 Al₂O₃ 电介质材料的 ε 变化，导致电容量 C 的变化以及泄漏电流 i_C 的增大，故障定位传感器就将这些电参数的变化传输给上位机，发出相应的告警。

此外，利用 GIS 击穿所产生的振动信号进行击穿点定位的研究[37]，也值得重视。

8. 压力传感器

GCB、DS 和 ES 操动机构，当使用液压或气动机构时，应对液压泵和空气压缩机的工况进行监控。常用的压力开关工作时有两点不令人满意：一是用行程开关或电接点控制的开关操作压力控制值不恒定，随环境温度浮动，这将对 CB 工作造成不利的影响；二是行程开关接点或压力表电接点接触不良，压力控制失误。

为适应 GIS 智能化监控要求而新开发的压力传感器，应能满足以下几点基本要求：

能准确反映液压缸或气缸的压力值；

保持操作压力整定值恒定不变；

压力信号传递无触点化，压力信号传递可靠。

9. 氧化锌避雷器（MOA）泄漏电流传感器

运行经验表明，在长期运行电压作用下和大气中水分的侵蚀作用下，MOA 的故障主要是阻性泄漏电流的增大。利用这个传感器对 ZnO 避雷器的泄漏电流的变化趋势进行监视，来判断 MOA 性能的变化，若有异常及时退出运行。

10. SF₆ 密度/湿度的监测

利用温度传感器测出 GIS 被检单元内 SF₆ 的实时温度 T_t，用压力传感器测出与 T_t 对应的 SF₆ 气压 P_t，用低湿度传感器测出与 T_t 对应的 SF₆ 湿度 X_t。由 T_t、P_t 及 X_t 经分析软件而

得到 SF_6 的实时密度和湿度。

（1）SF_6 密度监测

通过监视 SF_6 气压变化来反映 SF_6 密度，压力 P_t 随温度而变化：

$$P_t = P_r' + \alpha(T_t - 20) \tag{17-7}$$

式中　P_t——传感器测出的与 T_t 对应的 SF_6 气压（MPa）。

$P_r' = P_t - \alpha(T_t - 20)$，$P_r'$是折算到 20℃时的实时 SF_6 额定气压（密度），（MPa）。

　　α——SF_6 压力温度修正系数，（MPa/℃）在不同的 SF_6 额定气压时，α 值有所差异：0.00205（0.4MPa 时），0.00225（0.5MPa 时），0.00263（0.6MPa 时）。

SF_6 密度分析软件将 20℃时的 SF_6 额定气压折算值 P_r' 计算出来后，与产品额定气压 P_r 相比较，就可以知道 SF_6 密度变化，并做出是否报警的判断。

（2）SF_6 湿度监测

2012 年对 GB/T 8905—2012《六氟化硫电气设备中气体管理和检测导则》进行修改时，仍然保留了原标准的湿度限值（如：CB 交接试验时为 150μL/L，运行中允许 300μL/L）。考虑温度对湿度测量值的影响，在 DL/T 506—2018 行业标准的附表 C3 中，给出了折算到 20℃时的折算值，参见本书 2.2.4 节和第 2 章附录 2.A。

根据 DL/T 506—2018 附表 C3 并研究了电力部门提出的各种 SF_6 湿度—温度折算方法之后，作者提出了下面的 SF_6 湿度的温度折算式：

$$X_{20} = \frac{X_t \cdot P_{20b}}{P_{tb}} \cdot \left(\frac{273 + T_t}{273 + 20}\right)^3 \cdot K_s \tag{17-8}$$

式中　T_t——被检气室 SF_6 的温度（℃）；

X_{20}——20℃时湿度折算值（μL/L）；

　X_t——温度为 T_t 时湿度测量值（μL/L）；

P_{20b}——20℃时水的饱和蒸汽压（23.39×10^{-4}MPa）；

P_{tb}——T_t 温度时水的饱和蒸汽压（见 GB/T 11605—2005，MPa）；

K_s——湿度修正系数，$T_t \geq 20℃$时，$K_s = 1$；$T_t < 20℃$时，$K_s = 0.94$。

式（17-8）基本覆盖了 DL/T 506—2018 附表 C3 的全部折算数据，与附表 C3 数据相比，最大误差 <5%。

式（17-7）能指导 SF_6 密度在线监控仪的开发。

2012 年修改的 GB 8905 仍然保留了按水分的体积浓度对 SF_6 湿度进行限值，没有考虑按相对湿度进行限值的意见，因此这种限值仍然不能排除 SF_6 气压和温度的影响。只有按相对湿度对水分限值才能排除这两个因素的影响，这是一种科学的水分限值方法，望 GIS 制造与运行的后来者重视这个问题，按相对湿度限值是十分必要的。GB/T 8905—2012 中的水分限值还应按此思路修改。

在没按相对湿度进行限值时，作为一种过渡措施，按式（17-8）开发湿度在线监测仪是可行的。今后 GB/T 8905 再次修改，能按相对湿度对水分限值，只需对式（17-8）进行调整。当前，我们研发湿度在线监测仪的工作重点是：开发一种精度高、性能稳定的微湿度传感器——调整研发思路，采用"水分→低温→凝露→湿度数字输出"的创新研究方案，新型可靠的微湿度传感器定能研制成功（详见 17.2.4 节）。

17.2.4 MEMS 露点微湿度传感器开发

SF$_6$ 电器需要检测 $100 \sim 1000 \mu L/L$ 的超低微水，一般湿度传感器测不出来。国内外已采用过多种湿敏薄膜制作的低湿度传感器，除灵敏度欠佳之外，主要问题是湿度测量值重复性太差，不能使用。因为湿敏薄膜是多孔材料，亲水性强，水分脱附十分困难，每测量一次就会有一部分水分子被吸附于膜孔中，难以排净。因此每次测量值都与以往测量时水分的残留量有关，导致同一湿度有多个测量值（测量数据重复性差），无法满足 SF$_6$ 电器微水测量要求。

目前 SF$_6$ 气体的湿度只能用露点仪在产品体外进行检测，无法实施在线监测。考虑到 SF$_6$ 及正在积极研究的新型环保气体电器的微水测量的需要，开发微湿度传感器是十分必要的。

1. MEMS 露点湿度传感技术

中科院上海微系统与信息技术研究所提出：基于"冷镜"露点测湿原理采用微机电系统技术（简称 MEMS）可以制作微型化、低成本的微湿度传感器。

露点测湿法是通过对气体露点温度的测量，按表 17-1 就可查出 SF$_6$ 气体中含水分的体积浓度 $\mu L/L$（ppmV）、折算到 20℃时的绝对湿度（g/m^3）及相对湿度（%）。水分凝露测湿过程是"纯物理"过程，与普通湿度传感器用湿敏原理的"物理化学"吸湿过程不同，无"湿滞"现象，解决了现有传感器测量数据重复性差的痼疾。

当气体压力增加时，同一湿度的露点温度 T_{yl} 也随气压 P 增大而增大（见图 17-14）。因此，在 SF$_6$ 高压电器中，根据测得的气体压力 P、露点温度 T_{yl}，可以通过图 17-14 得到大气压下的露点温度 T_{0l}，并由表 17-1 得到湿度。例如，当 $P = 0.6MPa$ 时，测得 $T_{yl} = 10℃$，从图 17-14 的 0.6MPa 曲线得到大气压下露点 $T_{0l} = -15℃$，再从表 17-1 查到湿度（体积浓度）$X = 201.6\mu L/L$（ppmV），以及相对湿度 7.069%。

表 17-1 大气压下的露点与湿度对照表

露点/℃	饱和水蒸气气压/Pa	混合比（空气）/(g/kg)	比湿（空气）/(g/kg)	绝对湿度(20℃)/(g/m³)	体积比/(μL/L)	重量比/(μg/g)	相对湿度(20℃)(%)
-15	165.319	1.016	1.222	1634	201.6	243.5	7.069
-16	150.694	0.9264	1.114	1489	183.7	221.9	6.444
-17	137.263	0.8438	1.015	1357	167.3	202.1	5.870
-18	124.938	0.7679	0.9235	1235	152.3	183.9	5.343
-19	113.634	0.6983	0.8399	1123	138.5	167.3	4.589
-20	103.276	0.6346	0.7633	1020	125.9	152.0	4.416
-21	93.7904	0.5763	0.6932	926.5	114.3	138.0	4.011
-22	85.1104	0.5229	0.6291	840.7	103.7	125.2	3.639
-23	77.1735	0.4741	0.5704	762.2	94.02	113.6	3.300
-24	69.9217	0.4295	0.5168	690.6	85.18	102.9	2.990
-25	63.3008	0.3888	0.4679	625.1	77.11	93.13	2.670
-26	57.2607	0.3517	0.4232	565.4	69.75	84.24	2.449
-27	51.7546	0.3179	0.3825	511.0	63.04	76.14	2.213

（续）

露点/℃	饱和水蒸气 气压/Pa	混合比(空气) /(g/kg)	比湿(空气) /(g/kg)	绝对湿度 (20℃)/(g/m³)	体积比 /(μL/L)	重量比 /(μg/g)	相对湿度 (20℃)(%)
−28	46.7393	0.2870	0.3455	461.5	56.93	68.76	1.999
−29	42.1748	0.2590	0.3117	416.4	51.36	62.04	1.803
−30	38.0238	0.2335	0.2810	375.4	46.31	55.93	1.625
−31	34.2521	0.2103	0.2532	338.2	41.71	50.38	1.465
−32	30.8277	0.1893	0.2279	304.3	37.54	45.34	1.318
−33	27.7214	0.1702	0.2049	273.7	33.76	40.77	1.185
−34	24.9059	0.1529	0.1841	245.9	30.33	36.63	1.065
−35	22.3563	0.1373	0.1652	220.7	27.22	32.88	0.956
−36	20.0494	0.1231	0.1482	197.9	24.41	29.49	0.8573
−37	17.9640	0.1103	0.1328	177.3	21.87	26.42	0.7682
−38	16.0805	0.09873	0.1189	158.7	19.58	23.65	0.6876
−39	14.3809	0.08829	0.1063	141.9	17.51	21.15	0.6150
−40	12.8485	0.07888	0.09497	126.8	15.64	18.89	0.5494

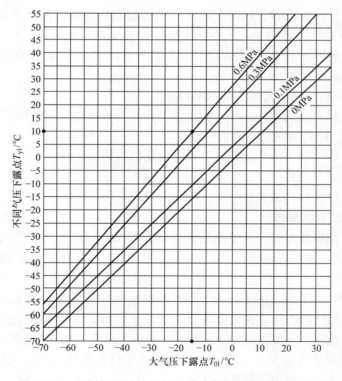

图 17-14　不同气压下的露点 T_{yl} 与大气压下露点 T_{01} 的关系

2. MEMS 微水/密度传感器结构

在线监测用微水/密度传感器的主要结构示于图 17-15。所有元件封装于外壳 7 内，通

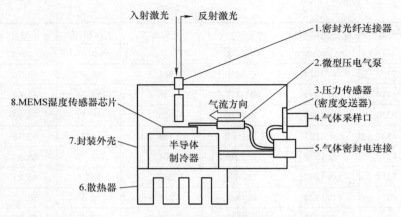

图 17-15　在线监测微水/密度传感器结构图

过气体采样口 4 经自封阀—气管—截止阀与 GIS 壳体相连。

当整个传感器体积不大时，也有可能将图 17-15 中所有元件都置于 GIS 被测气室的小支筒内。

图 17-15 中微型压电气泵 2 用来提供被测气体循环，使被测气体流经湿度传感器芯片 8，该芯片经微型半导体制冷器降温，至芯片上的光学镜面结露时，反射激光信号将急剧下降，此时控制系统切换制冷器，同时在芯片表面的温度传感器立即将温度量转换成微电压量，经放大和 A/D 转换，将 SF$_6$ 中水分凝露温度 T_{yl} 传到上位机软件，与此同时，上位机软件也从压力传感器 3 得到 SF$_6$ 气体压力 P，上位机软件由 T_{yl} 和 P 很快算出湿度 X。传感器 3 同时具备 SF$_6$ 密度采样功能。

3. MEMS 露点湿度/密度传感器的技术特点

（1）湿度最低检测量为 $100\mu L/L$，测量值有良好的重复性，测量精度为 $20\mu L/L$。

（2）可同时监控 SF$_6$ 的密度。

（3）记录 SF$_6$ 密度及湿度变化趋势并根据设定值报警。

（4）MEMS 芯片可批量生产，成本较低。

（5）可置于 GIS 壳体内或壳体外。

17.2.5　GCB/GIS 智能操作

GCB/GIS 的智能操作是 GIS 智能化的重要研究课题。国内外正在研究的"GCB 智能操作"，由于电子技术、数字技术的使用，人们期待 GCB 的操作有可能按下面智能化模式进行：

（1）按电网保护装置发出的不同的短路开断电流而自动指令 GCB 以不同的分闸速度开断。这样绝大多数的开断都将是在较低的分闸速度下进行，无疑 GCB 的运动件磨损将大大减小，机械寿命和可靠性大大提高。为实现这一目标，操作机构应有相应的大的变革。

（2）实现自适应重合闸操作。故障分闸后，GCB 只在线路故障清除后再重合，不再实行试探性的重合方式，将减小灭弧室烧坏。

（3）采用选相合闸以控制操作过电压，可取消 GCB 并联合闸电阻，简化产品结构，提高产品可靠性，国内外已有研究品在试运行。

（4）选相分闸，在最有利的燃弧时间（保证可靠开断）的相角起弧，可提高 GCB 的实际开断能力。在切长线和切电容器组时，可减小电弧重燃概率，减小重燃过电压的危害。选相分闸装置在国内电网已投入试用。

以上新技术的使用，为 GIS 最大限度地减少维护（和免维护）创造了条件。

人们期待的 GCB 智能操作逐步实现后，集电网操作、监控、保护和通信于一体的按状态维护的智能化 GIS 的诞生，将是高压电器制造和运行上的一次划时代的创新变革，我们正在为此奋斗。

第18章　局部放电的 UHF 电磁波和超声波监测

GIS 内部出现局部放电是内绝缘出现缺陷或损坏的先兆，及时监测并准确预警对 GIS 安全运行十分重要。GIS 内部各种局放都会产生超高频（UHF）电磁波，可用 UHF 局放监测仪检测。GIS 内部局放还会产生超声波，除绝缘子内的局放超声波衰减极快之外，其他局放通常可用超声波检测仪在 GIS 体外检测。

18.1　超高频（UHF）局部放电电磁波的特征

18.1.1　GIS 局部放电电磁波的频率与波长

GIS 局部放电（后简称"局放"）的电磁波频率为 0.3 ~ 3GHz，多数为 0.7 ~ 1.3GHz。以往的一些书刊资料称它为特高频（简写 UHF），现在一些新观点将 3 ~ 30GHz 称为特高频，而 0.3 ~ 3GHz 称为超高频。这一划分较好，其简称仍沿用过去习惯写法 UHF。

GIS 局放电磁波长 $\lambda = v/f$，传播速度 $v = 0.3 \times 10^9 \text{m/s}$，其局部放电（PD）电磁波的波长 $\lambda = (0.1 ~ 1)\text{m}$，多数为 0.23 ~ 0.43m，因此也称分米波，是微波的一部分。

GIS 中的局放电流波形很陡、上升快、半波持续时间约 1ns。而大气中的各种局放、电晕波频常在 0.15GHz 以下，其波形有些与 SF_6 中的局放波形相似，有些不同。

18.1.2　采用 UHF 法检测 GIS 局放的必要性

18.12 节中所述的（1）~（5）种局放都可以用超声波检测。但是，由于各种环氧树脂绝缘件内部缺陷（如气泡）产生的超声波信号在绝缘子内传递衰减很大，在 GIS 壳体外监测不到。而 UHF 局放电磁波在绝缘子内传播衰减小，可以穿出绝缘件在 GIS 内部的 SF_6 中和壳体中传播，并可以从 GIS 壳体缝隙（不带金属外圈的盆式绝缘子法兰处）向外辐射。因此，用 UHF 测量法可在 GIS 体内及体外监测 GIS 各种局放。

18.2　GIS 超高频局放电磁波的种类及特征

1. 尖端放电

导体（或壳体）上的尖角（或金属微粒在电场力作用下的集聚）会造成局部电场增大，当超过某一允许值时就会产生局部放电。局放发展，SF_6 气隙不断电离，导电粒子的积累最终将导致气隙击穿。

简要特征：放电脉冲常出现在试验电压峰值附近，受 SF_6 放电极性效应的影响，正负半波内局放脉冲不对称。高频分量中等。放电尖端细小时可能逐渐被烧熔，局放最终消失。

2. 自由导电粒子放电

GIS 内，线状金属粒子在高压电磁场下可自由移动，在一定电压下会发生局放。线状金属粒子在局放和自由移动过程中，GIS 的气体或固体绝缘随时有被破坏的危险，产品在运行电压或过电压冲击时也可能发生对外壳闪络。

简要特征：因微粒不固定，放电也无固定的时间规律，随机地出现在工频电压的各个相位上。

3. 悬浮电位放电

GIS 内部的各种屏蔽件或导电连接件当连接松动时，因电接触不稳定性而使屏蔽件间（或导体间）电位变化形成电位差，并伴随发生局放。局放不断发展，电火花会烧坏电接触及相应的屏蔽件或导体，从而导致热或电的故障，也会因局放电火花产生大量金属蒸气而导致 GIS 绝缘破坏。

简要特征：放电脉冲幅值、间隔、次数稳定，有周期性。放电相位稳定在工频电压上升沿，在电磁力作用下的振动和由此产生的局放与工作电压同频。高频分量强。

4. 绝缘子表面单个金属粒子放电

附着在绝缘件表面的单个金属颗粒在高电压下发生局放，不仅使绝缘子表面闪络距离减小，而且使表面因放电升温而产生热老化，局放又使绝缘子部分表面空间电离，而使绝缘子表面绝缘下降，导致正常工作电压下闪络。

简要特征：放电电荷较小，放电脉冲不清晰，脉冲幅值、间隔及放电次数不规则，高频分量中等。脉冲分布在工频电压上升沿，正负半周不对称。

5. 绝缘子表面金属粒间放电

绝缘子表面可能附着多个金属颗粒，颗粒间在一定电压下产生局放，局放产生的不良影响同 4.，最终导致绝缘件表面闪络。

简要特征：放电脉冲清晰，脉冲幅值、间隔、次数稳定有规律。脉冲幅值较小，放电脉冲分布在工频电压上升沿。高频分量较强。

6. 绝缘子内部间隙放电

环氧浇注绝缘子及其他有机固体绝缘件制造时形成的内部间隙，在高电压下间隙（气泡）场强较高而形成局放，因电火花热的长期作用，绝缘件的热老化不断发展，从而导致绝缘子体积电击穿或沿面闪络。

简要特征：放电脉冲清晰，幅值较小，脉冲出现在工频电压峰值附近，有规律。高频分量较弱。这是因气泡位置固定决定的。

以上各种局放的简要特征有待进一步深入研究。准确掌握各种局放的放电特征，有助于识别 GIS 各种局放的种类和确定局放源的位置。

18.3　GIS 局放电磁波的辐射与传播

18.3.1　电磁波辐射

局放源在一定电压下发生局放，使空间介质电离，建立随时间交变的电场，在产生空间电荷的同时，在稍远空间产生交变的磁场，该磁场又在它的外层空间激发出新的交变电场，该电场又在更远的空间激起变化的磁场——这种由近及远交替激发的电磁场不断扩展的过程，称为 GIS 局放电磁波辐射。局放电磁波的交变电场与交变磁场分布在两个相互垂直的平面中。

电磁波辐射能量的大小与频率有关。在一定电磁场强下，频率高时，位移电流大，辐射能量多。局放源的频率直接影响辐射能量。

电磁波可以在 GIS 内部空间辐射到壳体，金属壳体形如波导，UHF 电磁波可沿壳体传播。微波装置的场源结构封闭时（如较大面积的两平行金属板），波源激发的电磁波被约束在两极板之间，大部分电磁场能量在场（平行板）与源（局放点）之间转换，不能发射（见图 18-1a）[49-53]。用金属铝或钢封闭的 GIS 壳体，似微波传输的波导，局放源发出的电磁波也被限制在波导腔（壳体）内，只能在局放源与壳体之间辐射或沿中心导体及壳体（波导）传播，向 GIS 壳体外层空间的辐射能力极弱。金属封闭的 GIS 壳体又是个良好的电场屏蔽筒，使 GIS 内部电场与大气隔离。盆式绝缘子带铝外圈时，GIS 壳体封闭，超高频局放电磁波传不出来。

18.3.2　电磁波发射

当场源结构是开放系统时，如将上述平行金属板拉开，或将封闭圆筒截断、其一端或两端开放（盆式绝缘子不带金属外圈）时，或在波导外壁上切开缝隙时，这些开放的场源结构就变成了与空间耦合很强的电磁波发射系统，电磁波可以从这些开放的场源发射。如同对称振子天线及各种波导天线一样，GIS 壳体也可以从截断开口处（无金属外圈的盆式绝缘子法兰处）发射局放电磁波，形如波导天线，如图 18-1 所示。

有研究试验证明[54]：某外置式传感器在 GIS 不带金属外圈的盆式绝缘子法兰处检查某一局放信息时，具有很高的局放测量灵敏度；而相同传感器离盆式绝缘子仅 600mm 时，几乎检测不到内部同一局放信号。此试验也证实了金属外壳对内部局放电磁波的屏蔽作用。

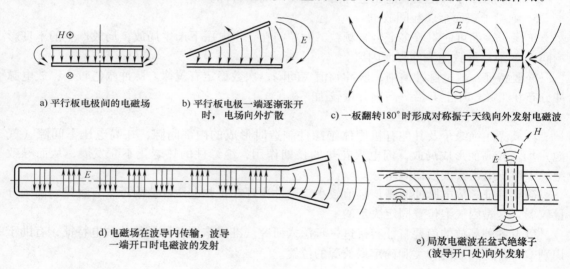

a) 平行板电极间的电磁场

b) 平行板电极一端逐渐张开时，电场向外扩散

c) 一板翻转180°时形成对称振子天线向外发射电磁波

d) 电磁场在波导内传输，波导一端开口时电磁波的发射

e) 局放电磁波在盆式绝缘子（波导开口处）向外发射

图 18-1　电磁波的传输与发射

18.3.3　GIS 中局放电磁波的传播方式

GIS 中局放（PD）电磁波传播方向：在 GIS 封闭壳体内是沿壳体轴线方向（z 向）传播，沿壳体径向辐射。传到无金属外圈的盆式绝缘子处，壳体（波导）开放，局放电磁波通过盆式绝缘子法兰向外发射。

1. PD 电磁波在 GIS（及同轴电缆）中的三种传播方式

局放电磁波从 PD 源向三维空间辐射，因电磁波被封闭于 GIS 壳体内，因此在沿壳体和中心导体传输时，按在传输方向（z 向）、电场 E 与磁场 H 分量的有和无，以三种横波方式传播（以 GIS 母线筒为例），见图 18-2。

　　横电磁波（TEM 波）　　$H_z = 0$，$E_z = 0$，在传播方向（z 向）无磁场、无电场分量。电场与磁场都是横向的。

　　横电波（TE 波）　　$E_z = 0$，$H_z \neq 0$，在传播方向（z 向）无电场，磁场有纵向分量，又称 E 波。

　　横磁波（TM 波）　　$H_z = 0$，$E_z \neq 0$，在传播方向（z 向）无磁场，有电场纵向分量，又称 M 波。

（1）PD 横电磁波的电磁场分布

　　无纵向电场 $E_z = 0$

　　无纵向磁场 $H_z = 0$

　　有横向电场和横向磁场

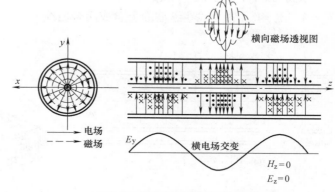

a) PD 横电磁波(TEM 波)的电磁场分布

（2）PD 横电波的电磁场分布

　　无纵向电场 $E_z = 0$

　　有纵向磁场 $H_z \neq 0$

　　有横向电场

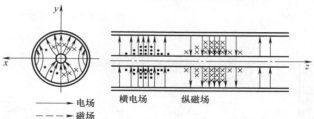

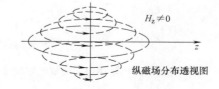

b) PD 横电波(TE 波)的电磁场分布

（3）PD 横磁波的电磁场分布

　　有纵向电场 $E_z \neq 0$

　　无纵向磁场 $H_z = 0$

　　有横向电场与磁场

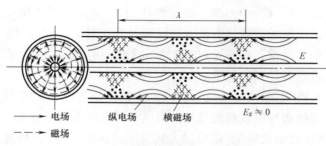

c) PD 横磁波(TM 波)的电磁场分布

图 18-2　局放电磁波在 GIS 壳体内的三种传播方式
（三种传播方式并存）

同轴馈电电缆中的 TEM、TE、TM 波的传播方式同上述图 18-2a ~ 图 18-2c。

2. PD 电磁波在矩形波导中的传播方式

矩形波导中不存在 TEM 波，只有 TE、TM 波。矩形波导是矩形喇叭天线的基本形式。矩形波导无中心导体是单导体波导，沿轴向无传导电流，又无位移电流（因为 TEM 波 $E_z=0$），所以在波导横截面内也不存在磁场。

（1）矩形波导中的主模 TE$_{10}$ 波（见图 18-3a）

$E_z=0$，$H_z\neq0$，磁力线在纵截面上自成闭合曲线。

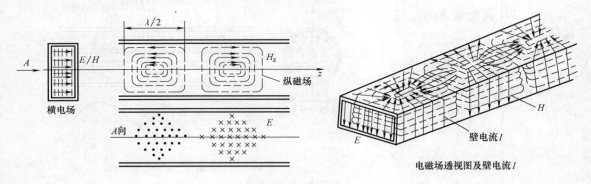

a）矩形波导中的 TE$_{10}$ 横电波

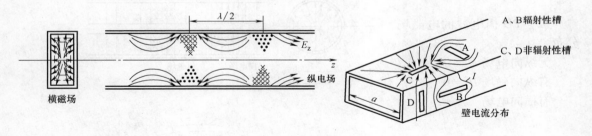

b）矩形波导中的 TM 横磁波

图 18-3　局放电磁波在矩形波导中的两种传播方式

（2）矩形波导中的 TM 波（见图 18-3b）

$H_z=0$，$E_z\neq0$，波导壁开槽孔（A、B）切断管壁电流通道时，槽孔处将有位移电流 I 并形成电磁场波源，引起电磁场辐射或反射，形成缝隙天线。C、D 槽孔不切断管壁电流 I，属非辐射性槽。在波导宽壁中央 $a/2$ 处只有纵向电流。在 $a/2$ 处开纵向槽，可制成驻波测量线，进行各种微波测量。

3. PD 电磁波在槽线（缝隙）中的传播方式（见图 18-4）

槽线由导电板和绝缘基体组成，导电板中间开缝隙（宽 δ）。

PD 电磁波以 TE 横电波方式沿槽线纵向（z 向）传播。

两导电板间有电位差，便于在两导电板间并接固体器件（测量表面电流 J_s 的仪器或其他微波元件）。也可使一导电板接地。

传输损耗随电介质系数 ε_r 的增大而下降。

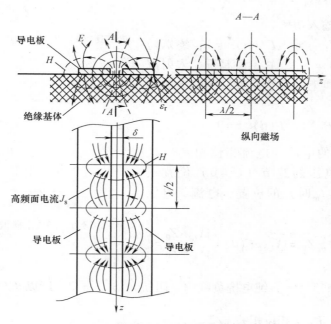

图 18-4　PD 电磁波在槽线中的传播

随缝隙 δ 增大槽线特性阻抗也增大。

磁场 H 在导体表面（或波导管壁）的切线分量感应高频电流，称为面（壁）电流 J_s。高频面电流的趋肤效应极强，趋肤深度极浅，随频率增大而变浅，例如在 $1 \sim 5\,\mathrm{GHz}$，趋肤深为 $1\,\mu\mathrm{m}$ 左右（铜线），导体表面电阻很大，当 J_s 较大时，金属波导表面要镀银（金）。

18.3.4　局放电磁波传输的三种工况

根据传输线终端负载不同状况，有三种不同的传输状态（工况）。局放电磁波传输等效电路如图 18-5 所示。

1. 行波状态

这是理想的传输状态，实现条件：传输线波阻抗 Z_0 等于负载阻抗 Z_L，线上无反射，信源能量（功率）完全被负载吸收。

2. 驻波状态

传输线终端开路（$Z_L \to \infty$）、短路（$Z_L = 0$）及接纯电抗负载（$Z_L = jX_L$）时出现的一种极端工况。此时，电磁波到达终端发生全反射。

在传输线上任一点 d 的反射系数为 $\Gamma(d)$，即

$$\Gamma(d) = \frac{\text{反射波电压 } U_2(d)}{\text{入射波电压 } U_1(d)} = \frac{\text{反射波电流 } I_2(d)}{\text{入射波电流 } I_1(d)} = \frac{Z_L - Z_0}{Z_L + Z_0} \tag{18-1}$$

式中　Z_L——负载阻抗；

　　　　Z_0——传输线阻抗。

传输线上的平均功率为

$$P(d) = P_{in}[1 - \Gamma(d)^2] \qquad (18\text{-}2)$$

式中　P_{in}——波源输入功率。

终端开路时：$Z_L \to \infty$，$\Gamma(d) = 1$；**终端短路时**：$Z_L = 0$，$\Gamma(d) = -1$。这两种情况，入射波电压、电流在传输线上都是全反射，线路上的平均功率为

$$P(d) = P_{in}[1 - \Gamma(d)^2] = 0$$

这两种情况，线上的电压与电流相位相差 $\pi/2$，如图 18-6 所示，电压的波节（$U = 0$）位置正好是电流波腹（$I = I_m$ 时）的位置，电流、电压波节值都为零。

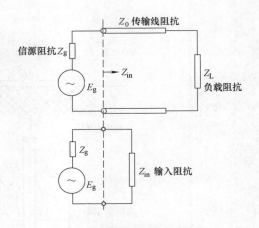

图 18-5　局放电磁波传输等效电路

终端接纯电抗时，$Z_L = jX_L$，$\Gamma(d) = \dfrac{jX_L - Z_0}{jX_L + Z_0} =$

$\dfrac{\sqrt{Z_0^2 + X_L^2} \cdot e^{-j\varphi_x}}{\sqrt{Z_0^2 + X_L^2} \cdot e^{j\varphi_x}} = e^{j(\pi - 2\varphi_x)}$，纯电抗负载中，阻抗角 $\varphi_x = \pi/2$，所以 $\Gamma(d) = 1$，$P(d) = 0$。
与开路、短路一样，U、I 相位相差 $\pi/2$。

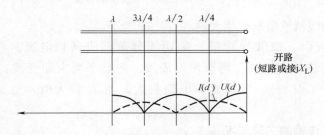

图 18-6　负载开路 $Z_L \to \infty$ 时的驻波传输

3. 行驻波状态

这是 GIS 局放传输、接收中常见的工况。传输线终端（局放分析仪）负载为 $Z_L = R_L + jX_L$，
$\Gamma(d) = \dfrac{R_L + jX_L - Z_0}{R_L + jX_L + Z_0} e^{-j2\beta d}$，因 $(R_L - Z_0) < (R_L + Z_0)$，所以 $0 < \Gamma(d) < 1$，入射波发生部分反射，线上消耗功率 $P(d)$ 不为零，因此传向负载的功率 P_L 总小于信号源入射功率 P_{in}。

入射波与反射波在传输线上叠加，形成波腹与波节，定义：

波腹值——入射波与反射波相位相同处，电压幅值相加，最大电压振幅处称波腹，其值 $U(d)_{max}$ 称波腹值。

波节值——入射波与反射波相位相同处，电压幅值相减，最小电压振幅处称波节，其值 $U(d)_{min}$ 称波节值。

传输线上，电压波腹处就是电流波节处，电流波腹处正是电压波节处，见图 18-7。

电压驻波比（SMR）：$S = \dfrac{\text{电压波腹值 } U(d)_{max}}{\text{电压波节值 } U(d)_{min}} = \dfrac{1 + |\Gamma(d)|}{1 - |\Gamma(d)|}$　　　(18-3)

参数 S 反映了传输线上反射波的大小、反射造成的驻波损耗，以及线路与负载阻抗匹配的好与坏。

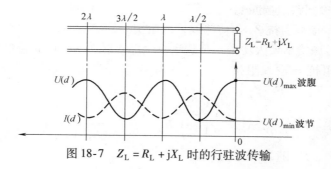

图 18-7　$Z_L = R_L + jX_L$ 时的行驻波传输

S 越小，反射波小，波腹值与波节值差值越小，阻抗匹配较好，驻波损耗越小。GIS 天线的期望值是 $S < 2$。

18.3.5　GIS 中局放电磁波的传输特点

1）局放电磁波在无金属外圈的盆式绝缘子处可向壳体外层空间辐射；

2）电磁波在 GIS 内导传输时因沿途阻抗变化，电磁波会畸变，PD 监测时应注意；

3）局放电磁波途经分闸的开关断口时会因阻抗突变（相当于终端开路）而部分反射，使后端传感器接收的电磁波能量变小，PD 监测时应注意此特点；

4）传感器输出的局放信号（高频电流），在同轴电缆馈线中以电磁波形式传给分析仪，与工频电流不同，工频电流是以传导电流方式在导线中传递的。

18.3.6　微波传输中的阻抗匹配

1. 信源阻抗、传输线阻抗、负载阻抗与输入阻抗（见图 18-5）

（1）局放信源阻抗 Z_g　从局放发生点至接收传感器之间的阻抗，包括电磁波沿程传播阻抗（因 PD 源位置不确定而变化）和传感器阻抗（因其结构变而变），这两部阻抗之和构成信源阻抗 Z_g，可见 Z_g 是不确定的，即使在传感器结构确定时，Z_g 也因局放点位置的不确定而稍有变化。

（2）传输线阻抗 Z_0　传感器信号输出至 PD 分析仪间的传输线的特征阻抗。

Z_0 是传输线上的分布参数 R_0、L_0、C_0 决定的，随线的结构而变化。定义 Z_0 为

$$Z_0 = \frac{\text{入射波电压 } U_{in}}{\text{入射波电流 } I_{in}} \tag{18-4}$$

对于微损耗传输线，$Z_0 = \sqrt{L_0/C_0}$；对于常用同轴传输线，$Z_0 = \dfrac{60}{\sqrt{\varepsilon_r}}\ln\dfrac{b}{a}$。其中，$a$ 为传输线中导体的半径；b 为外导体半径；ε_r 为其间填充的高频电介质的介电系数。

常用同轴电缆（如 SWY－50－2，或 SWY－75－3）的传输线阻抗 Z_0 为 50Ω、75Ω 两种。其能传输 TEM 波、TE 波及 TM 波，工作频带宽，有全电磁场屏蔽功能，适于微波传输。

对于 GIS 母线筒，通常 $b/a = 3 \sim 5$，对于 GIS-CB：$b/a = 1.5 \sim 2.5$，电介质为 SF_6，其 $\varepsilon_r = 1$，按上式计算出波阻抗为：GIS 母线筒 $Z_0 = 66 \sim 97\Omega$，GIS － CB：$Z_0 = 24 \sim 60\Omega$。

（3）负载阻抗 Z_L　指 PD 分析仪阻抗。

（4）输入阻抗 Z_{in}　PD 传输等效回路中（见图 18-5），传感器输出端之后的全部回路阻

抗称输入阻抗 $Z_{in} = Z_0 + Z_L$，或传输线某处电压与电流之比：$Z_{in} = \dfrac{U(x)}{I(x)}$。

2. PD 电磁波传输回路阻抗匹配

（1）共轭匹配 信源阻抗 Z_g 与传输线输入阻抗 Z_{in} 匹配（参阅图 18-5）

目的：要求信号源给出最大功率、负载吸收全部入射功率，以获得最佳测量效果。

条件：使信源阻抗 = 输入阻抗，即 $R_g + jX_g = R_{in} + jX_{in}$，也即 $R_g = R_{in}$，$X_g = -X_{in}$，

$Z = \sqrt{(R_g + R_{in})^2 + (X_g + X_{in})^2}$。

传给负荷的功率：$P_L = \dfrac{1}{2} I^2 R_{in} = \dfrac{1}{2}\left(\dfrac{E_g}{Z}\right)^2 R_{in} = \dfrac{1}{2} E_g^2 \dfrac{R_{in}}{(R_{in} + R_g)^2 + (X_{in} + X_g)^2}$。

波源阻抗一定时，P_L 随 Z_{in} 而变。

调整输入阻抗，使 $X_{in} = -X_g$，负载吸收的功率为：

$P_L = \dfrac{1}{2} E_g^2 \dfrac{R_{in}}{(R_{in} + R_g)^2}$，改变 R_{in}，使 $R_{in} = R_g$，得到 $\dfrac{\partial P_L}{\partial R_{in}} = 0$，负载吸收的最大功率为 $P_{Lmax} =$

$E_g^2 / 8R_g$。

（2）无反射匹配 负载阻抗 Z_L 与传输线特性阻抗 Z_0 匹配（两者相等）

目的：使传输线处于无反射工况，让负载吸收全部的入射波功率。

条件：1）在传输线始端与信号源内阻抗匹配，传输线特性阻抗 Z_0 与信源阻抗 Z_g 相
       等：$Z_0 = Z_g$。

2）在传输线终端与负载阻抗匹配，输入阻抗 Z_{in} 与负载阻抗 Z_L 相等：$Z_{in} = Z_L$。无反射
工况的两种特定的实现方式：

a）匹配负载工况——负载为纯电阻 $Z_L = R_L$，入射波全被负载吸收。传输线终端无反
       射波。

b）匹配信号源工况——信源阻抗为纯电阻 $Z_g = R_g$。即使传输线终端有反射波也能被信
       号源全部吸收。

18.4   UHF 局放电磁波的接收

18.4.1   局放信号的两种接收方式——电容耦合与电磁感应

PD 电磁波在 GIS 壳体内传播时，在壳体内壁上感应出高频电流 J_s，TE 波和 TM 波在内壁的电流分布如图 18-8 所示。

波导（壳体）在某处开口后，一部分传导电流 i_c 继续沿壳体流动，另一部分以位移电流 i_w 形式通过缝隙，在缝隙两边形成电磁场波源，电磁场向缺口外层空间辐射——可视为缝隙天线。其辐射能量来自波导（壳体）内的电磁能。装在此处的内置式 PD 传感器不仅可通过电容耦合 PD 的电磁能，还可以接收此处壳体缝隙（天线）所激发的电磁能。

在壳体缺口的外部空间（即金属外圈的盆式绝缘子法兰一周外层空间），通过外置式传感器可以接收缝隙（天线）所激发的 PD 电磁波。

1. 电容耦合接收

（1）在 GIS 壳体上开孔，将一与壳体绝缘的圆盘 B 置于开孔处，圆盘 B 与壳体法兰构

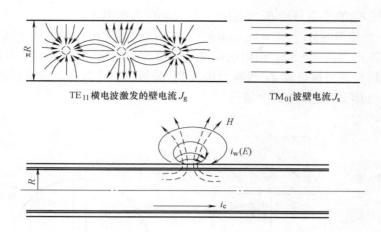

图 18-8　圆筒波导开孔处的电磁场分布

成电容 C_2，圆盘传感器相当于分压器，通过电容 C_2 耦合局放电磁信号，传感器同时也耦合工频电压信号。当耦合的工频信号过强时会影响局放信号的获取，所以要设法抑制工频信号。

（2）工频信号的抑制

如图 18-9b，C_1 是 GIS 母线对外壳电容，给传感器 C_2 并接电阻 R_r（$0.1 \sim 1\text{M}\Omega$）[55]，参考文献 [63] 中取 68kΩ。对于工频信号，因 $R_r \ll 1/\text{j}2\pi f C_2$（$R_r$ 将 C_2 短接了），回路近似于 $R_r + C_1$ 串联，此时工频电压 $U(t)$ 几乎全加在 C_1 上。对于 PD 高频信号，$1/\text{j}2\pi f C_2 \ll R_r$，$R_r$ 开路，此时回路相当于 C_1 与 C_2 串联，从 C_2 上经电容分压取 PD 高频，电压信号 $\Delta u(t)$ 为

$$\Delta u(t) = U(t)\frac{C_2}{C_1 + C_2}$$

传感器 C_2 与 R_r 并联，相当于并接一个高通滤波器，通过 R_r 能有效地消耗和抑制低频（工频）信号。

R_r 的取值要考虑阻抗匹配。

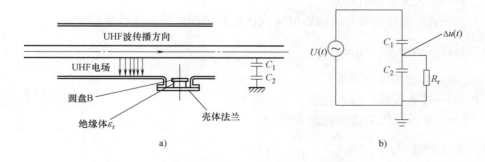

图 18-9　UHF 局放电磁波的电容耦合接收

2. 电磁感应接收

以偶极天线为例，当天线距 PD 源较远时，PD 球面入射波可近似视为平面波，入射角

为 θ。入射波电场 E_{in} 的垂直分量 $E_\perp$ 不能在天线上感应高频电流。

E_{in} 与天线平面相切的分量 $E_\tau = E_{in}\cos\theta$ 可以在天线上感应出高频电流 J_s（见图 18-10a）并在天线的馈电端产生高频电势，以电压或平衡电流方式输出。图 18-10b 可视为扩展了的偶极天线，馈线输出信号被负载 Z_L 吸收后进入 PD 分析仪，将载有局放信息的 UHF 电磁波还原出局放信息（即 PD 超高频放电信息）。

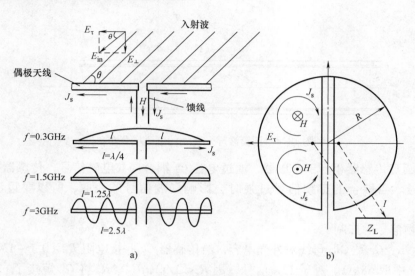

图 18-10　UHF 局放电磁波的电磁感应接收

18.4.2　接收天线的效率和增益

（1）理想点源天线　在三维空间各方向辐射功率相同的天线。

一般天线发射（或接收）电磁波时都有方向性，在某个方向发射（或接收）能力强，在其他方向就弱。

（2）方向性系数　　　$D = \dfrac{P_o}{P_{out}}$ 　　　　　　　　　　　　　　（18-5）

式中　P_o——点源天线辐射功率；

　　　P_{out}——某天线总辐射功率；

　　　D——表示天线在某方向的辐射（或接收）电磁波的集中程度。

（3）接收天线效率　　　$\eta = \dfrac{P_{out}}{P_{in}}$ 　　　　　　　　　　　　（18-6）

式中　P_{out}——局放源输出功率；

　　　P_{in}——接收天线的输入功率；

　　　η——表示接收天线损耗的大小。

（4）天线增益　　　$g = \dfrac{P_o}{P_{in}} = \dfrac{P_{out}}{P_{in}}\ \dfrac{P_o}{P_{out}} = \eta D$ 　　　　　　（18-7）

天线增益是天线接收效率与方向系数的乘积。常以 dB（分贝）为单位表示其大小，符号为 G：

$$G = 10\lg g,\ g = \lg^{-1}\dfrac{G}{10}$$

天线增益 g 实质上是在产生同一最大电场强度时，该天线应输入能量的减少量，也就是输入功率减小倍数。

例如： 若在距天线某点产生一定大小的信号（场强），用理想点源天线发射时，需输入功率 100W，当改为 $G = 5dB$ 的天线发射时，求该天线输入功率是多少？

解： $G = 5dB = 10 \lg g$，$g = \lg^{-1} \dfrac{5}{10} = 3.16$

输入功率应为 $P_{in} = \dfrac{100W}{3.16} = 31.65W$

接收天线增益 G 大，表明接收能力强，在同一个电磁场里，该天线吸收电磁能量多，也反映局放监测灵敏度高。

GIS 用各种天线（传感器）的增益期望值 $G \geqslant 2dB$。

18.4.3　传感器的相对输出功率

传感器（天线）接收 UHF 电磁波后，将其能量转换成高频电流能量，以平衡电流或电压方式输出，通常以相对功率 A（功率电平，单位为 dB）来计量输出能量的大小：

$$A = 10 \lg \frac{P}{P_0} \tag{18-8}$$

式中　P——以 mW（毫瓦）为单位计量的某功率；

　　　P_0——参考功率，$P_0 = 1mW$。

相对功率的运算规律是：

因为 $\lg 1 = 0$，所以 0dB 对应 1mW；

每 10dB，功率增大 10 倍，（$10dB = 10 \times \lg 10$）；

每 $-10dB$，功率降到原值的 1/10，（$-10dB = 10 \lg \dfrac{1}{10}$）；

每 3dB，功率加倍，（$3dB = 10 \lg 2$）；

每 $-3dB$，功率减半，（$-3dB = 10 \lg 0.5$）。

例如：（1）当 $A = -20dB$ 时，该功率 $P = -20dB \cdot P_0 = \dfrac{1}{10} \times \dfrac{1}{10} \times 1mW = 0.01mW$

（反算：$10 \lg \dfrac{0.01mW}{1mW} = -20dB$）

（2）当 $A = -23dB$ 时，该功率 $P = -20dB - 3dB = \dfrac{1}{10} \times \dfrac{1}{10} mW \times \dfrac{1}{2} = 0.005mW$

（反算：$10 \lg \dfrac{0.005mW}{1mW} = -23dB$）

（3）当 $A = 23dB$ 时，该功率 $P = 20dB + 3dB = 10 \times 10mW \times 2 = 200mW$

（反算：$10 \lg \dfrac{200mW}{1mW} = 23dB$）。

18.4.4　传感器的特性

1. 频率响应特性（U_2 / U_0）

频率响应特性 U_2 / U_0 反映了传感器检测灵敏度与 PD 频率的关系（即灵敏度的频率带分

布情况），以传感器在不同 PD 频带的接收信号电压 U_2 与 PD 源电压 U_0 之比 U_2/U_0 表示，如图 18-11a ~ 图 18-11d 所示[55-57]。

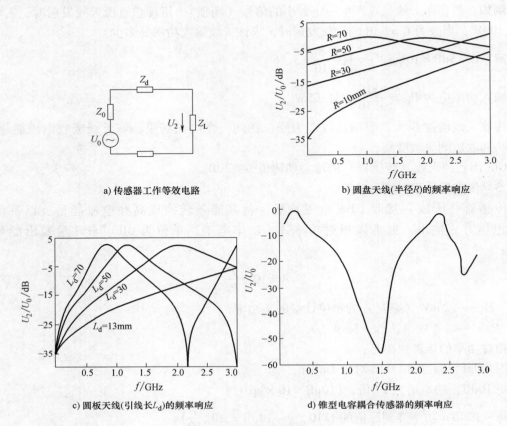

a) 传感器工作等效电路　　　　　b) 圆盘天线(半径R)的频率响应

c) 圆板天线(引线长L_d)的频率响应　　　　d) 锥型电容耦合传感器的频率响应

图 18-11　几种传感器的频率响应特性

2. 灵敏度 S

灵敏度是传感器最重要的特性，它反映了传感器接收局放信号的能力强弱。灵敏度用 S 表示，与 S 对应的检测系统最小可检局放功率为

$$P_{min} = \lg^{-1}\left(\frac{S}{10}\right) \cdot P_0 \tag{18-9}$$

例如：$S = -70\text{dBm}$ 时，$P_{min} = \lg^{-1}\left(\frac{-70}{10}\right) \times 1\text{mW} = 1 \times 10^{-7}\text{mW}$。

传感器接收能力的大小与局放 UHF 电磁波频率有关，在不同的频带有不同的接收能力。传感器灵敏度幅频特性 $H(f)$ 定义为传感器输出电压 $U(f)$ 与 PD 电磁波垂直于传感器平面的入射场强 $E_\perp(f)$ 的比值，即

$$H(f) = \frac{U(f)}{E_\perp(f)} \tag{18-10}$$

3. 反射系数

GIS 中局放电磁波是以行驻波状态传输的，因此传到局放分析仪的入射波总会发生

部分反射，部分电磁能量在传输线上传输和反射时消耗了，大部分能量被 PD 分析仪接收。

反射系数 Γ 定义为传输线上某点的反射波电压 $U_2(d)$ 与入射波电压 $U_1(d)$ 之比：

$$\Gamma = \frac{U_2(d)}{U_1(d)} \tag{18-11}$$

反射系数反映了传感器与传输线之间阻抗匹配效果。反射系数 Γ 值越大，说明反射波电压（能量）大，局放分析仪接收的能量小，这对局放的检测是不利的。

18.4.5　局放检测系统可靠性设计及适用性验证

局放检测系统包括：传感器、传输线、现场采集单元、局放信息综合分析和处理单元（IED）、电站端服务器（保存在线监测数据、对局放监测数据做高级诊断分析和绝缘故障趋势预警）。认真考察局放监测装置研究和制造者的资历和产品性能是可靠性设计的重要内容。

1. 介窗式局放监测系统

国内对 UHF 局放检测仪的研究较多，其中研究较深、性能较好的是荣获国家发明专利的华电 HD－iPD02 型介窗式 GIS 局放监测系统。该设备主要特点如下：

1）传感器装于 GIS 体外，用绝缘板与 GIS 气腔相隔，内部局放气信可无衰减地穿过绝缘板输入传感器，可对 GIS 局放实施在线和体外监测，维修传感器不影响 GIS 正常工作和安全。局放监测系统运行可靠性好。

2）灵敏度高 $S = -70\text{dB}$，比常规体外传感器灵敏度提高一倍以上。

3）传感器装有屏蔽，抗干扰能力强。

2. 传感器配置（局放监测系统适用性验证）

传感器配置方案与局放信号传输衰减 L、传输线损耗 c、局放信号强度 U（与需检测的最小局放量对应）、灵敏度 S 和检测裕度 y 有关，各参数应保持良好的配合。

传输衰减 L 包括：在 GIL/GIS 一段气腔中的衰减 L_1，穿过一个盆式绝缘子的衰减 L_2，经过某一回路弯头的衰减 L_3 等。这些衰减量必须由主机 GIS/GIL 配合局放监测仪一起通过局放模拟（验证）试验测定。

考虑外界干扰及仪器测量误差，在考虑与 L 值对应的传感器配置距离 l_c 时，应留适当（如 15dB）的检测裕度 y：

$$y = (U - L - c) - S \tag{18-12}$$

在 GIS/GIL 工程设计时都应进行 y 值的计算与试验验证，以确认传感器配置的可靠性。例如，已知监测仪 $S = -70\text{dB}$，与 5pC 局放信号对应的 UHF 信号强度 U 为 -15dB，局放信号在一段 GIS 中的 $L = 30\text{dB}$，传输线上损耗 $c = 3\text{dB}$，该传感器配置下的局放检测裕度 y 为

$$y = (-15 - 30 - 3)\text{dB} - (-70)\text{dB} = 22\text{dB}$$

计算检测裕度 y 大于预定值 15dB，可考虑将两传感器配置距离 l_c 增大一些，如果 $y < 15\text{dB}$，应适当减小传感器间距 l_c（即减小了局放信号在 GIS/GIL 中的传输损失 L）。

HD－iPD02 型局放监测系统已在全国数百个电站的 GIS、主变、高抗及开关柜上运行十多年，局放检测准确度高、工作较可靠，有丰富的实测各种 GIS/GIL 局放和击穿闪络放电得到的特征图谱识别库（从其中提出一例示于图 18-12），为实现 GIS/GIL 局放故障的智能诊断创造了条件。

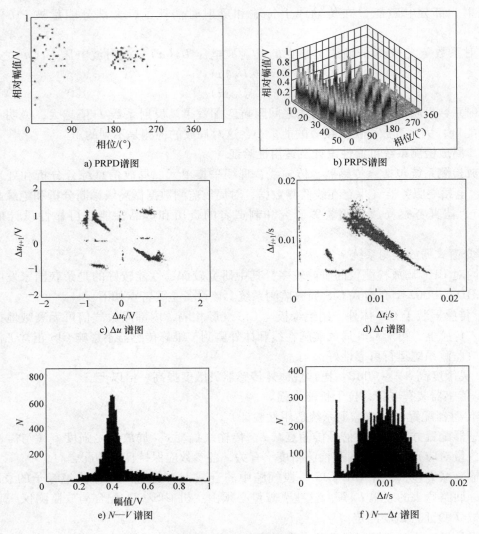

图 18-12　悬浮放电谱图

18.5　外部干扰的抑制

电站高压带电体的电晕放电是主要的外部干扰，电晕放电频率不大于 150MHz，此外还有广播和可能超过 500MHz 的微波经电站输电线和 GIS 套管进入 GIS 内部。但接地的 GIS 壳体对大气中的各种干扰有良好的屏蔽作用。从套管进入的少量 UHF 电磁波在 GIS 内传播时快速衰减，仅存在于套管附近（约 5m），较低频率（<150MHz）噪声易被内置传感器剔出。在无进线套管的 GIS 间隔，基本上不存在外部干扰。使用外置传感器时，大气主要噪声 $f \leqslant 150MHz$，当有个别 UHF 干扰源出现时，在空中传播时衰减也很快，因此，在 UHF 频段进行局放检测，能获得较高的信噪比（$S/N = 10dB$）。

为彻底排除外部放电干扰，有两种方法：

1）将移动式外置传感器加装屏蔽罩，罩开口处对准 GIS 盆式绝缘子测量。

2）采用两相同天线的输出信号差排除干扰，示意于图 18-13。

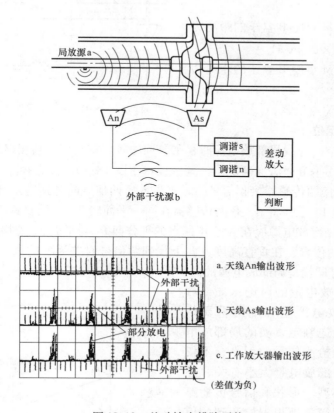

图 18-13　差动输出排除干扰

天线 As 与 An 同时接收外部干扰，但 As 还接收 GIS 内部局放信号。

两个天线接收的电磁波经调谐放大器调谐成合适的频率后，再经差动放大器输出局放检测波，即

（As 接收局放信号 a + 外部干扰 b）−（An 只接收外部干扰 b）= 局放信号 a

考虑到 An 灵敏度可能低于 As，测量时使干扰侧 An 信号放大倍数大于 As 的放大倍数，让 As 中的 b 信号与 An 中的 b 信号差值为负，以确保在局放波形中排除干扰波。

18.6　局放源定位

18.6.1　信号幅值定位

局放信号在传播中很快衰减，移动传感器，接收信号幅值越强处，局放源就在其附近。此法比较粗糙，可大致定个方位。

18.6.2　信号时差定位

如图 18-14 所示，从 A、B、C 三处盆式绝缘子测得局放信息到达时间 t_a、t_b、t_c。当 $t_c < t_b < t_a$ 时，局放源在 N 点；当 $t_a < t_b < t_c$ 时，局放源在 M 点。

当时差：

$t_b - t_a = 0$，M 点在 A、B 盆子间距 1/2 的位置。

$t_b - t_a = +\Delta t$，M 点距 B 盆子的距离为 $L/2 + \Delta tv$。（$v = 0.3 \times 10^9 \text{m/s}$）

$t_b - t_a = -\Delta t$，M 点距 B 盆子的距离为 $L/2 - \Delta tv$。

参照此法确定 N 点位置。

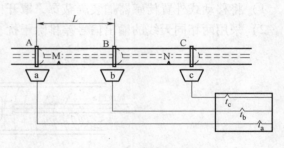

图 18-14　信号时差定位

18.6.3　平分面法定位

当要在很大的空间寻找局部放电源时，平分面法较好。当用仪器粗略地确定了局部放电源的方位后，再利用平分面法准确定位，其过程示于图 18-15。先选择一个方位，调整传感器 A 和 B 的位置，使两传感器接收信号的时差为零（两信号同时到达），说明局部放电源在 A、B 两点的平分面 P_1 上。将 A、B 两传感器在同一平面转 90°，调整 A′ 与 B′ 的位置使两信号时差为零，知道局部放电源应在 A′、B′ 两点的平分面 P_2 与平面 P_1 的相交线 MN 上。再次改变 A、B 传感器的位置，在垂直高度方向上找到两信号时差为零的 A″ 与 B″，这两点的平分面 P_3 与 MN 交点 K 就是局部放电源的位置。

关于判定局部放电量的讨论：局部放电量是判定局部放电严重程度的重要依据。但是，要准确地判定真实的局部放电量是困难的。因为检测信号的大小，不仅仅与 GIS 真实的局部放电量大小有关，还与局部放电源的类型、形状和信号传播路径有关，因此不能简单地根据检测到的信号大小来判定 GIS 真实的局部放电量。直至目前，还没有准确的判定方法，还需对此进行深入的研究。

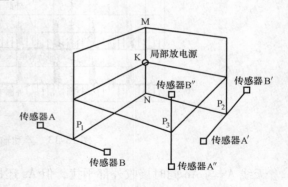

图 18-15　平分面法定位示意图

参考文献［38］提出了两条深入研究的方案：一是根据信号幅值的测量、局部放电源的定位和局部放电类型的判别来综合判定局部放电的严重程度；二是根据被测 GIS 局部放电发展的历史数据和发展趋势来判定，但这需要大量的测试数据。总之，这两种方案都是可行的。

18.7　内置式传感器的研究方向

国内外对 GIS 内置式传感器进行了多年的研究。对内置式传感器的基本要求是：检测灵敏度高、抗干扰能力强、对 GIS 内电场无坏影响。比较好的传感器有以下几种。

18.7.1　圆盘形电容耦合传感器

1. 结构及特点

分单极板圆盘传感器和双极板圆盘传感器，如图 18-16a ～ 图 18-16d 所示，其等效电路如图 18-16e 所示。

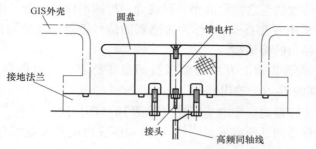

a) 单极板圆盘传感器原理

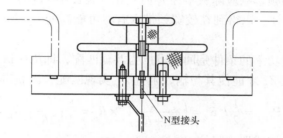

b) 双极板圆盘传感器原理

c) 单极板圆盘传感器外形

d) 双极板圆盘传感器外形

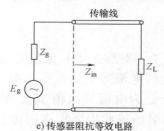

e) 传感器阻抗等效电路

图 18-16　圆盘形传感器

　　圆盘电极与 GIS 接地法兰之间距离小，可视为一种圆形微带天线。馈电杆联结圆盘电极与高频同轴输出线（采用 N 型接头），作为传感器的信号正极。高频同轴线的屏蔽层与 GIS 外壳相连，作为信号输出的接地端。

　　在单极板圆盘传感器基础上发展的双极板圆盘传感器，有可能获得更好的接收性能（如较宽的频带和较高的 U_2/U_0 输出）。

　　圆盘形电容耦合传感器的频率响应特性（见图 18-11b）比较平坦[56]。国外一些公司对此进行了研究并有工程适用的研究成果[57]，国内如西安西电开关电气有限公司也将它用于一些 GIS 工程。

　　圆盘形传感器的频率响应随板半径 R 而变化（见图 18-11b），因此应对圆盘的不同半径 R 值通过计算优化设计，以得到在较宽频带内尽可能高的 U_2/U_0 输出值。

　　2. 传感器阻抗

　　天线有最大输出功率的条件是回路阻抗为共轭匹配，即 $R_g + jX_g = R_{in} + jX_{in}$。

　　了解天线内阻抗 Z_g 才能使其与输入阻抗 Z_{in} 实现匹配，以获得最大功率输出：

$$P_{max} = \frac{1}{2}I^2 R_g = \left(\frac{U_g}{R_g + R_{in}}\right)^2 \times R_g = \frac{1}{2}\left(\frac{U_g}{2R_g}\right)^2 R_g = \frac{U_g^2}{8R_g}$$

　　圆盘形电容耦合传感器内阻抗 Z_g：

$$Z_g = R_g + jX_g, \quad \begin{cases} R_g = \alpha/\beta^2, \quad \alpha = S/f^2, \quad S = \pi R^2, \quad R \text{ 为圆板半径，单位 m。} \\ C_g = \beta/2\pi, \quad \beta = S/f \end{cases}$$

计算示例：

当 $R = 70\text{mm}$（0.07m），在 $f = 1.5\text{GHz}$ 时，有

$S = \pi R^2 = \pi \times 0.07^2 \text{m}^2 = 0.0154\text{m}^2$

$\alpha = S/f^2 = 0.0154/(1.5 \times 10^9)^2 = 0.00684 \times 10^{-18}$

$\beta = S/f = 0.0154/1.5 \times 10^9 = 0.0103 \times 10^{-9}$

$R_g = \alpha/\beta^2 = 0.00684 \times 10^{-18}/(0.0103 \times 10^{-9})^2 \Omega = 64.47\Omega$

$C_g = \beta/2\pi = 0.0103 \times 10^{-9}/2\pi\text{F} = 0.00164 \times 10^{-9}\text{F}$

该传感器在 $f = 1.5\text{GHz}$ 时的特性阻抗为

$$Z_g = R_g + jX_g = 64.47\Omega + \frac{1}{2\pi fC_g} = 64.47\Omega + \frac{1}{2\pi \times 1.5 \times 10^9 \text{Hz} \times 0.00164 \times 10^{-9}\text{F}}$$

$$= 64.47\Omega + 64.70\Omega = 129.17\Omega$$

　　3. 传感器引线阻抗 Z_d

　　传感器中有一小段馈电杆与 GIS 外壳支筒壁构成一段长 L_d 的同轴传输线，参考文献 [55]、[56] 指出：在 $L_d = 13 \sim 60\text{mm}$ 时，$Z_d = 200 \sim 250\Omega$，可供研究参考。

18.7.2　偶极天线

　　1. 线形偶极天线

　　如前面图 18-10 所示，偶极子（对称振子）天线是常见的谐振天线，长 l，中心处用双导线传输馈电，每根导线上的电流等值而反向。振子末端电流为零，向馈电点方向以正弦波变化，在离末端 $\lambda/4$ 处为电流最大值 J_{sm}，相距 $\lambda/2$ 电流反向。偶极天线（两振子）中电流方向相同，辐射场彼此增强；在两传输线中电流反向，因此辐射场几乎抵消。当振子长度接近半波的整数倍时，输入电抗为零，称为谐振。偶极天线

灵敏度高，但响应频带较窄，因此在 GIS 中使用效果欠佳。其研究品外形如图 18-17 所示。

为改善线形偶极天线的缺点，国外对非对称半圆盘形偶极天线进行了一些研究。

2. 非对称半圆盘形偶极天线

非对称半圆盘形偶极天线（见图 18-18），利用电容耦合和半波共振原理工作。输出平衡电流，日本与韩国都介绍过这类传感器的研究成果[58]，其使用频率为 $0.5 \sim 1.5\,GHz$，在 $1.23\,GHz$ 附近接收性能最佳，回波损耗最小为（$-12 \sim -8\,dB$），当局放量为 5pC 时传感器相对输出功率为 $-60\,dB$，亦该传感器灵敏度指标为 5pC/ $-60\,dB$（$10^{-6}\,mW$），不太高。该传感器主要结构参数为：圆盘半径 $R = 0.23\lambda_0$，$f_0 = 1.25\,GHz$ 时，$\lambda_0 = 0.3 \times 10^9\,ms^{-1}/1.25 \times 10^9\,s^{-1} = 0.24\,m$，间隙 $\delta = 0.016\lambda_0$，两板面积比 $S_a/S_b = 3$。因灵敏度不太高，该传感器的结构尺寸有调整优化的空

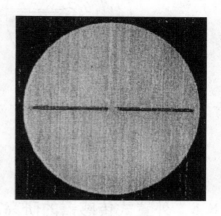

图 18-17　偶极天线

间，如增大 R，提升接收能力、改善频率响应特性，减小两板间隙 δ 提高场强（$E = U_0/\delta$）等。

3. 多臂环形偶极子天线

为改善上述两种偶极天线频率响应带宽较窄、灵敏度不高的缺点，可开展多臂不等长环形偶极子天线的研究。如图 18-19a 所示。多臂环形偶极天线，可期望它以不同的臂长（$l = \pi r$）在不同的频带获得较高的输出（U_2/U_0），如图 18-19b 所示。多臂环形偶极天线做成圆盘形，便于组装于 GIS 内。通过不同参数 r 的计算和优选，可以期望在 $0.37 \sim 1.84\,GHz$ 的主要频带内获得较高的频率响应，得 $U_2/U_0 \geqslant 2\,dB$ 的效果。

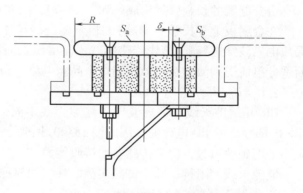

图 18-18　非对称半圆盘形偶极天线

下表列入了可供研究的偶极天线参数值：

	a 臂	b 臂	c 臂
r_0/m	0.013	0.035	0.065
$\lambda_0 = 4\pi r_0/m$	0.163	0.440	0.817
$f_0 = v/\lambda_0/GHz$	1.84	0.68	0.37

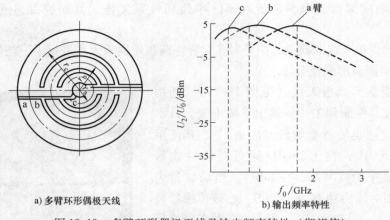

a) 多臂环形偶极天线   b) 输出频率特性

图 18-19   多臂环形偶极天线及输出频率特性（期望值）

18.8   外置式传感器的研究方向

重点研究对象是缝隙传感器与矩形喇叭传感器。

18.8.1   缝隙传感器的设计

1. 缝隙传感器的结构

由开缝隙的长金属带构成，如图 18-20，绕在盆式绝缘子法兰外侧使用。

在金属板上开长槽（缝隙），板下端是绝缘体（盆式绝缘子），构成槽线。当 GIS 内部局放电磁波穿过缝隙/槽线传感器时，与槽线表面相切的 H_z 感应高频表面电流 J_s，缝隙切断部分电流受到激励在缝隙两端产生高频电势 $e(t)$，在缝两边产生端电压 U_0，并建立缝隙电场：$E = U_0/d$。

GIS 用缝隙天线与常规波导用缝隙天线不同，它围绕在 GIS 盆式绝缘子法兰四周接收 GIS 内部穿出的 PD 电磁波。因此图 18-20 中的尺寸 L、l 要根据盆子法兰尺寸扩展，以便让更多的电磁波通过，提高传感器的接收能力。

缝隙天线的阻抗，除了试品实测之外，如何准确计算是一个研究课题。

2. 缝隙天线的主要参数设计

天线尺寸决定了天线的最佳灵敏度时的中心频率。天线尺寸又同时受 GIS 某些结构尺寸的影响。

天线宽 W 应比 GIS 盆式绝缘子法兰宽度（50~100mm）稍小，以免使用时天线碰到 GIS 壳体金属法兰。

根据参考文献 [54] 介绍，天线圆周接口 K 处（见图 18-20c），闭合或适当开口，都具有好的宽频带特性。因此，天线长度 L 可接近相应盆式绝缘子法兰周长，下表中的数据供研究天线时参考：

盆式绝缘子法兰直径/mm	450	520	600	650	780	850~940	1200
L/mm	1400	1600	1800	2000	2400	2600/2900	3700
W/mm	45				55	65	100
GIS 额定电压/kV	220kV 单相		110kV 三相/550kV 单相		220kV 三相	750kV 单相	1000kV 单相

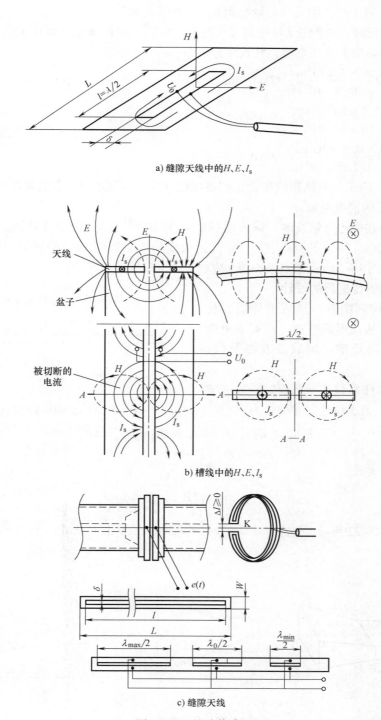

a) 缝隙天线中的 H、E、I_s

b) 槽线中的 H、E、I_s

c) 缝隙天线

图 18-20　缝隙传感器

缝隙尺寸：缝隙宽影响接收性能，加宽尺寸 δ 可加大接收频带宽度[59]，缝隙宽可在

5~10mm 研究。对于单缝隙天线可取缝隙长 l 接近带长 $L^{[54]}$。

对于多缝隙天线，缝隙长 l 可按偶极天线臂长取值，如 $l = \lambda/2$，波长 λ 随频率而变。可考虑在全长 L 的铜带上开三个槽，其长度分别为

$$l_{\max} = \lambda_{\max}/2 = \frac{0.3 \times 10^9 \text{m/s}}{0.5 \times 10^9 \text{Hz}}/2 = 0.3\text{m}$$

$$l_0 = \lambda_0/2 = \frac{0.3 \times 10^9 \text{m/s}}{10 \times 10^9 \text{Hz}}/2 = 0.15\text{m}$$

$$l_{\min} = \lambda_{\min}/2 = \frac{0.3 \times 10^9 \text{m/s}}{1.5 \times 10^9 \text{Hz}}/2 = 0.1\text{m}$$

如图 18-20c 所示，三槽串联布置，期望在较宽频带得到比较满意的接收性能。

3. 缝隙天线的馈电点设计

半波谐振槽在中心点馈线时，输入阻抗约为 $500\Omega^{[59]}$，与 $50/75\Omega$ 的同轴馈线不匹配。为得到较好的配合，使馈点偏离中心，以此来改变输入阻抗与 50Ω 的同轴线匹配，可取距离 $s \approx \lambda/20$（见图 18-21），馈点偏心值 s 应通过研究试验优化取值。

18.8.2　矩形喇叭传感器的设计

PD 电磁波传到喇叭口进入波导后，在开路端发生反射从而形成驻波，在宽壁中央（$a/2$ 处）开纵向长槽，制成驻波测量线，进行微波测量。

当天线方向性系数 $D = P_0/P_r$ 最大（增益 G 最大）时，天线最佳尺寸配合为$^{[60]}$

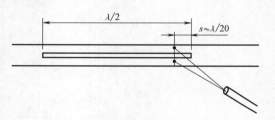

图 18-21　缝隙天线的馈电点

$$H \text{ 面：} \quad d_1 = \sqrt{3\lambda R_1}, \quad E \text{ 面：} d_2 = \sqrt{2\lambda R_2} \qquad (18\text{-}13)$$

$$\frac{R_1}{R_2} = \frac{1 - b/d_2}{1 - a/d_1} \qquad (18\text{-}14)$$

$$G = 0.51\frac{4\pi}{\lambda^2} \cdot d_1 d_2 \qquad (18\text{-}15)$$

研究示例，如图 18-22 所示，先给定 $a = 50\text{mm}$，$b = 30\text{mm}$，要求 $G = 5\text{dB}$，计算喇叭尺寸 d_1、d_2 及 R_1、R_2。

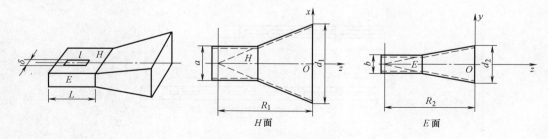

图 18-22　角锥喇叭天线

解：在最佳灵敏度的中心频率 $f_0 = 1.0\text{GHz}$ 时设计天线喇叭形状。

波长 $\lambda_0 = 0.3 \times 10^9 \text{m/s}/1.0 \times 10^9 \text{Hz} = 0.3\text{m}$

增益 $G = 5\mathrm{dB} = \lg^{-1}\dfrac{5}{10} = 3.16$

由式（18-15），$3.16 = 0.51\dfrac{4\pi}{0.3^2}d_1 d_2$，得 $d_1 d_2 = 0.0444\mathrm{m}^2$ $\left.\begin{array}{c} \\ \\ \end{array}\right\}$ 解出 $\begin{array}{l} d_2 = 0.190\mathrm{m} \\ d_1 = 0.233\mathrm{m} \end{array}$

由式（18-14），初设 $R_1 = R_2$，$\dfrac{d_1}{d_2} = \dfrac{\sqrt{3\lambda R_2}}{\sqrt{2\lambda R_2}}$，得 $d_1 = \sqrt{1.5}d_2$

将 d_1、d_2 值代入式（18-14），有 $\dfrac{R_1}{R_2} = \dfrac{1 - \dfrac{0.03}{0.190}}{1 - \dfrac{0.05}{0.233}} = 1.07 >$ 初设值 1。

将 $R_1/R_2 = 1.07$ 代入式（18-14），逼近复算：

$\dfrac{d_1}{d_2} = \dfrac{\sqrt{3\lambda 1.07 R_2}}{\sqrt{2\lambda R_2}}$，得 $d_1 = 1.267 d_2$，由 $\begin{cases} d_1 d_2 = 0.0444 \\ d_1 = 1.267 d_2 \end{cases}$ 解出 $\begin{array}{l} d_2 = 0.187\mathrm{m} \\ d_1 = 0.237\mathrm{m} \end{array}$

再次逼近计算得 $\dfrac{R_1}{R_2} = 1.06$，$d_1 = 1.26 d_2$，由 $\begin{cases} d_1 d_2 = 0.0444 \\ d_1 = 1.26 d_2 \end{cases}$ 解出 $\begin{array}{l} d_2 = 0.188\mathrm{m} \\ d_1 = 0.237\mathrm{m} \end{array}$

在式（18-13）中代入 $d_1 = 0.237$，$d_2 = 0.188$，$\lambda_0 = 0.3$，得 $R_1 = 0.062\mathrm{m}$，$R_2 = 0.059\mathrm{m}$。
喇叭后部波导长 $L = \lambda_0/2 = 0.3/2 = 0.15\mathrm{m}$，在 H 面开槽 $5\mathrm{mm} \times 75\mathrm{mm}$（$\delta = 5$ $C = \lambda_0/4 = 75\mathrm{mm}$）。

宽壁中有纵向表面电流 I，参见图 18-3b，槽开在宽壁 $a/2$ 位置沿喇叭 z 向布置，就不切割表面电流，形成驻波测量线。

18.8.3　平面等角螺旋天线

1. 平面等角螺旋天线的基本参数与特点

天线由四条螺旋率 α 相等的螺旋线组成，螺旋线公式为 $r = r_0 \mathrm{e}^{\alpha\varphi}$。

式中　α——螺旋率（表征螺旋紧密程度，α 大，螺旋线疏）；

r——螺旋矢径，按 e 的指数展开；

φ——极坐标的旋转角（$0 \sim n\pi$）；

r_0——起始半径，对应 $\varphi = 0$。

当 δ 增大时，图 18-23 中所示的臂宽也增大。

螺旋天线的最大半径 $R = \lambda_{\max}/2\pi$，最大波长 $\lambda_{\max}$ 与最小工作频率 $f_{\min}$ 对应。

螺旋天线的起始〈最小〉半径 $r_0 = \lambda_{\min}/2\pi$，最小波长 $\lambda_{\min}$ 与最大工作频率 $f_{\max}$ 对应。

在螺旋线起始点（$\varphi = 0$ 时），臂长 $l = \lambda/4 = 2\pi r_0/4$，导出 $r_0 = \lambda_{\min}/2\pi$。

r_0 的取值，研究者们看法不一，参考文献［61］指出 $r_0 = \lambda_{\min}/4$，而参考文献［60］认为取 $r_0 = \lambda_{\min}/2\pi$ 更合适，可供继续研究者参考。

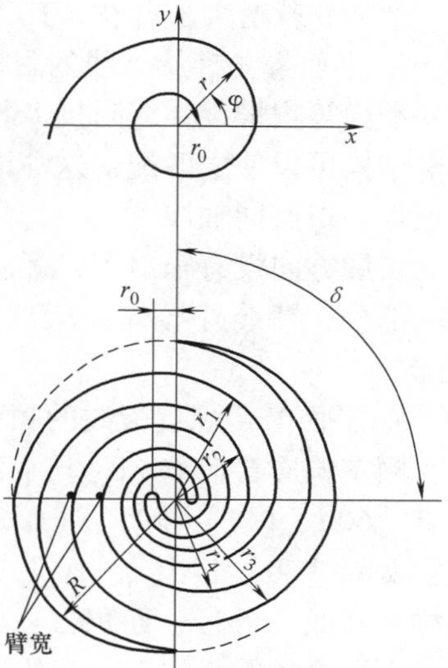

任一波长的电流在螺臂起始阶段电流密度很大，衰减慢。随 r 增大，臂宽加大，电流密度变

图 18-23　平面等角螺旋天线

R—最大半径

δ—臂宽角，第一螺线边缘到第二螺线边缘的角度差，即 r_2 到 r_1 的角度

小。在相邻臂上电流同向，会形成电磁波（能量）辐射（相当于缝隙激励），因此电流密度下降很快，以上是天线工作区的特点。在螺线尾部相邻臂上的电流不再相同，辐射变弱。从能量辐射考虑，α 不宜过小（螺线不宜太密）；从接收电磁波面积（能量）考虑，α 也不宜太大（螺线不宜太疏），通常取 $\alpha = 0.221$ 较合适[62]。外径 R 增大，有利于 PD 信号接收，过大则使用不便，并受 GIS 壳体尺寸制约。

一般线形天线的接收频率随线长而变，线（臂）长一定时接收频率也基本固定，因此不宜接收宽频带的局放信号。而平面等角螺旋天线的外形决定于角度，不包含线性长度的因素（$r = r_0 \mathrm{e}^{\alpha\varphi}$）。当波长以 λ_1 变为 λ_2 时，$\lambda_2/\lambda_1 = \mathrm{e}^{\alpha\varphi}$，螺旋形状相同，只是多转了个角度，因此天线的阻抗、性能一定。只要 GIS 壳体安装天线的尺寸允许，平面等角螺旋天线在其两端可随意延伸，以满足宽频带天线工作条件不受波频变化的影响，即在不同角度区天线将以相同的灵敏度接收不同频率的局放信号——这是非频变天线的特性，是螺旋天线最大的优点。

2. 平面等角螺旋天线的阻抗

参考文献 [61] 引用巴俾涅原理指出：两个互补天线的输入阻抗之积 $Z_{\mathrm{in}}^2 = (60\pi)$，得到螺旋天线阻抗为 $60\pi = 188.5\Omega$，纯电阻。由于馈线的影响（一臂要绕另一臂的馈线）阻抗有变化，在 $0.5 \sim 3\mathrm{GHz}$ 范围实测为 164Ω。

3. 平面等角螺旋天线的带宽

接收频率的带宽另一种表达方式：$\Delta f = \dfrac{f_{\min}}{f_{\max}} = \dfrac{\lambda_{\max}}{\lambda_{\min}} = \dfrac{R}{r_0} = \dfrac{r_0 \mathrm{e}^{0.221 \times 3\pi}}{r_0 \mathrm{e}^{0.221 \times 0\pi}} = \dfrac{128}{16}$。

当螺旋圈数给定（1.5 圈 $\varphi = 3\pi$），给定 $\alpha = 0.221$ 之后就确定了带宽为 8:1。

增大 δ 就增大了臂宽，其工作频带也越宽，工作频带可做到 30:1 或更大[62]。

4. 平面等角螺旋天线的阻抗匹配

平面等角螺旋天线阻抗 188.5Ω（实测 164Ω）与馈线阻抗 50Ω 不匹配，采用无限巴伦馈电结构可以使之匹配：这种馈电结构将同轴馈电装置沿螺线的 A 臂焊好，为了对称，在 B 臂也焊一根假同轴线[61]。A 臂加焊同轴线后破坏了原双臂相同螺旋臂的对称互补性，在天线的扩展方向没有辐射了，螺旋工作区不会激起电流，这时同轴馈电线的外导体也成为天线的一部分，馈线外导体使天线的阻抗也发生了变化，于是天线阻抗与馈线阻抗可以达到匹配。

5. 平面等角螺旋天线的频率响应

频率响应特性 U_2/U_0 与平面等角螺旋天线的面积（由 r_0、α、δ、圈数定）有关。参考文献 [60]、[61] 推荐 $\alpha = 0.221$、$\delta = \pi/2$、圈数 1.5（$\varphi = 3\pi$），对 r_0 的取值却有两种意见：文献 [60] 指出 $r_0 = \lambda_{\min}/2\pi$，文献 [61] 认为 $r_0 = \lambda_{\min}/4$，不同的 r_0 值会影响天线的结构（臂长、外径、面积），会对天线的频率响应特性有影响，一个最佳的 r_0 值有待深入研究。不同电压等级的 GIS 壳体尺寸不一样，对传感器的输出特性要求也有差异，因此给 r_0 的尺寸调整提供了空间。

18.9 传感器的馈电与阻抗匹配

18.9.1 传感器的馈电

各种传感器采用 SYV-50-7-1 同轴电缆馈电。同轴线可传输 TEM、TE、TM 横波。

电缆结构：中心导体直径 $b = \phi 0.9 \times 1$ 根，外导体铜网（屏蔽）直径 $a = \phi 5.3$，内外导体之间填充高频电介质 ε_r，外包绝缘护套。波阻抗 $50\Omega \pm 2.5\Omega$，3GHz 时衰减小于 1.7dB/m，分布电容 $110 \times 10^{-12}\text{F/m}$。波阻抗与频率值无关。

同轴线特征阻抗 $Z_0 = \dfrac{\text{入射波电压 } U_{\text{in}}}{\text{入射波电流 } I_{\text{in}}} = \sqrt{\dfrac{R_0 + \text{j}\omega L_0}{G_0 + \text{j}\omega C_0}}$。无损耗传输线中，$R_0 = 0$，电导 $G_0 = 0$，无热能损失，仅有电磁波的无耗传输。

同轴传输线的分布参数为

电容 $C_0 = 2\pi\varepsilon_r / \ln(b/a)$，F/m

电感 $L_0 = (\mu/2\pi) \times \ln(b/a)$，H/m

电阻 $R_0 = R_s(1/a + 1/b)$

表面电阻 $R_s = 1/2\pi\sigma \cdot \delta$，趋肤深度 $\delta = 1/\sqrt{\pi f \mu \sigma}$，导电率 σ，将 δ 及 σ 代入 R_s，得到

$$R_0 = \frac{\sqrt{\pi f \mu \sigma}}{2\pi\sigma}\left(\frac{1}{a} + \frac{1}{b}\right) = \frac{\sqrt{\mu f}}{2\sqrt{\pi\sigma}}\left(\frac{1}{a} + \frac{1}{b}\right)，\text{单位为 } \Omega/\text{m}。$$

18.9.2　接头

同轴线与传感器电极间用 N 型接头（50Ω）相连。采用公制螺纹 M8 ~ M10 连接。接头尺寸太大连接不方便。接头 N - 50KFD100 及 NJ7 配电缆 SYV - 50 - 7 - 1。

18.9.3　输入阻抗与负载阻抗的匹配

天线输入阻抗 Z_{in} 与负载（PD 分析仪）阻抗 Z_L 应匹配，使天线输出功率最大、负载吸收功率最大。如果不匹配，会发生波反射，传输损耗增大，吸收功率下降，效率下降。为了匹配，在传输线与负载之间连接 $\lambda/4$ 阻抗变换器（见图 18-24），来改变输入阻抗的大小与性质。阻抗变换器由一段（或几段）不同特性阻抗的传输线组成，λ 为需测频率 f 所对应的波长。参考文献 [53] 指出，当 $Z_L = R_L$ 时，有

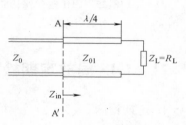

图 18-24　输入阻抗与负载阻抗的匹配

$$Z_{\text{in}} = Z_{01}\frac{R_L + \text{j}Z_{01}\tan\left(\dfrac{2\pi}{\lambda} \cdot \dfrac{\lambda}{4}\right)}{Z_{01} + \text{j}R_L\tan\left(\dfrac{2\pi}{\lambda} \cdot \dfrac{\lambda}{4}\right)} = Z_{01}\frac{R_L + \text{j}Z_{01}\tan\dfrac{\pi}{2}}{Z_{01} + \text{j}R_L\tan\dfrac{\pi}{2}} = Z_{01}\frac{\text{j}Z_{01}\tan\dfrac{\pi}{2}}{\text{j}R_L\tan\dfrac{\pi}{2}} = \frac{Z_{01}^2}{R_L}$$

当 AA′ 左边无电磁波反射时，$Z_{\text{in}} = Z_0$，$Z_{01} = \sqrt{Z_0 R_L}$

$\lambda/4$ 阻抗变换器适于一般天线使用。

18.10　超高频法局放诊断系统

近年来，国内外许多科研机构对 UHF 法绝缘诊断进行了大量的研究。UHF 法绝缘诊断系统如图 18-25 所示[38]，由传感器获取的局部放电信号经波谱分析器进行频率分析后，再经计算机应用纽拉尔网络程序 NN 进行诊断，将诊断结果显示于手提电脑屏幕，同时将测定的数据保存在存储器中。

进行 GIS 内部局部放电检测时，经常会遇到外部局部放电的干扰。为了区别这两种不同

的信号，使用了频率波谱。如图 18-26 所示，GIS 内部测出 8pC 的局部放电的同时，外部也发生了 400pC 的局部放电。从频谱上看，外部局部放电表现在大约 400MHz 以下的频带，内部局部放电表现在大于 400MHz 的频带。

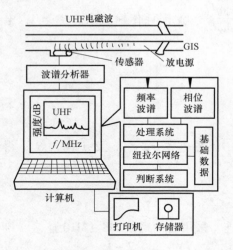

图 18-25　UHF 法绝缘诊断
系统的构成

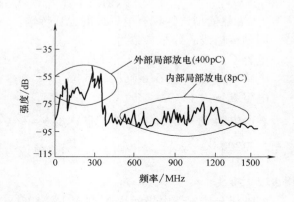

图 18-26　GIS 内部及外部共同发生
局部放电时的频率波谱

18.11　GIS 局放定期检测与全时在线监测

1. 定期检测

利用便携式仪器在 GIS 壳体上进行定期检测，优点是方便、设备投资少。GIS 局部放电从产生到出现绝缘损坏是一个较长的发展过程，因此为定期检测提供了可能性。GIS 的绝缘故障一般多发生在投运初期，运行一段时间后绝缘损坏的事故概率就大大减少。在运行了较长的时间，设备接近寿命终止期时，因局部放电的发展导致绝缘老化的事故概率又逐渐多起来。根据这一特点，在 GIS 运行的不同阶段合理安排局部放电检测的频度，有可能获得比较满意的检测效果。但是，由于对 GIS 绝缘故障的发生规律掌握得并不十分清楚，尤其是各公司的不同产品其绝缘件老化的规律不一定都相同。因此，存在发现绝缘问题不及时，或在两次检测间隔期内 GIS 出现绝缘故障的可能性。

2. 全时在线监测

这需要在 GIS 壳体内装许多传感器，通过计算机控制进行自动定时检测或全时检测。它的优点是检测自动化水平高，发现绝缘问题及时，造成 GIS 绝缘故障的可能性极小，因此从在线监测的效果看，比定期检测好，使 GIS 能准确地实现按运行状态维修。

但是全时在线监测设备投资大。除了众多的传感器投资之外，还需要定位检测仪器。此方案虽好，不是所有电站都能使用。对于 800～1100kV GIS 和其他重要枢纽电站的 GIS，可以选用全时在线监测。

另外，内置式传感器埋设数量也不能太多，单靠内置传感器的在线监测也有片面性，用这种方式监测局放的 GIS 在运行中也有绝缘故障发生的先例。因此多种方式内外监测、各种诊断相互补充是上策。

18.12　超声波诊断法

　　GIS 内部局部放电伴随的声波通过 GIS 内腔传到外壳，在 GIS 外壳体外安放传感器接收信号。超声传感器是一种压电元件，超声波的声压作用在压电元件上，在其两端面上产生交变的束缚电荷，在两端部电极上输出一个随局部放电大小变化的电压因信号传播衰减，一般超声波传感元件无法感受其信号，很长时间超声波诊断在 GIS 产品上未得到普遍应用。近年来，挪威川斯诺公司开发的 AIA-1 型超声波探测仪，针对 GIS 内部绝缘缺陷研制，且对 GIS 大多数内部绝缘缺陷有较高的灵敏度。其传感器谐振范围为 20k ~100kHz，较高的诊断频率可排除环境噪声的干扰。此外，AIA-1 型超声波探测仪还可识别缺陷类型，可对缺陷定位，可利用信号特点对其危险性作评估。AIA-1 是个好的起点，我们期盼着更好的超声波诊断仪问世，因为它可进行 GIS 体外诊断，使用方便。

　　GIS 内部绝缘缺陷类型见图 18-27，对其故障信号特征分述如下。

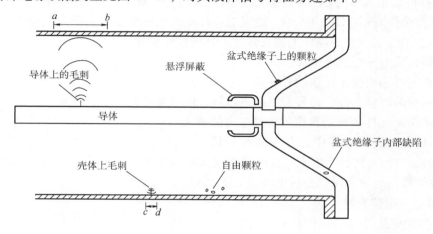

图 18-27　GIS 内部绝缘缺陷分类

　　（1）毛刺放电　高压导体因加工、物流、组装时的疏忽或碰撞可能出现凸起尖角毛刺，GIS 壳体内表面由于加工、碰撞、焊缝打磨不良也可能残留毛刺。在一定电压下出现局部放电。其特点有

　　a）局部场强增大；

　　b）雷电冲击电压耐受能力大幅度下降；

　　c）GIS 可能出现的尖角通常的高度小于 2mm，对工频耐受电压的影响较小；当 GIS 内部出现零部件破损脱落在 GIS 壳体内表面或高压导体上形成很大的尖角凸起时，工频耐受电压也会大幅度下降。

　　d）导体毛刺放电压力波通过 GIS 壳体内腔传到外壁，传播和接收范围较宽广（如图 18-27 所示的 a-b 大范围）；壳体上的毛刺放电信号较集中，处在信号最强处（如图 18-27 所示的 c-d 小范围）。

　　毛刺放电典型图谱示于图 18-28。毛刺放电信号稳定，在连续模式图中，与 50Hz 相关性明显，与 100Hz 相关性较弱（见图 18-28a）。其相位模式，在一个周期（360°）内会出现一簇集中的信号聚集点（见图 18-28b）。

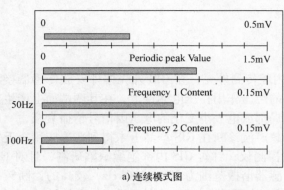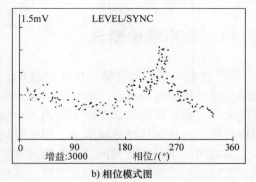

a) 连续模式图　　　　　　　　　　b) 相位模式图

图 18-28　毛刺放电图谱

（2）自由金属颗粒

GIS 零部件加工残留的切削末隐藏在零部件凹陷处，在 GIS 物流或元件分合闸操作中，会振出来；在操作 CB 或 DS、ES 中，镀银层或传动件机械磨损也会有金属微粒（甚至较大颗粒）脱落在 GIS 的各种绝缘件上或壳体上。其局放特征如下：

a）工频耐受电压会明显下降；

b）对雷电冲击耐受电压影响较小；

c）因颗粒的可移动性，信号表征随机性强，信号变化大，很少重复；

d）超声传感元件接收到典型的机械撞击信号。

在颗粒放电的连续模式中，有效值和峰值较大（可达几百毫伏以上），信号不稳定，100Hz 和 50Hz 的相关性看不出来。通过脉冲模式可以观察颗粒的飞行时间和飞行高度，并可评估其危险性。自由金属颗粒放电图谱如图 18-29 所示。

（3）带电件电位悬浮

GIS 内各种屏蔽件连接部件松动、各种绝缘支撑松动或偏离、各种电接触部位松动和处于高电位区域的各种紧固螺栓松动，都可以引起电位浮动，有的还会形成机械振动。

电位悬浮点产生的局放特征如下：

a）工频耐受电压水平下降、在一定电压下悬浮电位处的局放会发展成大规模放电、形成可观的电弧，最终导致 SF₆ 气隙击穿或绝缘件闪络；

b）局放信号稳定、重复性强。

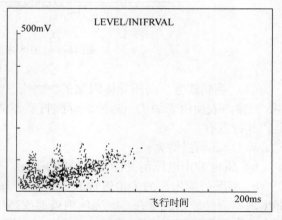

图 18-29　自由金属颗粒放电的脉冲模式图（部分）

在悬浮电位故障的连续模式中，有效值和峰值都较大，信号稳定，100Hz 相关性明显（见图 18-30a），50Hz 相关性极弱。在相位模式中，一个周期（360°）内会有两簇集中的局放信号聚集点（见图 18-30b）。

（4）绝缘件上的金属颗粒

GIS 内部带电体上脱落的金属颗粒可能附着在绝缘件（尤其是水平状的盆式绝缘子）

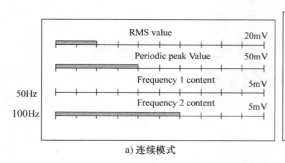

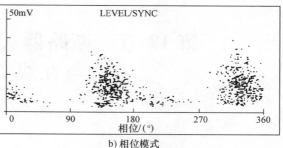

a) 连续模式　　　　　　　　　b) 相位模式

图 18-30　悬浮电位处放电图谱（部分）

上，并可能在绝缘件上移动，也可能固定在绝缘件某一点上。在一定电压下开始局部放电，随外施电压升高局放发展使绝缘子闪络。也可能在恒定电压（如额定工作相电压）下，长期局放引起绝缘材料热老化，损坏了绝缘件的表面绝缘性能、进而诱发局放发展直至沿面闪络。

对绝缘件上的金属颗粒放电特征，目前还了解不够，超声波信号特征还不太确切了解，较小颗粒的局放信号还难测出，初步了解的放电特征如下：

a）信号不太稳定，但变化又不如自由颗粒大；

b）50Hz 的相关性强于 100Hz 的；

c）颗粒位于绝缘件高电位处时，局放信号较强。

（5）机械振动

因连接螺栓松动引起机械振动，但未形成悬浮电位，其故障信号特征如下：

a）信号不稳定

b）在信号相位图中有多条竖线在零点（180°）两侧分布，见图 18-31。

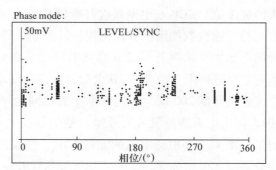

图 18-31　机械振动相位模式图（部分）

超声波无法诊断绝缘件内部缺陷（如气泡处的局部放电）。UHF 方法对各种绝缘件内部缺陷的诊断有更高的灵敏度和更好的效果。

第 19 章 断路器灭弧室电寿命的诊断与在线监测技术

19.1 线路操作与保护用断路器电寿命诊断

19.1.1 不同开断电流的折算

灭弧室电弧烧损情况是 GIS—CB 决定是否需要检修的重要依据之一。

我国各种 SF$_6$ 断路器提供用户检修灭弧室的依据通常有两种：

（1）喷嘴的喉颈直径扩大值和弧触头烧损值；

（2）不检修灭弧室额定开断电流连续开断次数。

用户面对这两项检修控制指标都无法操作。运行着的开关，无法从外部观测喷嘴及弧触头的烧损值。GCB 在电网每次开断的故障电流又不相等，小电流开断次数与额定短路开断电流的开断次数如何折算？比较流行的办法是累计开断电流的大小。试验证明，单纯按累计开断电流大小来判断灭弧室的烧损是很不准确的。例如，40kA × 20 次 = 800kA，灭弧室经额定短路开断电流电弧烧 20 次后，电寿命基本上已到头了，烧损十分严重；但是 4kA 的小电流连续开断 200 次（累计开断电流也同为 800kA），灭弧室的烧损却十分轻微。因为一次 40kA 巨大电弧能量投入灭弧室，触头很快大面积升温熔化蒸发，喷嘴很快受热分解汽化；但是一次 4kA 小电流电弧的能量有限，触头还来不及大面积升温到熔化点、喷嘴还没有多少分解时电弧已熄灭。因此，不能按累计开断电流大小来判断开关是否要检修。

近年来，国内外不少单位对电寿命如何判断和如何试验做了大量的研究，提出了多种方案，其中比较接近 CB 运行实际有实用价值的方案是：利用不同开断电流下的等效烧损曲线，将每次大小不等的电流开断时所对应的相对烧损进行累计；每台开关允许的电烧损总量由额定短路开断电流和其允许开断的次数来标定。

为建立一个比较实用的电寿命判据，这里介绍两条由 SF$_6$ 断路器电寿命试验所确定的等效电烧损曲线。一条是国产 SF$_6$ 断路器经试验所得到的等效开断次数 N_s 与开断电流 I_s 之间的关系 $N_s - I_s$ 曲线（见图 19-1）[40]。根据这条曲线所计算出的任意开断电流与相对烧损量的换算关系，见表 19-1。另一条是由法国高能试验室（EDF）和意大利工程指导公司（ENEL）根据 SF$_6$ 断路器开断试验提出的等效开断次数 N_s 与相对开断电流 I_s/I_{sn} 之间的关系（见图 19-2）[41]。

建立这两条曲线时，从累计的角度考虑都忽略不计燃弧时间分散性对电烧损的影响。因为大量的研究试验和运行经验表明，当故障开断次数达到一定值之后，灭弧室的平均燃弧时间是趋近的[42,43]。电寿命试验时，一般都取平均燃弧时间。

表 19-1　SF₆ 断路器相对烧损量及等效开断次数换算

I_s/I_{sn}（%）	100	75	50	35	25	10	3
N_s/N_{sn}（%）	1.00	1.64	3.36	6.29	11.43	199.00	477.10
N_s	(14)	(23)	(47)	(88)	(160)	(2786)	(6680)
相对烧损量	$\dfrac{1}{N_{sn}}$	$\dfrac{606}{1000N_{sn}}$	$\dfrac{303}{1000N_{sn}}$	$\dfrac{150}{1000N_{sn}}$	$\dfrac{88}{1000N_{sn}}$	$\dfrac{5}{1000N_{sn}}$	$\dfrac{2}{1000N_{sn}}$

注：1. 表中 I_s 为任意开断电流，I_{sn} 为额定短路开断电流，N_s 为等效开断次数，N_{sn} 为额定短路开断电流的开断次数。从表可见，I_{sn} 开断一次，相当于 3% I_{sn} 电流开断 447.1（＝6680/14）次。

2. 括号内为与任意开断电流对应的等效开断次数。

比较图 19-1 和图 19-2 两条曲线，发现由不同型号的单压式 SF₆ 断路器开断试验所得到两条等效开断次数特性是相似的。图 19-2 把 50% I_{sn} 的一次开断电烧损量定为比较基数。经变换，将一次 I_{sn} 开断的电烧损量作为基数时，就可以与图 19-1 的曲线进行比较，见表 19-2。两曲线得出的等效开断次数比 N_s/N_{sn} 在 $I_s > 0.25 I_{sn}$ 范围内十分吻合。在小电流范围内，EDF 提供的资料表明，开关有更多的等效开断次数。这种差异与两台开关触头结构不同有关。

通过比较我们可以认为：尽管至今还没有适于所有断路器的通用电寿命定律，但是通过分析有代表性的线路操作和保护 GCB 开断试验数据，也可以建立一个比较适用的灭弧室烧损等效定律

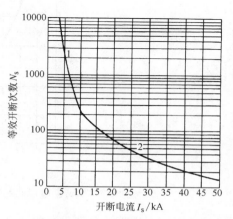

图 19-1　SF₆ 断路器的 $N_s - I_s$ 曲线

1—$N_s = (49.5/I_s)^{3.46}$　（$I_s < 11\text{kA}$）

2—$N_s = (223.5/I_s)^{1.76}$　（$I_s \geqslant 11\text{kA}$）

$N_s = f(I_{sn}/I_s)$。本书推荐图 19-2 所示的曲线及绘制该曲线所用的两个计算公式来确立不同开断电流的折算：

$$N_s = 1.83 \times (0.35 I_{sn}/I_s)^3 \qquad 当 I_s < 0.35 I_{sn} 时 \qquad (19\text{-}1a)$$

$$N_s = (0.5 I_{sn}/I_s)^{1.7} \qquad 当 I_s \geqslant 0.35 I_{sn} 时 \qquad (19\text{-}1b)$$

因为，经 EDF 和 ENEL 检验，该曲线适用于不同厂家生产的开断原理相同的各种断路器[41]。

表 19-2　等效开断次数的比较

I_s/I_{sn}（%）		100	75	50	35	25	10	3
等效开断次数	图 19-1 曲线	1.00	1.64	3.36	6.29	11.43	199.00	477.10
比 N_s/N_{sn}	图 19-2 曲线	1.00	1.63	3.24	5.95	16.30	254.74	—

19.1.2　我国 GCB 电寿命限值的合理性

另一个重要问题是电寿命限值怎么取？

我国各高压 GCB 制造厂常用的习惯数据是：不检修灭弧室允许连续开断额定短路开断

电流 20 次或 16 次。

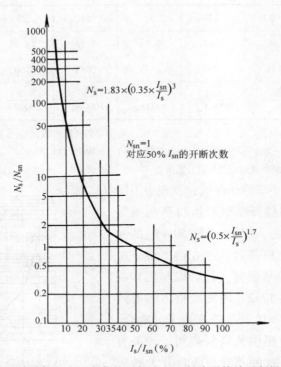

图 19-2　随开断电流而变化的压气式 SF$_6$ 断路器等效开断操作次数

这个限值适用吗？合理吗？要回答这个问题，除产品本身条件之外，还应由中国电网的故障率来评判，但却没有这方面可靠的运行统计数据。因此，只能借助国外电网有关统计数据来分析。

1. 按 CIGRE　WG13.08 调查资料分析

由荷兰、日本、瑞士、意大利和德国 5 国专家组成的国际大电网会议断路器寿命管理工作组（CIGRE　WG13.08），汇总了来自 4 大洲 13 个国家（或地区）的 18 份资料，于 1998 年公布了调查统计结果指出，在 63kV 及以上电网[41]：

（1）每 100km 线路每年发生短路次数平均为 5.1 ~ 1.7 次（100 ~ 700kV）；

（2）90% 以上故障发生在架空线路上，每条线路平均年故障 1.7 次；

（3）最大短路预期电流平均值是断路器额定开断电流的 40% ~ 60%；

（4）80% 的故障一次重合成功（O-C 后消除），5% 的故障两次重合成功（O-CO-C 后消除），15% 的故障为永久性故障（O-CO-CO 后依然存在）；

（5）在较高电压等级的线路上，90% 故障是单相短路，10% 是两相短路，因此故障的 61% ~ 64% 都是由断路器的同一极开断的[41]。

由以上统计资料可做出如下统计推算：

（1）25 年内每条线路平均故障总数应为 $N_f = 1.7 \times 25$ 次 $= 42.5$ 次；

（2）断路器 25 年内故障跳闸总次数为 $N_b = 0.8 \times 1 \times N_f + 0.05 \times 2 \times N_f + 0.15 \times 3 \times N_f = 57.4$ 次；

（3）因 61% ~ 64% 的故障分布在同一极开断，因此在 25 年内单极最大的故障跳闸次数

为 $N_\rho = 0.64 N_b = 36.74$ 次；

（4）在 36.74 次开断中，其故障电流平均值最大为 $I_{sm} = 0.6 I_{sn}$，按电寿命折算式（19-1a）和式（19-1b）可以折算出 25 年内等效 I_{sn} 开断次数为 N_{s2}：

先将 N_ρ 次 I_{sm} 折算成 $0.5 I_{sn}$ 等效开断次数，即

$$N_{s1} = \frac{36.74}{(0.5 I_{sn}/0.6 I_{sn})^{1.7}} = 50.1 次$$

再将 N_{s1} 次 $0.5 I_{sn}$ 折算成 I_{sn} 等效开断次数，即

$$N_{s2} = (0.5 I_{sn}/I_{sn})^{1.7} \times 50.1 次 = 15.4 次$$

该值小于我国高压 SF_6 断路器（GCB）累计开断 I_{sn} 的次数（16 ~ 20 次）。

2. 按 EDF 与 ENEL 的电寿命试验研究经验分析

法国高能试验室（EDF）和意大利工程指导公司（ENEL）对中高压断路器电寿命进行了 20 年的试验研究工作，对各电压等级的 GCB 电寿命试验程序做了规定，作为一例，420kV/40kA GCB 电寿命试验程序见表 19-3[42]。EDF 认为，这些试验负荷可以代表一般线路保护用 GCB 在 25 年内所能碰到的各种故障开断负荷的总和。

表 19-3　EDF 进行的 420kV/40kA 线路保护断路器电寿命试验程序

操作循环数		电流/kA	TRV
老化 （无 TRV）	35"O" 7"O—0.3s—CO"	12	无
	9"O"	16.8	无
	5"O"	21	无
	2"O"	24	无
	2"O"	30	无
验收 开断试验 （有 TRV）	1"O"	40	短路 第 4b 种试验方式
	1"O"	36	近区故障 L90
	1"O" 1"CO"	10	失步
	24 次空载线路开断		
绝缘 试验	至少 80% 额定雷电冲击耐受电压和额定工频耐受电压		

根据表 19-3 可以计算出，共计 71 次 10 ~ 40kA 故障电流开断的电流累计值为 1048kA，（$I_s^2 \cdot$ 次）的累计值为 17849kA · 次。我国各公司 I_{sn} 为 40kA 的 GCB 规定的电寿命指标为（16 ~ 20 次）I_{sn}，（$I_{sn}^2 \cdot$ 次）的累计值为（25600 ~ 32000）kA · 次，显然大于 EDF 提出的指标。EDF 和 ENEL 提出的 GCB 电寿命试验程序已执行了多年，已得到许多制造厂和用户的认可，并准备把这一电寿命试验程序提交 IEC 作为推荐标准讨论。

将表 19-3 的试验按电寿命折算式（19-1a）、式（19-1b）分别将各种开断电流 I_s 都折算成等效的 I_{sn} 开断次数，有

当 $I_s < 0.35 I_{sn}$ 时，等效开断次数 N_{si} 按式（19-2a）折算：

$$N_{si} = \frac{(0.5I_{sn}/I_{sn})^{1.7} \times n}{1.83(0.35I_{sn}/I_s)^3} \qquad (19\text{-}2a)$$

当 $I_s \geqslant 0.35I_{sn}$ 时，等效开断次数 N_{si} 按（19-2b）折算：

$$N_{si} = \frac{(0.5I_{sn}/I_{sn})^{1.7} \times n}{(0.5I_{sn}/I_s)^{1.7}} \qquad (19\text{-}2b)$$

以上两式中，I_s 为表 19-3 中所列开断电流，$I_{sn} = 40\text{kA}$。表 19-3 从上到下，开断电流分别为：$0.3I_{sn}$、$0.42I_{sn}$、$0.53I_{sn}$、$0.6I_{sn}$、$0.75I_{sn}$、$1I_{sn}$、$0.9I_{sn}$、$0.25I_{sn}$；n 为各开断电流对应的开断次数：49 次、9 次、5 次、2 次、2 次、1 次、1 次、2 次。

按式（19-2a）、式（19-2b）计算出各档开断电流 I_{si} 的与开断 I_{sn} 等效的开断次数为 N_{si}，累计值 $\sum N_{si} = N_{s1} + N_{s2} + \cdots + N_{s8} = 12.98$ 次，也小于我国 GCB 电寿命 $I_{sn} \times (16 \sim 20)$ 次。

鉴于以上分析，可以认为：我国各种 GCB 的电寿命限值定为 $\geqslant 16I_{sn}$ 是合理的，可满足 GCB 运行 25 年不更换灭弧室的需要，并以此限值和式（19-1a）、式（19-1b）作为开发电寿命分析软件的依据。

19.1.3　相对剩余电寿命的计算

前面已指出经验公式（19-1a）及式（19-1b）是假定 $0.5I_{sn}$ 一次开断的电烧损量 Q_{s0} 为基数，而我国 GCB 电寿命限值都取 I_{sn} 一次开断电烧损为基数，因此使用式（19-1a）及式（19-1b）时应做相应的变换如下：

在式（19-1a）中，与 Q_{s0} 等效的 $0.35I_{sn}$ 的开断次数为

$$N_{s1} = 1.83(0.35I_{sn}/0.35I_{sn})^3 = 1.83 \text{次}$$

在式（19-1b）中，与 Q_{s0} 等效的 I_{sn} 的开断次数为

$$N_{s2} = (0.5I_{sn}/I_{sn})^{1.7} = 0.308 \text{次}$$

如果已知开关允许开断 I_{sn} 的次数为 N，那么 I_{sn} 一次开断的相对烧损量可记为 $1/N$。

与 $1/N$ 等效的 $0.35I_{sn}$ 的开断次数为

$$N_{s3} = N_{s1}/N_{s2} = 1.83/0.308 = 5.9457 \approx 5.95 \text{次}$$

在 $I_s < 0.35I_{sn}$ 开断电流范围内，任意开断 I_s 一次的相对电烧损量为

$$Q_{s1} = \frac{1}{N_{s3}} \cdot \frac{1}{N} = \frac{1}{5.95}\left(0.35\frac{I_{sn}}{I_s}\right)^{-3}\frac{1}{N} \qquad (19\text{-}3a)$$

在式（19-1b）中，与 $\dfrac{1}{N}$ 等效的 $0.5I_{sn}$ 的开断次数为

$$N_{s4} = \frac{1}{N_{s2}} = \frac{1}{0.308} = 3.25 \text{次}$$

因此，在 $I_s \geqslant 0.35I_{sn}$ 范围内，任意开断 I_s 一次的相对电烧损量为

$$Q_{s2} = \frac{1}{N_{s4}} \cdot \frac{1}{N} = \frac{1}{3.25}\left(0.5\frac{I_{sn}}{I_s}\right)^{-1.7}\frac{1}{N} \qquad (19\text{-}3b)$$

令新开关的相对电寿命初始值为 1，运行若干年后累计相对电烧损量（或称电寿命相对损耗值）为 ΣQ_{si}，相对剩余电寿命就为

$$L = L_0 - \Sigma Q_{si} \qquad (19\text{-}3c)$$

式中　L_0——开关初始相对电寿命，新开关和检修灭弧室更新后取 $L_0 = 1$；

$\quad\quad Q_{si}$——由式（19-3a）及式（19-3b）计算。

　　武汉华工先舰电器公司利用上述工作原理和计算公式开发的 GCB 电寿命分析（诊断）软件，在电网已运行多年，其实用性较好。该分析软件的基本功能如下：

（1）统计累积开断电流并永久保存；

（2）保留近期故障档案（开断电流、开断时间）；

（3）诊断 GCB 电寿命，当相对剩余电寿命为 10% 时发出告警，提示检修。

19.2　负荷电流频繁操作断路器电寿命监测

　　不承担短路保护，只切合工作负荷电流的断路器，如直流输电网中的滤波电容及无功补偿电容操作开关、冶金化工电网中的某些开关、高压电网调峰操作开关等，只分合负荷电流、操作较频繁，灭弧室电弧烧蚀与线路保护开关短路电流电弧的烧蚀不一样。

19.2.1　负荷电流操作断路器灭弧室电寿命衰变特征

　　与短路电流分合的灭弧室工作寿命的变化不同，千安级左右的常规负荷电流操作时，灭弧室承担的电弧烧蚀与机械磨损同时消耗着灭弧室的工作寿命。

　　1. 控制喷嘴的电弧烧蚀

　　数值不大的工作负荷电流的电弧能量不大，小电流电弧对喷口表面的烧蚀也比较均匀，如果喷嘴材料耐烧蚀能力不是很强，随开断次数的增多，喷口尺寸会增大，喷嘴中的气流场和喷口流量都会变化，熄弧性能会受到影响。喷嘴工作寿命只能通过该产品的电寿命试验来判断。

　　如果设法大幅度提高喷嘴耐电弧烧蚀能力（例如在聚四氟乙烯材料中加氮化硼），就能使负荷电流开断时灭弧室电寿命与喷嘴无关。这种高耐弧的绝缘材料原本是对付强大的短路电流烧蚀的，现用于小负荷电流开断的喷嘴当然不是杀鸡用牛刀，而是为了确保喷嘴的电寿命可靠地高于触头的电寿命——有了这个前提，就可以在断路器外部通过触头的动态行程/时间和动态接触电阻的测量来判断灭弧室的电寿命，而不需考虑喷嘴的影响，使产品电寿命的监测变得较简单。

　　2. 触头的电弧烧蚀

　　开断负荷电流时，开断电弧起于弧触头直至电弧熄灭。在静弧触头端，电弧很多集中在场强高的弧触头端部，此处将承受大量的电弧热能，经多次开断，静弧触头烧蚀后长度缩短较明显，而径向烧蚀较小，直径变化不大。

　　在自力型动弧触头上，每次开断电弧的起弧点和燃弧期的弧根并不集中在某一片弧触指上，因此动弧触头内径会随开断次数增大而扩大，并导致接触压力变小及接触电阻增大。

　　此外，弧触指表面经电弧烧蚀后，铜钨中的铜受热汽化，铜蒸气被气吹带走，留下电阻率较大的钨骨架；在触指表面还粘附电阻值较大的各种电弧分解物（如 CuO、Cu_2O 等），触头表面布满大量微裂纹（见图 19-3b），使电接触面变粗糙，这些因素都会使接触电阻增大。

　　3. 触头分合的机械磨损

　　弧触头的机械磨损主要发生在合闸过程中，尤其是 ACF 断路器合闸涌流大，触头预击穿后大量热能使触头表层部分熔化蒸发、受热退火硬度下降，合闸时动静触头的碰撞、挤压、滑动摩擦导致静弧触头圆柱上留下深深的长条划痕（见图 19-3a）。静弧触头圆柱面带毛刺的划痕以及动弧触头端深深的碰撞凹痕，都会使电接触不稳定且接触电阻增大。

从上面分析可见，负荷电流操作断路器电寿命衰变的主要特征是：静弧触头烧蚀变短，接触行程缩小，接触电阻增大且不稳定。

a) 静弧触头长条划痕　　　　　　b) 动弧触头烧蚀的裂纹　　　　　　c) 静弧触头端部烧毛、
　　　　　　　　　　　　　　　　　　　　　　　　　　　　　　　　　　布满凹陷凸起

图 19-3　弧触头的电弧烧蚀与机械磨损

19.2.2　弧触头与断路器的电寿命

1. 弧触头保证断路器工作时电接触稳定可靠

合闸时弧触头先接通电路，让触头合闸预击穿电弧的烧蚀都由它承担，使随后接通的主触头不受电弧干扰。分闸时，主触头先分将开断电流转移到弧触头，由随后分断的弧触头在灭弧室中切断电路，承受开断电弧的电、热负荷，保护主触头不受开断电弧的烧损，断路器在整个使用寿命期内主触头工作稳定可靠。

2. 弧触烧损对产品工作性能的影响

（1）弧触烧蚀后表面粗糙、细小凸起，使触头表面电场畸变增大，导致断口预击穿提前，使数千安的关合涌流电弧持续时间加长，加重了弧触头的烧蚀破坏。若碰上操动机构意外影响合闸速度下降时，会出现触头熔焊。

（2）静弧触头烧蚀变短，弧触头超行程 S_c 变小，使气缸预压缩行程变小、喷口打开时气吹压力下降，会影响熄弧效果。

（3）开断电流过零后，动、静弧触头表面烧毛，电场分布恶化，局部场强增大，加上第（2）条的不利影响，会发生弧隙重燃，开断失败。

以上效应多次积累，将导致灭弧室电寿命终结。

19.2.3　断路器的动态超程与动态接触电阻

近年来通过断路器动态超行程和动态接触电阻来监测灭弧室电寿命，受到了广泛关注。

1. 定义

（1）动态超行程 S_{cd}　在分/合操作过程中所测出的触头超行程。在图 19-4 中，t_1 为主触头和弧触头刚分点，t_2 为主触头分开点，t_3 为弧触头分开点。$(t_2 - t_1)$ 时间段内触头运动的距离为主触头超程 S_{cm}，$(t_3 - t_1)$ 时段对应的行程为弧触头超程 S_{cr}。

（2）动态接触电阻 R_{jd}　在分/合操作过程中所测出的触头接触电阻。如图 19-4 所示，在分/合过程中，电接触面是滑动的，电接触点及其接触压力都在变化，导致接触点压降（电阻）也不断变化，在主/弧触头各自的分断点出现了回路电阻压降（亦电阻）脉冲尖峰

U_1 和 U_2，这两个电压除以测试电流就得到波形相似的动态接触电阻 R_{jd}。

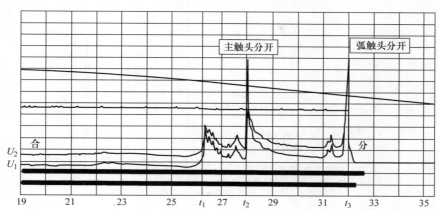

图 19-4　断路器动态电阻测量曲线图

（3）弧触头有效接触状态　合/分闸过程中，当弧触头动态接触电阻 R_{jd} 小于或等于某一阈值 $[R_{jd}]$ 时，认为弧触头处于有效接触状态；当 $R_{jd} > [R_{jd}]$ 时，认为弧触头处于无效接触状态。所谓无效接触，并不是动静触头绝对地分离，此时弧触头接触电阻并不是无限大；但此时确实又出现了弧触头短暂的分离，因测量电流大（>2000A）分离时又出现拉弧，因电弧的联系而使回路压降（接触电阻）维持在某个较大值，这种不稳定的接触称为无效接触。在有效接触状态下的弧触头行程称为有效接触位移 S_{cx}（见图 19-6）。

（4）累积接触电阻　见图 19-5，在有效接触位移期间，接触电阻的累积值称为累积接触电阻。当测试仪的采样率为 20kHz 时，每 0.05ms 可得到一个接触电阻值，在有效接触位移范围内的电阻积分就得到累积接触电阻值，单位为 $\mu\Omega \cdot mm$。

（5）平均接触电阻 R_{ju}　累积接触电阻除以有效接触位移，可得平均接触电阻 R_{ju}。它能反映弧触头烧蚀后的接触电阻及有效接触行程的变化（见图 19-5）。

当取阈值 $[R_{jd}]$ =600$\mu\Omega$ 时，在有效接触状态下的弧触头有效接触位移约为 9mm（见图 19-6）。

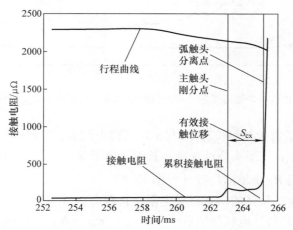

图 19-5　接触电阻的相关定义图示

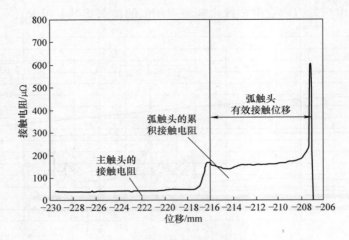

图 19-6 有效接触位移 S_{cx}

2. 弧触头电弧烧蚀后动态接触电阻的变化

图 19-7 示出了被电弧烧蚀后弧触头接触电阻 R_{jd2} 明显增大，一直处于新触头接触电阻曲线 R_{jd1} 的上方。

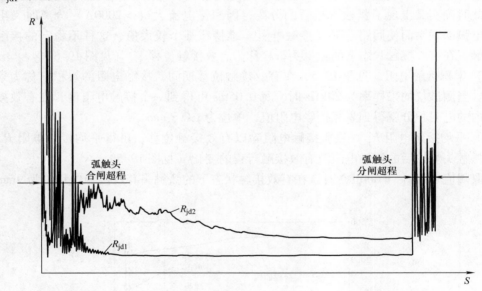

图 19-7 烧蚀后弧触头动态接触电阻 R_{jd2} 与新触头 R_{jd1} 的对比

3. 弧触头电烧蚀后有效接触位移 S_{cx} 与平均接触电阻 R_{ju} 的变化趋势

随开断电流的累积，弧触头烧蚀加重，长度不断缩短，使得有效接触位移 S_{cx} 呈指数规律减小，平均接触电阻 R_{ju} 呈增加趋势（见图 19-8）。

从产品开断试验前后测试的动态接触电阻—行程曲线（见图 19-9），也可看到 R_{ju}、S_{cx} 与图 19-8 相同的变化趋势，电弧烧蚀后 $S_{cx2} < S_{cx1}$，$R_{jd2} > R_{jd1}$。弧触头烧蚀长度为（$S_{cx1} - S_{cx2}$）。

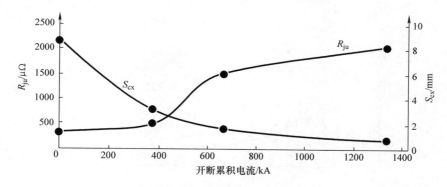

图 19-8　平均接触电阻 R_{ju}、有效接触位移 S_{cx}
随开断电流累积的变化趋势

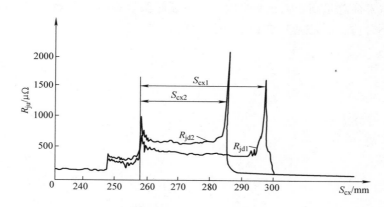

图 19-9　电流开断试验前（后）动态接触电阻 R_{jd1}（R_{jd2}）
及有效接触位移 S_{cx1}（S_{cx2}）的变化

19.2.4　弧触头有效接触行程阈值的限值与应用

通过负荷电流开断电寿命研究试验可得到一系列 R_{ju}—S_{cx} 数据，示于图 19-10 中。从图中可知，平均接触电阻 R_{ju} 随有效接触位移增大而快速下降，或者说随弧触头烧蚀量增大，其有效接触电阻初期变化很小，到一定值后快速增大。

试验中可以观察到：在弧触头有效接触位移达到某 S_a 值时，开断失败。当 $S_{cx} < S_a$ 时，开断电弧都不能可靠熄灭。S_a 即为弧触头烧蚀极限。

以 S_a 为参考点沿 S_{cx} 增长方向再加大 1mm，定为静弧触头烧蚀极限值，称为弧触头有效行程阈值 $[S_{cx}]$。以 S_a 为参考点再加 1mm 定阈值 $[S_{cx}]$，是出于 $[S_{cx}]$ 限值裕度的考虑。

运行中的负荷电流操作断路器，当监测到弧触头有效接触行程（超程）接近阈值 $[S_{cx}]$ 时，警示灭弧室电寿命即将终结，应安排开关检修更换灭弧室烧损件。

19.2.5　讨论

（1）负荷电流操作断路器可以按弧触头烧蚀量来确定灭弧室电寿命，是基于喷嘴电寿命高于弧触头电寿命的可能和假设，如果没这个前提，上述的分析和结论都不成立。

（2）线路保护断路器不具备这个前提，强大的短路电流对喷嘴的烧蚀有较大的分散性，

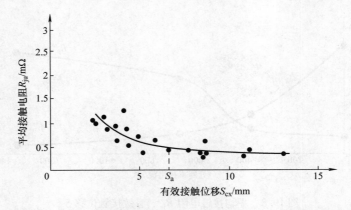

图 19-10   平均接触电阻随弧触头有效接触位移变化趋势分布图

很难确保它的电寿命总是高于弧触头。因此，按弧触头烧损量来监测灭弧室电寿命的方法，对这类断路器不合适，还是应考虑 19.1 节所述的方法。

第 20 章　SF₆ 复合电器 H·GIS 及电容式复合绝缘母线的特点、应用与发展

20.1　H·GIS 及 PASS 的定义和结构特征

20.1.1　H·GIS

H·GIS 是 SF₆ 复合电器的简称，它由罐式 SF₆ 断路器（T·GCB）、隔离开关（DS）、接地开关（ES）和快速接地开关（FES）以及电流互感器（CT）等元件组成，按用户不同的主接线需求（3/2CB 接线、单母线接线或双母线接线等）将有关元件连成一体并封闭于金属壳体之内，充 SF₆ 绝缘，与架空母线配合使用。它的基本一次元件与 GIS 元件是公用的。日本在 20 世纪 70 年代后期率先推广使用了 SF₆ 复合电器。命名为："半个 GIS（H·GIS)"。我国于 1980 年开始研制 252kV SF₆ 复合电器，1984 年做出样品。将这种电器命名为 "SF₆ 复合电器" 一是为了区别于 GIS，二是考虑到更符合中国人的语言习惯。为与国外已先使用过的简化代号接轨，而正式采用 H·GIS 简称。

我国过去和现在研制的 SF₆ 复合电器，与日本几个制造公司的 H·GIS 的元件构成、工作性能及其基本结构都相同，仅仅是各元件的具体结构和技术参数不同。

我国研制的 550kV SF₆ 复合电器，其基本元件（CB、DS、ES、FES 及 CT）都取自于 550kV GIS，采用一字形布置成 3/2CB 接线，见图 20-1 和图 20-2。根据一次接线的不同要求，还可将这些基本元件组合成 4/3CB（三条进、出线共用四台 CB）接线方案（见图 20-3），或采用两台断路器的两进一出式接线方案（见图 20-4），或用于双母线系统的单台 CB 的布置方案（见图 20-5）。在 CB 两侧的 CT 及 DS—ES 的数量、布置方式可按用户不同要求设计，由于元件已标准化，因此其组合设计很方便，也很容易实现标准化组合方案的生产。

252kV H·GIS，可以在 252kV T·GCB 及 GIS 元件基础上设计，在 CB 断口两侧（或一侧）装 252kV GIS 的 DS—ES，这是一种快速、简便、可靠的实施方案，见图 20-6a。用于双母线系统的 H·GIS 在 CB 的一侧应布置两组 DS，可用 252kV T·GCB 与 252kV GIS 的 DS—ES 元件组合，见图 20-6b。

用于 H·GIS 中的 DS 和 ES 同 GIS 一样，也面临着简化结构，使 H·GIS 小型化的问题。

简化的重点是开发多工位的隔离开关，这种 DS 与 ES 共用一个动触头、一个操作机构，如图 20-7 所示。在图 20-7 中，位于 CB 右侧的隔离开关有两个断口，分别与两条母线相连。常规产品是两组 DS 和一组 ES，在此合三为一，三个断口共用一个旋转式的动触头。三台操作机构简化为一台，机构输出轴直接带动动触头运动，省掉了传动机构及 DS—ES 之间的操作联锁装置，产品结构大大简化，工作可靠性大大提高。

配用的操动机构应具有正、反时针双向旋转输出能力。因为，无论动触头在何种工位，需转换工位（切换母线或接地）时，都可能是顺时针或逆时针操作。动触头不能单向旋转，否则会造成不允许的接地。

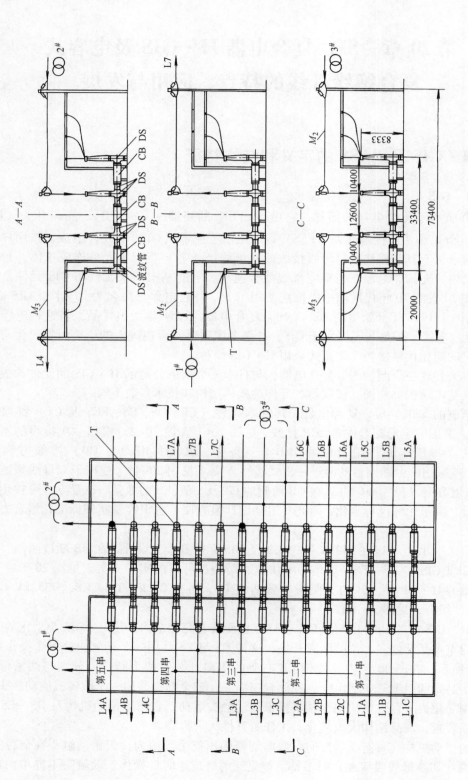

图 20-1　ZHW-550 SF₆ 复合电器 3/2CB 接线布置图

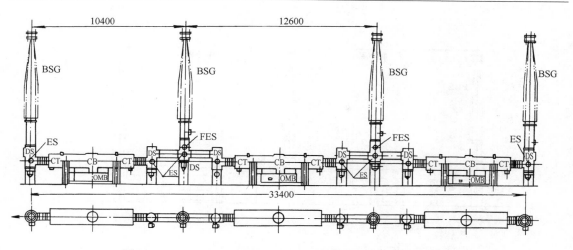

图 20-2　ZHW-550 型 H·GIS（3/2CB 接线）一串产品布置图

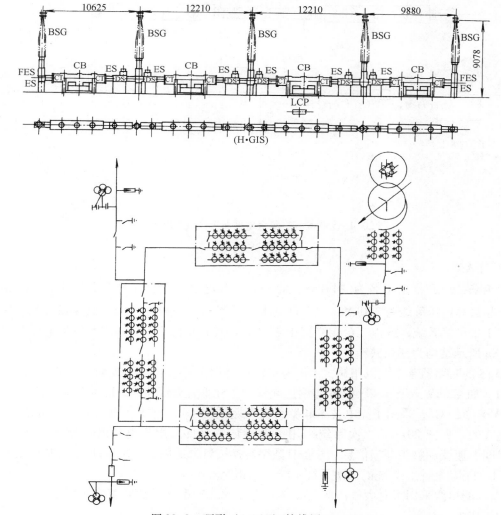

图 20-3　环形（4/3CB）接线用 H·GIS

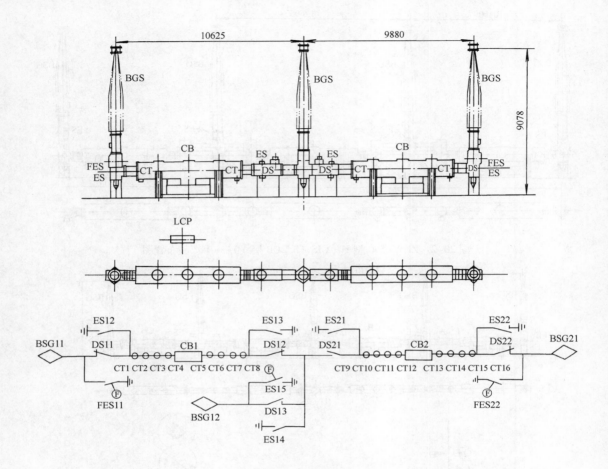

图 20- 4　550kV SF$_6$ 复合电器布置图（2CB 接线）

20. 1. 2　PASS

　　近年来，ABB 推出了名为"PASS"的 SF$_6$ 组合电器，组合元件与我国 H · GIS 相近，现有产品最高电压等级为 300kV，有两种基本结构形式，一种用于双母线系统见图 20- 8b，一种用于单母线系统，或由三台相连用于 3/2CB 接线，见图 20- 8a。在 170kV 电压及以下，图 20- 8a 所示结构为三相共箱。

　　PASS 的断路器基本上以用罐式 CB 为主，也有用 P · GCB 与常规敞开式隔离开关简单组合的（如 420kV 双断口 P · GCB 与两边配置的单柱垂直双臂伸缩式隔离开关组合）。

　　PASS 中的 CT，采用了光电技术和罗科夫斯基线圈 CT。电压互感器有电容分压式，也有光电式的，见图 20- 9。二次系统采用了新型传感元件，用光电技术采集 SF$_6$ 密度、行程—时间、速度、触头磨损信息，并备有数字转换接口，适用于二次自动化监测与保护。因 CT、VT 的容量较小，传统的二次系统不能与之相配。

　　PASS 的出线采用了对大气污秽适应能力更强的、轻型的硅橡胶复合绝缘子，减少了运行维护工作量。

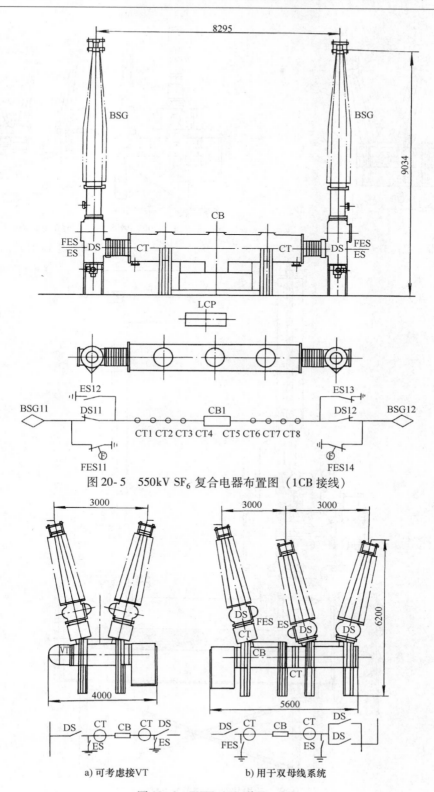

图 20-5　550kV SF₆ 复合电器布置图（1CB 接线）

a) 可考虑接 VT　　　　　　b) 用于双母线系统

图 20-6　ZHW-252 型 H·GIS

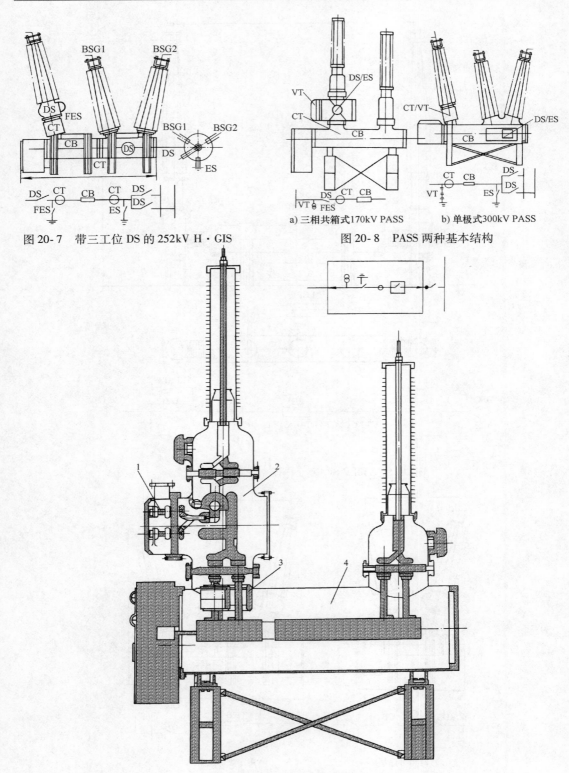

图 20-7 带三工位 DS 的 252kV H·GIS

图 20-8 PASS 两种基本结构

a) 三相共箱式170kV PASS   b) 单极式300kV PASS

图 20-9 三相共箱式 170kV PASS 内部
1—光电式 VT 2—复合式 DS/ES 3—罗科夫斯基线圈 CT 4—CB 灭弧室

20.2　AIS、GIS、H·GIS 及 PASS 的特点分析

20.2.1　结构和功能对比

表 20-1 列出采用 3/2CB 接线的空气绝缘敞开电器 AIS、GIS、H·GIS 及 PASS 的结构及功能对比。

表 20-1　AIS、GIS、H·GIS、PASS 的结构及功能对比（3/2CB 接线方式）

比较项目	AIS	GIS	H·GIS	PASS
线路侧 DS 及 ES、FES 设置	齐全	齐全	齐全	取消，以 CB 代替；或减少 DS 用量（见图 20-10）
SF₆ 气室分隔	—	CB 与 DS 气室分离	CB 与 DS 气室分离（见图 20-10）	CB 与 DS 为同一气室（见图 20-10）
CT 二次容量	大，常规二次系统可配	同 AIS	同 AIS	小，二次只能用电子元件
CB 维修时的停电范围	主母线及送电线不必停电	同 AIS[①]	同 AIS[①]（见图 20-10、图 20-11）	主母线、送电线及邻近 CB 都必须停电（见图 20-10、图 20-11）
故障影响面	故障 CB 可用 DS 与系统隔离	同 AIS	同 AIS（见图 20-10、图 20-11）	故障 CB 不可用 DS 与系统隔离，主母线及邻近 CB 必须停电（见图 20-10、图 20-11）
瓷套维护	费时间，维护费用高	维护极少	维护极少	维护极少
产品运行可靠性	较低	高	高	高
扩建工程的方便性	主母线停电时间较长	主母线停电时间很短	同 AIS	同 AIS
监控保护智能化水平	较低	较低	较低	较高

① CB 检修完毕抽真空充气时需短时停电，以保证抽真空过程中内绝缘的可靠性。

20.2.2　对 H·GIS 和 PASS 的评议

（1）PASS 在线路侧取消 DS 和 FES 是基于开关设备可靠性的提高、维护保养需求的减少。这种想法是正确的，但实施不易。

实施不易的原因，一是开关设备本身还没达到免维护和极少维护的水平，大多数产品都只能做到"少维护"；二是我国电网运行管理水平还不很高，我国电网运行故障率较高。在这种形势下，相对于 H·GIS 来说 PASS 的缺点（不能隔离故障点、检修停电范围大、CT 容量小）就显得突出，因而 PASS 智能化的优点在近年很难发挥大的作用。但其发展的必然趋势值得重视。

（2）近年，在某些地方受限制不能选用 AIS、投资又较紧张不能选用 GIS 的电站，推广使用 H·GIS 更适合中国国情，能给使用维护带来更多的方便。

（3）可以认为 PASS 是 H·GIS 的一个品种，其一次元件较简单而二次系统具有一定的

智能监测保护功能，对于某些欲实行自动化管理的单母线及双母线接线电站，而且又能接受因取消部分 DS、ES 后可能带来的麻烦，可考虑选用 PASS。

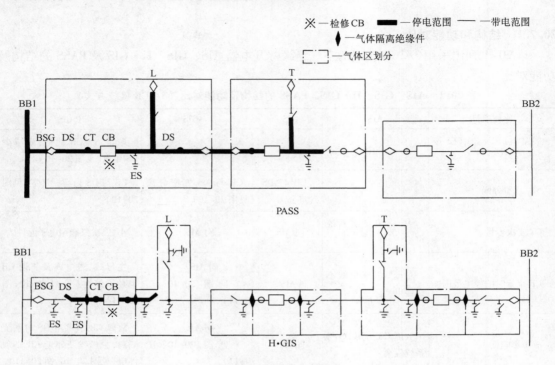

图 20-10　CB 内部检修时的停电范围（一）

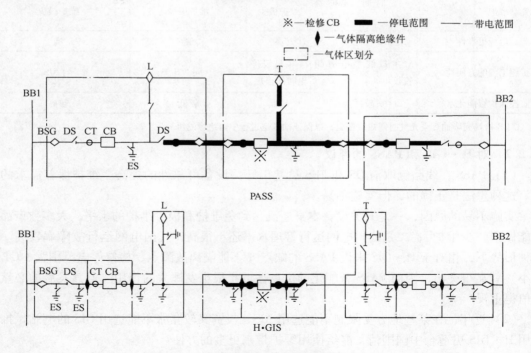

图 20-11　CB 内部检修时的停电范围（二）

（4）H·GIS 具有广阔的发展前景，其一次元件与 GIS 一样应进一步小型化；二次系统应加快智能化有关工作的开发进度。这是一场技术与市场的竞争。

20.3　选用 H·GIS 的技术经济分析

H·GIS 具有高的技术经济指标，在使用性能方面具有与 GIS 相近的可靠性和维护的简便性；在经济上可使用户受益。以 550kV 3/2CB 接线一串 H·GIS、GIS、AIS 相比，它的产品价格比 GIS 省 53%，为 AIS 的 1.5 倍。计入地皮费、土方开挖费后，开关站总投资估计比用 GIS 省 45%~50%，比用 AIS 贵 30% 左右，见表 20-2。

表 20-2　3/2CB 接线的 AIS、GIS、H·GIS 主要技术经济指标比较

	AIS	GIS	H·GIS
开关站占地面积	A_1	$B_1 = 0.15A_1$	$C_1 = 0.46A_1$
开关设备投资	A_2	$B_2 = 3.2A_2$	$C_2 = 1.5A_2$ $C_2 = 0.47B_2$
计入地价后开关站投资估计	A_3	$B_3 = 2.8A_3$	$C_3 = 1.30A_3$ $C_3 = 0.5~0.55B_3$
对环境污秽的适应性	差	好	好
运行可靠性	较低	高	高

对于 252kV 电站，H·GIS 与同功能的 AIS 电器相比，能省地皮 55% 以上，产品价格约为 AIS 的 1.2 倍左右。因此，H·GIS 在 252kV（当然包括 126kV）电网的使用前景也是乐观的。

（附：表 20-2 中尺寸 A_1、B_1、C_1 的原始数据：$A_1 = 160\text{m} \times 17.15\text{m} = 2744\text{m}^2$　$B_1 = 25\text{m} \times 15.6\text{m} = 390\text{m}^2$　$C_1 = 73.4\text{m} \times 17.15\text{m} = 1260\text{m}^2$）

20.4　550kV H·GIS 使用示例

图 20-1 示出 550kV 3/2CB 接线电站的产品布置方式。该站共用 H·GIS 五串，为升压站。有 1$^\#$~3$^\#$号主变接入电站架空母线。其中 1$^\#$主变要跨越出线 L$_4$ 接入高层架空母线后送到第 4 串 H·GIS（参见图 20-1 的 *B—B* 剖面图）。2$^\#$及 3$^\#$主变接入低层架空母线分别送到第 5 及第 3 串 H·GIS。

每串 H·GIS 包括 3 台 CB、8 组 DS、4 组出线套管、6 组 CT 及相应数量的 ES、2 组 FES（装于出线上）。为方便检修，每个 CB 罐（包括 CT 在内）应为一独立气室并配有独立的 SF$_6$ 密度控制器。靠母线侧的两组隔离开关与套管气室相通，中间出线套管与三组 DS 相连，但只与两组 DS 共用一气室，另一组 DS 为独立气室。这样设计是为了在检修故障 DS 时尽量减少停电面积。H·GIS 气室之间用盆式绝缘子相隔。

为方便安装和检修，在 CB 两端各装了两只波纹管。在正常运行时，波纹管还担当调节产品壳体热胀冷缩尺寸（并减轻其应力）的功能。

20.5 复合电器的演变

高压开关的变革一直影响着电站的变革。很长时间来人们一直关注着变电站主接线的简化，简化的重点长期放在断路器上，因为以往的断路器质量欠佳，不可用时间较长，因此在满足一定的使用灵活性和可靠性前提下尽量少用断路器，很少注意为数众多的隔离开关。其实隔离开关（尤其是电动操作的隔离开关），不仅主触头发热而且还有操作失灵等问题，也一直干扰着变电站运行的可靠性。随着 SF$_6$ 断路器产品性能和运行可靠性的不断提高，在各种运行工况下都能很好地工作，而且很少维护。因此简化变电站主接线及计算可靠性所需的判据也跟着发生了变化。人们对隔离开关的设置产生了新的看法。

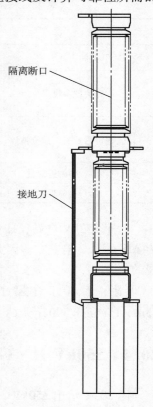

首先是 ABB 公司在前几年推出了减少隔离开关用量的 PASS（罐式结构）（见图 20-9）。近年来 ABB 又推出了取消隔离开关、但具有隔离开关功能的断路器 DCB（见图 20-12），如果把这一设计思想引申到图 20-9 的产品上去，那就是新一代的无隔离开关的 PASS。这种 DCB 或完全取消隔离开关的 PASS 有什么优点呢？我国用户可以普遍地接受它吗？

它的优点突出：简化了电站接线，降低了设备的维护成本（ABB 认为 90% 维护费花在隔离开关上），降低了变电站投资费用，提高了运行可靠性（断口在 SF$_6$ 气腔内，故障率下降约 50%），减少了电站的占地面积（单母线接线可降低 40% ~ 50%）。但是，它的缺点也是突出的。ABB 是基于断路器极少维护或不维护的观点才推出少用和不用隔离开关的产品，然而现实不是那么理想。国内外的断路器离极少维护和不维护还有一些距离。一旦断路器要退出检修时，在单母线电站，一线一开关，开关修理，线路就停电；在双母线双断路器接线电站，任一台断路器要退出检修时，都得迫使两条母线短时停电，退出待修开关后母线再带电，由另一台开关送电；在双母线一倍半开关接线的电站，也会因无隔离开关，欲退出与母线相连的一台开关检修，必将该母线短时停电。用电单位不会欢迎这种停电。另外，隔离断口封闭在 CB 瓷套内，看不见，也会令我国电站运行人员失望。因此，目前还看不出这类产品在中国有多大市场。

图 20-12　带隔离断口的断路器（DCB）

我国电力部门有些人，基于不用隔离开关的观点，看到了 ABB 产品的不足，提出了"可移动电器"的设想[44]：将瓷柱式 SF$_6$ 断路器改制成小车式结构，电动操作，并把 CT 和 CB 同装在小车底架上，在 CB 上端子和 CT 头部端子上各装一个插入式动触头构成一个瓷柱式可移动的复合电器，还有一排门型母线构架，上面装标准结构设计的瓷柱和静触头（铜棒），VT 与避雷器还可组装在一起，固定在母线构架旁（见图 20-13）。这种复合电器的特点是：

（1）可移动。在双母线双断路器结线和双母线一倍半断路器接线电站，检修任一台 CB

都不必停电。在单母线单断路器接线电站，只要电站备置一台 CB 小车，检修时拉出待修小车，推上备用 CB 就可送电，使用灵活方便。与 ABB 固定式 DCB 相比，优点突出。

（2）若要检修出线，可拉出小车，使被检线路脱离母线，有可视隔离断口，安全放心，适合我国用户运行习惯。

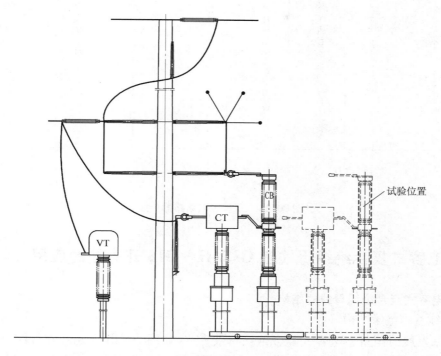

图 20-13   可移动电器装于单母线接线变电站

（3）变电站结构简化，占地少（可节省面积 60% ~ 80%），运行可靠性高，维护少，电站设备综合投资降低。

（4）可适用于各种单母线、桥型、双母线角型、双母线变压器、双母线双断路器及双母线一倍半断路器接线。尤其是双母线双断路器接线更具特色（见图 20-14），将它用于运行方式变化大、回路多的大型枢纽变电站非常理想。它具备了双母线分段带旁路和一倍半断路器接线的优点，运行灵活，检修方便，即使某条回路两台断路器同时发生故障，也只影响该条线送电，不必停母线，方便变电站分期建设和扩展的需要。

（5）CT、VT 等回路结构简单，无隔离开关繁琐的辅助接点，使控制信号回路简化、投资下降。

总之，不断发展演变的复合电器是个新生事物，对于它的优点和缺点都有待进一步深入认识，例如暴露在大气中的隔离插头（它代替了隔离开关），如何从结构设计上让小车推入方便、好调、好装；如何保护它电接触可靠，具有较好的抗氧化防风砂的能力；将可移动和无隔离开关的概念引入罐式复合电器后，因重量增大，小车的拖动装置如何做得可靠、操作轻便等问题都有待研究。但这些问题可以解决，困难可以排除，因此复合电器的发展前景是光明的。

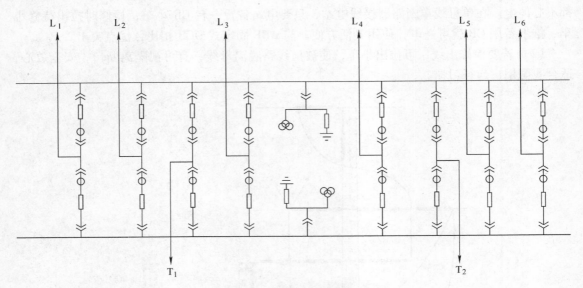

图 20-14　双母线双断路器接线

20.6　电容式复合绝缘母线在 GIS/H·GIS 开关站的应用

20.6.1　电容式复合绝缘母线的结构

1. 母线基本绝缘结构

近年来发展的创新型电容式复合绝缘母线[69]，如图 20-15 所示。在母线（铝管或钢管）外包聚酯薄膜→镀铝膜→聚酯薄膜→镀铝膜→……构成多重电容屏，不仅母线径向电场分布均匀，而且母线轴向及端部空间电场分布的均匀度也令人满意。

聚酯薄膜包扎中沾有硅油。因此称为复合绝缘。

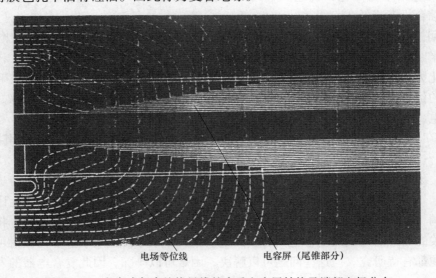

　　　　　　　电场等位线　　　　　　　电容屏（尾锥部分）

图 20-15　电容式复合绝缘母线的多重电容屏结构及端部电场分布

该母线已在中低压电网安全运行多年，积累了宝贵的设计、制造及运行经验，为向高压/超高压发展创造了条件。

2. 母线与母线的连接头

长母线中，母线与母线连接方式有两种：

（1）72.5kV 及以下原则上采用母线导体现场快速电焊，焊后现场用包扎机自动包绕电容屏，整个母线都被包封于连续的多重电容屏中，运行实践证明，这种连接方式母线接头对地及相间绝缘都很可靠。

（2）对于 126kV 及以上母线，当方便采用现场焊接时，还可以用上述办法处理母线接头绝缘。也可以用预制的母线接头，如图 20-16 所示，导体可采用软联结、硬联结或弹簧触头插接。

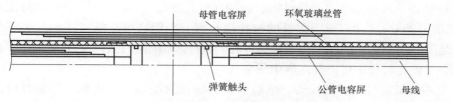

图 20-16　电容式复合绝缘母线预制接头示意

3. 母线与 GIS/H·GIS 接口

图 20-17 示出电容式复合绝缘 GIS 接头 GS，它的右边为全绝缘母线，左边的绝缘筒 A 用环氧树脂浇注。左端与 GIS/H·GIS 相连，导电杆 B 插入 GIS/H·GIS 内部的触头。A 筒左边充 SF₆ 气体与 GIS/H·GIS 中的气室相通。

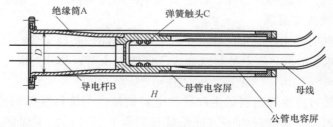

图 20-17　与 GIS/H·GIS 相连的电容式复合绝缘 GIS 接头 GS

供 GIS/H·GIS 进出线用的还有电容式复合绝缘套管 BS，可替代充气套管，它的下部与 GS 左边结构相似，与 GIS/H·GIS 相连，它的上部设置有硅橡胶伞，供 GIS 引出线用（如图 20-19 中的 BS），也可用于 H·GIS 出线与下述的 U 形母线相连（见图 20-18）。

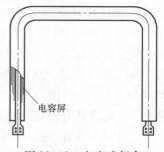

图 20-18　电容式复合绝缘 U 形母线

4. 与 H·GIS 配合使用的 U 形母线

U 形母线中心导体为铝管，外包复合绝缘电容屏。每两个 U 形母线相并构成一相母线分支 T 形接头，解决了母线 T 形接头不能包绕主绝缘的工艺难题。

20.6.2　电容式复合绝缘母线的特性

有机绝缘母线最令人关注和担忧的是其局部放电及由局放决定的电寿命。我国有机绝缘母线经多品种多年运行检验，能进入高压/超高压领域使用的只有一种——电容式复合绝缘母线，因为它具有如下优良可靠的电气性能。

1. 绝缘介质性能优良

（1）聚酯薄膜介电强度好。介电强度 150~250kV/mm，是聚四氟乙烯带的 7~9 倍，是硅橡胶的 7~10 倍，是环氧树脂的 5~8 倍。允许长期工作场强 30~50kV/mm，也是上述三者的 10 倍多。

聚酯薄膜经多种产品数十年运行检验，绝缘性能稳定可靠，作为母线主绝缘介质，是保证母线安全运行的基本条件。

（2）聚酯薄膜机械强度高。聚酯薄膜抗拉 147~205MPa，是聚四氟乙烯带的 10 倍多，其包扎力大，电容屏包扎紧密。残留气体极少，减少了产生局放可能性，提高了局放起始电压值。

（3）硅油进一步提高了主绝缘性能。硅油介电强度高（45kV/mm），及允许工作温度范围宽（−50~120℃），使它成为很好的包扎填充剂。利用它填充电容屏头及聚酯薄膜叠层间的微小缝隙，填充聚酯薄膜上微米级的针孔，进一步提高了主绝缘的介电强度，硅油的排挤作用减少了包扎过程中可能夹入屏中的空气。

（4）电容屏极板材料特性优秀。电容极板为镀铝聚酯薄膜，柔软，包绕性好。运行时与主绝缘材料同温同步胀缩，使包绕层间不会因运行温差而产生间隙，破坏局放特性。

可见：母线主绝缘介质的优秀电性能和机械特性，为母线保持可靠优良的局部放电特性提供了物质保证。

2. 机器包扎、质量稳定

直形及弯形母线都采用包绕机自动包扎，带宽、带厚及包扎力恒定，无人为因素干扰，是减少屏中残留空气、提高局放性能、稳定批量生产母线质量的工艺保证。

3. 局部放电特性优良可靠

母线电容屏内电场可通过结构尺寸调整和电场计算而控制在安全的允许范围之内，满足安全可靠的运行要求：0.38~252kV 母线在 1.2 倍线电压时、363kV 以上母线在 1.2 倍相电压时，局部放电量 ≤5pC。

局部放电特性是有机绝缘材料的生命线。电容式复合绝缘母线从结构设计、电场计算、材料选用、包绕工艺、质量管理等多方面给优良的局放特性提供了保证，为该母线进入高压/超高压领域奠定了基础。

4. 母线接口绝缘可靠

采用公管-母管多重电容屏组合设计，使母线→母线接口、母线→其他电器接口相关部位电场分布比较均匀，使这些接口处的对地和相间绝缘能力提高，而且其性能稳定，不受装配人为因素的干扰，这是该母线的最大特点。这一特点也为该母线能与高压/超高压 GIS/H·GIS 联合使用创造了条件。

20.6.3　电容式复合绝缘母线与 GIS/H·GIS 配合使用及意义

1. 电容式复合绝缘母线（简写代号 CIL）在 GIS 中的应用

在图 20-19 中示出：

M_1——GIS 的进出分支母线可用 CIL；

W——SF₆ 母线弯头可用 CIL 弯头；

GS——CIL 与 GIS 联结的电容式复合绝缘 GIS 接头。

以电容式复合绝缘母线代替部分充 SF₆ 的封闭母线，减少 SF₆ 用量，降低 GIS 成本，简化 GIS 的气体管理，减少 SF₆ 气体对环境的不良影响。

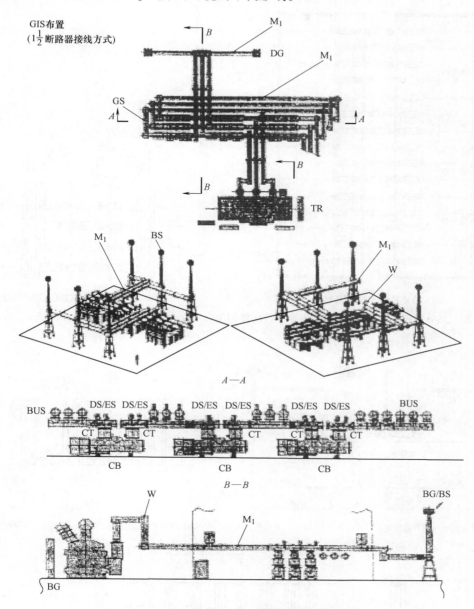

图 20-19 GIS 中可能采用电容式复合绝缘母线的示例

2. 电容式复合绝缘 U 形母线（UM）在 H·GIS 开关站的应用

在图 20-20 及图 20-21 中示出：

UM——电容式复合绝缘 U 形母线 UM 取代架空线。

图中示出以 UM 代替架空线后，550kV H·GIS 开关站宽度显著地缩小 38m 多，同时也简化了母线钢构架、节省了开关站投资、提高了母线运行的可靠性。特别适用于地皮十分紧张、电站投资不宽裕、无力购置或不愿使用 GIS 的电站选用。

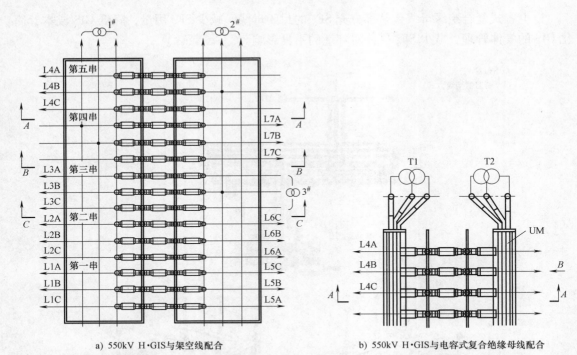

a) 550kV H·GIS 与架空线配合

b) 550kV H·GIS 与电容式复合绝缘母线配合

图 20-20　550kV H·GIS 开关站中使用架空线与使用电容式复合绝缘母线（CIL）的比较（顶视图）

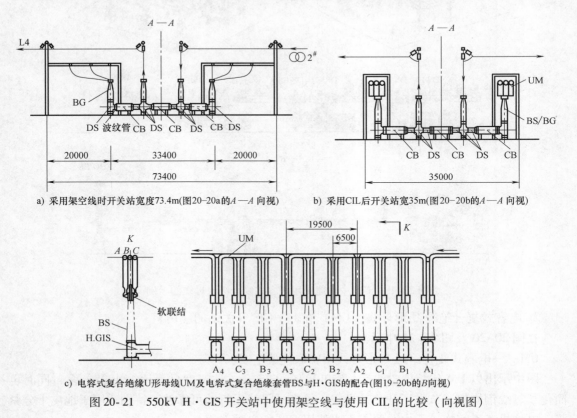

a) 采用架空线时开关站宽度73.4m(图20-20a的 A—A 向视)

b) 采用CIL后开关站宽35m(图20-20b的 A—A 向视)

c) 电容式复合绝缘U形母线UM及电容式复合绝缘套管BS与H·GIS的配合(图19-20b的 B 向视)

图 20-21　550kV H·GIS 开关站中使用架空线与使用 CIL 的比较（向视图）

U 形母线的排列及支撑：三相母线水平方向并列，见图 20-21c，B 相居中，三相靠近用钢架吊装支撑。各相 U 形母线跨间隔将同相序的 H・GIS 出线套管 BS 相连，如：A_1—A_2，A_2—A_3……等。U 形母线端头用软联结与 H・GIS 套管相连，接线方便。

20.6.4　电容式复合绝缘母线（CIL）的应用前景

CIL 通过在 GIS/H・GIS 中的使用，积累运行经验。考察 CIL 的运行可靠性，可以预测 CIL 具有更广阔的应用前景。

1. CIL 更符合环保要求

与 SF₆ 气体绝缘输电母线 GIL 相比，CIL 不用 SF₆，更符合环保要求。CIL 运行维护更简便、成本更低、体积重量更轻小，现场安装更方便。可以预测，我国首创的电容式复合绝缘母线（CIL）今后可能与 GIL 一起同步进入高压/超高压输电网，从而满足多样化的需求，给用户以更多的选择。一条真正的高电压大容量绿色环保输电线正在人们的努力追梦中渐渐显现出来……

2. CIL 在超/特高压直流穿墙套管上的应用

超/特高压直流阀厅穿墙套管电气性能高、尺寸长（800kV 套管总长 20 多米），按现有瓷套及复合绝缘套管的设计结构和制作工艺很难同时满足高电气和高机械强度要求，成为行业内世界性的难题。

采用 CIL 技术，用导电性能较好的合金铝管（如超硬铝管）做中心导体，兼作套管骨架，机械强度高；外包的多重电容屏结构简单、无绝缘隐患，具有稳定可靠的绝缘性能[119]。这为我国超/特高压直流套管的研发带来希望。

3. CIL 在预装式模块化变电站中的应用

现已起步、未来必将得到推广的预装式模块化变电站，将一、二次融合的智能化设备按功能组合为模块，在工厂组装调试预制好，送现场模块化组装。这一变革，将使电站设计标准化、简单化，使电站占地缩小、安装简约快捷、设备组装可靠性提高，也使电站节约投资。在这种新型的模块化变电站中，各高压元件（模块）间的电气联结必须采用结构紧凑、绝缘可靠的电容式复合绝缘母线（CIL）。

4. CIL 在紧凑型中压配电柜中的应用

为实现中压配电柜小型化、高可靠的变革，经历半个世纪的寻找，作者与合作者共同研制成功 10kV 紧凑型环网柜，利用电容式复合绝缘母线将空气绝缘的真空环网柜宽做到 400mm[120]，利用这一技术也可将空气绝缘的 35kV 真空配电柜宽压缩到 800mm，为中压配电柜实现环保型不充气、小型化、高可靠（适于潮湿污秽环境）的变革展现了光明的前景。

第 21 章 SF₆ 交/直流 GIL 的设计与研究

SF₆ 气体绝缘高压刚性输电线路（常简称 SF₆ 绝缘输电母线，英文缩写为 GIL），由金属外壳、导电母线、支撑绝缘件、伸缩节等件构成，在高压交流/直流电网都可使用。

21.1 GIL 的特点

1）与架空线相比，GIL 结构紧凑、安全可靠，特别适于核电站、水电站内高压电器间的母线联络（包括水电站中常见的竖井、斜井中的母线）。

2）传输容量大（传输功率可达数 GW），传输损耗小（单位长度损耗约为架空线的 1/3，为电缆的 1/2）[68]。从市郊向市中心远距离传输高压/超高压大容量电能时，高压电缆已相当吃紧了。高传输效率的 GIL 却能胜任，在 126 ~ 1100kV，大至 6300A 的输送电流都可选用 GIL。

3）无电磁干扰。在人口稠密的大城市地下变电站，不宜用架空线和电缆时，采用 GIL 传输高压大容量电能很合适。

4）过江河湖海的地下隧道母线不能用电缆时，可选用 GIL。

5）某些山地和特殊地形处的高压大容量输电线路，选用 GIL 可能比架空线更合适。

6）GIL 电容电流小，末端电容效应小，沿线电压分布比较均衡，无功补偿或无或简，适于高压大容量长距离输电。从技术上看，GIL 已进入成熟发展期。

7）制造成本较高，设备投资较大，限制了它的使用范围。

21.2 GIL 的应用

1）国外已使用 GIL 近 40 年。电压从 135 ~ 1000kV，主要产品分布在 245 ~ 550kV。主要生产企业分布在美国（AZZ）、瑞士 ABB、日本、法国电力公司等。目前已投运 GIL 总长已超过 400km。法国电力公司计划铺设 100km、400kV 地下电网。

2）我国最早（1992 年）用于广西天生桥水电站（500kV、50m），随后 1993 年在我国香港地区（420kV、485m）、1998 年在大亚湾核电站（500kV、3008m）以及 2004 年在广东湛江奥里电厂（500kV）、2005 年在青海拉瓦西水电站（800kV、2928m）、2004 年在浙江杭州瓶窑变电站（500kV）和上海黄杜变电站（220kV）都用了 GIL。

因制造成本较高，因此使用量不大。随着我国西部水电的发展、城市规模及用电负荷的发展，以及国家经济实力的增长，GIL 市场已逐步进入发育壮大期。

但是，从环保考虑，SF₆ 是被限制使用的气体（它的大气变暖系数是 CO_2 的 23900 倍），近年来国内外在积极研制 SF₆/N₂ 混合气体 GIL；同时，在人们期待高电压大容量绿色输电线路时，不得不追求更具诱惑的梦想。

21.3　GIL 的基本母线单元及气隔单元的长度设计

1. 基本母线单元

考虑集装箱长 12m 和山地运输条件，GIL 基本制造单元（运输单元）长度取 12m 较合适（运输条件方便时可取 18m）。气隔单元长度设计，要考虑现场布置、检修方便、GIL 总长及制造成本。当 GIL 总长不大、走向曲折、地形复杂、江河隧道铺设时，每个气隔单元取 48m 左右较好；对于长距离地面或地下 GIL，每气隔单元长可取 100m 左右。每个气隔单元使用不透气的盆式绝缘子将 SF₆ 分段隔开。

2. 竖井及斜井中 GIL 的气室分割

竖（斜）井内铺设的 GIL，SF₆ 气体因自重下沉而使上下密度分布不均匀。垂直竖井中的 GIL 气体隔室类似于单一气体静气柱，气柱中某一高度的气压由下式计算[67]：

$$p_h = p_0 \left[1 + \frac{\left(1 + \frac{h}{MT_0}\right)^{\frac{M \cdot g}{R}} - 1}{Z_0} \right] \qquad (21\text{-}1)$$

式中　p_0——隔室顶部气体压力（MPa）；

　　　h——隔室某点离顶部高度（m）；

　　　M——气体温度变化率（m/K）；

　　　T_0——隔室顶部气体温度（K）；

　　　g——重力加速度（m/s²）；

　　　R——SF₆ 气体常数，56.2J/kg·K；

　　　Z_0——隔离顶部气体压缩系数（对理想气体状态方程进行修正的系数），

　　　即 $Z_0 = \frac{p_0}{\nu R T_0} \times 10^{-6}$

将 Z_0 代入式（21-1）：

$$p_h = p_0 + \nu R T_0 \left[\left(1 + \frac{h}{MT_0}\right)^{\frac{M \cdot g}{R}} - 1 \right] \times 10^{-6} \qquad (21\text{-}2)$$

隔室某一高度气体的温度 T 为

$$T = T_0 - \frac{h}{M}, \quad M = \frac{h}{T_0 - T} \qquad (21\text{-}3)$$

隔室底部与顶部的气压差 Δp 为

$$\Delta p = \nu R T_0 \left[\left(1 + \frac{h}{MT_0}\right)^{\frac{M \cdot g}{R}} - 1 \right] \times 10^{-6} \qquad (21\text{-}4)$$

式中　ν——SF₆ 密度，6.07kg/m³×5 = 30.35kg/m³（20℃，0.5MPa 时）。

在式（21-3）中，取隔室高 $h = 100$m，顶部气温 $T_0 = 50$℃，底部 $T = 45$℃时，得到隔室气体温度变化率 $M = 20$，将这些值代入式（21-4）得到隔室上下气压差为

$$\Delta p = 30.35 \times 56.2 \times 50 \left[\left(1 + \frac{100}{20 \times 50}\right)^{\frac{20 \times 9.8}{56.2}} - 1 \right] \times 10^{-6} = 0.034\text{MPa}$$

计算表明，当取 $h = 100$m 时，$\Delta p = 0.034$MPa，上下差值明显，再考虑抗震支撑等因

素，气室分隔的最大高度不应大于 100m。因上部气压低于下部，因此每个气室的 SF$_6$ 密度控制器应设在该气室顶部附近。

21.4　GIL 的热胀冷缩及其调节

GIL 是个长度可观的线性元件，环境温度、通电母线及壳体的温度变化都会引起导体及外壳的胀缩，对这种胀缩量的调节是必不可少的。

1. 导电母线及触头间隙的调整

GIL 通电运行时，母线温升高于外壳。极限状态，母线温升（30～65）K，外壳温升（15～30）K，两者最大温差 50K，两者同材质（铝管及铝板），线胀系数相同，因此每个基本制造单元运行时外壳与母线长度变化差值最大为

$$\Delta l_1 = \alpha \cdot \Delta T \cdot L_1 = 23.9 \times 10^{-6} K^{-1} \times (65 - 15) K \times 12000mm = 14.3mm$$

这 14.3mm 就是常温装配时，母线插入联结触头后，母线端头与触头底部之间必须留的最小间隙。此间隙太小，母线膨胀时有可能顶坏触头。

2. GIL 外壳胀缩的调整

GIL 每个气隔单元设一个波纹管（膨胀节）来调节外壳的胀与缩。设 GIL 组装温度为 20℃，夏天极限温度为 40℃ + 30℃ = 70℃，冬天停电备用时极限低温为 -40℃，对应 20℃ 时，最大的温差值为 $\Delta T_2 = 20℃ - (-40)℃ = 60℃$。

波纹管必须具备的伸缩调节量为：

$$\Delta l_2 = \alpha \Delta T_2 L_2 = 23.9 \times 10^{-6} K^{-1} \times 60K \times 48000mm = 68.8mm$$

21.5　绝缘介质气压设计

用纯 SF$_6$ 气体时，额定气压常取（0.5～0.6）MPa，补气气压取（0.4～0.5）MPa。当用高纯 N$_2$ + SF$_6$ 时，两种气体的用量比，可根据环境温度条件、GIL 尺寸的选择及制造成本综合考虑，没有严格的限定。高纯 N$_2$ 及干燥空气可以作为 GIL 的绝缘用，但是考虑到其气压太高（不低于 2MPa），从安全角度考虑不可取。

21.6　GIL 母线的电接触及母线支撑

1. GIL 母线的电接触设计

从经济角度考虑，GIL 母线宜用铝管（6061、6063 等），母线之间可用梅花触头联结，也可用更简单的导电性能更好的弹簧触头联结。电接触面都应镀银。

一个基本制造单元的母线，其一端可以固定联结在盆式绝缘子中心的触头座上，另一端插入弹簧触头中。也可以两端都用弹簧触头联结，但其中一端应有螺钉从触座侧面将它与母线相连（见图 21-1 序号 8），以方便母线 3 随外壳轴向移动装拆。弹簧触头中心应设导向定位杆（参见第 8.5.2 节第 2 条）。

推荐用弹簧触头还基于它具有高耐磨特性，弹簧触头光滑的圆弧形电接触面运动时镀银层磨损很小。暂无 GIL 触头磨损试验数据，可借 GCB 试验来分析如下：

通常 126~252kV GCB 的中间滑动触头采用弹簧触头，触头行程 120~238mm，分闸速度（5~12）m/s，属于高速运动电接触，当镀银 50μm 时，银层耐磨寿命可达 10000 次。

GIL 的电接触基本上是静止的，因温差变化母线伸缩，弹簧触头以极慢的速度滑动。考虑每天因昼夜温差母线胀缩一次，触头相应滑动一次（每次运动距离小于 14.3mm，见 21.3 节），约为 GCB 的 1/10，又是极慢速滑动，因此当镀银层取 12μm 厚时，GIL 中的弹簧触头可耐受 2.4 万次滑动。按每天往复滑动一次计，其使用寿命应大于 50 年。

GIL 因不常维护，因此弹簧触头及母线采用镀炭银最好，炭银表面具有自润滑功能，不必涂润滑油脂。

2. GIL 的母线支撑方式

GIL 高压母线通过以下两种绝缘件支撑在壳体上。

（1）环氧树脂浇注盆式绝缘子

形状如前面图 6-13 所示。盆式绝缘子固定在壳体上，母线固定在盆式绝缘子中心嵌件上，或插入与嵌件联成一体的触头内（梅花触头、弹簧触头等）。在同一气室内的盆式绝缘子上设有通气孔。

这种支撑的特点是：母线支撑坚固可靠，可作 SF$_6$ 气室分隔元件，电场分布较均匀，成本较高。

（2）环氧树脂浇注支柱绝缘子（见图 21-2）。

从表 21-1 对比可知，用盆式绝缘子固定母线更好一些。支柱绝缘子可作一段母线的中点支撑。

表 21-1　两种支撑方式对比

对比项	盆式绝缘子支撑	三支柱绝缘子支撑
表面电场分布均匀性	较好	较好
支撑母线的稳定性	好	稍差
浇注工艺的可控性	浇注性好，质量可控性好	两项都较差
在电网使用量/运行时间	大量/很长	少/短
运行可靠性	可靠	现用支柱事故常发
制造成本	两者相近	

21.7　基本母线单元和可拆母线单元设计

主要结构见图 21-1。

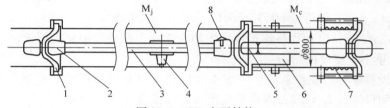

图 21-1　GIL 主要结构

M$_j$—基本母线单元：1—盆式绝缘子　2—弹簧触头　3—母线　4—支柱绝缘子

M$_c$—可拆母线单元：5—可拆短母线　6—可拆短筒　7—波纹管　8—联结螺钉

21.7.1 母线截面、长度及支撑设计

母线截面由额定电流密度 j 和抗衡短路电动力的能力来确定。分箱式 GIL 铝母线可取 $j = 0.9 \sim 1.1 \text{A/mm}^2$（电压等级高、壳体散热面积大，可取较大值），三相共箱母线取 $j = 0.7 \sim 0.8 \text{A/mm}^2$。

1. 母线抗衡三相短路电动力的能力核算[68]

GIL 发生三相短路时故障电流的交流分量被外壳感应的反向涡流与环流平衡，其中的直流分量（I_{dm}）将产生强大的电动力 F_B（N）：

$$F_B = F_{BA} - F_{BC} = 2 \times 10^{-7} I_{dm}^2 \cdot \frac{l}{a} \big[\sin\omega t \cdot \sin(\omega t - 120°) - \sin(\omega t - 120°) \cdot \sin(\omega t - 240°) \big]$$

$$= 2 \times 10^{-7} I_{dm}^2 \frac{l}{a} \left(\frac{3}{4} \cos 2\omega t - \frac{\sqrt{3}}{4} \sin 2\omega t \right).$$

令 $\mathrm{d}F_B / \mathrm{d}t = 0$，则 $-\frac{3}{2}\sin 2\omega t - \frac{\sqrt{3}}{2}\cos 2\omega t = 0$，即 $\tan 2\omega t = -1/\sqrt{3}$，在 $\omega t = (75° + n\pi)$ 或 $(165° + n\pi)$ 时，F_B 有极值。经比较，在 $\omega t = 165°$ 时，F_B 最大，由下式计算：

$$F_{Bm} = 2 \times 10^{-7} \frac{l}{a} I_{dm}^2 \cdot \left[\frac{3}{4}\cos(2 \times 165°) - \frac{\sqrt{3}}{4}\sin(2 \times 165°) \right] = 1.73 \times 10^{-7} \frac{l}{a} I_{dm}^2 \tag{21-5}$$

式中 a——相中心距（mm）;

   l——母线长（mm）;

   I_{dm}——短路峰值耐受电流（A）。

母线一端为固定支撑，另一端为轴向可移动支撑，电动力 F_{dm} 均匀分布在母线上，在相邻母线上产生的弯矩（N·mm）为

$$M_w = \frac{q \cdot l^2}{8} = \frac{F_{dm}}{l} \cdot \frac{l^2}{8} = F_{dm} \cdot l/8 \tag{21-6}$$

弯矩在母线上产生的弯曲应力（MPa）为

$$\sigma_w = M_w \Big/ \frac{\pi(D^4 - d^4)}{32D} \tag{21-7}$$

式中 D——母线外径（mm）;

   d——母线内径（mm）。

在式（21-6）中，当母线中点不用支柱绝缘子支撑时，l 为母线全长；当母线中点用支撑时，l 为母线全长的一半。母线中点支撑用三支柱绝缘子（见图 21-2b）。

要求 $\sigma_w < [\sigma_{0.2}]$，铝母线 6063，6061，$[\sigma_{0.2}] = 170 \text{MPa}$。

如果 $\sigma_w > [\sigma_{0.2}]$，电动力将使母线产生塑性变形，在母线中点必须设绝缘子支撑。

2. 母线自重下垂挠度的影响

母线即使设置了中点支撑，还要考虑 1/2 段母线自重下垂挠度对电场的影响。图 21-1 中序号 2 与 4 间母线长 $l_1 = l/2$，因自重变形下垂的挠度（mm）为

$$f = \frac{5q l_1^4}{384 E \cdot I} \tag{21-8}$$

式中　q——单元母线重量（N/mm）；

　　　E——铝管弹性模量 0.7×10^5 MPa（即 70000N/mm^2）；

　　　I——管母线转动惯量（mm^4），$I = \pi(D^4 - d^4)/64$；

　　　D——母线外径（mm）；

　　　d——母线内径（mm）；

　　　l_1——两支点间母线长（mm）。

求出 f 后，经电场计算确认对 GIL 内绝缘的影响。

3. 盆式绝缘子和支柱绝缘子的固定

一般情况下 GIL 盆式绝缘子采用外置式固定在 GIL 壳体上，结构较简单。对于过江河隧道中的管廊 GIL 和大城市地下综合管廊中的 GIL，其密封要求特别严格，应采用内置式固定方式（见图 21-2a），与外置式固定相比，泄漏通道减少一个，密封圈还可增加一道，在其他密封设计相同时，这一减一增将使内置式固定的盆式绝缘子泄漏量减小到外置式盆式绝缘子的 1/4。

同一气室中的盆式绝缘子上有通气孔。

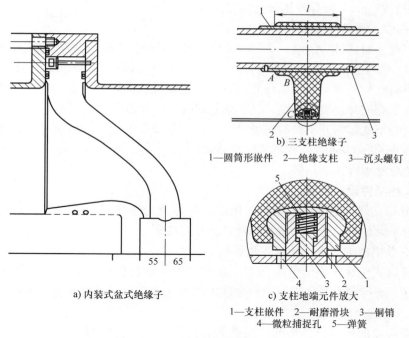

b) 三支柱绝缘子

1—圆筒形嵌件　2—绝缘支柱　3—沉头螺钉

a) 内装式盆式绝缘子

c) 支柱地端元件放大

1—支柱嵌件　2—耐磨滑块　3—铜销
4—微粒捕捉孔　5—弹簧

图 21-2　GIL 母线支撑件

为避免支柱绝缘体与母线铝管间产生装配间隙，支柱中心孔浇注有圆筒形嵌件 1（见图 21-2b），支柱与母线装配时，圆筒嵌件与母线连接方式对支柱工作可靠性影响很大。有产品在嵌件筒上钻小孔，用点焊与母线焊牢。这种点焊工艺分散性大，运行时因电磁振动力作用，常出现焊点开裂并引起电场畸变产生局部放电，影响 GIL 正常工作[72]。可靠的连接应该用沉头螺钉（见图 21-2b 中的序号 3）加不可拆螺纹紧固胶将两者拧紧，并修光可能存在的金属毛刺。

三支柱绝缘子在浇注过程中严格控制各工序的清洁度、严防嵌件表面污染特别重要。工艺过程中嵌件被污染会导致嵌件与环氧树脂间粘结不牢，若出厂时又疏忽未进行 X 射线探伤，运行时绝缘子因内部缺陷产生局放，局放发展扩大而导致支柱绝缘子爆炸[72,73]。

支柱绝缘子在 GIL 运行时，因母线温度变化而伸缩，其下端会在壳体内表面滑动，为避免摩擦产生金属微粒，支柱下端应设置由高耐磨塑料聚醚醚酮（PEEK）制作的滑块（图 21-2c 中的序号 2）；为使嵌件可靠保持地电位，在滑块内应设置导电耐磨的石墨铜销子（图 21-2c 中序号 3），弹簧 5 使序号 3 始终与外壳保持接触，序号 4 为壳体上的微粒捕捉孔。

21.7.2　交流 GIL 绝缘件积聚表面电荷的可能性及其影响

运行中的交流高压 GIL 绝缘子也有可能积聚表面电荷，表面电荷的聚散和影响不再只是直流高压电器讨论的专题。

在 GIS 的一段母线带一定容性负荷 C_{L1} 开断时，GCB 断口右侧可能贮存一定静电荷形成直流高压 $U_{L1} \approx （1 \sim 2）U_{pm}$，GCB 左侧为交流对地相电压峰值 U_{pm}。在 GCB 某个瞬间合闸时，GCB 的绝缘子在一端极性相反时将会承受（$2 \sim 3$）U_{pm}，可能导致绝缘件闪络。

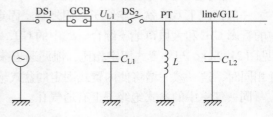

图 21-3　带容性负荷开断的 DS$_2$

在图 21-3 中，隔离开关 DS$_2$ 操作时也可能碰到类似问题。如营口华能电厂 252kV GIS，在隔离开关 DS 正常换相操作，DS 不切负荷无电弧开断时，发生了 DS 盆式绝缘子放电。经检查 DS 及其绝缘件无任何异常，认为这是盆式绝缘子表面电荷积聚引起电场分布畸变，使绝缘件表面局部场强大幅度升高，在正常工作电压下产生了局放并发展为闪络[116]。类似的故障在其他电站也有发生。

表面电荷的不良影响并不是时时处处存在。如果残留的直流电荷通过绝缘件逐步释放衰减了（通常需要 40 ~ 60min），或者未完全衰减但在开关操作时不存在交、直流电压反相叠加，也不会造成绝缘件损坏故障。

21.7.3　GIL 绝缘件设计要求

1. 场强分布良好，绝缘件表面切向场强、导体及壳体场强应符合表 4-1 及表 6-1 的要求，盆式绝缘子设计应注意第 6.2.4 节所述的几点要求。

2. 采取有效措施削减电荷积聚不良影响

（1）改善盆式绝缘子表面电场分布。通过绝缘件形状调整、绝缘件表面与高压电极相对距离的调整，来控制绝缘件表面切向场强不超过允许值，同时也使法向场强尽量小，以减小表面电荷的积聚。

（2）确定必要的绝缘设计裕度。为抵御表面电荷的不良影响，国内外研究者众多，目前暂无适于产品使用的消除表面电荷的方法。比较一致的处理办法是将绝缘子的绝缘裕度提升到 20% 左右，以抵御表面电荷对闪络电压的影响[117]。

21.7.4　可拆母线单元设计

1. 可拆母线单元的结构

为方便 GIL 的拆装、特性测试及调节 GIL 外壳尺寸冷热伸缩变化，GIL 设置了可拆母线单元 M$_e$，它包括：可拆短母线 5（见图 21-1）、可拆短筒 6、波纹管 7 及充气组件等。必要时还可在某些可拆单元上设计高压试验接口，供现场分段测量 GIL 的回路电阻及绝缘试验用。

2. 波纹管设计

（1）母线与壳体温差胀缩的极限尺寸，见 21.4 节。

（2）对波纹管的主要质量要求

例行水压试验时，无变形：不发生波纹管中轴线弯曲（柱失稳见图 21-4），也不发生波形及波距变化（平面失稳）；每组波纹管安装时轴向调节量为 ±20mm，径向 ±5mm。

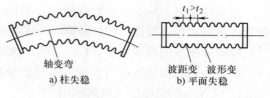

图 21-4　波纹管的破坏形态

疲劳寿命大于 10000 次，设计安全系数不小于 5 倍。气密性要求同 GIL 壳体。

21.7.5　GIL 高气密性设计

过江河隧道中的 GIL 和城区地下管廊中的 GIL 因运行空间狭小、检修维护不便，要求 GIL 比地面 GIL 有更低的年漏气率，应对其 GIL 进行高气密性设计[121]。

1. 年漏气率定值与补气周期

一般 SF₆ 电器年漏气率为 0.5% ~ 1%，额定气压 p_r、补气气压、最低工作气压常相差 0.05MPa。以 0.5% 为例，补气周期 $T_b = 0.05\text{MPa}/(p_r \times 0.5\%)$，当 $p_r = 0.5\text{MPa}$ 时，$T_b = 20$ 年，如果不补气可持续工作 40 年（到最低工作气压）。

理论计算与产品的制造和运行实际是有差距的。制造质量监管失控、制造质量的分散性、运行环境不良的影响、检修质量的分散性等因素，都会使多数产品很难做到 20 年不补气。

因此，对上述管廊 GIL 提出更高的气密性要求是可以理解的，例如年漏气率严格控制在 0.25% ~ 0.125%。

2. 高气密性的设计措施

可用的有效设计措施如下：

（1）采用内置式盆式绝缘子固定方式，年漏气率为常规外置式固定的 1/4，降到 0.125%（见第 21.7.3 节）。

（2）采用椭圆形密封圈。以代号为 T10 的椭圆密封圈为例，截面形状示于图 21-5，$d_1 = 10$，$d_2 = 16$，$r = 5$，$R = 25$。

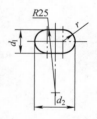

图 21-5　近似椭圆密封圈

按密封圈压缩率 25% 为例，其密封槽宽 $B = 19\text{mm}$，槽深 $h_1 = 7.4\text{mm}$ +0.1mm 与常规 O 形圈相比，椭圆密封圈工作时与金属密封面的接触环面宽（计算式（10-1）中的 l 值）至少比 O 形圈大 1 倍。由此，本书介绍的高严气密性 GIL 的年漏气率又减少一半以上：

$$y_2 < 0.5 \times 0.125\% = 0.0625\%$$

如果产品的制造、运行、维护、检修都能达到和保持这个设计指标，那么产品补气周期为 80 年左右。实际产品制造与运行很难达到这个指标，这个指标与产品寿命也不匹配。因此，制定和严格执行 0.125% 年漏气率指标符合产品实际需要。

（3）采用优质橡胶圈。密封圈材料应选择 HX807 改性三元乙丙橡胶（参见 10.3 节）。

（4）为消除焊缝泄漏隐患，必须坚持 $2p_{rm} \times 8\text{h}$ 例行水压试验；否则，很难除尽焊缝中隐藏的泄漏通道。

21.8　GIL/GIS 金属微粒的危害、产生及防治

金属微粒的危害、产生及防治参阅 1.4.3 节。

需要特别强调的是：要加强镀银件的银层接合力的质量监控。从减少金属微粒危害和减少气体泄漏的角度考虑，GIL 安装现场焊接壳体的方案是不可取的。

应重视研究的课题是：GIL 内导喷绝缘清漆对减少金属微粒的影响。

对 SF_6 绝缘面积效应较大的 GIL 还应补充以下两点微粒治理措施。

1. 设置微粒驱动器及收集陷阱

在电场力 F_e 作用下微粒与斜面电极碰撞时，产生水平向分力 F_d（见图 21-6）：

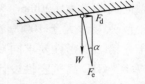

$$F_d = F_e \cdot \sin\alpha$$

利用这一特性，可将触头座设计成某种斜面（$A{-}B$，$C{-}D$）（$\alpha = 2° \sim 5°$），见图 21-7，形成粒子定向驱动器，使飞翔到绝缘件附近的金属微粒朝远离绝缘子方向运动，并在母线适当

图 21-6　与斜面碰撞的微粒产生水平方向运动力 F_d

位置设置局部低场强区 W，金属微粒运动到 W 低场强区后，微粒与内导间的静电吸力下降，当小于重力时落于壳体的粒子陷阱（粒子捕捉器）中，如图 21-7 中的粒子 a、b、c。

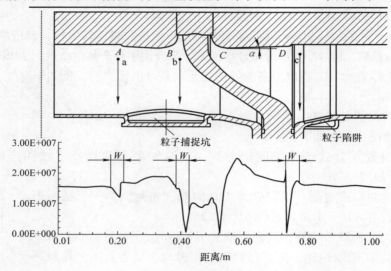

图 21-7　金属微粒的驱动与捕捉装置

2. 电老炼清理金属微粒

通过电老炼使微粒运动到图 21-7 所示的 W 低场强区，然后去掉外加电压使微粒落于陷阱。通过一定电压、一定时间的电老炼，也可使部分微粒放电烧掉，双重作用达到净化金属微粒的目的。

产品在出厂试验或运行现场进行电老炼试验时，要谨防电压快速突增，以免微粒局部放电过大引发产品内部绝缘击穿或闪络。因此，电老炼程序应该是低电压（长时间）与高电压（短时间）相配合。特高压 GIL 电老炼可参照 DL/T304 推荐的 GIL 老炼程序——$1.2U_n/\sqrt{3} \times 15min + 0.8U_g \times 3min + U_g \times 1min$（$U_n$ 为额定电压，U_g 为工频耐受电压）[76]。也可根据产品制造实际情况，通过研究试验，对加电压时间做些调整。现场检修投运前做电老炼试验，电压最高值不超过 U_g。

21.9　GIL 的外壳支撑与接地

21.9.1　波纹管变形力的平衡与外壳支撑的设计

运行中的 GIL 壳体有热胀冷缩现象，壳体胀缩会压缩或拉伸波纹管。当温差为 30℃ 时，每 18m 长的壳体伸缩量为 12.9mm；每气隔单元由 4 个基本母线单元串成时，波纹管总变形量可达 51.6mm；内径 900mm 左右的波纹管（百万伏 GIS/GIL 用），每变形 1mm 产生的弹性变形力约为 1300N，波纹管最大变形力 F_T 为 67080N。此力通过可拆单元外壳传到下一节母线外壳的固定支撑上，由外壳支撑固定螺栓承受，通常不需采用结构复杂的力平衡波纹管。

每个气隔单元的首端应设一个固定支撑，首节基本母线另一端设置滑动支撑，其余各节母线各装两个滑动支撑。滑动支撑保证壳体只在轴向可移动，左右上下都不能有位移（见图 21-10）。

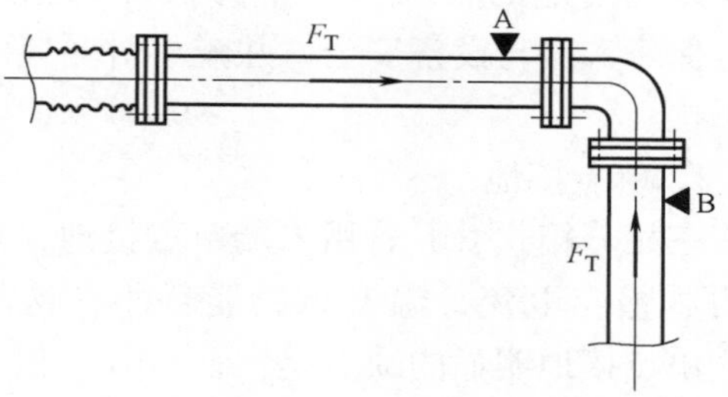

在 GIL 拐弯处，如果在某个方向有波纹

图 21-8　GIL 弯头处设固定支撑

管弹性变形力 F_T 传到弯头，则必须在弯头附近设固定支撑点（见图 21-8 中的 A、B 点）。如果不设固定支撑，让 F_T 作用在弯头，则可能引起附近壳体变形或密封结构损坏。

对于地震活动区的 GIL，气隔单元长不宜超过 50m；否则，就应在每气隔单元内多设固定支撑和相应的波纹管，以增大 GIL 的抗震能力。

21.9.2　竖（斜）井 GIL 的外壳支撑

GIL 与竖（斜）井应采用多点固定支撑。固定支撑单元内的每个壳体都应设滑动支撑。固定支撑点的数量随地震烈度的提高而加密，使 GIL 与井壁牢固地连成一体，无相对运动。国内外 T·GCB/GIS/H·GIS 在 8 级以上地震烈度区的运行表现说明：这类产品只要与大地连成一体，产品重心低，不会出现地震加速度放大的现象，产品无损坏，抗震能力很强。GIL 与 GIS 属同类产品，有相同的抗震能力。

在 GIL 正常工作时，固定支撑之间的滑动支撑（及波纹管伸缩节），可调节 GIL 的热胀冷缩。

因 GIL 多点与井壁固定，滑动支撑又限制了 GIL 的径向摆动，因此所有的波纹管不受径向弯力的损坏。

注意不合适的支撑方式：某竖井高达 200m 以上，在 GIL 最上端 A 点设一固定支撑，至下端设了多点滑动支撑。在下端设置了油缓冲器，用以调节 GIL 的轴向胀缩。在水平方向离油缓冲器不远处设有波纹管，在波纹管左方 B 点为固定支撑（见图 21-9）。[68]

该设计的不合适处是：

（1）通常滑动支撑不如固定支撑能将 GIL 与井壁牢固连成一体。在地震烈度较大地区，在地震力作用下，A 点以下的 GIL 壳体因滑动支撑中滑动间隙的存在，GIL 壳体会产生一定的摆动——A 点以下壳体因此而产生一定的地震加速度放大，相关支撑将受到较大的冲击力。

（2）因温度变化 GIL 竖直段经常伸缩，波纹管长期承受径向弯曲力 F_w，波纹管不适应这种工作方式（它在径向只允许少量的装配调节摆动）。F_w 长期作用可能导致波纹管损坏。

（3）由于竖直段上下伸缩也导致水平段绕 B 点摇动，这会影响水平段 GIL 母线电接触损坏。

21.9.3　GIL 的外壳接地

外壳接地的目的是为了降低外壳感应电压，保障人身与设备安全，并减小对环境的电磁干扰。

1. 单点接地

三相分箱式 GIL 若用末端单点接地，外壳无明显感应电流，温升低，能耗小，这是优点。单点接地明显的缺点是：在 GIL 三相外壳之间的感应电势使外壳电位升高，危及人身安全，尤其是在管廊狭小空间里，这个问题更不容忽视。

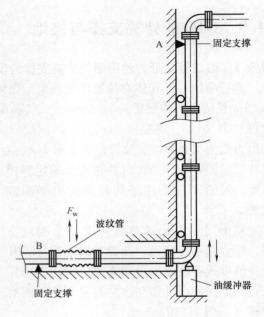

图 21-9　不合适的竖井支撑
▲—固定支撑　○—滑动支撑

2. 多点接地

多点接地时在外壳形成环流回路，外壳因电磁感应出现感应电流，其大小与母线电流相等、方向相反，形成电磁屏蔽效应，对外界无电磁干扰。其缺点是外壳环流产生的热能损耗较单点接地时大，产品设计时应注意温升。

3. 三相外壳短接

三相外壳装短接线，在三相外壳之间构成电流通道，以减小外壳入地电流、降低外壳电位。

为了将外壳感应电压控制在 5V 左右，通常每个气隔单元每相外壳应装一个接地点（两接地点相距 40~50m）。相隔 150~200m 应设三相外壳短接点并用铝排将短接点与 GIL 专用接地线相连。

每相外壳接地线、三相外壳短接线以及 GIL 安装支架的接地线都应与 GIL 专用接地线相连。

21.10　超/特高压过江河隧道 GIL 和大城市地下管廊 GIL 特殊设计

在超/特高压输电网跨大江河时，考虑到导线重、弧垂大、导线覆冰及舞动、水面航行安全、两岸巨型钢塔的工程难度及雷电防护等难题，这类线路采用江河底隧道管廊 GIL 过江河是较好的选择。在大城市中，大容量高压配电网不宜用架空线，电缆又不能承受大负荷时，在市区综合管廊中采用 GIL 也是可行的。

隧道/管廊 GIL 的特点是：安装维护空间狭小，要求 GIL 查找故障方便、拆装维护方便、气体泄漏率低。为满足这些要求，GIL 应考虑以下几个设计上的特殊问题。

1. 高气密性密封结构设计（参见21.7.5节）。

2. GIL 布置与安装

在江河底隧道（或市区综合管廊），GIL 可以三相垂直布置在安装架上（见图21-10）。与常规 GIL 的固定支撑不同，图21-10b 中所示的固定安装弯板中间还设计了滚轮，使两节母线对接调整变得轻便灵活。滑动支撑的挡块 D 可以防止 GIL 壳体水平摇摆和上下跳动。

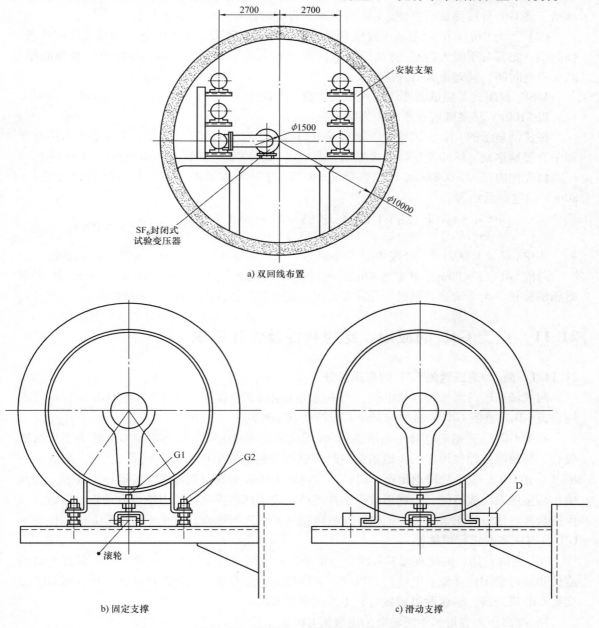

图 21-10　管廊 GIL 的布置与外壳支撑

3. 管廊 GIL 的分段运行设计

与地面 GIL 相比，管廊 GIL 在拆装、寻找故障点及各种性能测量与试验等方面都有更多的不便。对于长度 1000m 以上的管廊，GIL 利用封闭式隔离开关（亦 GIS 中的 DS）将 GIL 分成数段运行，每段由 4 个气隔单元组成，长约 360m 左右。

分段运行的好处是：

（1）新装或检修后组装的 GIL，可分段进行电老炼和绝缘试验。图 21-10a 示出 1100kV 管廊 GIL 的双回线布置及 SF$_6$ 封闭式工频电压试验变压器，试验变压器小车可在管廊中轻便移动，使 GIL 分段测试很方便。GIL 可拆单元有试验接口与试验变压器相连[121]。

（2）运行中的 GIL 利用超声波或 UHF 局放电磁波监测仪，对 GIL 进行分段查找故障点，快而准。尤其对于强大的超/特高压输电网和大城市地下管廊配电网，分段快速处理故障、减少停电时间，具有重大的经济意义。

4. SF$_6$ 封闭式工频试验变压器入廊工作的可行性

以 1100kV 江底隧道管廊 GIL 为例分析：

按比例显示的 GIL 和试验变压器示于图 21-10a，直径 1500mm 的试验变压器小车可在管廊中方便地移动。试验变压器最大输出工频电压 1250kV，可接试验负荷 10000 ~ 15000pF。

以壳体内径 $D = 0.88$m、母线直径 $d = 0.2$m 的 1100kV GIL 为例，每气隔单元（长 $l = 80$m）的电容量约为

$$C = \frac{\partial \pi \varepsilon_r \cdot \varepsilon_0 \cdot l}{\ln(D/d)} = \frac{2\pi \times 1.0021 \times 8.85 \times 10^{-12} \times 80}{\ln(0.88/0.2)} = 3009 \times 10^{-12}\mathrm{F} = 3009\mathrm{pF}$$

式中，$\varepsilon_r = 1.0021$，为 SF$_6$ 相对介电常数；$\varepsilon_0 = 8.85 \times 10^{-12}$F/m，为真空介电常数。

每段 GIL（4×80m）电容为 12036pF，该试验变压器可满足 320 ~ 350m 百万伏 GIL 工频耐压试验和电老炼试验。根据工程需要，封闭试验变压器入廊工作是可行的。

21.11　直流 GIL 的应用、绝缘特性及设计要求

21.11.1　超/特高压直流 GIL 的应用前景

向大城市输送高压大容量电能，当不能用架空线和电缆时，可采用交流 GIL，也可考虑用直流 GIL。直流 GIL 的结构与交流 GIL 结构基本相同。

交流 GIL 是三相输电（一条回路）。采用双极直流输电时，只需两相 GIL 作为正负两根极线，与两端接地极形成的大地回路一起构成两个独立的单极大地回线系统[71]。当其中一极（一相 GIL）发生故障退出运行时，通常可转为单极大地回线方式继续运行。或者，当其中一端接地系统故障时，可利用故障端换流站的接地网将换流站的中性点自动临时接地，以保持双极对称方式正常运行。同时，对故障接地系统进行维修。可见，直流 GIL 输电比交流 GIL 具有更高的运行可靠性。

GIL 造价较高，因此直流 GIL 线路造价和运行费用应比交流 GIL 线路要低，但换流站的造价和运行费用比交流变电站贵。因此，对同样的输送容量，输送距离越远，用直流 GIL 比交流 GIL 更经济。输送距离较短时，不宜用直流 GIL。

超/特高压大容量远距离输电采用直流 GIL 前景广阔。

21.11.2　直流绝缘子表面电荷的聚散及影响

1. 表面电荷的分布

当直流 GIL 绝缘件表面电场存在法向分量时，施加一段时间的直流电压后，绝缘件表面

会发生电荷积聚。图 21-11 示出日本 – 直流 GIS 盆式绝缘子在施加 500kV 直流电压 30min 后，测得的表面电荷分布（以等电荷密度线表示），其分布特点是：两个表面同时存在两种极性的电荷，电荷密度为 – 40 ~ + 20μC/m^2，分布不均匀也不对称。

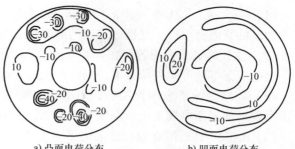

a) 凸面电荷分布　　　　　b) 凹面电荷分布

图 21-11　直流电压下盆式绝缘子表面电荷的分布

　　国内西安交通大学等单位对表面电荷的不良影响也有研究，如参考文献 [78] 介绍的试验成果是：绝缘子在负极性电压下，表面积聚着负电荷；在正极性电压下，表面积聚两种电荷，且负电荷多于正电荷，说明处于正极性电场下的表面对空间电子有较强的吸引力。

　　2. 表面电荷对直流绝缘子沿面放电的影响

　　(1) 长时间稳定的直流电压作用下，绝缘件闪络电压可能显著下降。国外研究人员在 0.4MPa SF$_6$ 气体的绝缘件试验中观察到：原可承受 600kV 的绝缘子施加几小时直流电压后，表面电荷导致绝缘件表面电场畸变、闪络电压降到 300kV[79]。三菱公司研究人员在图 21-12 所示的试品上，施加图 21-12a 所示的直流序列电压后，闪络电压随表面电荷密度增大而下降（见图 21-12b）[80]。

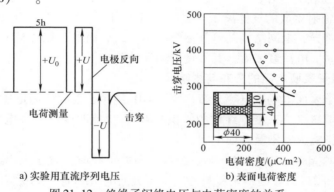

a) 实验用直流序列电压　　　　　b) 表面电荷密度

图 21-12　绝缘子闪络电压与电荷密度的关系

　　(2) 三菱公司在研究试验中还观察到：绝缘子承受直流电压后出现表面电荷积聚，如果不改变直流电压极性持续保持电压时，闪络电压不变；但是，一旦改变电压极性，闪络电压就可能下降，说明电压极性反转对直流绝缘件的安全运行有显著的威胁。

　　极性反转后，将导致绝缘件表面电荷重新分布，分布的不均匀性会引起绝缘件表面电场畸变，可能出现明显的局部放电，绝缘件承受直流电压能力强时，一定次数的局部放电会导致表面电荷重新分布、正负电荷中和、局放逐渐变小而熄灭；但是，电压极性反转时，如果局放现象严重（放电量大、放电次数多），将会引起绝缘件表面电场严重畸变、闪络电压因此而下降。

　　(3) 使绝缘件承受雷电冲击的能力也会大幅度下降。

　　3. 表面电荷的积聚[77,78]

　　绝缘件表面电荷积聚后对直流绝缘件的不良影响重于交流绝缘子，是直流高压电器的重点研究课题。表面电荷积聚方式有以下几种：

（1）与交流 GIL/GIS 一样，当 GCB/DS 有容性负荷开断时，GIL/GIS 母线相应端会出现一定数量的直流高电压，残留一定量的静电荷。

（2）盆式绝缘子表面若存在金属微粒、绝缘子表面有缺陷、绝缘子与电极接触不良时，在一定电压下都会产生局部放电，局放产生的电荷会附着在绝缘子表面。

（3）盆式绝缘子表面污染后，表面电导变化，表面电压将按变化的电导进行再分配，可能出现局部表面电场集中，引发微观放电，使绝缘子表面沉积电荷。

（4）绝缘子运行时在表面法向电场力作用下，部分电子附着（积聚）在高法向场强的绝缘子表面。

（5）绝缘子表面电荷建立的静电场又会吸附气体中飞翔的导电微粒，如（2）条所述又进一步强化了表面电荷的积聚。

（6）绝缘件施加外电场后，在气体—固体绝缘的界面上，电位将由按不同介电常数 ε 分布逐渐过渡到按气—固介质的电导率 G 分布，在电位重新分配过程中，气—固介面上积聚一些电荷[74,118]。

4. 表面电荷的消散

表面电荷积聚的不良影响并不是时时处处存在，在它尚未达到危及绝缘子安全的程度时，表面电荷可以通过下列方式泄放衰减[75]。

（1）通过绝缘件的体积电导；

（2）沿绝缘件的表面电导；

（3）材料自然辐射生成的气体离子与表面电荷中和。

因电压等级的差异、电网结构及电气参数的不同，表面电荷衰减时间可能是几十分钟也可能长达几十个小时。电荷衰减后，其不良影响便消除。

21.11.3　直流绝缘子表面电阻的分布与影响

交流 GIL 绝缘子表面电场按电容分布，直流 GIL 绝缘子表面电场是随表面电阻变化而变化，改变环氧树脂填料（亦改变绝缘件的体积电阻），也能改变绝缘件电场的分布，但体积电阻对电场分布的影响力度不及表面电阻。

国外研究人员 F. Messere、W. Bocek 在绝缘子表面覆膜改变表面电阻及电场分布的初步研究试验结果示于图 21-13。图中未覆膜的绝缘子表面电阻率为 $1\times10^{21}\Omega\cdot m$，其合成场强和切向场强的分布都很不均匀，靠近高压电极的表面场强很高（$>4000kV/m$）。均匀涂覆低电阻率（$1\times10^{11}\Omega\cdot m$）的绝缘膜后，因表面电阻率还是均匀分布的，所以绝缘表面电位（电场）的分布趋势仍然与未涂膜时相近，在靠近高压电极端，其切向场强比未覆膜时还略有上升。如果在绝缘子表面分段涂覆电阻率不同的绝缘膜，其表面电阻率呈阶梯状分布——靠近高压电极侧电阻率低，向地电位方向如阶梯状电阻率分段递增，因绝缘子表面泄漏电流是连续一致的，阶梯递增的表面电阻强制性地调整了表面电位（电场）的分布：其合成和切向场强在高压导体侧下降、在壳体侧稍有提高，整个绝缘子表面电场分布趋向均匀。

涂覆的绝缘膜可选择醇酸瓷漆 1321，电阻率 $31\times10^{11}\Omega\cdot m$（可调整），有较高的介电性，较好的耐潮性、耐油性和耐电弧性，漆膜坚硬、光滑、强度高，室温自然干燥，涂覆工艺性好，是高压电器绝缘件常用绝缘覆盖漆。

21.11.4　直流气隙的绝缘特性

高压直流气体间隙的绝缘特性（承受各种高电压的能力），与交流气隙的绝缘特性有所不同。日本芝浦电器在 $\phi80 \sim \phi200$ 同轴圆柱形试品中，做过多种电压下气隙的击穿特性试验，结果示于图 21-14[115]。

试验显示了直流气隙放电的几个特点：

（1）气隙击穿场强 E_{db} 随气压增长而线性增长。

（2）气隙击穿场强 E_{db} 有明显的极性效应：

负极性冲击 E_{db} < 正极性冲击 E_{db}；

负极性直流电压 E_{db} < 正极性直流电压 E_{db}；

负极性直流电压 E_{db} < 交流峰值电压 E_{db}。

这是因为负电极发射的电子激发了 SF$_6$ 气体的游离，电极表面留下的正电荷又强化了电极的电子发射，因此降低了负极性击穿电压，与第 1.4.1 节中所述的 SF$_6$ 冲击耐受极性效应相似。

由于这个极性效应，高压直流气隙（当然包括绝缘件）的绝缘能力是由负极性电压的承受能力决定的。

21.11.5　直流绝缘件的设计要求

1. 电场设计基准

考虑到直流电压极性反转影响、表面电荷影响及直流电压试验时的极性效应，绝缘子表面电场值的设计合理性要用负极性表面切向电场设计许用值 $[E_{d\tau}]$ 来判断；直流气隙场强设计的合理性也需要用负极性气隙合成场强设计许用值 $[E_{dl}]$ 来确认。

由于研究工作不够、试验应用太少，目前还没有产品设计所需的 $[E_{d\tau}]$ 和 $[E_{dl}]$，急待研究。

2. 直流绝缘件外形设计

（1）外形优选的要求：

a）决定绝缘件沿面闪络特性的表面切向场强 $E_{d\tau}$ < $[E_{d\tau}]$，且分布比较均匀；

b）影响表面电荷积聚的表面法向场强 E_{dn} 尽量小；

c）嵌件场强 E_4 低。

（2）四种直流绝缘件的场强及比较

下面四种绝缘子置于母线、触头座、外壳形状尺寸相同的场域中进行电场计算，场域主要尺寸：

母线 $\phi150$，触头座最大外径 $\phi230$，外壳 $\phi740$。计算结果列于表 21-2。

四种绝缘件计算场强比较（见图 21-15 及表 21-2）：

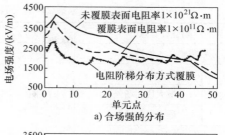

a) 合场强的分布

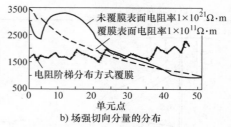

b) 场强切向分量的分布

图 21-13　绝缘子表面覆膜后的合场强及其分量的分布

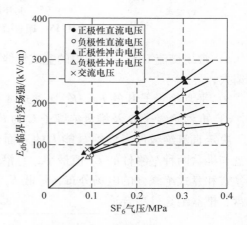

图 21-14　不同气体压力不同轴圆柱电极临界击穿场强

表 21-2 四种绝缘件电场计算对比

场强计算点		单位	计算直流高压	A 盆式	B 平盘	C 椎盘	D 椎盆
触头座最大场强 E_1		kV/mm	1224kV	17.63	13.53	13.51	13.91
绝缘件	最大合成场强 E_0			10.59	9.81	5.59	5.80
	最大切向场强 E_τ			9.95	6.54	5.24	5.50
	最大法向场强 E_n			8.99	9.77	3.35	3.20
嵌件表面场强 E_4			816kV	7.18	5.01	5.22	5.22

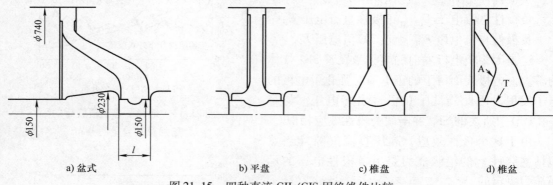

a) 盆式   b) 平盘   c) 椎盘   d) 椎盆

图 21-15 四种直流 GIL/GIS 用绝缘件比较

a) 常规交流 GIS/GIL 多用的盆式绝缘子 A 的合成场强 E_0、切向场强 E_τ 及法向场强 E_n 都偏大;

b) 平盘绝缘子 B 的 E_0、E_τ 比盆式 A 稍小,法向 E_n 最大;

c) 椎盆绝缘子 D 及椎盘绝缘子 C 的 E_0、E_τ、E_n 两者相近,都比盆式 A 和平盘 B 小。

决定直流绝缘件表面绝缘能力的表面切向场强 E_τ 的分布示于图 21-16,从图中可见,椎盘与椎盆两种绝缘件的 E_τ 值最小,且沿表面分布也比较均匀,椎形环氧树脂绝缘体对改善盆式和盘式绝缘件的电场分布、降低 E_τ 的峰值都有好处。因此,直流高压 GIL/GIS 选用椎盘、椎盆绝缘件更合适。

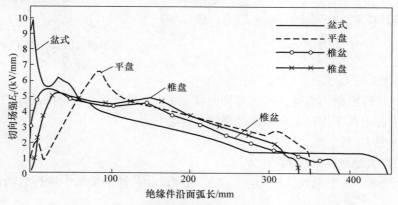

图 21-16 四种绝缘件表面切向场强 E_τ 的比较

3. 控制嵌件表面场强 E_4 的必要性和措施

直流绝缘件尺寸由负极性直流耐受电压 U_{ds} 决定,为保证绝缘件在长期工作电压 U_{dg} 下不产生局部放电，将嵌件场强控制在适当范围十分必要。因 U_{ds} 与 U_{dg} 两个电压值相差不大（如 ±800kV 电器，$U_{ds}/U_{dg} = 1224\text{kV}/816\text{kV} = 1.52$），按 U_{ds} 设计的绝缘件，嵌件形状和尺寸设计如有疏忽就会使 E_4 过高。

交流绝缘件尺寸由雷电冲击耐受电压 U_{th} 确定，嵌件场强 E_4 应满足长期工作相电压 U_{np} 下无局放的要求，因 $U_{th}/U_{np} \approx 4.5 \sim 7$，通常绝缘件尺寸满足耐受 U_{th} 要求后，嵌件场强 E_4 较小，不会给设计带来太多麻烦；但是，如上所说，直流绝缘件中嵌件电场 E_4 计算值通常较大，设计者不能疏忽。

控制 E_4 值的几个设计措施是：

1）合理设计嵌件长（见图 21-15，A 上的尺寸 l），从表 21-2 中的嵌件场强 E_4 对比值可看出，l 长一些的 B、C、D 三种绝缘子 E_4 都比 l 小的 A 盆式绝缘子要小。

2）从图 21-17 所示的两种嵌件电场计算值可看出：嵌件带有凸棱时，$E_4 = 10.3175\text{kV}/\text{mm}$，比凹环嵌件的 E_4 要高很多。许多交流绝缘件的嵌件大都采用凹环来提高嵌件粘接强度，还能获得 E_4 较小的好效果，直流绝缘件也有类似特点。

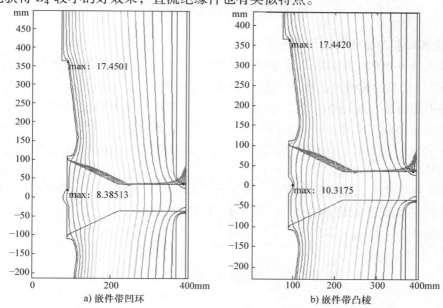

图 21-17　椎盘嵌件场强对比（施加电压 1224kV 时）

3）利用屏蔽坑减小嵌件场强

如图 21-18 所示，由触座—嵌件—触座构成一个对嵌件具有电场屏蔽作用的"坑"。这个屏蔽坑的形状和尺寸对嵌件 E_4 值有影响。

触头座最大半径与嵌件最小半径之差是屏蔽坑的深度。深度越深时，屏蔽效果越好；屏蔽坑形状突变（触座→嵌件表面曲率变化大）时，屏蔽效果好。比较图 21-18a，坑深 110mm，触座突起点靠近屏蔽坑，坑外形突变，屏蔽效果好，$E_4 = 7.39537\text{kV}/\text{mm}$；而图 21-18b，坑浅，坑外形变化平缓，屏蔽效果差一些，$E_4 = 10.0922\text{kV}/\text{mm}$。

应小心的是，形状突变的坑通常触座最大场强 E_1 较大，注意 E_1 不能超过允许值。

4）处理好嵌件上的尖棱

嵌件带尖棱时（图 21-17b 上的尖棱 T），尖棱场强高 $E_4 = 10.0922\mathrm{kV/mm}$。将尖棱 T 改成 $R100$ 圆弧后（图 21-18c），嵌件场强有所下降，$E_4 = 9.01975\mathrm{kV/mm}$。

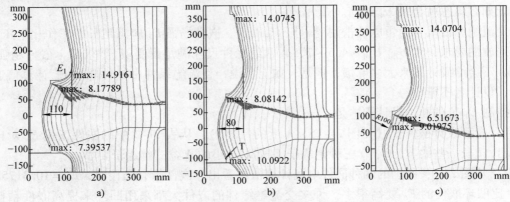

图 21-18　不同屏蔽坑形状对嵌件场强的影响

（嵌件场强计算电压为 1224kV）

21.11.6　金属微粒对绝缘件表面电场的破坏

在表面电场分布比较均匀的椎盆绝缘子（见图 21-15d），表面切向最大场强很小（$E_\tau = 5.50\mathrm{kV/mm}$），如果在此椎盆的 A 点粘附一金属微粒（长 5mm × 厚 0.5mm），就会引起绝缘件表面电场严重畸变（见图 21-19）。金属粒子尖端会形成大于 11kV/mm 的切向场强。当片状金属粒子落在曲面绝缘件上时，在粒子端头还会形成微观楔形气隙，使此处切向场强超过 20kV/mm，合成场强 E 和法向场强 E_n 达到 100kV/mm 以上。由此，而引发严重的局部放电和绝缘件闪络。

图 21-19 显示的金属微粒的危害性，再次警示 GIL/GIS 的制造和使用者在产品的制造和使用全过程都必须严防金属微粒的产生、严格清除产品内部已出现（和可能出现）的微粒、严防现场拆装时二次带入金属微粒。

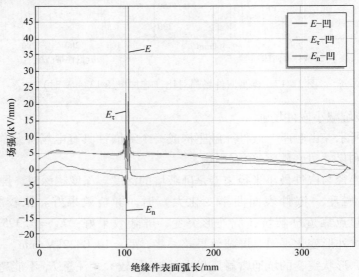

图 21-19　金属微粒对椎盆绝缘子表面电场分布的干扰

21. 12　直流高压电器绝缘的 7 个重点研究课题

为满足直流高压输配电的需要，直流 GIS/GIL 和相关配电设备的绝缘技术将在研究中提高、在使用中完善，在研究—应用—研究的轮回中发展。目前急需深入研究的课题有：

1. 直流电压承压时间研究

直流电器的气隙绝缘与承压时间有关，随承压时间的增长，极性效应会导致高压电极表面场强的变化，因此加电压时间长短会引起气隙电场分布和击穿电压的变化。高压直流产品提出了持续 2h 直流耐受电压试验，2h 的必要性与合理性还应进行专题研究。

直流电器的绝缘件的闪络电压也与时间有关，承压时间的长短会影响绝缘件表面电荷的聚散，当绝缘件表面电荷聚与散活动稳定之后去测试闪络特性，能得到绝缘件长期运行时的稳态绝缘性能。当绝缘件承受的电压发生极性反转时，绝缘件表面会开始新一轮的电荷聚散，在这个电荷聚散的暂态过程中，如果电网出现过电压波动，用什么试验来检验绝缘件的暂态绝缘性能？现有的反转耐受电压试验的合理性应进行更深入的理论研究和试验验证。

2. 产品运行温度与绝缘件表面电荷聚散的研究

产品夏天运行时，绝缘件可能处在高达 90℃ 左右的气体中运行。温度会引起绝缘件体积电阻和表面电阻的变化，内外电阻的变化会对表面电荷的聚与散产生双向影响，从而导致绝缘件表面电场分布和闪络电压的变化。

因此，希望通过研究找到高温（如 90℃）时绝缘子临界闪络场强与常温时临界闪络场强的大小差异。

3. 直流电场中气隙临界击穿场强 E_{db} 与绝缘件临界闪络场强 $E_{d\tau}$ 的研究

图 21-14 所示的研究试验是国外研究人员在 40 年前做的，试验时的加电压时间不明，图示研究结果不足以作为确定 E_{db} 值的可靠依据，至今也没有可信的研究试验数据和产品试验验证数据来支持 E_{db} 及 $E_{d\tau}$ 允许值的制定。因此，在接近产品实际电场分布的试品上进行 E_{db} 和 $E_{d\tau}$ 值的研究试验十分必要。

4. 嵌件允许场强 $[E_4]$ 的研究

绝缘件内部出现缺陷的多发点在嵌件与环氧树脂结合面，常见缺陷有：

1）嵌件油污清理不净，残留污迹使嵌件与涂覆的导电橡胶结合不牢，制造或运行中出现微小缝隙；

2）嵌件涂导电橡胶后，表面被污染，浇注树脂后，嵌件与树脂间可能出现微小间隙；

3）嵌件涂导电橡胶时，嵌件与涂层间可能夹带微小空气泡；

4）运行中的绝缘件，因温度变化、嵌件与树脂线胀系数差异，在较长时间的热胀冷缩应力作用下，可能出现裂缝。

上述这些缝隙、气泡、裂缝都会引起绝缘件内部电场分布畸变、场强集中，在工作电压下产生局放，局放的热电效应导致绝缘件电老化，严重时形成绝缘件击穿或闪络。

因此，为保持绝缘子有较长的使用寿命，对嵌件表面场强 E_4 要控制。

对于直流绝缘件，其尺寸通常由负极性直流耐受电压 U_{ds} 确定，持续工作电压 U_{dg} 下长期运行时的电压负荷比交流绝缘件重，因为 U_{dg} 与 U_{ds} 的差值不大（如 ±800kV 产品，U_{ds} = 1224kV·2h，U_{dg} = 816kV），因此在 U_{dg} 电压下嵌件表面场强 E_4 如何定值，应认真研究。

［E_4］取值过大，在产品型式试验及出厂试验时暴露不出什么问题，在长时间的直流工作电压下绝缘件内部缺陷终会发展成绝缘故障。［E_4］取值过小，可能给设计带来难以克服的困难，或者使产品尺寸过大、严重影响产品的制造成本。

希望通过绝缘件加速老化试验，监视局放变化，寻找一个合适的 E_4 设计许用值，并通过产品运行实践来检验 E_4 定值的合理性。

5. 极性反转与表面电荷积聚的研究（与第 1 项相关的衍生课题）

直流绝缘件运行遇到电网电压极性反转，原存的残余电荷与反转电压极性相同时，可能强化表面电荷的积聚，导致绝缘件表面电场的畸变，对绝缘件闪络电压有多大影响？影响时间有多长？如何减少和消除这种影响？这些重要的问题都需要我们认真研究。

6. 环氧树脂填料与表面电荷聚散的研究

环氧树脂浇注件常用 Al_2O_3 或 SiO_2，填料不同，绝缘件的体积电阻和表面电阻也不同，这将导致各种绝缘件的表面电阻聚散特性也不同，应予关注和研究，以便寻找更合适的填料用于无开断电弧（亦无酸性电弧分解物）的 GIL 和 GIS 中非断路器气室的绝缘件。

7. 绝缘件表面涂覆与电场分布的研究（参见 21.11.3 节）。

通过不同电导率的涂覆材料来改变绝缘子表面电导率，提高表面电荷消散速度，当消散速度快于电荷积聚速度时，表面电荷就聚不起来了。

表面涂覆层不仅可调整电荷的聚散平衡，还可改善绝缘子表面电场分布和削减金属微粒的危害，因此是一个很有研究价值的课题。

另外，直流 GIL/GIS 该研究的问题还很多，诸如产品设计和制造时如何防治金属微粒的危害？如何消除绝缘件内部缺陷和外部污染？这些问题与交流产品有共性（参阅 21.7.1 及 21.8 节）。

第 22 章　高压 SF_6 电器的抗震设计

用于地震活动区的 252kV 及以上电压等级的 SF_6 电器（尤其是 P·GCB 和 SF_6CT）必须重视产品的抗地震能力设计。

22.1　地震特性参数

22.1.1　地震烈度

地震烈度反映了地震对地面及建筑物的影响程度，根据人们的感觉、地面物品震动情况和建筑物的破坏程度分为 12 个等级。高压电器设备通常可能遭受损坏的地震烈度为 8 度及以上。作为产品抗震设防依据的地震烈度（即抗震设防烈度）为 8 度和 9 度。

8 度时，人晃动行走困难，一般房屋中等破坏，需修复才能使用，树枝折断与硬土开裂。

9 度时，行人摔倒，房屋结构严重破坏，局部倒塌，修复困难，基岩裂缝，滑坡塌方。

22.1.2　地震频率与地震周期

地震属于宽频带随机运动。因地基的构成或断层厚度不同而具有不同的固有震动周期，称为卓越周期 T_0，其倒数 $1/T_0$ 称为地震固有频率，或称卓越频率。

地震的频带宽度为 $0.1 \sim 20Hz$，通常为 $0.5 \sim 10Hz$，主要频带为 $1 \sim 5Hz$。基岩上的卓越频率为 5Hz，中硬地带（Ⅱ类场地）为 3.3Hz，软的地基（Ⅲ类场地）为 1.43Hz。

地震振动一次可持续 $15 \sim 30s$。

22.1.3　地震波形

地震波是个随机波，每次地震波形具有不重复的特性，但又具有一定的统计规律，因此常用一些典型的强震实录地震波或模拟波来考核产品的抗震性能。如：

（1）美国 EL-cemtro（埃尔森特罗）地区 1940 年实录的地震波（图 22-1）。此波最大加速度 $a_m = 0.329g$，基频为 3.3Hz。

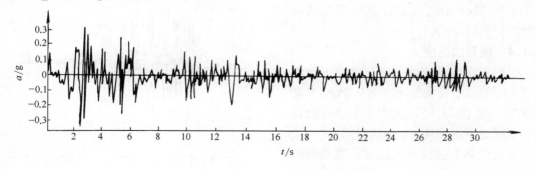

图 22-1　美国 EL-cemtro 实录地震波

（2）中国河北迁安地震实录波（图 22-2）。此波最大加速度 $a_m = 0.3g$。

实际地震波可以看成不同频率和能量密度的正弦波的合成。对设备影响最大的是主振波（基波）。因此我们还可以用以下两种常用震波来模拟地震波的作用。

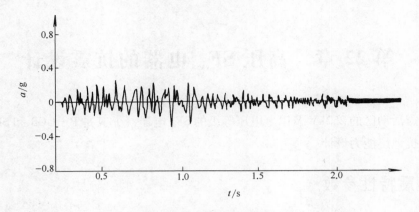

图 22-2　中国河北迁安地震实录波

（3）正弦共振拍波（见图 22-3）。它由 5 个正弦共振拍波组成，每拍 5 周，其幅值由小变大再变小，拍间隔 2s，考核波的作用时间是 $\left(25\dfrac{1}{f}+8\right)$s。

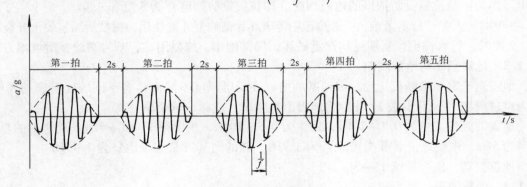

图 22-3　正弦共振拍波

（4）人工合成地震波（见图 22-4）。人工合成地震波由设备共振阻尼比和标准反应谱反演而成。人工合成地震波的作用时间不少于 20s，强震段（$a\geqslant0.75a_m$ 部分）不少于 6s。图 22-4 示出人工合成地震波的加速度时程曲线 $a=f(t)$。

22.1.4　地震加速度

根据实震记录统计分析，对应于地震烈度 8 度的水平最大加速度为 0.25g，9 度为 0.5g（见表 22-1），认为人工合成地震波与实际地震波等效，a 取值相同。

而正弦共振拍波与实际地震波之间的等效关系不易准确地确定，根据一些试验粗略地认为：正弦共振拍波某种加速度对应的振动能量等于实际地震波相同加速度的 1.67 倍。因此，地震烈度为 8 度（9 度）时的水平加速度取 0.15g（0.3g），见表 22-1。

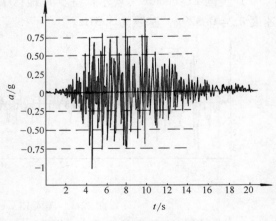

图 22-4　人工合成地震波

表 22-1　地震烈度和加速度

考 核 波 形	设 防 烈 度	
	8 度	9 度
人工合成地震波和实震记录波	0.25g	0.5g
正弦共振拍波	0.15g	0.3g

22.2　产品动力特性参数

产品动力特性包括：共振频率 f_0，临界阻尼比 ξ_0，材料弹性模量 E 及地震动力放大系数 β。

22.2.1　产品自振频率 f_g

一定结构的产品，由本身质量和刚度而决定该产品具有一系列多阶的振动频率，这种频率称为自振频率（也称固有频率）f_g，其中最低自振频率称为基频。

将设备计算模型简化成单质点振动体后，设备自振频率 f_g（Hz）可用下式计算

$$f_g = \frac{1}{2\pi}\sqrt{\frac{k}{m}} \tag{22-1}$$

式中　m——振动质点的质量（kg）；

　　　k——质量支持架抗弯刚度（N/mm），见 22.2.3 节。

当设备经受强迫振动时（其振动频率 f_c 在一定范围内变化），对应于某一 f_c，设备产生共振，此时的振动频率称为设备共振频率 f_0。

22.2.2　振动阻尼与阻尼比 ξ

地震时高压电器的振动，是一端（基础）固定的单自由度振动。产品的运行振动通常是减幅阻尼振动，在振动过程中因系统的能量耗散而使振幅逐渐变小。相邻两振幅之比为减幅系数 $\eta = A_n/A_{n+1}$。η 的自然对数称为振幅比的衰减率 δ，与阻尼特性有关

$$\delta = \ln(A_n/A_{n+1}) = 2\pi\xi/\sqrt{1-\xi^2} \tag{22-2}$$

当阻尼比 $\xi = 0$ 时，无阻尼（阻尼系数 $r = 0$），此时设备共振。当 $\xi = 1$ 时，$\ln(A_n/A_{n+1})$ 为无穷大，系统作非周期运动逐渐返回到平衡位置。$\xi = 1$，是系统从振动过渡到不振动的临界情况，此时的阻尼系数称作临界阻尼系数 r_e。

当 $\xi < 1$ 时，是减幅阻尼（$r < r_e$），系统作减幅振动。对于高压电器产品大多数 $\xi < 5\%$，因此阻尼比 $\xi = r/r_c$ 也可用下式表达。

由 $\ln(A_n/A_{n+1}) = 2\pi\xi\sqrt{1-\xi^2} \approx 2\pi\xi$ 得

$$\xi = \frac{1}{2\pi}\ln(A_n/A_{n+1}) \tag{22-3}$$

此式表明：阻尼比 ξ 越大（A_n 与 A_{n+1} 的差值越大），表示振动阻尼越强，振动衰减越快，见图 22-5，相应 δ 值也大。

22.2.3　弹性元件的刚度及弹性模量

产品在地震条件下产生的振动可简化为线性化系统的振动。振动体（产品）受到的弹性力与在此力作用下产生的位移一次方成正比，其比例系数称为振动体（产品）的刚度 K，振动体的刚度 K 的大小，将影响振动时的位移（或弹性变形量）。K 与振动体的截面形状、尺寸和材料的弹性模量有关。

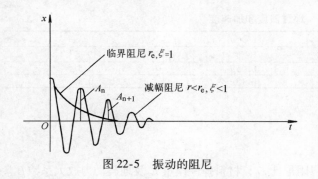

图 22-5　振动的阻尼

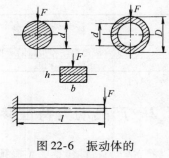

图 22-6　振动体的
截面形状

高压电器零部件通常的截面形状有圆形、圆筒形、矩形，见图 22-6。其刚度 K（N/mm）的通用表达式为 $K = 3EI/l^3$，I 为惯矩（mm⁴），l 为悬臂长（mm），E 为弹性模量（MPa），其刚度分别为

圆形截面：$K = 3\pi d^4 E/64l^3$

圆筒形截面：$K = 3\pi (D^4 - d^4) E/64l^3$

矩形截面：$K = bh^3 E/4l^3$

截面尺寸：D、d、h、b 单位 mm

弹性模量 E 是影响振动体刚度的重要因素之一，电器常用材料的 E 值列于表 22-2，表中还给出了材料的弯曲许用应力 $[\sigma_w]$，与相应的弯曲破坏应力 σ_b 相比，安全系数为 $\sigma_b/[\sigma_w] = 1.67$。

表 22-2　材料弹性模量 E 及弯曲许用应力 $[\sigma_w]$

材　料	E/MPa	$[\sigma_w]$/MPa
碳钢	2×10^5	240
铜	$(0.74 \sim 1) \times 10^5$	180
铝	0.71×10^5	144
橡胶	$(0.00005 \sim 0.00008) \times 10^5$	—
普通瓷套	0.7×10^5	$9 \sim 12$
高硅瓷套	0.8×10^5	$16 \sim 20$
铝质瓷套（高强度瓷套）	1.31×10^5	$21 \sim 32$
硅橡胶复合绝缘子①	$(0.145 \sim 0.265) \times 10^5$	$45 \sim 76$

① 湿法缠绕环氧玻璃丝管法兰胶装。

22.2.4　共振时的加速度（振幅）放大系数 β

当激振（地震）频率 f_j 接近设备固有频率 f_g 时，振幅急骤增加（产生共振）。在共振区附近，振幅大小与阻尼有关，阻尼越小（ξ 越小）共振表现得越强烈，见图 22-7。例如，当 $\xi < 10\%$ 时，振幅放大倍数 β 将超过 5 倍。

高压电气设备的自振频率一般为 $1 \sim 7$Hz，基本上在地震的卓越频率范围之内，而且设备的阻尼比较小（一般 $\xi < 5\%$），因此地震时结构的动力反应较大，（如：加速度反应较大），地震时输入产品的地面加速度 a_n，一旦达到频率比 $\lambda = f_j/f_g \approx 1$ 时，在产品顶部的振动加速度将被放大 β 倍。在 $f_j/f_g = 0$ 时，加速度放大系数 $\beta = 1$，即接近于静力作用。而当 $f_j/f_g \gg 1$ 时，加速度放大系数 β 接近于零，这说明对于高频强迫力，由于振动系统的惯性作用，产品接近于静止状态（无振动发生）。

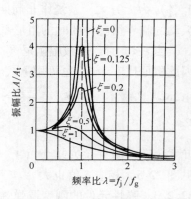

图 22-7　幅频响应曲线

图 22-8 及图 22-9 示出某些产品实测的加速度反应时程曲线。

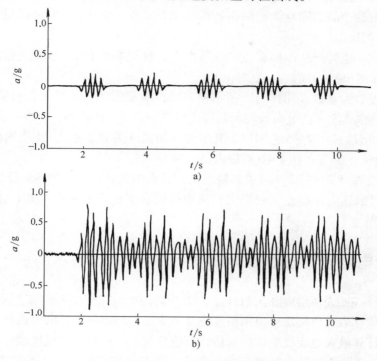

图 22-8　正弦拍波 x 向顶点加速度响应时程曲线

a）输入振动波形　b）产品顶部实测振动波形

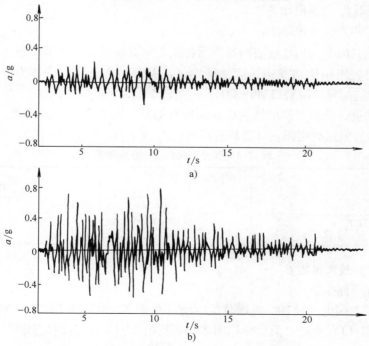

图 22-9　迁安地震波 x 向顶部加速度响应时程曲线

a）输入振动波形　b）产品顶部实测振动波形

从许多产品的抗震试验实测值统计分析发现：

（1）高压电器产品的固有振动频率随产品结构而变，绝大多数产品的基频（或含二阶振频）都在 1~7Hz。

（2）阻尼比 ξ 也与产品结构有关，分散性大，且与振型有关，其最小值大都小于 5%，其变化范围大都在 3%~7%。

（3）加速度放大系数 β 同样与产品结构有关，质量集中于产品上部且高度较大时，相应 β 较大；质量在高度方向分布较均匀且高度较低的产品，β 较小。考虑产品安装基座的放大作用之后，β 值通常在 2~6 范围内，其中各种隔离开关 β 多在 2~4 范围内，瓷柱式 SF₆ 断路器、SF₆ 电流互感器多在 4~6 范围内。

（4）比较图 22-8 及图 22-9 可见：输入正弦共振拍波时产品的加速度反应通常比输入人工合成地震波（或迁安地震波）时要大，从测得的 β 值偏大的数据可知，正弦共振拍波对产品的考核较严。

22.3　高压电器设备抗震设计

高压电器设备完成总体结构初步设计后，应对产品的抗地震能力进行估算。估算内容有两点：

（1）通过计算最大地震反应力来估算设备承受最大地震应力处的机械强度；

（2）通过计算最大地震反应位移来估计该位移对产品机械和电气性能可能产生的影响。

为了初步计算设备的最大地震反应力和位移，应分别求出设备的自振频率 f_g、阻尼比 ξ、加速度放大系数 β 及已知的产品简化振动模型的质量 m。

22.3.1　自振频率 f_g 和阻尼比 ξ

求设备的 f_g 和 ξ 有三种办法：

（1）采用正弦频率的扫描法或白噪声激振法测定共振频率 f_g 和阻尼比 ξ；

（2）必要时再用初位移或初速度法确定试品基频，进行比较，作为佐证的辅助手段。以上四种测试方法参见 GB/T 13540—2009，并按式（22-3）算出 ξ 值；

（3）经验估值，分析产品的结构特征，再根据某些同类产品测试结果，例如表 22-3 中所列的部分产品的测试数据来估计待核算产品的 f_g 及 ξ 值。

表 22-3　部分产品的 f_g、ξ 实测值

产　品	1~3 阶振频 f_g/Hz	阻尼比 ξ（%）	产　品	1~3 阶振频 f_g/Hz	阻尼比 ξ（%）
LVQB-252 SF₆CT	3~4	2.3	GW7-363（三柱）隔离开关	3~5	5
LW15-252 P·GCB	2.5	3	GW10-550（单柱）隔离开关	1~3	3
GW4-252（双柱）隔离开关	5~7	4	GW11-550（双柱）隔离开关	2~5	3

22.3.2　加速度的放大系数 β

确定 β 值有两种办法：

（1）可参照美国电气设备抗震规范反应谱（见图 22-10）或 GB/T 13540—2009 中的地震响应谱（图 22-13）确定 β 值。使用图 22-10 及图 22-13 时，没有考虑产品安装支架放大加速度的因素。

例如：已知某产品 f_g =3Hz，ξ =2%，从图 22-10 查出 a_m =1.8g，地震输入 a_n =0.5g（相应

地震裂度为 9 度），得到 $\beta = a_m/a_n = 1.8g/0.5g = 3.6$，比按图 22-13 查出的 $\beta = 3.0$ 偏大一些。

（2）经验估算。

在对产品的抗震能力进行初步估算时，考虑了产品安装支架放大加速度的系数 1.2 及水平向与垂直向地震波叠加后放大加速度的系数 1.1 之后，可按下面的经验公式估算产品顶部加速度放大系数 β

$$\beta = 1/\sqrt{50\xi^2} = 0.141/\xi$$
$$(22-4)$$

对于产品质量集中于顶部（SF_6CT 及电压等级高的 P·GCB 等）、高度大的产品 ξ 取值 0.025 ~ 0.04。

对于产品质量分布较均匀（如隔离开关）和质量稍集中于下部（GIS 及 T·GCB）的出线套管可取值 0.05 ~ 0.06。

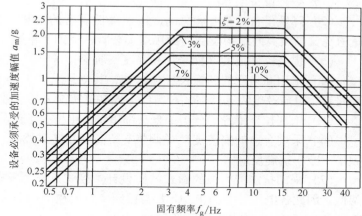

图 22-10 电气设备抗震规范反应谱（美国）

22.3.3 强度估算

地震破坏主要是由地震力产生的弯矩引起设备强度薄弱环节的弯曲破坏。按下式估算危险截面的弯曲应力 σ_w（MPa）

$$\sigma_w = M_w/W_w$$
$$(22-5)$$

式中 　M_w——弯矩（N·cm）；

　　　　W_w——截面系数（cm³），对于圆形截面：$W_w = \pi D^3/32$；对于圆筒形截面：$W_w = \pi(D^4 - d^4)/32D$；对于矩形截面：$W_w = bh^2/6$。

$$M_w = Fl = F_n l_n + F_d l_d = F_n l_n + \beta a_n m l_d$$

式中 　F_n 及 F_d——产品端子水平方向合成端子拉力及地震响应力（N）；

　　　　l_n 和 l_d——端子力作用点和地震力作用点至计算截面处的距离（m）；

　　　　a_n——地震地面水平方向加速度（m/s²），参见表（22-1）按人工合成地震波对应值取值；

　　　　m——产品振动模型集中质量（kg）。

要求计算值 $\sigma_w < [\sigma_w]$，$[\sigma_w]$ 见表（22-2）。

22.3.4 位移估算

在地震力作用下,瓷套上端、瓷柱式产品质量集中的头部、倒置式 SF_6 电流互感器头部元件或电器设备支架都会产生一定的弹性变形（或称为地震位移），其变形量 f(mm) 按下式计算

$$f = \frac{Fl^3}{3EI}$$
$$(22-6)$$

式中 　F——地震力（含端子拉力）（N）；

　　　　l——外施弯力（F）的力臂（mm）；

　　　　E——变形体的弹性模量（MPa），见表（22-2）；

　　　　I——转动惯量（mm⁴）对于圆棒：$I = \pi d^4/64$；对于圆筒：$I = (D^4 - d^4)/64$；对于

矩形件：$I = bh^3/12$。

22.3.5　提高高压电器设备抗震能力的措施

设备抗震能力取决于设备的强度、弹性和减震能力，提高设备抗震能力的措施基本上有以下几条。

（1）减轻设备上部的质量（简化结构、采用高强度轻金属等）。

（2）降低设备的重心和总高度以及降低设备的安装高度，还可改变设备的细长比，尽量避免又细又高的结构设备（如用塔形套管，上细下粗）。

（3）提高瓷件强度（如采用高强度铝质瓷）。

（4）采用高强度的硅橡胶复合套管，其受压（力）件为环氧玻璃布筒，是瓷柱式 SF₆ 断路器、电压及电流互感器、避雷器等提高抗震能力的有效措施。

（5）增加拉杆绝缘子分担部分头部重量，也增强了产品的稳定性。

（6）采用合适的安装支架（调整支架高度和支架截面），可使产品避开安装场地的卓越频率，减小地震反应。

（7）采用抗震能力强的罐式结构设计。罐式断路器重心低，整体结构刚性好，安装支架低，因此各电压等级的 T·GCB 自振频率一般在 7～13Hz 之间，避开了常见的地震卓越频率区（1～5Hz），因此地震反应较小。

（8）在产品底座与安装基础之间增设减震器或阻尼器，用来吸收（消耗）部分振动能量，使设备阻尼比增大到 10%～15%，这是提高抗震能力的简单有效的措施。常用的减震器为橡胶板与钢板相间粘结的块状承压式结构。

22.4　高压电器设备抗震能力的验证

验证产品抗震能力有两种方法：利用计算机进行设备抗震计算分析和用地震试验台进行抗震能力试验。

22.4.1　用计算机进行抗震能力计算

目前对高压电器产品做过较多抗震计算的单位是郑州机械研究所，该研究所利用自主开发的汉语会话前处理软件 CCPP 对设备计算模型进行有限元网格剖分，如图 22-11 所示为某产品的网格剖分图。再利用动静力分析软件 DASAPW 计算产品的各阶振动模态及与各阶模态对应的频率（见表 22-4），图 22-12 所示为该产品其中第一阶振型图。

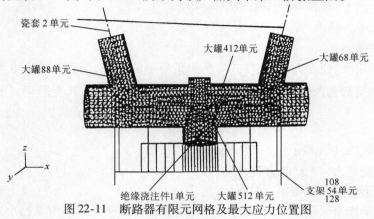

图 22-11　断路器有限元网格及最大应力位置图

表 22-4　前 10 阶振模及其频率

振模阶数	1	2	3	4	5	6	7	8	9	10
振动频率/Hz	10.8	10.91	10.97	11.33	13.8	14.5	15.7	20.4	22.3	33.2

　　按地震烈度 9 度的要求，计算输入波有两种：一种是正弦共振拍波（参见图 22-3），水平加速度 0.3g，垂直加速度 0.15g；第二种是人工合成地震波，水平加速度 0.5g，垂直加速度 0.25g。人工合成地震波是根据 GB/T 13540—2009《高压开关设备和控制设备的抗震要求》中的地震响应谱（见图 22-13），取 ξ 为 3% 的谱生成的（见图 22-14）。产品实际阻尼比 ξ 要比 3% 稍大，计算条件偏严。图 22-14 中纵坐标 100% 对应的加速度值为 0.5g。

　　通过计算，计算机输出各节点的计算应力，必要时可算出某些节点的位移。通过计算应力与材料破坏应力的比较，来评价设备抗震能力。对某些产品（如 SF$_6$CT），还可能通过某些节点的位移量来评价它对设备电气性能或机械性能的影响。

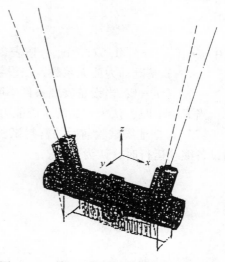

图 22-12　第一阶振型及频率（y 向振动）

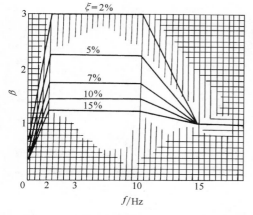

图 22-13　地震响应谱（按人工合成波）

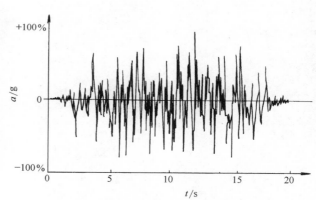

图 22-14　计算输入人工合成震波

22.4.2　抗地震性能试验

　　当试品沿垂直方向轴对称时，可只进行一个水平轴（x 或 y）的考核试验，否则，应在 x 及 y 向两个水平轴方向进行试验。

　　地震试验输入波形常用正弦共振拍波和人工合成地震波，有时也用美国 ELcentro 或中国河北迁安地震波。其加速度幅值按表 22-1 取值。

　　试验时，通过加速度传感器经放大器监测地震试验台面和产品顶部的加速度，通过电阻应变片和动态应变仪测量产品危险断面的最大应力，用百分表（位移传感器）和动态应变仪可测量某些点的最大位移。在地震试验前后还应对设备进行密封试验。

抗震能力的评定依据有两条：

（1）用套管最小弯曲破坏应力 σ_{wb}（设计用）与规定设防烈度下试品套管的最大弯曲应 σ_{wm} 的比值 K_0 来评定产品的机械强度。要求

$$K_0 = \frac{\sigma_{wb}}{n\sigma_{wm}} \qquad (22\text{-}7)$$

式中　$\sigma_{wb} = [\sigma_w]/1.67$，$[\sigma_w]$ 按表 22-2 取值；

　　　n——基础动力放大系数，当设备基础与本体之间是用刚性支架或无支架相连时，取 $n = 1$；当设备安装条件不明确时，取 $n = 1.2$。

当 $K_0 \geqslant 1$ 时，认为产品的抗震能力设计是合理的、可靠的。

（2）根据地震试验前后的密封试验结果，两次密封试验的泄漏情况无明显变化又不影响设备继续运行时，认为合格。

第 23 章 GCB/GIS 的典型开断、ACF 断路器的特殊运行工况及结构设计要求

23.1 断路器的 BTF 开断

断路器出线端子附近发生的故障称 BTF（端子短路故障），现将与 GCB 设计息息相关的几个问题分述如下。

23.1.1 短路开断电流直流分量 I_{DC}

I_{DC} 百分比与 GCB 固有分闸时间 t_1 有关，各产品在技术条件中对 I_{DC} 分量都作了规定。

从短路开始计时到触头刚分开的时间 $t_2 = t_0 + t_1$ 其中 $t_0 \approx 10\text{ms}$ 为电磁式继电器启动时间，见图 23-1。

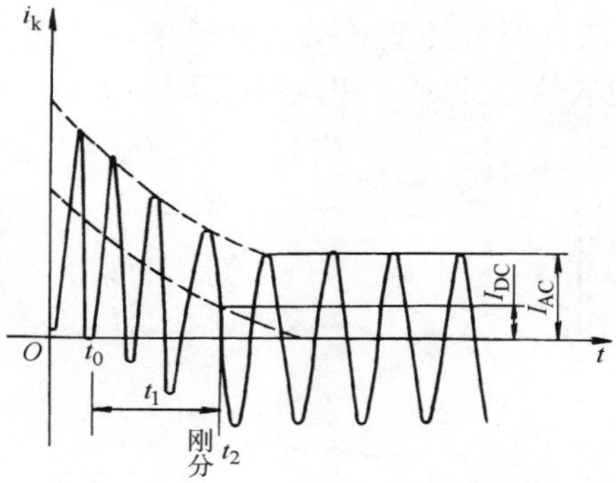

由图 23-2 可见，t_2 与 I_{DC} 百分比的对应关系为：

t_2 为 20ms，63%；25ms，60%；30ms，50%；40ms，40%。

I_{DC} 分量大，开断电弧能量大，灭弧室工作负担重。

短路关合及重合闸时，金属短接时间（合分时间）为 t_3。t_3 也影响 I_{DC} 分量，通常 t_1 及 t_3 大，I_{DC} 则小，CB 灭弧室开断负荷轻，但不利于电网的稳定。为保持电网的稳定，要求 CB 快速切除故障电流（252kV 及以上产品要求 $t_1 \leqslant 30\text{ms}$），尤其是超高压电网。

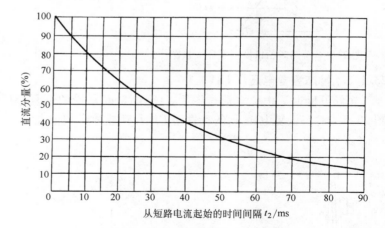

图 23-1 短路电流波形图

图 23-2 直流分量百分数与时间间隔 t_2 的关系

23.1.2 首相开断系数 K_1

CB 开断三相短路故障时，必然有一相电流先过零，先被开断。首先开断相断口承受的恢复电压 U_R，为相电压 U_a 的 K_1 倍。

（1）在 126kV 及以下（含部分 252kV）中心点不接地（包括经消弧线圈接地）系统，无论是三相接地短路还是三相不接地短路，$K_1 = 1.5$。

见图 23-3，a 相先熄弧，b、c 两相短路，由 b、c 两相断口共同承受线电压 U_{bc}，b、c

断口各承受 $U_{bc}/2$。首开断相承受的恢复电压为

$$U_R = U_{aa'} = U_{ab'} = \dot{U}_{ab} + \dot{U}_{bc}/2 = \sqrt{(\sqrt{3}U_a)^2 - (\sqrt{3}U_a/2)^2} = 1.5U_a, K_1 = 1.5。$$ 首开断相
熄弧后，另两相各承受：

$$U_{bc}/2 = \sqrt{3}U_a/2 = 0.866U_a$$

（2）在 363kV 及以上（含部分 252kV）中心点直接接地系统，最严重是三相接地故障。

$$K_1 = 3Z_0Z_1/(Z_1Z_2 + Z_1Z_0 + Z_2Z_0) = 9Z_1^2/7Z_1^2 = 1.286 \approx 1.3$$

（正序阻抗 $Z_1 =$ 负序阻抗 Z_2，零序阻抗 $Z_0 = 3Z_1$）。

在 363kV 及以上中性点直接接地系统中，因额定电压高，相间距离大，一般情况下不会出现三相不接地短路故障。如果出现了三相不接地短路，其首相开断系数为 1.5（每相恢复电压与中性点不接地系统的情况相同）。

在中性点不直接接地系统中，可能出现异地两相接地故障，如图 23-4 中的 *M*、*N* 两点接地故障。此时 A 相流过故障电流 I_{ab}，CB 开断，A 相熄弧后断口间承受的工频恢复电压为

$$U_R = U_{ab} = 1.73U_a，K_1 = 1.73$$

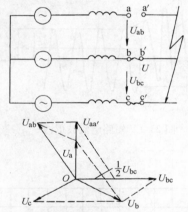

图 23-3　短路时断口恢复电压矢量图

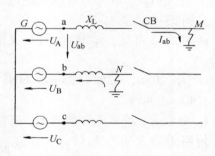

图 23-4　异地两相接地故障电路图

23.1.3　暂态恢复电压（TRV）

短路开断时，电弧电流过零后，CB 断口间承受的恢复电压在初期有一个振荡过程，见图 23-5。暂态恢复电压 u_{tr} 的特性对 CB 开断故障影响很大。

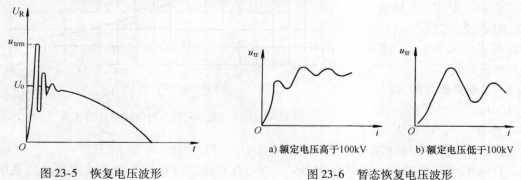

图 23-5　恢复电压波形

a）额定电压高于100kV　　b）额定电压低于100kV

图 23-6　暂态恢复电压波形

126kV 及以上电网 u_{tr} 对开断影响大的初期波形包括一个上升率高的起始周波和随后的

一个上升率低的周波，见图 23-6a，常用四参数法来表达其特性，见图 23-7。

126kV 以下电网，u_{tr} 接近一种阻尼的单频振荡见图 23-6b，常用两参数法来表达其特性，见图 23-8。四参数是：

U_1——第一参考电压（kV）；

t_1——达到 U_1 的时间（μs）；

U_c——第二参考电压（TRV 的峰值 u_{trm}）（kV）；

t_2、t_3——达到 U_c 的时间（μs）。

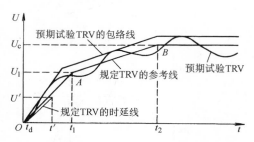

图 23-7　由四参数法参考线和时延线表示规定的暂态恢复电压（TRV）

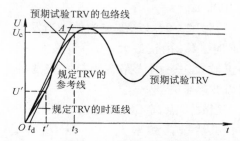

图 23-8　由两参数法参考线和时延线表示规定的暂态恢复电压（TRV）

u_{tr} 初期几微秒内上升速度较慢（不是直线）其上升率对 CB 开断有影响，因此对 TRV 初始特性 IEC 及相应国标增加三个参数加以限定：

t_d——时延（μs）；

U'——参考电压（kV）；

t'——到达 U' 的时间（μs）。

时延线与参考线 OA 平行，TRV 起始部分不能与时延线相交。

CB 开断试验时应注意，t_d 应符合标准要求，t_d 太小了，TRV 初期上升率太高，灭弧室易发生热击穿；t_d 太大，开断条件过于宽松。有关 TRV 特征值的规定参见 GB 1984—2014《高压交流断路器》。

23.1.4　BTF 开断与灭弧室特性

在电网故障电流达到灭弧室额定开断电流 I_{sn} 时，可能出现下列不正常现象，进行产品设计及试验时应注意避免：

（1）如果 SF_6 含水分很高，开断时会在 U_R 峰值附近出现电击穿；

（2）如果静触头端设计排气不通畅，反弹的热气流（含导电粒子）降低了触头间的绝缘，可能在 U_R 峰值之后在喷嘴外部击穿；

（3）弧触头质量不良（崩裂并导致铜蒸气过多）、断口绝缘件表面玷污，都会导致开断后断口电击穿。

（4）灭弧室喷口堵塞时间太长。开断电流过零前弧隙能量积聚太多，会导致断口零后热击穿。

23.2　SLF 开断

离断路器 0.5 ~ 8km 处发生的接地（短路）故障，称为近区故障 SLF。SLF 开断特点是恢复电压 TRV 起始增长速度极快，开断时易发生热击穿。

23.2.1　TRV 初期锯齿波的形成

　　当 SLF 开断电流过零后，短路线上残存的电荷以光速在该短路线上来回传播、反射，这过程实质上也是短路线 $X_0 X_1$ 上分布电容储存的静电荷经短路线上分布电感放电、再充电、再放电的一种电磁振荡过程。其振荡反射频率高达 100kHz。

　　见图 23-9，以 X_0 点为例，当发生 SLF 时，U_{X0} 由正最大→0→负最大→0→正最大……因线路有阻抗，振荡的锯齿波逐步衰减。

　　当故障点离 CB 很近时，图 23-9 中，虽然振荡频率 f_A 大，但 U_m 小，易开断；当 X_1 较大时，虽 U_m 大，但 f_A 小，也易开断。唯独当 X_1 不大也不太小时，振荡锯齿波 f_A 较大，U_m 也不小，与恢复电压的交流分量叠加后，U_R 在起始部分上升陡度极大，若超过断口介质恢复速度 RRRV′ 就发生热击穿（见图 23-11）。

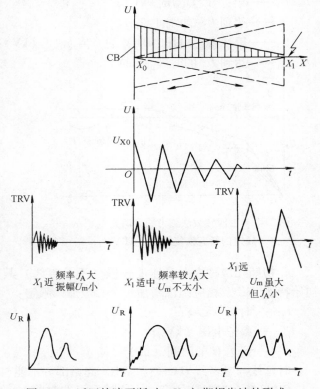

图 23-9　近区故障开断时，U_R 初期锯齿波的形成

23.2.2　TRV 初期增长速度

　　SLF 开断电流 I_{sx} 对恢复电压初期（第一齿波）增长速度 dU_R/dt 有影响：

$$dU_R/dt \mid_{t=0} = \sqrt{2} I_{sx} \omega \sqrt{\frac{1}{C}} = \sqrt{2} I_{sx} \omega Z = \sqrt{2} \times 2\pi \times 50 \mathrm{s}^{-1} \times 450\Omega \times I_{sx} \mathrm{kA}$$

$$= 199826 I_{sx} \mathrm{kV/s} = 0.2 I_{sx} \mathrm{kV/\mu s} \tag{23-1}$$

　　线路波阻抗 Z 由线路分布电感 L 及分布电容 C 所定，常为 400~500Ω，IEC 标准取中值 450Ω。

　　例如，当 $I_{sn} = 50$kA，$I_{sx} = 0.9 I_{sn}$ 时：

$$dU_R/dt = 0.2 \times 50 \times 0.9 \mathrm{kV/\mu s} = 9 \mathrm{kV/\mu s}$$

23.2.3　SLF 开断与灭弧室特性

　　SLF 开断成功与否基本上决定于灭弧室断口在零后 1μs 附近的介质恢复特性。开断失败的原因是断口发生热击穿。发生热击穿的主要原因是：

　　(1) 分闸速度不够高，在预期熄弧时刻开距太小，断口绝缘能力不足。

　　(2) 喷口堵塞时间太长，喷嘴上游电弧能量积聚过多。

　　(3) 喷嘴长度太长，在预期熄弧点静弧触头堵塞喷嘴下游区的时间过长，有效气吹时间不足，电弧能量排放不足，热量的积聚导致弧隙介电恢复太慢，使剩余电流不断增大而产生热击穿，见图 23-10。适当切短喷嘴下游区长度可改善 SLF 开断特性，使喷嘴下游气流场畅通、弧隙能得到更多新鲜 SF_6 补充而使密度和压力提高、温度下降，在 $du/dt = 9kV/\mu s$ 条件下不发生热击穿，而对 BTF 开断无明显影响。

（4）喷嘴下游区的张角过大，使喷嘴出口处的气流速度过高，动静触头间的压力大量下降，气吹作用显著削弱，而 SF_6 密度也急剧变小，介电强度下降。

23.2.4　断口并联电容改善 SLF 开断条件

在断口上并联电容器（1000pF 以上）可使 dU_R/dt 的第一锯齿波变得平缓些，见图 23-11，减少热击穿的可能性（RRRV′ 为断口介质恢复曲线）。这是因为断口并联较大的电容器后，U_R 的第一锯齿波的初期因电容器的充电时延（缓冲）作用而使 U_R 按（$1 - \cos\alpha$）曲线变化（柔化了）。

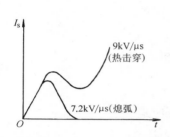

图 23-10　在不同 dU_R/dt 下，弧隙零后剩余电流的变化　　图 23-11　断口并联电容，改善 SLF 开断条件

SLF 开断时是否可能发生电击穿呢？这种可能性是存在的。例如，当压气缸的压力不足，在断口达到一定开距、恢复电压上升到峰值附近时，可能出现气吹无力，断口绝缘得不到充分的恢复，此时出现断口电击穿是可能的。

改善的办法是：加强压气缸的气吹能力（增大气缸直径、提高分闸速度或更有效地利用电弧能量增压），同时要注意改进触头形状和屏蔽的设计，使断口电场分布更均匀一些。

23.3　反相开断

两个系统或两段母线的联络断路器正常开断时，只分断工作电流，断口只承受极小的恢复电压（$U_1 - U_2$）。系统出现一端电源过载而另一端电源抛负荷故障时，U_1 与 U_2 相位失步，如果一端电源带有水电厂，负荷突变时水轮发电机转速调节惯性大、自整步能力差，而另一端的火电厂汽轮机自整步能力良好，这时出现相位失步的比率很大，而且最严重时反相 180°，CB 应立即跳开，将系统解列，CB 此时的开断电流为：

$$I_{sop} = 2U_p(X_{s1} + X_{s2} + X_L)$$

式中　X_{s1}、X_{s2}——系统 1 和 2 的短路感抗；

　　　　X_L——线路的感抗（见图 23-12）。

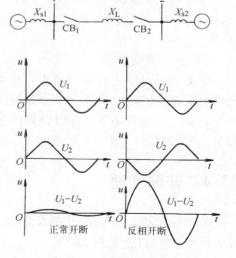

图 23-12　联络断路器及其
开断时断口承受的电压

CB$_1$ 的额定短路开断电流 I_{sn} 应与系统的短路电流一致，即

$$I_{sn} = U_p / X_{s1}$$

得到
$$\frac{I_{sop}}{I_{sn}} = \frac{2U_p / (X_{s1} + X_{s2} + X_L)}{U_p / X_{s1}}$$

$$= \frac{2X_{s1}}{(X_{s1} + X_{s2} + X_L)}$$

$$= \frac{2}{\left(2 + \dfrac{X_L}{X_s}\right)} \tag{23-2}$$

式（23-2）在简化计算时令 $X_{s1} = X_{s2} = X_s$。

只要两系统的连线不太短，即当

$$\frac{X_L}{X_s} \geqslant 6 \ \text{时}, \quad \frac{I_{sop}}{I_{sn}} \leqslant 25\%$$

据此分析，绝大多数电网反相开断电流都小于 $0.25I_{sn}$。
CB 反相开断时，首先开断相断口承受的恢复电压应是
中性点不直接接地系统　　　$U_{0p1} = 1.5 \times 2U_p = 3U_p$
中性点直接接地系统　　　　$U_{0p2} = 1.3 \times 2U_p = 2.6U_p$
由于完全反相概率太低，因此 GB 1984 规定

$$U_{0p1} = 2.5U_p$$
$$U_{0p2} = 2.0U_p \tag{23-3}$$

上式 U_p 为相电压。联络断路器的断口耐压水平应为

$$U_L = U_s + U_n / \sqrt{3}$$

考虑两系统全反相概率低，可取

$$U_L = U_s + 0.7U_n / \sqrt{3} \tag{23-4}$$

式中　U_s——产品的工频试验电压；

　　　U_n——额定电压。

GCB 为满足反相开断的要求，在灭弧室设计时，应特别注意触头及其屏蔽的设计。尽力保持弧触头端部有较大圆弧曲率以获得较低的场强，并以良好的触头屏蔽件保持断口电场分布比较均匀。

23.4　并联开断

双母线 3/2CB 接线电站中的 K 点故障时，CB$_1$ 与 CB$_2$ 同时跳闸，开断电流为 I_s，见图 23-13。

$$I_s = U / \omega \left(\frac{L_1 L_2}{L_1 + L_2} + \frac{L_{AK} L_{BK}}{L_{AK} + L_{BK}} \right)$$

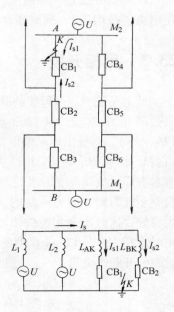

图 23-13　并联开断

式中　L_1，L_2——电源电感；

　　　L_{AK}，L_{BK}——连接线电感。

$$I_{s1} = I_s L_{BK} / (L_{AK} + L_{BK})$$
$$I_{s2} = I_s L_{AK} / (L_{AK} + L_{BK})$$

当 $L_{AK} = L_{BK}$ 时，$I_{s1} = I_{s2} = 50\% I_s$

当 $L_{AK} < L_{BK}$ 时，可能出现：$I_{s2} = 10\% I_s$，$I_{s1} = 90\% I_s$

当 CB_1 与 CB_2 分闸时间先后不一时，CB_1 先熄弧，后熄弧的一台 CB_2 其开断电流由 $10\% I_s$ 突增至 $100\% I_s$。而此时 CB_2 触头开距已相当大，电弧压降（电弧能量）将突然增大，可能导致灭弧室损坏或开断失败。

型式试验要求做并联开断，由两台开关一起试验，并控制分闸时间一先一后，其开断电流分配为 $10\% I_s$，$90\% I_s$；$20\% I_s$，$80\% I_s$；$30\% I_s$，$70\% I_s$；$40\% I_s$，$60\% I_s$；$50\% I_s$，$50\% I_s$。

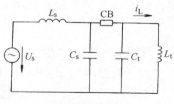

a）切空变等效电路

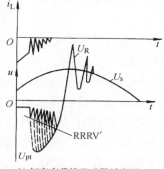

b）切空变截流及重燃过电压

图 23-14　切空变过电压

23.5　空载变压器开断

切空变时的等效电路示于图 23-14a，被开断的小电感电流 i_L 很小（<20A），CB 开断时易截流（i_L 提前过零），见图 23-14b。截流时，变压器电容 C_t 及电感 L_t 中储存的电磁能通过充放电振荡而形成过电压，使 CB 断口上承受的恢复电压快速上升，导致小断口间隙立即击穿。CB 开断能力越强，截流值越大，产生的过电压越高。压缩空气断路器开断 i_L 时截流次数约为（4～7）×10^4 次，SF_6 CB 截流次数近于少油 CB，小于空气 CB。

切空变时，CB 开断性能对过电压值影响较大。

期望 CB 的开断小 i_L 能力不要太强。有限的介质恢复强度 RRRV′ 及有限的截流能力（气吹能力不要太强）都限制了过电压的最大倍数。如图 23-14b 所示，有限的 RRRV′ 导致弧隙多次重燃，重燃使负载侧储能消耗，因而限制了 U_R 的最大值，（图中，预期过电压 U_{pt} 被 RRRV′ 抑制了）。

切空变时，CB 重燃不是坏事，与切小电容电流时对 CB 的要求不一样。

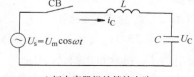

a）切电容器组的等效电路

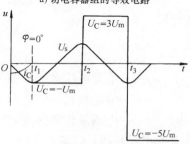

b）切电容器组的过电压

图 23-15　切电容器组的等效电路和过电压

23.6　切合电容器组及空载长线

23.6.1　切合电容器组

切电容器组的等效电路如图 23-15a 所示，由电源 U_s、被切电容器 C 及负载侧电感 L 组成，i_C 超前 U_s 相位 90°。因此切电容器组电流 i_C 过零时电源电压正好在峰值。此时线路（即 C）上的电压 $U_C = -U_m$，而电源 U_s 按余弦规律变化。此时 CB 断口上的 $U_R = U_s - U_C = U_s + U_m$。

因空载电流很小,在断口开距很小时,电弧电流过零可能熄弧,也可能重燃。如果重燃,电源经 L 突然向 C 充电,在电容—电感上将产生电磁振荡。其振荡电压为

$$U_C = U_m - 2U_m \cos\omega t$$

见图 23-15b,如果在过零后 $\varphi = \omega t = 0°$ 时弧隙击穿　$U_C = U_m - 2U_m = -U_m$

如果在过零后 $\varphi = 90°$ 时弧隙击穿　　$U_C = -U_m$

如果在过零后 $\varphi = 180°$ 时弧隙击穿　　$U_C = U_m + 2U_m = 3U_m$

如果在过零后 $\varphi = 360°$ 时(t_3 时刻)弧隙击穿

$$U_C = -(3U_m - 2U_m \cos180°) = -5U_m$$

在电流过零后 $\varphi = 0° \sim 90°$ 之间弧隙击穿不产生过电压,称复燃。在电流过零后 $\varphi = 90° \sim 180°$ 之间弧隙击穿要产生过电压,称重燃。

开断容性电流重燃概率低的,称为 C1 级断路器。

开断容性电流重燃概率非常低的,称为 C2 级断路器。

切电容器组每次重燃都发生在恢复电压峰值时,过电压按 3、5、7 倍上升,这当然是理论上的结论,实际电网情况复杂而使切电容器组的过电压没有这么高。例如,重燃时刻并不每次都发生在 U_R 的峰值处,开关合闸相位也有分散性,以此而确定的燃弧时间也是长短不一,也并非每次开断必定重燃(当燃弧时间长、开距大时就可能不重燃)。SF$_6$ 开关在短开距时也具备优良的绝缘性能,通常不会产生重燃及过电压。

合电容器组时会产生合闸涌流。尤其是每组电容器由一台 CB 控制,多组电容器并联构成的背靠背电容器组,当投入最后一组电容器时,前面已投入的电容器将一起向最后投入的电容器充电,形成很大的合闸涌流。通常串入电抗器限制涌流,避免涌流对 CB 和电容器产生危害。

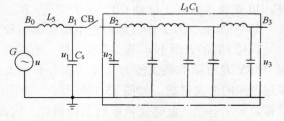

23.6.2 切合空载长线

如图 23-16 所示,空载长线由线路分布电容 C_1 和分布电感 L_1 组成。

由于长线电容效应,线路末端电压 u_3 随线长 s 增大而升高

图 23-16　空载输电线路的单相简化电路

$$u_3 = u_2 / \cos\left(\frac{\omega s}{v}\right) \tag{23-5}$$

式中　ω——电源电压角频率 $\omega = 50 \times 360$(s^{-1});

　　　s——输电线长(km);

　　　v——电磁波传播速度 $v = 3 \times 10^5$(km/s)。

将根据式(23-5)计算的 u_3/u_2 比值列入表 23-1,可看出 u_3/u_2 随 s 增加而升高。

表 23-1　线路工频电压的变化

$s/$km	100	200	300	400	500	600
u_3/u_2	1.006	1.022	1.051	1.095	1.155	1.24

当 CB 切空载长线时,CB 断口两端电压 u_1 和 u_2 都因电网参数突变而产生 LC 振荡。CB

断口的恢复电压 $u_R = u_1 - u_2$，见图 23-17。

暂态恢复电压初期有一个频率为 f 的振荡分量，其幅值为

$$U_{tro} = 2\sqrt{2}i_C X_s \qquad (23\text{-}6)$$

暂态恢复电压最大值为

$$U_{trm} = \left(1 + 1/\cos\frac{\omega s}{v}\right) - \sqrt{2}i_C X_s \qquad (23\text{-}7)$$

分析式（23-6）及式（23-7）发现电源阻抗 X_s 对 U_{tro} 和 U_{trm} 有显著影响，即电源状况对开关切空载长线特性有影响：

电源阻抗 X_s 小时，U_{tro} 小而 U_{trm} 大，触头可能产生重燃；

电源阻抗 X_s 大时，U_{tro} 大而 U_{trm} 小，触头可能出现复燃。

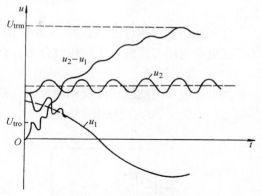

图 23-17　CB 断口的恢复电压

23.6.3　切空载长线的开断电流及试验方法

（1）开断电流

正常条件下切空载长线的开断电流为（20% ~ 100%）I_{scn}，I_{scn} 为额定线路充电开断电流，见表 23-2（见 GB 1984—2014 的表 9）。

表 23-2　额定线路充电开断电流值

线路额定电压 U_n/kV	126	252	363	550	800	1100
额定线路充电开断电流 I_{scn}/A	31.5	125	315	500	900	1200

线路在接地故障时，CB 切空载长线的开断电流为：

中性点接地系统为 $1.25I_{scn}$；

中性点不接地系统为 $1.7I_{scn}$。

（2）试验方法

正常条件下切充电电流的试验方法见表 23-3 和表 23-4（见 GB 1984—2014 的表 27 及表 28）。

表 23-3　C1 级试验方式

试验方式	脱扣器的操作电压	操作和开断用的压力	试验电流（为额定开断容性电流的%）	操作顺序
LC1	最高电压	额定压力	10 ~ 40	O
LC2	最高电压	额定压力	≥100	CO

试验方式 1 包括 24 次分闸操作试验系列，在开断电流 360° 相位内进行，每次步长 30°。

表 23-4　C2 级试验方式

试验方式	脱扣器的操作电压	操作和开断用的压力	试验电流（为额定开断容性电流的%）	操作顺序
LC1	最高电压	最低功能压力	10 ~ 40	O
LC2	最高电压	额定压力	≥100	O 和 CO，或 CO

试验方式 2 包括 24 次合分操作试验系列，步长 30°。

（3）通过试验的判据

C1 级断路器：首次试验系列中，允许重燃 2 次；再延长试验系列中只允许重燃 1 次。

C2 级断路器：首次试验系列中，未出现重燃；如果重燃（只允许 1 次）可延长试验，在延长试验系列中不允许再重燃。以上做延长试验的产品为未经检修的同一台产品。

23.6.4　长线合闸过电压

合长线时电路参数产生突变，线路上的静电荷在 *LC* 上产生电磁振荡，可能产生过电压。

合闸相位和合闸过电压有关，CB 选相合闸可控制合闸过电压。

在电源电压与线路残压同相时合闸，充电电压 $\Delta U = U_m - U_L$ 较小，过电压 $U_C = 2U_m - U_L < 2U_m$，较小。

在电源电压与线路残压反相时合闸，充电电压 $\Delta U = U_m - U_L$ 较大，过电压 $U_C = 2U_m - (-U_m) = 3U_m$，很大，见图 23-18。

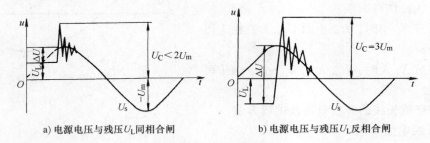

a) 电源电压与残压 U_L 同相合闸　　　　b) 电源电压与残压 U_L 反相合闸

图 23-18　合空载长线的过电压

在 363kV 及以上超高压线路，合闸过电压较明显。在 200km 以内短线，可以放心地靠线路上的氧化锌避雷器（MOA）将过电压限制在 $2.0U_{np}$（额定相电压）以内。

当线长大于 200km 时，例如线长为 266km 的 363kV 线路，当线路首末端都装 MOA 时，经计算沿线操作过电压不大于 $2.467U_{np}^{[45]}$。如果线路中点再增设一只 MOA，线路中部的过电压还会低一些。363kV 电网通常在 300km 以内仅依靠 MOA 来限制合闸过电压是可以的。

对于某些较短的 550kV 线路仅用 MOA 也可以将合闸过电压可靠地限制在允许的范围之内。例如某 550kV 线路长 240km，仅用 MOA 时计算相对地最大合闸过电压为 2.08p.u. < 允许值 $2.2U_{np}$，三相主变相间操作过电压为 $3.24U_{np}$ < 允许值 $3.41U_{np}^{[46]}$。当线路很长时如果仅用 MOA，在重合闸操作时过电压可能较高，利用CB 装的合闸电阻有更可靠的保护效果。

关于合闸电阻参数的选择

在电阻刚投入电网时，部分电能经 *R* 发热消耗了，*LC* 振荡能量变小，过电压因而受到限制。见图 23-19。过电压按 a 曲线随 *R* 增大而减小。

当主触头接通（短接 *R*）之后，电网参数又一次突变，产生新的振荡，其振荡大小，随电网参数变化量的大小而正比变化，因此其过电压按 b 曲线变化，随 *R* 增大而增大。

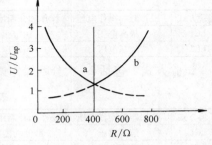

图 23-19　合闸电阻对合闸过电压的影响

开关的并联合闸电阻值只好兼顾 a、b 两特性而取其中值（约 400Ω）。电网操作过电压模拟计算表示，*R* 投入时间为 8~12ms，太小不行，太大无意义。

影响合闸电阻结构设计的因素有：

合闸电压、合闸操作循环。投入电阻的能量与这两个因素有关。

合闸电压：正常合闸为 U_{np}；反相合闸为 $2U_{np}$

正常合闸的操作循环：C 3minC 3minC 3minC（不计两次合闸间的散热）

反相合闸的操作循环：C 15minC（R 散热时间仅为 15min）

比较投入 R 的能量：$W_1 = 4 \times \dfrac{U_{np}^2}{R}$

$$W_2 = 2 \times \frac{(2U_{np})^2}{R} = 8 \times \frac{U_{np}^2}{R}$$

显然，反相合闸时 R 工作条件最苛刻。延长两次反相合闸时间间隔，可改善 R 的工作条件。R 的损坏的形式是：热负荷过载、阻值变化、电阻片及电阻棒（筒）表面热老化，其沿面绝缘下降。极少数情况是：电阻片被安装弹簧压破，这会引起 CB 内绝缘事故。

23.7　切电抗器

电抗器并接于线路中点或末端，补偿线路电容电流，限制线路中点或末端因电容效应而产生的工频电压升高，参见表 23-1。

切电抗器时，开断感性电流较小（数十至数百安），被开断电弧电流可能自然过零，也有可能发生截流，并导致过电压。

23.7.1　无截流开断

见图 23-20a，无截流开断后，电抗器引线等值电容 C_T 上电压 $U_{CT} = U_s$。C_T 向 L_T 放电，U_{CT}（即 U_{LT}）开始下降，L_T 储能，经过 $1/2T_0$（$T_0 = 2\pi\sqrt{L_T C_T}$）之后电抗器储能释放，感生电流向 C_T 反向充电，U_{CT} 形成高频（$\omega_0 = 1/2\pi\sqrt{L_T C_T}$）振荡，因回路阻抗而衰减至零，见图 23-20b。

此时，断口间的恢复电压为 $U_R = U_s - U_{LT}$，绕电源电压波形线波动，其最大值 U_{Rm} 很小。

23.7.2　有截流开断

截流 i_{Tj} 使电感 L_T 储能 $\frac{1}{2}L_T i_{Tj}^2$，磁能变电能向电容 C_T 充电，使 C_T 上电压升高 U_j：

$$\frac{1}{2}C_T U_j^2 = \frac{1}{2}L_T i_{Tj}^2$$

$U_j = i_{Tj}\sqrt{L_T/C_T}$，过电压 U_{LTm} 的大小与弧隙的击穿特性有关：

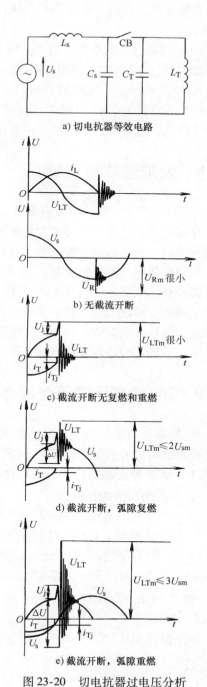

a) 切电抗器等效电路

b) 无截流开断

c) 截流开断无复燃和重燃

d) 截流开断，弧隙复燃

e) 截流开断，弧隙重燃

图 23-20　切电抗器过电压分析

（1）弧隙无复燃和重燃，$L_\mathrm{T}C_\mathrm{T}$ 高频振荡使电抗器上的电压 U_LT 绕电源电压零线波动，过电压 U_LTm 很低，见图 23-20c。

（2）截流后弧隙复燃：电抗器残压 U_LT 与 U_s 同相时，在 $\Delta U = U_\mathrm{s} - U_\mathrm{LT}$ 作用下弧隙击穿，称为复燃。此时，电抗器电压 U_LT 绕电源正弦波振荡，其过电压值 $U_\mathrm{LTm} \leqslant 2U_\mathrm{sm}$，见图 23-20d。

（3）截流后弧隙重燃：当 U_LT 与 U_s 反相时，在 $\Delta U = U_\mathrm{s} - U_\mathrm{LT}$ 作用下弧隙击穿，称为重燃。重燃后，电源向 C_T 充电，C_T 向 L_T 放电，使 $L_\mathrm{T}C_\mathrm{T}$ 振荡能量增大，电抗器上产生更高的过电压 $U_\mathrm{LTm} \leqslant 3U_\mathrm{sm}$，见图 23-20e。

性能优良的 GCB 在开断电抗器时，通常都具备良好的熄弧性能，不会产生复燃和重燃。即使有截流，也不会产生危及电网安全的过电压。

23.8　发展性故障开断

在 CB 切空载长线、空变或电抗器时，如果 CB 的开断性能不佳，发生较高的操作过电压而导致电网某绝缘薄弱环节对地短路时，CB 中将流过大的短路电流。这种在电网正常开断过程中演变出的短路故障，称为发展性故障。

发展性故障开断的特点是：先开断小电流，触头在较大开距时，开断电流突然增大，因此时弧柱长，电弧电压（能量）突然增大，而且燃弧时间又长。对于油开关，灭弧室压力会突然增大，可能引起灭弧室爆炸；对于 SF₆ 开关，因燃弧时间长，气缸的气吹作用不足甚至停止，导致开断失败。如果 CB 切长线、空变、电抗器的开断性能好，不产生较高的操作过电压，一般不会出现发展性故障。

23.9　超/特高压交流滤波断路器的特殊运行工况及结构设计要求

超/特高压直流电网变流站需投入一定容量的交流滤波电容，操作交流滤波电容的断路器简称 ACF 断路器（见图 23-21）。

23.9.1　ACF 断路器的特殊运行工况及其运行现状

1. ACF 断路器的特殊运行工况

（1）切电容负荷时灭弧室断口承受的电应力很大。

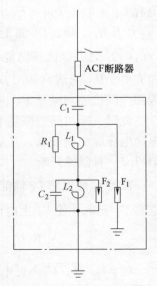

切滤波电容时，CB 断口的电源侧承受交流暂态恢复电压（TRV）及 TRV 过后的电源交流相电压（以 550kV 电网为例为 318kV），而 CB 断口另一侧为滤波电容的直流电压 449kV，比较重的情况 CB 断口间叠加的电压峰值为 $\sqrt{2} \times 318\mathrm{kV} + 449\mathrm{kV} = 899\mathrm{kV}$。

ACF 断路器可能承受的最大暂态恢复电压为

$$TRV_\mathrm{m} = U_\mathrm{a} + U_\mathrm{d}$$

式中，U_a 是电源侧交流电压峰值，要考虑切电容器组时可能产生的工频过电压为 1.3pu，还考虑电网谐波影响而取电压过冲系数 1.11；U_d 是 CB 断口另一侧的避雷器的操作冲击保护水平 780kV。图 23-21　滤波电容器接线图最严重情况是：断路器在滤波器侧电压保持在 780kV 时断开，断口 TRV_m 的极限值高达：

$$TRV_m = 1.3 \times 1.11 \times \sqrt{2} \times 550 / \sqrt{3} + 780 = 1429kV$$

（2）合电容负荷时灭弧室触头要承受很大的合闸涌流冲击。

合闸涌流为数千安，涌流峰值可高达十几千安，触头的烧蚀、熔焊值得关注。综上所述，ACF 断路器运行工况比一般线路操作保护断路器严酷得多[83,87]。

这样严酷的操作负荷本应由专用断路器来承担，但至今国内外还没有能适应这种工况的专用 ACF 断路器，只能拿一般线路操作保护 CB 代用。

2. ACF 断路器的运行现状

现用的 550～1100kV 双断口 ACF 断路器在制造质量正常、气象条件不恶劣、切电容器时断口承受的 TRV 值不十分严酷时，能顺利完成合分操作任务。当上述条件不全具备时，就可能发生灭弧室断口重燃、断口内部闪络、重燃电弧不能熄灭引起灭弧室瓷套爆炸和运行开关灭弧室套管外闪。在多雨潮湿天气的南方电网近 18 个 550～800kV 直流换流站中投运的 300 多台 ACF 断路器中，仅 2013～2015 年就发生上述故障 21 起[85-88]。在气候条件好一些的地区，电网运行故障少一些。

发生故障的上述开关都来自国内外一些主力高压电器制造公司，面对频繁的故障，各公司分别采取了诸如提高 SF_6 气压、增大套管长度、改善内电场分布等措施，不得力、不彻底，因此 ACF 断路器操作故障没根除，各公司也没有提出一个完整有效的产品结构改造方案，超/特高压直流输电网的操作隐患依然存在——这是作者为什么要在本章着力讨论这个问题的原因所在。作者希望通过近年的有关研究提出一个技术方案，为设计适应 ACF 断路器特殊运行工况的新产品奠定基础。

23.9.2　ACF 断路器切电容负荷的可能故障与隐形故障特征

1. 重击穿发生在恢复电压 U_r 持续多个半波之后

一般线路操作断路器切电容负荷重击穿主要发生在 U_r 第一个半波内，ACF 断路器的重燃却发生在 U_r 持续多个半波之后，如南网 550kV ACF 断路器多次重燃故障都发生在熄弧 8ms 左右。图 23-22a 示出重燃高频单波峰值电流，图 23-22b 示出重燃高频振荡衰减电流。某 800kV 换流站 T·GCB 切电容负荷在熄弧后 70ms 发生重燃，350ms 后发展为灭弧室对外壳放电[83]。

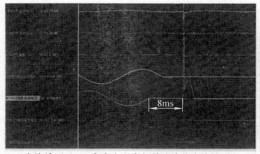

a) 电流熄灭后8ms左右出现高频单波峰值电流波形

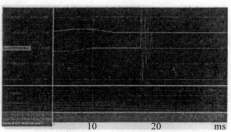

b) 电流熄灭后8ms左右出现高频峰值电流

图 23-22　重燃高频峰值电流

在 XIHARI 实验室的特高压开关切容性负荷研究试验中，也观察到在熄弧后 70～130ms

内发生重燃现象（见图 23-23 的 A 点）。为什么超/特高压 ACF 断路器切容性负荷时开关断口介质强度经常是顶过了恢复电压 U_r 第一个半波，却在 U_r 持续多个半波（电压峰值有所下降）之后又发生重击穿呢？这应该是开关负荷侧直流高压电应力持续作用的结果。

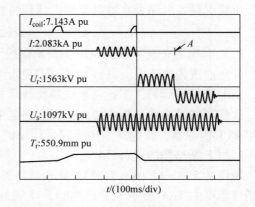

图 23-23　实验室中 UHV 断路器发生重击穿示例

2. 非自持性击穿现象（隐性重燃）的出现

ACF 断路器开断容性负荷时，还可能出现非自持性击穿（Non‐Sustained Disruptive Discharge，NSDD）。NSDD 现象不会像重击穿那样导致工频电流（即主负荷回路电流）的恢复，NSDD 产生的高频电流流过开关断口后就迅速熄灭了，可以认为 NSDD 是一种持续时间极短的非自持性放电现象。

图 23-24 及图 24-25 录自 XIHARI 的试验报告[83]。图 23-24 示出 1100kV GCB 切容性负荷时熄弧后约 8ms 出现的 NSDD 现象（见图中 B 点）。

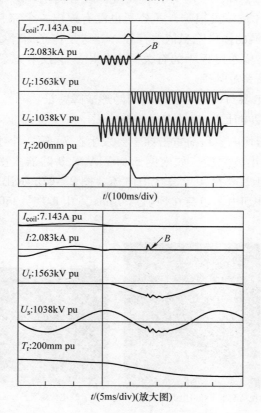

图 23-24　1100kV 断路器试验中 NSDD 示例

图 23-25 示出 1100kV GCB 切滤波电容负荷熄弧后约 7ms 出现一次 NSDD 后，紧接其后约 160ms 出现两次重击穿（图 23-25C 点）。

超/特高压 GCB 切滤波电容负荷出现的 NS-DD 现象对电网运行和 ACF 断路器的工作有什么影响？至今还未见 NSDD 的出现会危及电网安全运行和有碍 GCB 正常工作的报道。IEC 62271 – 100：2008 中也指出 "开断操作后的恢复电压阶段可能出现 NSDD。但是，它们的出现并不是受试开关装置损坏的标志。因此，它们（出现）的次数对于解释受试装置的性能没有影响。为了将它们与重击穿区分开来，应在试验报告中予以报告。" 国内相关研究也没发现什么危害性[84]。

较低电压 GCB 切容性负荷从未观察到的 NS-DD，在超/特高压 GCB 上看到了，而且在 NSDD 之后还出现了重击穿，尽管现在我们还对这些现象的出现原因和两者间的内在联系还说不清楚，为引起大家对这个问题的重视，可以作如下的假设：

NSDD 的产生是超/特高压 GCB 切容性负荷时触头间隙承受了重电压应力的结果，是产品切容性负荷时灭弧室断口介质恢复过程中存在着某种缺陷，在灭弧室元件不断的烧蚀积累中，在外施电压某种变化的条件下，非自持性放电现象有可能演变为自持性放电的断口击穿。为促进对 NSDD 现象的深入研究，作者愿意警惕性地将 NSDD 现象称为断口的 "隐性重燃" ——NSDD 与击穿重燃之间可能有某种内在联系，待研究。

23.9.3　ACF 断路器断口电压分布不均匀性导致产品的内外绝缘事故

ACF 断路器开断时负荷侧的直流高压本应由两串联断口分担，因直流高压是按套管表面电阻分配的，在污秽潮湿的环境中，在不均匀的细雨飞淋时，两断口套管表面的污秽程度不同，淋雨后的干湿状态有差异，导致表面电阻（泄漏电流）分布不均匀、直流高压在两个断口的分布不均匀。根据现场测量和模拟研究试验观测，不均匀系数高达 10 倍以上[85]。在 550kV ACF 断路器上，开断 ACF 时直流高压可达到 ±449kV，再叠加反相交流电源相电压峰值 450kV，断路器可能承受的极端电压高达：450 + 449 = 899kV，

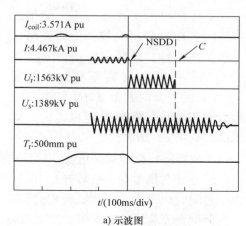

a) 示波图

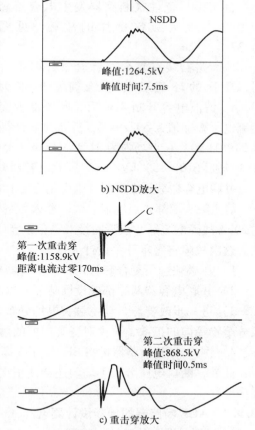

图 23-25　1100kV 断路器试验中
NSDD 及随后重击穿示例

而且这么高的叠加电压有可能由一个断口承担，这就是 ACF 断路器运行工况的特殊性、严酷性[88]。

在这样严酷的工作条件下，如果出现制造时有质量管理失控，例如弧触头配方及工艺不佳，开断电弧烧蚀后产生的铜金属蒸气量大（甚至有铜颗粒崩出），断口的瓷套内表面被导电的电弧分解物大面积污染，将导致断口内闪、瓷套爆炸，见图 23-26[86,87]。

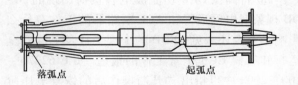

图 23-26　开断后动触头沿灭弧室瓷套内壁向静触头闪络

这类故障将提醒开关制造者，应选用优质铜钨弧触头，为满足开断小容性电流的需要，从材料配方（含钨量高一些较好）、混料均匀性（混料设备及操作工艺）、烧结工艺（温度、压力、时间）以及触头出厂试验和进厂验收等多方面加强质量管理。

负荷侧直流高压与电源侧交流高压叠加的结果还会危及断口并联电容器的安全。国产一台 550kV 瓷柱式断路器发生电容器套管击穿引发灭弧室爆炸的故障，见图 23-27[86,87]。

该断路器装有复合绝缘套管并联电容器，套管的环氧玻纤绝缘筒壁厚仅为 10mm。滤波电容开断 8ms 后，断路器上交

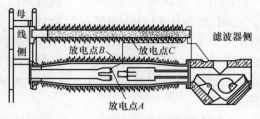

图 23-27　并联电容器击穿放电通道

直流电压叠加值为 537.9kV，折算到电容器 C 点为 311kV（内部为交流 111.9kV，外部为直流 219.1kV），C 点场强为 31.1kV/mm（反向叠加时），已大大超过了环氧玻璃丝缠绕筒允许的场强（10 ~ 15）kV/mm，因此电容器套管被径向击穿。

并联电容器套管击穿后，电火花污染了 B－C 点的空间绝缘，在交直流叠加电压负荷作用下，静主触头端部 A 点场强急增，经灭弧室瓷套内壁 B 点向 C 点形成放电通道。并联电容器的 20kA 故障电流经 A 点瞬间投入瓷套 B 点，巨大的电弧能量使瓷套急剧受热膨胀而爆炸。

这次故障将警示开关设计人员：

1）在必须选用复合套管作并联电容器外套时，其绝缘筒壁厚不宜低于 20mm；

2）并联电容器两端都应设屏蔽环，以改善套管的电场分布；

3）进一步改善静、动主触头电场分布，降低场强（包括加装静主触头屏蔽罩以约束电弧分解物径向的扩散、减少对瓷套内壁的污染）；

4）国产 ACF 断路器可将 SF$_6$ 气压提高 0.1MPa，内绝缘强度可增大约 10%。

此外，断口电压分布不均匀还会使正在运行的开关发生灭弧室套管外闪，影响电网正常工作。

23.9.4　ACF 断路器的创新设计要点

1. 运行状况与故障原因梳理

（1）潮湿阴雨环境中运行的开关故障多；其他环境中的开关故障少。

（2）产品结构设计不合理：灭弧室断口电场分布欠佳；无静触头屏蔽，瓷套内壁附着电弧分解物多；并联电容套管与灭弧室套管在同一垂直面布置，雨天时污水相互干扰等；制

造质量监控不严：弧触头含钨量不足、烧蚀量偏大等。

第（2）个问题是次要的，有关工厂已经或正在改进中。

第（1）个问题，潮湿阴雨造成 CB 断口电压分布不均是事故多发的主要原因，如何使断口电压分布均匀是该产品创新设计的要点。

2. 断口电压分布不均匀的原因

（1）气象原因

造成 ACF 断路器断口电压分配不均的外在原因是环境气象条件。事故多发的南网某电站具有一定的代表性，具体情况为：①小雨天气 43 天/年，湿度 85%，污秽等级 Ⅰ ~ Ⅱ级；②断路器污秽层（盐密）分布：大部分套管表面盐密 0.01 ~ 0.03mg/cm^2；两断口积污不均匀度 1:2；支柱套管积污度重于水平的断口套管积污。

在 5 月份多雨的季节，对断路器的灭弧室瓷套和支柱瓷套的表面泄漏电流进行了现场测试，单断口测量电压为直流 250kV，数据见表 23-5[85]。

表 23-5　断路器表面泄漏电流测试

参数	电源侧 断口 1	负荷侧 断口 2	支柱 瓷套	备注
泄漏电流/μA	1.67 7.46	2.00 10.70	24.73 45.57	阴天，*RH*60% ~ 67% 模拟重雾天气
表面电阻/GΩ	149.70 33.51	125.00 23.36	10.11 5.49	阴天，*RH*60% ~ 67% 模拟重雾天气

注：1. "模拟重雾"的方法是：用 2kg 水泼在套管上，使套管表面积污层被水浸润而不冲掉，表面电阻下降；
　　2. 表中数值为多次测量的平均值（泄漏电流每次测试值差异较小）。

表 23-5 说明：

在潮湿的阴天和重雾天气，支柱泄漏电阻小于两断口的泄漏电阻。

在大雨过后和长时间小雨过后，支柱泄漏电阻依然会小于两断口的泄漏电阻。因为水平断口套管表面污层被冲洗净了，表面电阻增大了。而直立支柱伞的上表面被雨水冲洗，但伞下积污层仍在，相对断口套管而言，支柱表面电阻还是较小。

因此，表 23-5 数据代表了除晴朗之外的各种气象条件下的断路器表面电阻分布特征。

（2）产品结构原因

支柱泄漏电阻 R_3 对断口电压分配有重要影响，见图 23-28（图中系统阻抗很小，可忽略不计）。

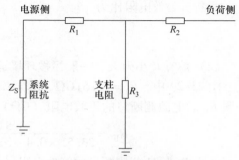

图 23-28　断口及支柱电阻

因支柱电阻 R_3 的影响，ACF 断路器切容性负荷后，R_1 与 R_3 并联的阻值 R_{b1} 再与 R_2 串联进行直流高压分配。

潮湿阴天，R_1 为 149.7GΩ，R_2 为 125.0GΩ，R_3 为 10.11GΩ（见表 23-5），R_1 与 R_3 并联后，等效电阻为

$$R_{b1} = \frac{R_1 R_3}{R_1 + R_3} = \frac{149.7 \times 10.1}{149.7 + 10.1} GΩ = 9.46 GΩ。$$

两断口表面泄漏电阻比为：$R_2/R_{b1} = 125.0/9.46 = 13.2$；重雾天，$R_1$ 为 33.51GΩ，R_2

为 23. 36GΩ, R_3 为 5. 49GΩ (见表 23-5), R_1 与 R_3 并联后, 断口 1 的等效电阻为

$$R_{b1} = \frac{33.51 \times 5.49}{33.51 + 5.49}G\Omega = 4.72G\Omega$$

两断口表面泄漏电阻比为

$$R_2/R_{b1} = 23.36/4.72 = 5$$

计算表明: 在潮湿的阴雾天气里运行的 ACF 断路器, 当环境污秽条件为 I ~ II级时, 切电容器负荷后, 因两断口等效电阻比为 5 ~ 13. 2 倍, 使两断口直流高压分配很不均匀。极端情况直流高压几乎全加在一个断口上——这是造成 ACF 断路器内外绝缘事故的最主要原因。

(3) 断口电阻分布不均匀的原因汇总

原因有: ①断口套管污秽分布的不均匀; ②雨水对污层冲洗作用的分散性; ③不均匀淋雨时套管表面污层的湿润带与干带并存; ④局部放电对套管绝缘的破坏并引起套管表面局部阻值发生变化; ⑤直立支柱对断口等效电阻分布影响很大, 即使是一台洁净的断路器, 两断口自身电阻相等时, 受支柱电阻的影响, 也会使两断口等效电阻出现约 20% 的差异。

3. 用并联电阻改善断口电压分布

在开关断口上并联一个不受环境影响的相对低值 (0. 1 ~ 0. 4GΩ) 的电阻 R_b, 能有效地改善断口电压分布, 相关计算分述如下[89]。

(1) 潮湿阴天, 一般污秽环境运行的 ACF 断路器

并联 R_b 的断口与支柱电阻, 见图 23-29。图中, R_1 取 149. 7GΩ, R_2 取 125GΩ, R_3 取 10. 11GΩ (见表 23-5); R_b 取 0. 4GΩ; Z_S 为 Ω 级, 分析时忽略不计, 并联 R_b 后电源侧断口等效电阻 R_{b1} (GΩ) 为:

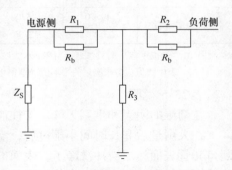

图 23-29　并联 R_b 的断口与支柱电阻

$$R_{b1} = \frac{R_1 R_2 R_b}{R_1 R_b + R_1 R_3 + R_3 R_b} =$$

$$\frac{149.7 \times 10.11 \times 0.4}{149.7 \times 0.4 + 149.7 \times 10.11 + 10.11 \times 0.4} = 0.384$$

并联 R_b 后负荷侧断口等效电阻 (GΩ) 为

$$R_{b2} = \frac{R_2 R_b}{R_2 + R_b} = \frac{125 \times 0.4}{125 + 0.4} = 0.399$$

两断口等效电阻比为

$$\frac{R_{b2}}{R_{b1}} = \frac{0.399}{0.384} = 1.039$$

(2) 重雾及小雨天, 一般污秽环境运行的 ACF 断路器

图 23-29 中, $R_1 = 33.51G\Omega$, $R_2 = 23.36G\Omega$, $R_3 = 5.49G\Omega$ (见表 23-5); $R_b = 0.4G\Omega$, 并联 R_b 后电源侧断口的等效电阻 (GΩ) 为

$$R_{b1} = \frac{33.51 \times 5.49 \times 0.4}{33.51 \times 0.4 + 33.51 \times 5.49 + 5.49 \times 0.4} = 0.369$$

并联 R_b 后负荷侧断口的等效电阻 (GΩ) 为

$$R_{b2} = \frac{23.36 \times 0.4}{23.36 + 0.4} = 0.393$$

两断口等效电阻比为

$$\frac{R_{b2}}{R_{b1}} = \frac{0.393}{0.369} = 1.065$$

以上计算表明：对于一般 Ⅰ ~ Ⅱ 级污秽地区电站，在阴天、重雾及小雨天气时，断口并联 0.4GΩ 电阻后的 ACF 断路器，两断口等效电阻比（以及按此比例分配的断口电位）能控制在 1.039 ~ 1.065 之间，差异不超过 7%，直流高压在两断口的分配比较均匀。

（3）极端严酷条件下运行的 ACF 断路器

即使在罕见的 Ⅲ 级及以上严重污秽区、阴雨潮湿的气象条件下，ACF 断路器两断口电阻因种种原因相差极大时，例如按下列假设的可能值分布时：

R_1 取 12GΩ，R_2 取 3.5GΩ，R_3 取 2GΩ，两断口积污不均匀度也很大，为 1:3.4，R_b 仍取 0.4GΩ，则

并联 R_b 后电源侧断口等效电阻（GΩ）为

$$R_{b1} = \frac{12 \times 2 \times 0.4}{12 \times 0.4 + 12 \times 2 + 2 \times 0.4} = 0.324$$

并联 R_b 后负荷侧断口等效电阻（GΩ）为

$$R_{b2} = \frac{3.5 \times 0.4}{3.5 + 0.4} = 0.359$$

两断口等效电阻比为

$$\frac{R_{b2}}{R_{b1}} = \frac{0.359}{0.324} = 1.11$$

在这样极端难见的恶劣运行条件下，并 R_b 后两断口等效电阻（直流高压）差值仍可控制在 11% 之内，基本满足安全运行要求。

对在洁净环境、良好气象条件下运行的 ACF 断路器，并联 R_b 后两断口电压分配会更均匀，两断口电位差可控制在 1% 之内。

电压等级高于 500kV 的 ACF 断路器，可根据灭弧室套管表面电阻的分布情况适当调整并联电阻阻值。

（4）并联电阻的技术要求

1）一个断口并联电阻阻值为 0.4GΩ，与断口并联电容器元件一起装于同一套管内，与断路器灭弧室套管并接。

2）均压电阻使用高品质陶瓷基材，按 GB/T 5729—2003 国家标准要求制造的大功率电阻器。

3）ACF 断路器合闸工作时，均压电阻被短接；断路器分闸热备用时，均压电阻自动投入电网运行。热备用时流过电阻的电流 I_c（A）为

$$I_c = \frac{0.55 \times 550 \times 1000}{\sqrt{3}} / (0.4 \times 10^9) = 0.437 \times 10^{-3}$$

额定功率（VA）为

$$0.437 \times 10^{-3} \times \frac{0.55 \times 550}{\sqrt{3}} \times 1000 = 76.4$$

4）额定功率下电阻允许的连续工作时间为 1000h，阻值变化 ≤ ±5%。

5）均压电阻最高工作温度为 155℃。

6）运行环境条件：环温为 -40 ～ +40℃；海拔为 3000m；污秽等级为Ⅲ级；抗地震烈度为 8 级。

7）一串均压电阻的绝缘要求：耐受工频电压为 0.55 ×740kV，1min；耐受雷电冲击为 ±(0.55 ×1675)kV；耐受操作冲击 ±(0.55 ×1175)kV。

8）使用寿命为 35 年。

23.9.5　ACF 断路器合闸涌流的危害及对策

1. 合闸涌流的产生及危害

ACF 断路器关合滤波器/并联电容器时，触头间隙在预击穿期间将流过大量的容性电流（涌流）。随滤波器/并联电容器容量的大小、运行状态及合闸瞬间电压相位的不同，涌流常在数千安范围内变化。严酷工况下（系统容量大、大量滤波器/并联电容器已投入运行、某组 ACF 断路器在电压峰值时关合），涌流最大值可达十几千安（峰值）。

合闸涌流的危害，一方面是容性涌流与电网的感性元件在电磁振荡中形成的过电压可能危及电网设备的安全；另一方面是在开关触头合闸预击穿过程中涌流电弧对触头会形成可观的烧损，因 ACF 断路器切合滤波器/并联电容器有一定的频度，因此触头的电蚀不容忽视。设法限制合闸涌流是保证电网和 ACF 断路器安全必须重视的。

2. 限制合闸涌流的措施

（1）选相合闸

ACF 断路器配选相合闸装置，使触头关合点控制在电压零点（±1ms），关合电流可控制在 0.4 ～4kA 范围内，触头的预击穿烧蚀会明显减轻。由于关合涌流的变小，电网参数突变时电磁振荡的能量被限制，过电压也跟随被抑制。

（2）加装合闸电阻

在 ACF 断路器合闸时投入一定阻值的合闸电阻，将容性关合电流抑制在很小的范围，触头预击穿的电蚀将大大减轻；大量的容性电流经合闸电阻变成热能消耗了，大幅度削减了电磁振荡的能量，过电压也被限制。

ACF 断路器的合闸电阻的工作原理及触头传动装置与线路保护断路器的合闸电阻相同，但阻值不同。合滤波器/并联电容器时的涌流值通常比空载长线关合电流大很多，因此 ACF 断路器的合闸电阻值应比合空载长线时的合闸电阻值（400Ω）要大。参照现有产品的使用运行情况，每相阻值可取 1500Ω 左右。

合闸电阻投入电网 10 ～12ms 后，开关主触头将它短接。ACF 断路器分闸时，合闸电阻置于灭弧室静触头端，脱离运行。

当选相合闸装置工作可靠时，它应是限制涌流的优选方案。这样可以简化 ACF 断路器结构，减轻断路器支柱绝缘子的机械负荷。

若需要选用合闸电阻时，ACF 断路器同时设置并联电容器、并联电阻及合闸电阻也是可行的。

（3）对合闸电阻的主要技术要求

1）采用陶瓷电阻片，比热容 ≥2J/(cm^3 · ℃)，体积热容量 ≥400J/cm^3（直径 ϕ150），在规定的工作电压下，电阻表面温升 ≤170℃。

2）额定工作电压：550kV 断路器两断口串联时，每个断口（每串）电阻片合闸时，只承受电源侧的工作相电压（可以不计 ACF 断路器负荷侧已衰减的直流高压）为 0.55 ×550/

$\sqrt{3}$kV，承压时间 10 ~ 12ms。

3）每串电阻应能承受雷电冲击电压为 0.55 × 1675kV。

4）每串电阻应能承受操作冲击电压为 0.55 × 1175kV。

23.9.6 罐式断路器 T·GCB 切合滤波电器的适应性

T·GCB 灭弧室断口外绝缘能力很强，是瓷柱式断路器外绝缘能力的两倍，特别适于对外绝缘要求高的电站使用。为适应 ACF 断路器特殊的运行工况，对内绝缘的改造（如提升气压、改善电场分布等）都很方便且不受外绝缘的制约。通过加保温外套能防止高寒地区气体液化。因产品成本高些，投资较充裕的电站可以考虑。

23.9.7 ACF 断路器的型式试验及相应的国标修改

现行国标 GB 1984 对切合容性负荷的相关规定已不符合 ACF 断路器的运行工况了，无法完全满足检验 ACF 断路器性能的要求。西安高压电器研究院试验站已注意到这个问题，并在对现行标准的改进完善进行相关的试验探索：将恢复电压峰值比国标规定值提高了一些（如 500kV GCB 提到 1470kV），补加 FC 试验（12 个单分不允重燃）和寿命附加试验[83]。

这些探索性试验是有益的，但要真正有效地考核 ACF 断路器功能还是不够的。单边提高 TRV 的峰值电压，不能模拟现场一端交流 TRV、另一端直流高压联合作用的效果。因此，应创造试验条件实现断口两端同时施加交直流恢复电压；根据 ACF 断路器的重要性和较频繁的操作特点，在型式试验中增加容性负荷电流切合的电寿命试验也是值得研究的，并在此基础上对国标作相应的修改，以推动 ACF 断路器的创新发展，确保超/特高压直流电网的安全运行。

23.10 GIS—DS 的典型切合操作

23.10.1 切合母线转换电流（环流）

在双母线供电系统中，当改变供电母线接线时，或改变一段不长的并联线路的接线方式时，DS 将在断口两端电压接近的条件下，带负荷分、合闸。

如图 23-30 所示，DS_1 开断，断口中将流过母线转换电流 i_m，DS_1 断口两端 A、B 电位不同。因为回路 C—B 的阻抗 Z_1 及回路 D—DS_2—A 的阻抗 Z_2 不等，$Z_2 > Z_1$，因此 $U_A = i_m Z_2 > i_m Z_1 = U_B$。断口两端压差 $U_{AB} = i_m(Z_2 - Z_1)$，即切环流时的断口恢复电压，通常小于 100V。

额定母线转换电压是 DS 在开断和关合额定母线转换电流时的最大工频电压（见表 23-6）。斜线上方为国标定值，下方为电力部标准定值。相关标准的试验参数对照见表 23-7。

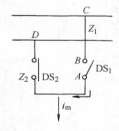

图 23-30 母线隔离开关切环流

表 23-6 DS 切环流试验电压

额定电压/kV		空气绝缘隔离开关试验电压/V	GIS—DS 试验电压/V
72.5 ~ 126		100/100	10/30
252 ~ 363		200/300	20/100
550		300/400	40/100
试验次数	一般操作	50	100
	频繁操作	100	150

表 23-7　隔离开关开合母线转换电流、接地开关开合感应电流各相关标准参数对照表

项目	参数	额定母线电压值/kV（有效值）	GB 1985—2014	DL/T 486—2010	IEC 62271—102：2019	国网典型规范
隔离开关开合母线转换电流	额定母线转换电流值	40.5kV, 72.5kV, 126kV	应为80%的额定电流，通常不超过1600A	应为80%的额定电流，通常不超过1600A	应为80%的额定电流，通常不超过1600A	1600A
		145kV	30（适用于长母线的场合）	30	63（123kV）	10
			无要求	无要求	63	无要求
		252kV	100（适用于长母线的场合）	100	63（245kV）	20
接地开关开合感应电流	额定感应电流/A（有效值）	126kV	A类：50　B类：100	A类：50　B类：100	A类：50（123kV）　B类：80（123kV）	50
		145kV	无要求	无要求	A类：50（245kV）　B类：80（245kV）	无要求
		252kV	A类：80　B类：160	A类：80　B类：160	A类：80（245kV）　B类：80（245kV）	A类：80　B类：160
	额定感应电压/kV（有效值）	126kV	A类：0.5　B类：6	A类：0.5　B类：6	A类：0.5（123kV）　B类：2（123kV）	0.5
		145kV	无要求	无要求	A类：1（123kV）　B类：2	无要求
		252kV	A类：1.4　B类：15	A类：1.4　B类：15	A类：1.4　A类：2（245kV）	A类：1.4　B类：15
	电磁耦合　工频恢复电压/kV（有效值）⁺¹⁰%/₀	126kV	A类：0.5　B类：6	A类：0.5　B类：6	A类：0.5（123kV）　B类：2（123kV）	无要求
		145kV	无要求	无要求	A类：2（123kV）　B类：2	无要求
		252kV	A类：1.4	A类：1.4	A类：1.4（245kV）　B类：2（245kV）	无要求
	TRV标准特性参数　TRV峰值/kV⁺¹⁰%/₀	126kV	A类：1.1　B类：14	A类：1.1　B类：14	A类：1.1（123kV）　A类：4.5（123kV）	无要求
		145kV	无要求	无要求	A类：2.3（245kV）　B类：4.5（245kV）	无要求
		252kV	A类：3.2　B类：34	A类：3.2　B类：34	A类：3.2（245kV）　B类：4.5（245kV）	无要求
	到达峰值的时间/μs ₀/₋₁₀%	126kV	A类：100　B类：600	A类：100　B类：600	A类：100　A类：300（123kV）　B类：300	无要求
		145kV	无要求	无要求	A类：200（245kV）　B类：300	无要求
		252kV	A类：200　B类：1100	A类：200　B类：1100	A类：200（245kV）　B类：330（245kV）	无要求

额定母线转换电流是 DS 在额定母线转换电压下应能开断和关合的最大电流。

国标和电力部门相关标准规定，母线转换电流的大小一般是 DS 额定电流的 80%，最大不大于 1600A。

23.10.2　切小电容电流

DS 切小电容电流 i_C（切一段电缆，一段母线）时，因 GIS 内部产生 LC 电磁振荡可能产生波头很陡（dU/dt 很大）、频率很高（10MHz 左右）的操作过电压，因频率特高而称为快速暂态过电压（VFTO）。

VFTO 的特点是上升时间极短（2～20ns），频率高达 MHz 数量级，持续时间 1～2μs，且幅值较高，极端情况达 $3.0U_{np}$，一般 $< 2.0U_{np}$，可能对电力系统会造成危害。当电网为 300kV 以下时，VFTO 不会太大。对于 363kV 及以上电网，要特别关注 VFTO 的危害。对于无缺陷的 GIS，VFTO 不会危及 GIS 内绝缘的安全，因为 GIS 耐受 VFTO 的最低电压都高于雷电波的耐压水平，见图 23-31，只有当 GIS 内部有缺陷时 VFTO 才会出现坏的影响[47]。

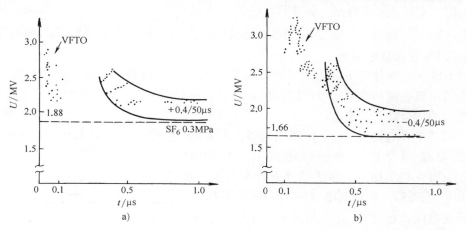

图 23-31　同轴间隙中 SF_6 气体的绝缘特性

VFTO 的主要危害如下：

（1）在 GIS 壳体上感应高的过电压，可能危及部分二次元件和人的安全。

（2）多次重燃的电弧，当触头屏蔽设计不良时，可能出现电弧漂移接地，形成接地故障，见图 23-32。

（3）由于电弧多次重燃，电弧引起的温度和导电粒子使 DS 触头部位对地绝缘下降，在 VFTO 的作用下发生对地闪络，形成接地故障（称电弧漂移接地）。

（4）当 GIS 的绝缘支撑件表面附有导电粒子或 GIS 导体表面有尖角毛刺时，产品耐受 VFTO 的能力会低于耐受雷电冲击电压的能力。

避免 VFTO 危害的办法：

（1）触头屏蔽直径 D 应足够大，是防止电弧漂移接地的有效措施。

（2）改善断口电场分布，提高其均匀性，可防止

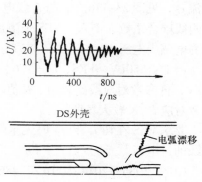

图 23-32　DS 切 i_C 时的重燃现象

在 VFTO 作用下对地闪络和减少电弧重燃。

（3）提高 DS 分合闸速度以减少电弧重燃次数。

（4）DS 动、静主触头设计良好的引弧电极（弧触头）并采用铜钨对 DS 开断电弧可能烧灼的部位（弧触头及屏蔽）进行有效保证，尤其是分闸速度很低的三工位隔离开关，触头表面因燃弧时间长可能烧损严重而影响断口绝缘，要十分重视 DS 主断口设计。

23.11 GIS—FES 的分合操作

23.11.1 FES 短路关合

线路端的快速接地开关，有产生短路关合的可能（线路上接地线未清除时的误操作，或 FES 的合闸瞬间线路产生接地故障）。FES 短路关合时，短路电流产生的电动力阻止触头合闸，其阻尼能量 $A_f = F_d L_c$（F_d 为短路电流电动力，L_c 为触头超程），汇同静触头关合摩擦阻尼功 $f_d L_c$ 一起阻止触头合闸。如果 FES 的关合功 $A_h < (F_d + f_d) L_c$，合闸失败，或触头熔焊。$A_h = 1/2 m V_h^2$，提高关合速度 V_h 和增大动触头质量 m，都可以提高 FES 的短路关合能力。

23.11.2 FES 切合感应电流

电站 GIS 多回路并行布置并利用 FES 接通或断开停电线路时，停电线路与相邻带电线路之间由于电磁感应和静电感应作用，在 FES 触头断口间将流过不同特性的感应电流，FES 应具有相应的关合和开断能力。

1. 切合电磁感应电流 A、B 两线相邻，A 带电，停电的 B 一端接地，FES 要切合 A、B 两线因电磁耦合产生的感性电流 i_L，见图 23-33a。i_L 与 A 线负荷 i_1、两线耦合系数 K 有关。在 FES 切 i_L 熄弧后，在触头断口间产生的电压 U_L 称电磁感应电压，它与 K、i_1 及 B 线长度 l 有关。

例如：500kV FES，$i_L = 80 \sim 200A$，$U_L = 2 \sim 25kV$。

2. 切合静电感应电流 A、B 两线相邻，A 带电，停电的 B 一端不接地，另一端 FES 切、合操作时，要断开或关合两线因静电感应而产生的容性电流 i_C，见图 23-33b。i_C 与 A 线电压 U_n、B 线长 l 及两线耦合系数 K 有关。FES 熄弧后在断口间产生的静电感应电压 U_C 与 K、U_n 有关。

例如：550kV FES，$i_C = 1.6 \sim 25A$，$U_C = 8 \sim 25kV$，低参数对应线路较短、K 值较小的场所，高参数对应 l、K 较大场所。

要求 FES 在切 i_L 和 i_C 时无重燃和危及 GIS 内绝缘的过电压。

GB/T 1985—2014 及 DL/T 486—2010 标准对 i_L / U_L、i_C / U_C 作了规定。

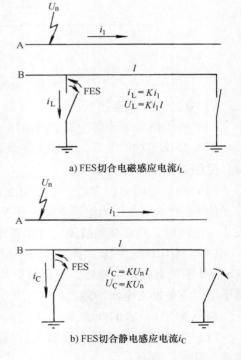

a) FES切合电磁感应电流 i_L

b) FES切合静电感应电流 i_C

图 23-33 FES 切合感应电流

第 24 章　电网对 CT/VT 的不同要求和运行注意事项

系统正常工作时，测量级工作，采集电网工作电流（监视运行状态或计量电能）。

系统短路时，对容量大、特别重要的系统要求快速保护，在 I_{DC} 存在的短路暂态过程，要求 CT 提供准确的保护信息。CT 线圈应具备 TPX、TPY 或 TPZ 暂态保护特性。

一般电网容量较小、电压不太高（252kV 以下及部分 252kV 电网），开关动作时间和继电保护时间都比较长（通常大于短路暂态时间），因此只要求 CT 保护级绕组在短路稳态下提供一定准确的保护信息就行了，就是常用的 5P、10P 级。CT 的三种工况见图 24-1。

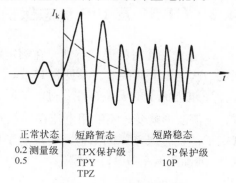

图 24-1　CT 的三种工况

24.1　CT 测量级绕组

1. 测量级绕组精度　采集正常工作电流信息，常用 0.2 及 0.5 级绕组。精度不仅与一次电流有关，与二次负载也有关。例如某 CT 额定二次负载 $P_{2n} = 30VA$，0.5 级，是指在 $0.25P_{2n} \leqslant P_2 \leqslant P_{2n}$ 时为 0.5 级，即 $7.5VA \leqslant P_2 \leqslant 30VA$ 为 0.5 级，当 $30VA < P_2 \leqslant 60VA$ 时就降为 1 级。

2. 测量级绕组过流下的误差特性　在短路时，测量级绕组如果按正常变比工作，二次电流会太大，危及二次元件的安全，因此希望将二次电流限制在某个合适的范围之内。办法是，在一次电流超过额定值后，让铁心尽快饱和，二次电流就受到限制。例如，取仪表保安系数为 FS5，额定二次电流为 5A。尽管短路电流很大，因铁心已饱和，CT 二次电流仅稍高于仪表保安电流 $5 \times 5A = 25A$。因此，过流下的误差，是按 FS5 要求设计：在额定二次负载时，在额定仪表保安电流下，要求铁心一定要进入较深饱和状态，使绕组复合误差 >10%。

$\varepsilon_c > 10\%$ 是监视铁心已进入饱和区的指标。

绕组设计上存在着矛盾：为保证 0.2、0.5 级高精度，希望绕组铁心截面大，磁通密度小，使磁通密度工作点落在 B—H 曲线的直线部分；为满足 FS5 要求，则希望铁心截面小，当一次电流达到额定仪表保安一次电流限值 I_{po} 时，铁心磁通密度大，工作点落在 B—H 曲线较深的饱和段。解决这一矛盾有两个方法：第一，见图 24-2，采用快速饱和（线性段和饱和段之间过渡区小）的铁镍合金或铁基微晶合金。在正常工作时的低磁通密度区（0.1 ~ 0.35T），这两种材料 B—H 特性的线性度很好，又能快速饱和，因此，铁心截面可设计得较小，既能满足 FS5 的要求，又能满足 0.2/0.5 级正常一次电流时的误差要求，但材料贵，成本高。第二，采用硅钢片铁心，其饱和磁通密度较大，B—H 非线性区域宽阔。为满足 0.2/0.5 级正常工作时的精度要求，铁心截面不能太小。但当 $I_1 = I_{po}$（如 $5I_{1n}$）时，铁心饱和不足，不能有效地限制二次电流的增长，不满足 FS5 的要求。只好另串接一只 1：1 的小铁心截面的绕组，在正常工作电流时，小绕组不饱和；在短路故障电流下，因铁心截面小而迅速饱和，可将仪表保安电流限制在要求范围之内。此办法较经济，在某些产品上有一定的使用价值。

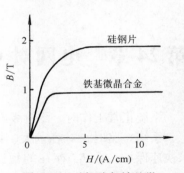

图 24-2　硅钢片与铁基微晶合金的 B—H 特性比较

24.2　CT 5P 及 10P 稳态保护级绕组

1. 正常工作时的误差特性　在额定负荷、额定频率及额定一次电流下的误差，参见表 15-1。

2. 过电流下的误差特性　过电流时，B 值落入非线性区，电流波形畸变，不能用电流误差与相位差来表示其误差特性。因此引用"复合误差"，规定了"复合误差"的量值，还规定了保证复合误差时的一次电流倍数（称为准确限值系数）。准确限值系数 ALF 为

$$\text{ALF} = \frac{\text{额定准确限值一次电流 } I_{\text{IZC}}}{\text{额定一次电流 } I_{\text{m}}}$$

ALF 分 5、10、15、20、30 几档。额定准确限值一次电流是 CT 能保证复合误差要求的最大一次电流。5P 级复合误差为 5%；10P 级复合误差为 10%；5P20：当一次电流达到 $20I_{1\text{n}}$ 时，复合误差为 5%；10P30：当一次电流达到 $30I_{1\text{n}}$ 时，复合误差为 10%。

保护级常态输出量为 $I_{2\text{n}}$（1A 或 5A），以监视线路工作是否正常。短路时应能输出 $\text{ALF} \times I_{2\text{n}}$。

24.3　CT 暂态保护用绕组（TP）

T：考虑暂态特性；P：保护用绕组；分级：X、Y、Z 及 S 四级，常用 TPY 级，其余三级很少用。

超高压电网短路时短路电流中的直流分量衰减期长达 50～80ms，对系统稳定性造成危害，因此要求 CB 在 20～30ms 以内快速切除故障，要求 CT 在短路暂态过程中具有良好的暂态响应。因短路交、直流分量 I_{KAC} 及 I_{KDC} 都很大，铁心过度饱和，使二次电流的电流值及波形严重失真，影响继电保护的可靠性。TPY 线圈在设计上采用了以下两条措施，使其具有了良好的暂态响应特性：

（1）铁心截面很大，为防止饱和，将铁心截面放大 K_{td} 倍，K_{td} 称铁心暂态系数（或称为额定瞬变面积系数）。

（2）铁心开槽带气隙，以减小剩磁对误差的影响。

TPY 线圈控制剩磁不超过饱和磁通的 10%。

规定 TPY 误差限值如下：

在额定一次电流下，电流误差 ±1%，相位差 ±60′；

在准确限值状态下，最大瞬时误差 10%（复合误差）。

暂态准确限值系数 K_{ssc} 为

$$K_{\text{ssc}} = \frac{\text{额定一次对称短路电流 } I_{1\text{sc}}（\text{当复合误差为 } 10\% \text{ 时}）}{\text{额定一次电流 } I_n}$$

K_{ssc} 值可选为 15、20、25、30（个别用户可能提出 40，这将给线圈设计带来困难，使 CT 成本增大，应慎重处理。）

24.4　CT 10% 误差曲线

当 CT 的 I_1 增大到一定值时，铁心开始饱和，磁阻增大，励磁阻抗变小，励磁电流增大，导致电流误差增大。

见图 24-3，在 I_1 不大时，实际二次电流（曲线 2）与按变比折算的理想二次电流（曲线 1）相重合。当 $I_1 = I_{1\text{bh}}$ 时，二次电流误差正好为 10%，称 $I_{1\text{bh}}$ 为一次饱和电流。

电网继电保护规定：5P 或 10P 级绕组在实际工作条件下，最大电流误差 ≤10%，为此应将二次负荷限制在允许范围内，而且一次电流的倍数不超过误差为 10% 时的饱和电流倍数 m_{10}。CT 制造商应提供图 24-4 所示的 10% 误差曲线。

例如：CT 变比为 1000/5，短路时最大一次电流为 20kA，10% 误差曲线如图 24-4 所示，求最大允许二次负荷。

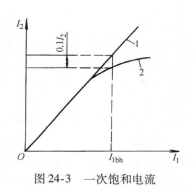

图 24-3　一次饱和电流　　　　　图 24-4　10% 误差曲线

最大一次电流倍数为 20000A/1000A = 20 倍

由图 24-4，当 $m_{10} = 20$ 时，得 $Z_2 = 2.1\Omega$，如果二次负荷大于 2.1Ω，则误差超过 10%。

24.5　CT 参数要求对 CT 结构设计的影响

1. 测量级绕组　铁心截面积 $S = 45 I_{2n} Z_{2n} / (N_{2n} B K_{\text{Fe}})$ 由用户提出 CT 的参数 I_{2n} 与 $Z_{2n} = P_{2n}/I_{2n}^2$，额定二次电流 I_{2n} 与二次负荷的比值 P_{2n}/I_{2n} 直接影响 S 的大小，一般来说，当 I_{2n} 一定时（1A 或 5A），二次负荷容量 P_{2n} 越大，S 越大，成本高。

现代电网的二次保护和计量逐步推广使用电子元件，其 I_{2n} 值由 5A 降为 1A。但随电网规模的扩大，二次元件用量的增多，各 CT 绕组所带的二次负荷元件数都在增加。因此 P_{2n} 并没有随 I_{2n} 按比例下降，甚至有的依然维持原值不变（而 P_{2n}/I_{2n} 比值却增大了 5 倍！）。CT

设计者应注意：当 I_{2n} 取用 1A 时，P_{2n} 值若取得过高，应认真讨论。

测量级绕组的电流误差

$$\varepsilon_i = -\frac{AN_0}{AN_1}\sin(\alpha_{20} + \alpha) \times 100\%$$

式中　AN_1—— 一次回路的磁动势；

AN_0——二次励磁磁动势，$AN_0 = HL$，铁心单位长度的磁动势 $H \propto B = 450000E_2/(N_{2n}S)$，即 ε_i 与 S 是成反比的。

因此，提高绕组精度，必然要增大 S 及成本。

仪表保安系数 FS5 或 FS10 在 CT 结构设计上有不同的难度，FS5 不易达到，FS10 容易实现。其难易主要表现在铁心截面设计上，既要保证高的误差精度，又要保证较小的 FS 值有矛盾。

2. 5P、10P 级绕组　影响 CT 结构的主要因素有三条。

（1）与 0.2/0.5 级一样，二次负荷容量影响着铁心截面积 S。

（2）精度高低（5P 与 10P）对 S 有影响，相对 10P 来说，5P 绕组误差较小，S 值应取大些（要求工作 B 值较低）。

（3）ALF 值对 S 有影响，ALF 取值大时，要求 S 也大。

可见 5P20 比 5P30 的成本要低，10P20 比 5P20 成本要低。

3. TPY 绕组　影响绕组结构的主要因素也有三条。

（1）与测量级绕组一样，铁心截面大小受二次负荷的影响显著。从式（15-29）可见，S 与二次负荷容量（或阻抗 Z_{2n}）成正比地变化。设计者应注意二次容量这个参数。对于使用部门的设计人员也应实事求是地核算二次负荷容量，不宜过高地提出超过需要的要求。

（2）额定一次电流 I_{1n} 对铁心设计有影响。在 $N_1 = 1$，$I_{2n} = 1A$ 时，从 $I_{1n}N_1 = I_{2n}N_2$ 等式可看出，$N_2 = I_{1n}$。

在式（15-29）中，S 与 N_2（即 I_{1n}）成反比。因此，对于 TPY 绕组，额定一次电流不宜取太小，否则，铁心太笨重。

（3）电网参数及 CT 工作循环的影响。在 15.9 节中已做过分析，简单概括如下：

1）减小一次系统时间常数 T_1，可减小 K_{td}，使铁心截面可设计得小些［见式（15-29）］。

2）额定对称短路电流倍数 K_{ssc} 如果小一些，S 将成正比下降［见式（15-29）］。

3）第一次短路关合时充磁时间 t'、重合闸时 CT 绕组充磁时间 t'' 以及重合闸无电流休止时间 t_{fr}，这三个时间能取大一些，K_{td} 系数可以变小［见式（15-25）］，铁心截面也就小了。但是，这三个时间一般情况下是不易变化的，t' 与 t_{fr} 受电网二次保护特性制约，t'' 受 CB 合分时间的限制。

4）考虑短路电流非周期分量最大值 I_{DCm} 与周期分量幅值 I_{ACm} 的比值 α（即 I_{DC} 分量偏移度），虽然 95% 的故障都发生在 $\alpha \leqslant 76\%$ 之内，但用户坚持按最严重情况设计，制造厂也只好认可 $\alpha = 100\%$，I_{DC} 全偏移，即按照最严重的铁心饱和条件设计。

24.6　使用 CT 时的注意事项

1. 二次回路不允许开路运行　CT 正常运行时，二次电流产生的磁动势与一次电流产生的磁动势反向，抵消之后余下的励磁电流很小，铁心中的总磁通很小，二次绕组的感应电动势不超过几十伏。如果二次回路开路，二次电流为零，去磁作用消失，一次电流全部变为励磁电流，铁心中的磁通剧增，铁心处于极度饱和状态，见图 24-5。磁通 Φ_2 波形变为平顶状，磁通过零时突变，使二次绕组感应电动势 e_2 呈尖顶波，且幅值很大，可能达到数千伏。可能产生的危害是：烧坏二次绕组和二次设备；铁心过热损坏；危及人身安全。

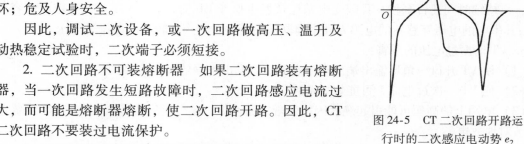

图 24-5　CT 二次回路开路运行时的二次感应电动势 e_2

因此，调试二次设备，或一次回路做高压、温升及动热稳定试验时，二次端子必须短接。

2. 二次回路不可装熔断器　如果二次回路装有熔断器，当一次回路发生短路故障时，二次回路感应电流过大，而可能是熔断器熔断，使二次回路开路。因此，CT 二次回路不要装过电流保护。

3. 测线圈伏安特性时要严格限制励磁电流值　保护级线圈当电流变比较大（N_2 匝数大）时，现场测伏安特性通常甩负荷，输入的励磁电流太大，二次线圈感应的端电压 U_2 很高（可能达到数千伏），烧坏线圈。输入电流从 1A 附近起步，逐步上升，注意二次绝缘安全。

24.7　两种电压互感器的特征及运行中应处理好的主要问题

1. 电压互感器的误差

测量级常用 0.2 或 0.5 级，保护级常用 3P 或 6P 级，误差见表 24-1。

表 24-1　电压互感器的误差

测量级	电压误差	相位差	一次电压范围	二次负荷范围
0.2	±0.2%	10′	$(0.8 \sim 1.2)U_{1H}$	$(0.25 \sim 1.0)P_m$ $\cos\varphi = 0.8$
0.5	±0.5%	20′		
3P	±3%	120′	$(0.05 \sim 1.2)U_{1H}$	
6P	±6%	240′		

电压误差与相位差都随励磁电流增大而增大，为减小励磁电流应选用优质导磁材料，减小铁心叠片的空气隙，以减小铁心磁阻。

两种误差还随二次负荷增大而增大，一次电压大幅度的波动也会影响励磁电流和误差的波动。因此不希望二次回路超负荷运行。

2. 电磁式电压互感器运行时注意事项

（1）二次回路应加装短路保护（熔断器或自动开关）；否则二次回路短路会烧坏绕组。

（2）应加装二次回路断线闭锁装置，一旦二次回路断开，该装置立即将继电保护闭锁；否则二次回路断线会引起继电保护误动作。

（3）二次侧必须接地，即安全接地（B 相接地或中性点接地），防止一次和二次绕组间的绝缘损坏的高电压窜入二次回路，危及设备和人身安全。

（4）电网参数突变时，可能引起电压互感器铁磁谐振。在电网中性点直接接地系统，VT 各相绕组电感 L 和对地分布电容 C 并联，构成一个独立的振荡回路。正常运行时，各相 L、C 基本平衡。当电网参数突变（CB 操作、线路弧光接地或带 VT 合空载母线）时，电网的一相或两相对地电压突然升高，VT 励磁电流随之增大而使铁心饱和、L 变小，三相对地负载不平衡，电网中性点偏移。如果 L、C 变化恰好达到 LC 并联谐振条件（即：三相回路的谐振频率等于电网电源频率），这时电网将产生谐振过电压。谐振过电压一般为 1.5 ~ 2.5U_{np}，持续时间几百毫秒。我国变电站还常发生操作 CB 时，若 CB 断口并有较大电容器 C，与其串联的电压互感器的电感 L 发生串联铁磁谐振，也产生较高的谐振过电压。

3. VT 谐振过电压的危害：

（1）使 VT 开口三角形输出端出现一定电压，发出虚假的接地信号。

（2）使 VT 一次过电流，可能烧坏绝缘。

（3）电网上的高压可能引起绝缘闪络或避雷器动作，还可能危及 GIS，导致 GIS 绝缘薄弱环节对地放电。

4. 清除电磁式 VT 铁磁谐振危害的措施：

（1）系统中性点接入适当的电阻、消弧线圈和用其他办法以抑制谐振过电压；或采用二次保护措施。

（2）考虑采用电容式电压互感器。

（3）减小 CB 与母线间距（限制电容），或取消 CB 并联电容。

5. 电容式电压互感器的特点及创新

电容式电压互感器（CVT）稳态工作特性与电磁式 VT 相同。在电网参数突变时，不会产生铁磁谐振过电压。但是，在电网短路时，CVT 的暂态过程很长，应采取有效的抑制措施。

电磁式 VT 在电网短路电压降为零时，绕组 L 中储存的能量迅速释放，很快衰减，其暂态过程不长。而 CVT 不然，当电网短路而使 CVT 电压降为零时，在很大的 CVT 等效电容 C 中储存的能量很大，其释放时间常达数十毫秒，甚至大于电网主保护的动作时间，这是不允许的。

因此，使用 CVT 必须认真改善暂态特性，常在 CVT 中间电压互感器的二次回路中并接阻尼电阻和由 R、L、C 组成的谐振阻尼器。正常运行时，阻尼回路不起作用。当中间电压互感器的一次或二次回路发生电压突变时，会产生突变脉冲，触发阻尼装置投入使用，使 CVT 中的储能迅速释放消耗，使 CVT 的暂态过程变短。

因电磁式 VT 操作时的铁磁谐振而引起的 GIS 绝缘故障时有发生，GIS 设计者和使用者都应研究使用 CVT 的可能性。

更积极的措施是开发电容分压式传感器（见图 17-5），从分压的中间电位电极获取电压信号送到 A/D 转换单元，将低负荷的模拟量转换成数字信息，用光纤传到相关单元进行电网电压监测与保护，既能彻底根除现有 VT 的各种毛病，又能使 GIS 小型化。

第 25 章　计算机辅助设计

SF₆ 电器结构设计过程中，较复杂的定量计算不能用简单的解析公式来进行，必须借助现代高速运算器——计算机来计算。目前我们所关心的计算内容有：机械操作特性、电场、应力、抗震、气流场、温度场、灭弧室开断能力等数值计算。

本章就我国高压电器行业目前所使用较多的一些计算软件包作一简评，并对进一步完善和提高 CAD 工作提些希望。

25.1　高压电场数值计算

高压电器产品在开发设计时进行电场计算的目的是：

（1）了解产品内外绝缘电位分布的合理性；

（2）观察各带电体在产品试验电压下的场强值；

（3）通过产品结构形状和尺寸的调整来获得最佳的电位分布和最佳的场强值（并进行电极形状的优化设计）。所谓"最佳"的标准，一是电位分布较均匀，最大场强值低于允许值，且有一定（而不是很大）的裕度；二是有较好的经济指标（成本合理，没有浪费）。

25.1.1　电场计算方法

高压电场数值计算方法是有限元法，较好的计算工具是 ANSYS 有限元程序软件包。

有限元方法中所用元素为八节点六面体和四节点四面体三维等参立体单元，见图 25-1。

有限元法是以变分原理和区域剖分插值为基础的一种数值求解法。按照这个方法，先将计算的产品按电场结构特征绘制出电场计算图，如 LVQB-252 SF₆CT 电场计算图，见图 25-2。再将计算场域剖分成许多六面体或四面体的三维等参单元，并利用插值函数近似地描述这些小部分单元的电位，这些全部小单元

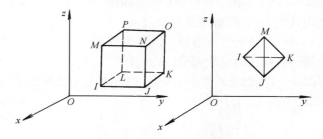

图 25-1　三维等参立体单元

的合成就构成了整个场域的电位分布。然后将能量泛函的积分式离散成电位函数的二次型。这样，求能量泛函的极值就变为求多元二次函数的极值，经变分运算后可得到描述整个场域各单元电位值的大型线性代数方程组。再经代数方法运算求出各节点上待求函数的离散解，即得到了计算场域各点的电位。

25.1.2　LVQB—252 SF₆ 电流互感器三维电场计算

1. 计算模型及剖分

LVQB—252 SF₆CT 主剖面电场计算图如图 25-2 所示。该计算模型为一个三维空间结构。CT 壳体主筒与垂直相交的支筒区域为光滑的圆柱相贯面，是一个曲率半径由 25mm 至 100mm 变化的空间曲面，见图 25-3。CT 二次绕组由环氧树脂浇注盆式绝缘子支持，其几何

形状复杂，见图 25-4，剖分难度较大。剖分时应控制单元的大小，单元体积小则单元量大，计算量太大，占用内存过大；单元太大，虽剖分单元量小，但精度可能不够。LVQB-252 剖分时，内电场单元数取 10116（节点数 5185），外电场单元数为 10519（节点数 10289），在 A—A 面上下的三维电场区，电场结构复杂，绝缘介质种类多，结构尺寸又紧凑，是 SF₆ CT 内绝缘设计的重点，也是电场计算的重点场域。

2. ANSYS 软件包的结构

ANSYS 软件包包括前处理、解算和后处理三个程序。前处理部分主要为 ANSYS 分析提供所需的全部数据；解算部分主要是形成总体刚度矩阵，并解算有限元方程组；后处理部分主要是利用解算结果输出场域各点电位及场强值，为分析计算结果提供必要的手段。

3. 场域划分

三维电场剖分单元多，内存大，计算量大，因此有必要对图 25-2 所示的计算场域划分成两部分，分别进行计算。以 CT 支筒与支持套管结合面作为内外电场分界面（见图25-2 A—A 面），A—A 以上为内电场，以下为外电场（含高压内屏蔽部分的内电场）。界面 A—A 与此处的等位线垂直，可取第二类边界条件 ∂u/∂n =0 处理。

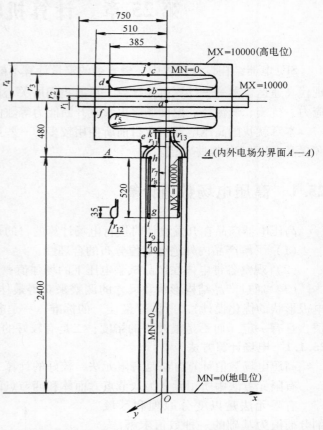

图 25-2　LVQB—252 SF₆ CT 主剖面电场计算图

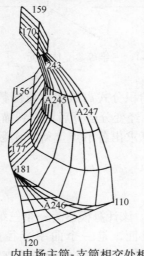

图 25-3　内电场主筒-支筒相交处相贯面

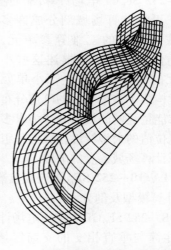

图 25-4　环氧浇注绝缘子 1/4 剖分图

由于结构对称，内外电场可取 1/4 场域计算。

4. 边界条件

静电场问题计算应服从 MAXSWELL 方程，$\nabla U = O$（区域内）边界条件是，A—A 分界面取第二类边界条件，其余各面均取第一边界条件（即强制边界条件）。在内电场，取内边界面（CT 线圈屏蔽罩表面）为地电位，取 $U = O$；外边界面（CT 壳体内表面）为高电位，取 $U = 10000$。在外电场，内屏蔽筒（包括 CT 壳体外表面）为高电位，$U = 10000$，二次线圈屏蔽管及 CT 底座平面为地电位，$U = O$。装于户外大气中的 CT，其外边界为无限边界区域（大气），计算时取适当距离的圆柱面为外侧面，取平面为上顶面，将 CT 包围起来。

5. 介电常数

求解区域有四种绝缘介质：SF_6 气体，$\varepsilon_1 = 1.0027$；环氧树脂盆式绝缘子，填 SiO_2 时 $\varepsilon_2 = (4.2 \sim 4.5)$，填 Al_2O_3 时 $\varepsilon_2 = 5.6$；瓷套，$\varepsilon_3 = 6.5$；空气，$\varepsilon_4 = 1.0$。

6. 计算流程图

ANSYS 软件包进行电场计算时的简要流程图如下：

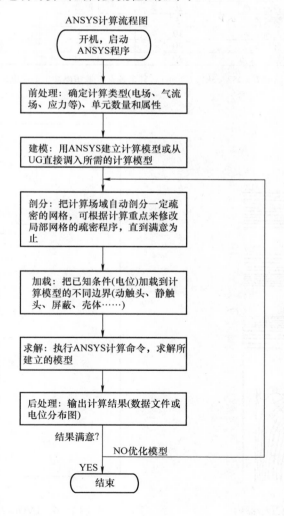

ANSYS计算流程图

7. 计算结果分析

电场计算结果给出了各点场强的相对值（如101），因高电位边界条件为 $U = 10000$，因此该点相对场强为 101/10000kV/mm，当试验电压为 U（如 1050kV）时，则该点实际场强为 $U \times 101/10000$kV/mm（10.6kV/mm）。LVQB-252 各点场强值见表 25-1。与允许值相比都有一定的安全裕度。ANSYS 还输出计算场域的等位线分布图（见图 25-5、图 25-6），从图中可分析电位分布的均匀性。以上两项输出，为 LVQB-252 的绝缘结构设计提供了可靠的理论计算依据，经产品高压试验结果验证，ANSYS 软件包对高压电场的计算具有较高的准确性，能用于工程设计，计算速度较快。

表 25-1　电场计算结果

序号	部　位	允许场强/(kV/mm)	场强相对值(1/10000)	试验(工作)电压 U 时的计算场强/(kV/mm)
1	一次导体表面（见图 25-2）a 点	20	148.4	15.6
2	二次绕组屏蔽内表面 b 点	20	73.0	7.7
3	二次绕组屏蔽外表面 c 点	20	122.8	12.9
4	二次绕组屏蔽端部 d 点	20	177.1	18.6
5	CT 壳件内表面支筒弯角处 e 点	14	96.2	10.1
6	CT 壳体内表面端部 f 点	14	49.6	5.2
7	二次引线屏蔽管表面 g 点	20	139.0	14.6
8	环氧绝缘子内部嵌件	3	97.5	1.42
9	环氧绝缘子表面	10	83.4	8.8
10	瓷套内屏蔽（上部）h 点	20	98.2	10.3
11	瓷套内屏蔽（下端部）i 点	20	171.0	18.0

注：表中序号 8 的工作电压取 $U = 252/\sqrt{3}$kV（工频），其余各点 U 取雷电冲击耐受电压 1050kV。

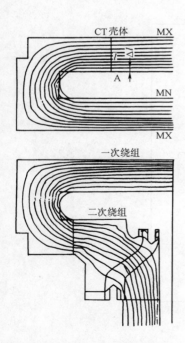

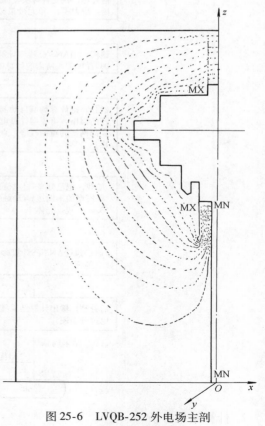

图 25-5　252kV SF$_6$ 电流互感器内
电场主剖面（1/2）电位分布

图 25-6　LVQB-252 外电场主剖
面（1/2）电位分布

计算场强的数据，除了一部分来于计算机输出的元素场强相对场强值之外，还有些点（如图 25-5 中 A 点）的电位，可直接从电位分布图中量出等位线间距后，按下式算出场强

$$E_A = \frac{0.1U}{L\Delta l/l}$$

式中　U——试验（工作）电压（kV）；

　　　L——产品 A 点与 CT 壳体之间的实际气隙尺寸（mm）；

　　　l——电位分布图上 A 点气隙尺寸（mm）；

　　　Δl——紧靠 A 点的等位线间距（mm）。

25.1.3　GCB 灭弧室电场计算及电场优化设计

图 25-7 示出 363kV 单断口 GCB 灭弧室（分闸位置）两维场的电位分布，从图上可以直观地了解分析场域各部位电位分布和电场的大小。

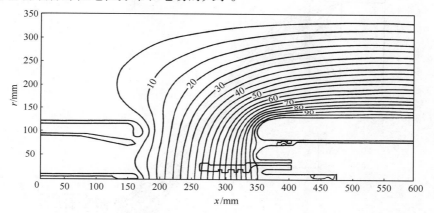

图 25-7　363kV 单断口灭弧室电位分布（分闸位置）

借助电场计算可以对不太合理的原结构设计进行修改。如图 25-8，对盆式绝缘子高电位电极原设计形状进行修改优化设计后，该部位场强进一步下降了，从而避免了不必要的试制失误。

电极（及绝缘件）形状优化设计的主要方法是：

（1）增大电极弧形表面的曲率半径（包括增大电极直径）；

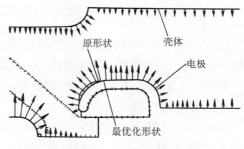

图 25-8　GIS 盆式绝缘子
电极形状优化设计

（2）采用多曲率半径组合的曲面；

（3）缓和（减小）不同曲面接点的曲率变化梯度，例如选用椭圆形电极（参见图 6-1d）；

（4）加大盆式绝缘子曲面的曲率半径，并增大该曲面与高压电极的间距；

（5）利用电极屏蔽坑降低坑内电极的场强。

在灭弧室开断特性计算中，当然也离不开灭弧室电场计算。它是判断弧隙是否击穿的判据之一。灭弧室电场计算的两个基本要求是：

（1）断口电位分布应力求均匀，以便充分利用断口的绝缘尺寸；

（2）尽可能地降低触头上的最大场强值，以便使断口开断负荷时获得最大的动态绝缘能力。

25.2　应力与变形分析

对于形状复杂的固体绝缘物或压力容器，当承受压力或温度变化时，对它进行变形和内应力的计算和分析很重要。利用 ANSYS 软件包进行这方面的计算是较方便的。

图 25-9 示出 550kV GIS 用盆式绝缘子充气工作时的主应力图，图中示出各剖分单元中的应力大小。

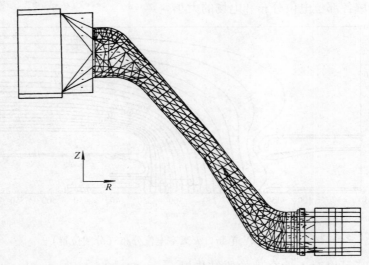

图 25-9　550kV GIS 用盆式绝缘子受压时的应力分布图

图 25-10 示出环氧树脂浇注绝缘件嵌件附近的应力分布，这种应力是在环氧树脂由液态向固态冷却转变过程中残留在绝缘件内部的，这种收缩应力的分布和大小与嵌件形状有关。

图 25-11 示出用光弹性法测试的绝缘操作杆嵌件应力等差条纹图。

利用应力计算图（图 25-10）和应力等差条纹图（图 25-11）可以分析出这样明确的结论：

在绝缘件浇注成形过程中，树脂固化收缩，嵌件阻抑约束收缩而形成浇注应力。增大嵌件端部半径（趋于"平头"时），在嵌件端部附近树脂截面急骤变化，树脂固化收缩时所受嵌件的阻抑作用增大（图中应力等差条纹更密），而使浇注残留应力增大。

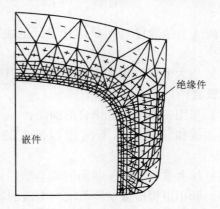

图 25-10　绝缘浇注件嵌件
附近应力分布计算图

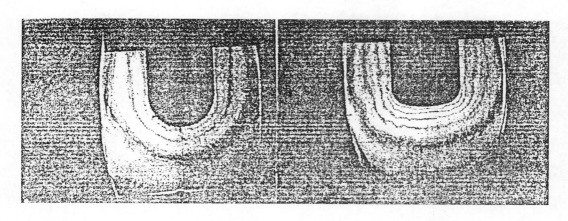

图 25-11 绝缘操件杆嵌件上应力等差条纹图（光弹性法测试）

25.3 抗震计算

对高压电器进行抗地震能力分析计算的软件也有多种，国内享誉较高的是郑州机械研究所自行开发的软件，它在民用建筑、航空航天及机电行业得到广泛应用。

该所利用 CCPP 汉语会话前处理软件对产品进行有限元网格自动剖分，再利用微机动静力分析软件 DASAPW 对计算对象进行固有特性计算和抗地震能力分析计算。

该软件在我们高压电器行业已多次使用，效果较好。现以 550kV SF_6 电流互感器为例作一简介。

该计算模型为安装在基础上的两个并联的悬臂梁，见图 25-12，一梁为 CT 二次绕组及其支持钢管，另一梁为 CT 壳体及其支持套管。该产品使用有限元节点 46 个，剖分单元47 个。

根据抗震分析要求：一要分析地震时各危险断面的应力，二要分析地震时 CT 绕组与 CT壳体之间气体绝缘间隙的变化，共求出 5 阶 x、y 向固有频率（见表 25-2）。

表 25-2 SF_6 各阶振动的频率

阶数	1		2		3		4		5	
方向	x	y	x	y	x	y	x	y	x	
频率/Hz	1.79	1.75	4.16	4.63	30.0	29.2	40.6	38.6	81.2	

从表 25-2 可见，2 阶振动频率最接近地震频率，因此应以 2 阶振动模态（见图 25-13）作为分析对象。

从 2 阶振动模态图可见，两个梁的振动方向是相反的，由此得出：CT 绕组与 CT 壳体之间气体绝缘间隙的变化量等于节点 30 和节点 46 最大位移量（绝对值）之和。

当从地基输入 y 向水平加速度为 $0.15g$（对应地震烈度为 8 度）正弦共振拍波（频率为 4.03Hz）、结构阻尼比取 0.05 时，对节点位移和地震响应应力进行了计算，主要结果为：

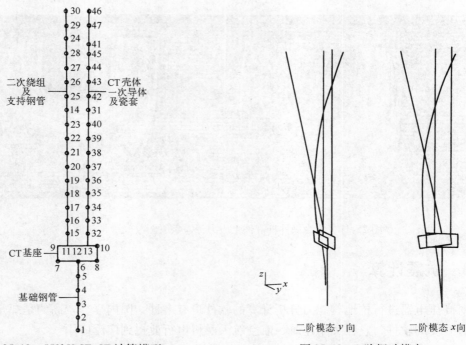

图 25-12　550kV SF₆ CT 计算模型　　　　　图 25-13　2 阶振动模态

节点 30 与 46 最大位移量（绝对值）之和为 10.4mm；

CT 绕组支持钢管最大应力为 $30.45MPa < [\sigma_w] = 240MPa$；

瓷套下端最大应力为 $3.30MPa < [\sigma_w]16 \sim 20MPa$。

　　计算不仅使我们看到了通过地震试验可以测出的地震应力，同时还使我们了解到地震试验时难以测出的 CT 绕组（地电位）与 CT 壳体（高电位）之间气体绝缘间隙的瞬间变化极值（只有 10.4mm），显示出该产品机械强度与电气绝缘的可靠性很高。

25.4　灭弧室开断能力计算

　　灭弧室开断能力的计算是 GCB 设计计算中最复杂、最困难的课题。为攻克这个难题，国内外科技人员至少花费了 30 多年的时间来建立一种电弧数学模型，研究了各种计算软件，不同程度地得到了一些计算成果，也曾为一些新产品的开发指引过方向。国内有西安交通大学几届硕士、博士生在王其平教授带领下为开发灭弧室计算软件包奋斗了 10 多年，已获得初步的成果。

　　按照这套软件包，可以计算 GCB 空载操作特性，在西安高压开关厂工程技术人员的协助下，使其计算精度已达到工程设计实用的水平。但是，在计算负荷操作特性时，还有一些问题需深入研究，如开断短路电流电弧存在时，电弧能量如何影响气缸反力？电弧直径对喷嘴的堵塞又如何影响排气量和由此导致的气压反力特性的变化？只有较准确地考虑了这些问题后，才能计算出短路开断时 GCB 的分闸特性。GCB 开断试验时的分闸特性测试结果表明，它与空载分闸特性相比分闸速度慢了不少。

　　按照这套软件包，可以较准确地计算出灭弧室触头分闸过程中断口电位分布并得出灭弧室各部位的电场强度值（见图 25-7）。

　　按照这套软件包，还可以计算灭弧室冷态气流特性，这对于研究 GCB 开断小电容电流的特性是很有意义的。该软件采用了融差分法和有限元法为一体的 Talor—Galerkin 法，对灭弧室二维轴对称气流场进行了数值模拟。这种分析方法，既吸收了有限差分法在处理跨音速流、人工黏性、收敛速度、迭代步长等方面的成熟理论，又结合使用了有限元法，方便地解决了对复杂边界的处理，因此能有效地解决复杂结构的流场计算。计算给出了不同开距时的灭弧室轴线马赫数分布与轴线压力分布，见图 25-14 和图 25-15。冷态气流场压力（密度）分布特性的计算为小电容电流开断特性的计算创造了条件。

　　这套软件包在进行端子短路故障（BTF）开断能力计算时，从某一燃弧时间所对应开距的电场 E 计算结果（E 为无量纲值）、GCB 开断 BTF 时触头间暂态恢复电压 U_R（即 TRV 特性）以及开断电流过零不同时刻的 SF_6 密度分布（图 25-16 示出零后 $160\mu s$ 某灭弧室密度和温度的分布），可以计算出零后介质恢复特性。

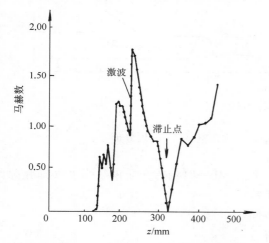

图 25-14　550kV 63kA 双断口灭弧室
开距为 150mm 时轴线马赫数分布

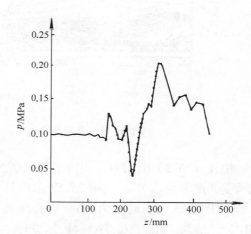

图 25-15　开距 150mm 时轴线压力分布
（灭弧室与图 25-14 所述相同）

　　按照流注理论，整个弧隙介质强度是按其最薄弱的一点（E/ρ 最大一点）的电强度来计算的，该点如果击穿放电将导致整个弧隙击穿。其气体击穿判据为[48]

$$(E/N) > (E/N)^* \qquad (25\text{-}1)$$

或 $(E/\rho) > (E/\rho)^*$，$(E/\rho)^*$ 为击穿时的临界场强与密度比。

　　电场计算时，假定触头间的电位差为 100V，电场与电位是成正比的。当 $(E/\rho_1) = (E/\rho)^*$ 时（且触头间电位差为 100V 时）的击穿电压为 U_b，则

$$U_b = \frac{(E/\rho)^*}{(E/\rho)} \times 100 = \frac{(E/N)^*}{(E/N)} \times 100 = \frac{(E/N)^* R_0}{R_{SF_6}} \times \frac{\rho}{E} \times 100 \qquad (25\text{-}2)$$

式中　U_b——气体间隙击穿电压，即弧隙介质能承受的极限电压（V）；

　　$(E/N)^*$——SF_6 击穿时临界场强与气体离子数（密度）的比，$(E/N)^* = 3.56 \times 10^{-15}$（$Vcm^2$）[40]；

　　N——单位体积内的 SF_6 气体粒子数，$N = \rho R_0 / R_{SF_6}$，SF_6 气体分子量 $R_{SF_6} = 146.07$，气体的阿佛加得罗常数 $R_0 = 6.02 \times 10^{23}$；

E——CB 断口弧隙某点（常在弧触头端部）的最大场强。相对值（%）；

ρ——弧隙最大场强点附近的 SF$_6$ 密度计算值，相对值（ρ_0 的倍数）。

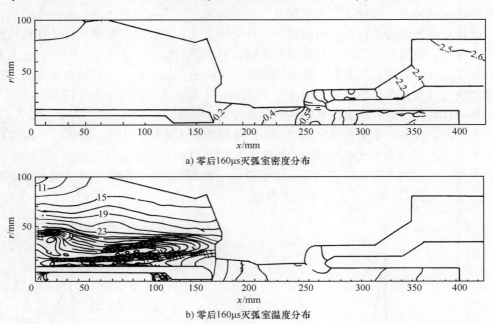

a）零后160μs灭弧室密度分布

b）零后160μs灭弧室温度分布

图 25-16　开断电流过零后 160μs 时的灭弧室温度与密度分布

按式（25-2）就可算出对应于某一燃弧时间零后某一时刻的介质恢复强度（即弧隙所能承受的最大电压）U_b。图 25-17 示出某灭弧室开断 BTF 63kA 燃弧时间为 13ms 时介质恢复特性 RRRV′。曲线 RRRV′在 TRV 特性之上，开断成功，但比较临界。

这套软件包还可以进行灭弧室近区故障（SLF）开断能力的数值分析。这种分析的基点认为：在 SLF 大电流开断时电弧电流过零后，由于热边界区的滞后效应，弧隙温度还很高（参见图 25-18），弧隙还存在一定的电导，在恢复电压作用下弧隙还有一小弧后电流流过。在弧后电流给弧隙供给能量使弧隙温度升高的同时，气吹冷却作用又将弧隙能量排出使温度下降。如果输出能量大于输入能量，弧隙温度逐步下降，电导随之下降，弧后电流逐渐变小至零，弧隙完成了热恢

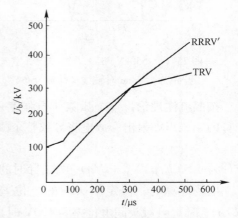

图 25-17　开断 BTF 63kA 燃弧时间
13ms 时弧后介质强度恢复特性

复而进入介质强度恢复阶段。如果输出能量小于输入能量，弧隙温度、电导及电流都在不断增加，最后导致热击穿，开断失败。这个热恢复过程常在几微秒内完成。

图 25-19 示出一灭弧室开断 0.9×50kA SLF 电流、燃弧时间为 14.5ms 时的弧后电流计

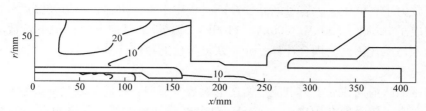

图 25-18　SLF 开断时零后灭弧室温度分布（断口间一条连续的
热通道显示出一定的导电通道的存在）

算结果。该灭弧室应承受的恢复电压的上升率为 $0.2 \times 0.9 \times 50\text{kV}/\mu\text{s} = 9\text{kV}/\mu\text{s}$，从该图可见，在 RRRV $= 9\text{kV}/\mu\text{s}$ 时弧后电流在零后 $2\mu\text{s}$ 之前已收敛至零，开断是成功的。计算说明该灭弧室似乎还有一点开断裕度，当 RRRV 增至 $10\text{kV}/\mu\text{s}$ 时，还可开断，当 RRRV $= 11\text{kV}/\mu\text{s}$ 时，弧后电流急增，断口热击穿。计算与产品的开断试验结果基本吻合。

　　根据这套软件包计算出的冷态气流场分布、静电场分布和应用流注理论，还可以计算小电容电流开断时的介质强度恢复特性。

　　总之，由西安交通大学王其平教授和他带领的研究生们所开发的这套 GCB 灭弧室 CAD 软件包，较准确地计算出灭弧室内的温度场、压力场、电场、密度场、马赫场及速度场，并能对 BTF、SLF 和小电容电流开断能力进行数值计算分析，对某些灭弧室的计算结果与该灭弧室的开断试验结果相比较吻合。这套软件包的开发成功，为实现 GCB 灭弧室 CAD 工程设计实用化奠定了基础。

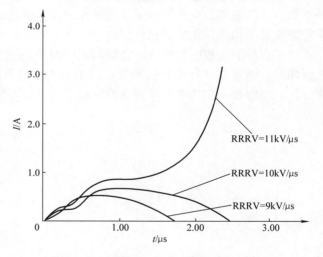

图 25-19　开断 SLF 50kA 燃弧时间 14.5ms
时 RRRV 与弧后电流的关系

　　这套软件包计算程序的编制所应用的计算机运算速度很低，整个软件包的形成基本上是在学校内完成的，不可避免地使这套软件包存在一些缺陷，如：前处理较麻烦、工作量大；运算速度太慢，计算周期不能适应工厂产品快速开发设计的需要。此外，有些问题尚待深入研究，如计算负荷开断时的分闸特性，如何考虑开断电弧能量对气缸反力的影响？在计算自能式灭弧室压力特性时也有同样的问题，究竟有多少份额的电弧能量参与加热气缸的气体呢？这个"份额"与灭弧室结构是个什么关系呢？还有……。

　　以上是本书首版介绍的内容，首版至今又过去了一代人的时间，近年来国内一些高校在灭弧室开断电弧数值计算方面又取得一些新进展。

　　近年来，随着计算机科技与相关学科理论的不断进步、发展，计算能力强大、便于进行二次开发的商用物理场仿真软件被越来越多的高压电器行业专家学者与设计研发人员青睐，高压电器绝缘结构设计、开断能力研究进入了新阶段。沈阳工业大学林莘教授带领科研团队多年来一直致力于高电压、大容量断路器开断过程中击穿、电弧发展以及弧后介质恢复特性的研究，完成了 126kV、550kV、800kV、1100kV SF$_6$ 断路器多个项目中电弧数学模型的建立、绝缘特性与压气特性的耦合计算、介质恢复特性的数值计算分析等，取得了一系列研究成果。

林莘教授团队前期建立了大电流平衡态电弧数学模型，在此基础上突破稳态大电流平衡态电弧理论研究，较早地在国内建立了 SF$_6$ 双温度非平衡态等离子体电弧数学模型，研究 SF$_6$ 高压电器中非平衡态电弧产生和熄灭机理，获得小电流、高频多次重燃电弧的动力学特性方程和 SF$_6$ 非平衡态电弧的传输特性，完善了高压电器电弧理论。

针对断路器开断过程中存在的气流场、温度场、电磁场和辐射场之间的复杂耦合变化过程，基于磁流体动力学（MHD）理论，考虑洛伦兹力对电弧形态的影响、电弧的欧姆发热和热辐射传输对电弧能量的作用、添加湍流方程描述气流湍流流动，建立了完整的 SF$_6$ 电弧二维动态数学模型。利用商用物理场仿真计算软件，将电弧数学模型及电弧等离子体物性参数带入到气流场控制方程中，采用 UDF（User Defined Function）自编程和动网格技术完成气流场控制方程和电弧电磁场方程的耦合计算，实现了灭弧室内电场、温度场、气流场、压力场等多物理场瞬态计算与分析，形成了一套比较完善的多物理场耦合数值计算方法。

通过建立开断全过程大电流平衡态、电弧零区小电流非平衡态和弧后电流分段式断路器开断数值计算模型，全面揭示了开断过程中介质击穿、电弧等离子体发展、电弧熄灭以及介质绝缘恢复等物理、化学变化过程机理。

希望高校的这些电弧理论研究能与工厂的新品开发很好地结合，尤其是超/特高压自能灭弧和半自能灭弧以及发电机 100kA 以上的大电流开断都缺乏应有的理论计算的引领和支撑。我们期待着一套适于产品研发设计使用的灭弧室仿真计算软件包的诞生。

第 26 章　环保气体高压电器的研发

SF$_6$ 气体绝缘高压电器在我国经历半个世纪的发展，其理论研究和产品研发都取得很大成果，具有世界先进水平的 1100kV GIS 在多条线路上安全运行多年。

本书对 SF$_6$ 高压电器设计方面有关理论和技术问题作了能力所及的总结，但 SF$_6$ 高压电器的研究并没终止，诸如某些开断电弧的特性和熄弧、运行产品绝缘件表面电荷的聚散及影响，我们的认识还不够深入。但是，我们的思维不能再囿于 SF$_6$ 的圈子里，大气升温告急，限制和替代 SF$_6$ 的研究工作在呼唤着我们！

SF$_6$ 是典型的温室气体，其全球变暖潜能（global warming potential，GWP）是 CO$_2$ 的 23900 倍。随着温室气体排放的增加，地球气候在变暖，大气平均温度哪怕再升高半度对人类生存环境都是灾难。限制温室气体的使用，少用和不用 SF$_6$，寻找新的环保型 SF$_6$ 替代气体，已成为全世界相关行业科技人员的研究重心，输变电设备有关研究及产品设计人员也必须把主要注意力逐步转向环保气体高压电器的研发，用实际行动执行《京都议定书》及《巴黎协定》。

26.1　环保气体高压电器研发的任务和方法

26.1.1　环保气体高压电器研发的任务

1. 研究和推广使用 SF$_6$ 混合气体，减少 SF$_6$ 使用量；
2. 寻找环境友好的绝缘及熄弧性能优良的气体，替代 SF$_6$；
3. 研究 SF$_6$ 混合气体高压电器设计方法；
4. 研究环保气体高压电器设计方法。

26.1.2　环保气体高压电器的研究方法

1. 寻找 SF$_6$ 替代气体时，应把尽可能低的 GWP 值作为首要指标。

2. 研究 SF$_6$ 混合气体、SF$_6$ 替代气体的绝缘特性时建议：

（1）把研究对象优先放在高压电器常用的同轴圆柱形、环（球）—板形稍不均匀电场中进行，得到好的研究试验成果时，在这些场域设置尖端、凹坑或金属微粒模拟极不均匀电场并试验研究相关的绝缘特性。

（2）试验电压可根据条件选择工频电压、直流电压、雷电冲击和操作冲击电压，在得到好的研究试验成果后，可进一步选择快速暂态过电压（VFTO）。

（3）通过试验从微观上了解气体的电离系数 α、吸附系数 η 和有效电离系数 $\bar{\alpha} = \alpha - \eta$ 在不同场强、不同气体混合比时的变化规律。以便从气体的电离现象、吸附效应、与 SF$_6$ 的相对耐电强度及混合气体的协同效应诸方面去试验、比较，优选接近和超过纯 SF$_6$ 绝缘能力的新气体及其混合气体。

3. 研究 SF$_6$ 混合气体、SF$_6$ 替代气体的熄弧特性时建议：

（1）测试或仿真计算开断电弧特性时，宜选用多数产品使用的有喷口堵塞效应的半自能式灭弧室作研究平台。

（2）注意分析比较我们所关注的燃弧和熄弧特性：

a）燃弧期电弧的电导率 σ、弧压降 U_a 及热导率 λ；

b）电弧径向温度分布及电弧直径 D_{am} 的大小；

c）电弧电流过零前夕电导率 σ 变化速度和电弧压降的熄弧尖峰；

d）反映弧后弧隙温度变化速度和弧隙介质恢复速度的电弧时间常数 θ；

e）电流过零后弧隙剩余电导、剩余电流及触头断口介质强度 U_b 的恢复特性。

在混合气体中电弧电导率 σ 大，电弧压降就低，如果这种气体的热导率 λ 也大，电弧散热条件就好，给熄弧创造了良好条件。此外，σ 值大时，开断电流集中于弧心，电弧直径细，在切小电感电流时电弧不易截断，不会产生截流过电压。因此，具有较大电弧电导率的混合气体应是我们研究的重点。

开断电流过零前 σ 能快速下降，零后弧隙输入能量就小，在这种混合气体中的弧隙电子大量被吸附，弧隙电阻骤增，弧压降会出现较大的熄弧尖峰，弧隙介质强度就能快速恢复（即 θ 较小）。可见研究混合气体中开断电弧的时间常数 θ 也十分重要。

弧后剩余电导能快速下降、剩余电流能快速收敛，灭弧室断口介质恢复速度就快，电弧重燃可能性就小。因此，在我们寻找 SF$_6$ 混合气体和替代气体时，弧后介质恢复特性 U_b 也是研究重点之一。

26.2　SF$_6$ 混合气体的研究与应用

26.2.1　混合气体的协同效应

多种气体组成的混合气体，各气体粒子间存在相互作用，混合气体放电过程中某种气体的自由电子数量、电子动能等都会受到另一种气体的影响，导致混合气体的临界击穿场强不等于各种气体加权的临界击穿场强，亦混合气体的绝缘性能不是各组合气体绝缘性能简单的线性叠加。因为各气体粒子间存在着不同的相互作用使混合气体的绝缘强度与各气体混合比间呈现一定的变化规律，我们把各气体粒子间的这种相互作用称为协同效应。

二元混合气体的协同效应有三种：

（1）协同效应——两种气体混合后，其临界击穿场强等于或大于两种气体按各自的分压力加权所得到的临界击穿场强，这两种气体具有协同效应。协同效应的另一个特性是：无论其中强电负性气体占的比例有多大，混合气体的临界击穿场强始终小于纯强电负性气体。这种协同效应存在于强电负性气体（如 SF$_6$ 等）与弱电负性气体（如 CO$_2$）的混合体中，存在于强电负性气体与中性气体（如 N$_2$）的混合体中，也存在于我们不太关注的一般电负性气体的混合体中，见图 26-1。

（2）正协同效应——在一定的混合比例范围内，混合气体的临界击穿场强总是大于任一组合气体的临界击穿场强。这种正协同效应常存在于强—强电负性二元混合气体中（如 SF$_6$/C$_3$F$_8$ 等），见图 26-1。

（3）负协同效应 ——与正协同效应相反，混合气体的临界击穿场强总是小于两种气体的分压加权临界场强，如 SF$_6$/CBrCIF$_2$。

了解混合气体的协同效应有助于环保气体的绝缘特性的研究，有助于寻找高绝缘性能的替代 SF_6 的混合气体。正协同效应与协同效应对混合气体的绝缘性有积极作用；负协同效应的发现让我们知道不是所有强电负性气体（包括 SF_6）的混合体的绝缘性能都大于其中的任一纯气体。

协同效应是强电负性气体（如 SF_6）的附着截面与中性气体（如 N_2）或弱电负性气体（如 CO_2）的碰撞截面微观上的有机配合的结果。SF_6 吸附自由电子阻碍放电过程的发展，这一过程的发生具有概率性，其概率的大小称为 SF_6 的附着截面。附着截面的大小决定于电子运动的能量和电子在电负性气体分子周围运动的时间，电子能量大、速度快，就不易被吸附，附着截面就较小；电子绕电负性气体分子运动时间短，也不易被吸附，附着截面也小。非电负性的中性气体与自由电子发生碰撞的概率称为碰撞截面，N_2 的碰撞截面较大，与电子碰撞后，自由电子的一部分动能转换成 N_2 分子的内能，电子动能下降更易被 SF_6 吸附——SF_6 与 N_2 微观上的这一过程导致其混合气体具有协同效应。协同效应使 SF_6 含量很少的 SF_6/N_2 混合气体的绝缘性能明显高于 N_2。

26.2.2 SF_6 混合气体的绝缘特性研究

国内外有关研究人员对 SF_6/N_2 及 SF_6/CO_2 混合气体进行了 30 多年的研究，主要研究成果如下[90-93]。

1. 相对耐电强度随 SF_6 含量增加而增大

SF_6/N_2 与 SF_6/CO_2 二种混合气体的相对耐电强度 RES 与 SF_6 含量 $x\%$ 的关系示于图 26-1。RES 是混合气体的临界耐电强度 $(E/p)_{lin}$ 与 SF_6 相应值之比。

图中，SF_6/N_2 的绝缘性能随 SF_6 含量增大而增强。当 SF_6 含量达到一定程度时，自由电子大部分已被 SF_6 吸附，SF_6 吸附电子的概率逐渐变小，协同效应减弱，随 SF_6 含量增加，RES 增速变慢而逐渐趋于饱和。

在 SF_6/CO_2 中电离系数 α 随 SF_6 含量增加而减小，吸附系数 η 随 SF_6 增加而增加。在 SF_6/N_2 中，α 随 SF_6 含量增加虽有少量增加，但与 SF_6/CO_2 相比，η 增加得更快（见图 26-2），有效电离 $\bar{\alpha} = \alpha - \eta$ 呈快速下降趋势，所以通常 SF_6/N_2 的绝缘能力高于 SF_6/CO_2。在电极存在尖角、局部场强集中时，SF_6/N_2 中 α 增加速度比 SF_6/CO_2 的快，因此 SF_6/N_2 绝缘性能会低于 SF_6/CO_2。

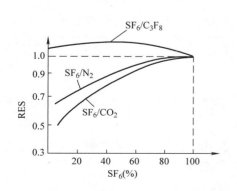

图 26-1 SF_6/N_2、SF_6/CO_2、SF_6/C_3F_8 的 RES 与 SF_6 含量的关系

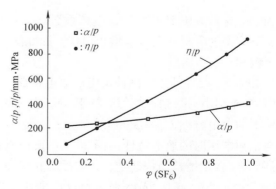

图 26-2 SF_6/N_2 混合气体中 α/p、η/p 随 SF_6 含量的变化

2. 混合气体弥补了 SF₆ 的不足

可能被液化的最高温度即临界温度，N_2（−146.8℃）比 SF_6（45.6℃）低很多，N_2 的沸点（0.1MPa 时的液化点）为 −194℃，也比 SF_6（−63.8℃）低很多（见表 14-2），因此混合气体能有效地解决严寒地区产品 SF_6 液化问题（参见 14.2 节）。当然，SF_6/CO_2 也有类似功能。

SF_6 对局部电场畸变比较敏感，产品中的尖角和金属微粒会导致局部放电，甚至发展为内绝缘击穿或闪络。SF_6 加入 N_2 后，由于 N_2 气体的电晕屏蔽效应，SF_6/N_2 混合气体可以降低 SF_6 对局部电场畸变的敏感程度。

3. SF₆ 含量对 SF₆/N₂ 混合气体的 α、η 及耐电强度 RES 的影响

国内的研究成果表明[92]：在电离试验试品中测得的 SF_6/N_2 混合气体的 α/p 及 η/p 值随 SF_6 含量（$x\%$）的增加成线性增长，η/p 增速高于 α/p（见图 26-2）。

图 26-2 中，在 SF_6 含量占 20% 之前，混合气体中的电离现象稳定不变，而吸附效应随 SF_6 含量增长而增长，附着了电子的负离子运动速度减慢远小于电子，很容易与正离子复合，使混合气体空间带电质点减少，吸附效应增强（η/p 快速增大），耐电强度快速上升，在图 26-3 上表现出随 SF_6 含量增大绝缘能力（RES）迅速增强的外特性。

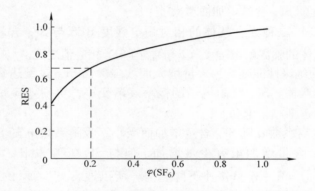

图 26-3　SF_6/N_2 混合气体的相对耐电强度（工频电压下）与 SF_6 含量的关系

当 SF_6 含量大于 20% 之后，电离系数 α/p 虽然也随 SF_6 含量增大有所增长，但在相同气压 p 下测得的吸附系数 η/p 增长更快，因此图 26-3 中表现 RES 特性的增长速度减慢而逐渐趋于饱和。

4. SF₆/N₂ 混合气体中的冲击电压放电特性

图 26-4 示出：在稍不均匀电场中 SF_6/N_2 混合气体的气压为 0.1MPa 时，负极性雷电冲击电压下的放电特性 $U_{th} = \varphi(SF_6)$。

与工频电压时的放电特性（图 26-3）很相似，在 SF_6 含量在 20% 之前雷电冲击放电电压 U_{th} 随 SF_6 含量增长而快速增长，之后增长变慢渐趋饱和。

图 26-5 示出：在 0.5MPa 时，负极性 50% 操作冲击击穿电压 U_{sw50} 与 SF_6 含量 $\varphi(SF_6)$ 的变化关系，与图 26-3、图 26-4 相似，有共同特点：在 SF_6 含量为 20% 之后，各种波形的放电电压都渐趋饱和。

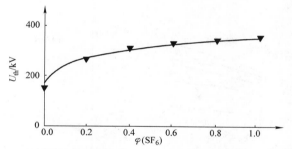

图 26-4　负极性雷电冲击作用下 SF_6/N_2 混合气体 0.1MPa 时的放电特性

图 26-6 示出：在快速暂态电压 VFTO 作用下 SF_6/N_2 混合气体中的放电特性，击穿电压 U_{hb} 随 SF_6 含量增长而近似于线性地增大。击穿电压也随混合气压增大而增大。

5. SF_6/N_2 混合气体击穿电压与气压的关系

图 26-7 ~ 图 26-10 中示出在直流电压、VFTO 暂态电压、工频电压和操作冲击电压下，SF_6/N_2 混合气体中击穿电压随气压增加而增大的特性，基本都是近似线性增长的[92]。

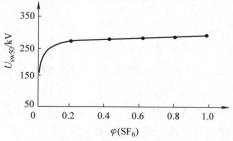

图 26-5　操作冲击作用下 SF_6/N_2 混合气体 0.5MPa 时的放电特性

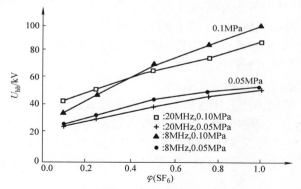

图 26-6　VFTO 电压下 SF_6/N_2 混合气体中的放电特性

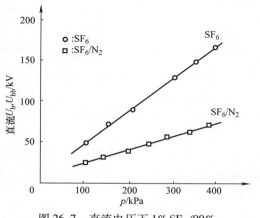

图 26-7　直流电压下 1% SF_6/99% N_2 混合气体及纯 SF_6 击穿电压与气压的关系

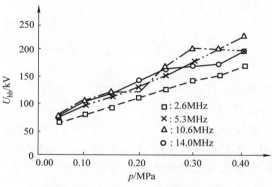

图 26-8　快速暂态电压下 SF_6/N_2 混合气体的击穿电压与气压的关系

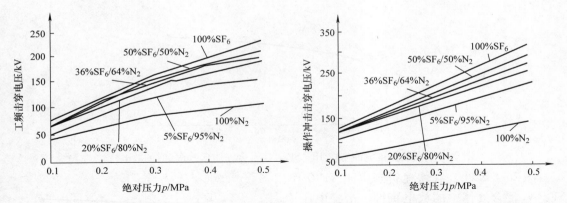

图 26-9　工频击穿电压与气压的关系　　　图 26-10　操作冲击击穿电压与气压的关系

26.2.3　SF$_6$/N$_2$ 混合气体与纯 SF$_6$ 间的绝缘特性、压力特性的换算

1. SF$_6$/N$_2$ 与 SF$_6$ 之间绝缘特性的换算

从已有的研究成果（图 26-3 ~ 图 26-5）中，将这些放电特性数字化，可以得到 SF$_6$/N$_2$ 混合气体与纯 SF$_6$ 绝缘特性的换算关系[99]：

$$U_{hb} = U_b (x\%)^{0.18} \tag{26-1}$$

式中　U_{hb}——混合气体中的击穿电压（kV）；

　　　　U_b——纯 SF$_6$ 气体中的击穿电压（kV）；

　　　$x\%$——SF$_6$/N$_2$ 混合气体中 SF$_6$ 含量的百分比。

例如，当 SF$_6$ 含量为 20% 时，在同样的场域中 $U_{hb} = U_b (0.2)^{0.18} = 0.75 U_b$

2. SF$_6$/N$_2$ 与 SF$_6$ 之间压力特性的计算

在分析混合气体的压力特性时应注意到：

a) SF$_6$ 与 SF$_6$/N$_2$ 绝缘的压力特性都随气压线性增减；

b) SF$_6$ 与 N$_2$ 的混合气体在电气性能上具有协同效应；

c) 通过提高混合气体气压，可以使混合气体达到纯 SF$_6$ 一样的绝缘性能。

参照第 4.1 节中式（1-24）描述的 SF$_6$ 绝缘—压力特性，可以用来分析 SF$_6$/N$_2$ 混合气体绝缘的压力特性：

$$U_{b2} = U_{b1} \left(\frac{p_2}{p_1} \right)^{0.9} \tag{1-24}$$

$$U_{hb} = U_b \left(\frac{p_{hb}}{p_b} \right)^{0.9} \tag{26-2}$$

将式（26-1）、式（26-2）作简单运算得到混合气体绝缘的压力特性：

$$p_{hb} = p_b / (x\%)^{0.18/0.9} = p_b / (x\%)^{0.2} \tag{26-3}$$

例如，按上例 $x\% = 20\%$ 时，$U_{hb} = 0.75 U_b$，要求 $U_{hb} = U_b$ 时，应增大混合气体气压至：$p_{hb} = p_b / 0.2^{0.2} = 1.38 p_b$。

按计算式（26-1）、式（26-3）可做出图 26-11，图中曲线 a 为混合气体中 SF$_6$ 用量与纯 SF$_6$ 用量比 W_h / W_c；曲线 b 为混合气体中试品耐受电压与纯 SF$_6$ 中耐受电压比 U_h / U_c；曲线 c 为混合气压与纯 SF$_6$ 气压比 p_h / p_c。

3. 小结

(1) 计算式（26-1）~式（26-3）是国内外科技人员对 SF$_6$ 及 SF$_6$/N$_2$ 混合气体绝缘特

性进行 30 多年的研究成果,其实用性、可靠性还有待更多产品设计者去应用验证与调整。

（2）以 SF_6/N_2 混合气体的放电特性研究试验为基础建立的计算式（26-1）,对于具有协同效应的二元混合气体基本上都是适用的。如弱电负性气体 CO_2 和电负性气体 CF_4,它们与 SF_6 混合后共同的吸附电子的特性和各气体粒子间相互作用产生了协同效应,使 SF_6/CO_2、SF_6/CF_4 等混合气体与纯 SF_6 之间的绝缘特性与式（26-1）有共同的规律,但式中 $x\%$ 的运算指数不会都是 0.18,式（26-3）中（p_{hb}/p_b）运算指数也不一定都是 0.2。而且,对同一种 SF_6 混合气体,对于不同的

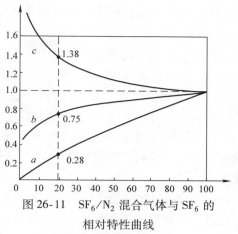

图 26-11　SF_6/N_2 混合气体与 SF_6 的相对特性曲线

电压负荷,计算式（26-1）、式（26-3）中 $x\%$ 的运算指数不一定都是 0.18 和 0.20,这些问题都有待深入研究。

（3）在均匀和稍不均匀场域中,混合气体的击穿电压与气体压强基本上是线性关系,这一重要特性使我们在不改变现有 SF_6 电器结构尺寸时,有可能按式（26-3）换算,增加混合气体的压强来保证与纯 SF_6 相同的绝缘性能。

（4）韩国晓星公司在 170kV/50kA 的 GCB 上试验证明:75% SF_6/25% N_2 混合气体有几乎与纯 SF_6 相同的开断能力[96]。

26.2.4　SF_6 混合气体熄弧特性的研究

目前研究 SF_6 混合气体熄弧特性的热点在 SF_6/N_2、SF_6/CO_2 和 SF_6/CF_4,这是基于对这些混合气体绝缘研究成果的选择。其中预期熄弧性能更好一些的 SF_6/CF_4,还来不及对这种混合气体中的电弧特性进行深入研究就用于高寒地区的产品了。

例如:48% SF_6/52% CF_4 的混合气体已在国产 126kV/40kA 断路器上使用,并有效地解决了 $-50℃$ 低温时 SF_6 液化和 40kA 大电流开断问题（见第 14.2.3 节）。

1. 国内外对 CO_2、空气（N_2）、He 及其与 SF_6 混合气体的熄弧性能的主要研究成果[94,95]:

（1）电弧时间常数 θ、电弧功率损耗因数 N 的比较:$\theta_{CO_2} < \theta_{空气} < \theta_{He}$;$N_{CO_2} > N_{空气} > N_{He}$。

（2）开断能力比较:$SF_6 > CO_2 > 空气（N_2） > He$。

（3）从不同气体中的电弧形态的高速摄像片（图 26-12）中能看到:N_2 中电弧半径较

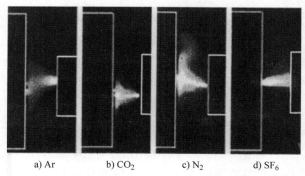

a) Ar　　　b) CO_2　　　c) N_2　　　d) SF_6

图 26-12　不同气体在 3 个标准大气压、100A 电流、10mm 触头开距条件下的电弧形态

大，CO$_2$ 中电弧半径稍小，更接近于 SF$_6$ 中的电弧，相应 CO$_2$ 中的电弧温度和电弧电压也应比 N$_2$ 更接近 SF$_6$ 一些[98]。

通过电弧形态的比较也有助于我们认识到：在同样的灭弧室中，SF$_6$ 混合比 $x\%$ 相同时，SF$_6$/CO$_2$ 熄弧能力比 SF$_6$/N$_2$ 强。

（4）三菱公司将 10% SF$_6$/90% N$_2$ 充入隔离开关，并借助 0.59T 的永磁体产生的磁场驱动电弧运动，开断 0.8kA 电流燃弧时间与纯 SF$_6$ 开断时间相同[97]。

2. 国内近年来对 SF$_6$ 混合气体断路器开断过程中灭弧室压力特性、断口介质恢复特性也进行了较深入的研究[104,105]。对今后分析和设计 SF$_6$ 混合气体断路器有帮助的主要研究成果是：

（1）通过 126kV 压气式断路器模型，在开断 10kA 电流时实测了 SF$_6$/CO$_2$ 及 SF$_6$/CF$_4$ 不同混合气体在喷口处的气压变化，示于图 26-13 ~ 图 26-15。

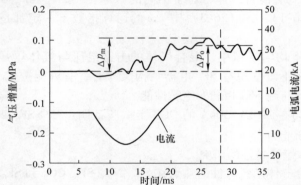

图 26-13　压力增量幅值与电流零点（CZ）处压力增量的选取

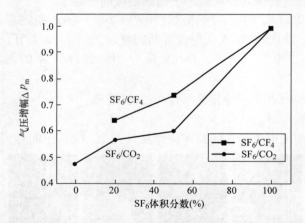

图 26-14　不同体积分数 SF$_6$ 下，SF$_6$/CO$_2$ 和 SF$_6$/CF$_4$ 混合气体检测点处的气压增量幅值 Δp_m

试验中比较了不同气体在开断过程中喷口处的气压增量幅值 Δp_m 与电流过零时的气压增量 Δp_0，如图 26-13 所示。

从图 26-14 及图 26-15 可见，SF$_6$/CF$_4$ 中的 Δp_m 及 Δp_0 都比 SF$_6$/CO$_2$ 的高。说明 SF$_6$/CF$_4$ 混合气体在同一灭弧室中具有高于 SF$_6$/CO$_2$ 的压力特性和熄弧能力。

（2）计算了分闸过程中双气室自能灭弧室内压力分布，得到：在充 SF$_6$/CF$_4$ 混合气体

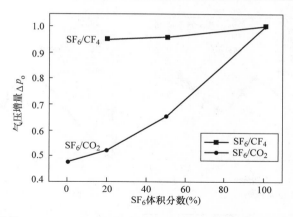

图 26-15 不同体积分数 SF_6 下，SF_6/CO_2 和 SF_6/CF_4 混合气体监测点处的电流零点气压增量 Δp_0

的灭弧室，随 SF_6 含量逐步下降，灭弧室喷口上下游气压差逐步增大，见图 26-16。产生这种现象是两种气体通过喷口的流量不同引起的。

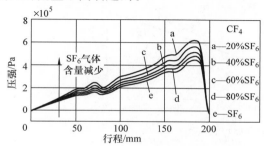

图 26-16 SF_6/CF_4 混合气体断路器开断过程中喷口上下游压强差

在本书第 1 章中谈到通过喷口的气体流量 G_k，由式（1-31）计算。式中，因 CF_4 的绝热指数 $k = 1.156$ 比 SF_6 的（$k = 1.08$）大，因此在同一灭弧室、同一分闸速度条件下，充 SF_6 时气缸中被压缩气体通过喷口的流量 G_{k1} 要比充 CF_4 时的流量 G_{k2} 大，导致充 SF_6 时气缸最高压强较小，充 CF_4 时因 G_{k2} 较小，气缸最高压强就高，才出现图 26-16 所示的现象。随 SF_6 含量减少（CF_4 含量增大），混合气体在喷口上下游的压差增大，有助于气吹熄弧。但是，CF_4 增多、SF_6 减少，势必影响混合气体的绝缘性能，又不利于熄弧了，因此适量提高混合气体的气压是必要的。

（3）在短路开断过程中，对 SF_6/CF_4 混合气体断路器灭弧室的气流场—电场进行了耦合仿真计算，得到开断过程中触头断口间介质强度的恢复状况，如图 26-17a ~ c 所示。当 SF_6 含量为 20% 时，在开距为 17mm 和 24mm 两处电弧重燃（见图 26-17a），介质恢复特性随 SF_6 含量增大而提高，熄弧临界点发生在 SF_6 含量为 40% 时（见图 26-17b）。为可靠熄弧，SF_6 含量应大于 40%（见图 26-17c）。这一仿真计算与第 14.2.3 节介绍的 126kV/40kA 产品的气体配比相近，展示了仿真计算的适用价值。

从图 26-17c 所示的仿真计算结果发现：SF_6/CF_4 混合气体断路器的分闸速度（4.8 ~ 9.6m/s）对断口介质恢复特性的影响不大，说明开距对断口介质强度恢复的影响大于速度（亦分闸时间）。

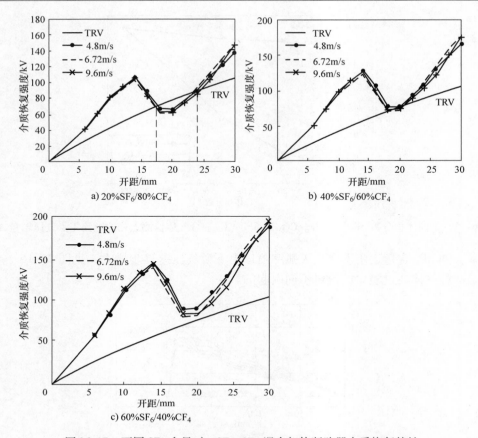

a) 20%SF$_6$/80%CF$_4$

b) 40%SF$_6$/60%CF$_4$

c) 60%SF$_6$/40%CF$_4$

图 26-17　不同 SF$_6$ 含量时，SF$_6$/CF$_4$ 混合气体断路器介质恢复特性

此外，混合气体断路器在近区故障开断时，对应不同恢复电压上升率对弧后电流做的仿真计算，对产品灭弧室设计和近区故障开断能力的分析也十分重要。这套软件包值得深入研究[105]。

26.2.5　SF$_6$ 混合气体的应用

在新的环保绝缘熄弧气体没找到之前，制造与使用双方应积极配合在下列产品中逐步推广使用 SF$_6$ 混合气体。

1. 在 GIL 中使用，其好处是：

a）只处理绝缘问题，不改变 GIL 结构，只调整 SF$_6$/N$_2$ 配比与气压就能满足要求。

b）GIL 使用气体量大，减少 SF$_6$ 用气量，降低成本，经济意义显著。

c）GIL 运行时可能出现金属微粒对绝缘的干扰，使用 SF$_6$/N$_2$ 混合气体时，由于 N$_2$ 对电晕的屏蔽效应，可减小这种干扰。

d）解决高寒地区 SF$_6$ 液化问题，扩大产品使用地域。

2. 在 GIS 中的非断路器气室使用

在 GIS 中的非 GCB 气室，采用 SF$_6$/N$_2$ 混合气体是可行的，GIS 中的 DS 触头电场设计较好、分闸速度较高、动静触头的铜钨引弧电极设计有效时，在 SF$_6$/N$_2$ 混合气体中 DS 就能可靠地切环流，切一段母线或电缆产生的小电容电流。GIS 中的 FES 也可以在混合气体中切合电流不大、电压不高的电磁感应电流和静电感应电流（参见第 23.2、23.3 节）。GIS 的

CT、VT、AR、CSE、BCG 及母线等只需处理绝缘的气室都可使用混合气体，能显著减少 SF_6 用量，不影响产品运行可靠性，还能降低产品成本。

3. 在原使用 SF_6 绝缘的变压器和互感器中也可使用 SF_6 混合气体。

4. 中压配电网中的 C – GIS 也可使用 SF_6/N_2 气体

西门子充 SF_6/N_2 绝缘的 420kV GIL 在 2001 年投入运行，ABB 与法国电力公司合作开发了长距离输电用 SF_6/N_2 绝缘的 420kV GIL。SF_6/CF_4 虽有较强的熄弧能力，已用于我国高寒地区的 126kV GCB，因 CF_4 也是温室效应较大的气体（GWP = 6500），因此它的使用会受到一定的限制。

26.3　SF_6 替代气体的研究

国内外对 SF_6 替代气体已研究多年，带倾向性的意见归纳如下。

26.3.1　C_4、C_5、C_6 系新气体的主要特性[100 – 109]

美国 3M 和国内外许多公司关注的新气体的相对绝缘强度与 GWP 值直观地展示于图 26-18 中[109]。

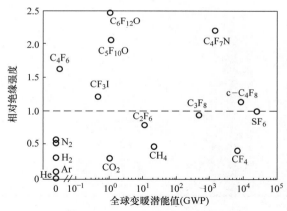

图 26-18　不同气体的相对绝缘强度与全球变暖潜能值

C_6 系气体（如 $C_6F_{12}O$），尽管绝缘性能很好但因液化温度太高（0.1MPa，49℃），不宜在高压电器中使用。

C_5 系气体（如 $C_5F_{10}O$），从图 26-18 中也可看出，绝缘性能优秀，已被 GE 与 ABB 配置成 C_5/Air 混合气体用于 24kV C – GIS 和 170kV GIS，也因液化温度很高（0.1MPa，26℃），难以推广使用。

C_4 系气体（如 C_4F_7N），相对绝缘强度很好，被 GE 及 ABB 配置成 C_4/CO_2 混合气体用于 145kV GIL 和 420kV GIL，受到众多研究人员的关注。

26.3.2　对 $c – C_4F_8$ 的热情追逐与冷静思考

近年来，美国、日本、国内上海交通大学等高校对八氟环丁烷（$c – C_4F_8$）的研究热情高涨，对其绝缘和熄弧性能进行了理论探讨和实验研究，认为 $c – C_4F_8$ 与 N_2、CO_2、CF_4 混合后，其绝缘性能优于纯 SF_6 及 SF_6/N_2 混合气体，可用于无熄弧要求的 C – GIS、GIL、GIT 等产品[103]。这些研究开拓了人们认识 SF_6 替代气体的视野，对于寻找 SF_6 替代新气体有帮助。

但是，c－C$_4$F$_8$ 的温室效应系数 GWP 为 8700，太大，是 SF$_6$ 相应值的 1/3 还多，高于我们的期望值，且沸点（－8℃）也高。虽然与 CO$_2$、N$_2$ 混合后 GWP 及沸点都会下降一些，但其绝缘性能也会跟随下降，c－C$_4$F$_8$ 离批量生产还很远，价位也很高。鉴于以上情况，当我们把尽可能低的 GWP 指标定为研究环保气体最重要的目标时，尤其是一些 GWP 值很低的新气体已逐步闯入研究人员视线时，一度成为国内外同行关注热点的 c－C$_4$F$_8$ 在部分研究者心中开始降温、冷静思考了。

26.3.3　国内外对三氟碘甲烷（CF$_3$I）的研究概况

（1）CF$_3$I 由于其环境友好性被联合国环保署列入绿色制冷剂和灭火剂替代物。它优于 SF$_6$ 的绝缘性能，有着极小的气候变暖潜能（GWP≤5）和臭氧破坏潜能（ODP≤0.0001），近年来已引起国内外的关注[103]。CF$_3$I 与 SF$_6$ 理化特性列入表 26-1。

表 26-1　CF$_3$I 与 SF$_6$ 理化特性

物理、化学性质	CF$_3$I	SF$_6$
分子量	195.1	146.06
熔点/℃	－110	－50.8
沸点/℃（0.1MPa 时）	－22.5	－63.8
密度（液态）/kg·m^{-3}	1400（20℃）	2360（－32.5℃）
临界温度/℃	122	45.6
临界压力/MPa	4.04	3.78
20℃音速	117	134
C—I 键裂解能	226.1	/
GWP	≤5	23900
ODP	≤0.0001	0
在大气存在时间/a	0.005	3200

（2）通过脉冲汤逊放电实验得到的 CF$_3$I/N$_2$ 及 SF$_6$/N$_2$ 的临界场强特性见图 26-19[106]。从该图可见，在 CF$_3$I/N$_2$ 混合气体中，随充入 CF$_3$I 的百分比增大，临界场强呈线性增长。

CF$_3$I 的临界场强 $(E/N)_{lim}$ 为 $437 \times 10^{-17} \, V/cm^2$，是 SF$_6$ 相应值（$361 \times 10^{-17} \, V/cm^2$）的 1.21 倍。

（3）在相同条件下，CF$_3$I 的开断能力是纯 SF$_6$ 的 0.9 倍；30% CF$_3$I/70% CO$_2$ 混合气体的 BTF 开断能力是纯 SF$_6$ 的 0.67 倍[107]。

（4）如表 26-1 所示，0.1MPa 时，CF$_3$I 沸点为 －22.5℃，在常用的 0.5MPa 时，其沸点高达 25℃（见图 26-20），常温时就液化了，因此单独使用有困难。加入缓冲气体 N$_2$ 或 CO$_2$ 后，可降低液化温度，如 70% CF$_3$I/30% N$_2$ 混合气体液化温度降到 －50℃，绝缘强度与纯 SF$_6$ 相当。在图 26-18 中，能形象地看到 CF$_3$I 很低的 GWP 值和高于 SF$_6$ 的绝缘能力。

（5）在稍不均匀场中，CF$_3$I/N$_2$ 工频击穿特性符合巴申定律，击穿电压 U_b 是 pd 乘积的函数[108]：

$$U_b = 30.8pd + 5.7\sqrt{pd} \tag{26-4}$$

式中　p——气压（MPa）；

　　　　d——放电气隙电极间距（mm）。

式（26-4）是图 26-21 的数学表达式，适用于 $pd = 0.5 \sim 7.5$ MPa·mm 的交流放电，实验试品是球—板电极。

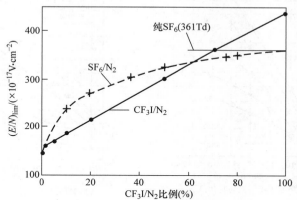

图 26-19　CF_3I/N_2、SF_6/N_2 与 CF_3I/SF_6 临界场强 $(E/N)_{lim}$ 随气体比例的变化

20% CF_3I/80% N_2 在稍不均匀场中的工频击穿电压 U_b 随距离 d 的变化见图 26-22a。在气压较低时（0.1 ~ 0.2MPa），可观察到不太明显的饱和趋势；气压较高（≥0.25MPa）时，可看到明显的线性特征。图 26-22b 显示出稍不均匀电场中，间隙击穿电压 U_b 随气压 p 增大而提高的线性关系。在间隙较大时，U_b 提高速度加快。

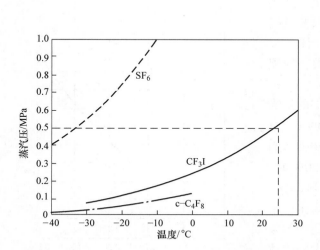

图 26-20　CF_3I、$c-C_4F_8$ 及 SF_6 饱和蒸汽压曲线

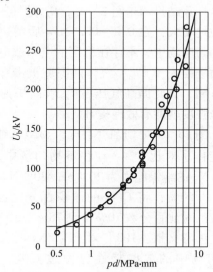

图 26-21　稍不均匀电场中 20% CF_3I/80% N_2 混合气体的击穿电压随气压和距离乘积的变化

这些特性显示：提高混合气体的气压就能提高间隙的绝缘强度。图 26-22a 也可看到 CF_3I/N_2 混合气体中，间隙击穿电压随距离增大而近于线性地增大。

根据 CF_3I/N_2 的工频击穿电压 U_b 与 d 接近线性变化的特性，可以按图 26-22a 用下面式

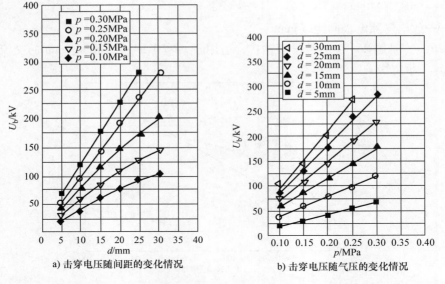

a) 击穿电压随间距的变化情况　　　　b) 击穿电压随气压的变化情况

图 26-22　不同间距及气压下 $20\% CF_3I/80\% N_2$ 混合气体在稍不均匀电场中的工频击穿电压

（26-5）计算气隙电晕放电的临界场强（kV/mm）：

$$E_{lin} = U_b / d \tag{26-5}$$

式中　U_b——工频击穿电压（kV）；

　　　d——电极间距（mm）。

计算结果示于图 26-23，E_{lin} 随气压上升而近似
线性地增大，在 $0.2 \sim 0.25\text{MPa}$ 后增速加快。在稍
不均匀电场中，不存在稳定的电晕放电，只要电极
表面场强大于 E_{lin}，气体间隙就被击穿。从图中可
以看到，只要提高气压；E_{lin} 就能快速增大，气隙
绝缘强度就能有效地提升。

图 26-24 对 CF_3I/N_2 与 SF_6/N_2、纯 SF_6 的绝缘
性能作了对比[108]：在稍不均匀场中，$20\% CF_3I/$
$80\% N_2$ 的绝缘能力为 $20\% SF_6/80\% N_2$ 的 70%，为
SF_6 的 50%；将 CF_3I 的体积百分比提到 30% 时，
相应的对比百分数 70% 升到 78%、50% 升到 55%。

参考文献［108］对 CF_3I/N_2 混合气体在稍不
均匀场中的放电特性也做过实验，得到：20%
$CF_3I/80\% N_2$ 的绝缘强度随气压提高而增大，能达
到 $20\% SF_6/80\% N_2$ 的 69% 以上，为 SF_6 的 50% 左
右；在较大间隙（$d \geqslant 20\text{mm}$）电场不均匀度增大和
气压较高（$p \geqslant 0.3\text{MPa}$）时，$SF_6$ 间隙 U_b 下降，
CF_3I/N_2 中因缓冲气体 N_2 的电晕屏蔽效应击穿电
压 U_b 仍能增长，甚至高于纯 SF_6 中相同 p、d 值的击穿电压。

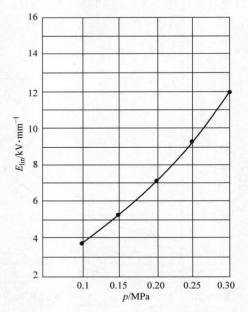

图 26-23　$20\% CF_3I/80\% N_2$ 中临界
场强随气压的变化

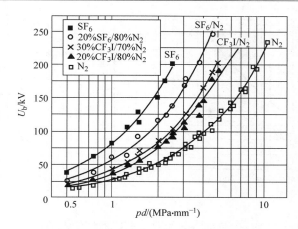

图 26-24　纯 SF_6、纯 N_2、CF_3I/N_2 和 SF_6/N_2 混合气体在稍不均匀电场中的绝缘性能对比

30% CF_3I/70% N_2 混合气体的绝缘能力比 20% CF_3I/80% N_2 能提高 10% 左右，在图 26-24 可看到还是不如纯 SF_6。如果继续提高 CF_3I 的含量，其绝缘性能会不断提升，文献 [103] 中介绍 70% CF_3I/30% N_2 的绝缘能力就与 SF_6 相当，且液化温度可降到 $-50℃$，如果其熄弧能力也强，工业化生产成本也不高，则这种混合气体在高压电器中就具有普遍的适用价值。因此，CF_3I 很低的 GWP 值和已展现的较好的绝缘性能应引起我们的重视并进行深入研究。

26.3.4　国内外对 C_4F_7N 的研究及应用前景

1. C_4 气体的主要特性

C_4 系气体 C_4F_7N 如图 26-18 所示，因显著高于 SF_6 的绝缘能力和较小的 GWP 值（2210，为 SF_6 的 9.4%），受到国内外研究人员的关注。

美国 3M 公司公布了全氟异丁腈（C_4F_7N）的主要理化性能（见表 26-2）及 C_4、C_5 的饱和蒸汽压特性（见图 26-25），可见在同一气压下，C_4 的液化温度比 C_5 低很多，更具适用性。

表 26-2　C_4、C_5、SF_6 气体理化性能参数

特性（25℃下）	C_5	C_4	SF_6
分子量/（g/mol）	266	195	146
闪点/℃	不燃	不燃	不燃
沸点/℃	26.9	-4.7	-68.3
凝固点/℃	-110	-118	-50.7
蒸汽压/kPa	94	252	2149
气体密度/（kg/m³）（1bar 时）	10.7	7.9	5.9
绝缘强度/kV（1bar 时）	18.4	27.5	14.0
在水中的溶解度/（ppmw）	-1	0.27	40
亨利定律常数（由性质计算）	10100	78900	3170
大气中寿命/年	0.04	35	3200
全球温室效应值（100 年 ITH，IPCC 2013 方法）	<1	2210	23500
臭氧破坏潜能值（CFC – 11 = 1）	0	0	0

注：$1bar = 10^5 Pa$。

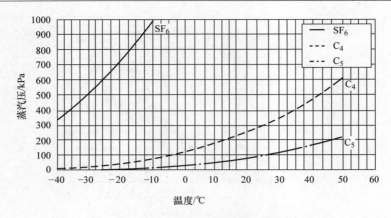

图 26-25　3M 公布的气体饱和蒸汽压特性

3M 公司在均匀电场 2.5mm 间距的试品中测试了 C_4、C_5、SF_6 的工频击穿电压，试验结果表明[110]：在 $0.02 \sim 0.14MPa$ 气压范围内，C_4 绝缘能力为 SF_6 的 $1.7 \sim 2$ 倍，C_5 为 SF_6 的 $1.3 \sim 1.4$ 倍。

C_4F_7N 因液化温度较高（$0.5MPa$，$43℃$），宜与液化温度低的缓冲气体配合，以获得适于高压电器使用的液化低温（如 $-50℃$）。

2. C_4F_7N/CO_2 混合气体的特性

（1）C_4F_7N/CO_2 的冷凝特性

混合气体冷凝特性见图 26-26，在我们多用的 $0.4 \sim 0.6MPa$ 范围内，$10\% C_4/90\% CO_2$ 混合气体最低使用温度为 $-30 \sim -20℃$。降低 C_4 含量，可进一步降低使用温度，但绝缘能力也跟随下降。

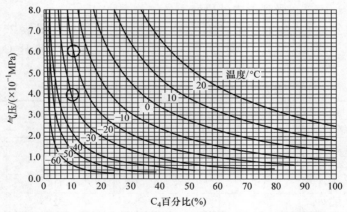

图 26-26　3M 公布的 C_4 混合气体的冷凝曲线

图 26-26 示出的 C_4F_7N/CO_2 的冷凝曲线是美国 3M 公司公布的，是否准确？国内有研究者通过计算得到不同摩尔分数和温度下 C_4F_7N/CO_2 混合气体的饱和蒸汽压特性，如图 26-27 所示。

仔细查对图 26-26 与图 26-27，两图数据有明显差异，选两个不同的 C_4 摩尔分数点进行分析：

10% C_4F_7N/90% CO_2 混合气体：

图 26-26 中，−20℃时液化气压为 0.62MPa

图 26-27 中，−20℃时液化气压为 0.5MPa

5% C_4F_7N/95% CO_2 混合气体：

图 26-26 中，−25℃时液化气压 >0.8MPa

图 26-27 中，−25℃时液化气压 0.65MPa

上述差异提醒我们有适用价值的 C_4 混合气体的饱和蒸汽压特性还有待于我们用严谨科学的试验去寻找、去验证。

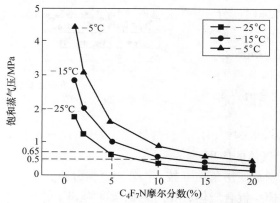

图 26-27　不同温度不同 C_4 含量的 C_4F_7N/CO_2 混合气体的饱和蒸气压特性（计算值）

（2）C_4F_7N/CO_2 的绝缘特性

ALSTOM 在 145kV GIS 上对 C_4F_7N/CO_2 混合气体的绝缘性能进行了研究实验[111]，ABB 在固定间隙（20mm）的均匀电场中对 $C_5F_{10}O$/CO_2 的工频和冲击击穿特性也做过实验[112]。根据这些试验得到的数据，国内研究人员通过简单的计算得到 C_4F_7N、$C_5F_{10}O$ 与 CO_2、空气混合气体的相对于 SF_6 的绝缘强度（见图 26-28）。从图 26-28 可见：

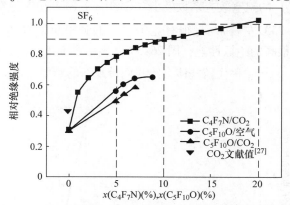

图 26-28　C_4F_7N 和 $C_5F_{10}O$ 混合气体的相对绝缘强度对比

C_4F_7N/CO_2 的相对绝缘强度比 $C_5F_{10}O$/CO_2 及 $C_5F_{10}O$/空气高很多；20% C_4F_7N/80% CO_2 混合气体绝缘强度相当于纯 SF_6；C_4F_7N 含量达到 5% ~10% 时，混合气体绝缘强度为 SF_6 的 80% ~90%。

C_4 不同含量的 C_4F_7N/CO_2 混合气体适用的温度及气压可从准确的 C_4 混合气体冷凝曲线查找——这条曲线有待深入研究试验确定。

（3）C_4F_7N/CO_2 的熄弧特性

GE 公司在 420kV 隔离开关上，充 0.55MPa 的 SF_6 与 4% $C_4F_7N/96\%CO_2$ 气体进行了灭弧对比试验，从图 26-29 可见 C_4/CO_2 气体中的燃弧时间平均值比 SF_6 要短一些，更多的熄弧时间分布在 15ms 以下；而在 SF_6 中开断时多数熄弧时间分布在 15ms 以上。说明 4% C_4 混合气体具有与 SF_6 接近的熄弧性能，这是值得重视的特性。

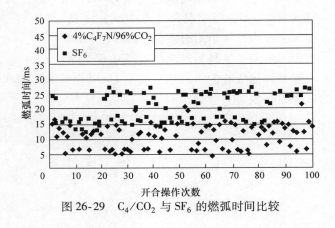

图 26-29　C_4/CO_2 与 SF_6 的燃弧时间比较

GE 公司已将 6% $C_4F_7N/94\%CO_2$ 混合气体（0.7MPa）充入 145kV GIS 使用。

3. C_4F_7N/CO_2 混合气体的应用

（1）混合气体的配制及使用条件（按 3M 公司资料分析）：

a）5% $C_4F_7N/95\%CO_2$ 混合气体，相对绝缘强度为 SF_6 的 80%（见图 26-28），最高使用气压为：$-40℃$ 时 0.38MPa，$-30℃$ 时 0.75MPa（见图 26-26）。

b）10% $C_4F_7N/90\%CO_2$ 混合气体，相对绝缘强度为 SF_6 的 90%，最高使用气压为：$-30℃$ 时 0.40MPa，$-20℃$ 时 0.60MPa。

（2）当前可在下列产品中试用：各电压等级的 GIL、GIT；配有真空负荷开关/真空断路器的中压 C－G15，负荷开断电流不大的中压充气环网柜。

26.3.5　重视六氟二丁炔（C_4F_6）的研究

六氟二丁炔（C_4F_6）的温室效应系数极小（GWP < 0.1），相对绝缘强度很高（为 SF_6 的 2 倍多），沸点不高（$-25℃$ 左右），是很有竞争潜力的强电负性气体。在图 26-18 中展现了 C_4F_6 极低的 GWP 值和很高的绝缘性能，图 26-30 也显示了 C_4F_6 在卤族元素中遥遥领先的绝缘性能[103]。类似 C_4F_6 的 SF_6 替代新气体会给我们带来新的希望，是我们研究的重点对象。

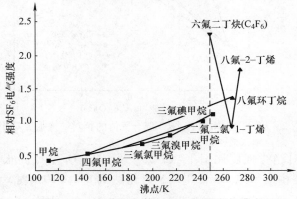

图 26-30　卤代烃气体相对电气强度与沸点

26.4　气—固绝缘方式的研究

替代 SF_6 的第三条路，即采用常规环境友好气体与固体绝缘材料组合来提高设备的绝缘能力，日本等国已有一些研究。

常规气体可用干燥空气，N_2 或 CO_2。高电压导体上附着的固体绝缘材料有：一定厚度的高电强度的绝缘涂料（如醇酸绝缘漆 1231）、硅橡胶、环氧树脂及聚酯薄膜（参见第 20.6 节）。内导覆盖固定绝缘，以弥补常规气体绝缘的不足，气—固绝缘方式在只需承担绝缘的电器或气室中都可使用。

日本有研究企图不变 SF_6 电器原结构，以 1MPa 的 N_2 与固体绝缘材料结合代替 0.5MPa SF_6[113]。三菱公司用 CO_2 与固体绝缘材料结合制造了 31.5 ~72.5kV 充气柜。韩国忠北大学研究了空气—硅橡胶组合的绝缘特性。

N_2 或 CO_2 与固体绝缘材料组合能有效地提高 N_2、CO_2 的绝缘能力，要普及到产品中使用还应注意一些问题：

a）在各种充气柜中使用时，气压不宜太高，气压取值受柜体强度和成本制约。

b）在圆筒形产品中，气压可适当增大，只能适当，不能太高，太高会危及安全。

c）高电压元件接口处的电场分布对气—固绝缘可靠性影响很大，尤其是可分断的电接触点，虽外表覆盖了固体绝缘材料，如果接口处的电场分布不好，就会给产品运行埋下绝缘事故隐患（参阅第 20.6.2 节）。

26.5　环保气体高压电器设计的研究课题

环保气体绝缘的高压电器（简称环保电器）设计的主要研究课题是在现有 SF_6 替代气体研究成果基础上提出的更贴近环保电器结构设计、制造和运行需要的研究项目，分述如下。

1. 根据产品的性能要求和运行环境要求，优选 GWP 值低、绝缘（或熄弧）性能好的二元混合气体。在这项工作中，我们期待上海交通大学、西安交通大学、重庆大学、沈阳工业大学和华北电力大学等高校的学者、研究人员走出校门与工厂结合，在更接近于产品实际结构的试验平台上，按产品的设计需要进行相关项目的试验研究。研究试验的重点是：

1）在接近产品的同轴圆柱形稍不均匀电场中充入被优选的气体，在雷电冲击电压下，测试气隙（或绝缘件表面）50% 击穿（或闪络）电压 $U_{50\%}$，并确定相应的场强 $E_{50\%}$。

考虑 3σ（取 $\sigma = 0.05$）间隙，确定雷电耐受场强 E_B：

$$E_B = E_{50\%}(1 - 3\sigma)$$

考虑制造、运行中各种分散性和不利的干扰，留出设计裕度（取系数 $K_1 = 0.85$），按下式确定气隙场强设计允许值 E_1：

$$E_1 = K_1 E_B = 0.85 E_{50\%}(1 - 3\sigma) = 0.72 E_{50\%} \qquad (26-6)$$

再参照沿面闪络试验电压数据，确定绝缘件表面允许场强 E_τ 与 E_1 的相对关系。

2）利用目前 GCB 多用的半自能式灭弧室产品或模型，研究 BTF 和 SLF 短路开断时的电弧特性和电流零后的介质恢复特性，比较和优选熄弧能力较强的环保气体，并探讨灭弧室结构改进和优化设计方法。

3）利用产品（或接近产品结构的试品）充入绝缘和熄弧性能好、有实用价值的环保气体，通过绝缘试验对式（26-1）与式（26-3）进行试验验证与修正。

2. 研究环保二元混合气体中短路开断电弧的熄弧特性的仿真计算方法，为环保 GCB 灭弧室设计提供理论支撑。从师于电弧研究学者王其平先生的沈阳工业大学林莘教授对这一工作经历较多、思考较深，望百尺竿头更进一步，开发出适于环保开关工程设计使用的开断电弧仿真计算软件包。

3. 研究湿度对环保气体绝缘性能的影响。通过试验找到相对湿度与环保气体绝缘性能的关系，再进行产品试验验证，并依验证的数据用相对湿度制定环保气体的湿度限值。建立更科学的按相对湿度监控产品气体含水分的湿度监控体系，包括湿度监测仪的研制、制定湿度的限值和相应国标的修改。

4. 研究环保二元混合气体的混气比的检测方法。从常用的色谱法、热导法和红外法的实测对比分析中，优选一种适于工厂和运行现场使用的定质定量检测方法。

5. 研究环保电器运行状态在线监测技术。以环保电器为平台，研究华北电力大学基于介窗式 UHF 传感器的局放检测技术的实用性。开发微机电冷镜低湿度测量仪，对混合气体的湿度进行在线监测。

6. 研究环保气体电弧分解物的安全性。

26.6 停笔寄语

此书写到此该停笔了。从第 26.5 节所写的环保电器设计研究课题可以看到，环保电器实质上是 SF$_6$ 电器技术的延伸和发展，因此本书所写 SF$_6$ 高压电器工作原理的有关论述和结构设计方面的有关问题对环保电器都是适用的，在使用中可能会碰到一些新问题，应予重视和研究。

作者已进入心有余而力不从心的年龄，想做的事太多太多，但又必须遵从人生交替传承的自然规则，把这支带着环保电器彩标的接力棒交给后来者，盼你们接稳棒，朝着既定目标奋力奔跑！

参 考 文 献

[1] SF₆スの化学的特性. 三菱开闭装置技术论文集 [C]. 日本三菱电机株式会社, 1984.

[2] 西安交通大学, 清华大学. 高电压绝缘 [M]. 北京: 电力工业出版社, 1980.

[3] 侯慧娥, 等. 六氟化硫气体及其电弧分解物的毒性试验 [J]. 高压电器, 1982 (6).

[4] 侯慧娥, 等. F—03 吸附剂与国内外典型吸附剂的吸附性能研究 [J]. 高压电器, 1986 (1).

[5] 徐国政, 等. 高压断路器原理及应用 [M]. 北京: 清华大学出版社, 2000.

[6] GIS 管理上的诸问题. 三菱开闭装置技术论文集 [C]. 日本三菱电机株式会社, 1984.

[7] 刘文浩. 综述 FA 系列 500kV SF₆ 断路器的运行检修 [J]. 高压电器技术, 2002 (3): 32-39.

[8] 李泰军, 等. SF₆ 气体水分管理标准的探讨及密度与湿度监测的研究 [J]. 中国电机工程学报, 2003 (10): 169-174.

[9] 罗飞, 等. SF₆ 气体中微水含量在线监测法 [J]. 高压电器, 2004 (6): 459-461.

[10] 王春宁. SF₆ 气体综合在线监测装置 [J]. 高压电器, 2005 (2): 152-154.

[11] 张丽娜. SF₆ 电器设备气体湿度与绝缘 [J]. 高压电器, 2000 (3): 46-47.

[12] 楼家法. 断路器的操作可靠性 [J]. 高压电器技术, 1989 (1, 2).

[13] 王青海, 王秉钧. 仅用金属氧化物避雷器限制合、重合闸过电压问题 [J]. 高压电器, 1987 (3).

[14] А И ЛОАТЕВ. SF₆ 电器绝缘间隙绝缘强度的计算 [M], ЭАЕКГРОМЕХАНИКА, 1980 (3).

[15] 电机工程手册编委会. 电机工程手册: 第 4 卷 输变电、配电设备 [M]. 2 版. 北京: 机械工业出版社, 1997.

[16] C de Tonrreil. 高压绝缘子用复合材料的自然老化和加速气候老化 [R]. 西安: 西安电瓷研究所馆藏资料 No. 10044.

[17] 硅橡胶、三元乙丙胶自然老化表面的湿润性研究 [J] (IEEE Translation Power Delivery vol. 5 No. 3 July 1990). 电瓷避雷器译丛, 1998 (总 45).

[18] A E Vlastas. 长期暴露在户外环境的有机复合绝缘子表面劣化判断 [J]. 电瓷避雷器译丛, 1992 (总 37).

[19] 郑知敏, 等. 硅橡胶憎水性的恢复机理研究进展 [J]. 高压电器, 2000 (4).

[20] 复合绝缘子实验室比较试验 (ISH 1995, 3182) [J]. 电瓷避雷器译丛, 1997 (总 44).

[21] 钟定珠, 等, 广东省 500kV 惠汕线复合绝缘子事故和试验分析 [C]. 电工陶瓷专业委员会 2002 年学术交流论文集, 1 – 5.

[22] 王月眉. 白炭黑及其对硅橡胶力学性能的影响 [J]. 有机硅材料及应用, 1992 (5).

[23] 在污秽条件下合成绝缘子外套氧化锌避雷器的电气性能 [J]. 电瓷避雷器译丛, 1998 (38).

[24] 张福林. 复合绝缘子外绝缘基材硅橡胶表面憎水性及憎水性迁移性能机理分析 [J]. 华北电力技术, 1999 (01).

[25] 黎斌, 翟慎宏. SF₆ 电器用盆式绝缘子的设计 [J]. 高压电器技术, 1985 (3).

[26] 张书琴. 玫瑰形插入式触头的设计与计算 [J]. 高压电器, 1999 (5).

[27] 张节容, 等. 高压电器原理及应用 [M]. 北京: 清华大学出版社, 1989.

[28] 王其平, 等. SF₆ 与其混合气体中电弧动态特性和应用 [M]. 西安: 西安交通大学出版社, 1997.

[29] IEEE 1974 年冬季会议论文集. 西安高压电器研究所, 1975.

[30] Y YAMAGATA, 等. 1100kV GIS 用断路器、隔离开关及快速接地开关的开发 [C] ∥ 1996 年国际大

　　　　电网会议论文. 李建基, 崔成恕, 等译. 西安高压电器研究所, 1997.

[31]　叶妙元, 等. 光电互感器的应用及其接口问题 [J]. 电力系统自动化, 2001 (12).

[32]　叶妙元, 等. 组合式光纤电流电压互感器 [J]. 电机工程学报, 2001 (1).

[33]　崔瑛等. 110kV 无分压型光纤电压互感器的研制. 高电压技术, 1998 (12).

[34]　李家泽, 等. 晶体光学 [M]. 北京: 北京理工大学出版社, 1989.

[35]　阎永志, 等. 利用锗酸铋电光效应的光纤电压电场传感器 [J]. 压电与声光, 1986 (1).

[36]　冯春媚. 光纤电压互感器温度影响的研究 [D]. 武汉: 华中科技大学, 1996.

[37]　姜秀峰, 等. 基于振动信号多阈值显示的 GIS 击穿定位 [J]. 高压电器, 1999 (2).

[38]　远藤奎将, 等. 使用 UHF 法对 GIS 进行绝缘诊断 [J]. 电气评论, 2000 (3).

[39]　刘卫东, 等. GIS 局部放电特高频在线检测和定位 [J]. 高压电器, 1999 (1).

[40]　孙福杰, 王璋启, 等. 高压断路器触头电寿命诊断技术 [J]. 电网技术, 1999 (3).

[41]　A L JJANSSEN, 等. 关于断路器寿命管理的确定 [C]. 国际大电网会议开关设备学术委员会 (CI-GRE SC-13) 1998 年论文集, 153-161. 西安高压电器研究所, 2000.

[42]　PONS A, et al. Electrical endurance and reliability of circuit-breakers: common experience and practice of two utilities. IEEE Trans on PWRD, 1993 8 (1): 168-172.

[43]　曹荣江, 等. SN10-10 型少油断路器的累计开断能力试验 [J]. 高压电器, 1983 (2).

[44]　杨济川, 等. 屋外高压配电装置的改革 [J]. 供用电, 2001 (6): 19-21.

[45]　王秉钧, 等. 仅用 MOA 限制 330kV 电网合闸、重合闸过电压的可能性 [J]. 高压电器, 1990 (4).

[46]　牛海棠, 王秉钧. 关于取消出线断路器合闸电阻判据的讨论 [J]. 高压电器, 1995 (6).

[47]　张乔根, 邱毓昌. 快速暂态过电压下 SF$_6$ 气体的绝缘特性 [J]. 高压电器, 1995 (3).

[48]　J Y TREPANIER, et al, Analysis of the dielectric strength of an SF$_6$ circuit breaker [J]. IEEE Trans on PWRD, 1991. 6 (2).

[49]　顾继慧. 微波技术 [M], 北京: 科学出版社, 2008.

[50]　范寿康, 等. 微波电路、微波技术及天线 [M]. 北京: 机械工业出版社, 2009.

[51]　殷际杰. 微波技术与天线 [M]. 北京: 电子工业出版社, 2009.

[52]　杨雪霞. 微波技术基础 [M]. 北京: 清华大学出版社, 2009.

[53]　吕芳, 等. 微波技术 [M]. 南京: 东南大学出版社, 2010.

[54]　木村桥, 等. 用外部天线监视 GIS 绝缘装置的开发 [J]. 日新电机技报, 1993, 38 (3): 30-37.

[55]　王建生, 等. 用于 GIS 局部放电检测的超高频传感器频率响应特性 [J]. 中国电机工程学报, 2000, 20 (8).

[56]　孙才新, 等. 检测 GIS 局部放电的内置传感器的模型及性能研究 [J]. 中国电机工程学报, 2004, (24) 8:

[57]　S. OKABE, 等. 一种新的超高频局放探测技术检验方法. 高压开关设备绝缘诊断技术文集 [C]. 西安: 西安高压电器研究院, 2010.

[58]　JAC RYONG JUNG, 等. 用于局放诊断的便携式和在线 iPDM 系统的开发. 高压开关设备监测技术文集 [C]. 西安: 西安高压电器研究院, 2008.

[59]　谢处方. 天线原理与设计 [M]. 西安: 西北电讯工程学院出版社, 1985.

[60]　李莉. 天线与电波传播 [M]. 北京: 科学出版社, 2009.

[61]　胡迪军, 冯允平, 等. 一种用于 GIS 局部放电检测的新型特高频传感器 [J]. 高压电器, 2003, 39 (4): 26-27.

[62]　周希朗. 微波技术与天线 [M]. 南京: 东南大学出版社 [M], 2009.

[63] 唐矩, 等. GIS 局部放电两种内置式传感器响应特性分析 [J]. 高电压技术, 2003, 22 (2): 29-31.

[64] 黎斌. 论 GCB/GIS 的可靠性设计——对用户期盼的回应 [J]. 高压电器, 2011, 47 (6): 98-106.

[65] 黎斌. 真空浸渍环氧玻璃丝管绝缘件表面闪络特性及设计要领 [J]. 高压电器, 2010, 46 (8): 86-88.

[66] 李泰军, 王章启, 等. SF_6 气体水分管理标准的探讨及密度与湿度监测的研究 [J]. 中国电机工程学报, 2003, 23 (10): 169-174.

[67] 李钦道. 单一气体静气柱压力计算方法 [J]. 钻采工艺, 2003, 26 (5): 40-43.

[68] 阮全荣, 等. 气体绝缘金属封闭输电线路工程设计研究与实践 [M]. 北京: 中国水利水电出版社, 2011.

[69] 黎斌, 等. 创新型电容式复合绝缘母线及套管的研究、应用与发展 [J]. 高压电器, 2013, 49 (6): 131-138.

[70] 张正周, 黎斌, 等. 弹簧触头设计 (Ⅳ) ——弹簧触头的损坏与对策 [J]. 高压电器, 2013, 49 (5): 18-20.

[71] 赵婉君. 高压直流输电工程技术 [M]. 北京: 中国电力出版社, 2004.

[72] 南网电科院, 南网超高压检试中心. 两渡直流输电工程 GIL 故障分析报告 [R]. 广州: 南网电科院, 南网超高压检试中心, 2017.

[73] 吴德贯, 等. 一起 500kV GIL 绝缘子炸裂故障分析 [J]. 电瓷避雷器, 2016 (6): 36 – 37.

[74] 赵智大. 高电压技术 [M]. 3 版. 北京: 中国电力出版社, 2013.

[75] IEC D1.03 工作组. 高压直流气体绝缘系统: 直流和交流系统直流电应力 (CIGRE TB 506, 南振乐, 李振军译).

[76] 李鹏, 等. 特高压气体绝缘金属封闭输电线路绝缘设计 [J]. 电网技术, 2015, 39 (11): 3311.

[77] NITTA T, NAKANISHI K. Charge accumulation on insulating Spacers for HVDC GIS [J]. IEEE Trans. on Electrical Insulation, 1991, 26 (3): 418 – 427.

[78] 汪沨, 邱毓昌. 高压直流 GIS 中绝缘子的表面电荷积聚的研究 [J]. 中国电机工程学报, 2005, 25 (3): 105 – 109.

[79] NAKANISHI K, YOSHIOKA A, Arahata Y, et al. Surface charging on epoxy spacer at DC stress in compressed SF_6 gas [J]. IEEE Trans. on Power Apparatus and system, 1983, PAS. 102 (12): 3919 – 3927.

[80] COOKE C M. Bulk charging of epoxy insulation under DC Stress [C]. IEEE Itern Sympas. Electr. Insul., Boston, 1980.

[81] 中国南方电网超高压输电公司检修试验中心. 断路器灭弧室电寿命评估技术研究及其工程应用 [R]. 广州: 南网超高压输电公司, 西安西电高压开关有限责任公司, 福建亿榕信息技术公司, 西安高压电器研究院有限责任公司, 2017.

[82] 范敏, 陈功, 等. SF_6 断路器弧触头电烧蚀试验及状态诊断 [J]. 高压电器, 2016, 52 (6): 141 – 146.

[83] 李刚, 等. 超 (特) 高压交流断路器开合容性电流问题探讨 [J]. 高压电器, 2018, 54 (3): 231 – 237.

[84] 尚振球, 冯汝明, 许晓勤. 真空断路器 NSDD 问题的初步研究 [J]. 高压电器, 1986, 22 (4): 13 – 17.

[85] 南网电科院, 电网超高压检试中心. 直流输电系统交流滤波断路器绝缘特性及技术标准研究结题

验收报告 ［R］. 广州：南网电科院，南网超高压检试中心，2016.

[86] 张长虹，阳少军，杨旭，等. 500kV 交流滤波器用断路器绝缘故障分析及其绝缘特性研究 ［J］. 高压电器，2016，52（9）：1 - 7.

[87] 南网超高压输电公司. 侨乡换流站 584 断路器 A 相爆裂原因分析报告 ［R］. 广州：南网超高压输电公司，2014.

[88] 聂定珍，曹燕明. HVDC 换流站投切交流滤波器用断路器特殊性能要求 ［J］. 电网技术，2008，32（23）：86 - 90.

[89] 黎斌，王天祥，张长虹，等. 超/特高压交流滤波断路器特殊的运行工况及其结构设计要求 ［J］. 高压电器，2017，53（12）：87 - 92.

[90] 肖登明，邱毓昌. SF₆/N₂ 和 SF₆/CO₂ 的绝缘特性及其比较 ［J］. 高电压技术，1995，21：16 - 18.

[91] 汪沨，邱毓昌，张乔根. 六氟化硫混合气体绝缘的发展动向 ［J］. 绝缘材料，2002（5）：31 - 34.

[92] 陈庆国，肖登明，邱毓昌. SF₆/N₂ 混合气体的放电特性 ［J］. 西安交通大学学报，2001，35（4）：338 - 342.

[93] QIU Y，KUFFEL E. Comparison of SF₆/N₂ and SF₆/CO₂ gas mixtures as alternatives to SF₆ gas ［J］. IEEE Trans. Dielectrics and Electrical Insulation，1999，6（6）：892 - 895.

[94] 贾申利、赵虎，等. SF₆ 替代气体灭弧性能的研究进展综述 ［J］. 高压电器，2011，47（11）：87 - 97.

[95] MOCHIDUKI K，IZUMOTO K，MIZOGUCHI H，et al，Evaluation of Interruption Capability on Various Gases ［C］. // Proceeding of the XIV International Conference on Gas Discharges and their Applications. Liverpool：IEEE，2002：79 - 82.

[96] SONG W P，YANG D I，CHUNG Y H，et al. A study of large current interrupting capability of SF₆/N₂ mixtures ［C］. //Proceeding of the XIV international conference on Gas Discharges and their Applications，Liverpool：IEEE，2002：39 - 41.

[97] KOKURA K，NAKAYAMA Y，HORINOUCHI K，et al. Interruption characteristics of disconnecting switch using N₂/SF₆ gas mixtures applying magnetically driven are method ［C］. //Proceeding of the XIV International Conference on Gas Discharges and their Applications，Liverpool：IEEE，2002：87 - 90.

[98] 刘振国. SF₆ 及其替代灭弧介质稳态电弧特性的实验和仿真研究 ［D］. 西安：西安交通大学，2011.

[99] 邱毓昌，冯允平，张鸣超. SF₆/N₂ 混合气体绝缘介质的研究 ［J］. 西安交通大学学报，1993，27（1）：1 - 6.

[100] KIEFFL Y，BIQUEZ F. SF₆ alternative development for high voltage switchgears ［C］. //Electrical Insulation Conference IEEE，2015：379 - 383.

[101] KIEFFEL Y，IRWIN T，Ponchon P，et al. Green Gas to Replace in Electrical Grids ［J］. IEEE Power & Energy Magazine，2016，14（2）：32 - 39.

[102] 中国电力科学研究院. 国家重点研发计划"环保型管道输电关键技术"阶段研究报告 ［R］. 北京：中国电力科学研究院，2018.

[103] 肖登明. 环保型绝缘气体的发展前景 ［J］. 高电压技术，2016，42（4）：1035 - 1046.

[104] 赵虎，张晗，李兴文，等. SF₆ - CO₂ 和 SF₆ - CF₄ 混合气体断路器的喷口压力特性 ［J］. 高电压技术，2016，42（6）：1767 - 1774.

[105] 苏安. 高压 SF₆/CF₄ 混合气体断路器介质恢复特性计算与分析 ［D］. 沈阳：沈阳工业大学，2017.

［106］ KASUYA H, KAWAMUYA Y, MIZOGUCHI H, et al. Interruption capability and decomposed gas densi-ty of CF_3I as a substitute for SF_6 gas ［J］. IEEE Transactions on Dielectrics and Electrical Insulation, 2010. 17 (4): 1196 – 1203.

［107］ KATAGIRI H, KASUYA H, MIZOGUCHI H, et al. BTF interruption capability of $CF_3I – CO_2$ mixture ［C］. //Proceeding of the XVII International Cardiff: IEEE, 2008: 105 – 108.

［108］ 邓云坤, 马仪, 陈先富, 等. $CF_3I – N_2$ 混合气体在稍不均匀和极不均匀电场中的工频击穿特性 ［J］. 高电压技术, 2017, 43 (3): 754 – 764.

［109］ 李兴文, 等. 环保气体 C_4F_7N 和 $C_5F_{10}O$ 与 CO_2 混合气体的绝缘性能及其应用 ［J］. 高电压技术, 2017. 43 (3): 708 – 714.

［110］ KIEFFEL Y, IRWIN T, PONCHON P, et al. Green Gas to Replace SF_6 in Electrical Grids ［J］. IEEE Power & Energy Magazine, 2016, 14 (2): 32 – 39.

［111］ KIEFFEL Y, GIRODET A, BIQUEZ F, et al. SF_6 alternative development for high voltage switchgears ［C］. //CIGRE Paris, France: CIGRE, 2014.

［112］ SIMKA P, RANJAN N. Dielectric strength of C_5 perfluoroketone ［C］. //19th International Symposium On High Voltage Engineering. Pilsen, Czech Republic: ［s. n.］. 2015.

［113］ GOSHIMA H, SHINKAI H, YASIMA M. Gaseous dielectrics IX ［M］. New York: Springer US, 2001.

［114］ MESSERER F, BOCEK W. Field optimization of HVDC – GIS – spacer ［C］. IEEE Electrical Insulation and Dielectric Phenomena, Atlanta, 1998.

［115］ MENJU S, TAKAHASHI K. DC dielectric strengh of a SF_6 gas insulated System ［J］. IEEE Transactions on Power Delivery, 1978 PAS – 97 (1): 217 – 224.

［116］ 范舜. 营口华能电厂 GIS 盆式绝缘子沿面放电分析 ［J］. 东北电力技术, 1996 (6): 36 – 37.

［117］ 汪泜, 等. 表面电荷积聚对绝缘子沿面闪络影响的研究 ［J］. 中国电力, 2002, 35 (9): 52 – 55.

［118］ 杜乾栋, 等. 气—固绝缘分界面电荷积聚模型及数值计算 ［J］. 高压电器, 2017, 53 (4).

［119］ 黎斌, 于欣, 张春慧, 等. 对中国有机绝缘管形母线的回顾与展望 ［J］. 高压电器, 2016, 52 (6): 9 – 17.

［120］ 黎斌, 王日新, 王君, 等. 对中压配电柜各种主绝缘的思考——兼评抽出式紧凑型空气绝缘环网柜的特点 ［J］. 高压电器, 2016, 52 (8): 7 – 13.

［121］ 黎斌, 张烈, 王卫华, 等. 江河隧道/城市管廊 GIL 的可靠性与适用性设计 ［J］. 高压电器, 2019, 55 (6): 1 – 14.

第 1 版后记

作者从事 SF_6 高压电器设计工作多年，希望借助高压电器的基本理论并结合自己的工作经验，技海拾零，对 SF_6 高压电器的设计计算方法作些探讨，对高压电器在电网运行中多年来提出的一些悬而未决的问题发表自己的见解，汇其心得而成此书。书中有些数据和结论，或许从理论上还说不太明白，但那是成功经验的结晶。

经验是可贵的，应一代一代传下去；但经验需要批判地继承，在继承中加以发展。本书也正囿于经验，错误及不当之处在所难免，望读者指正。

感谢我的母校——华中科技大学刘绍俊等教授，您们毕生的智慧和精力为我们铺垫了一块腾飞的基石。

感谢我的工厂，给我机遇与舞台，给我吸吮不尽的实践知识的乳汁，哺育我成长。

感谢我的同行先行者高压电器行业著名专家楼家法总工及钟友飞高工等人，您们曾用成功的经验和洞察力为我导航。

感谢为这本书默默奉献、日夜陪我笔耕的夫人王瑞君，是你神奇的力量支持我写完最后一页。

我们踏着前人铺的路走进新世纪。

盼后来者以我们为基石，向着更高的目标展翅腾飞！

黎 斌

2002 年 4 月